Google アナリティクス プロフェッショナル

山浦直宏
（アユダンテ株式会社）

技術評論社

注意

ご購入・ご利用の前に必ずお読みください

本書に記載された内容は、情報の提供のみを目的としています。したがって、本書を用いた運用は、必ずお客様自身の責任と判断によっておこなってください。これらの情報の運用の結果について、技術評論社および著者はいかなる責任も負いません。
本書記載の情報は、2020年2月現在のものを掲載していますので、ご利用時には、変更されている場合もあります。また、ソフトウェアに関する記述は、特に断わりのないかぎり、2020年2月現在での最新バージョンをもとにしています。ソフトウェアはバージョンアップされる場合があり、本書での説明とは機能内容や画面図などが異なってしまうこともありえます。
以上の注意事項をご承諾いただいた上で、本書をご利用願います。これらの注意事項をお読みいただかずに、お問い合わせいただいても、技術評論社および著者は対処しかねます。あらかじめ、ご承知おきください。

はじめに

本書が、どのような読者に向けて書かれているのか？の前に、Googleアナリティクスはどのようなユーザー企業向けに開発されているのか？を考えてみる必要があると思います。多くのGoogleアナリティクス利用者が知っているように、Googleアナリティクスは進化し続けているツールです。その中で、少なくとも向かっているベクトルを知っておくことは、ツール選定の上でも、実際に利用する上でも非常に重要なことだと思います。

あくまで私の理解ではありますが、Googleアナリティクスは、確実にその「データソース」と「活用対応範囲」を拡張し続けており、それは今後も変わらないでしょう。そして、今後も搭載されていく施策自動化のためのML（Machine Learning＝機械学習）への「データ供給装置」としての役割を強めて行くことでしょう。

Googleアナリティクス進化の方向性

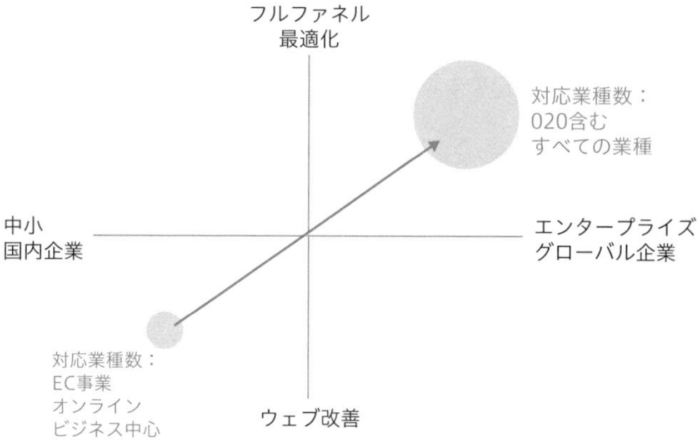

本書は、そうしたGoogleアナリティクスの姿を、誌面の許す限り皆さんにお伝えしたいと思い、執筆させていただきました。そういう意味では、本書は既存のGoogleアナリティクスユーザーを読者に想定しているというよりは、生意気なようですがより多くの人に対する啓蒙的な意味合いも持たせている、ということができるかと思います。その上で、このような本書の試みがお役に立つものであったかどうかは、読者の皆さんのご評価に委ねたいと思っています。

Googleがどのような意図でGoogleアナリティクスを開発しようとも、利用者がどのような目的でどのように使うかは自由です。しかし、もしGoogleアナリティクス全体のポテンシャルが見えたときに、読者の皆さんが新しい分析や施策のアイデアを思いついたとしたら、著者としてはこの上ない喜びを感じることができるでしょう。

本書の執筆をご支援いただいたアユダンテ株式会社様、多忙な業務の合間にご協力をいただいた同僚の高田君、畑岡君、そして素晴らしい書籍として取りまとめていただいた技術評論社編集部の神山真紀様に、この場を借りて厚く御礼申し上げます。

2020年2月　山浦直宏

目次

1章

Googleアナリティクスの理解

1-1 Googleアナリティクスの機能と役割を理解する

Googleアナリティクスは何をしてくれるツールでしょうか。シンプルに言えば、

・ウェブサイト訪問ユーザーの行動データの計測と付属するデータの収集
・計測・収集したデータの集計レポート表示

のふたつが主な役割になります。
一般的にマーケティング領域でのデータ活用ステップをシンプルに言えば、

①必要なデータをそろえる（計測・収集）
②計測・収集したデータを集計し分析する
③分析結果に基づき施策を実行する

という3つのステップがありますが、その中でGoogleアナリティクス自体が行ってくれることは上記の通り、データの計測・収集と集計まで、ということになります。集計結果であるレポート画面を見て、分析し施策に活かして行くステップは利用者自身が行う部分になります。Googleアナリティクスは、その名称から"分析ツール"と誤解を生みやすいですが、決して分析そのものをしてくれるわけではありません。分析のための操作を行う機能は提供しつつも、あくまで分析を行うのは利用者であることを理解しておく必要があります。

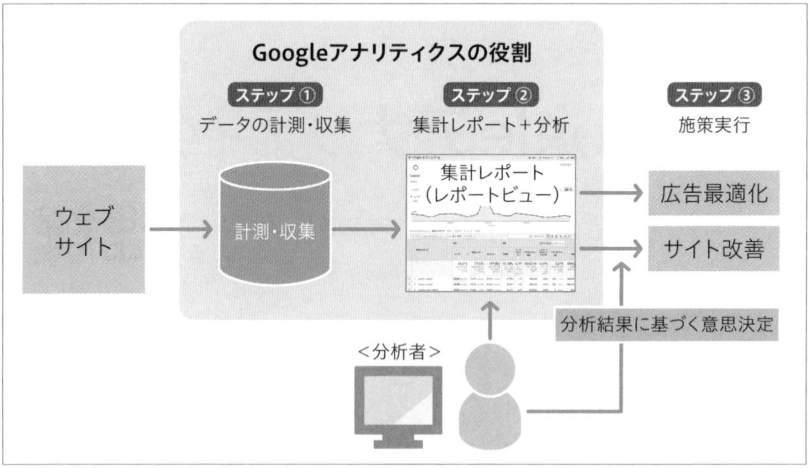

1-2 Googleアナリティクスの利用者の役割を理解する

前記のように、データ活用ステップに基づいて施策の改善や課題解決において成果を出してくために必要な、Googleアナリティクスを利用する側の人たちの役割はどのようなものでしょうか。一般的にステップ①～③においては、それぞれ異なるスキルが必要とされます。

データ活用ステップ	利用者の役割	必要な基本スキル
ステップ① 必要なデータをそろえる（計測・収集）	＜計測設定エンジニア＞ 計測タグ実装やデータ取得のための技術支援を行うエンジニア	計測タグの実装や変数データ取得の際に必要な技術スキル（HTML、CSS、JavaScriptなど）
ステップ② 計測・収集したデータを集計し分析する	＜集計＆分析者＞ 集計レポートの内容を理解し、課題解決のための分析を行える分析者	マーケティング施策のKPIに関する知識と分析に関するスキル※統計学の知識までは必要としない
ステップ③ 分析結果に基づき施策を実行する	＜マーケティング施策担当者＞ ネット広告やサイト運営における目標設定ができ、課題の定義と解決に必要なデータ要件を定義できる施策担当者	ネット広告運用やサイト運営に関する実務スキル

すべてのスキルを持ち合わせすべての役割をひとりでこなせる人もいるかもしれませんが、そう多くないでしょう。会社の組織体制や規模に合わせて、上記の役割をカバーできるようにすることで、Googleアナリティクスのデータを活用した成果を出していくことができるようになるでしょう。

1-3 計測と収集によって得られるデータを理解する

Googleアナリティクスが施策や課題の解決のために必要なデータを得る方法は、大きくふたつあります。

①データ計測：計測対象のウェブサイトにトラッキングコードを貼ることによって、サイト訪問者の行動データを計測する方法

②データ収集：トラッキングコードで計測する以外の方法で、サイト訪問者に関連するデータを取得する方法。Google広告との連携によってインポートされる広告関連のデータや、データインポート機能によってCRMデータのようなオフラインデータをGoogleアナリティクスの取りこむ方法などがある。

Googleアナリティクスを単なる"アクセス解析ツール"と考えた場合、トラッキングコードによる"データ計測"で得られたデータを主に利用することになりますが、広告施策の最適化や大規模企業向けのプラットフォーム的活用を目的とする場合は"データ計測"によるデータだけでなく、様々な"データ収集"方法によって必要なデータをそろえることが必要になります。
計測も収集も、Googleアナリティクスが施策や分析に必要なデータをそろえる手段ですが、本書では、その目的と手段、得られるデータ内容が異なるため「計測」と「収集」を区別して解説していきます。本書の読者の皆さんも、Googleアナリティクスで見ることができるデータは、

・サイトのトラッキングコードを貼って計測するデータ

だけではなく、

・Google広告との連携やデータインポート機能によって収集できるデータ

があることを理解しておくと良いでしょう。

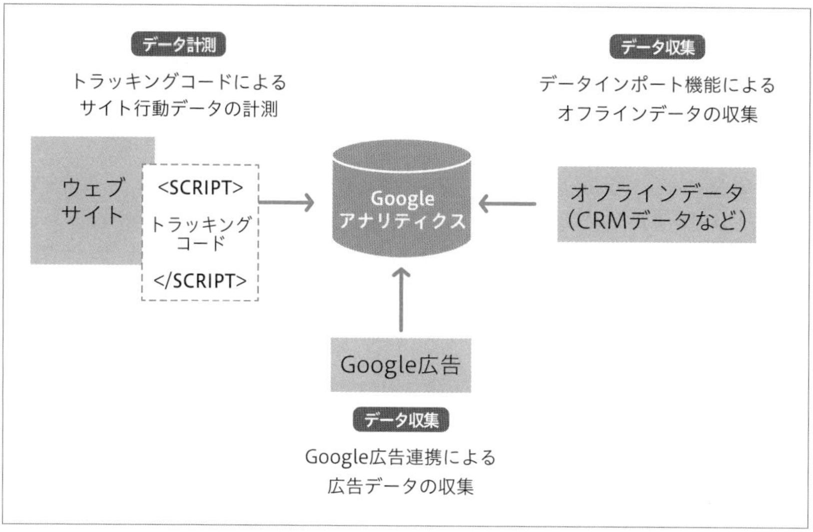
データ計測
トラッキングコードによる
サイト行動データの計測
ウェブ
サイト
<SCRIPT>
トラッキング
コード
</SCRIPT>
Google
アナリティクス
データ収集
データインポート機能による
オフラインデータの収集
オフラインデータ
(CRMデータなど)
Google広告
データ収集
Google広告連携による
広告データの収集

1-4　「集計」と「分析」の違いを理解する

計測や収集によってGoogleアナリティクスに集められ蓄積されたデータは、そのままでは使うことはできません。「集計」されレポート画面に表示され、その集計レポートを見ながら「分析」を行うことができるようになります。Googleアナリティクスの使い方、また、一般的なデータ活用のステップを理解する意味でも、この「集計」と「分析」の違いを理解しておく必要があります。

①集計：蓄積されたデータは、様々な目的や切り口で集計され、Googleアナリティクスのレポート画面に表示されます。Googleアナリティクスでは、このレポートを「(レポート)ビュー」と言います。

②分析：レポートビューの表示された「集計されたデータ」を見て、「さらに細かく分けて比較して見てみたい」場合や「データの粒度を細かくして見てみたい」というのが「分析」する、というプロセスになります。一般的に前者を「セグメント分析」後者を「深堀り分析」と言います。

Googleアナリティクスの標準のレポート画面の数は本書執筆時点でも百数十種ありますが、それらはあらかじめデータ活用の目的やそれに基づく分析の目的によって使い分けられているものです。百数十種ものレポート画面があらかじめ用意されているということは、それだけ多種多様なデータの利用目的・分析目的に対応できるようになっていることもわかります。

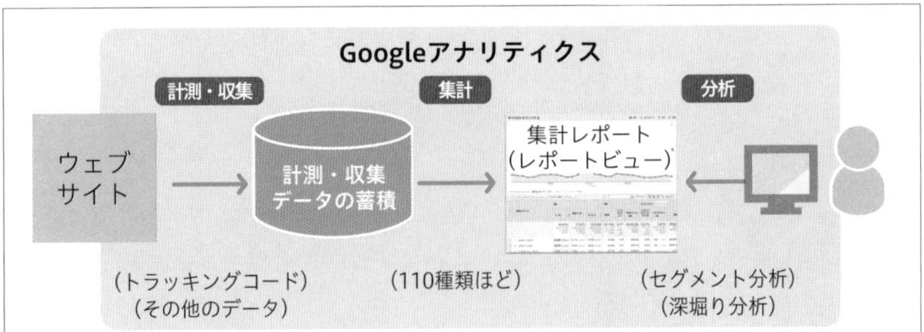

このことから、Googleアナリティクスというツールはデータの計測・収集と集計までをするツールで、分析は利用者が行うプロセスであるということを理解して利用することが重要です。

1-5 利用目的を理解する ①ウェブ改善

Googleアナリティクスで計測・収集し蓄積されたデータの利用目的のひとつに、ウェブサイトの改善があります。そもそも、Googleアナリティクスは「ウェブサイトのアクセス解析ツール」として始まっており、ウェブ改善は主要な利用目的のひとつです。
ウェブ改善の目的は、サイト内のユーザー行動を最適化することでサイトの目的達成のための目標数値（サイトのKGI）を最大化することです。サイトの目的は種別によって様々ですが、eコマースサイトを例に言えばその目的は「売上を上げること」になり売上目標額がKGIということになります。

■ Googleアナリティクス利用目的①ウェブ改善

プロセス / 目的	データ計測/収集	集計/分析	施策/アクション
ウェブサイト改善	ウェブサイトのコンテンツがどのように閲覧されているか？サイト内行動データを計測する	サイト全体、ディレクトリ、ページごとのPV数、セッション数、滞在時間、などを集計し分析する	サイト内のユーザーエクスペリエンス（サイト内行動）を最適化。サイトの課題ポイントを抽出し改善する

ウェブサイトは業種によって様々な目的があり、その目的に従って目標数値を設定して運用していくことが求められます。Googleアナリティクスのデータを使ってその目標数値を最大化、最適化していくことが重要です。

ウェブサイトの種類	ウェブサイトの目的	KGI（目標数値）
ECサイト	製品やサービスを販売すること	売上
リードジェネレーションサイト（BtoBの見込み客獲得サイト）	営業チームが活用できるユーザー情報の収集と、潜在的な見込み顧客を見つけ出すこと	"問い合わせ"の獲得数や見込み客登録数など
コンテンツパブリッシャー（メディアサイトなど）	ユーザーに訪問してもらい、関係を築くこと	コンテンツ利用、再訪などの訪問頻度の促進
顧客サポートサイト（FAQや問い合わせなど）	ユーザーが欲しい情報を適切なタイミングで提供すること	顧客満足の獲得※
ブランディングサイト	認知度を上げて、良い関係を築き、ロイヤリティを高めること	ブランド認知、エンゲージメントの獲得※

※Googleアナリティクスでは計測できない目標数値の場合は外部調査などの利用も考えられる。
※KGI＝Key Goal Indicator

1-6 利用目的を理解する ②集客最適化

Googleアナリティクスで計測・収集し、蓄積されたデータのひとつ目の利用目的に、集客施策の最適化があります。ウェブサイトのKGI（目標数値）を達成するための集客施策についても、サイトへの流入データとコンバージョンデータの計測と集計によって、施策と費用対効果の最適化に利用できます。
ウェブサイトへの集客施策は、「SEO」「ネット広告」「SNS」など様々です。このような集客施策ごとのデータによって、個別の最適化を行うこともできますが、Googleアナリティクスのデータを利用すればすべての流入データを計測し、ひとつのレポートにまとめて集計・分析することができるようになります。

■ Googleアナリティクス利用目的②集客最適化

プロセス／目的	データ計測/収集	集計/分析	施策/アクション
ウェブサイト集客	サイトの行動データに加え、キャンペーン計測やコンバージョン計測のための設定を行う	キャンペーンレポートを見て広告効果を確認し、ランディングページやコンバージョンまでの回遊もチェックし改善ポイントを分析していく	集計/分析結果に基づき、キャンペーンの改善施策を計画し実行していく。

アクセス解析ツールとしてのGoogleアナリティクスは、これまで主にウェブ制作や運用担当者が利用することがほとんどでしたが、集客施策の多様化と全体最適化のニーズが高まっている中で、特にネット広告担当者の利用が増えてきています。

1-7 利用目的を理解する ③プラットフォーム活用

Googleアナリティクスで計測・収集できるデータは、主にウェブサイトのデータですが、マーケティング活動全体に関わるデータを連携させて、ユーザーの行動全体を分析できる環境のことを"(マーケティング) プラットフォーム"と言います。
ツールひとつだけのデータではなく、広告とウェブサイトのデータ、さらに企業が保有する顧客データ(個人情報を除く)をつないで連携できる分析環境を構築することを"プラットフォーム化"と言い、Googleアナリティクスにこのプラットフォーム化を可能にする機能が盛り込まれています。

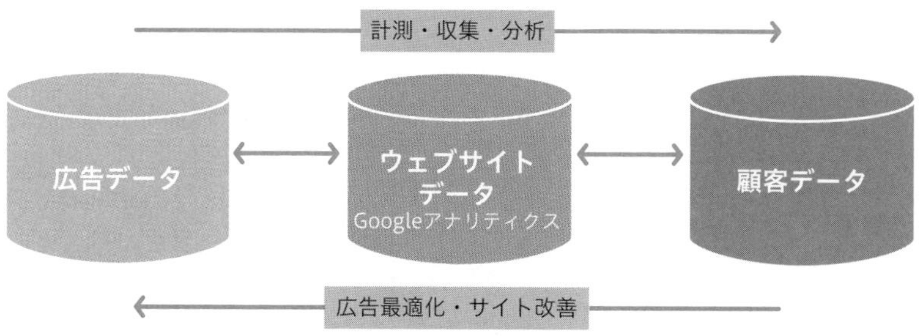

データ連携によるマーケティングプラットフォーム

ビジネスやマーケティングのIT化が進む中で、多様なデータを活用することが当たり前になってきています。ウェブサイトユーザーや顧客のデータを、できる限りひとつの場所で集計し分析を行える"しくみや環境(プラットフォーム)"づくりが必要になってきており、大企業を中心にGoogleアナリティクスを中心としたプラットフォーム化の取り組みが進んでいます。

1-8 Googleタグマネージャとの連携を理解する

Googleアナリティクスがウェブサイトのデータを計測・収集するためには、トラッキングコードを対象のサイトに実装する必要がありますが、最近ではトラッキングコードを直接対象のサイトに貼るのではなく、Googleタグマネージャ（以下、GTM）を使って配信をする方法が主流になっています（トラッキングコードによる計測方法については「2-5　トラッキングコードによる計測のしくみを理解する」で解説します）。

GTMは、Googleアナリティクスだけでなく様々な計測タグ（計測のためのトラッキングコード）の配信管理ツールです。Google広告のコンバージョン計測タグやリマーケティングタグ、またGoogle社以外の製品のトラッキングコードも、GTMからであればサイトに直接実装することなく配信管理することができます。

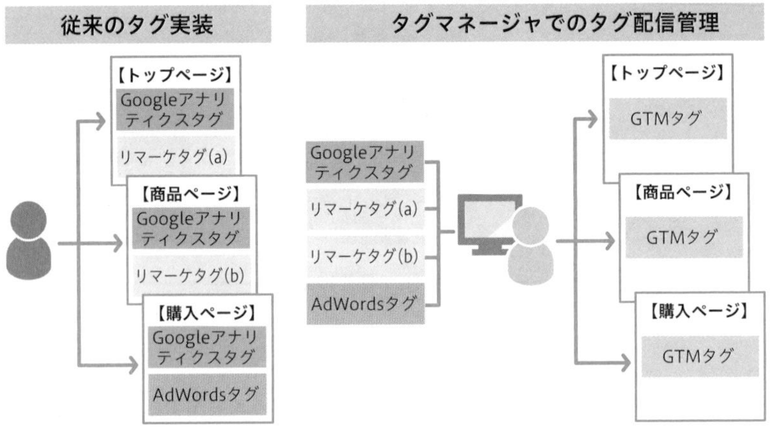

タグをページごとに個別に設置するため実装の手間がかかる

GTMの管理画面からページごとにタグを配信管理。個別のタグをページごとに貼る必要がなく、工数・費用が削減できる

Googleアナリティクスは、デフォルトのトラッキングコードを実装しただけでは計測できない、サイト上にある分析に必要な様々なデータを取得する機能も備えており、そのような計測も効率的に行えるGTMはサイトからのデータ計測には欠かせないツールとなっています。

本書では、Googleアナリティクスの導入やデータ計測方法については、このGTMを利用した方法を基本に解説します。

1-9 データポータルとの連携を理解する

Googleアナリティクスには100以上のレポート画面があり、カスタムレポートのような高度なレポート機能も備わっていますが、データポータルと連携することによって、Googleアナリティクスのレポートをより多くの人に、よりビジュアライズされた形で共有することができます。

これまでGoogleアナリティクスのレポートは、直接Googleアナリティクスにログインをして閲覧するのが一般的でした。もしくは、エクセルやパワーポイントを使って、わざわざ"レポートを作成する"という手間をかける人も少なくなかったと思います。しかし、データの活用が普及し利用者が増えるにしたがって、Googleアナリティクスにログインせずに見ることができる"データポータル"を使うことで、Googleアナリティクスへのログインアカウントを持たない人へのレポートデータ共有も、非常に簡単に手間をかけず行うことができるようになりました。

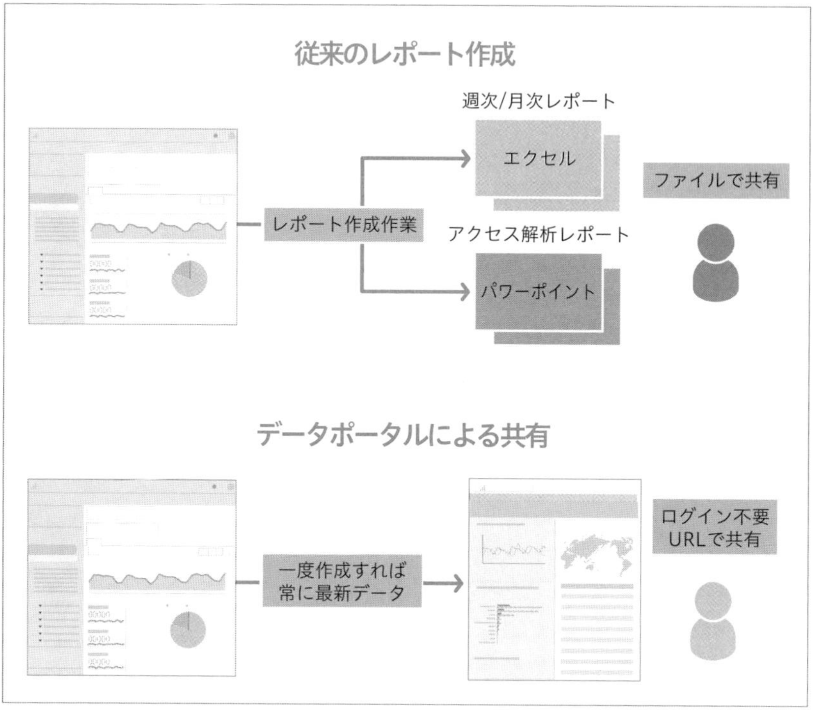

データポータルはGoogleアナリティクスのデータだけでなく、実に様々なデータソースとの連携によって、集計レポートやダッシュボードを簡単に作成できる無料のツールですが、本書では特にGoogleアナリティクスのレポート機能強化ツールとして、その利用方法を解説していきます。
データポータルについての詳細は、第13章にて解説していきます。

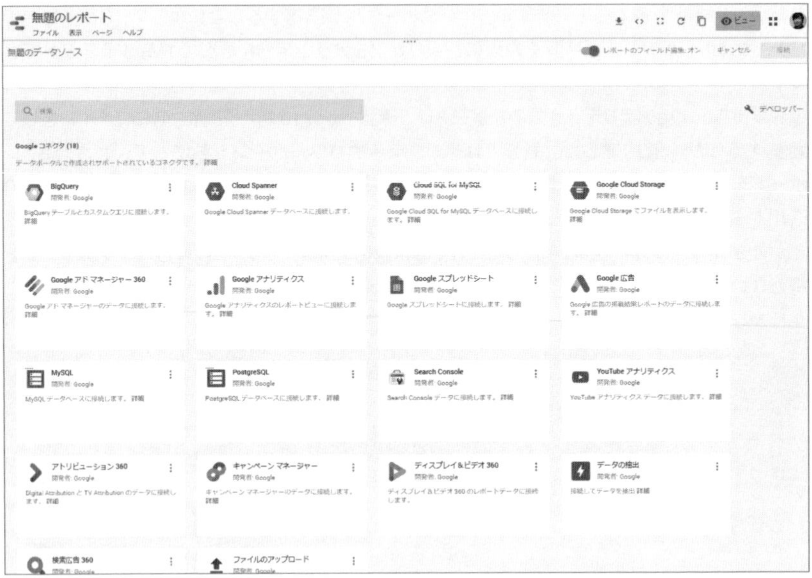

1-10 オプティマイズとの連携を理解する

ウェブサイトを訪れるユーザー行動の最適化に、いわゆる"A/Bテスト"はとても有効な手段として広く利用されています。Googleのツール群にも「オプティマイズ」というテストツールがあります。また、オプティマイズはテストだけでなく、ユーザーの行動や行動属性に合わせて最適なコンテンツ配信を行うパーソナライズ機能も備わっています。
オプティマイズは単独のツールのように見えますが、データ計測と蓄積についてはGoogleアナリティクスと連携しており、単独では機能できません。Googleアナリティクスが実装されているサイトにおいて、連携して利用するツールとなります。

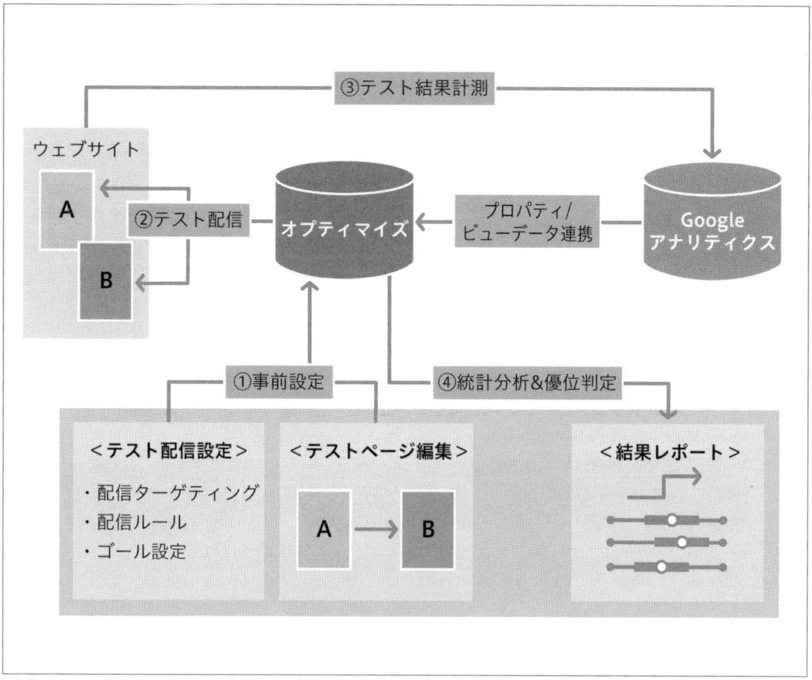

オプティマイズで行えるテストには期限(最大で90日まで)がありますが、テストだけでなくパーソナライズ配信機能もあるため、テスト結果で優位性が求められたコンテンツを、特定のターゲットユーザーごとに出し分けることも可能になります。
オプティマイズについての詳細は、第12章にて解説していきます。

1-11 Google広告・Googleシグナルとの連携を理解する

Google広告の運用と効果測定はGoogle広告の管理画面で行い、コンバージョン計測などはGoogle広告側で発行する計測タグによって行うことができますので、Googleアナリティクスとの連携をせずとも運用と改善を行うことは可能です。しかし、Googleアナリティクスと連携をすることによって、サイト内行動データと合わせたレポーティングや、リマーケティングリストの作成が可能になります。
また、Googleが持つ"Googleユーザー（Googleアカウントを利用しているユーザー）"の情報には、統計的に処理された性年齢別情報やインタレストカテゴリ（興味関心カテゴリ）などの属性情報があり、サイト訪問ユーザーの分析やリマーケティングに活用できるセグメント情報としても重要な情報です。Googleアナリティクスの「広告向け機能」を有効にすることによって、これらの情報がレポート画面で利用することが可能になります。
さらに、2018年よりこの「広告向け機能」が「Googleシグナル」としてアップグレードされ、クロスデバイス集計によるユーザーデータの利用も可能になりました。
本書では、より高度な分析とGoogle広告での活用が可能になる「Googleシグナル」の利用を推奨し、「Googleシグナル」を前提とした解説を行っていきます。
運用型広告の最適化と自動化にはデータが欠かせませんが、Google広告の機能で収集できるデータと分析機能だけでなく、Google広告連携とGoogleシグナルによって、Googleアナリティクスで計測・収集できるより多くのデータと高度な分析機能を利用することで、多様なユーザー行動に向けたキャンペーンシナリオの展開が可能になります。

GoogleアナリティクスとGoogle広告・Googleシグナルの連携

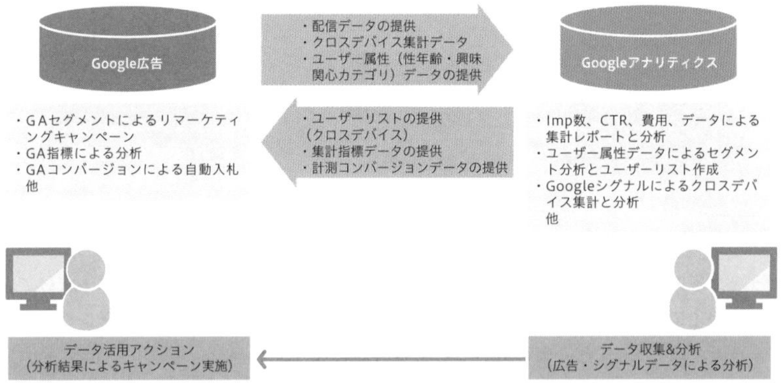

このように、データ計測と収集機能であるGoogleアナリティクスに、Google広告とGoogleシグナルを連携することによる運用の最適化が、ますます求められています。
Googleシグナルの有効化についての詳細は第3章で、Google広告との連携についての詳細は第6章で解説をしていきます。

1-12 Googleアナリティクス360と広告サービスの連携を理解する

Googleアナリティクス360（有料版）では、Google広告だけでなく、それ以外の様々な広告プラットフォームに対してキャンペーンを行える「検索広告360」や、「ディスプレイ&ビデオ360」「Campaign Manager」など、Googleマーケティングプラットフォームの「広告サービス」との連携も可能になります。
これは、「1-7　利用目的のを理解する③プラットフォーム活用」で述べたプラットフォーム活用のための方法のひとつでもあります。

● **Googleマーケティングプラットフォームの広告サービス**

無料版のGoogleアナリティクスでは、前記のように「Google広告」との連携は可能です。しかし、Googleアナリティクス360では、Google広告でリーチできない広告プラットフォーム（Yahoo!Japanや様々なDSPなど）でのキャンペーンを可能にするGoogleの広告サービスの各ツールとの連携によって、「GoogleアナリティクスとGoogle広告」の連携と同様のことができます。これにより、レポーティングデータの相互共有と、Googleアナリティクス360で作成したユーザーリストによるリマーケティングキャンペーンを行うことが可能になります。

Googleアナリティクス360とGoogleの広告サービスとの連携

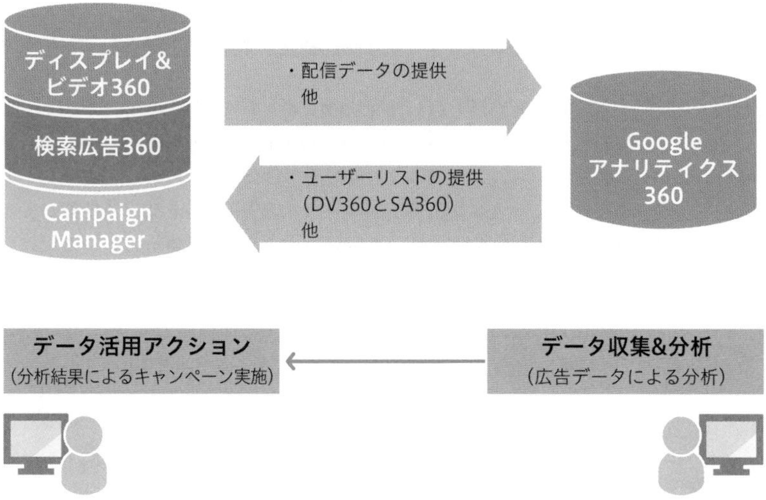

Googleアナリティクス360でのみ可能になるこの連携は、主に大規模企業向けに用意されたプラットフォームと言えるでしょう。

1-13 Googleアナリティクス360とBig Queryの連携を理解する

Googleアナリティクス360（有料版）では、計測されたローデータ（生データの状態：集計前のノンサンプリングの状態）をBig Query（Google Cloud Platform製品の中の分析サーバー製品）にエクスポートすることができます。無料版のGoogleアナリティクスでは、集計後のレポートデータをCSVファイルなどでエクスポートしたり、APIを使って外部から取得することはできますが、いずれも集計後データであり、サンプリング集計の影響を受ける場合があるので、高度な分析目的には向きません。

Googleアナリティクス360とBigQueryの連携

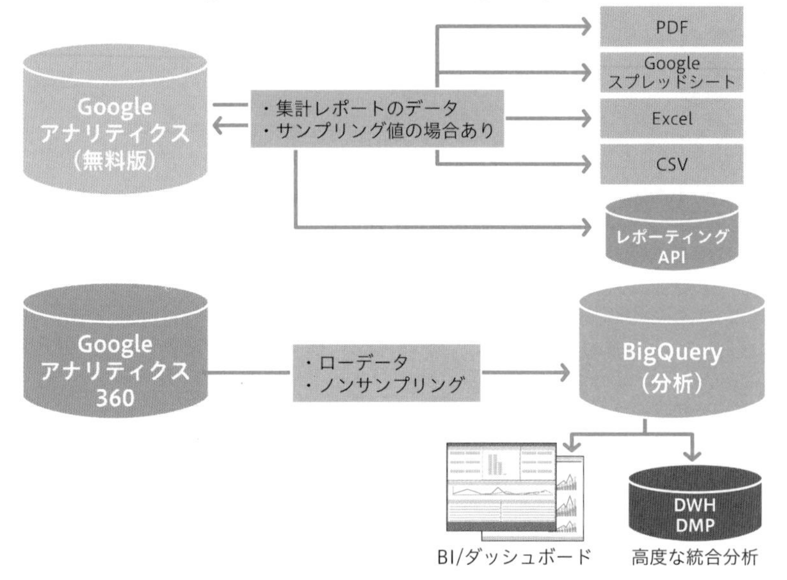

Googleアナリティクス360とBig Query連携では、大規模企業を中心に、自由なデータ環境の上にカスタマイズされたダッシュボードでのリアルタイムレポーティング運用や、統合データベース環境へのウェブ行動データ提供の基盤としての最適な環境づくりが進んでいます。Googleアナリティクス360のユーザー企業では、Googleアナリティクスのレポート画面に頼らずに、計測したローデータを活用した独自の分析プラットフォーム上での取り組みが急速に進んでいます。

COLUMN

Googleマーケティングプラットフォームとは

Googleアナリティクスは急速な進化を遂げていますが、その方向性は「アクセス（ウェブ）解析によるウェブ改善」から「ツールやデータの連携によるプラットフォーム化（フルファネル最適化）」にあるということができます。特に、近年の機能拡張はこのプラットフォーム利用に向けたものに注力されており、利用者に対しても「脱アクセス（ウェブ）解析ツール」というメッセージをより強くしている印象を受けます。

Googleでは、2018年に、Googleアナリティクス360と広告系ツールの連携活用ソリューションを行う基盤として、これらツールの総称として「Googleマーケティングプラットフォーム」と称するブランドを発表しました。

各ツールそれぞれの役割は下図のようになりますが、これらツールを連携し統合したデータ活用基盤を構築することでデジタルマーケティング全体の最適化が行うことを目指しています。

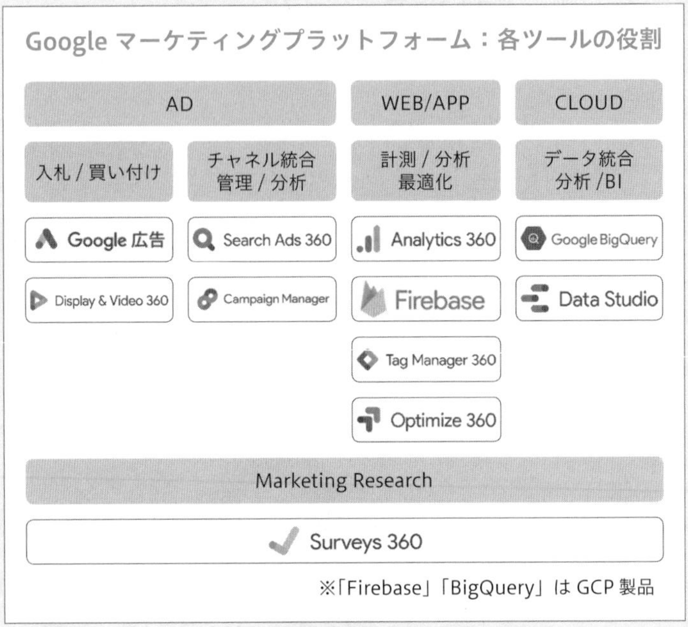

「Googleマーケティングプラットフォーム」自体は、大規模エンタープライズ企業向けのソリューションであり、Googleアナリティクスも有料版のGoogleアナリティクス360が対象ですが、本書では無料版Googleアナリティクスでも可能な「プラットフォーム活用」を取り上げて解説していきます。

プラットフォーム活用については、第14章を参照ください。

参考 アナリティクスヘルプ＞Googleマーケティングプラットフォームの概要
https://support.google.com/analytics/answer/9031231

2章

データ活用のステップと準備

2-1 データ活用のステップを理解する

Googleアナリティクスは、ウェブサイトのアクセスデータを計測し、集計レポートを見て分析することで、改善アクションへつなげていくことができるツールです。そして、この流れを実現するために、様々な機能や設定があります。それぞれの機能や設定を個々に理解するよりも、全体の活用ステップに沿って全体を理解することによって、具体的な課題に対してGoogleアナリティクスをより使いこなすことができるでしょう。データ活用のステップは、「取る」「見る」「使う」で覚えておきましょう。
Googleアナリティクスに備わっている個々の機能や設定は、「取る」「見る」「使う」の各ステップに分類することができます。それぞれのステップは、具体的に以下のようなことを意味しています。

①「取る」＝データを計測、または収集し活用や分析に必要なデータをそろえること
②「見る」＝計測、収集によってそろえたデータを集計しレポートし、分析を行うこと
③「使う」＝集計や分析の結果をアクション（施策）につなげ「目的」に活かすこと

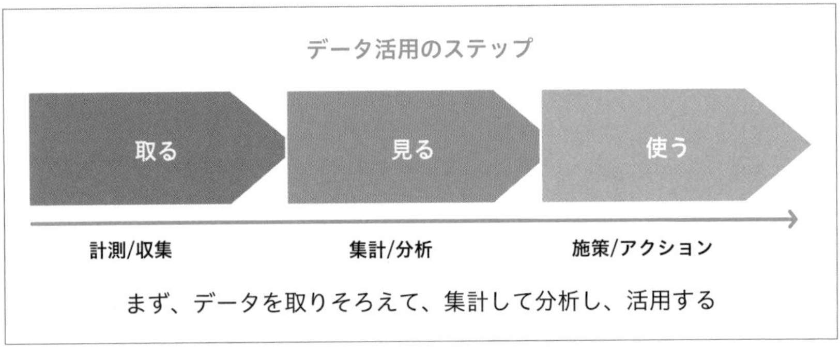

皆さんが、Googleアナリティクスで見ているレポート画面は、このステップに当てはめると「見る」の集計結果をレポート画面で見ているということになります。

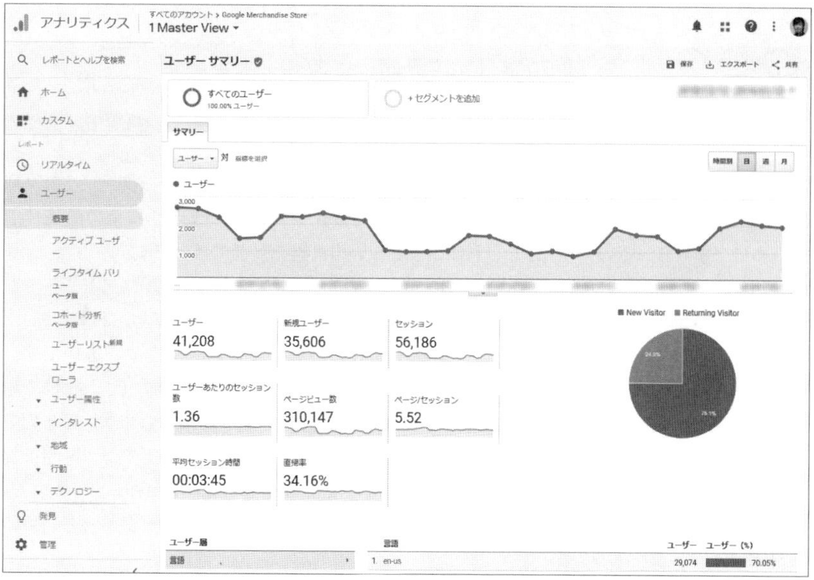

このように、それぞれのステップを行うことができるように多くの機能や設定が作られているのが、Googleアナリティクスなのです。

2-2 データ活用のステップ ①「取る」を理解する

「取る」「見る」「使う」のステップの中で、言うまでもなく一番重要なステップが、この「取る＝データ計測/収集」です。データを使ってマーケティング課題の改善や施策の最適化を行うわけですから、そのデータがなければ始まらないのは当たり前のことです。

Googleアナリティクスは、トラッキングコードをウェブサイトに実装すれば、すぐにデータが計測されてレポート画面に集計結果が表示される便利なツールです。しかし、トラッキングコードを実装すれば、「取る」のステップが完了したと考えるのは、大きな間違いです。

Googleアナリティクスは、ほとんどの場合"無料版"から利用を開始するので、"タダ"で導入ができて、トラッキングコードを実装すればすぐに集計データが表示されます。ですので、「取る＝データ計測/収集」が完了した、と勘違いするケースがほとんどですが、実際には「見る」の分析や「使う」に必要なデータの、ごく一部しか得られていません。

Googleアナリティクスには、「取る＝計測/収集」に関する機能や設定が多くあり、実に多種多様なデータをそろえることができます。

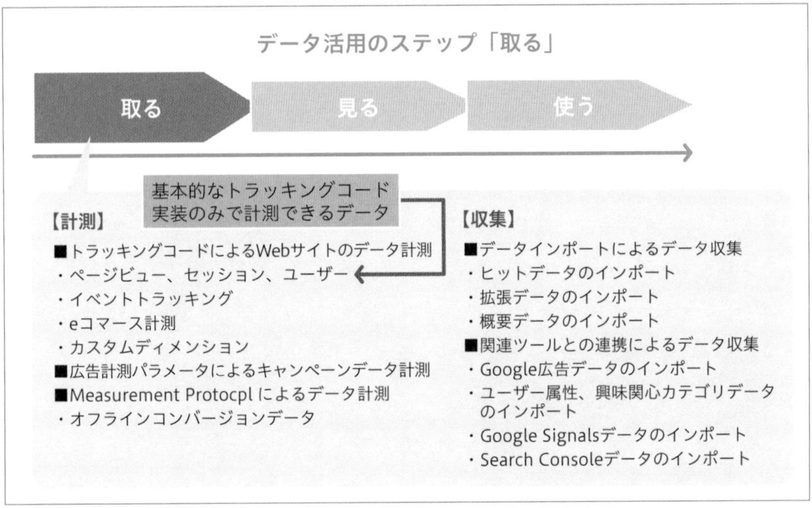
データ活用のステップ「取る」
取る
見る
使う
基本的なトラッキングコード
実装のみで計測できるデータ
【計測】
■トラッキングコードによるWebサイトのデータ計測
・ページビュー、セッション、ユーザー
・イベントトラッキング
・eコマース計測
・カスタムディメンション
■広告計測パラメータによるキャンペーンデータ計測
■Measurement Protocpl によるデータ計測
・オフラインコンバージョンデータ
【収集】
■データインポートによるデータ収集
・ヒットデータのインポート
・拡張データのインポート
・概要データのインポート
■関連ツールとの連携によるデータ収集
・Google広告データのインポート
・ユーザー属性、興味関心カテゴリデータのインポート
・Google Signalsデータのインポート
・Search Consoleデータのインポート

すべてのGoogleアナリティクスユーザーが「取る」のすべての計測/収集が必要なわけではありませんが、機能を理解することで、皆さんが抱えている課題や目的に必要なデータを、いち早くそろえることができるようになります。

これらの「計測」「収集」に関する機能の解説は第2～6章で行います。

2-3 データ活用のステップ ②「見る」を理解する

「見る」のステップは、前節で説明したように「取る」のステップでそろえたデータを集計し分析をするプロセスになります。前節でも述べましたが、Googleアナリティクスは標準のトラッキングコードをウェブサイトに実装すれば、最低限のデータは計測され、レポート画面にも集計レポートが表示されるようになります。レポート画面にデータが表示されると、すぐに分析しようと考えるかもしれません。しかし、最初にレポート画面に表示されている集計データは、「取る」でそろえたデータをただそのまま集計表示しているだけなので、目的にそった正しい集計結果ではなく、分析にも使えないことがほとんどです。
最初にレポート画面に表示された集計データを鵜呑みにするのではなく、Googleアナリティクス集計に関する機能をきちんと理解した上で、目的にそった正しい集計結果が得られるようにすることが重要です。
以下の図のように、「集計」では計測/収集でそろえたデータに対して、不要なデータを除外したり、必要なデータだけの集計に絞ったりすることや、より分析しやすくするための追加の集計設定を行うための機能がそろっています。これら機能を使って集計の定義設定を行えば、Googleアナリティクスは、その定義に従って集計したレポートを提供してくれるようになります。

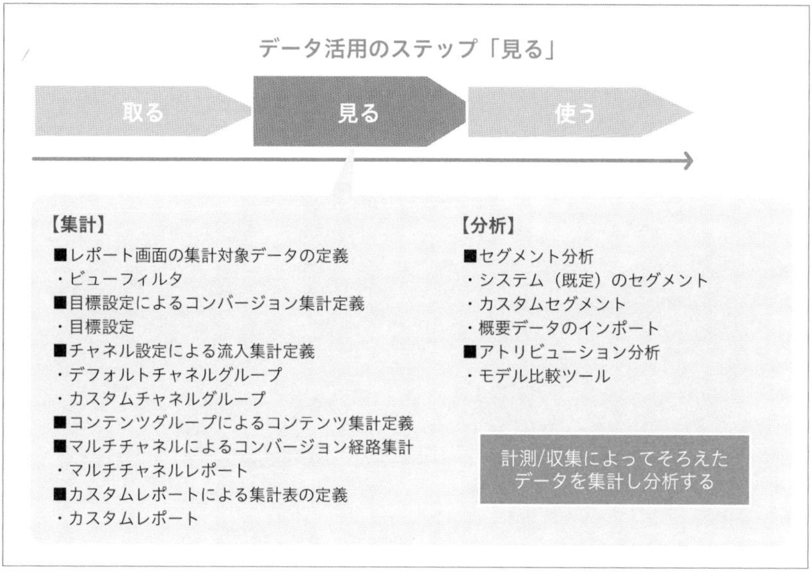

データ活用のステップ「見る」
取る
見る
使う
【集計】
■レポート画面の集計対象データの定義
・ビューフィルタ
■目標設定によるコンバージョン集計定義
・目標設定
■チャネル設定による流入集計定義
・デフォルトチャネルグループ
・カスタムチャネルグループ
■コンテンツグループによるコンテンツ集計定義
■マルチチャネルによるコンバージョン経路集計
・マルチチャネルレポート
■カスタムレポートによる集計表の定義
・カスタムレポート
【分析】
■セグメント分析
・システム（既定）のセグメント
・カスタムセグメント
・概要データのインポート
■アトリビューション分析
・モデル比較ツール
計測/収集によってそろえたデータを集計し分析する

また、Googleアナリティクスでは、「セグメント分析」と「アトリビューション分析」の2種類の分析を行うための機能が提供されています。また、Googleアナリティクス360(有料版)では、「高度な解析」という機能が提供されており、ディメンションと指標、セグメントを自由に組み合わせて、アドホックに深堀り分析ができるようになっています。
これらの「集計」「分析」に関する機能の解説は第7〜10章で行います。
「集計」と「分析」の違いとその流れについては「1-4　集計と分析の違いを理解する」でも解説していますので参照してください。

2-4 データ活用のステップ ③「使う」を理解する

「使う」のステップでは、いよいよ集計や分析の結果を、具体的な施策に活かして行くことになります。Googleアナリティクスは「計測/収集」と「集計」をし、利用者が「セグメント分析」や「アトリビューション分析」を行うための機能を提供してくれるツールなので、「施策」を実行する機能はありません(唯一、ウェブテストがありますが、オプティマイズの登場によりこの機能の終了がアナウンスされています)。したがって、Googleアナリティクス自体が持ち合わせている「使う」の機能は、各施策へデータや集計/分析結果を提供するための機能、ということになります。

「使う」の領域は、下図のように大きく3つの目的に整理できます。Googleアナリティクス利用者だけでなく、データを必要とする社内関係者へ集計データをデリバリ(配布)できるツール「データポータル」との連携。また、ウェブサイトのユーザーエクスペリエンスを最適化するためのテストとパーソナライズ配信ツールである「オプティマイズ」との連携。そして、Googleアナリティクスが最も得意とするGoogle広告との連携による広告の最適化になります。

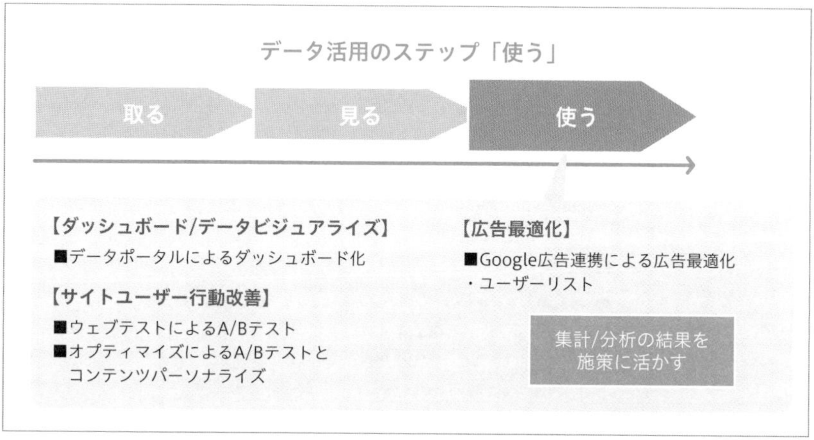

データ活用のステップ「使う」
取る
見る
使う
【ダッシュボード/データビジュアライズ】
■データポータルによるダッシュボード化
【サイトユーザー行動改善】
■ウェブテストによるA/Bテスト
■オプティマイズによるA/Bテストと
コンテンツパーソナライズ
【広告最適化】
■Google広告連携による広告最適化
・ユーザーリスト
集計/分析の結果を
施策に活かす

本来、データの計測/収取と集計/分析は、そのこと自体が目的ではないはずです。「使う」の目的に従って、それに必要なデータを「取る」でそろえて、施策に活かせるように「見る」で集計/分析するという流れが、最も理想的なGoogleアナリティクス活用の流れになります。

これらの「使う」に関する機能の解説は第11～14章で行います。

2-5 トラッキングコードによる計測のしくみを理解する

Googleアナリティクスのトラッキングコードをサイトに実装するには、サイトの状況や「GTM」の登場によっていくつかの実装方法があります。現段階でGoogleから推奨されている方法は、

①GTMからGoogleアナリティクスのトラッキングコード（analytics.js）を配信する方法
②グローバルサイトタグ（gtag.js）を直接サイトに実装する方法

のふたつがあります。

※いずれの方法においても計測内容に違いはありません。

※analytics.jsを直接サイトに実装する方法もまだ有効ですが、タグの管理と利便性の観点からGTMからの配信が推奨されています。

● トラッキングコードによるふたつの計測方法

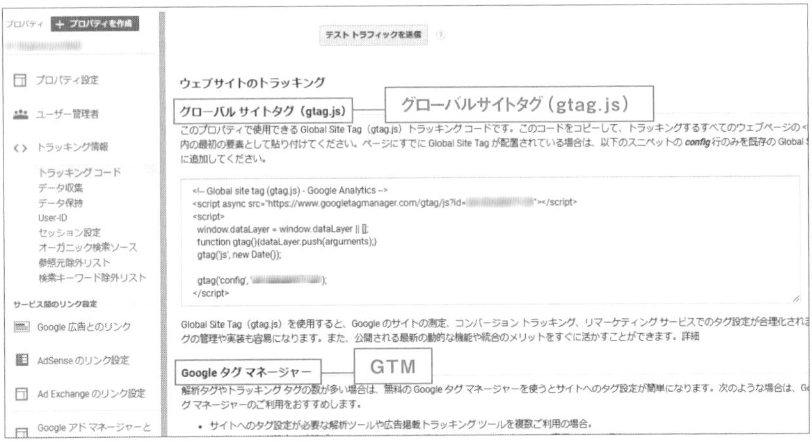
プロパティ
＋ プロパティを作成
プロパティ設定
ユーザー管理者
トラッキング情報
トラッキングコード
データ収集
データ保持
User-ID
セッション設定
オーガニック検索ソース
参照元除外リスト
検索キーワード除外リスト
サービス間のリンク設定
Google 広告とのリンク
AdSense のリンク設定
Ad Exchange のリンク設定
Google アド マネージャーと
テスト トラフィックを送信
ウェブサイトのトラッキング
グローバル サイトタグ（gtag.js）
グローバルサイトタグ（gtag.js）
このプロパティで使用できる Global Site Tag（gtag.js）トラッキング コードです。このコードをコピーして、トラッキングするすべてのウェブページの
内の最初の要素として貼り付けてください。ページにすでに Global Site Tag が配置されている場合は、以下のスニペットの config 行のみを既存の Global
に追加してください。
<!-- Global site tag (gtag.js) - Google Analytics -->
<script async src="https://www.googletagmanager.com/gtag/js?id="></script>
<script>
window.dataLayer = window.dataLayer || [];
function gtag(){dataLayer.push(arguments);}
gtag('js', new Date());
gtag('config', '');
</script>
Global Site Tag（gtag.js）を使用すると、Google のサイトの測定、コンバージョン トラッキング、リマーケティング サービスでのタグ設定が合理化され
グの管理や実装も容易になります。また、公開される最新の動的な機能や統合のメリットをすぐに活かすことができます。詳細
Google タグ マネージャー
GTM
解析タグやトラッキング タグの数が多い場合は、無料の Google タグ マネージャーを使うとサイトへのタグ設定が簡単になります。次のような場合は、
グ マネージャーのご利用をおすすめします。
• サイトへのタグ設定が必要な解析ツールや広告掲載トラッキング ツールを複数ご利用の場合。

画面NAVI ■ 管理 ▸▸ プロパティ ▸▸ トラッキング情報 ▸▸ トラッキングコード

「gtag.js」は「analytics.js」の後継バージョンではなく新しいしくみ

現在、Googleアナリティクスの設定画面で新しいトラッキングコードを発行すると、グローバルサイトタグ（gtag.js）が発行されます。利用者には非常にわかりにくいですが、gtag.js

はanalytics.jsの新バージョンという位置づけではありません。
Google社は、Googleアナリティクスと他のGoogle広告系製品（Google広告、ディスプレイ&ビデオ360、検索広告360、キャンペーンマネージャ）を連携して、"プラットフォーム"として利用することを推進しており、そのために計測のしくみを共通化、簡素化する方向で開発を進めています（プラットフォーム活用については「1-7　利用目的を理解する③プラットフォーム活用」を参照）。グローバルサイトタグ（gtag.js）は、その目的でリリースされた、Googleアナリティクスと他の広告系製品の計測のための「新しいしくみ」と理解するのが良いでしょう。Google広告やディスプレイ&ビデオ360、検索広告360、キャンペーンマネージャのコンバージョン計測のトラッキングコードも、すべてグローバルサイトタグ（gtag.js）への移行が推奨されています。

計測タグと管理をシンプルにしてツールとデータの連携を容易に

筆者の理解では、Googleアナリティクスによるサイト行動データ計測と、Googleの各広告系製品によるコンバージョン・リマーケティング計測の連携が重視される中で、各ツールごとの計測タグの実装と管理は、かなり負荷が高くなってきているという課題があります。これを解決するためにGoogleが用意したのが、

①GTMによる計測タグの一括管理
②グローバルサイトタグ（gtag.js）による各ツール計測タグの共通化

というふたつの選択肢になる、ということです。

● **GTMによる計測のしくみイメージ**

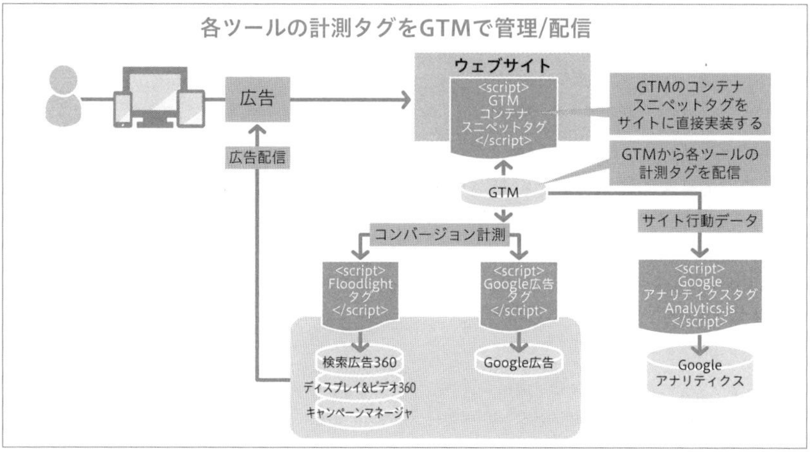

● グローバルサイトタグ(gtag.js)による計測のしくみイメージ

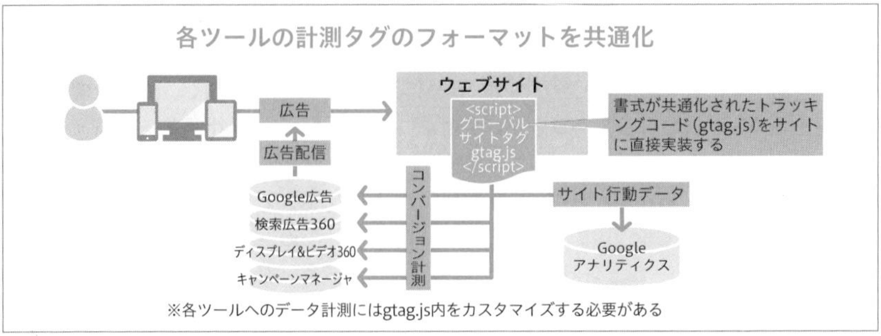

GTMからanalytics.jsを配信する方法を推奨

Googleは「Googleマーケティングプラットフォーム」に見るように、Googleアナリティクス単体での利用だけでなく、広告系製品との連携活用を推進しており、そのために計測のしくみも進化しています(Googleマーケティングプラットフォームについては第1章のコラム「Googleマーケティングプラットフォームとは」を参照)。現状ではいくつかの実装方法がありますが、筆者のお勧めとしては、GTMを利用したGoogleアナリティクス計測タグ(analytics.js)の配信が良いと考えます。GTMであれば、Googleアナリティクスだけでなく Googleの広告系製品、また他社製品の計測タグの配信管理も容易に行えます。

グローバルサイトタグ(gtag.js)は、Googleの各ツール計測を共通フォーマットで行えるというメリットはありますが、サイトに直接実装が必要な点や、ツールの追加やイベントトラッキングなどデータの追加取得などの際には、直接タグのカスタマイズをする必要があるので負荷が高いというデメリットもあります。

※GTMからgtag.jsを配信することは推奨されていません。gtag.jsは、あくまでサイトに直接実装するために設計されています。

よって、基本方針としては

・GTMが実装できる場合はGTMを利用する
・GTMの実装が困難な場合はgtag.jsを直接実装する

というのが良いでしょう。

※本書ではGTMによる実装方法を「3-4 GTMを準備・実装する」で解説していきます。

※GTMとgtag.jsについては、以下を参照ください。

参考 タグマネージャヘルプ＞Googleタグマネージャーとgtag.js
https://support.google.com/tagmanager/answer/7582054

2-6 グローバルサイトタグによる計測のしくみを理解する

現在、Googleアナリティクスで新規のトラッキングコードを設定しようとすると、デフォルトでグローバルサイトタグ（gtag.js）が提供されます。前節の解説のように、本書ではGTMによる実装を推奨し解説しますが、本節では理解のためにグローバルサイトタグ（gtag.js）について、そのしくみを解説します。

グローバルスニペットとイベントスニペット

大まかな理解としては、グローバルサイトタグ（gtag.js）は、全ページに貼る共通の"グローバルスニペット"と、イベントトラッキングやeコマース計測など、特定のページで追加でデータを計測する場合に個別に実装する"イベントスニペット"の、2段構成と理解しておくとわかりやすいでしょう。
グローバルスニペットでは、最も基本的なデータとして"ページビューヒット"が送信されますので、グローバルスニペットを全ページに実装しておけば、"ページビュー"、"セッション"、"ユーザー"などの基本的な計測をすることができます。

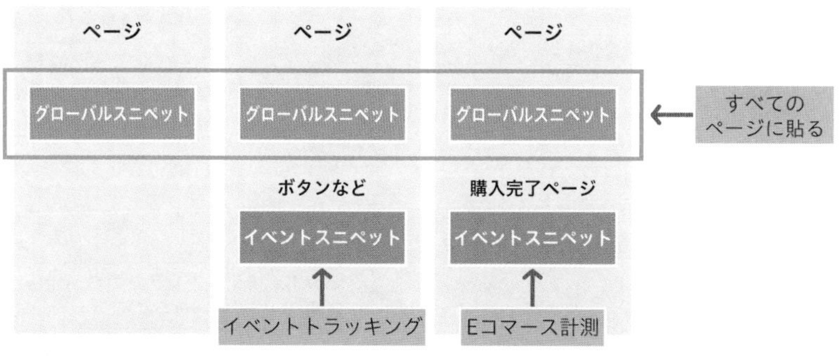

※計測したいイベントがあるページに個別に実装する

グローバルスニペットは<head>タグ直下に貼ることが推奨されています。イベントスニペットは、グローバルスニペットの後であれば基本的には問題ありません。

Googleの他ツールと共通フォーマットのグローバルスニペット

グローバルスニペットは、前節で解説の通りGoogleの広告系製品と共通のフォーマットになっています。

グローバルスニペット：Googleアナリティクスの場合

```
<!--Global site tag (gtag.js) -Google Analytics -->
<script async src="https://www.googletagmanager.com/gtag/
js?id=UA-xxxxxxx-y"></script>
<script>
window.dataLayer= window.dataLayer|| [];
function gtag(){dataLayer.push(arguments);}
gtag('js', new Date());

gtag('config', 'UA-xxxxxxx-y');
</script>
```

グローバルスニペットを発行したツールのIDが表示される。データ送信先ではない

'config'でデータ送信先のGoogleアナリティクスプロパティを定義

グローバルスニペット：Google広告（旧Google AdWords）の場合

```
<!--Global site tag (gtag.js) -AdWords -->
<script async src="https://www.googletagmanager.com/gtag/
js?id=AW-GOOGLE_CONVERSION_ID"></script>
<script>
window.dataLayer= window.dataLayer|| [];
function gtag(){dataLayer.push(arguments)};
gtag('js', new Date());

gtag('config', 'AW-GOOGLE_CONVERSION_ID');
</script>
```

グローバルスニペットを発行したツールのIDが表示される。データ送信先ではない

'config'でデータ送信先のGoogle広告コンバージョンIDを定義

このように、同じフォーマットの中で「発行元のツールのID」と「データ送信先のツールのID」を定義するだけで、使い分けることができます。
また、例えばGoogleアナリティクスとGoogle広告の両方の計測をしたい場合でも、グローバルスニペットをふたつ貼る必要はなく、次の例のように1行追記するだけで、データの送信先を追加することができます。

グローバルスニペット：Googleアナリティクス＋Google広告の場合

```
<!--Global site tag (gtag.js) -Google Analytics -->
<script async src="https://www.googletagmanager.com/gtag/
js?id=UA-xxxxxxx-y"></script>
<script>
window.dataLayer= window.dataLayer|| [];
function gtag(){dataLayer.push(arguments);}
gtag('js', new Date());

gtag('config', 'UA-xxxxxxx-y');
gtag('config', 'AW-GOOGLE_CONVERSION_ID');
</script>
```

ここは変更する必要はない

追加したいGoogle広告のIDを1行追加する

同じ要領で、複数のGoogleアナリティクスプロパティの計測や、複数のGoogle広告のコンバージョンID計測が、このひとつのグローバルスニットの中に追記するだけで行えます。
書式の1行目で定義している発行元のツールIDは、計測データの送信先とは関係がないので、どのツールのIDにデータを送信したい場合でも、最初に実装したグローバルスニペットをそのまま利用することが可能です。

※Google広告でコンバージョン計測をする場合は、上記のグローバルスニペットに加え、コンバージョンページにイベントスニペットを実装し、コンバージョン計測をする必要があります。

Floodlight（旧ダブルクリック）にも共通で利用可能

Googleの広告系製品は"Google広告（旧AdWords）"の他に"旧ダブルクリック製品（ディスプレイ&ビデオ360、検索広告360、キャンペーンマネージャ）があり、これらの計測は"Floodlightタグ"という書式で行われていましたが、このFloodlightの計測もグローバルサイトタグ（gtag.js）の共通フォーマットで行うことができます。
例えば、検索広告360から発行したグローバルスニペットで、Googleアナリティクスと Google広告の計測も行う場合にも、次のように共通のフォーマットの中への追記で可能になります。

グローバルスニペット：検索広告360 + Googleアナリティクス + Google広告の場合

```
<!--Global site tag (gtag.js) -DoubleClick -->
<script async src="https://www.googletagmanager.com/gtag/
js?id=DC-[floodlightConfigID]"></script>
<script>
window.dataLayer= window.dataLayer|| [];
function gtag(){dataLayer.push(arguments);}
gtag('js', new Date());


gtag('config', 'DC-[floodlightConfigID]');
gtag('config', 'UA-xxxxxxx-y');
gtag('config', 'AW-GOOGLE_CONVERSION_ID');
</script>
```

ここは発行元のFloodlightIDのまま

Floodlightに加え、Googleアナリティクスと Google広告のIDを追記

本節では、グローバルサイトタグ（gtag.js）の基本的な理解のためにしくみを解説していますが、実際の計測のための実装には計測データによって詳細な設定が必要になる場合がありますので、必ず以下のサイトを参照するか、技術者に確認をするようにしてください。

参考 gtag.jsデベロッパーガイド
https://developers.google.com/gtagjs/

参考 Googleアナリティクスデベロッパー向けガイド＞サイトにgtag.jsを追加する
https://developers.google.com/analytics/devguides/collection/gtagjs/

参考 Google広告ヘルプ＞ウェブサイトでのコンバージョン トラッキングを設定する
https://support.google.com/google-ads/answer/6095821

2-7 GTMによる計測のしくみを理解する

GTMはGoogleアナリティクスの「データ計測装置」と理解

GTMは、本来様々なツールの計測タグの配信を一括で管理するためのツールです。しかし、Googleアナリティクスとの連携においては、単にGoogleアナリティクスの計測タグ(analytics.js)を配信するというだけでなく、ウェブサイトの様々なデータ取得しGoogleアナリティクスに送信する「サイトデータの計測装置」という役割を担っています。

analytics.jsを使ってサイトに直接実装する方法でも、様々なカスタマイズによってサイトのデータを取得することは可能です。しかし、計測したいデータが多様化しマーケティング施策に連動して、都度データ計測ニーズが発生する場合には、その度に直接計測タグのカスタマイズを行うというのは、あまり現実的な選択肢ではありません。

その意味では、Googleアナリティクスは GTMで計測するもの、として"セット"で考えるのが良いでしょう。

※本書では解説の便宜上GTMコンテナの計測タグである「スニペットタグ」を「GTMコンテナタグ」と表記します。

● GTMによるGoogleアナリティクス計測のしくみイメージ

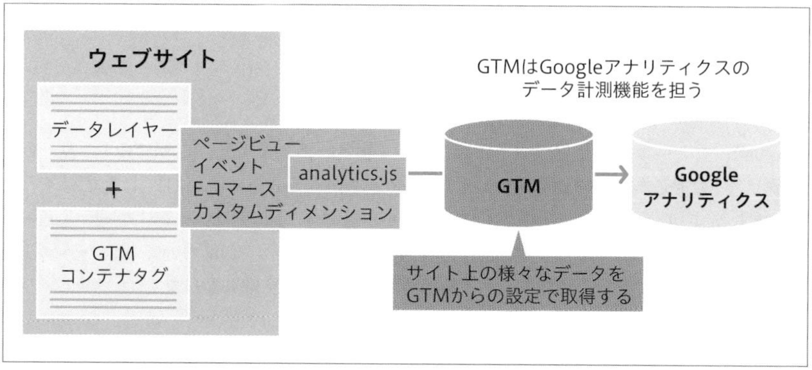

知っておきたい「タグ」「トリガー」「変数」と「データレイヤー」

GTMを使ったGoogleアナリティクスのデータ計測方法は、「3-4　GTMを準備・実装する」で解説しますが、ここでは基本的なしくみの理解のためにGTMの基本的な構成要素を解説します。

◎ タグ

GTMから配信される各「タグ」は、計測したデータを「どのツールのどの計測タグで送信するか」を定義するものという理解をしましょう。GTMはそもそも多様な計測タグの配信を管理するツールなので、"タグのタイプ"を選択することで定義することができます。

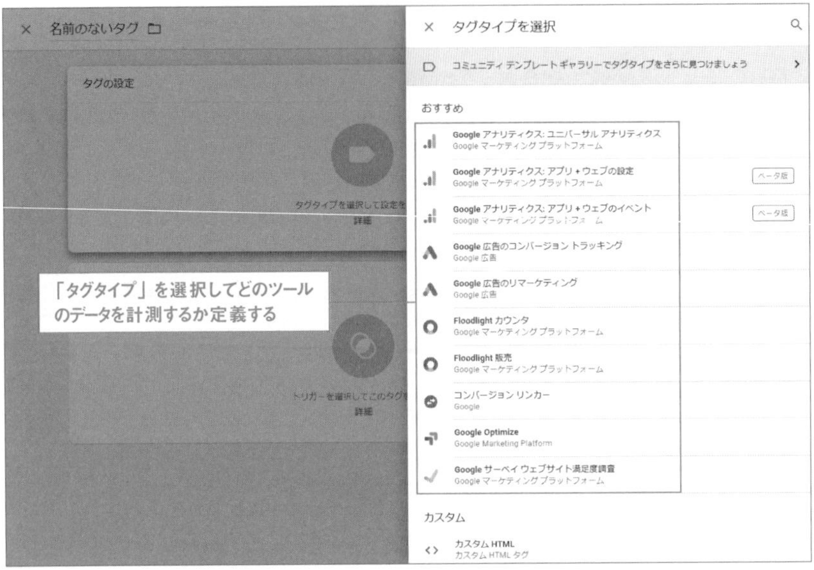

画面NAVI ■ タグマネージャ ▶▶ タグ ▶▶ 新規 ▶▶ タグの設定 ▶▶ タグタイプを選択

◎ トリガー

「トリガー」という言葉には「きっかけ」という意味がありますが、GTMでのトリガーも文字通り「(選択した計測タグを動かして)データを送信するきっかけ(条件)」を定義するものになります。Googleアナリティクスの計測で一番基本的に使われるトリガーに「すべてのページ」というものがありますが、この場合は「すべてのページにおいて(各ページが)表示されたときにタグを発火させてデータを送信する」という意味になります。

※特定の条件下でタグを機能させることを「発火」と言います。

トリガーを「特定のページURL」「ページ表示時に」と定義した場合は、そのページが表示されたときにタグを発火させてデータを送信する、という意味になります。特定のデータの値を指定して、その場合にだけタグを発火させる、という細かな条件設定も可能になります。このように、特定のトリガー（条件）で個別にデータ送信の設定が行えるので、ひとつのサイトに対しても、計測内容やトリガーが異なる「Googleアナリティクス」タイプのタグがいくつも配信されるような見え方になります。

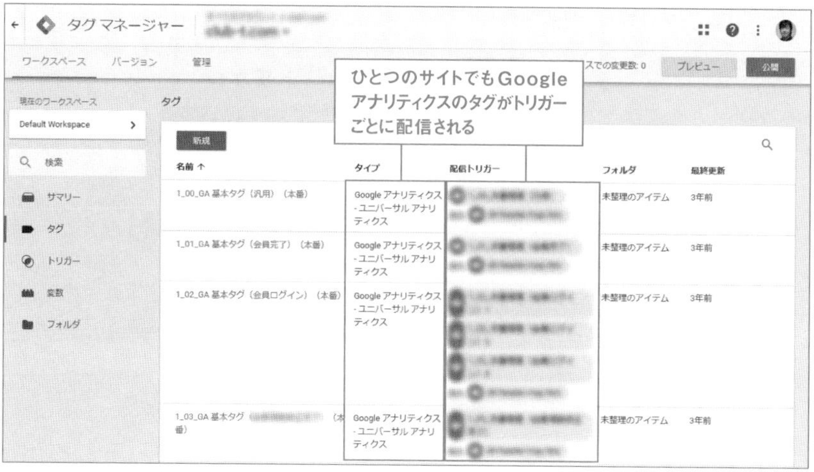

画面NAVI ■ タグマネージャ ▶▶ タグ

◉ 変数

「変数」という用語自体は、使われる場面によってそれぞれの定義があるので、本書では説明しませんが、GTMやGoogleアナリティクスの理解において使われる「変数」を筆者の理解で説明すると、「計測/収集するデータ（の名前）」という理解でいいと思います。そして、変数は必ずその中身である「値」とセットで用いられます。
例えば、サイトから会員IDを計測する場合の変数は、「会員ID＝{個々のID}」ということになります。簡単に言ってしまえば、データの名前とその中身（値）のセット、とでも理解しておけば、GTMやGoogleアナリティクスを利用する上では十分でしょうし、実際の会話の中では「変数＝計測するデータのこと」くらいの理解で十分成り立ちます。
データ（変数）の中身である「値」は、数値の場合もあれば文字列の場合もあります。
GTMでは、よく使われる変数がデフォルトでセットされている「組み込み変数」と、利用者が独自で計測したいデータを定義する「ユーザー定義変数」とがあります。いずれにしてもこの「変数」は、

・タグの発火時に送信されるデータ

として利用される場合と、

・トリガーの条件の定義

として利用される場合があります。

● 「変数」と「タグ」「トリガー」の関係イメージ

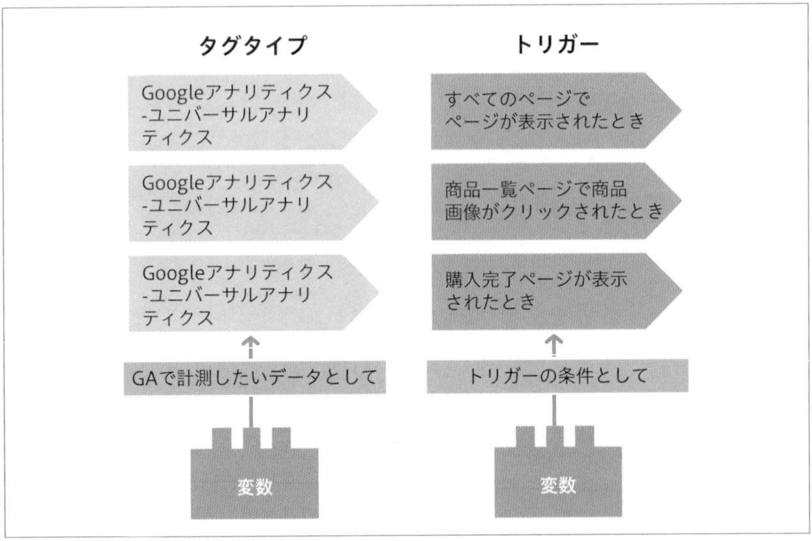

参考 タグマネージャヘルプ＞変数
https://support.google.com/tagmanager/topic/7683268

◎ データレイヤー

そもそもGTMは「多様なタグの配信を一括管理できるツール」というツールであり、その最大のメリットのひとつは「ツールごとの計測タグをいちいちサイトに貼る手間が省ける」ということかと思います。つまり、GTM自体のタグ（コンテナタグ）さえ一度サイトに貼ってしまえば、後はいちいちタグを貼ったりカスタマイズせずとも、各ツールのデータ計測ができる、というのが本来の役割かと思います。

一方で「データレイヤー」とは、ウェブサイトから取得したいデータ（変数）をGTMに渡すために必要な、JavaScriptのコードのことです。GTMでは、データレイヤーを使わなくても、ウェブサイトから直接取得することができるデータもあります。しかし、動的に書き出されるデータを取得したい場合や、サイトの構造変化に影響されずにより確実に変数を取得したい場合などは、データレイヤーを使う必要があります。データレイヤーはJavaScriptのコードなので、GTMのコンテナタグとは別にサイトに直接実装する必要があります。

なので、GTMのコンテナタグだけですべてが計測できるわけではなく、より多くのデータ（変数）を計測したい場合には、その計測したいデータが得られるページごとに、データレイヤーをサイトに実装する必要があります。

● データレイヤーによる変数取得方法のイメージ

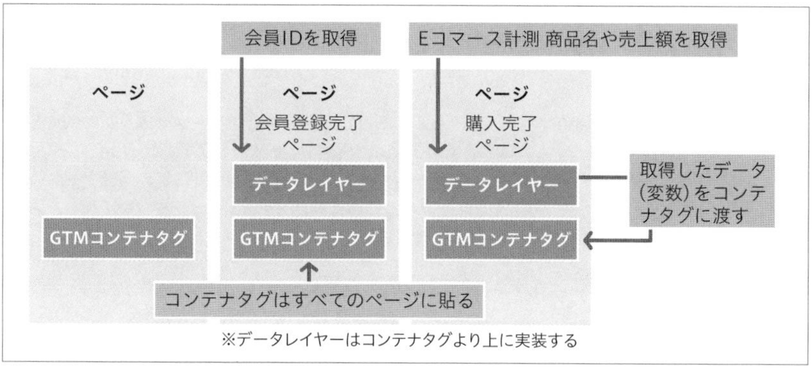

Googleアナリティクス計測におけるGTMの役割

これまでの解説の通り、GTMは「タグ」「トリガー」「変数」の基本要素によって

・計測したいデータ(変数)を計測したいタイミング(トリガー)でGoogleアナリティクス(タグ)に送信する役割である

ということになります。
さらに、より確実に、より多くのデータ(変数)を計測したい場合には「データレイヤー」を利用することができる、ということになります。

● データ(変数)とタグとトリガーの関係

計測したいデータ	タグ(データ送信先)	トリガー(タイミング・条件)
・ページビュー ・セッション ・ユーザー　など	Googleアナリティクス-ユニバーサルアナリティクス	すべてのページで ページが表示されたとき
商品画像のクリック数 (イベント計測)	Googleアナリティクス-ユニバーサルアナリティクス	商品一覧ページで商品画像がクリックされたとき
売上データ (商品、数、価格、など)	Googleアナリティクス-ユニバーサルアナリティクス	購入完了ページが表示されたとき

参考　タグマネージャヘルプ＞Googleタグマネージャーの構成要素
https://support.google.com/tagmanager/answer/6103657

COLUMN

ファーストパーティCookieとサードパーティCookie

Googleアナリティクスのような、ウェブサイト行動データ計測ツールや広告効果測定ツールには、通常Cookie（クッキー）が使われます。Cookieは、ウェブサイトのサーバーから閲覧者のブラウザに対して発行され、閲覧者の履歴データなどを記録し、ユーザーの利便性を高めるために利用されているデータファイルです。上記のように分析や効果測定にも利用されています。

知っておきたいふたつのCookie

デジタル領域のマーケティング分析やネット広告の効果測定に関連する人たちは、「ファーストパーティCookie」と「サードパーティCookie」の違いを知っておく必要があります。Cookieはそのブラウザでドメインごとに分けて保存されるので、閲覧しているサイトのドメインと同じかどうかで呼び名が変わります。
Cookieは計測のためのとても重要なしくみであり、このふたつのCookieの違いを知り使いこなすことで、計測の精度を高めたりすることができます。

● ファーストパーティCookie

ユーザーが閲覧しているサイトのドメインとして保存されているものがファーストパーティCookieです。

● サードパーティCookie

一方、ユーザーが閲覧しているサイトとは異なるドメインから発行され、そのドメインで保存されているのがサードパーティCookieです。代表的な例として、広告が掲載されているサイトでは、その広告が配信される"広告サーバー"ドメインのCookieがブラウザに付与され保存されています。また、広告効果測定ツールや一般的なアクセス解析ツールも、それぞれツールのドメインから発行されたCookieを使ってデータを計測しています（一部、ファーストパーティCookieを利用しているものもあります）。

ファーストパーティCookieとサードパーティCookie

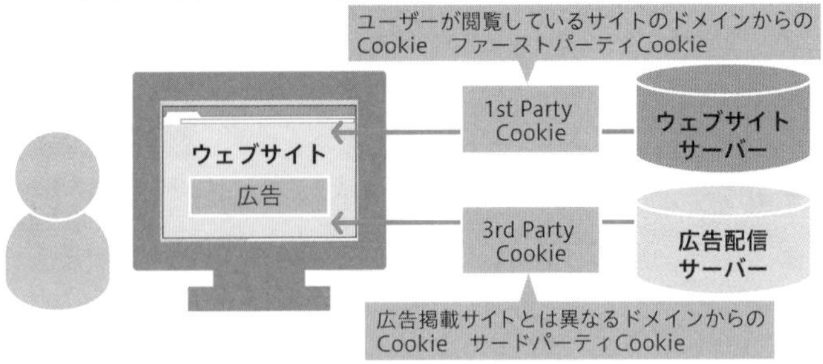

GoogleアナリティクスはファーストパーティCookieを利用している

Googleアナリティクスは、一般的にはアクセス解析ツールと同じしくみでデータを計測していますが、他ツールと違ってデフォルトでファーストパーティCookieを利用しています。

GoogleアナリティクスはファーストパーティCookieを利用

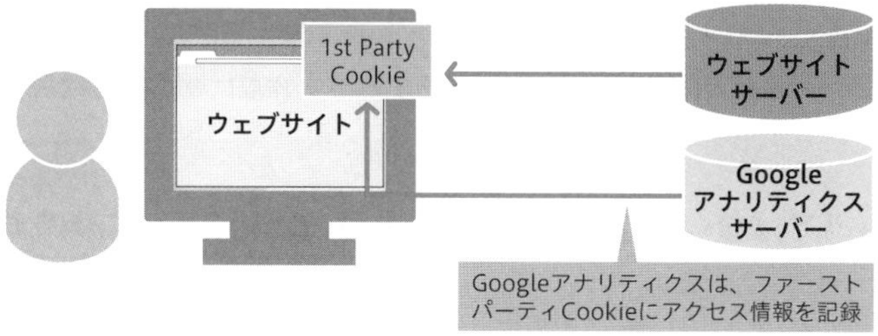

ファーストパーティCookieが使われる理由

上記のように、一般的にサードパーティCookieは、ユーザーのサイト行動の計測を目的として、サイトとは異なるドメイン＝つまりサイト運営者ではない第3者がデータを取得していることになります。そのため、それを嫌うユーザーがブラウザ設定によってサードパーティCookieの受け入れを拒否することで、計測の精度が下がる可能性があります。

また、2017年以降からは特定のブラウザ（Safari）において、サードパーティCookieによるデータ計測を制限するしくみ（ITP=Intelligent Tracking Prevention）が導入されたり、2020年1月にはGoogleによって、世界で広く普及している「Chromeブラウザ」でのサードパーティCookieのサポートは2年以内に打ち切りになることが発表されたりしました。そのようなこともあり、ウェブの行動データをマーケティングに有効に利用するためにも、改めてファーストパーティCookieの利用が高まっています。

今後はさらに、世界的にCookieの利用についての規制が強まる方向（使用させないということではなく、ユーザーにきちんと説明し許諾を得るしくみを導入する方向）になって行くことが予想されますので、計測サイト上の「プライバシーポリシー」の記載を確認することと、グローバルな個人情報保護関連の情報には注目をしていく必要があるでしょう。

2-8 Googleアカウントを取得する

Googleアナリティクスにログインするには、Googleアカウントが必要です。Gmailをご利用の方であれば、すでにGoogleアカウントを持っていることになるので、お使いのGmailアドレスとパスワードでGoogleアナリティクスにログインすることができます。
本書では、規模に関わらずビジネスユーザーの方を想定していますので、Googleアナリティクスのビジネス利用の観点から、Googleアカウントの作成について解説していきます。

Gmailではなく会社のアドレスでもGoogleアカウントを作成可能

前述の通り、すでにGmailをお持ちであればGoogleアカウントを持っていることになりますが、Googleアカウントは、会社アドレスのようなGmail以外のアドレスでも作成することができます。Googleアナリティクスのユーザー管理の観点から言えば、Googleアナリティクスへのログインアカウントは Gmailである必要はなく、むしろ皆さんの会社アドレスでGoogleアカウントを作成されることをお勧めします。
Googleアナリティクスのユーザー登録と権限については「2-12　ユーザー権限を理解する」「2-13　ユーザーを管理・登録する」で解説しますが、計測したデータ(サイト行動データやeコマースの売上データなど)の重要性から言って、ログイン権限を付与している人の所属(会社名など)や名前がメールアドレスから判断できる方がセキュア(安全な)な管理方法と言えます。

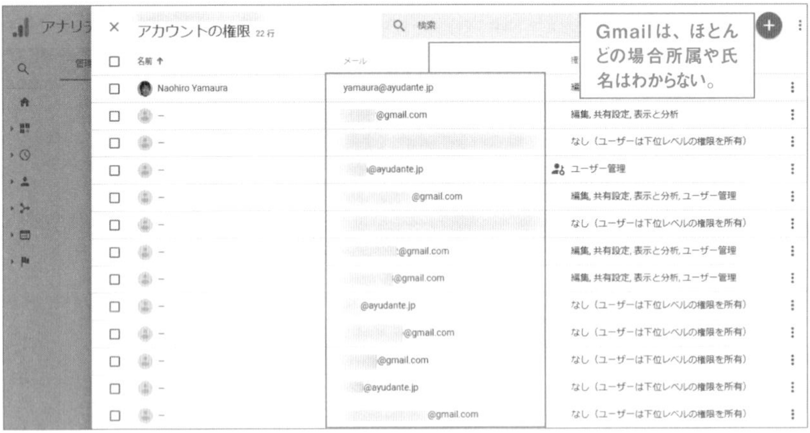

会社で運用している場合では、異動や退職によって、データを閲覧できるユーザーは常に入れ替わる可能性があります。また、制作会社や広告代理店にもログイン権限を付与している場合も多く「誰が何の役割でデータを見ることができるのか？」は、Gmailアドレスで管理することはかなり難しいでしょう。社内の多くの組織でGoogleアナリティクスを活用している場合などは、「いったいどこの部署の誰なのか？」がまったく不明になっているアドレスがたくさんユーザー登録されていて、削除するにもできない状態で放置されている、というアカウントも多く見受けられます。

共用アカウントの作成も避けた方が良い理由

また、会社によってはひとつのGoogleアカウントを複数の担当者で共用できるように、メールアドレスとパスワードを共有して利用するケースも見られますが、筆者は適正な利用とセキュリティの観点からお勧めしません。Googleアナリティクスのログインアカウントと様々な機能の利用権限の構造は、基本的には組織単位ではなく、"個人単位"での利用を前提に設計されていると筆者は考えます。例えば、個々のログインアカウントに紐づいて作成や設定ができるレポート機能やダッシュボード機能、セグメント機能などがあるからです。さらに、共用アカウントの場合でもメンバーの異動や退職があったときに、その都度パスワードの変更を行い、共用メンバーに周知して運用しているケースはかなり少ないと思われるので、セキュアな環境にはなりません。最悪の場合、その共用アカウントを誰が使えるのか？さえわからなくなり、退職した人でもメールアドレスとパスワードを知っていれば、データを見続けることができる状態になっている、というケースは少なくないのではないでしょうか。

所属と名前がわかるメールアドレスで作成したGoogleアカウントを用意

以上の理由から、筆者は所属と名前（姓だけでも、名だけでも良い）がわかるメールアドレスで作成したGoogleアカウントを、Googleアナリティクスのログインに利用することを強くお勧めします。ほとんどの会社では、会社ドメインと氏名でメールアドレスが作られているので（氏名@会社名.co.jpのように）、そのままそのアドレスでGoogleアカウントを作成すれば簡単です。もし、Gmailを利用する場合でも「@gmail.com」の前の部分を「名前＋会社名@gmail.com」とするか、アカウント作成画面の「姓名入力」のところで会社名氏名を入力するような、工夫やルール化をすることで、Googleアナリティクスのユーザー管理はやりやすくなるでしょう。

Googleアカウントの作成

Googleアカウントの作成画面（https://accounts.google.com/signup）から画面の手

順に従ってアカウントを作成できます。

デフォルトでは、Gmailアドレスを作成するように入力画面が表示されますが、次図のように「代わりに現在のメールアドレスを使用」をクリックすることで、会社アドレスのようなGmail以外のメールアドレスでのアカウント作成ができるようになります。

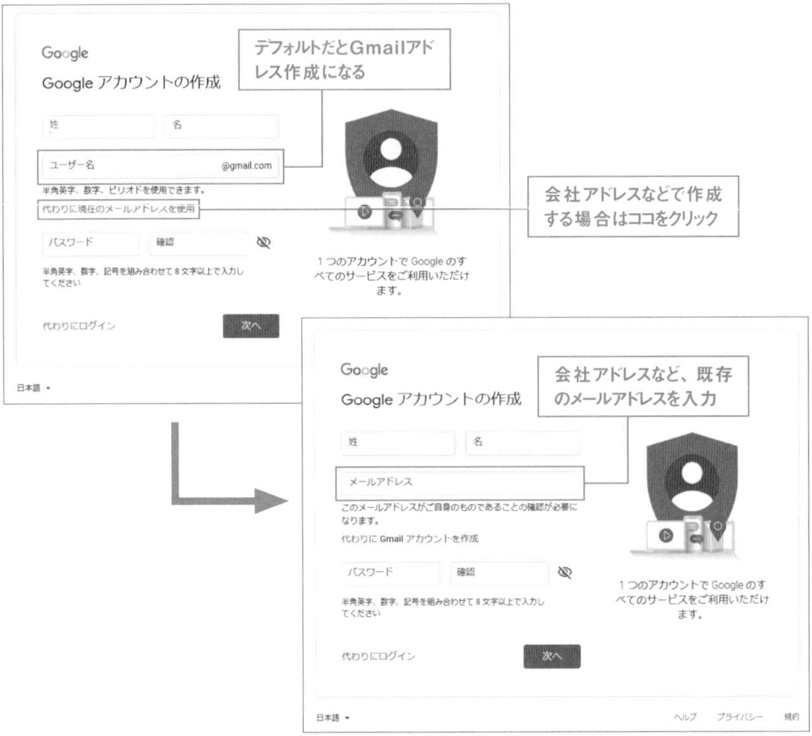

2-9 Googleアナリティクスアカウントを取得する

本節では、前節で作成した新しいGoogleアカウントで、新しくGoogleアナリティクスアカウントを作成する基本的な手順を解説します。すでに、所属されている会社や取引先で運用されているGoogleアナリティクスアカウントがある場合は、その管理者に"ユーザー登録"の依頼をしてください(ユーザー登録については「2-13　ユーザーを管理・登録する」で解説します)。

新しくGoogleアナリティクスアカウントを取得

Googleアカウントが準備できたら、Googleアナリティクスアカウントを取得します。
以下の手順で行います。

設定手順

1 ブラウザで作成したGoogleアカウントにログインする

2 「登録」をクリックする

Googleアカウントにログインしている状態で
https://analytics.google.com/analytics/web/provision/
にアクセスし「測定を開始」をクリックします。

アナリティクス
Google アナリティクスへようこそ
Google アナリティクスなら、ビジネスのデータ分析に必要なさまざまなツールを無料でご利用いただけるため、よりスマートな決断を下せます。
測定を開始
「測定を開始」をクリック
詳細な情報
サイトやアプリのユーザー像を詳しく分析し、ご自身のマーケティングやコンテンツ、商品などのパフォーマンスを的確に把握できます。
Google でしか得られないインサイト
Google 独自のインサイトと機械学習機能によって、お客様のデータを最大限に活用できます。

3 新しいアカウント設定を行う

次図のように、必要事項を確認し「次へ」をクリックします。

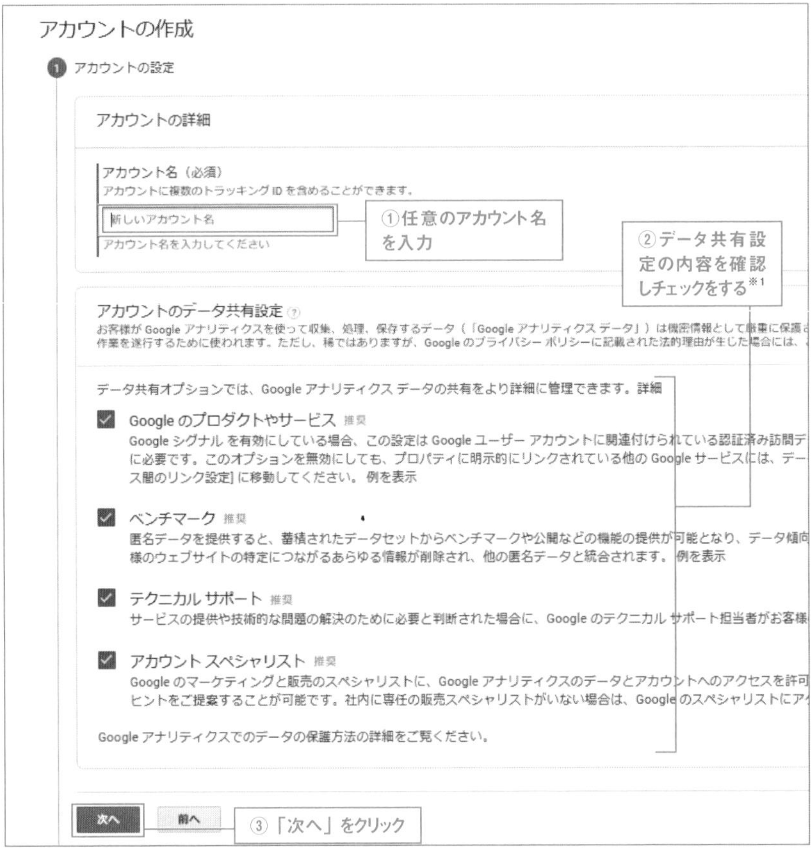
アカウントの作成
1 アカウントの設定
アカウントの詳細
アカウント名（必須）
アカウントに複数のトラッキング ID を含めることができます。
新しいアカウント名
アカウント名を入力してください
①任意のアカウント名を入力
②データ共有設定の内容を確認しチェックをする※1
アカウントのデータ共有設定
お客様が Google アナリティクスを使って収集、処理、保存するデータ（「Google アナリティクス データ」）は機密情報として厳重に保護
作業を遂行するために使われます。ただし、稀ではありますが、Google のプライバシー ポリシーに記載された法的理由が生じた場合には、
データ共有オプションでは、Google アナリティクス データの共有をより詳細に管理できます。詳細
Google のプロダクトやサービス 推奨
Google シグナル を有効にしている場合、この設定は Google ユーザー アカウントに関連付けられている認証済み訪問デ
に必要です。このオプションを無効にしても、プロパティに明示的にリンクされている他の Google サービスには、デー
ス間のリンク設定] に移動してください。例を表示
ベンチマーク 推奨
匿名データを提供すると、蓄積されたデータセットからベンチマークや公開などの機能の提供が可能となり、データ傾向
様のウェブサイトの特定につながるあらゆる情報が削除され、他の匿名データと統合されます。例を表示
テクニカル サポート 推奨
サービスの提供や技術的な問題の解決のために必要と判断された場合に、Google のテクニカル サポート担当者がお客様
アカウント スペシャリスト 推奨
Google のマーケティングと販売のスペシャリストに、Google アナリティクスのデータとアカウントへのアクセスを許可
ヒントをご提案することが可能です。社内に専任の販売スペシャリストがいない場合は、Google のスペシャリストにア
Google アナリティクスでのデータの保護方法の詳細をご覧ください。
次へ
前へ
③「次へ」をクリック

※1 データ共有設定の詳細については
アナリティクスヘルプ>データ共有設定
https://support.google.com/analytics/answer/1011397
を参照ください。

4 計測対象を選択する

ここでは「ウェブ」を選択し「次へ」をクリックします。

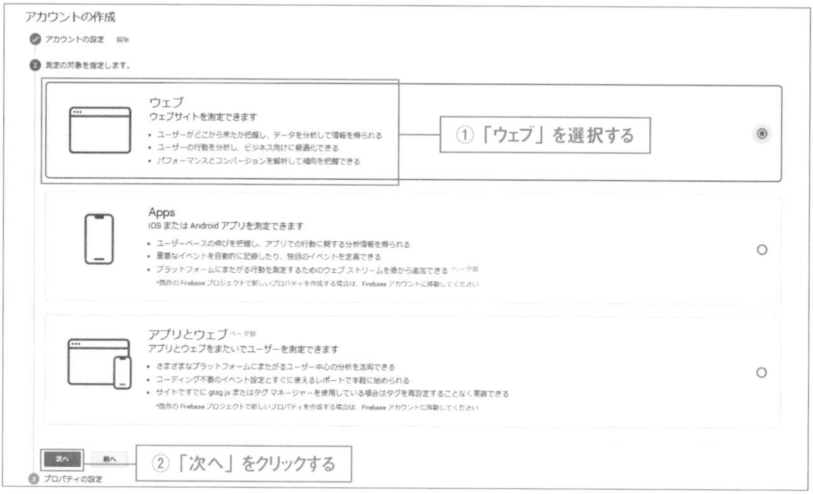
アカウントの作成
アカウントの設定 編集
測定の対象を指定します。
ウェブ
ウェブサイトを測定できます
・ユーザーがどこから来たか把握し、データを分析して情報を得られる
・ユーザーの行動を分析し、ビジネス向けに最適化できる
・パフォーマンスとコンバージョンを解析して傾向を把握できる
①「ウェブ」を選択する
Apps
iOS または Android アプリを測定できます
・ユーザーベースの伸びを把握し、アプリでの行動に関する分析情報を得られる
・重要なイベントを自動的に記録したり、独自のイベントを定義できる
・プラットフォームにまたがる行動を測定するためのウェブ ストリームを後から追加できる ベータ版
*既存の Firebase プロジェクトで新しいプロパティを作成する場合は、Firebase アカウントに移動してください
アプリとウェブ ベータ版
アプリとウェブをまたいでユーザーを測定できます
・さまざまなプラットフォームにまたがるユーザー中心の分析を活用できる
・コーディング不要のイベント設定とすぐに使えるレポートで手軽に始められる
・サイトですでに gtag.js またはタグ マネージャーを使用している場合はタグを再設定することなく実装できる
*既存の Firebase プロジェクトで新しいプロパティを作成する場合は、Firebase アカウントに移動してください
次へ
前へ
②「次へ」をクリックする
プロパティの設定

5 プロパティの設定を行う

必要事項を入力し「作成」をクリックします。

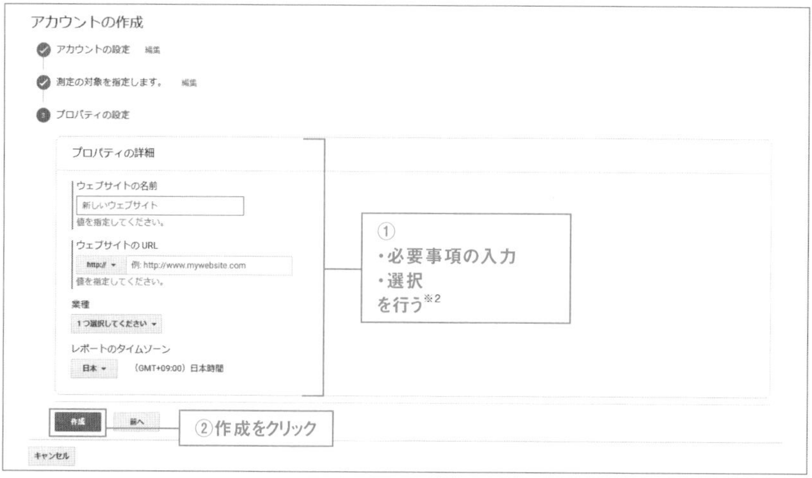
アカウントの作成
アカウントの設定 編集
測定の対象を指定します。 編集
プロパティの設定
プロパティの詳細
ウェブサイトの名前
新しいウェブサイト
値を指定してください。
ウェブサイトの URL
http:// 例: http://www.mywebsite.com
値を指定してください。
業種
1つ選択してください
レポートのタイムゾーン
日本 (GMT+09:00) 日本時間
①
・必要事項の入力
・選択
を行う※2
作成
前へ
②作成をクリック
キャンセル

※2 設定の詳細については
アナリティクスヘルプ＞アカウントを追加する
https://support.google.com/analytics/answer/1009694
を参照ください。

6 「Googleアナリティクス利用規約」に同意する

表示された利用規約を確認し、「同意する」をクリックします。

アナリティクス
アカウントの作成
アカウントの設定 編集
測定の対象を指定します。 編集
プロパティの設定
プロパティの詳細
ウェブサイトの URL
https:// newsite.com
業種
1つ選択してください
レポートのタイムゾーン
日本 (GMT+09:00) 日本時間
前へ
キャンセル
①内容を確認しチェックする※3
②内容を確認しチェックする※4
③「同意する」ボタンを押す
Google アナリティクス利用規約
Google アナリティクスをご利用いただくには、まず、お住まいの国や地域の利用規約に同意してください。
日本
Google Marketing Platform
Google アナリティクス利用規約
本 Google アナリティクス利用規約（以下「本契約」）の当事者は、Google LCC（以下「Google」）と、本契約に署名する者（以下「お客様」）です。
GDPR で必須となるデータ処理規約にも同意します。詳細
Google とのデータ共有に適用される追加条項
お客様は、お客様の Google アナリティクス データを Google のプロダクトやサービスと共有する意思を示されました。詳細
この設定を有効にするには、以下の「測定管理者間のデータ保護に関する条項」の内容をご確認のうえ、同意していただく必要があります。この条項は、お客様が一般データ保護規則の下で Google と共有するデータに適用されます。
この条項に同意されない場合は、前の画面に戻ってデータ共有を無効にしたうえで、アカウントの登録手続きを進めてください。
Google 測定データ管理者間のデータ保護に関する条項
本条項に同意する測定サービスの利用者（以下「利用者」）は、Google または第三者のリセラー（該当する場合）と測定サービスの提供に関する契約（以下「本契約」といい、随時改正される）を締結することになります。利用者は、該当する測定サービスのユーザー インターフェースを使用して、データ共有設定を有効にしているものとします。
私は Google と共有するデータについて、「測定管理者間のデータ保護条項」に同意します。
同意する
同意しない

※3 GDPR（EU一般データ保護規則）については
アナリティクスヘルプ＞データ処理規約
https://support.google.com/analytics/answer/3379636
を参照ください。
GDPRの取り扱いについては、皆さんの会社方針をご確認の上、チェックをお願いします。

※4 前記※1にある「データ共有設定」にひとつでもチェックをしている場合は、この「測定管理者間のデータ保護条項」が表示されます（チェックをしていない場合は、この項目は表示されません）。内容を確認の上、チェックをします。

7 トラッキングIDを確認する

表示されたトラッキングコード内に表記されているトラッキングIDを確認します。

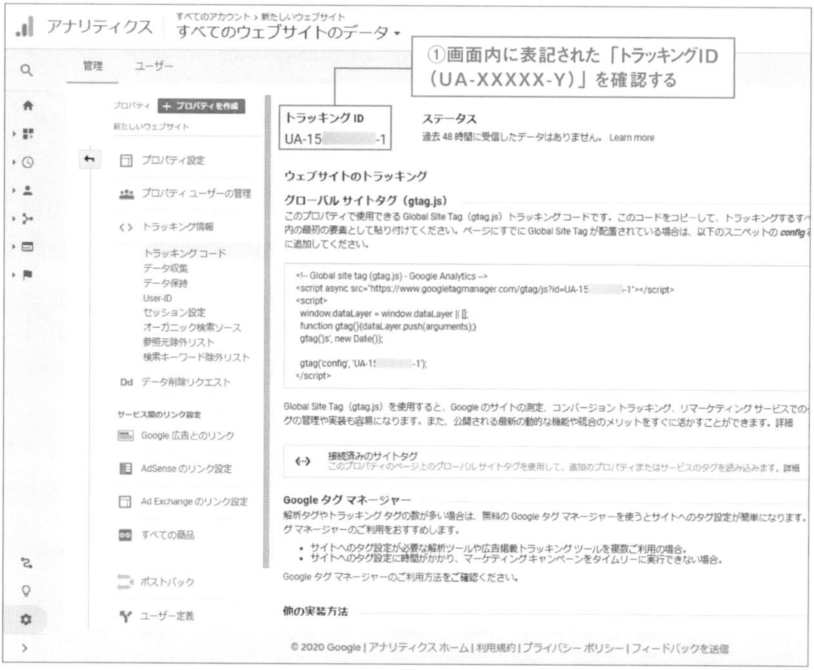

アナリティクス
すべてのアカウント > 新たしいウェブサイト
すべてのウェブサイトのデータ
①画面内に表記された「トラッキングID（UA-XXXXX-Y）」を確認する
管理
ユーザー
プロパティ
＋ プロパティを作成
新たしいウェブサイト
プロパティ設定
プロパティ ユーザーの管理
トラッキング情報
トラッキング コード
データ収集
データ保持
User-ID
セッション設定
オーガニック検索ソース
参照元除外リスト
検索キーワード除外リスト
データ削除リクエスト
サービス間のリンク設定
Google 広告とのリンク
AdSense のリンク設定
Ad Exchange のリンク設定
すべての商品
ポストバック
ユーザー定義
トラッキング ID
UA-15　　　-1
ステータス
過去 48 時間に受信したデータはありません。 Learn more
ウェブサイトのトラッキング
グローバル サイトタグ（gtag.js）
このプロパティで使用できる Global Site Tag（gtag.js）トラッキングコードです。このコードをコピーして、トラッキングするすべ
内の最初の要素として貼り付けてください。ページにすでに Global Site Tag が配置されている場合は、以下のスニペットの config を
に追加してください。
<!-- Global site tag (gtag.js) - Google Analytics -->
<script async src="https://www.googletagmanager.com/gtag/js?id=UA-15　　　-1"></script>
<script>
window.dataLayer = window.dataLayer || [];
function gtag(){dataLayer.push(arguments);}
gtag('js', new Date());
gtag('config', 'UA-15　　　-1');
</script>
Global Site Tag（gtag.js）を使用すると、Google のサイトの測定、コンバージョン トラッキング、リマーケティング サービスでの
グの管理や実装も容易になります。また、公開される最新の動的な機能や統合のメリットをすぐに活かすことができます。詳細
接続済みのサイトタグ
このプロパティのページ上のグローバル サイトタグを使用して、追加のプロパティまたはサービスのタグを読み込みます。詳細
Google タグ マネージャー
解析タグやトラッキング タグの数が多い場合は、無料の Google タグ マネージャーを使うとサイトへのタグ設定が簡単になります。
グ マネージャーのご利用をおすすめします。
サイトへのタグ設定が必要な解析ツールや広告掲載トラッキング ツールを複数ご利用の場合。
サイトへのタグ設定に時間がかかり、マーケティング キャンペーンをタイムリーに実行できない場合。
Google タグ マネージャーのご利用方法をご確認ください。
他の実装方法
© 2020 Google | アナリティクス ホーム | 利用規約 | プライバシー ポリシー | フィードバックを送信

Googleアナリティクスアカウントの取得〜トラッキングID取得までの流れは以上です。
上図で表示されたトラッキングコードをサイトに直接実装すればデータ計測が開始されますが、本書ではGTMによる実装を推奨しているので、その方法については「3-4　GTMを準備・実装する」で解説します。

2-10 デモアカウントを取得する（計測サイトを持っていない場合）

Googleアナリティクスの普及に伴い、ログインできるGoogleアナリティクスアカウントや、一から実装できる計測対象サイトがない方でも、Googleアナリティクスを実際に触って学習をしたい、というニーズも増えています。
Googleでは、そういう方のためにGoogleアナリティクスのデモアカウントを無料で開放していますので、その利用方法を解説します。

計測サイトはGoogleグッズのeコマースサイト「Google official merchandise store」

Googleは自社ブランドのグッズをeコマースサイトで販売しています。そのeコマースサイトを計測しているGoogleアナリティクスアカウントをデモアカウントとして閲覧することができます。

● Google official merchandise store（https://shop.googlemerchandisestore.com/）

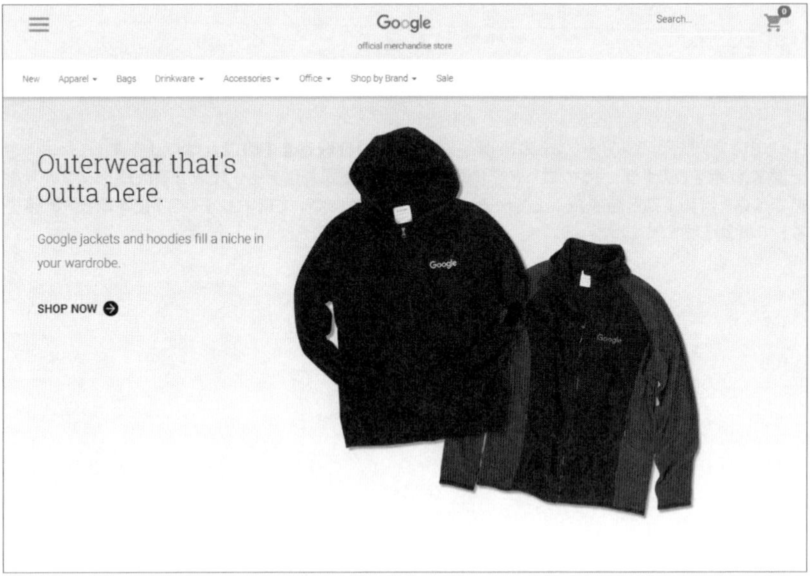

デモアカウントの利用方法

ブラウザであなたのGoogleアカウントにログインした状態で以下にアクセスします。

・アナリティクスヘルプ＞デモアカウント
https://support.google.com/analytics/answer/6367342

表示されたページ内の「デモアカウントを追加」をクリックします。

アナリティクス ヘルプ
知りたい内容についてご記入ください
デモアカウント
Google Merchandise Store のデータを試用して学習できます。
Google アナリティクス デモアカウントは、Google ユーザーであれば誰でもアクセスでき、Google アナリティクスのすべての機能をお使いいただけるアカウントです。実際のビジネスデータを表示し、Google アナリティクスのさまざまな機能を試してみることができます。
この記事の内容:
デモアカウントの追加
データの収集元
デモアカウントの使用方法
制限事項
デモアカウントの削除
デモアカウントの追加
デモアカウントを追加するには、このセクション末尾の [デモアカウントを追加] リンクをクリックします。リンクをクリックした後の画面は、状況によって異なります。
・すでに Google アカウントをお持ちの場合は、アカウントのログイン画面が表示されます。
・Google アカウントをお持ちでない場合は、アカウントを作成してからログインするよう求められます。
下の [デモアカウントを追加] リンクをクリックすると、Google アカウントに関する次の 2 つのアクションのいずれかが実行されることに同意したものとみなされます。
・すでに Google アナリティクス アカウントをお持ちの場合は、デモアカウントが Google アナリティクス アカウントに追加されます。
・Google アナリティクス アカウントをお持ちでない場合は、Google アカウントに関連付けられた Google アナリティクス アカウントが作成され、この新しい Google アナリティクス アカウントにデモアカウントが追加されます。
デモアカウントは、Google アナリティクスの [ホーム] タブから利用できます。
デモアカウントには、1 つの Google アカウントで作成することが許可されている Google アナリティクス アカウントの最大数の制限が適用されます。現在のところ、Google アナリティクス スタンダードでの Google アナリティクス アカウントの最大数は、1 つの Google アカウントにつき 100 個です。
デモアカウントはいつでも削除できます。
デモアカウントを追加
「デモアカウントを追加」をクリック
データの収集元
Google アナリティクスのデモアカウントに含まれるデータは、Google ブランドの商品を販売する e コマースサイトである Google Merchandise Store から取得されています。デモアカウントのデータは、e コマースサイ
Help
データインポート
レポートツール
診断と問題解決
URL 生成ツール
デモアカウント
Become a Power User
Check out Google Analytics for Power Users on Analytics Academy.
Sign Up Today

デモアカウントのレポート画面が表示されます。

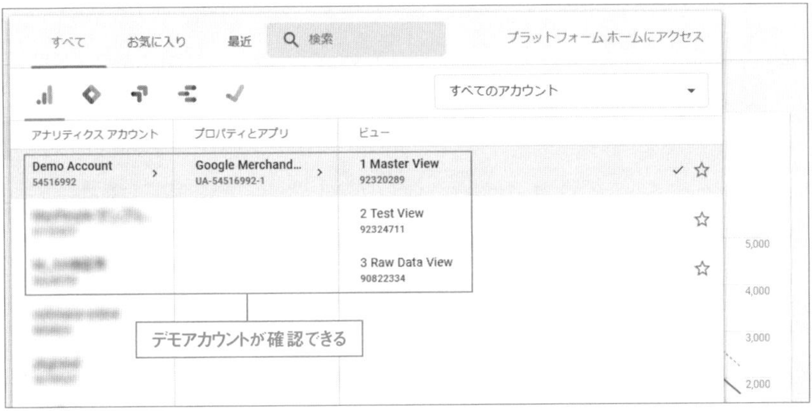

デモアカウント内でできること

デモアカウントで、皆さんに付与されたユーザー権限は「表示と分析」という閲覧権限になります。よって、設定変更は一切できません（部分的に表示されている設定の内容を確認することはできます）。
しかし、レポートビューの中で閲覧権限でもできることとしては、

・カスタムレポートの作成
・セグメントの作成
・カスタムチャネルグループ

など、いくつかの集計と分析に関する機能については、皆さんのログインアカウントに紐づいて設定可能ですので、利用することができます。

2-11 アカウント構造を理解する

Googleアナリティクスのアカウントは「アカウント＞プロパティ＞ビュー」の3層構造になっています。

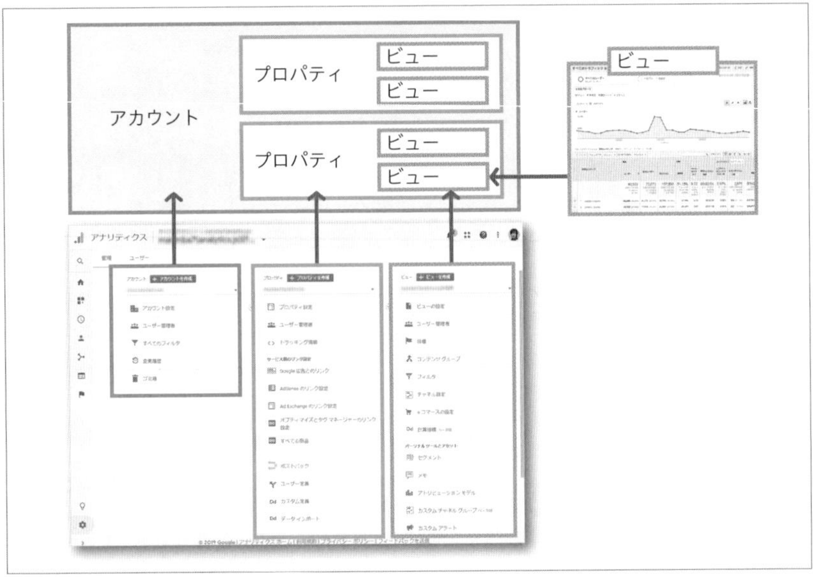

下層から順に説明します。

● **ビュー**

皆さんがGoogleアナリティクスで見ているレポート画面は「ビュー（レポートビュー）」と言います。つまり、アカウント構造の最小単位はこの「ビュー」になります。レポート画面は計測/収集したデータの"集計レポート"なので、ビューの設定では集計に関する様々な定義や設定が行えます。ビューは特定のプロパティ配下に複数作成可能（25個まで）で、集計の目的によって様々なビューを作成できます。

● **プロパティ**

プロパティは計測対象範囲を意味し、ひとつのトラッキングIDで計測している範囲は「1プロパティ」ということになります。よって、「トラッキングID」は「プロパティID」という言い方もされています。基本的には、ひとつのトラッキングコードでサイトごとに計測する場合が多いので、「プロパティ＝計測対象サイト」という理解で良いでしょう。
トラッキングコードによって計測されたデータは、このプロパティIDに対して送信され蓄積されます。そして、その蓄積されたデータが集計されて表示されるのが「ビュー」という流れになります。

● **アカウント**

アカウントは管理上の概念で、プロパティを束ねて管理する階層になります。通常、会社や組織単位でアカウントを運営するケースが多く見られます。ひとつのアカウントで、最大50個までのプロパティを入れることができます。アカウント内のプロパティは、運営組織の変更などに対応して、他のアカウントに移動することも可能です。

⊙「組織」について

アナリティクスヘルプでは、アカウントの上位層として「組織」という階層が説明されています。これは主にGoogleアナリティクス360（有料版）向けに提供されるしくみです。Googleアナリティクス360は「Googleマーケティングプラットフォーム」の製品群のひとつですが、これらの製品は契約企業に紐づけて管理されることから「組織（契約企業）」という上位階層が提供されています。

参考　組織、アカウント、ユーザー、プロパティ、ビューの階層構造
https://support.google.com/analytics/answer/1009618

「アカウント構造」と「設定範囲」と「ユーザー権限」

アカウント構造は、これから解説をする様々な設定やユーザーに付与する権限と、密接な関係があります。設定に関して言えば、それぞれの階層での設定は、基本的にその配下の階層に含まれるものを支配します。アカウントレベルでの設定は、その配下にあるプロパティすべてと、各プロパティ配下のビューすべてが影響範囲となります。同様にプロパティレベルでの設定は、その配下のビューすべてに影響します。各階層で設定を行ったり変更をする場合は、このことを理解して行う必要があります。
ユーザー権限についても同様に、各階層ごとに権限の範囲を指定することができます。権限の範囲についても設定と同様に、その階層の配下のものについての権限も同様に与えられることになります。アカウントレベルでの権限を付与された場合は、その配下のプロパティ、ビューすべての権限が含まれます。逆に、特定のビューに対しての権限しか付与されなければ、同じプロパティであっても他のビューについては権限対象外となります。

2-12 ユーザー権限を理解する

ユーザーの権限には、設定の範囲によって定義された「編集」「共同編集」「表示と分析」の3階層の権限と、ユーザー管理の範囲のみに権限が与えられる「ユーザー管理」の4種類があります。

■ ユーザー権限（3階層）

<table>
<tr><th>権限</th><th colspan="3">説明</th></tr>
<tr><td rowspan="3">編集</td><td colspan="3">「表示と分析」「共同編集」の権限に加え、すべての設定についての権限が含まれます（ユーザー管理は除く）。
※フィルタの新規作成には、アカウントレベルでの編集権限が必要です。フィルタを適用するには、ビューレベルでの編集権限が必要です。「共有設定」の権限が含まれます</td></tr>
<tr><td rowspan="2">共同編集</td><td colspan="2">「表示と分析」権限に加え、共有アセットを共同編集できます。共有アセットには次のものが含まれます（アトリビューションモデル/チャネルグループ/セグメント/カスタムレポート他）</td></tr>
<tr><td>表示と分析</td><td>レポート画面の閲覧、レポート画面内での操作（表にフィルタを適用する、セカンダリディメンションを追加する、セグメントを作成するなど）、個人的アセットの作成と共有、共有アセットの表示が可能な権限です。共有アセットを共同で操作することはできません</td></tr>
</table>

3つのユーザー権限は、階層構造になっているので上位の権限は下位の権限を含みます。実際に多く使われるのは「編集」と「表示と分析」であり「共同編集」権限はあまり利用されませんので、実質的には「編集権限＝各種設定が可能な権限」「表示と分析＝レポート画面の閲覧とレポートに関する設定の権限」と理解しておけば良いでしょう。

■ ユーザー管理権限

権限	説明
ユーザー管理	ユーザーの登録や削除を管理できる権限です（ユーザーの追加や削除、権限の設定）。編集や共同編集の権限は含まれません。アカウントや、プロパティ、ビューごとに権限を与えることができます

ユーザー管理権限は、前述の3階層の権限とは独立して付与される権限です。ユーザー管理権限のみ（レポート画面の閲覧や設定は一切できない）、という付与のしかたも可能です。ユーザー管理権限者は、ユーザーの追加や削除だけでなく、登録されているユーザー全員の権限範囲と階層を見ることができ、Googleアナリティクス360では、「ユーザーグループ」という機能でユーザーをグルーピングして管理することもできます。ユーザー管理者とユー

ザー登録については次節で解説します。

アカウント構造と各種権限の付与

すべての権限は、各アカウント構造ごと(アカウント、プロパティ、ビュー)に付与することができます。
例えば、「アカウントレベルの編集権限」を付与すれば、そのアカウント配下すべてのプロパティ、ビューの設定に関する権限を有することになります。また、「ビューレベルの表示と分析権限」の場合は、特定のビューのレポート画面閲覧(と、そのレポート関連設定)しかできない、ということになります。
ユーザー管理権限に関しても同様に、アカウント階層ごとに権限を付与することができます。

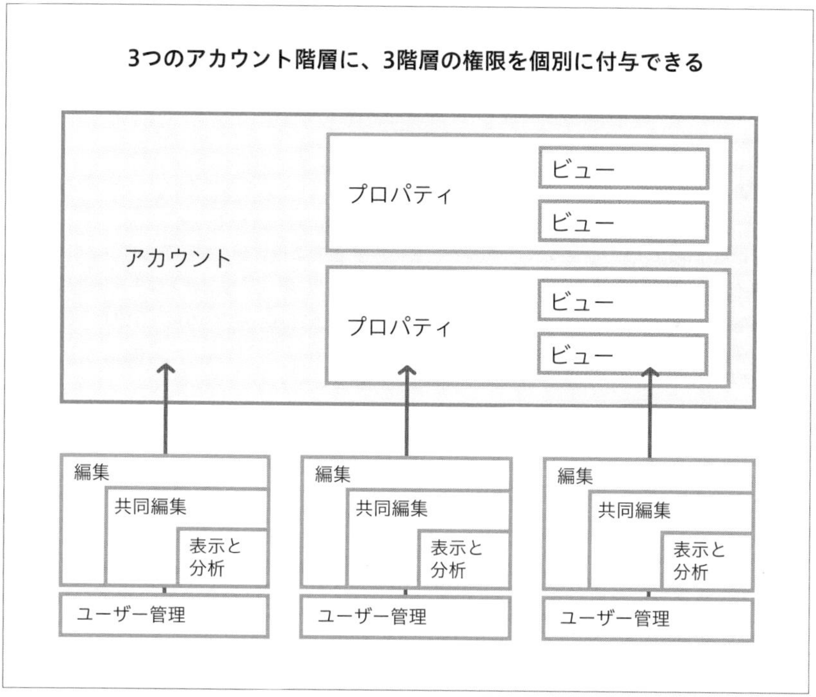

2-13 ユーザーを管理・登録する

「ユーザー管理」権限は、他のユーザー権限とは異なりユーザーの登録・編集・削除のみが行える特殊な権限になります（Googleアナリティクス360の場合はユーザーグループの登録・編集・削除も行えます）。
Googleアナリティクスで計測/収集するデータは、サイトの行動データだけでなく、eコマースであれば売上データやCRMデータを外部からインポートしたり、Google広告のコストデータがインポートされたりと、マーケティング活動に重要なデータを取り扱う関係上、ログインしてデータを閲覧できるユーザーの管理は非常に重要です。大規模な企業になると、制作会社や広告代理店担当者なども含め、百人単位でのユーザー登録がされているアカウントも珍しくありません。
ユーザー管理権限者は、このような重要なデータを取り扱うGoogleアナリティクスの利用者に対しての権限を管理する、非常に重要な役割があります。

ユーザー管理におけるリスク

最近ではGoogleアナリティクスの普及とともに、上記のようにひとつのアカウントの中に非常に多くのユーザー登録者がいるケースが増えてきましたが、残念ながらユーザー管理が行き届いているアカウントはあまり見ません。ユーザー管理を怠っている場合にはいくつかのリスクがあります。

①ユーザーの所属（企業）や氏名が不明なため、誰が使っているのか？わからない状態になる
②異動や退職によってGoogleアナリティクスの業務から離れた人がユーザーから削除されておらずログインできる状態のままになっている（最悪、退職者にもそのままログイン状態が放置される）
③ユーザー管理者が退職してしまった場合、誰もユーザー管理（追加登録や編集、削除）ができなくなってしまう

筆者の経験でも、実際に上記のような状態で相談を受けるケースは少なくありません。

適切なユーザー管理者の設置

このようなリスクを避けるためにも、会社や組織の中でユーザー管理者の適切な設置と運

用のルール化を強くお勧めします。筆者の経験上以下の点に注意が必要です。

①ひとつのアカウントに必ず複数名のユーザー登録者を設置する
②Googleアナリティクスにログインできる「Googleアカウント」の作成方法をルール化する(所属と氏名がメールアドレスからわかるようにする)
③異動や退職者の情報をユーザー管理者に知らせることをルール化する。または、そのような情報を持てる組織管理者をユーザー管理者として設置する

ユーザー管理権限は、データの閲覧や設定に関係なくユーザー管理だけを付与できる権限なのでGoogleアナリティクス自体を利用しない"組織の管理職"であっても問題ありません。

ユーザー登録と削除

ユーザー管理権限者は、設定画面の各階層ごとに「ユーザー管理者」のボタンが見えるようになるので、そこから各階層ごとにユーザー登録や権限の付与が行えます。

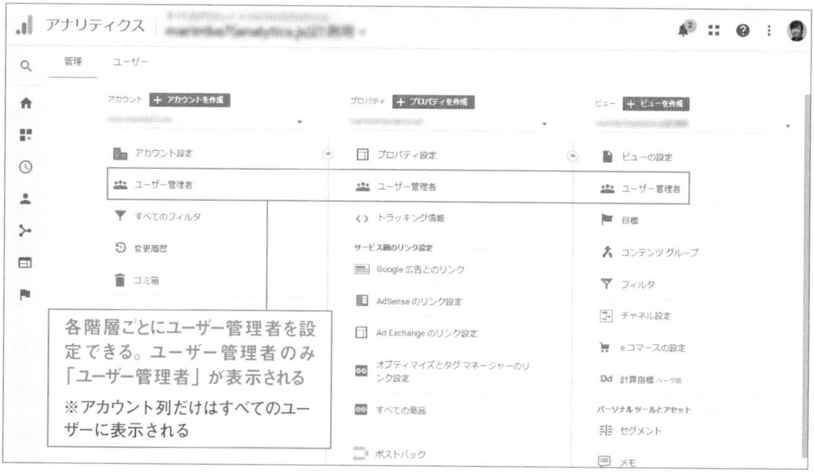

画面NAVI ■ 管理画面

ユーザーを追加するには、下図右上にある「+」ボタンから行うことができます。削除する場合は、各ユーザー行右端にある「:」から行うことができます。

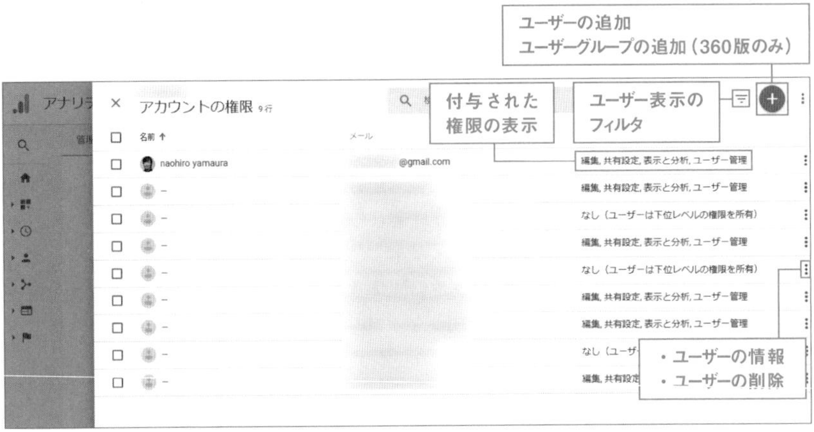

画面NAVI ■ 管理 ≫ユーザー管理者（ユーザー管理権限者のみ操作可能）

3章

GTMによる
ウェブサイトの
データ計測

3-1 プロパティ設定の基本を理解する

プロパティは計測したデータの蓄積場所であり、インポートや連携によって収集したデータの蓄積先でもあります。プロパティ設定は、そのプロパティにどのようなデータをどのように蓄積するのかを定義します。

プロパティレベルで定義できること

プロパティの設定では、そのプロパティで蓄積するデータについての様々な設定を行います。その設定内容に従ったデータが、配下のビューに提供されます。
プロパティの設定を行うには、そのプロパティにおける編集権限が必要です。

画面NAVI ■ 管理 ▶▶プロパティ設定

プロパティでできる設定を、「取る」「見る」「使う」の活用ステップ（「2-1　データ活用のステップを理解する」参照）の中で説明すると、主に「取る」と「使う」に関することを定義します。

● 取る＝データ計測、データ収集

・データ計測
トラッキングコード
・データ収集
カスタムディメンション
データインポート
Google広告データインポート
カスタム表（360版のみ）

● 使う＝施策への活用

・高度な分析への活用
BigQuery連携（360版のみ）
・広告配信への活用
Google広告連携
検索広告360、ビデオ&ディスプレイ360、キャンペーンマネージャへの連携（360版のみ）
・他Googleツールとの連携
Search Console、AdSense、Ad Exchange、Googleアドマネージャー（一部360版のみ）

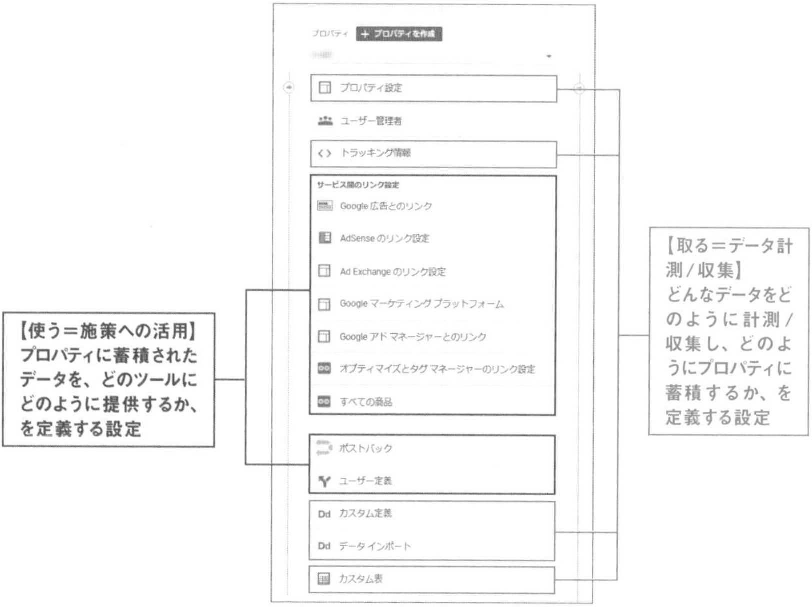

画面NAVI ■ 管理 ▸▸プロパティ設定

「プロパティ設定」は計測と活用の設定、「ビュー設定」は集計と分析の設定

このように、プロパティの設定ではそのサイト（やアプリ）からのデータ計測/収集についての設定がなされ、配下のビュー（集計レポート）の元データを定義します。
集計レポートに関する諸設定は「ビュー設定」で行います。

※「ビュー設定」については「7-1　ビュー設定の基本を理解する」で解説します。

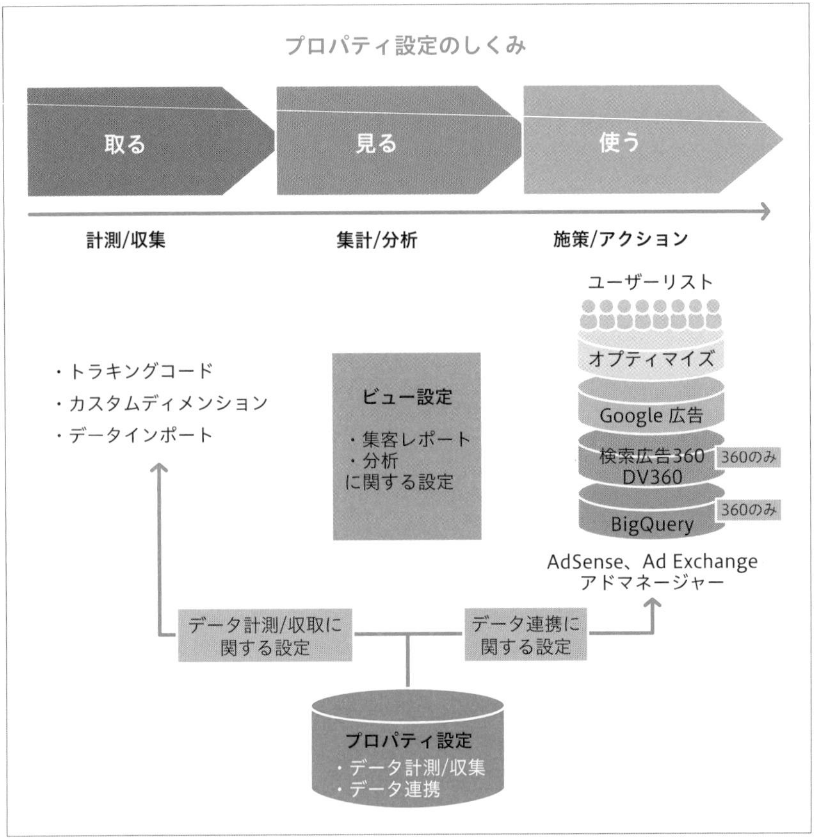

参考　アナリティクスヘルプ＞プロパティを設定する
https://support.google.com/analytics/answer/1042508

3-2 トラッキング情報で計測データを定義する①Googleシグナル

前節での説明の通り、プロパティ設定の重要な設定の中に計測データをどのようにプロパティに蓄積するかということがあります。プロパティ設定画面の「トラッキング情報」では、サイトからトラッキングコードで計測しプロパティに蓄積するデータについての様々な定義を行うことができます。

その中でも利用頻度が高く重要だと思われるのが「データ収集(Googleシグナル)」と「データ保持(GDPRに関連する設定)」です。本節では、「データ収集(Googleシグナル)」について、その内容と方法を解説し、「データ保持(GDPRに関連する設定)」は次節で扱います。

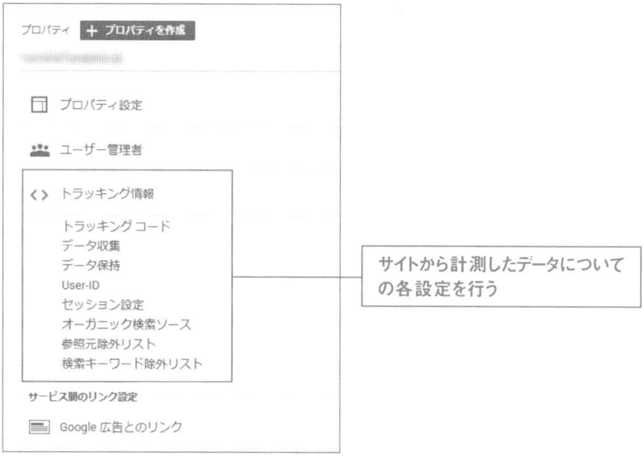

トラッキングコードについては、すでに「2-5　トラッキングコードによる計測のしくみを理解する」で解説していますのでそちらを参照ください。

「広告向け機能」から「Googleシグナル」へ

データ収集は、以前は「広告向け機能」という機能の中で「リマーケティング」と「広告レポート」を有効にする設定を行う画面でしたが、2018年にアップグレードされ「Googleシグナル」を有効にする画面になりました。

アナリティクス
管理
ユーザー
プロパティ
＋ プロパティを作成
プロパティ設定
ユーザー管理者
トラッキング情報
トラッキング コード
データ収集
データ保持
User-ID
セッション設定
オーガニック検索ソース
参照元除外リスト
検索キーワード除外リスト
サービス間のリンク設定
Google 広告とのリンク
AdSense のリンク設定
Ad Exchange のリンク設定
すべての商品
ポストバック
Google シグナルが有効になったため、広告向けの機能である「クロスデバイス データの収集」と「デバイスをまたいだユーザーへのリマーケティング」がアップグレードされました。
アップグレード
広告向け機能に必要なデータ収集
「広告向け機能」から「Googleシグナル」へアップグレードされた
Google シグナルを有効にする ベータ版
広告向けの機能が拡張され、Google のログインデータを使って、デバイスをまたいだユーザー行動をより的確に把握できるようになります。この新しい設定により、既存の広告向け機能の設定がアップグレードされ、次のことが可能になります。
新しいクロスデバイス機能
新しいクロスデバイス レポートやリマーケティングなどの機能が含まれます。
その他のインサイト（Google データ使用）
Google のデータ（オーディエンスとユーザー属性に関する拡張レポートや来店状況レポートのデータなど）を使って、お客様のユーザーに関する詳しいインサイトを提供します。
広告向けの既存の全機能
広告向けの既存の機能がすべて含まれます。たとえば、ディスプレイ＆ビデオ 360 の表示回数レポートとリマーケティング、Google ディスプレイ ネットワークの表示回数レポートとリマーケティング、検索広告向けリマーケティング リストなどの機能です。
Google シグナルの詳細をご確認ください。
続行
「続行」をクリック

画面NAVI ■ 管理 ▸▸プロパティ設定の列 ▸▸トラッキング情報 ▸▸データ収集

プロパティ
＋ プロパティを作成
プロパティ設定
ユーザー管理者
トラッキング情報
トラッキング コード
データ収集
データ保持
User-ID
セッション設定
オーガニック検索ソース
参照元除外リスト
検索キーワード除外リスト
サービス間のリンク設定
Google 広告とのリンク
AdSense のリンク設定
Ad Exchange のリンク設定
オプティマイズとタグ マネージャーのリンク設定
Google シグナルで使用するデータの収集 ベータ版
Google シグナルを有効にすると、Google アナリティクスの標準実装で収集されるデータに加え、お客様のトラフィックに関するデータ収集も可能になり、クロスデバイスのオーディエンスやインサイトなどの追加機能が使えるようになります。
この機能を有効にすると、Google アナリティクスで訪問データが収集され、そのデータがログイン ユーザーのアカウントの Google 情報と関連付けられます（ただし、関連付けの対象となるのは、広告のカスタマイズを目的としたこうした関連付けに同意しているユーザーのみです）。この Google 情報には、エンドユーザーの位置情報、検索履歴、YouTube の利用履歴、Google のパートナー サイトで収集されたデータなどが含まれる可能性があります。この Google 情報は、お客様のユーザーのクロスデバイス行動について、集約および匿名化されたインサイトを提供するために使われます。お客様はこの機能を有効にすることで、Google の広告向けの機能に関するポリシー（デリケートなカテゴリに関する規約など）を遵守すること、かかる関連付けについてご自身がエンドユーザーに対して必要なプライバシーの開示を行って、関連付けを行う権限をエンドユーザーから取得すること、エンドユーザーが［マイ アクティビティ］を通じてかかるデータを閲覧、削除する場合があることに同意するものとします。
オン
注: 上の設定を切り替えて有効にすると、お客様のトラフィックに関するデータも Google アナリティクスで自動的に収集されるようになります。Google シグナルによるデータ収集を希望されない場合は、上の設定を無効にしたうえで、Google アナリティクス タグにおいて、広告向けの機能によるデータ収集を手動で有効にしていないことをご確認ください。
保存
キャンセル
「Googleシグナル」へアップグレードされた画面
© 2019 Google | アナリティクス ホーム | 利用規約 | プライバシー ポリシー | フィードバックを送信

画面NAVI ■ 管理 ▸▸プロパティ設定の列 ▸▸トラッキング情報 ▸▸データ収集

「Googleシグナル」とは

Googleシグナルには、従来の「広告向け機能」が含まれています。さらに、ユーザーのGoogleアカウントのログインユーザーのデータを使って、クロスデバイス集計を可能にしています。集計対象になるのは、ユーザーの「Googleアカウント＞データのカスタマイズ＞広告のカスタマイズ」がオンになっているユーザーになります（「広告のカスタマイズ」はデフォルトでオンになっています）。

画面NAVI ■ Googleアカウント ▶▶データのカスタマイズ ▶▶広告のカスタマイズ

参考 Googleアカウント
https://myaccount.google.com/

「Googleシグナル」をオンにすることで、従来の「広告向け機能」で可能になった、

・広告レポート機能：
Google広告との連携によって広告レポートがインポートされGoogleアナリティクスのレポート画面でも確認できる機能

・ユーザー属性とインタレストレポート：
訪問ユーザーの「性年齢別」「興味関心カテゴリ」データがインポートされ「ユーザー＞ユーザー属性」のレポートが利用可能になる

・Googleアナリティクスリマーケティング：
Googleアナリティクスでユーザーリスト「リマーケティングリスト」を作成できるようになる（Googleシグナルによってクロスデバイス集計に基づいたユーザーリストになる）

に加えて

・クロスデバイスレポート：
「ユーザー＞クロスデバイス」レポート

が利用できるようになります。
Googleアナリティクスの計測ではCookieを利用しているため、通常のレポートではデバイス別の集計になっています。モバイル端末によるウェブ利用がトラフィックの半分以上を占める昨今では、「スマホ」と「PC」両方利用する"クロスデバイス"行動が増えているため、デバイスではユーザー単位での集計に対するニーズが高まっています。Googleアナリティクスでは、Googleシグナル（Googleログインデータ）を利用することでクロスデバイスレポートを可能にしています。
※「クロスデバイス」レポートについては「9-4 「クロスデバイス」レポートを利用する」で解説します。
※Googleシグナルを使用する場合は、Googleの定めるポリシーに準拠する必要があります。詳細は以下を参照ください。

参考 アナリティクスヘルプ＞データのプライバシーとセキュリティ＞Googleアナリティクスの広告向け機能に関するポリシー要件
https://support.google.com/analytics/answer/2700409

参考 アナリティクスヘルプ＞Googleシグナルを有効にする
https://support.google.com/analytics/answer/7532985

3-3 トラッキング情報で計測データを定義する②データ保持

2018年5月25日より適用が開始された「EU一般データ保護規制」(以下、GDPR)に連動して、Googleアナリティクスのプロパティ設定において、「データ保持」設定機能が追加されました。「GDPR」自体の説明は本書では取り扱いませんが、筆者の理解では「個人情報保護の権利を守るための規則」であって、個人情報を取り扱う「管理者」(データを利用する企業/団体)と管理者からの委託などにより取得したデータを実際に保管する役割のある「処理者」(ツールベンダー企業など)に対して、これら情報の取り扱いルールを詳細に定めたものになります。

「データ保持」機能で「個人データの保管期間」を任意に設定

データ保持機能が追加される前のGoogleアナリティクスでは、計測したデータ(の内、GDPRの個人情報に該当するデータ)の保管期間を設定できる機能はありませんでした。しかし、このGDPR適用においてはウェブの利用ユーザー(これをGDPRでは「データ主体」と言う)に対して、「個人データの保管期間(期間の決定ができない場合には決定の基準)」を情報として提供する必要があります。そのため、Googleアナリティクスにおいても「データ保持」機能によって、その保管期間を設定することが可能になりました。

「データ保持」の設定

データ保持の設定は、皆さんのビジネスが「GDPRに対応するか、しないか」によって異なります。

● GDPRに対応する場合

GDPRに対応する場合は、会社で定めた「データ保管期間」に従って、「ユーザーデータとイベントデータの保持」期間をプルダウンから選択してください。

● GDPRに対応しない場合

この場合は、プルダウンから「自動的に期限切れにならない」を選択することをお勧めします。デフォルトでは「26か月」に設定されていますので、データ保持期限を設定する必要のない場合でも、26か月経過後には(個人情報に該当するデータは)削除されてしまいます。

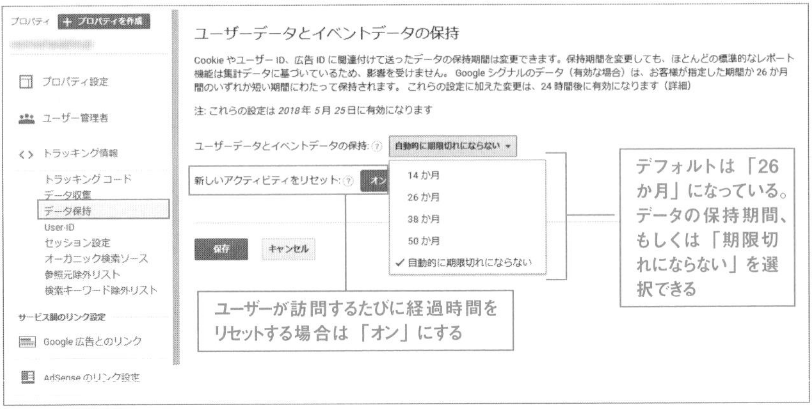

画面NAVI ■ 管理 ▶▶プロパティの設定 ▶▶トラッキング情報 ▶▶データ保持

また、ユーザーが訪問するたびにデータ保持の経過時間をリセットしたい場合は、「新しいアクティビティをリセット」ボタンを「オン」にします。

Googleアナリティクスにおいて本設定の対象となるデータは、GoogleアナリティクスのCookieや広告IDなど訪問ユーザーを識別する際に利用されるデータによって集計されたデータになるので、すでに標準レポートに表示されているデータについては保持期限を超えていても影響はありません（レポート画面に表示されたデータが全部消えてしまう、といったことはありません）。しかし、カスタムレポートやセグメントなどを利用して新たな集計をかけるときに、期限を超えたCookieや広告IDは削除されているので、集計レポートには影響が出る可能性があります。

GDPRに対応するかどうか？は企業全体で検討する必要がありますが、もし皆さんのビジネスがGDPR対応が必要な場合には、「データ保持」設定以外にも、Googleアナリティクスの「データ処理規約」に合意する必要があります。

※2020年1月1日に米国で施行された「カリフォルニア州消費者プライバシー法（CCPA）」への対応についても「データ処理規約」に記載がありますので、該当する場合は必ず確認するようにしてください。

NOTE

「データ処理規約」の詳細については、以下を参照ください。

アナリティクスヘルプ＞データのプライバシーとセキュリティ＞データ処理規約
https://support.google.com/analytics/answer/3379636

参考 アナリティクスヘルプ＞データのプライバシーとセキュリティ＞データの保持
https://support.google.com/analytics/answer/7667196

3-4 GTMを準備・実装する

Googleアナリティクスの計測には、トラッキングコードをサイトに直接貼る方法と、GTMを使ってトラッキングコードを配信する方法があります。本書ではGTMによる計測を推奨するため、サイトの計測方法はGTMによる方法を標準として解説します。
各計測方法の基本的なしくみについては第2章にて解説していますので参照ください。

2-5　トラッキングコードによる計測のしくみを理解する
2-6　グローバルサイトタグによる計測のしくみを理解する
2-7　GTMによる計測のしくみを理解する

また、本書はGoogleアナリティクスによる計測のための基本的な設定について解説するもので、GTM全体の解説は本書の任ではないため割愛させていただきます。

参考　タグマネージャヘルプ
https://support.google.com/tagmanager#topic=3441530

参考　デベロッパーサイト＞タグマネージャ
https://developers.google.com/tag-manager/

GTMコンテナタグの準備

※本書では解説の便宜上、GTMコンテナの計測タグである「スニペットタグ」を「GTMコンテナタグ」として表記します。

GTMを利用できるようにするには、GTMコンテナタグを計測するサイトの全ページに実装する必要があります（少なくとも計測対象ページには実装してください）。初めて利用する場合は、GTMのアカウントとコンテナの作成から行っていきます。実際のGTMの設定などを行うのが「コンテナ」で、主にウェブサイトごとに専用の「コンテナ」を利用するのが一般的です。また、これら「コンテナ」を複数まとめたグルーピングが「（GTM）アカウント」となります。
GTMのサイト（https://marketingplatform.google.com/intl/ja_ALL/about/tag-manager/）から、Googleアカウントにログインしている状態で「無料で利用する」から入ります。
次の手順で進めていきます。

設定手順

「アカウント作成」をクリックします。

必要事項を記入、選択の上「続行」をクリックします。

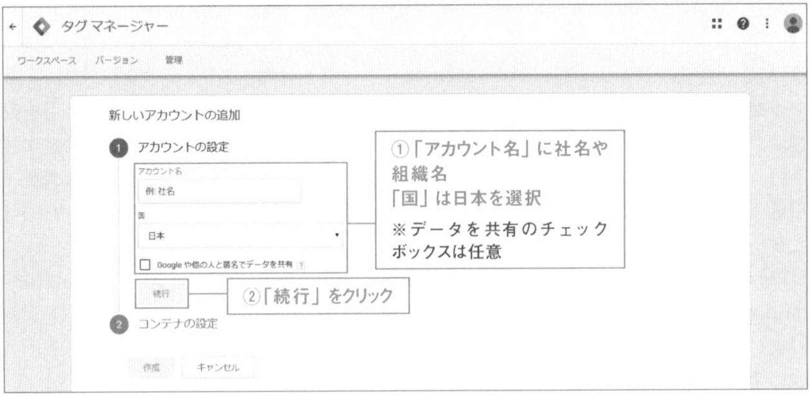

「ウェブ」を選択して作成します。

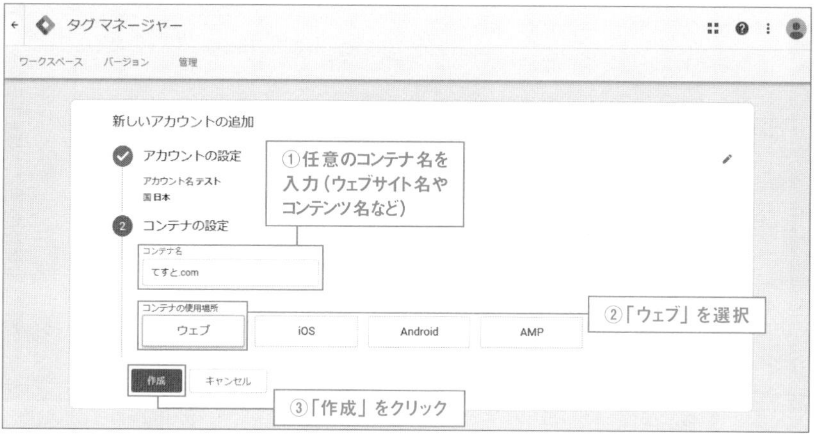

タグ マネージャー
ワークスペース
バージョン
管理
新しいアカウントの追加
アカウントの設定
アカウント名 テスト
国 日本
コンテナの設定
コンテナ名
てすと.com
コンテナの使用場所
ウェブ
iOS
Android
AMP
作成
キャンセル
①任意のコンテナ名を入力（ウェブサイト名やコンテンツ名など）
②「ウェブ」を選択
③「作成」をクリック

利用規約を確認して「はい」をクリックします。GDPRに対応する場合は、下のチェックボックスをチェックします。

Google タグ マネージャー利用規約
いいえ
はい
English
By clicking "Yes" below or by using the Google Tag Manager service (the "Service"), you and the legal entity on whose behalf you are using the Service (if any) (together, "You") agree to use the Service in accordance with the Google Terms of Service (located at https://www.google.com/intl/en/policies/terms/), the Google Privacy Policy (located at https://www.google.com/intl/en/policies/privacy/), and the Google Tag Manager Use Policy (located at https://www.google.com/analytics/tag-manager/use-policy/), each as may be modified from time to
Service."
Google Tag Manager Use Policy
Use of the Google Tag Manager (the "Service") is subject to this Google Tag Manager Use Policy (the "GTM Use Policy").
If You use the Service to support products or services from a 3rd party or designed by You (together, "3rd Party Tags") or Google, You will have and abide by an appropriate privacy policy and will comply with the EU user consent policy (located at https://www.google.com/about/company/user-consent-policy.html) and all applicable agreements and regulations (also relating to the collection of information), including for example:
• the Google Analytics Terms of Service located at: https://www.google.com/analytics/terms/us.html,
• the agreement between You and Google that is in effect during the dates that You are participating in the Service, and
• the Google LLC Advertising Program Terms (or, if applicable, as negotiated).
If You have 3rd Party Tags delivered through the Service:
• Google is not responsible for 3rd Party Tags.
• Google may screen such 3rd Party Tags to ensure compliance with this GTM Use Policy.
• You guarantee that You have the rights to upload the 3rd Party Tags.
• You agree not to, and not to allow third parties to use the Service or interfaces provided with the Service:
1. to engage in or promote any unlawful, infringing, defamatory or otherwise harmful activity;
2. to disable, interfere with or circumvent any aspect of the Service;
3. to upload any data to Google Tag Manager that personally identifies an individual (such as a name, email address or billing information), or other data which can be reasonably linked to such information by Google, or
4. to access any other Google product or service in a manner that violates their re
GDPR で必須となるデータ処理規約にも同意します。詳細
①利用規約（日本語版はありません）を確認して「はい」をクリック
GDPRに対応する場合はチェックを入れる

GTMコンテナタグはふたつのブロックに分かれて表示されます。上のブロックは<head>内のできるだけ上の方(ただし、<title>タグよりは下を推奨します）に、下のブロックは<body>直後に貼るようにしてください。

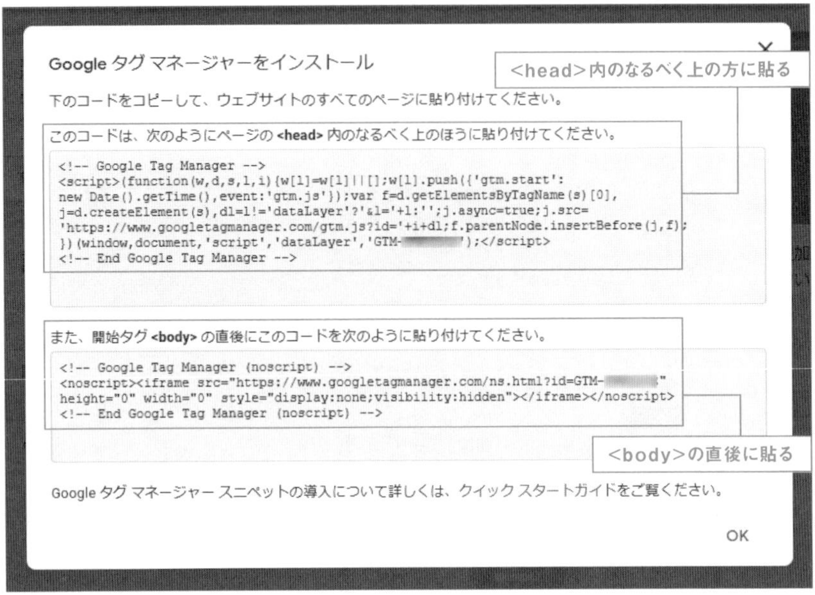
Google タグ マネージャーをインストール
<head>内のなるべく上の方に貼る
下のコードをコピーして、ウェブサイトのすべてのページに貼り付けてください。
このコードは、次のようにページの <head> 内のなるべく上のほうに貼り付けてください。
<!-- Google Tag Manager -->
<script>(function(w,d,s,l,i){w[l]=w[l]||[];w[l].push({'gtm.start':
new Date().getTime(),event:'gtm.js'});var f=d.getElementsByTagName(s)[0],
j=d.createElement(s),dl=l!='dataLayer'?'&l='+l:'';j.async=true;j.src=
'https://www.googletagmanager.com/gtm.js?id='+i+dl;f.parentNode.insertBefore(j,f);
})(window,document,'script','dataLayer','GTM-');</script>
<!-- End Google Tag Manager -->
また、開始タグ <body> の直後にこのコードを次のように貼り付けてください。
<!-- Google Tag Manager (noscript) -->
<noscript><iframe src="https://www.googletagmanager.com/ns.html?id=GTM-"
height="0" width="0" style="display:none;visibility:hidden"></iframe></noscript>
<!-- End Google Tag Manager (noscript) -->
<body>の直後に貼る
Google タグ マネージャー スニペットの導入について詳しくは、クイック スタートガイドをご覧ください。
OK

GTMコンテナタグを所定の場所に貼ることができれば、GTMの実装は完了です。

3-5 Googleアナリティクスタグの配信設定をする

Googleアナリティクスのトラッキング IDを取得

GTMの準備ができたら、Googleアナリティクスタグの配信を設定します。配信設定には、先にGoogleアナリティクスで「トラッキングID」を取得しておく必要があります。Googleアナリティクスのアカウント設定とトラッキングコードの取得については、「2-9　Googleアナリティクスアカウントを取得する」で解説していますので、そちらを参照ください。

Googleアナリティクスタグを設定・公開

本節では、GTMで新規にGoogleアナリティクスタグを配信（公開）するまでの流れを解説します。設定の内容は次のようになります。

「設定項目」

- タグ（データ送信先）：Googleアナリティクス：ユニバーサルアナリティクス
  トラッキングタイプは「ページビュー」
- トリガー（タグ配信のタイミング）：すべてのページ

この設定は、「サイトのすべてのページが閲覧されたときにページビューをGoogleアナリティクスに送信する」という内容になります。

設定手順

1　タグを設定する

GTMの画面から「新しいタグ」をクリックし、「タグの設定」から「Googleアナリティクスタグ」を選択します。

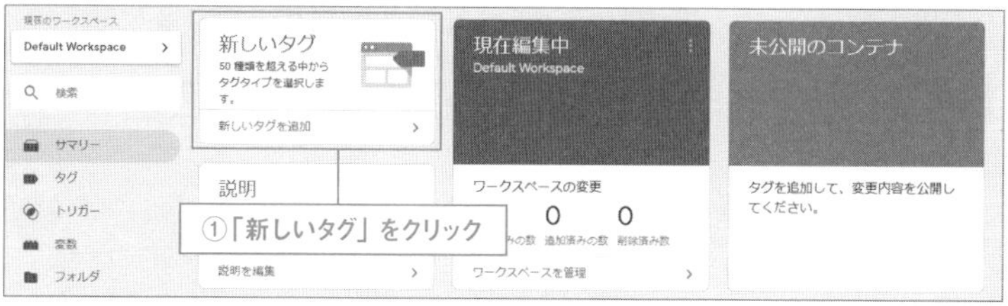

トラッキングタイプは「ページビュー」のままで、「アナリティクス設定」から「新しい変数」を選択します。

変数の設定画面が表示されるので、変数タイプ「Googleアナリティクス設定」ですでに取得しているトラッキングIDを記入します。

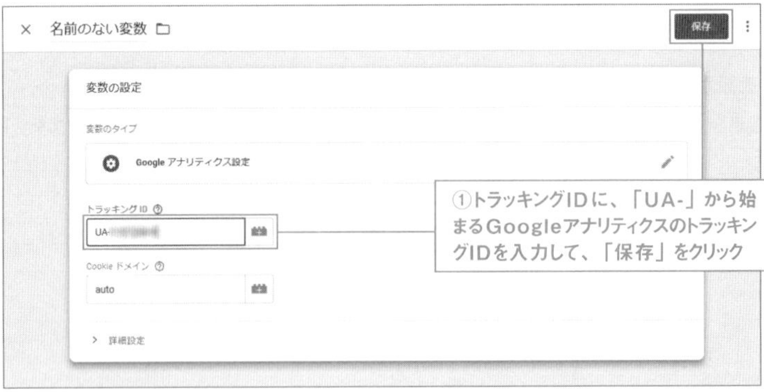

NOTE

変数「Googleアナリティクス設定」とは

「2-7　GTMによる計測のしくみを理解する」で解説した通り、GTMでGoogleアナリティクスタグを配信する場合は、送信するデータ（変数）とトリガー（送信する場所やタイミング）ごとに、都度Googleアナリティクスタグの配信設定を行うことになります。よって、ひとつのプロパティ（トラッキングID）に対して、複数のGoogleアナリティクスタグの配信を行うことが多くなります。「Googleアナリティクス設定」変数とは、その際にトラッキングIDのように、プロパティ内の共通の情報については都度設定する手間を省くために、ひとつの変数としてまとめることができるしくみです。「Googleアナリティクス設定」変数では、トラッキングID以外にも、クロスドメイン計測やeコマース計測、カスタムディメンションなどを設定することができますが、少なくともトラッキングIDのみを含むGoogleアナリティクス設定変数をひとつ用意しておくだけで、他のGoogleアナリティクスタグ設定の際に便利に利用することができます。

任意の変数名を入力して保存します(画面では、「Googleアナリティクス{{トラッキングID}}」にしています)。

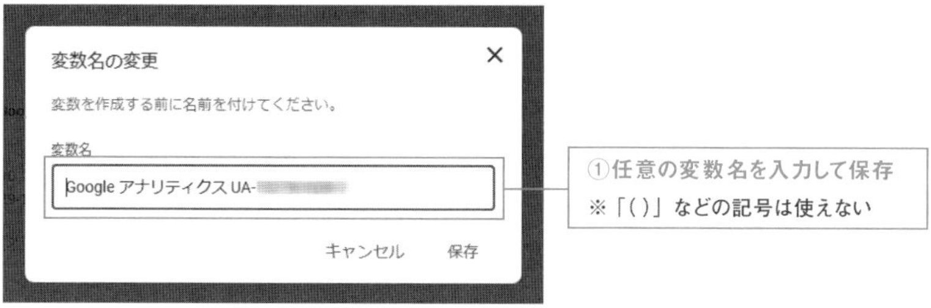

「タグの設定」が完了したら、その下にある「トリガー」の設定をします。「トリガー」のエリアをクリックします。

トリガーは「All Pages」を選択します。GTMコンテナスニペットを実装しているすべてのページ(が閲覧されたタイミング)において、Googleアナリティクスタグが配信される、という意味になります。

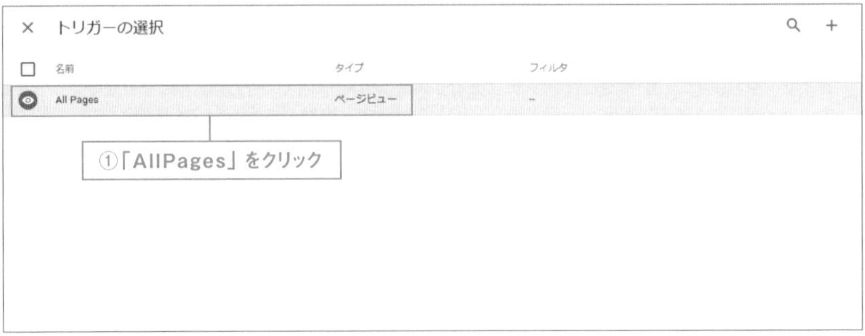

トリガーの設定が完了したら保存します。

任意のタグ名を入力し、保存してタグの設定は完了です(画面では、「Googleアナリティクス-ユニバーサルアナリティクス」としています)。

2 「プレビュー」でタグの配信を確認する

タグの設定が完了したら、プレビューモードで実際に計測サイトを表示させて、タグが配信されているかを確認します。

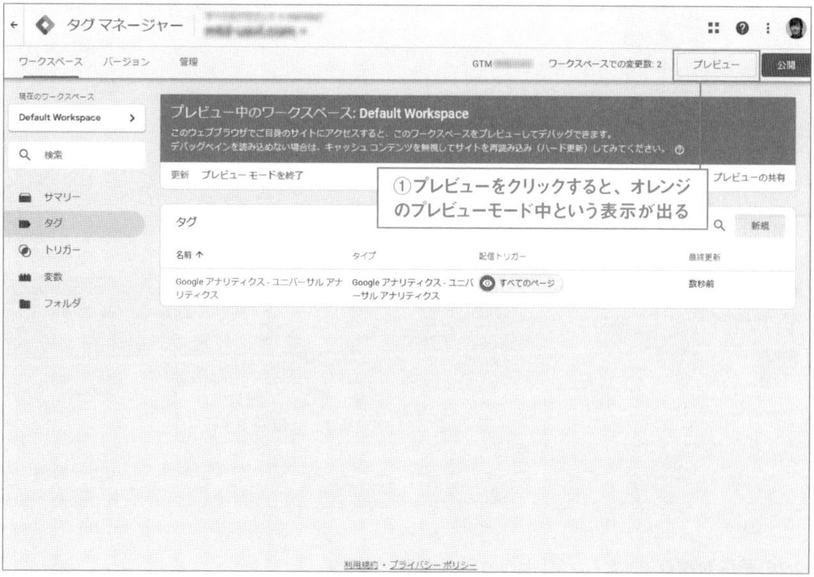

NOTE

「プレビュー」モードとは

GTM画面右上の「プレビュー」をクリックすると、「プレビュー」モードになります。この状態にしてから、ブラウザで実際にGTMが実装されているウェブページが表示されると、その人のブラウザ上だけでタグの設定が反映される状態になります。まだ公開していない状態なので、他の人の閲覧には作用しません。そして、プレビュー状態で、タグの設定がきちんと反映されて配信されているかを確認することができます。

プレビューモードで表示されたブラウザ画面で、タグの配信状況を確認します。

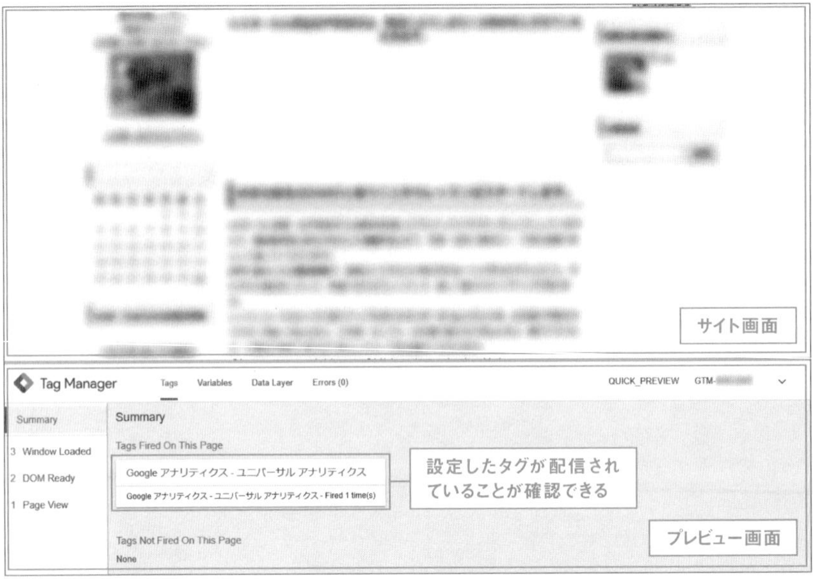

タグの配信が確認できたら、プレビューモードを終了します。

3 タグを公開する

画面右上の「公開」をクリックすると、バージョンの設定画面が表示されるので、任意の「バージョン名」と「バージョンの説明」を入力します。ここには、後からわかりやすいように設定や変更内容、複数の設定者がいる場合は、その担当者名などを入力しておくと良いでしょう。それが完了したら「公開」ボタンをクリックして、Googleアナリティクスタグの配信設定を完了します。

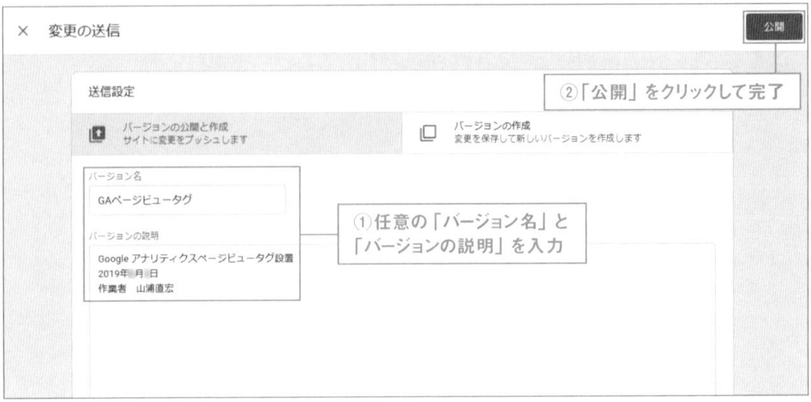

3-6 クロスドメイン計測を理解する

「クロスドメイン計測」とは、異なるドメインの複数のサイトを、ひとつのトラッキングIDの計測タグで計測したい場合に必要な設定のことです。ひとつの計測タグで異なるドメインのサイトを計測するということは、言い方を変えれば「異なるドメイン間でのページ遷移を同一セッションとして計測したい」ということになります。

第1章ですでに解説の通り、Googleアナリティクスでは計測にファーストパーティCookieを利用しています（第2章のコラム「ファーストパーティCookieとサードパーティCookie」を参照）。ファーストパーティCookieはドメインごとに保存されるため、同じ人が同じブラウザで異なるドメイン間の遷移をした場合、Cookieが変わってしまうため同一ユーザーとはみなされず、セッションも異なるセッションとして計測されることを意味します。

以下のようなケースにおいて、"同一のトラッキングコードでひとつのセッション"として計測する必要がある場合は、クロスドメイン計測の設定をする必要があります。

代表的な例としては、同一セッションにあるべきページ遷移が、コンテンツの構成上異なるドメインによって構成されているようなケースがあります。ショッピングカートや会員登録フォームで、外部のしくみを利用する際によく見られます。

クロスドメイン計測のケース①

同一セッション内にあるべきページ遷移が異なるドメインで構成されている

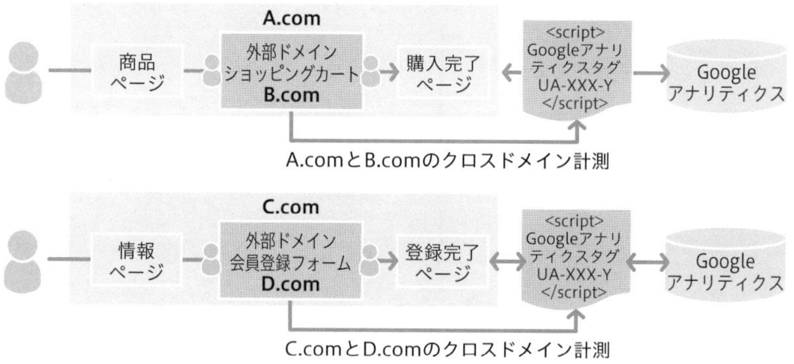

もうひとつの代表的なケースでは、大規模企業などで複数の関連サイトを別ドメインで構成しているような場合に、サイト間リンクの遷移をひとつのセッションとしてつなぎ、関連サイト全体を"ひとつのサイト"のように計測したい、というケースです。

クロスドメイン計測のケース②

異なるドメインのサイト間遷移をひとつのセッションにつなぐ

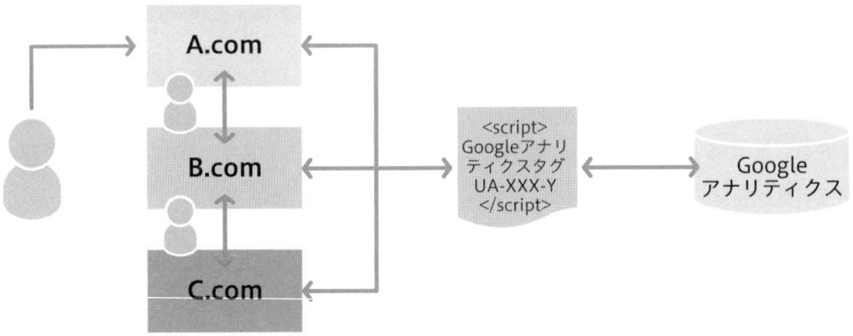

逆に、関連サイトを異なるドメインで複数運営していても、それらサイト間に相互リンクなどが存在せず、そもそもサイト間遷移が発生しない場合は、クロスドメイン計測をする意味はありません。

クロスドメイン計測の対象にならないケース

サイト間にリンクがなくサイト間遷移が発生しない場合

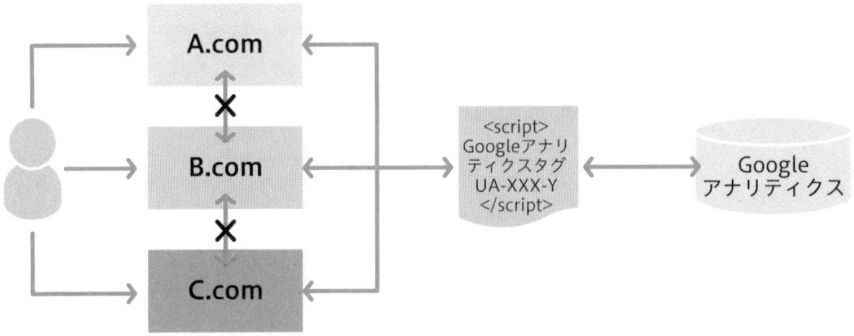

クロスドメイン計測とは、あくまで「異なるドメイン間のページ遷移を、ひとつのセッションにつなぐ」ための設定であることを理解しておきましょう。

※サブドメイン間の場合はアナリティクス側で自動処理されるため、クロスドメイン設定の必要はありません。

3-7 クロスドメイン計測を設定する

まず前提として、計測したい異なるドメインのサイトに、同じトラッキングIDのトラッキングコードが実装されていることが必要になります。
その上で、クロスドメイン計測の設定を行い、最終的にその計測結果をレポート画面に表示できるようにするため、以下の3つのステップが必要になります。クロスドメイン計測の目的は、"サイト間遷移のセッションをつなぐ"だけでなく、最終的にレポート画面上にきちんと集計結果が表示されなければ意味がありません。なので、この3つのステップは、クロスドメイン設定のワンセットとして理解しておくことが重要です。

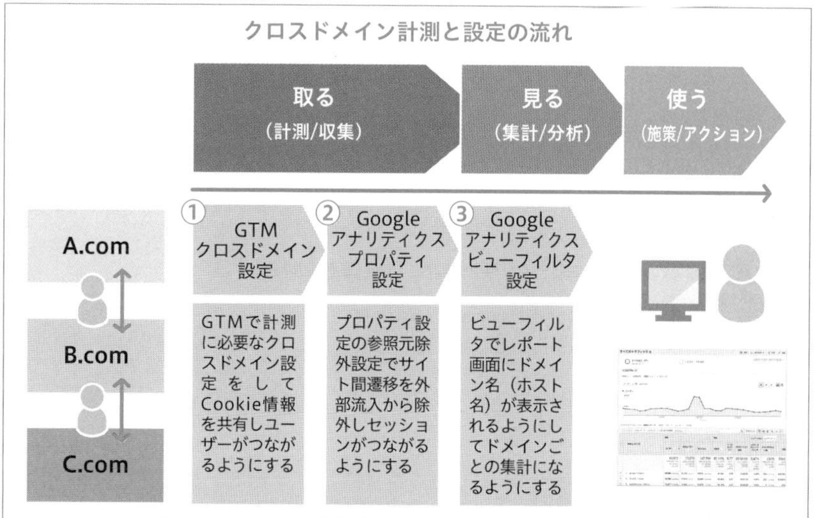
クロスドメイン計測と設定の流れ
取る
(計測/収集)
見る
(集計/分析)
使う
(施策/アクション)
A.com
B.com
C.com
① GTM クロスドメイン 設定
② Google アナリティクス プロパティ 設定
③ Google アナリティクス ビューフィルタ 設定
GTMで計測に必要なクロスドメイン設定をしてCookie情報を共有しユーザーがつながるようにする
プロパティ設定の参照元除外設定でサイト間遷移を外部流入から除外しセッションがつながるようにする
ビューフィルタでレポート画面にドメイン名（ホスト名）が表示されるようにしてドメインごとの集計になるようにする

3つのステップで計測からレポートまでを設定する

ステップ①GTMでのクロスドメイン設定

クロスドメイン設定をするには、前節で解説した「Googleアナリティクス設定」変数で行います(「3-5　Googleアナリティクスタグの配信設定をする」を参照)。
本節では、既存のGoogleアナリティクスタグからクロスドメイン設定をする手順を解説しますが、新規でGoogleアナリティクスタグを設定する場合も、同じ要領で行えますので参考にしてください。

設定手順

まず、「変数」から対象となる「Googleアナリティクス設定」変数を選択して開きます。

表示された「変数の設定」エリアをクリックして、設定画面を開きます。

「設定するフィールド」にフィールドを追加して、プルダウンメニューから「allowLinker」を選択し、値に「true」を入力します。これによって、ドメイン間遷移のときにリンカーパラメータ(ユーザーを識別するためのクライアントIDを値とするパラメータ)が付与されていた場合に、遷移側のサイトがパラメータ値を受け入れることが可能になり、Cookie情報がつながります。

次に「クロスドメイントラッキング」の「自動リンクドメイン」には、計測対象となるドメインをカンマ区切りで入力します(https://などは不要)。これによって、計測対象サイトのドメイン間遷移時に、リンカーパラメータが付与されるようになります。

※自動リンクドメインのドメイン判定は部分一致のため、「example.com」と入力した場合は、「sub.example.com」への遷移も対象に含まれることになります。

設定ができたら「保存」をクリックします。

ステップ②プロパティ設定で参照元を除外

前述のステップ①でCookie情報を共有して、ひとりのユーザーとしてつなげることができたとしても、サイト間遷移が起きたときには、通常通り参照元情報(リファラー)は計測されています。Googleアナリティクスでは、参照元情報のある遷移は新しいセッションとして集計してしまうので、このままでは同一のセッションとして集計することができません。よって、「プロパティ設定>トラッキング情報>参照元除外リスト」にクロスドメイン計測対象のドメインを設定しておくことで、参照元情報が除外され、クロスドメイン間の遷移も"同一のセッション"として集計されることになります。

設定手順

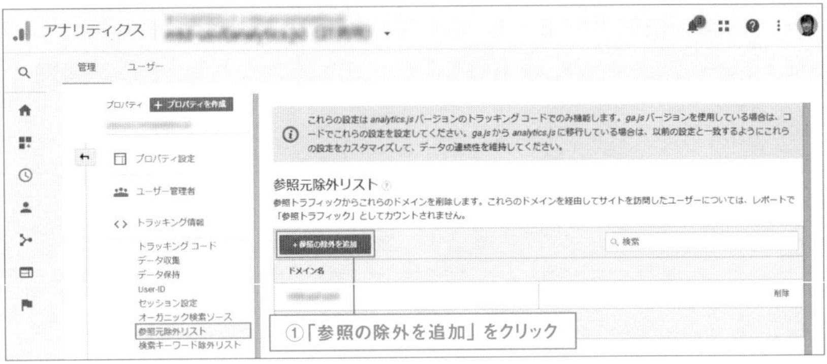

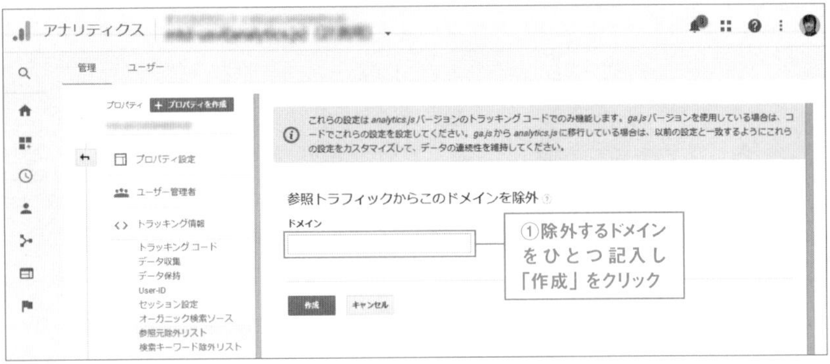

ステップ③ビューフィルタでレポートにドメイン名（ホスト名）を表示

ステップ①～②でセッションがつながるようになりましたが、もうひとつ必要な設定があります。Googleアナリティクスのレポートでは、デフォルトでは計測サイトのドメインは表示されません。例えば、「行動＞サイトコンテンツ＞すべてのページ」レポートでわかるように、各ページのURLはドメイン名の後ろ「/」以下の部分だけになっています。「example.com/index.html」というページであれば、「/index.html」がレポートに表示されています。クロスドメイン計測をしている場合は複数ドメインが存在しているわけですから、このような表示では「どのドメインのサイトのページなのか？」の区別がつきませんし、「/index.html」のように複数ドメイン内に共通で存在する可能性があるURLがあった場合は、合算して集計されてしまいます。

これを避けるために、「ビューフィルタ」の設定でレポートにホスト名（＝ドメイン名）を表記する設定を行い、このフィルタをクロスドメインレポートを見るビューに反映させる、という設定を行います。
以下、フィルタの設定方法ですが、フィルタを新規で作成するには「アカウントレベルの編集権限」が必要になります。
設定する内容としては、「フィールドAにホスト名」「フィールドBにページURL」を定義し、レポートの出力には「A+Bを表記する」という意味の設定になります。

ビューフィルタの新規作成はアカウントレベルの設定からも行えますが、本節ではビューレベルの設定から行う手順を解説します。

設定手順

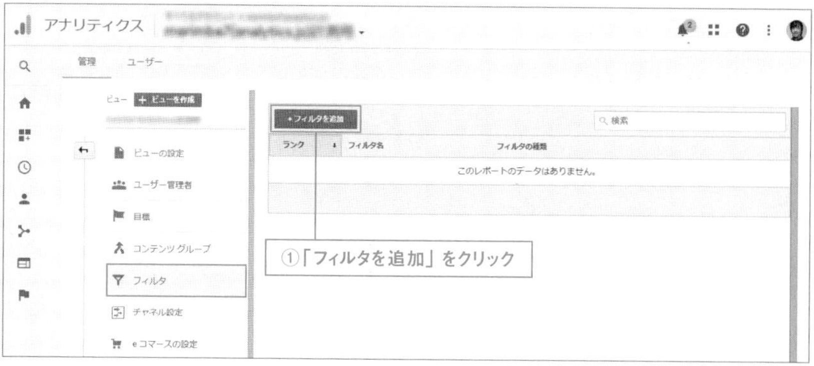

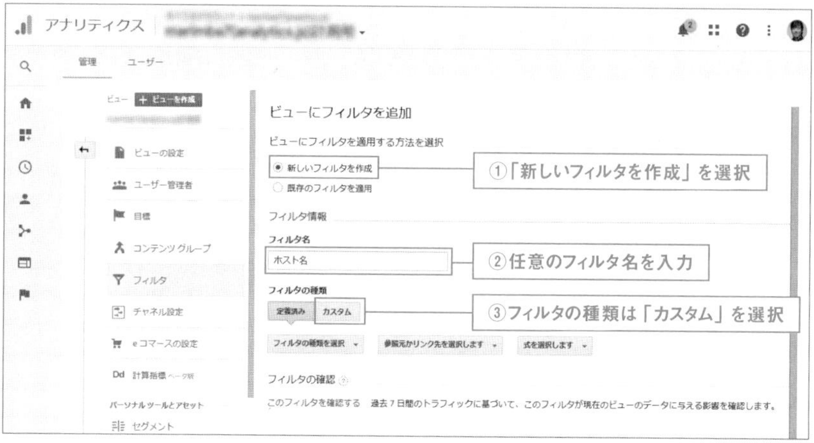

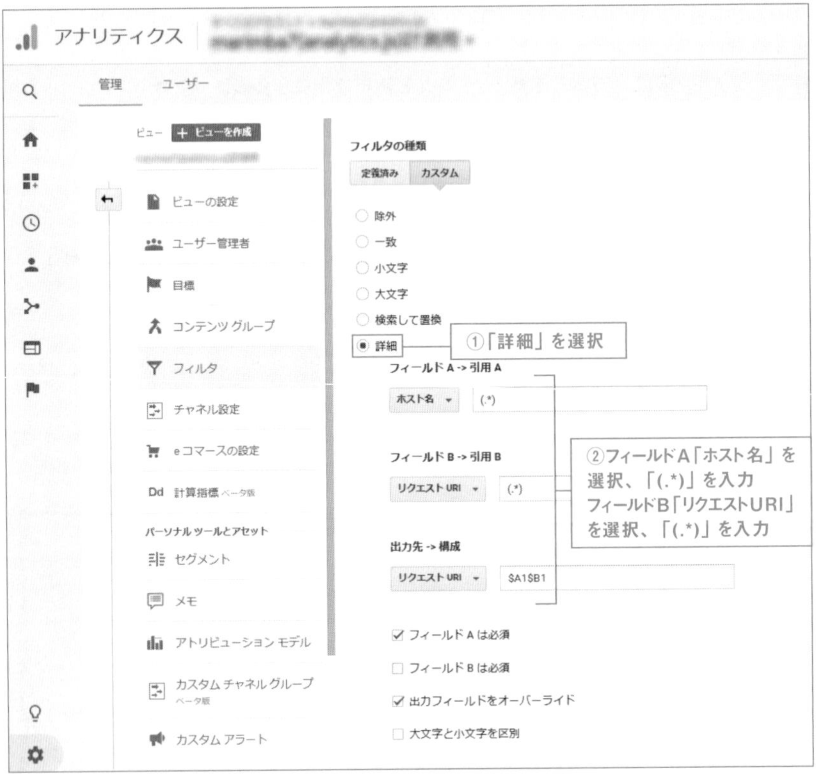

ビューフィルタ設定の詳細については「7-2　フィルタの基本を理解する」を参照ください。
ステップ①～③の設定が完了してデータが反映されたら、レポート画面「行動＞サイトコンテンツ＞すべてのページ」で、目的通りの計測と集計ができているかを確認してください。

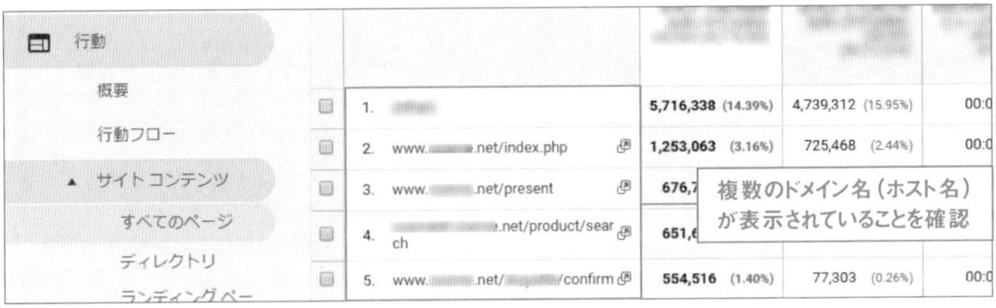

参考　タグマネージャヘルプ＞ドメイン全体のアクティビティを測定する
https://support.google.com/tagmanager/answer/6164469

3-8 eコマース計測を理解する

2種類のeコマース計測

eコマース計測はECサイト向けの計測機能で、標準のGoogleアナリティクス計測タグでは計測できない商品の購入データなどを計測するための機能です。
Googleアナリティクスには、「標準のeコマース」と「拡張eコマース」の2種類のeコマース計測がありますが、本節ではこのふたつのeコマース計測の違いについて解説します。

標準のeコマース

標準のeコマース計測では、通常のGoogleアナリティクス計測に加えて、ECサイトの購入情報を計測することができます。「どんな商品を何個、いくらで購入したのか？」といった情報です。これらの売り上げ情報は、ECサイトのシステム側では当然把握できる内容ですが、Googleアナリティクスに計測させることによって、広告流入を売上金額で効果測定したり、サイト内回遊行動と購入の関連を詳しく分析することができるようになります。

● **標準のeコマース計測(イメージ)**

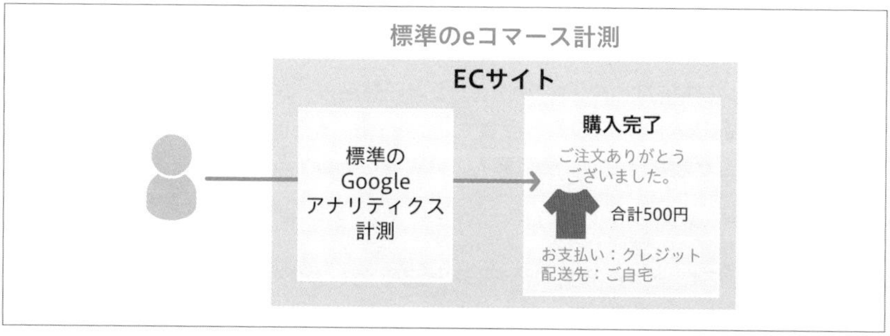

拡張eコマース

拡張eコマース計測は、その名の通り計測可能範囲が大幅に拡張されています。ECサイトでの主要な購入プロセスを段階ごとに詳細に計測できるようになっており、かなり細かな分析によって、各プロセスの改善を行うことができる機能になっています。
拡張eコマースによって計測可能になる主なポイントは、次の①～⑦になります。

● **拡張eコマース計測(イメージ)**

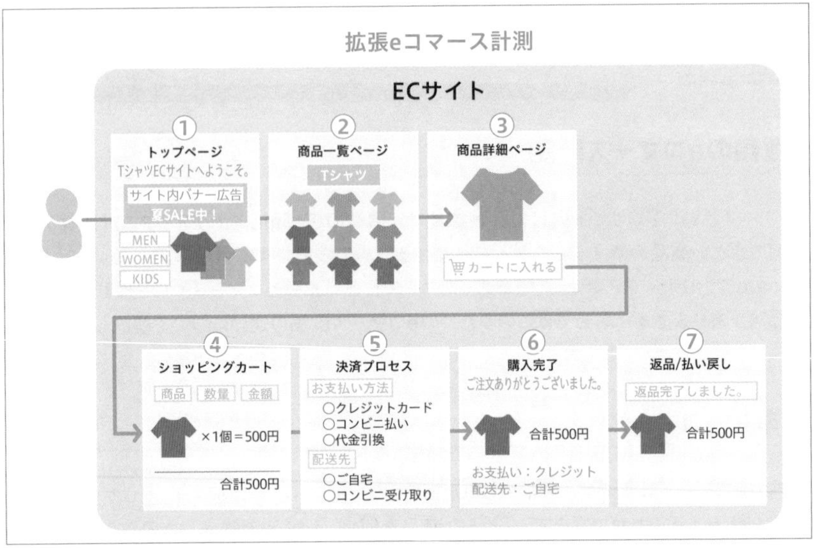

①サイト内プロモーションバナー

季節ごとのセールやキャンペーン商品告知など、サイト内に掲出されるプロモーションバナーの表示回数(インプレッション数)、クリック数を計測し、商品購入との関連を分析することができます。

②商品リスト(一覧)ページ

ECサイトでは、「MEN」や「WOMEN」などの商品カテゴリごとに一覧ページがありますが、この商品リストページの表示回数やクリック数、また商品ごとや表示場所ごとの表示回数やクリック数を計測し、商品購入との関連を分析することができます。

③商品詳細ページ

商品詳細ページは、個々の商品の情報(スペック、色、サイズなど)が掲載されているページです。このページの表示回数を計測することができます。

④ショッピングカートへの追加/削除

ショッピングカートに追加した商品のデータ(商品名、金額など)を計測することができます。同様に、削除した商品のデータについても計測することができます。

⑤決済プロセス

支払い手続きや配送手続きなどの、決済の各ステップを計測することができます。

⑥商品購入

標準のeコマース計測と同様に、商品購入データ(商品名、金額など)を計測することができます。

⑦返品/払い戻し

購入完了後の返品や、それに伴う払い戻し金額などの情報も計測することができます。

これらの計測できるポイントは、それぞれにおいて個別の実装と設定が必要になります。「拡張eコマース」というひとつの設定で、上記がすべて計測できるようになるわけではありませんし、逆に必要な部分だけを実装設定するということも可能です。

※本節で取り上げている①～⑦の計測項目は、説明上基本的なeコマースサイトの流れを例として取り上げています。拡張eコマースで計測可能なすべてのケースを網羅しているわけではありません。あくまで設定の参考としてお読みください。

「標準のeコマース」と「拡張eコマース」の比較

このように「標準のeコマース」に比べ、「拡張eコマース」では、計測できるデータの対象が大幅に拡張されていますが、一概にどちらが良いか、という比較はできません。計測できるデータ項目が増えれば集計/分析もより多くできるようになりますが、一方で計測場所も増えるために、実装の工数もかなり増えることになります。どちらのeコマース計測も、通常のGoogleアナリティクス計測タグでは計測できないデータ(変数)を取得することになるので、GTMからのタグ配信だけでなく、それぞれの計測場所においてデータレイヤーの実装が必要になります。さらに、商品名や売上金額など動的に変わる値をデータレイヤーに渡すための、システム側の開発も必要になります。

ECサイトにとっては、ユーザーの来訪から購入にいたるまでのプロセスの計測と分析は、売上向上のためにも必要なことではありますが、特に拡張eコマースについては、その実装工数の負荷によってあまり活用が進んでいないという状況でもあります。しかし、拡張eコマースにある多くの計測機能をすべて実装する必要があるか?と言えば、目的を満たす範囲での部分的な実装でもOKなので、もしこれから新たにeコマース計測を実装されるのであれば、実装後の拡張可能性も踏まえて、拡張eコマースの商品購入完了計測からスタートするというステップでもいいかもしれません。

各機能の設定方法については次節以降で解説しますが、いずれにしても計測できるデータ内容と実装/設定の工数(時間と費用)を考慮して、導入を検討する必要があります。

● eコマース計測データ活用の流れ

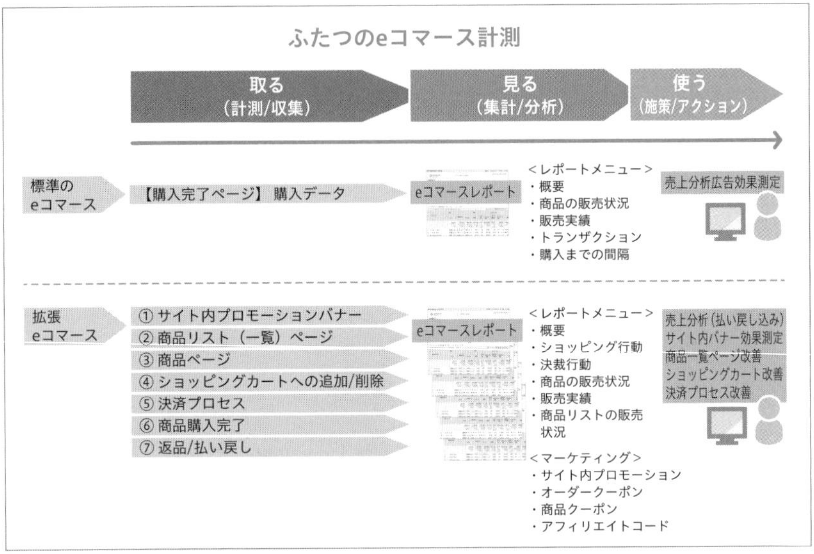

eコマース計測の実装〜設定の基本的な流れ

本書ではGTMの利用を推奨しているので、GTMを使った方法を標準として両方のeコマース計測に共通な基本的な流れを解説します。各eコマース計測の具体的な画面設定手順などについては、次節以降で解説していきます。

● eコマース計測の基本的な流れ

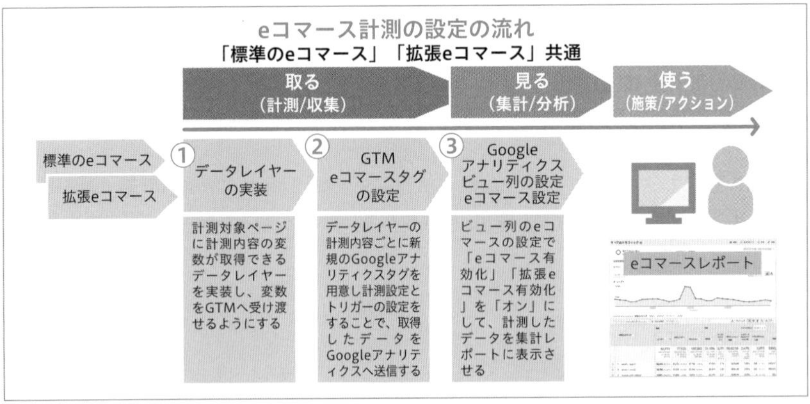

まず、前提としてこれまで解説してきた計測内容に基づき、ECサイト内のどのポイントでどのデータを取得するのかを決めておいてください。最低でも「購入完了ページで購入データ(商品と金額など)を計測する」というのは必要になります。拡張eコマースを実装する場合は、前述した①〜⑦の計測のポイントごとに、少なくともデータレイヤーの実装と、それに伴うサイトやシステム側の改修/開発が必要になるので、どのポイントを計測するのかをよく検討して決めておく必要があります。

※本節で取り扱う実装/設定の流れの中では、必要に応じて発生するサイト側/システム側の改修や開発については解説対象外とさせていただきます。

● ステップ①データレイヤーをサイトの計測対象ページに実装する

いずれのeコマース計測でも、データレイヤーによる変数(データ)取得が必要になります。計測したい変数を取得できるページのGTMコンテナタグより前に、データレイヤーScriptを実装します。

● ステップ②GTMでeコマース計測用のGoogleアナリティクスタグを設定する

ステップ①で実装したデータレイヤーで取得したデータを、Googleアナリティクスへ送信するための、「Googleアナリティクスタグ」を設定します。データレイヤーで各変数を取得したタイミングで送信できるように、それぞれのタイミングでタグが発火するようトリガーも設定します。

● ステップ③ビューの設定画面でeコマースを有効化する

GTMで送信されたデータがGoogleアナリティクス側でレポート画面に集計表示されるように、ビューの設定画面でeコマース計測の有効化ボタンを「オン」にします。

計測/設定の基本的な流れは以上になります。
このように多くのデータを計測する場合には、相応の工数(時間と費用)がかかりますので、分析の目的に基づき、その重要度や優先度から、実装内容の検討と判断をすることが重要です。

※「標準のeコマース」と「拡張eコマース」は、ひとつのプロパティに対して併用することはできません。現在すでに「標準のeコマース」を導入済みのプロパティに対しては、既存のeコマースタグを削除して新たに「拡張eコマース」を実装する必要がありますので、注意してください。

参考 タグマネージャヘルプ＞Googleアナリティクスのeコマース
https://support.google.com/tagmanager/answer/6107169

3-9 標準のeコマース計測を設定する

前節で解説した基本的な流れに基づき、より詳細に計測設定の手順を解説します。

データレイヤーの実装

データレイヤーを使って、購入完了時の購入データ（＝トランザクションデータ）を取得します。取得するデータの内容は以下の通りです。

■ 購入完了ページで取得するデータ①（1回の購入全体に関するデータ）

データ項目（変数）名	説明	型
transactionId（必須）	トランザクションID 1回の購入ごとに付与される識別ID	文字列
transactionAffiliation（任意）	パートナーや販売店名	文字列
transactionTotal（必須）	購入金額の合計	数値
transactionShipping（任意）	購入に掛かる配送料	数値
transactionTax（任意）	購入に掛かる税額	数値
transactionProducts（任意）	購入された商品のリスト	商品オブジェクトの配列

■ 購入完了ページで取得するデータ②（個々の商品に関するデータ）

データ項目（変数）名	説明	型
name（必須）	商品の名前	文字列
sku（必須）	商品のSKU	文字列
category（任意）	商品のカテゴリ	文字列
price（必須）	単価	数値
quantity（必須）	商品個数	数値

※「タグマネージャヘルプ＞Googleアナリティクスのeコマース（https://support.google.com/tagmanager/answer/6107169）」を元に筆者が作成。

上記を取得するためのデータレイヤーサンプルコードは、上記のタグマネージャヘルプに記載がありますので参照してください。
作成したデータレイヤーのコードを、購入完了ページのGTMコンテナタグの上に実装してください。

参考 タグマネージャデベロッパーサイト>デベロッパーガイド>データレイヤーを使用する
https://developers.google.com/tag-manager/devguide

GTMでeコマース計測用のGoogleアナリティクスタグを設定

設定手順

1 Googleアナリティクスタグを設定する

GTMでは、すでにサイトの「すべてのページ」に配信されている「Googleアナリティクスタグ」とは別に、eコマース計測用に購入完了ページで配信される「Googleアナリティクスタグ」の設定を行います。
「新しいタグ」からタグの設置画面を開きます。

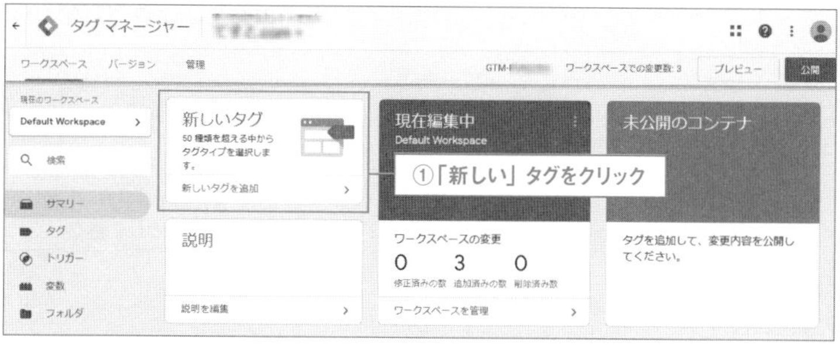

タグタイプは「Googleアナリティクスタグ」を選択します。

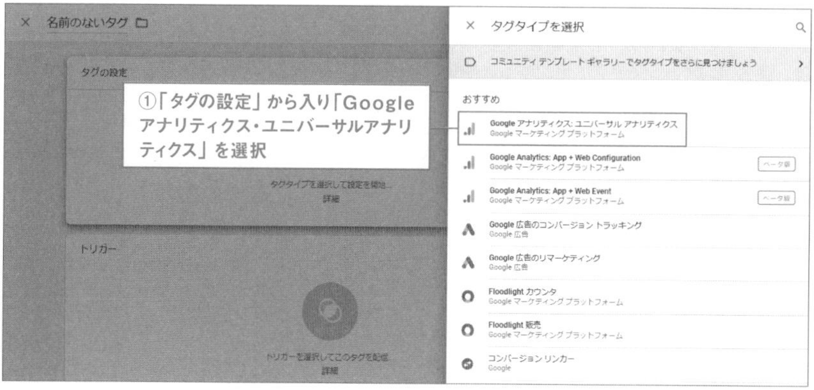

トラッキングタイプは「トランザクション」にすることで、「標準のeコマース計測」のトランザクション（購入/注文）データ計測が可能になります。この設定は「標準のeコマース」のみに適用され、拡張eコマースの場合は別の設定が必要になります。
「Googleアナリティクス設定」変数は、すでに対象サイトに配信されている標準のGoogleアナリティクスタグに適用しているものと同じもの（トラッキングIDが定義されているのも）を適用します（「Googleアナリティクス設定」変数については、「3-5　Googleアナリティクスタグの配信設定をする」を参照）。

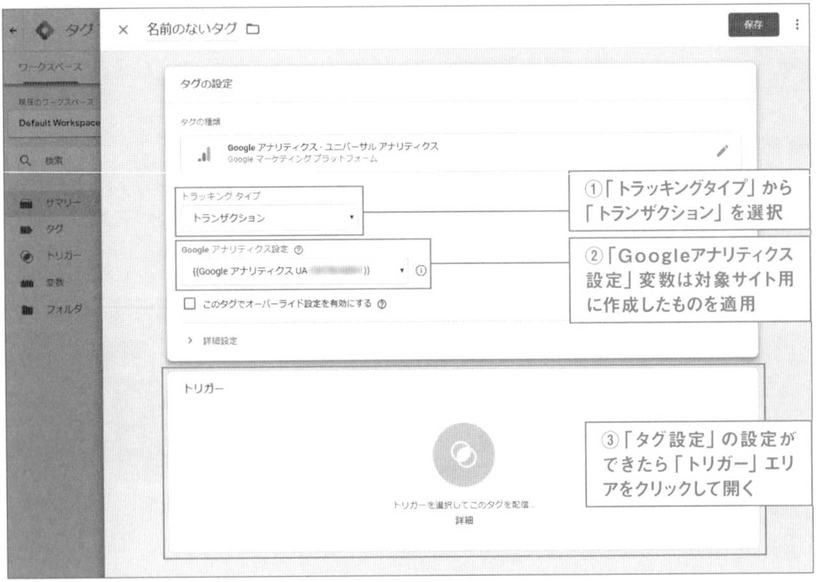

2 トリガーを設定する

購入完了ページでタグが発火するように、トリガーを設定します。
タグを発火させるトリガーの定義は様々な考え方が可能で、方法はひとつではありません。本節では、購入完了ページでタグが発火するひとつの例として、「購入完了ページが表示されたタイミングでタグが発火する」というトリガーの設定手順を解説します。
画面に従い右上の「+」ボタンからトリガーの設定を開きます。

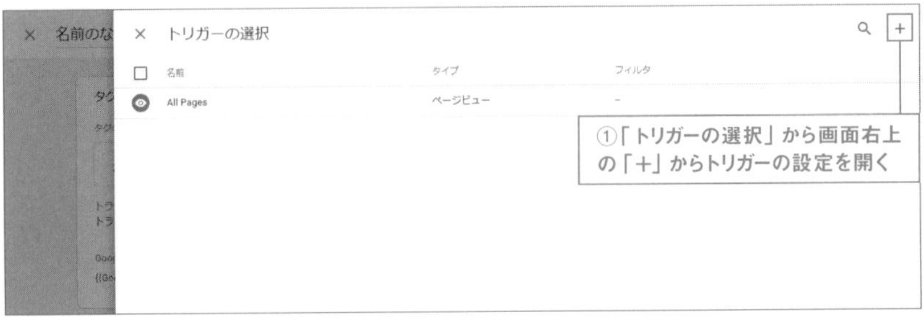

「トリガーのタイプ」は「ページビュー」を選択します。

発生場所として「一部のページビュー」を選択し、発火させるページの条件として「PageURL＞含む＞購入完了ページのURL(図では「/complete/」と入力)」のように設定します。

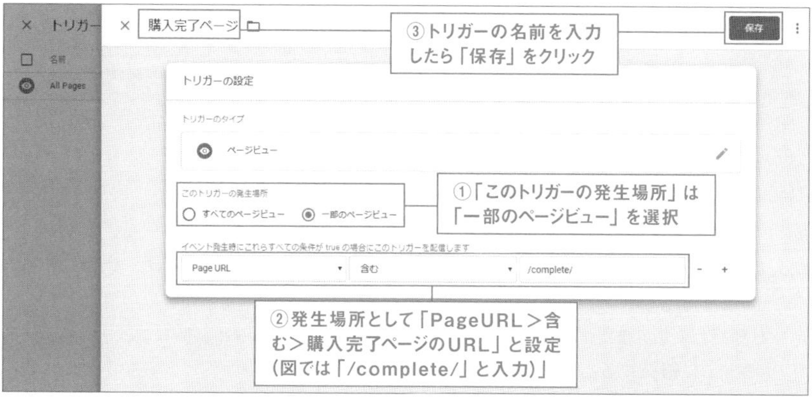

設定ができたらトリガーの名前を入力して、「保存」をクリックします。以降は画面遷移に従い、タグの名前を入力したらタグの設定は完了です。

※プレビューモードで確認〜公開は通常の手順に従ってください。

ビューの設定でeコマースを有効化

Googleアナリティクスの設定画面では、eコマース機能を有効化する設定を行います。

設定手順

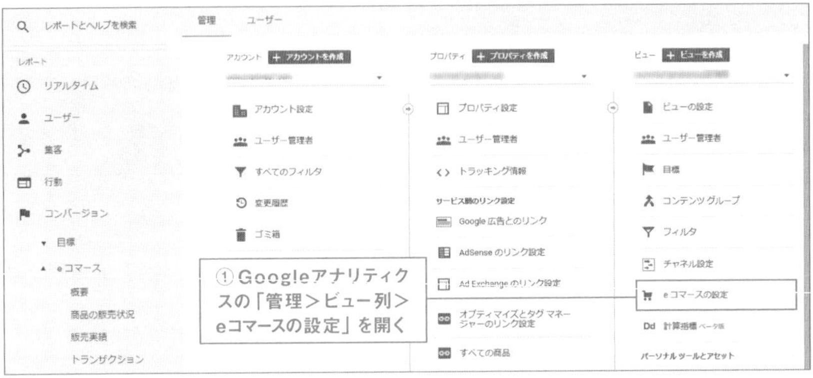

eコマースの有効化ボタンを「オン」にすれば完了です。

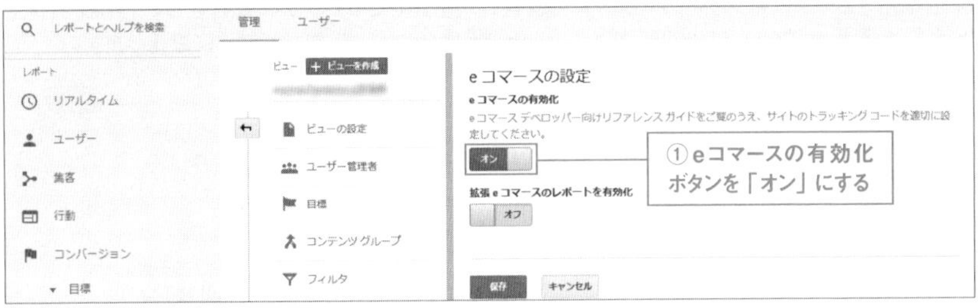

購入完了ページからきちんと購入データが計測できているかを検証するには、実際に購入アクションをする必要があるので、検証用のテストアカウントなどをあらかじめ用意しておくことをお勧めします。また、計測データはレポート画面の「リアルタイム＞コンバージョン」でリアルタイムに確認することができます。

参考 タグマネージャヘルプ＞Googleアナリティクスのeコマース
https://support.google.com/tagmanager/answer/6107169

参考 タグマネージャデベロッパーサイト＞デベロッパーガイド＞データレイヤーを使用する
https://developers.google.com/tag-manager/devguide

参考 アナリティクスヘルプ＞eコマース トラッキングの設定
https://support.google.com/analytics/answer/1009612

3-10 拡張eコマース計測の項目例を理解する

前々節で解説した基本的な流れを例に、①〜⑦の計測ポイントごとに計測方法について解説します。

※本節で取り上げている①〜⑦の計測項目は、説明上、基本的なeコマースサイトの流れを例として取り上げています。拡張eコマースで計測可能なすべてのケースを網羅しているわけではありません。あくまで設定の参考としてお読みください。

NOTE

GTMによる拡張eコマース実装について

Googleタグマネージャデベロッパーサイトにて、GTMによる拡張eコマース実装について、データレイヤーのサンプルコードを含む詳細な説明が公開されています。本節では、この公式情報をもとに、各計測ポイントでの設定の流れをわかりやすく解説していきます。サンプルコードなどの詳細情報については、こちらをご確認ください。

https://developers.google.com/tag-manager/enhanced-ecommerce

①サイト内プロモーションバナー

サイト内プロモーションバナーのインプレッション数とクリック数を計測することができ、クリックとトランザクション（購入完了）の関係を見て、効果を分析することができるようになります。計測対象のバナーが掲載されているページに実装します。

①サイト内プロモーションバナーの計測

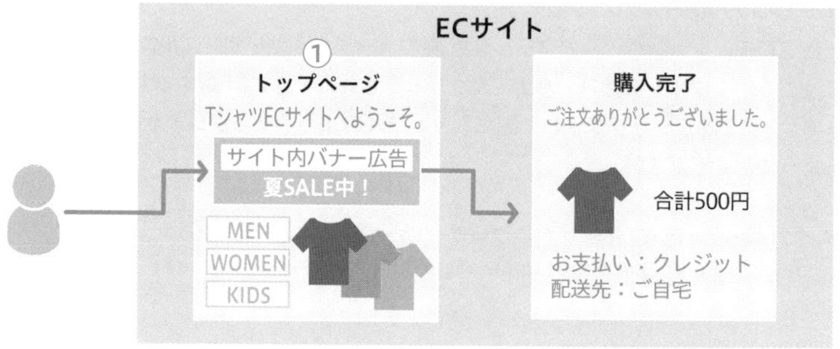

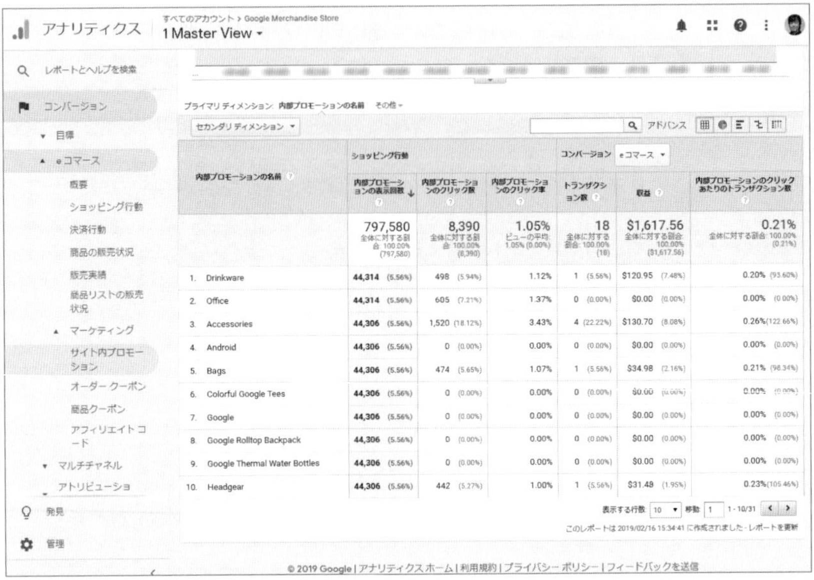

画面NAVI ■ コンバージョン ▸▸ eコマース ▸▸ マーケティング ▸▸ サイト内プロモーション

◉ データレイヤーの実装

● プロモーションバナーのインプレッション数

サイト内プロモーションバナーのインプレション計測のデータレイヤーサンプルコードは、以下を参照してください。インプレッション数はページ表示時に計測するもののため、サンプルのようなデータレイヤーを、GTMスニペットタグよりも前へ記述してください。

参考 タグマネージャデベロッパーサイト>プロモーションのインプレッションを測定する
https://developers.google.com/tag-manager/enhanced-ecommerce#promo-impressions

● プロモーションバナーのクリック数

サイト内プロモーションバナーのクリック計測のデータレイヤーサンプルコードは、以下を参照してください。クリック数は、バナーがクリックされたときに計測するもののため、リンクバナーのaタグなどがクリックされた際に、サンプルのようなデータレイヤーの処理が呼び出されるようにしてください。

参考 タグマネージャデベロッパーサイト>プロモーションのクリックを測定する
https://developers.google.com/tag-manager/enhanced-ecommerce#promo-clicks

②商品リスト(一覧)、商品

商品リストページのように、商品詳細ページへの導線が掲載されるページが対象になります。商品リストページのインプレッション数やクリック数だけでなく、表示された各商品についての以下の情報についても、それぞれインプレッション数とクリック数を計測することができます。

・商品リスト名
・商品名
・商品リスト位置(商品表示のポジション)
・商品SKU

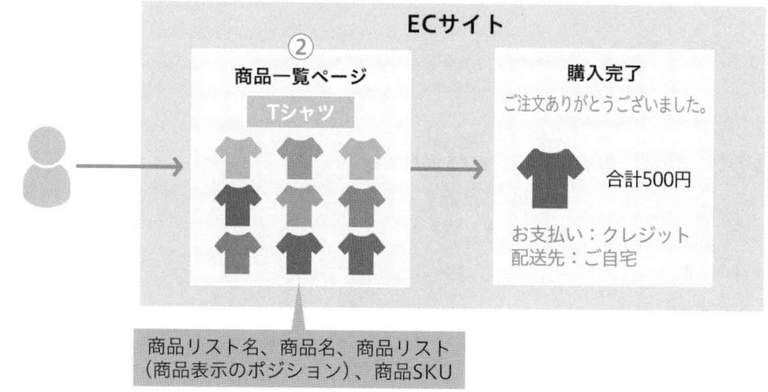

②商品リスト（一覧）ページの計測

また、それぞれの項目ごとの「カート追加数」「購入数」「収益(売上げ金額)」も、レポート画面で確認することができます(カート追加数はカート追加の実装/設定をした場合)。

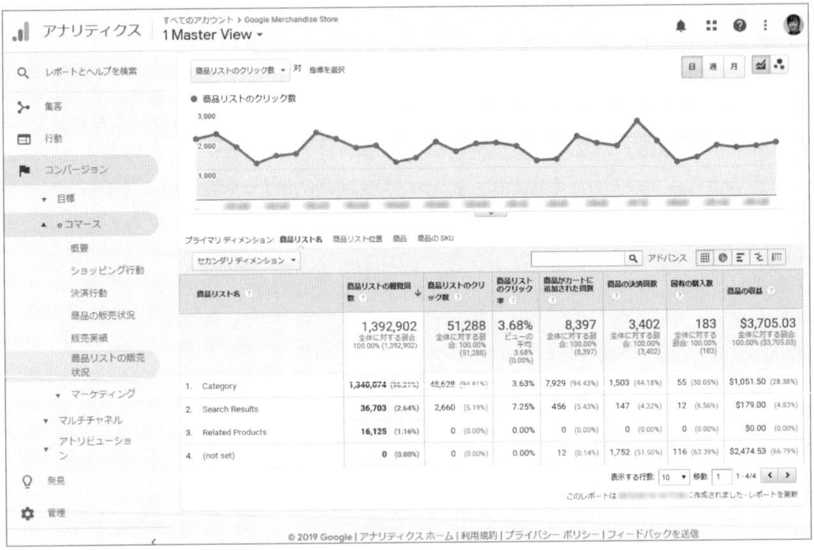

画面NAVI ■ コンバージョンe ▶▶eコマース ▶▶商品リストの販売状況

◎ データレイヤーの実装

● 商品リスト、商品などのインプレッションを測定する

インプレッション数はページ表示時に計測するもののため、サンプルのようなデータレイヤーを、GTMスニペットタグよりも前へ記述してください。

商品リスト、商品などのインプレッション計測のデータレイヤーサンプルコードは、以下を参照してください。

参考 タグマネージャデベロッパーサイト＞商品インプレッションを測定する
https://developers.google.com/tag-manager/enhanced-ecommerce#product-impressions

● 商品リスト、商品などのクリック数

クリック数は、商品リンクがクリックされたときに計測するもののため、リンクバナーのaタグなどがクリックされた際に、サンプルのようなデータレイヤーの処理が呼び出されるようにしてください。

商品リスト、商品などのクリック計測のデータレイヤーサンプルコードは、以下を参照してください。

参考 タグマネージャデベロッパーサイト＞商品クリックを測定する
https://developers.google.com/tag-manager/enhanced-ecommerce#product-clicks

③商品詳細ページ

商品詳細ページのインプレッション数を計測することができます。
商品詳細ページすべてに実装します。

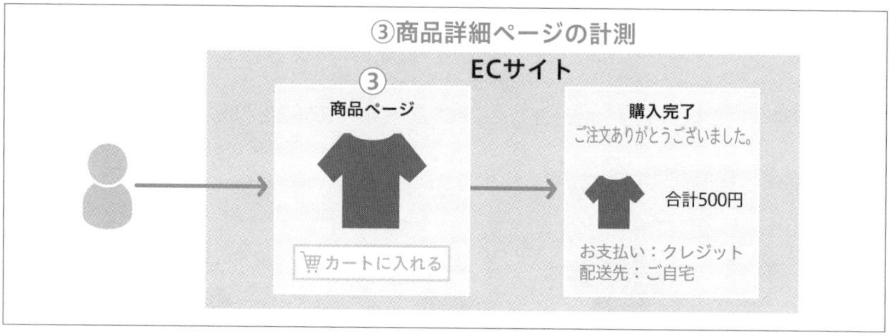

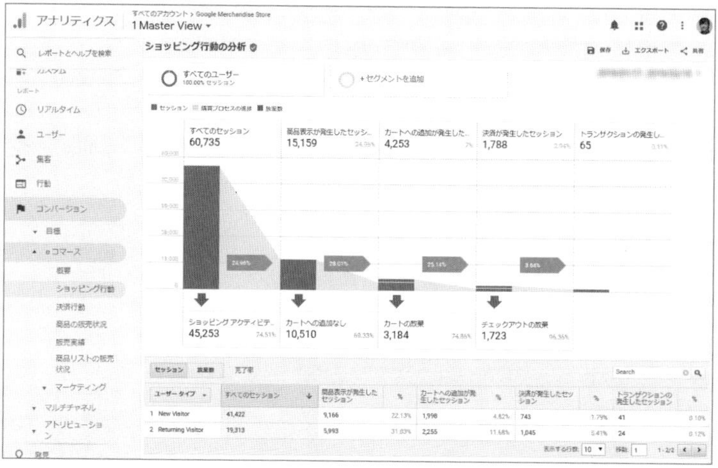

画面NAVI ■ コンバージョン ⏩eコマース ⏩ショッピング行動

⊙ データレイヤーの実装

● **商品の詳細の表示を測定する**

インプレッション数はページ表示時に計測するもののため、サンプルのようなデータレイヤーを、GTMスニペットタグよりも前へ記述してください。

商品詳細ページのインプレッション計測のデータレイヤーサンプルコードは、次を参照してください。

参考 タグマネージャデベロッパーサイト＞商品の詳細の表示を測定する
https://developers.google.com/tag-manager/enhanced-ecommerce#details

④ショッピングカートへの追加/削除

ショッピングカートに追加した商品のデータ（商品名、金額など）を計測することができます。同様に、削除した商品のデータについても計測することができます。

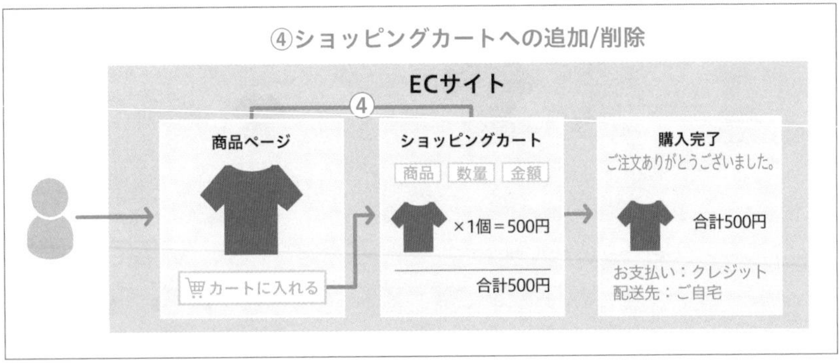

また、レポート画面では、「カートに追加したセッション数」や「トランザクションが発生したセッション数」などのショッピング行動の流れを、セッション数の推移でファネル図によって見ることができるようになります。

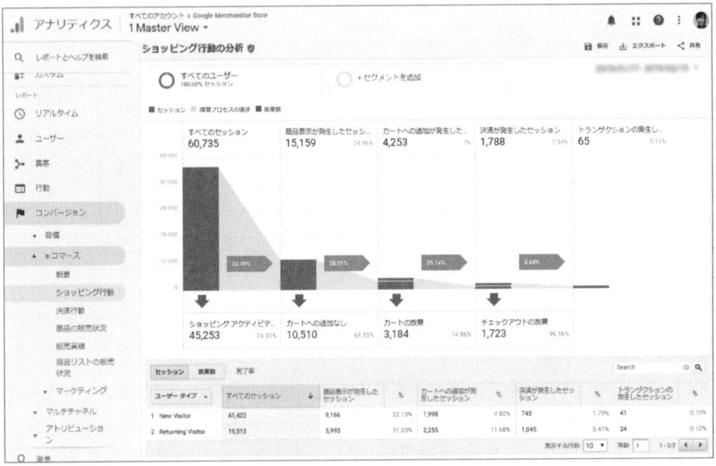

画面NAVI ■ コンバージョン ▶▶ eコマース ▶▶ ショッピング行動

⦿ データレイヤーの実装

● ショッピングカートへの追加またはショッピングカートからの削除を測定する

カートの追加/削除は、「カートへ商品が追加された/削除された」を計測するもののため、カート追加または削除ボタンがあるページ（商品詳細ページやカートページなど）で実際に処理が行われた際に、サンプルのようなデータレイヤーの処理が呼び出されるようにしてください。

ショッピングカートへの追加またはショッピングカートからの削除計測のデータレイヤーサンプルコードは、以下を参照してください。

［参考］ タグマネージャデベロッパーサイト＞ショッピングカートへの追加またはショッピングカートからの削除を測定する
https://developers.google.com/tag-manager/enhanced-ecommerce#cart

⑤決済プロセス

支払い手続きや配送手続きなどの、決済の各ステップを計測することができます。

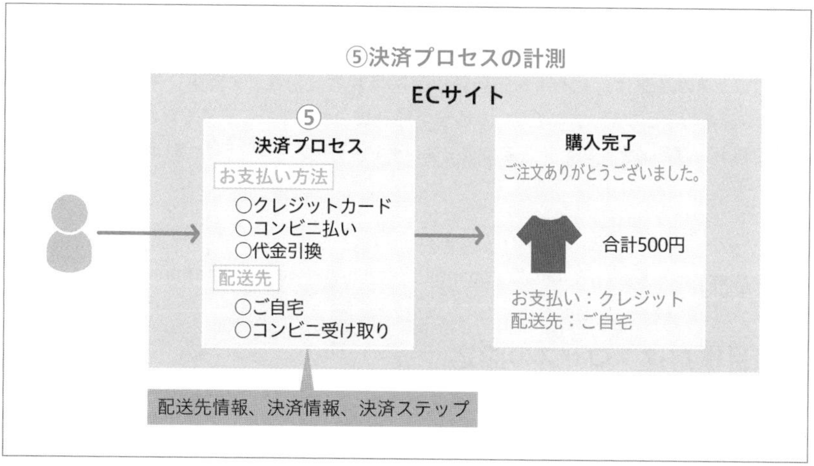

配送先情報や支払い情報の決済プロセスにおける各ステップを、Googleアナリティクスの設定画面で登録します。これによりレポート画面では、ステップごとのセッション数推移をファネル図で見ることができるようになります。

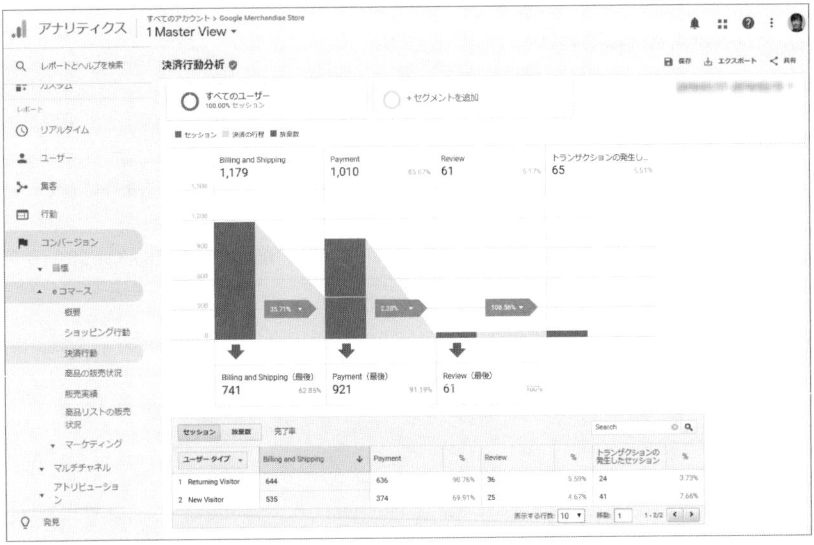

画面NAVI ■ コンバージョン ▶▶eコマース ▶▶決済行動

⊙ データレイヤーの実装

● 決済を測定する

決済プロセスの計測は、決済情報の登録や配送情報の登録などで実際に処理が行われた際に、サンプルのようなデータレイヤーの処理が呼び出されるようにしてください。
決済プロセスの各ステップを計測するデータレイヤーサンプルコードは、以下を参照してください。

参考 タグマネージャデベロッパーサイト＞決済を測定する
https://developers.google.com/tag-manager/enhanced-ecommerce#checkout

決済目標到達プロセスの設定

レポート画面の「コンバージョン＞eコマース＞決済行動」では、上記で設定した各ステップごとのセッション数推移をファネルレポートで見ることができますが、各ステップに名前を付けることによってわかりやすくすることができます。この設定をしない場合は、「ステップ1」「ステップ2」と表示されます。
設定をするには、「管理＞ビュー列の設定＞eコマースの設定」画面で「拡張eコマースのレポートを有効化」が「オン」になっていれば、各ステップ名の入力画面が表示されますので、画面表示に従って入力します。

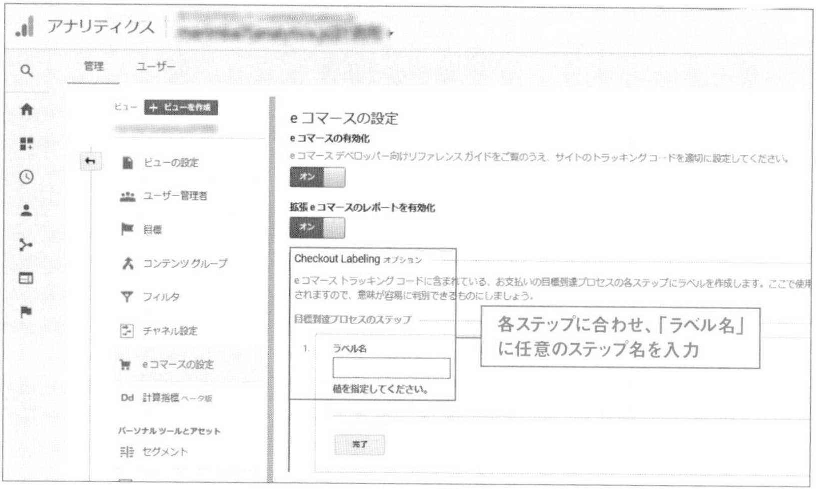

画面NAVI ■ 管理 ▶▶ ビュー列の設定 ▶▶ eコマースの設定

画面NAVI ■ 管理 ▶▶ ビュー列の設定 ▶▶ eコマースの設定

⑥商品購入（トランザクション）

標準のeコマース計測と同様に、商品購入（トランザクション）データ（商品名、金額など）を計測することができます。

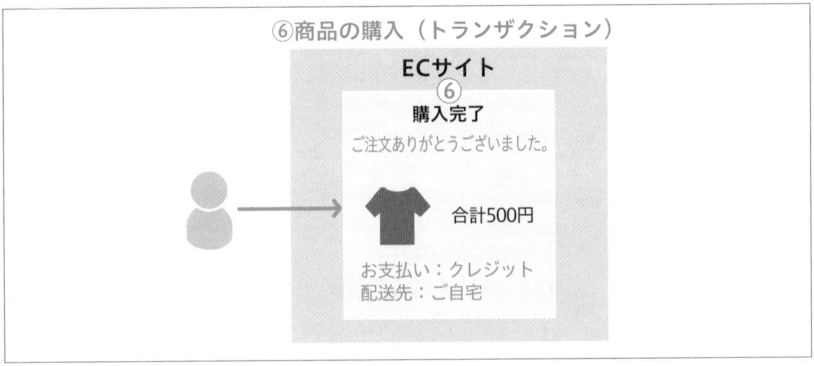

レポート画面では、商品ごとの購入数、売上金額の他に

・Cart-to-Detail率（商品のカート追加回数/商品詳細情報表示回数）
・Buy-to-Detail率（商品購入回数/商品詳細情報表示回数）

のショッピング行動も見ることができます（各数値計測設定をしている場合）。

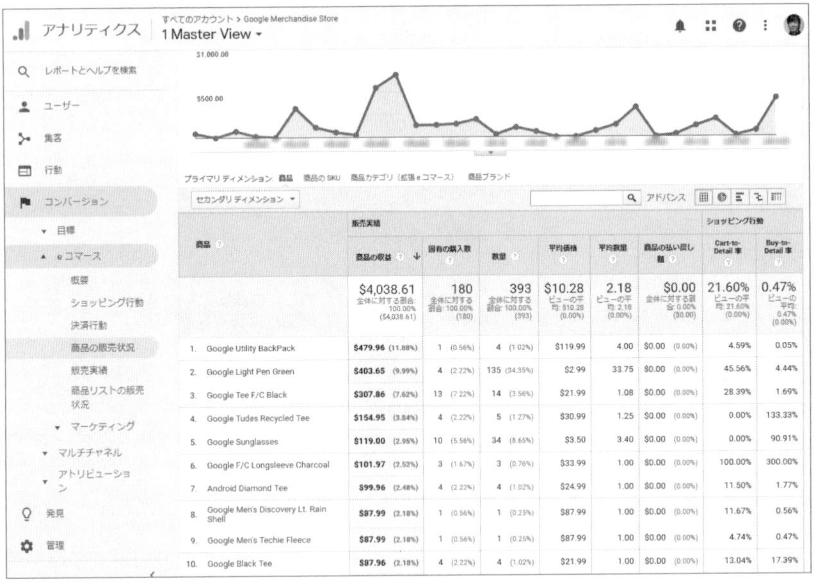

画面NAVI ■ コンバージョン ▶▶ eコマース ▶▶ 商品の販売状況

⊙ データレイヤーの実装

● **商品購入（トランザクション）を測定する**

購入完了は、一般的に購入完了ページのページ表示時に行います。そのため、購入完了ページのGTMスニペットタグの前へ、サンプルのようなデータレイヤーを記述してください。
商品購入（トランザクション）を計測するデータレイヤーサンプルコードは、以下を参照してください。

参考 タグマネージャデベロッパーサイト＞購入を測定する
https://developers.google.com/tag-manager/enhanced-ecommerce#purchases

⑦返品／払い戻し

購入完了後の返品や、それに伴う払い戻し金額などの情報も計測することができます。

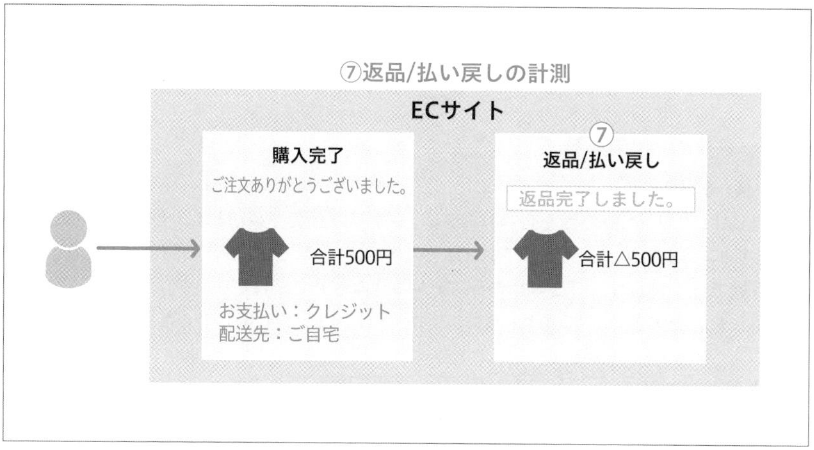

払い戻し金額は、1回の購入全体（トランザクション）が払い戻された場合と商品ごとに払い戻された場合とが計測でき、それぞれレポート画面に反映されます。

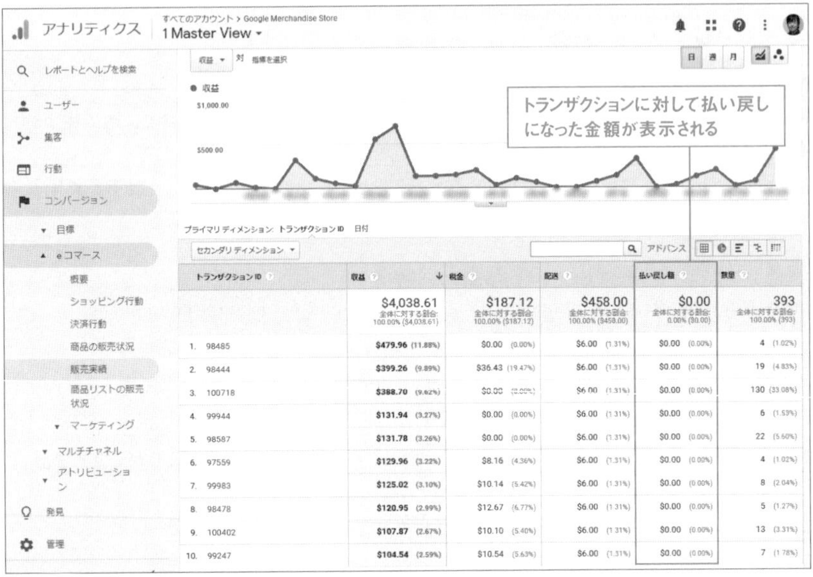

画面NAVI ■ コンバージョン ▶▶ eコマース ▶▶ 販売実績

⊙ データレイヤーの実装

● 払い戻しを測定する

払い戻しは、キャンセル処理が行われたタイミングでの計測となります。そのため、ウェブサイトでキャンセル処理が実装されていればそのページが、ユーザーからの問い合わせなどを受けて手動で行う場合は、別途専用のシステム開発などが必要になります。
払い戻しを計測するデータレイヤーサンプルコードは、以下を参照してください。

参考 タグマネージャデベロッパーサイト>払い戻しを測定する
https://developers.google.com/tag-manager/enhanced-ecommerce#refunds

3-11 拡張eコマース計測を設定する

GTMで拡張eコマース計測用のGoogleアナリティクスタグを設定

前々節で解説した標準のeコマース計測と同様に、すでにサイトの「すべてのページ」に配信されている「Googleアナリティクスタグ」とは別に、拡張eコマース計測用の「Googleアナリティクスタグ」の設定を行います。

本節では、これまで紹介してきたデータレイヤーのサンプルコード(タグマネージャデベロッパーサイト:https://developers.google.com/tag-manager/enhanced-ecommerce)からデータを取得し、Googleアナリティクスへ送信するためのGTM設定について解説していきます。

※データレイヤーの記述詳細や、それに連動したGTMでのGoogleアナリティクスタグ配信設定は、取得するデータやサイトの状況によって個別に設計をする必要があります。そのため、本節の解説は、基本的な実装/設定の一例として参考にしていただければと思います。

前節①～⑦の各計測ポイントのGTM設定概要は、以下の表の通りになります。

■ 拡張eコマース各計測ポイントにおけるGTMタグ配信設定例のまとめ

No.	①		②		③	④		⑤	⑥	⑦
項目	プロモーションバナー表示数	プロモーションバナークリック数	商品一覧表示数	商品一覧クリック数	商品詳細表示数	カート追加	カート削除	決済	購入	払い戻し
タグタイプ	GAユニバーサル	GAユニバーサル	GAユニバーサル	GAユニバーサル	GAユニバーサル	GAユニバーサル	GAユニバーサル	GAユニバーサル	GAユニバーサル	GAユニバーサル
トラッキングタイプ	ページビュー	イベントカテゴリ:Ecommerce アクション:{{Event}}	ページビュー	イベントカテゴリ:Ecommerce アクション:{{Event}}	ページビュー	イベントカテゴリ:Ecommerce アクション:{{Event}}	イベントカテゴリ:Ecommerce アクション:{{Event}}	イベントカテゴリ:Ecommerce アクション:{{Event}}	ページビュー	ページビュー
拡張EC有効	真	真	真	真	真	真	真	真	真	真
データレイヤー有効	チェックする	チェックする	チェックする	チェックする	チェックする	チェックする	チェックする	チェックする	チェックする	チェックする
トリガー	ページビュー	カスタムイベント promotionClick	ページビュー	カスタムイベント productClick	ページビュー	カスタムイベント addToCart	カスタムイベント removeFromCart	カスタムイベント checkout	ページビュー	ページビュー
備考	ページの読み込み時にpromotionsの詳細がわかっている場合	イベント発生時にpromotionClickの詳細がわかっている場合	ページの読み込み時に商品についての詳細がわかっている場合	イベント発生時にproductClickの詳細がわかっている場合	ページの読み込み時に商品についての詳細がわかっている場合	イベント発生時にaddToCartの詳細がわかっている場合	イベント発生時にremoveFromCartの詳細がわかっている場合	イベント発生時にcheckoutの詳細がわかっている場合	ページの読み込み時にトランザクションの詳細がわかっている場合	ページの読み込み時に払い戻しの詳細がわかっている場合

※タグマネージャデベロッパーサイト(https://developers.google.com/tag-manager/enhanced-ecommerce)の情報を元に筆者が加筆編集。

※上表「トラッキングタイプ」の「ページビュー」「イベント」の使い分けは一例に過ぎません。実際のサイトの状況によっていずれかの適切な方法を選択するようにしてください。

計測内容によって2種類のタグタイプを使い分けます。

・表示回数（インプレッション数）を計測するものはタグタイプを「ページビュー」にする
※「イベント」として計測する方法もありますが、本書では「ページビュー」タグによる計測について解説します。
・クリック数やカート追加など特定のアクションを計測するものは、タグタイプを「イベント」にする

タグタイプ「ページビュー」の場合と、「イベント」の場合のタグ配信設定の、具体的方法について解説します。

タグタイプ「ページビュー」によるGTM計測設定例

以下の5つの計測に対応します。

・プロモーションバナー表示回数
・商品一覧（リスト）、商品の表示回数
・商品詳細ページの表示回数
・購入
・払い戻し

設定手順

まず、以下手順に従ってすでに配信されている「Googleアナリティクス・ユニバーサルアナリティクス」タグを選択します。

「タグの設定」エリアをクリックしてタグの設定画面を開きます。

※「Googleアナリティクス設定」変数の方で設定をしないよう注意してください。
※このタグで「オーバーライド設定を有効にする」にチェックを入れてください。

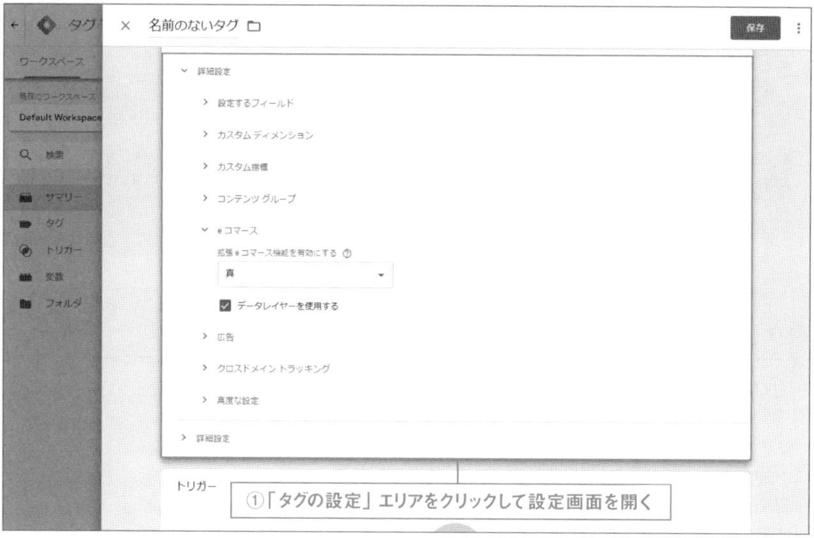

「eコマース＞拡張eコマースを有効にする」を「真」にして「データレイヤーを使用する」にチェックを入れてタグの設定は完了です。

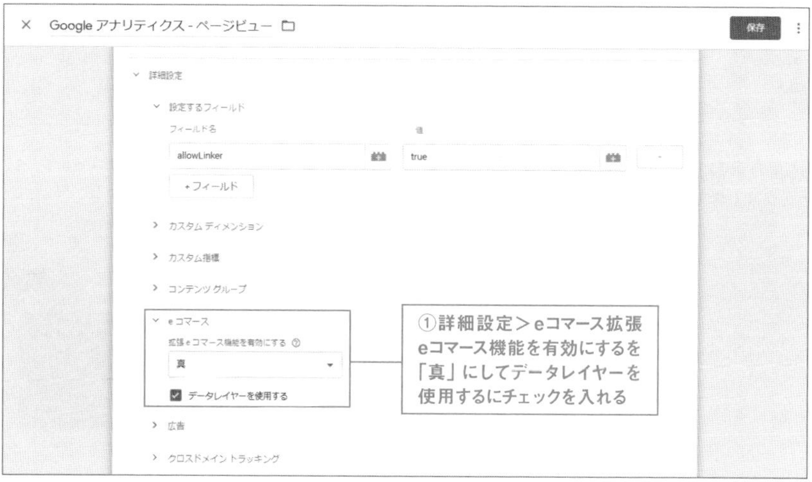

この設定によって構成されるGTMタグの設定は次のようなイメージになります。

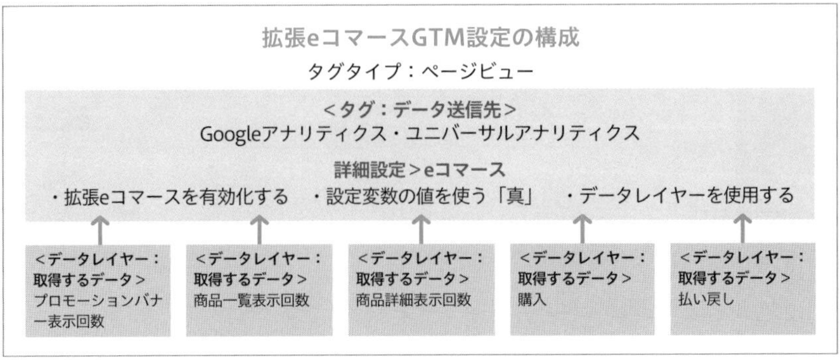

タグタイプ「イベント」によるGTM計測設定例

以下の5つの計測に対応します。

・プロモーションバナークリック数
・商品のクリック数
・カート追加
・カート削除
・決裁プロセス

※決済プロセスの計測は「ページビュー」タグで行うケースも多いですが、本書では公式サンプルコードに従い「イベント」タグでの計測として解説します。

設定手順

前述の手順と同様に、以下手順に従って、新しい「Googleアナリティクス・ユニバーサルアナリティクス」タグを選択します。

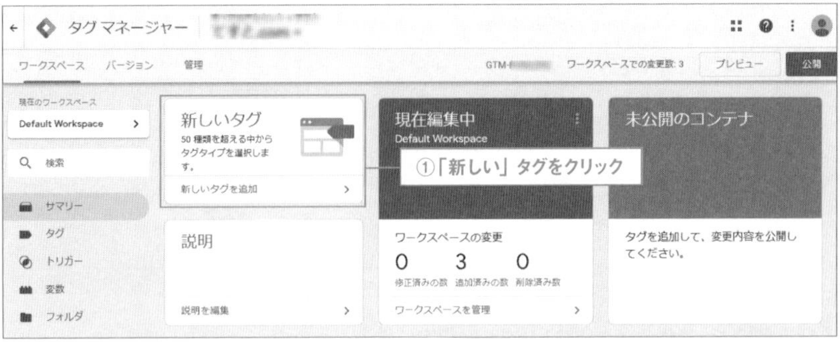

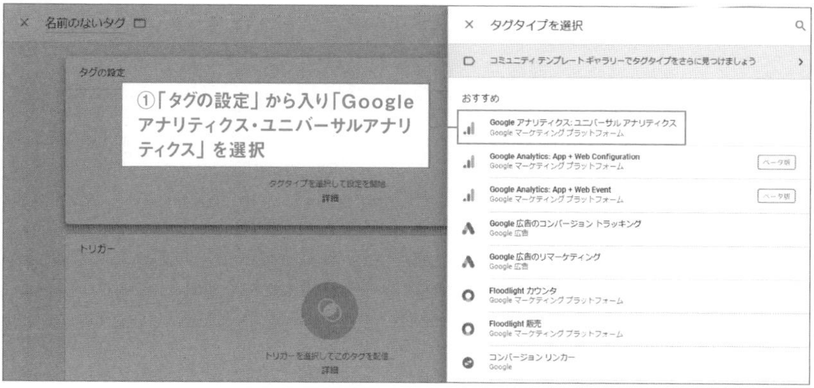

トラッキングタイプは「イベント」を選択し、表示されたカテゴリ枠には「Ecommerce」を入力します。続いてラベルアクション枠では、「＋」ボタンから変数「イベント」を選択します。これによって、データレイヤーのサンプルコード内に定義された「'event'」の値をアクションに代入します。

「Googleアナリティクス設定」変数では、「ページビュー」タグ同様に、既定の変数を選択します。続いて「このタグのオーバーライドを有効にする」をチェックして詳細設定を開き、「eコマース＞拡張eコマースを有効にする」を「真」にして、「データレイヤーを使用する」にチェックを入れて、タグの設定は完了です。

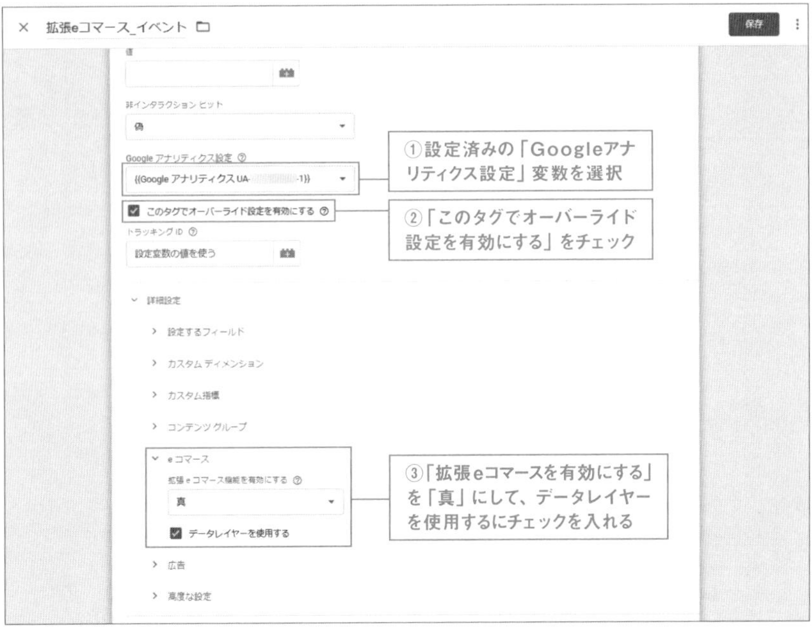

続いてその下の「トリガー」エリアをクリックして、トリガーの設定に入ります。
「トリガーの設定」エリアから「トリガーのタイプを選択」を開き、「カスタムイベント」を選択します。

「イベント名」には、データレイヤーサンプルコード内に記載されているイベントの値(下図の例では「promotionClick」)を入力します。

任意のトリガー名を入力して、このトリガー設定を保存します。

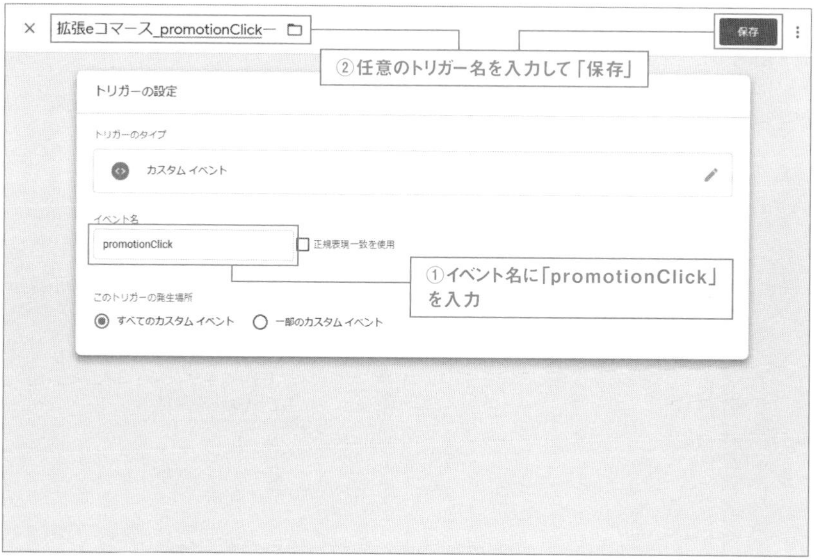

```
<script>
function onPromoClick(promoObj){
dataLayer.push({
'event': 'promotionClick',
'ecommerce': {
'promoClick': {
'promotions': [
{
'id': promoObj.id, // Name or ID is required.
'name': promoObj.name,
'creative': promoObj.creative,
'position': promoObj.pos
}]
}
},
'eventCallback': function() {
document.location= promoObj.destinationUrl;
}
});
}
</script>
```

データレイヤーの「'event'」で定義されている値(ここでは 'promotionClick')を入力

前述のタグタイプ「ページビュー」の場合は、ひとつのトリガーで4つのページビュータグ計測をカバーできましたが、今回のタグタイプ「イベント」の場合は、各イベント計測に対応できるようにそれぞれのトリガーを個別に設定します。
「トリガー」エリアの右「＋」ボタンから追加の設定をします。

前述と同じ要領で、計測する各イベントのトリガーを設定してください。本節ではデータレイヤーサンプルコードを前提に、各イベントを計測するトリガーとして

・トリガーのタイプ＞カスタムイベント＞イベント名(データレイヤーの'event'の値)

で設定をしています。
次図のように、ひとつのイベントタイプのGoogleアナリティクスタグに、各イベント計測用の5つのトリガーが設定されています。
最後は、任意のタグ名を入力してタグの設定を保存します。

この設定によって構成されるGTMタグの設定は次のようなイメージになります。

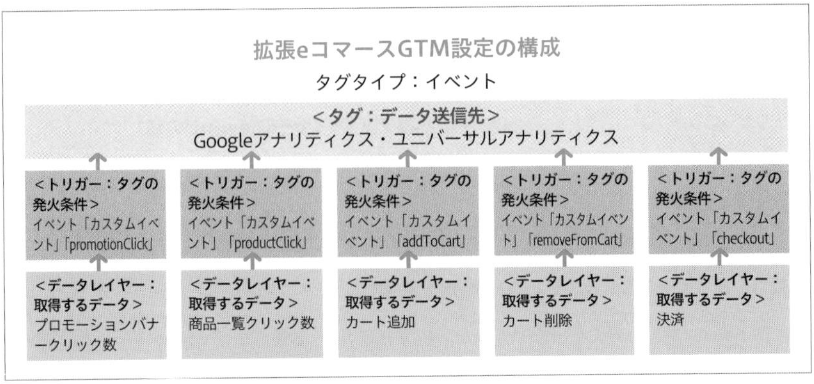

プレビューから公開までの流れは前述の通りです（3-5　Googleアナリティクスタグの配信設定をする）。

NOTE

拡張eコマース設定における注意事項

本節での拡張eコマースの設定解説は、複雑な拡張eコマース計測の基本的なしくみとGTMを使った設定のしくみ（構成）をわかりやすく理解していただくことを目的としています。よって、皆様のサイトにおいて本節のサンプルコードや設定手順をそのまま実装/設定しても、正しく計測できることを保証するものではありません。
実際の実装/設定の際には、必ずサイト制作担当技術者、ECシステム技術者と相談の上、最適な実装/設定を行ってください。

前述（3-8　eコマース計測を理解する）した拡張eコマースの基本的な計測のポイント（①～⑦）では、それぞれ個別にデータレイヤーの記述を作成し、実装する必要があります。各データレイヤーのサンプルコードと変数についての詳細説明は、GTMのデベロッパーサイトにわかりやすい解説が公開されましたので、そちらを参照してください。

参考　タグマネージャヘルプ＞Googleアナリティクスのeコマース
https://support.google.com/tagmanager/answer/6107169

参考　タグマネージャデベロッパーサイト＞拡張eコマース(UA)デベロッパーガイド
https://developers.google.com/tag-manager/enhanced-ecommerce

参考　アナリティクスヘルプ＞eコマーストラッキングの設定
https://support.google.com/analytics/answer/1009612

3-12 イベントトラッキングを理解する

「イベントトラッキング」とは

Googleアナリティクスで最初に実装するタグで計測するデータは、「ページビュー」です。前述(3-5　Googleアナリティクスタグの配信設定をする)の解説においても、配信するGoogleアナリティクスタグのタグタイプは「ページビュー」です。ページビュー計測は、文字通り「ページの表示回数」を計測する方法で、それによってサイト内のページ遷移を集計し、閲覧行動を知り、分析することが可能になります。
一方で、閲覧ユーザーのサイト内行動は、ページ遷移だけですべてを知ることができるわけではありません。サイト上に設置された様々な「ボタン」クリックや外部サイトへの「外部リンク」クリックなども、ユーザーのサイト内行動を知ることができる重要なアクションデータです。
「ページビュー計測」では計測することができない、このようなサイト上の「クリックアクション」を計測することができるのが、「イベントトラッキング」です。
また、「イベントトラッキング」はクリック計測だけでなく、そのしくみを応用することで様々なデータ計測への活用が可能です。本節では基本的なクリック計測を例に、イベントトラッキングをGTMを使って計測するための設定方法を解説していきます。

イベントトラッキングの基本理解

具体的な設定をする前に、「イベントで計測するデータの構造」を理解しておく必要があります。「ページビュー」計測では、自動的に表示されたページのURLも取得されるので、「どのページが何回表示されたか？」を特別な設定なしにレポート画面で見ることができます。
しかし、イベントトラッキングでクリックアクションを計測する際には、そのアクションの内容(例えば、「どのページの何のボタンのクリックなのか？」など)をひとつひとつ計測データに定義しなければ、一体何を計測したのか？わからなくなります。
イベントトラッキングでは、下表のような項目で計測の要素(属性)を定義することができます。

■ イベントの要素

項目		内容	用例
カテゴリ（category）	必須	計測対象につけるグループ（カテゴリ）名	VideoやGameなど
アクション（action）	必須	計測対象でのアクション種別など	Play、PauseやStopなど
ラベル（label）	任意（推奨）	計測対象アクションの追加情報に使う任意の文字列	VideoやGameのタイトルなど
値（value）	省略可	計測対象のアクションに任意の整数の値を付与できる	任意の整数
非インタラクション	省略可	イベントの計測を直帰率の計算対象外にしたい場合に利用できる	直帰率をページ閲覧数で計測したい場合に使用

GTMのタグでは、トラッキングタイプを「イベント」に設定し、これらのイベントの要素がセットされ送信されます。

画面NAVI ■ タグマネージャ ▶▶新しいタグの設定画面

このように定義された内容が、Googleアナリティクスのイベントレポート画面に集計表示されます。

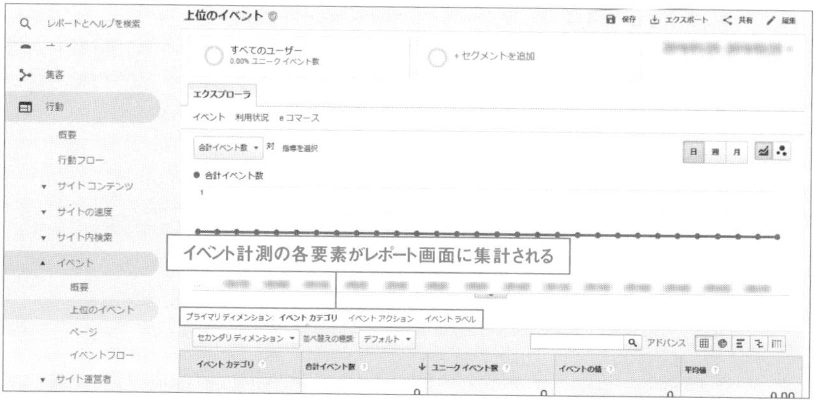

画面NAVI ■ 行動 ▶▶ イベント ▶▶ 上位のイベント

計測できる「イベント」の種類

イベントトラッキングをGTMで設定する場合は、GTMの機能強化によって比較的簡単に計測できるアクションが増えました。その種類は、「トリガー」の設定で見ることができます。

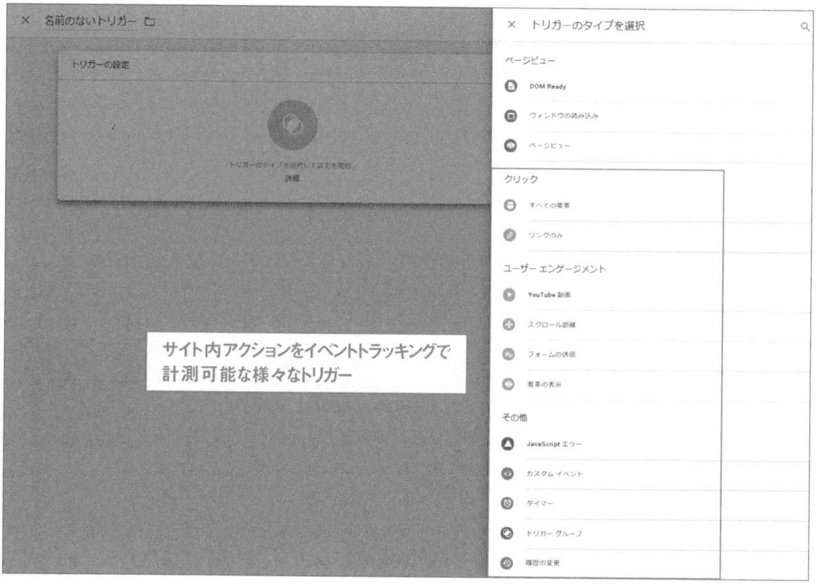

画面NAVI ■ タグマネージャ ▶▶ トリガー ▶▶ トリガーの設定 ▶▶ トリガーのタイプを選択

トリガーは、タグを配信する場所や条件（アクションなど）を定義できるもので、タグタイプが「ページビュー」でも「イベント」でも利用できますが、この「トリガーのタイプ」が増えたことによって、それぞれのトリガーを利用した「イベントトラッキング」がGTMの設定で可能になりました。

■ Googleアナリティクスのイベントトラッキングで主に使われるトリガータイプ

トリガーの種類		トリガーのタイプ	内容	凡例
クリック	サイト上の「クリック」したアクションをトリガーにタグを配信する	すべての要素	サイト上のすべてのクリック要素をトリガーにする	リンク、画像、ボタンなど
		リンクのみ	<a>タグを使用するHTMLリンクのクリックをトリガーにする	例：<a href="www.example.com">Example.com</a>
ユーザーエンゲージメント	ページ上の様々な操作などをトリガーにタグを配信する	YOUTUBE動画	YouTube動画での操作クリックをトリガーにする	「開始」「完了」「一時停止、シーク再生、バッファリング」「再生の割合」「再生時間のしきい値」など
		スクロール距離	ページをスクロールした距離をトリガーにする（割合（%）や実数（px数）での指定も可能）	縦スクロール距離、横スクロール距離
		フォームの送信	フォームの送信をトリガーにする	入力フォームの送信ボタンなど
		要素の表示	ページ内の特定の要素のブラウザ表示をトリガーにする	バナー表示、ページ下部にある要素表示、特定要素の表示時間、など
その他	その他のトリガー	JavaScriptエラー	JavaScriptエラーをトリガーにする（GTMスニペットタグ以外が対象）	JavaScriptエラー計測
		カスタムイベント	「データレイヤー」で取得する変数（「event（Event変数）」の文字列）をトリガーにする	拡張eコマース計測、その他GTMで組み込まれていない変数の計測、など
		タイマー	ページ上で特定の時間間隔をトリガーにする	ページ滞在時間計測、特定時間経過によるアクション計測、など
		トリガーグループ	同一ページ内の複数のトリガーを組み合わせてひとつのトリガーにする	複数のトリガー実行を条件にした計測、など
		履歴の変更	主に、ページ遷移を伴わない履歴（ページURL）の変更をトリガーにする	ページ内リンク、#（ハッシュ）タグの変化、AJAXやSPA、など

GTMを使わないGoogleアナリティクスのイベントトラッキングでは、ほぼクリック計測と同義で扱われることが多く、それ以外のアクション計測はかなりカスタマイズを必要とする認識だったと思いますが、上表のようにGTMの活用によって、より多くのアクションが比較的簡単にイベントとして計測できるようになったと言えます。

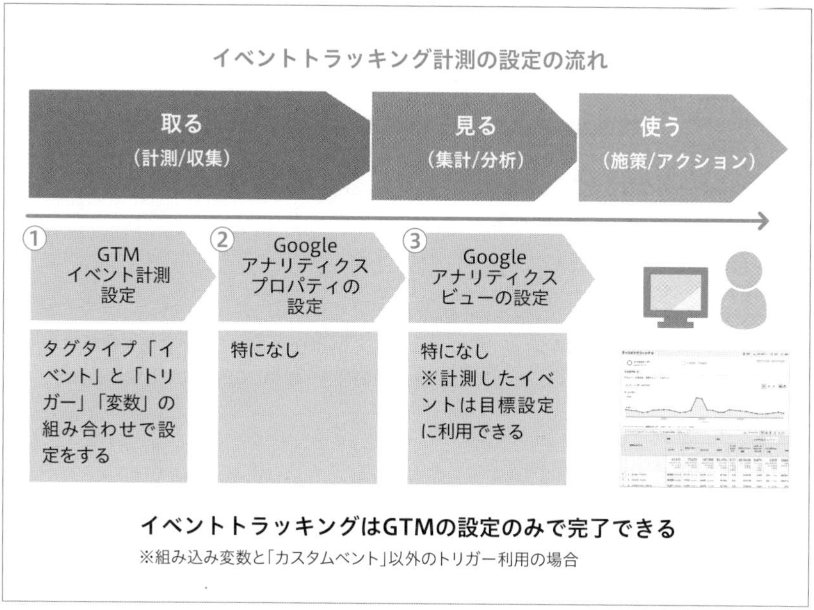

前述の表にあるトリガー（カスタムイベントを除く）を利用すれば、GTMの設定のみでイベントトラッキングの設定は完了します。Googleアナリティクス側の設定画面（プロパティ、ビュー）での設定はありません。
次節、次々節では、代表的なイベントトラッキングである以下ふたつの設定例を解説します。

①PDFファイルダウンロードクリック計測の例
②ページスクロール計測の例

3-13 イベントトラッキングを設定する ①PDFファイルダウンロード

PDFダウンロードクリック計測を例に解説します。計測の内容は以下の通りです。

「設定項目」

タグタイプ：イベント
イベント計測内容：カテゴリ＞ホワイトペーパー
アクション＞ダウンロードページのURL({{Page URL}}変数を利用)
ラベル＞ダウンロードファイルのファイル名({{Click URL}}変数を利用)

計測したいイベントをGTMで設定する場合は、以下のような構成となります。

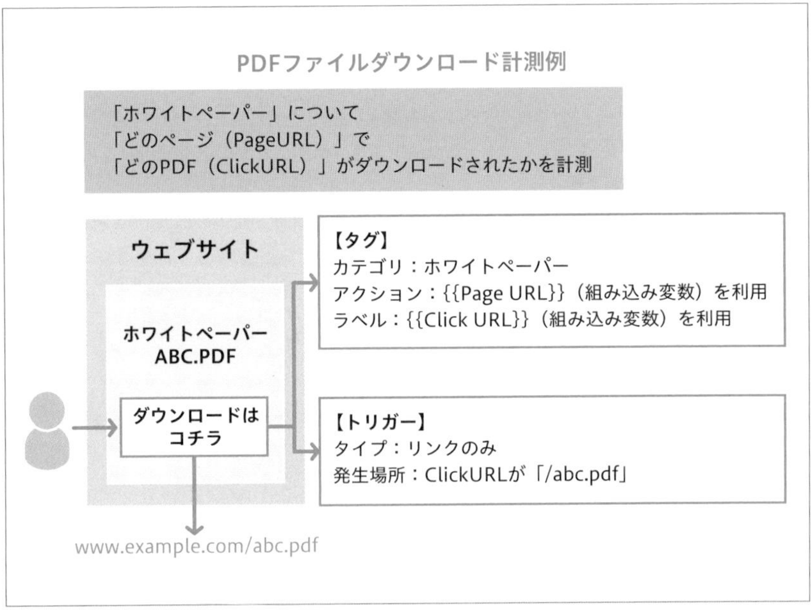
PDFファイルダウンロード計測例
「ホワイトペーパー」について
「どのページ（PageURL）」で
「どのPDF（ClickURL）」がダウンロードされたかを計測
ウェブサイト
ホワイトペーパー
ABC.PDF
ダウンロードは
コチラ
www.example.com/abc.pdf
【タグ】
カテゴリ：ホワイトペーパー
アクション：{{Page URL}}（組み込み変数）を利用
ラベル：{{Click URL}}（組み込み変数）を利用
【トリガー】
タイプ：リンクのみ
発生場所：ClickURLが「/abc.pdf」

設定手順

1 Googleアナリティクスタグを設定する

まず、イベントトラッキング用のタグから設定していきます。

「新しいタグ」から入り手順に従い「Googleアナリティクス」タグを選択します。

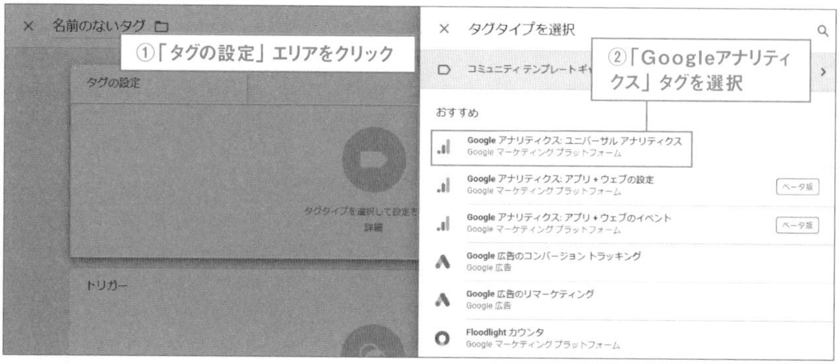

トラッキングタイプを「イベント」にすると、イベントトラッキング用の入力画面に切り替わりますので、必要事項を設定していきます。「カテゴリ」には、今回は「ホワイトペーパー」と入力します。「アクション」と「ラベル」を使って、計測したいホワイトペーパーのあるページURLと、ダウンロードするPDFファイル名を定義するようにしますが、あらかじめGTMに組み込まれている「組み込み変数」の中の「Page URL」と「Click URL」を利用することで、値として取得できるのでそれを利用します。

※③④の設定方法は後述

「Googleアナリティクス設定」変数は、以前設定済みのものを選択します。

2 組み込み変数を設定する

「アクション」と「ラベル」に適用する組み込み変数の設定は、以下のようになります。

まず、「アクション」にある「+」をクリックして変数の選択画面を開きます。

表示された変数から「Page URL」を選択します。

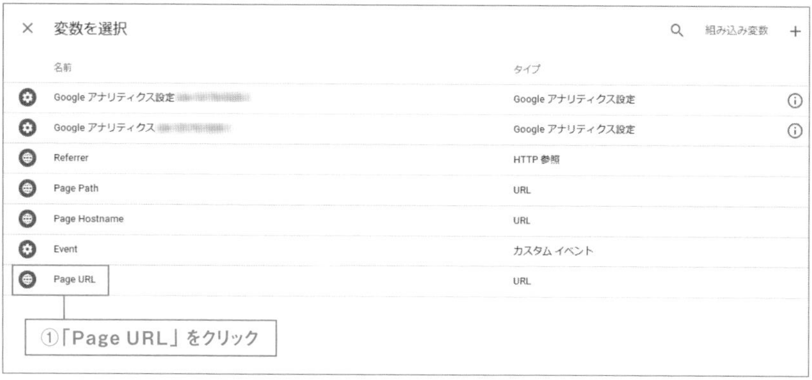

「アクション」に{{Page URL}}が表示されます。

次に、同様に「ラベル」の「+」から変数の選択画面を開きます。

ここではまだ「Click URL」が表示されていないので、画面右上の「組み込み変数」をクリックして「組み込み変数の選択」画面を開きます。

表示された組み込み変数から「Click URL」を選択します。

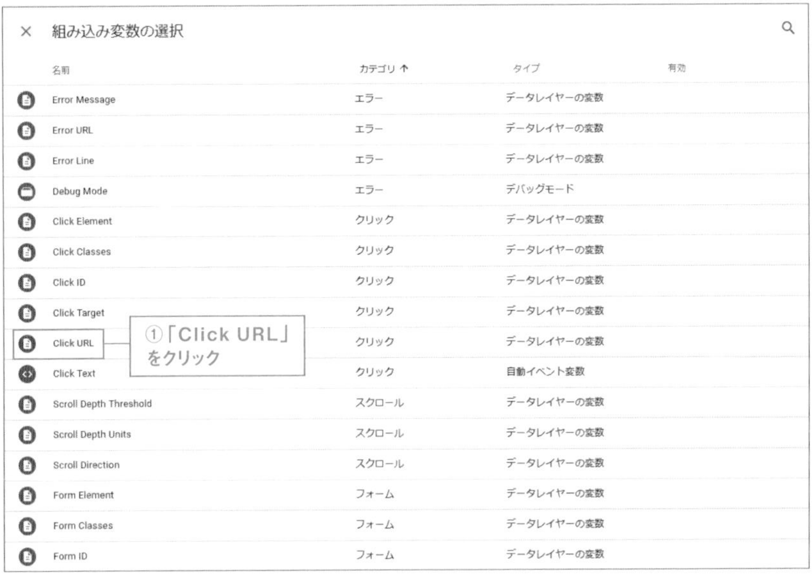

イベントタグの設定は次のようになります。

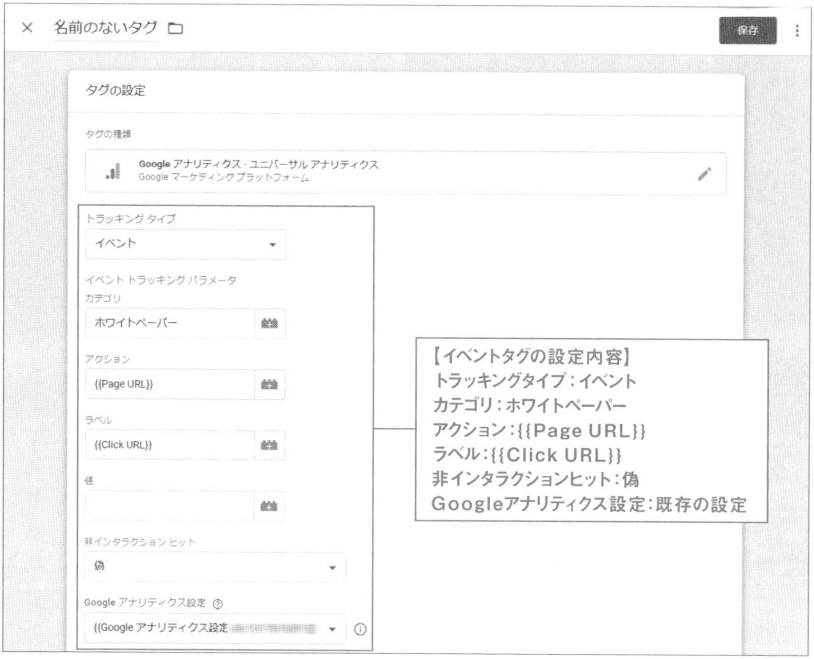

任意のタグ名を入力して「保存」でタグの設定は完了です。

3 トリガーを設定する

続いて、トリガーを設定します。
トリガーエリアをクリックして「トリガーの選択」を開き、画面右上の「＋」から「トリガーの設定」画面に入ります。

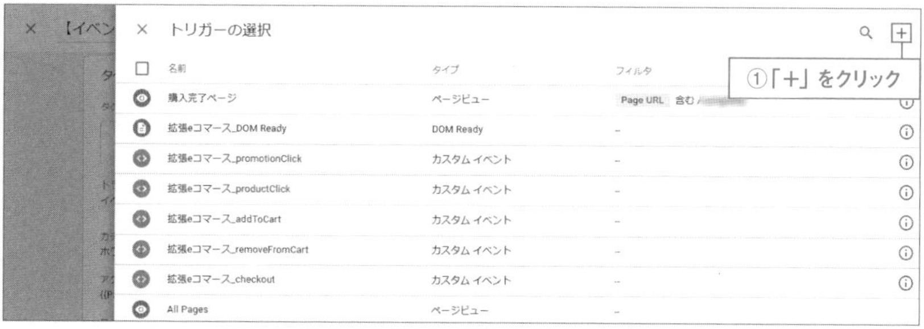

「トリガーの設定」エリアをクリックして開き、「トリガータイプの選択」から今回は「リンクのみ」を選択します。

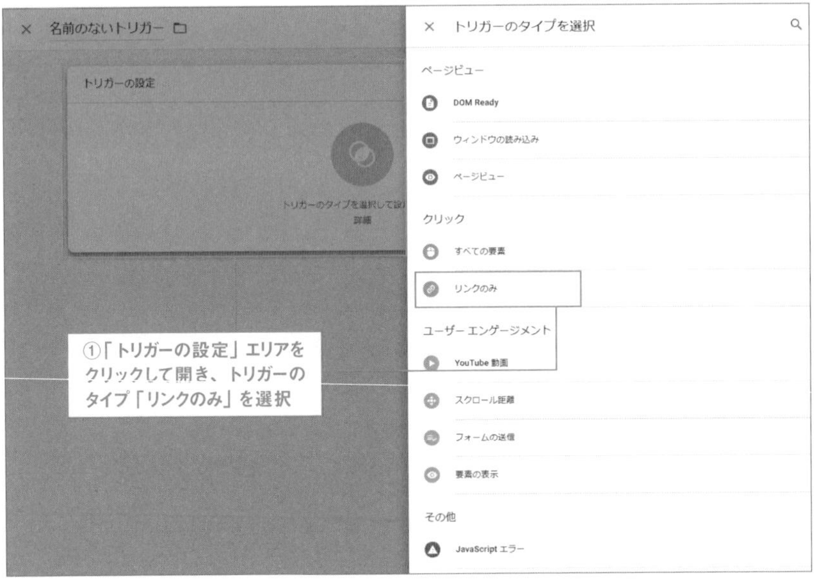

「リンクのみ」トリガーでは、以下の手順で設定をしていきます。

①「タグの配信を待つ」は、チェックを入れて表示されるデフォルトの値(2000ミリ秒)のままでOKです。これは、タグの配信(＝タグによるデータ送信)が完了するまでページ遷移(リンクが開く)を待つ、という意味なので、より確実にデータを送信し計測することができます。

②「トリガーの有効化」では左の選択肢から「PagePath」を選び、マッチタイプは「正規表現の一致」として、値には"すべての文字列"を意味する「.*」を入力します。今回は、次に設定する「Click URL」で特定のリンクを定義するので、特定の「Page Path」でトリガーの発生場所を指定する必要はありません。

③「トリガーの発生場所」では「一部のリンククリック」を選択し、④でそのリンククリックを定義します。ここでは「Click URL」で、マッチタイプ「含む」で値をPDFファイル名である「abc.pdf」と入力します。

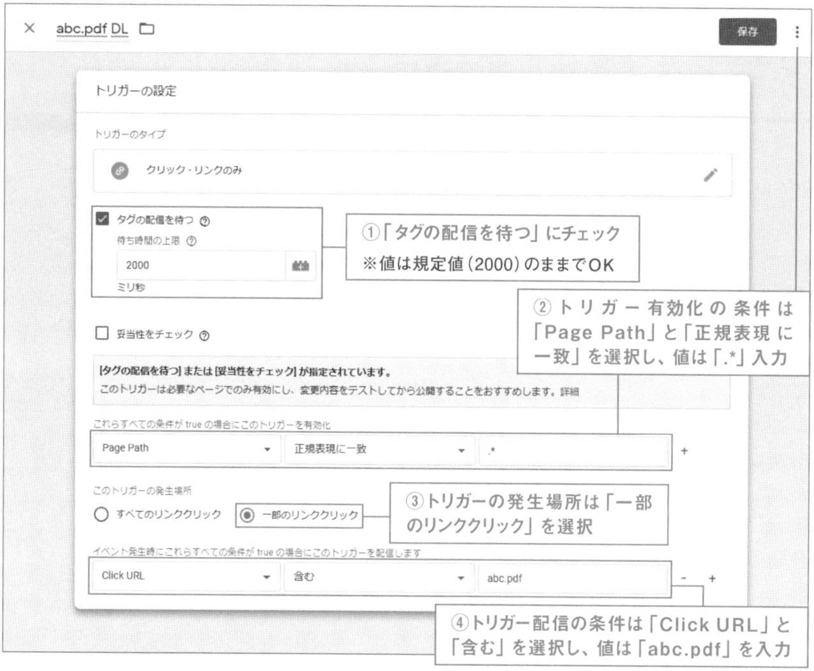

最後に左上の任意のトリガー名を入力（ここでは「abc.pdf DL」）して、右上の「保存」でトリガーの設定は完了です。

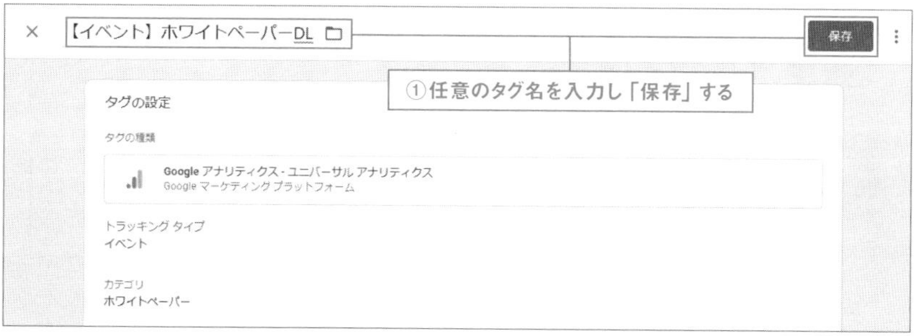

「タグの設定」画面の左上で任意のタグ名（ここでは【イベント】ホワイトペーパーDL）を入力し、右上の「保存」でイベントの設定は完了です。

※プレビューから公開までの手順は省略します。

参考　タグマネージャヘルプ＞クリックトリガー
https://support.google.com/tagmanager/answer/7679320

3-14 イベントトラッキングを設定する ②ページスクロール

ページスクロール計測を例に解説します。計測の内容は以下の通りです。

「設定項目」

タグタイプ：イベント
イベント計測内容：カテゴリ＞ページスクロール
　　アクション＞計測対象ページのURL({{Page Path}}変数を利用)
　　ラベル＞スクロールの割合({{Scroll Depth Threshold}})

計測したいイベントをGTMで設定する場合は、以下のような構成となります。

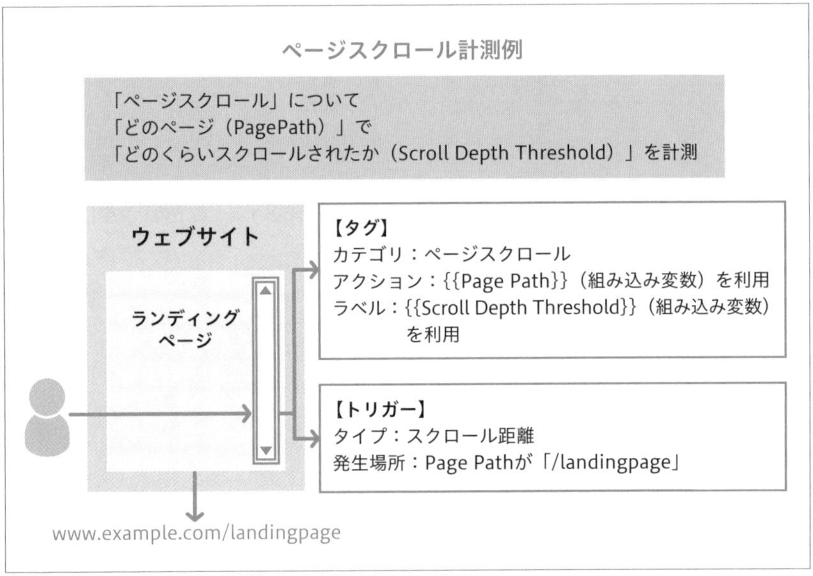
ページスクロール計測例
「ページスクロール」について
「どのページ（PagePath）」で
「どのくらいスクロールされたか（Scroll Depth Threshold）」を計測
ウェブサイト
ランディング ページ
【タグ】
カテゴリ：ページスクロール
アクション：{{Page Path}}（組み込み変数）を利用
ラベル：{{Scroll Depth Threshold}}（組み込み変数）を利用
【トリガー】
タイプ：スクロール距離
発生場所：Page Pathが「/landingpage」
www.example.com/landingpage

まず、スクロール計測用のイベントトラッキングタグを設定します。

設定手順

1 組み込み変数を設定する

前節の手順と同様にして、トラッキングタイプを「イベント」にすると、イベントトラッキング用の入力画面に切り替わりますので、必要事項を設定していきます。「カテゴリ」には今回は「スクロール」と入力します。「アクション」と「ラベル」を使って、スクロール計測したいページのPath(URLドメイン直後の/以降)とスクロールした割合を定義するようにしますが、あらかじめGTMに組み込まれている「組み込み変数」の中の「Page Path」と「Scroll Depth Threshold」を利用することで、値として取得できるのでそれを利用します。

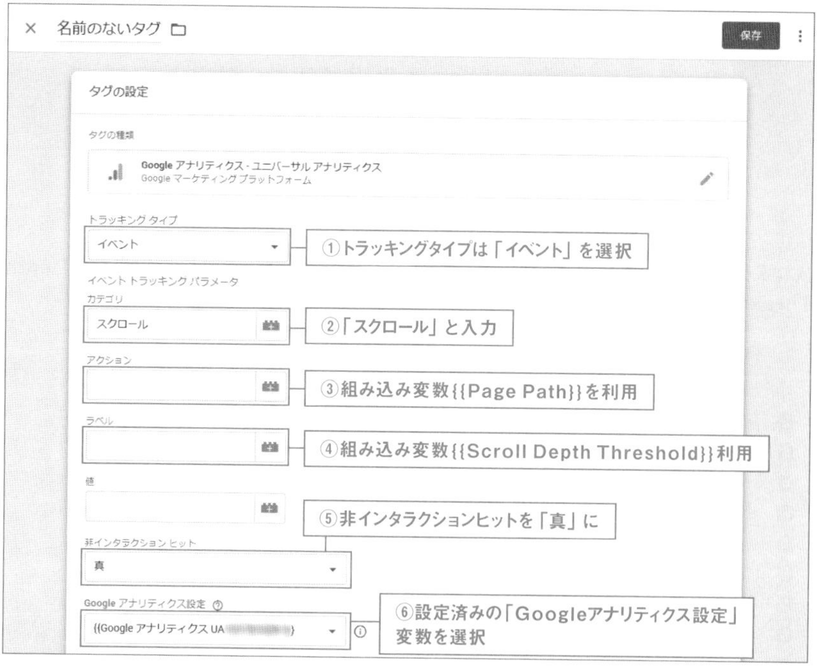

※③④の設定方法は後述

今回は、広告のランディングページ(訪問の最初に閲覧するページ)を例にしているので、「非インタラクションヒット」を「真」にします。これによって、イベントデータがランディングページの直帰率計算に及ぼす影響を回避することができます(非インタラクションヒットについては本章のコラム「非インタラクションヒットとは」を参照ください)。
「Googleアナリティクス設定」変数は、設定済みのものを適用します。
まず、「アクション」にある「+」をクリックして変数の選択画面を開き、前節の要領にならって、表示された変数から「Page Path」を選択します。

次に「ラベル」にある「+」をクリックして、「組み込み変数の選択」から「Scroll Depth Threshold」を選択します。

2 トリガーを設定する

次にスクロール計測タグ用のトリガーを設定します。トリガーエリアをクリックして表示される、「トリガーの選択」画面右上の「+」をクリックします。

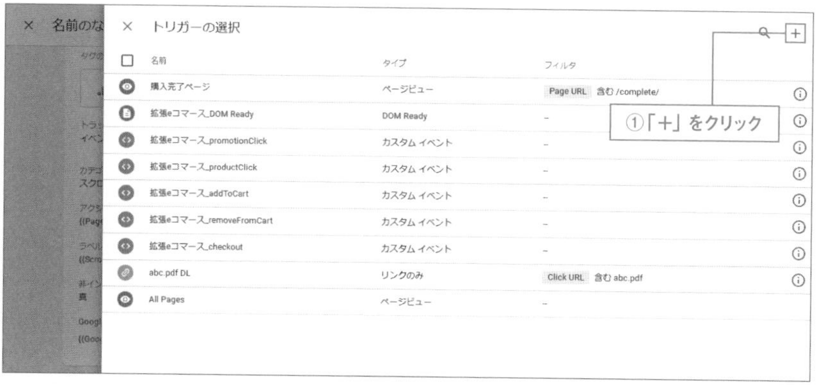

「トリガーの設定」エリアをクリックして表示された「トリガータイプを選択」から「スクロール距離」を選択します。

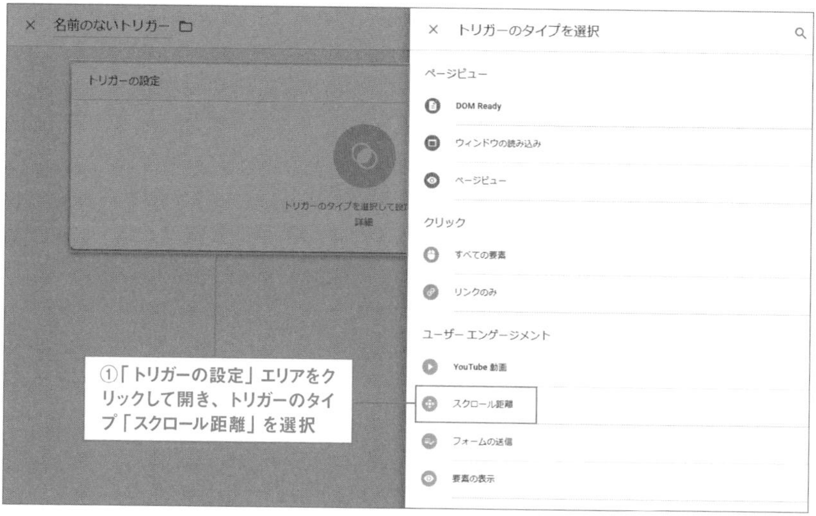

表示された「スクロール距離」トリガーの設定画面では、次のように設定をしていきます。

①「縦方向スクロール距離」にチェックを入れ、値には計測したい割合の数値を入力します。図のように複数の場合は「,」区切りで入力します。
②「トリガー有効化の条件」はデフォルト表示(ウィンドウの読み取り)のままでOKです。
③トリガーの発生場所は「一部のページ」を選択します。
④トリガー配信の条件は「Page Path」を選択し、マッチタイプは「含む」で、値は「/landingpage」とします。

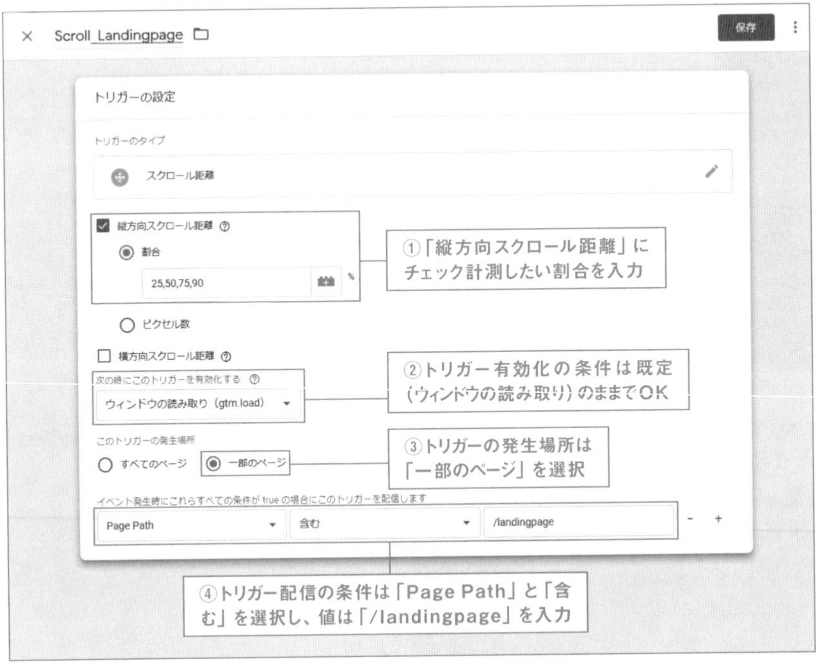

左上で任意のトリガー名を入力して、右上「保存」でトリガー設定を完了します。

参考　タグマネージャヘルプ：スクロール距離トリガー
https://support.google.com/tagmanager/answer/7679218

※プレビューから公開までの手順は割愛します。

前々節でも解説したように、GTMで計測できるイベントは数多くあり、例として紹介したふたつのケースも、その設定手順には何通りかの方法があります。また、計測対象のサイトの作りや構造によっても、「変数」「トリガー」の最適な利用法は異なる場合があります。実際の設定の際には、計測対象サイトの作りや構造に詳しいエンジニアと相談をして、正しい計測が行えるようにしてください。

参考 アナリティクスヘルプ＞イベントについて
https://support.google.com/analytics/answer/1033068

参考 タグマネージャヘルプ＞Googleアナリティクスイベント
https://support.google.com/tagmanager/answer/6106716

COLUMN

非インタラクションヒットとは

広告のランディングページで計測を行うような場合、通常のページビューだけでなく、ランディングページ上のユーザーのアクションをイベントトラッキングで計測するケースが良くあります。例えば、縦に長いランディングページをどこまでスクロールしたかを計測する「スクロール計測」や、動画コンテンツの再生ボタンのアクションをイベントで計測する場合などがあります。

広告のランディングページの重要な評価指標に、「直帰率」（閲覧開始ページのみを見て離脱したセッション数の割合：Googleアナリティクスヘルプより）があります。しかし、「直帰率」の厳密な仕様は「閲覧開始ページで計測ヒットが1回しか飛ばなかったセッションの割合」であるために、上記のようなランディングページ内でのイベントアクションが発生した場合は、たとえ「ランディングページ」のみの閲覧で離脱したとしても「直帰率」の集計対象にはならない（つまり、ページビューヒットとイベントヒットという2回以上のヒットが飛んでいるため）、という現象が起きます。このような場合は「直帰率」が低く集計されことになり、正しい効果測定にはなりません。

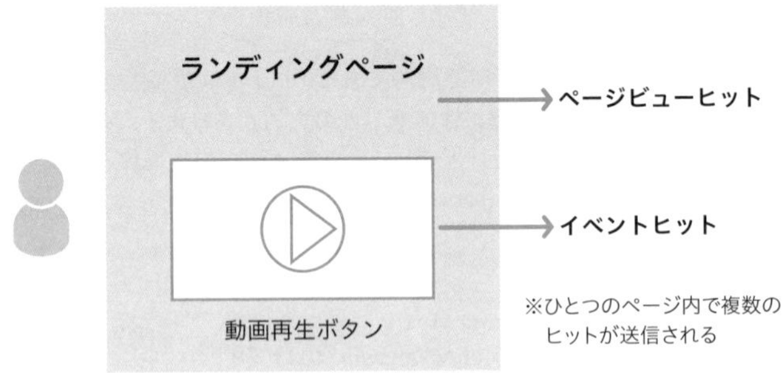

このような現象を回避するための機能として、「非インタラクションヒット」という機能が用意されています。

設定は、GTMのイベントタグの設定で、「非インタラクションヒット」を「真」にするだけです。このイベントヒットは「直帰率」の集計対象としない、とすることができます。

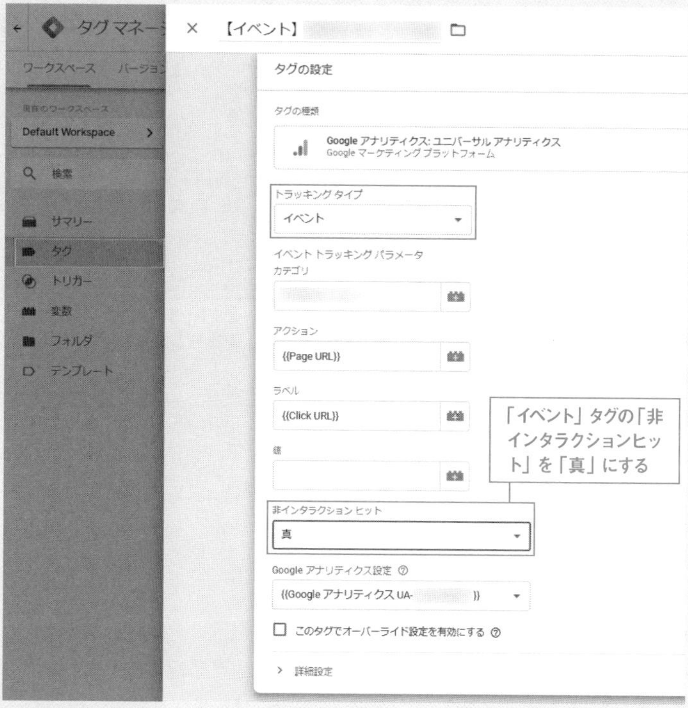

画面NAVI ■ タグマネージャ ▶▶ イベントタグ設定

「非インタラクションヒット」の集計仕様

上記のように、ランディングページにおいてイベントトラッキングを行う場合に重要な機能である「非インタラクションヒット」ですが、その意味と仕様の詳細を解説します。
通常、ひとつのヒットがGoogleアナリティクスに送信されると「ユーザー」「セッション」「ヒット（ページビューやイベントなど）」がそれぞれ計測されます。
例えば、あるユーザーがサイトに訪問してひとつのページを閲覧したとすると、Googleアナリティクスでは「1ユーザー、1セッション、1ページビュー」と計測されます。
「非インタラクションヒット」を「真」にすることで起きることは、発生したイベント「セッション集計対象としない」ということです。逆に言えば、「ユーザー」と「ヒット（イベント）は通常通り計測されています。
また、この「非インタラクションヒット」は、イベントヒットだけでなくすべてのヒットタイプで有効な機能です。
参考までに「Measurement Protocol」を使って、「ページビューヒット」「イベントヒット」「eコマーストランザクションヒット」を送信した場合の集計結果を、次にお見せします。

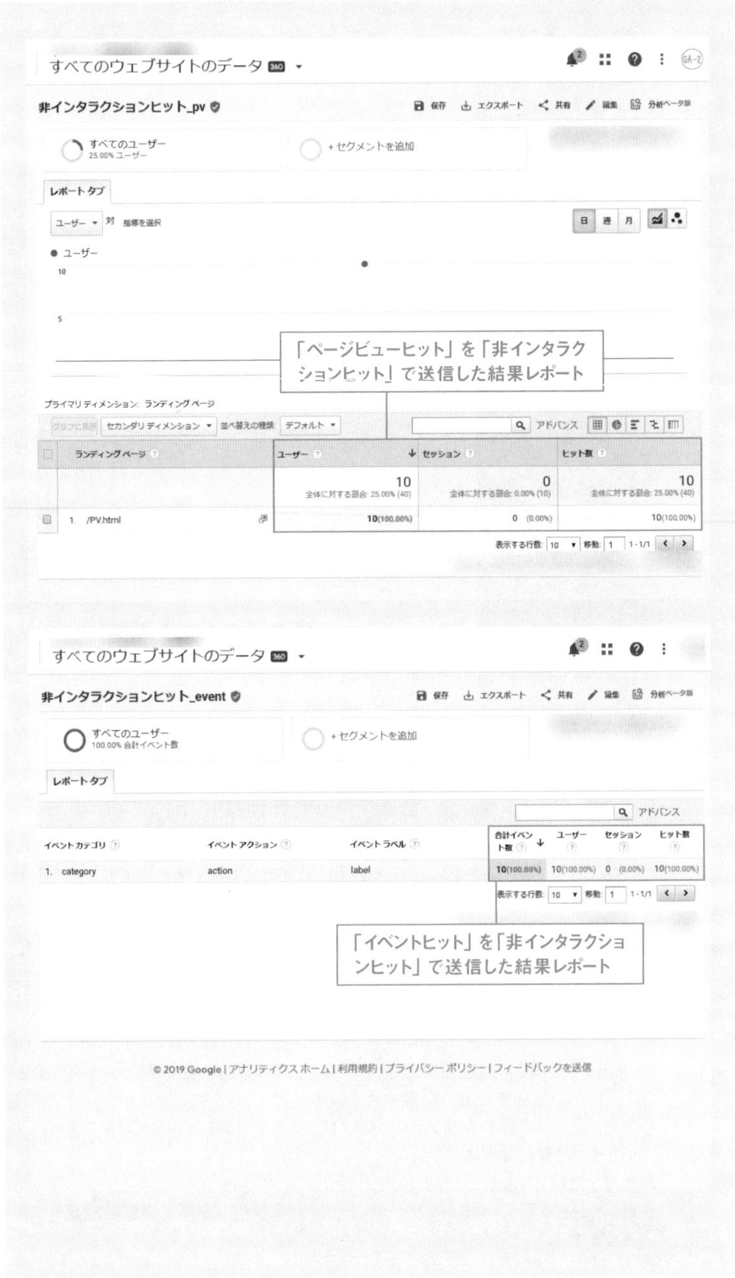
すべてのウェブサイトのデータ
非インタラクションヒット_pv
すべてのユーザー
+セグメントを追加
レポートタブ
「ページビューヒット」を「非インタラクションヒット」で送信した結果レポート
プライマリディメンション: ランディングページ
ランディングページ
ユーザー
セッション
ヒット数
1. /PV.html
すべてのウェブサイトのデータ
非インタラクションヒット_event
イベントカテゴリ
イベントアクション
イベントラベル
1. category
action
label
「イベントヒット」を「非インタラクションヒット」で送信した結果レポート
© 2019 Google | アナリティクス ホーム | 利用規約 | プライバシー ポリシー | フィードバックを送信

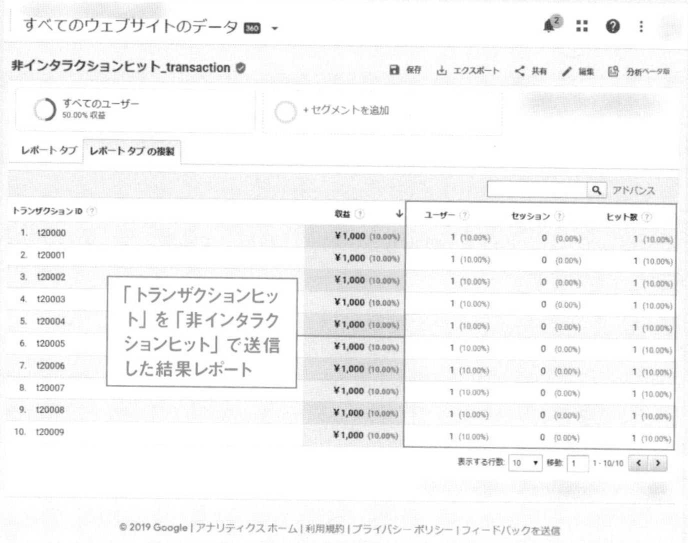

「非インタラクションヒット」は、ランディングページにおけるイベント計測時の「直帰率」集計回避という目的で多く利用されますが、このように「イベント（や他ヒット）をセッション集計対象外にする」機能だと理解しておきましょう。

参考 アナリティクスヘルプ＞非インタラクションのイベント
https://support.google.com/analytics/answer/1033068#NonInteractionEvents

参考 アナリティクスヘルプ＞アナリティクスでのウェブセッションの算出方法＞指標の算出方法：セッションと新規ユーザー
https://support.google.com/analytics/answer/2731565

参考 デベロッパーサイト＞非インタラクションイベント
https://developers.google.com/analytics/devguides/collection/analyticsjs/events#non-interaction_events

3-15 カスタムディメンションを理解する

「カスタムディメンション」とは

「カスタムディメンション」とは、既定（デフォルト）のトラッキングコードでは計測/収集できないディメンションを計測/収集したい場合に利用できる機能で、独自のディメンションを追加できる機能です。
本章でこれまで説明してきた「analytics.js」「標準のeコマース」「拡張eコマース」「イベントトラッキング」で計測/収集できるデータは、すべて既定のディメンションです。しかし、Googleアナリティクスで計測/収集できるデータはこれらだけでなく、カスタムディメンションを使うことで、より分析に必要な様々なデータがユーザーの行動データに紐づき、集計や分析に活用することが可能になります。
ここ数年では、Googleアナリティクスの普及が進み、既定のディメンション/指標の既定のレポート画面の利用だけでは、目的の分析にデータが足りないケースが増えています。Googleアナリティクスをマーケティング施策に活用していくには、カスタムディメンションの積極的な活用がカギになるでしょう。

「カスタムディメンション」で計測/収集できるデータと取得方法の例

カスタムディメンションは、既定で計測/収集できないディメンションを追加する手段です。そのデータソース（データの取得元）別に良く使われる3つの例で、どのようなデータがどんな方法でGoogleアナリティクスで取得できるのか、をご紹介します。

「カスタムディメンション」で計測/収集できるデータ（例）

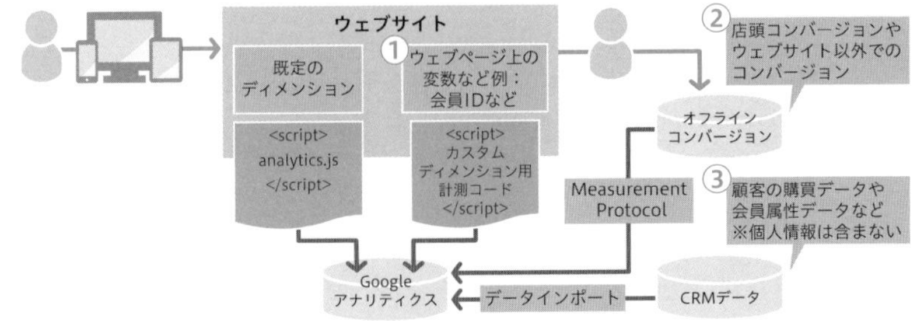

※上図は計測/収集のしくみを理解するためのイメージ図

①ウェブページにある様々な変数(データ)

Googleアナリティクスの既定のトラッキングコード(analytics.js)はウェブページに実装され、ユーザーのサイト行動(ページビュー、イベント、eコマーストランザクションなど)を計測し、既定のレポート画面に集計表示されます。しかし、この既定のトラッキングコードでは計測できない、ウェブサイト上の様々なデータも取得できます。ウェブサイトのソース上に記述されている変数や、動的に書き出される変数などです。

最も多く利用される代表的なものに"会員(ログイン)ID"があります。ウェブサイトからユーザーの会員IDをカスタムディメンションで取得することで、デバイスをまたいだ集計が可能になったり、CRMデータ(顧客の購買データ)の会員IDと紐づけて分析することが可能になったりします。

これら、ウェブページ上から取得する場合は、カスタムディメンション用のコードを発行して実装するか、GTMを利用して取得することができます。

②オフラインコンバージョンデータ

eコマースサイトのようにサイト上でコンバージョンがある場合は、eコマース計測によってコンバージョンデータを計測することが可能です。しかし、サイト以外の場所(例えば、店頭やコールセンターなど)でユーザーが購入や問い合わせをする場合や、BtoBビジネスのように、ウェブサイト上の申し込みで得たリード情報をもとにリアルな営業プロセスを進めて成約にいたるような場合もあります。それら"オフライン"上で行われる様々なアクション(コンバージョン)は、カスタムディメンション値として取得することが可能です。このようなオフラインでのユーザー行動を取得して、サイト行動データと紐づけることができれば、ユーザーの行動をより深く分析することが可能になります。

③CRMデータ(顧客の購買データなど)

既存顧客のデータには、購買履歴や会員属性情報など、サイト行動データでは取得できない重要な情報が含まれています。これらのユーザー属性データを、カスタムディメンション値としてGoogleアナリティクスに取得できれば、サイト訪問ユーザーを属性別にセグメントしたり、ユーザーリストとして広告に活用したりすることも可能になります。

②、③のデータを取得するには、主に「Measurement Protocol(メジャメントプロトコル)」と「データインポート」というふたつの方法がありますが、取得するデータの集計や分析、活用目的によって使い分けることができます。

※「Measurement Protocol」「データインポート」については第5章にてそれぞれ解説していきます。

カスタムディメンション設定の流れ

カスタムディメンションを設定するには以下の流れで行います。

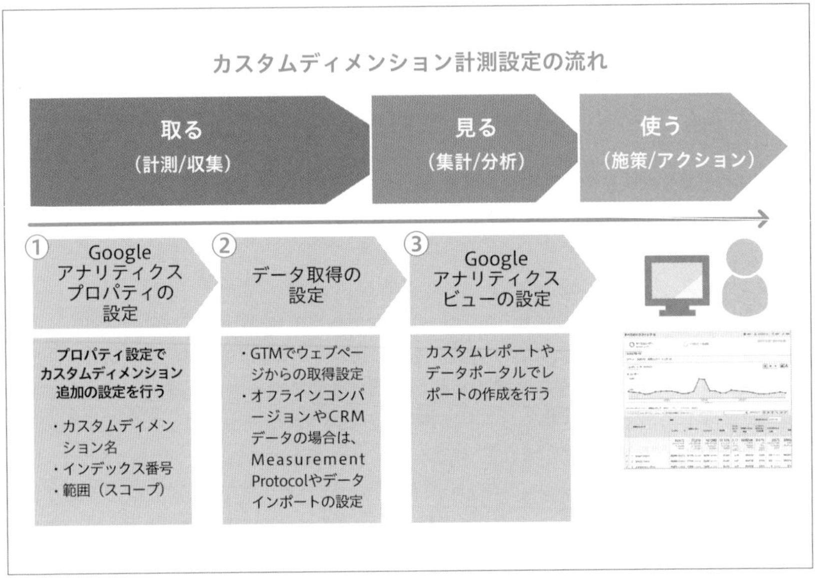

①カスタムディメンションの追加設定

まず、新しいカスタムディメンションを追加する設定を行います。追加で取得するデータの"枠"を追加するイメージです。ディメンション名を付与し、インデックス番号を確認します。取得するデータを登録する範囲（スコープ）の設定も行います。

②データ取得の設定

前述の通り、取得するデータによってその方法は異なります。次節では、ウェブページからGTMを使って設定する手順を説明していきます。

③ビューの設定

カスタムディメンションは既定のディメンションではありませんので、既定のレポート画面には表示されません。取得したカスタムディメンションデータを見るには「カスタムレポート」を作成する必要があります。また、Googleの無料ダッシュボードツールである「データポータル」でレポートを作成するケースも増えています。

※「カスタムレポート」は第10章、「データポータル」は第13章で解説します。

3-16 カスタムディメンションを設定する

本節では、GTMを使ったカスタムディメンション設定例として、ウェブページから会員IDを取得する場合の設定を解説します。
ここでは、会員IDがファーストパーディCookieに保存される場合に、そのCookieから会員IDを取得し、カスタムディメンションとしてGoogleアナリティクスへ送信する場合の設定例を説明します。

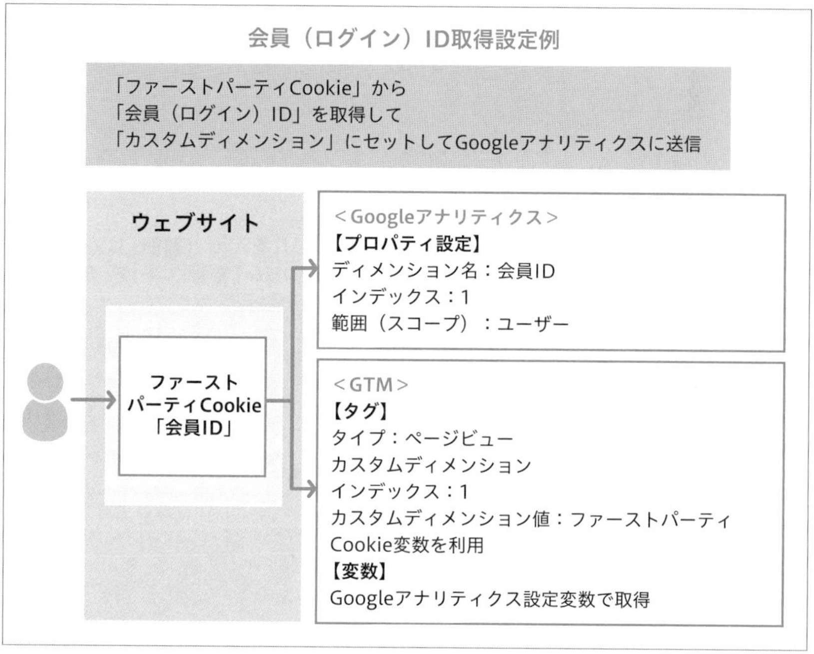

設定手順

1 Googleアナリティクスのプロパティ設定でカスタムディメンションを設定する

まず先に、Googleアナリティクスの方でカスタムディメンションを設定しておきます。
Googleアナリティクスの設定画面のプロパティ列から「カスタム定義＞カスタムディメンション」と進み、「新しいカスタムディメンション」から設定画面を開きます。

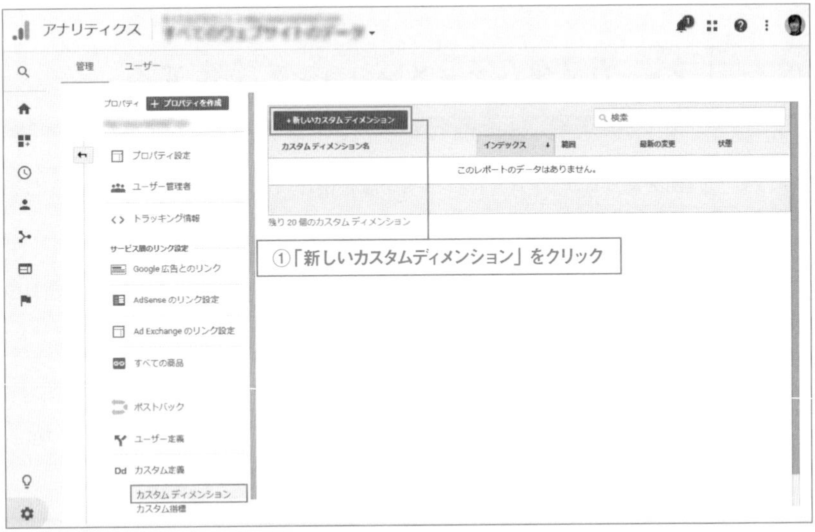

画面NAVI ■ Googleアナリティクス ▶▶設定 ▶▶プロパティ列 ▶▶カスタム定義 ▶▶カスタムディメンション

「名前」には任意のカスタムディメンション名(ここでは「会員ID」)を入れ、「範囲」はプルダウンから「ユーザー」を選択します(「範囲」(スコープ)については、コラム「範囲(スコープ)の理解」で詳細を解説します)。

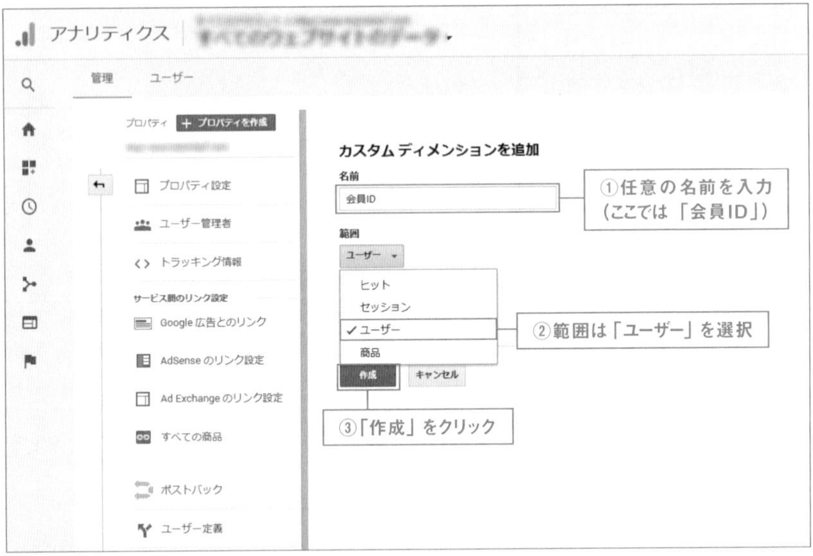

画面NAVI ■ Googleアナリティクス ▶▶設定 ▶▶プロパティ列 ▶▶カスタム定義 ▶▶カスタムディメンション

ウェブページ(やモバイルアプリ)からカスタムディメンションを取得するためのスクリプトが表示されますので、ウェブサイトに直接記述する方法で取得する場合は、これを利用します。本節ではGTMを利用した方法を解説しますので、ここでの解説は割愛します。

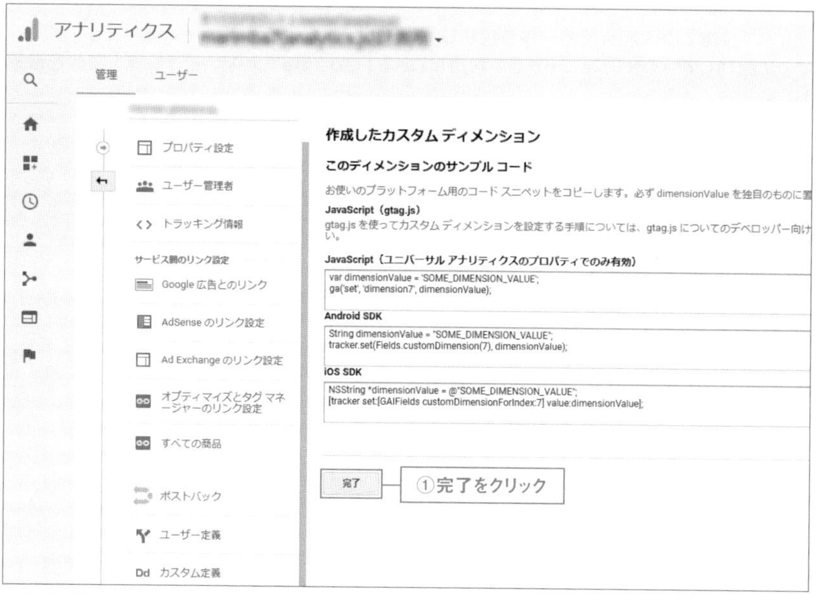

画面NAVI ■ Googleアナリティクス ⏩設定 ⏩プロパティ列 ⏩カスタム定義 ⏩カスタムディメンション

「完了」をクリックすると、設定したカスタムディメンションが表示されます。ここで表示される「インデックス」の番号は、GTMでの設定にも必要になりますので、必ず確認をしておいてください。インデックス番号はカスタムディメンションに振られる番号で、1番から20番まであります。無料版のGoogleアナリティクスではカスタムディメンションの設定上限が20個になりますが、有料版のGoogleアナリティクス360では200個まで設定可能になり、より多くの分析データを取得することが可能になります。

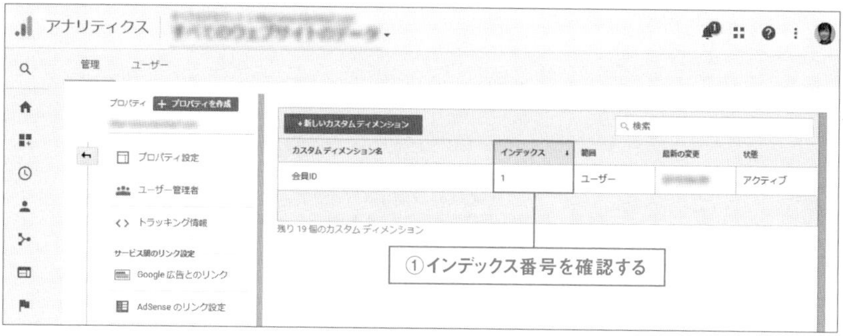

画面NAVI ■ Googleアナリティクス ⏩設定 ⏩プロパティ列 ⏩カスタム定義 ⏩カスタムディメンション

インデックス番号を確認できたら、Googleアナリティクス側の設定は完了です。

2 GTMでカスタムディメンションを設定する

次にGTM側での設定手順の一例を説明します。
すでに配信しているページビュータグで利用している「Googleアナリティクス設定」変数を選択します。

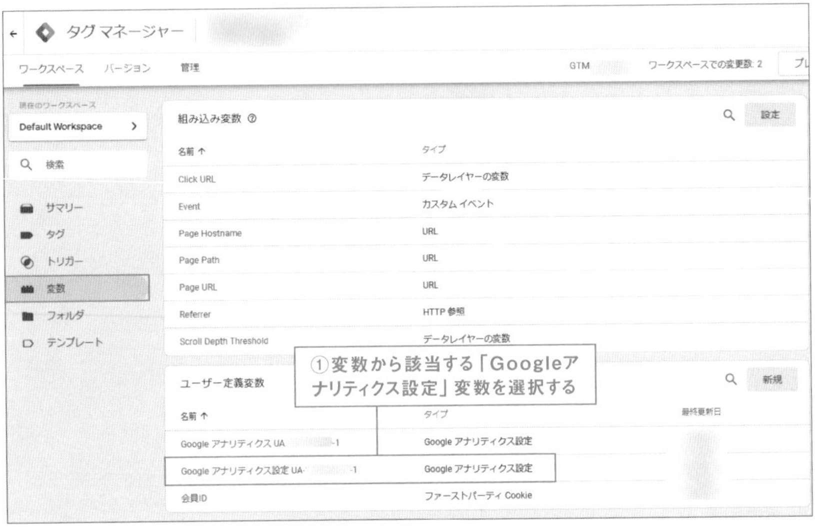

「変数の設定」エリアをクリックして設定画面を開きます。

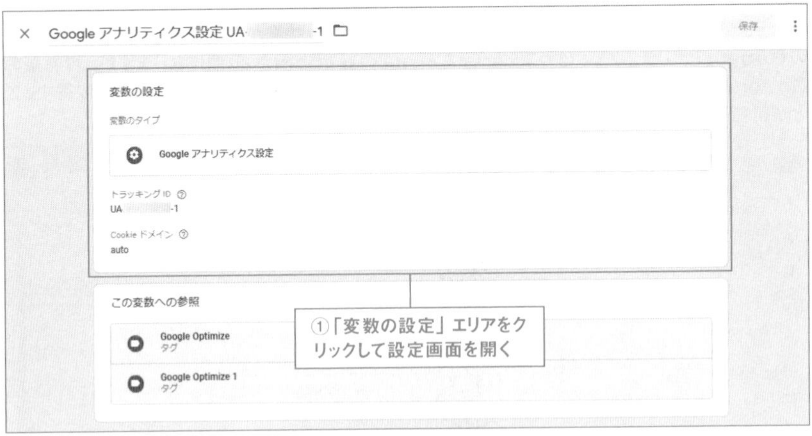

詳細設定＞カスタムディメンションで「＋カスタムディメンション」を追加で開き、「インデックス」にはGoogleアナリティクス側の設定で取得したインデックス番号「1」を入力します。「ディメンションの値」には「＋」から変数の設定を行います。

変数の選択画面右上の「＋」から変数設定を開きます。

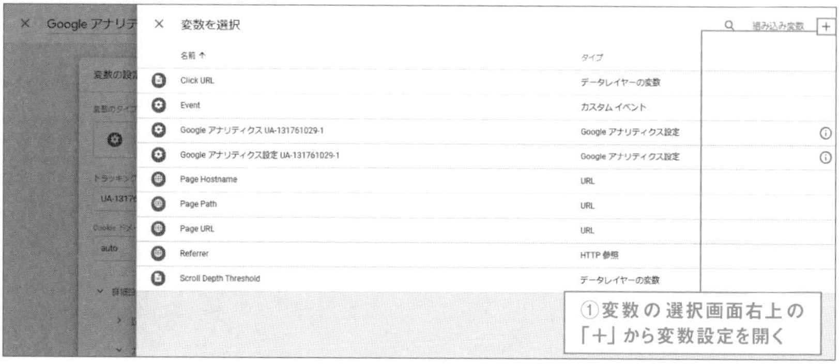

「変数の設定」エリアをクリックし、「変数タイプを選択」から「ファーストパーティCookie」を選択します。

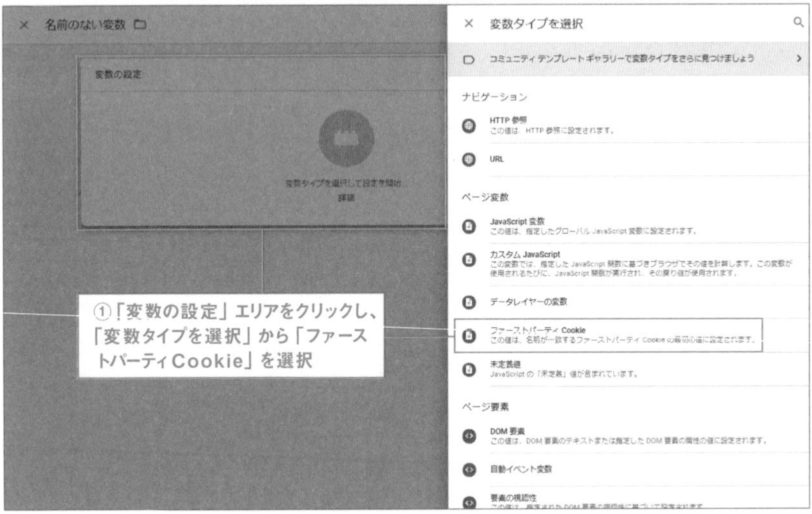

ファーストパーティCookieに保存されるCookie名(ここではuser_id)を入力したら、任意の変数名を入力して「保存」で終了します。

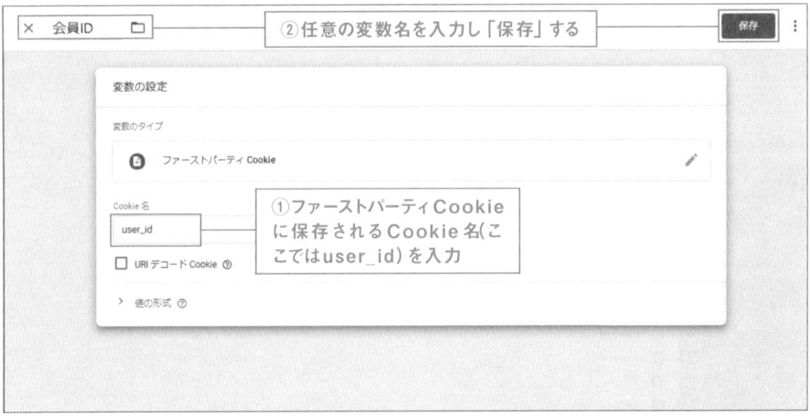

※プレビューから公開までの手順は割愛します。

本節で解説してきたように、カスタムディメンションで計測/収集できるデータは多種多様であり、その取得方法も多岐にわたります。本節で紹介したGTMでの設定手順も、その内のほんの一例に過ぎません。
カスタムディメンションとしてGoogleアナリティクスの取り込みたいデータが「どこにどのような状態にあるデータなのか？」をしっかりと確認し、かつそのデータの活用目的に活かせるような形で取り込めるよう、その設定と取得方法を検討する必要があるでしょう。

参考 アナリティクスヘルプ＞カスタムディメンション
https://support.google.com/analytics/answer/6186991

参考 タグマネージャヘルプ＞Googleアナリティクスのカスタムディメンション
https://support.google.com/tagmanager/answer/6164990

COLUMN

「範囲（スコープ）」の理解

前節で解説した「カスタムディメンション」の設定で必要な「範囲（スコープ）」について解説します。

サイトを訪問したユーザーのひとつひとつの行動がGoogleアナリティクスに送信され計測される際には、粒度の小さい順に「ヒット」「セッション」「ユーザー」という3つの階層（単位）で集計されます。「ヒット」は、Googleアナリティクスに送信されるひとつひとつのユーザー行動の単位で、「ページビュー」「イベント」「eコマーストランザクション」などの種類があります。

「カスタムディメンション」のように、特定の行動のタイミングでカスタムの値を取得するような場合には、そのデータをどの階層に紐づけて集計するのか？を、目的に応じて任意に定義する必要があります。その際に、この集計の3つの階層のことを「範囲（スコープ）」と言います。

「カスタムディメンション」は必ず、訪問ユーザーの特定の行動（ページ閲覧やイベントなど）のタイミングで取得しますが、その際に「範囲（スコープ）」を定義しておくことで、目的に合った集計や分析ができるようになります。

しかし、「範囲（スコープ）」の概念は少々わかりにくいために「カスタムディメンション」設定時の「範囲（スコープ）」の設定が正しく行われていないケーがあります。「範囲（スコープ）」の設定を間違えてしまうと、目的に合った集計ができないばかりか、その期間のデータは修正できませんので、正しい理解のもとに正しい「範囲（スコープ）」設定を行うようにしましょう。

「範囲（スコープ）」の理解は、以下のようになります。

カスタムディメンションを取得したアクション（ページビューやイベント）時に、どの「範囲（スコープ）」に定義するかによって次のようになります。

・「ヒット」スコープの場合＝取得したアクション（ページやイベント）に紐づく
・「セッション」スコープの場合＝取得したアクションが含まれるセッションに紐づく
・「ユーザー」スコープ」の場合＝取得したアクションを行ったユーザー（Cookie単位）に紐づく

例えば、会員登録完了ページ閲覧時にカスタムディメンションで「会員ID」を「ユーザー」スコープで取得すると、そのユーザーに「会員ID」が紐づけられます。そうすることで、それ以降その「会員ID」で集計をかけた場合には、そのユーザーの行動データがすべて集計されることになります。ちなみに、もし「セッション」スコープにした場合は、「会員ID」を取得した際のセッションしか集計されませんし、「ヒット」スコープにした場合は、「会員ID」を取得した会員登録完了ページしか集計対象にはなりません。

カスタムディメンションと範囲（スコープ）

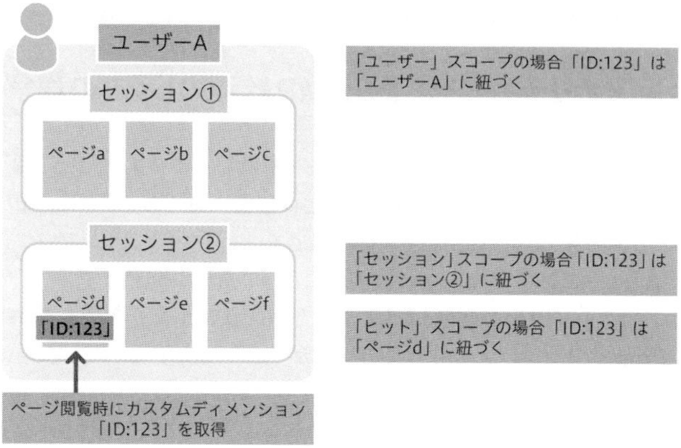
ユーザーA
セッション①
ページa
ページb
ページc
セッション②
ページd
「ID:123」
ページe
ページf
ページ閲覧時にカスタムディメンション「ID:123」を取得
「ユーザー」スコープの場合「ID:123」は「ユーザーA」に紐づく
「セッション」スコープの場合「ID:123」は「セッション②」に紐づく
「ヒット」スコープの場合「ID:123」は「ページd」に紐づく

参考 アナリティクスヘルプ＞カスタムディメンション/指標(スコープ)
https://support.google.com/analytics/answer/2709828#scope

3-17 AMPページの計測を理解する

Googleアナリティクスによる AMP 計測のしくみの理解

スマートフォンなどのモバイルデバイスは急速に普及し、今やウェブトラフィック量の半数以上は、モバイルデバイスからの閲覧であることは想像に難くありません。モバイル通信の5Gによるサービス本格化を目前にしている状況ですが、スマートフォンでのウェブページの表示速度は、ユーザーエクスペリエンスの最適化にとって重要な問題です。
モバイルでのページ速度の課題に対応するために導入が進んでいるAMP（Accelerated Mobile Pages　https://amp.dev/）ですが、その技術仕様によってJavaScriptの使用が制限されており、通常のGoogleアナリティクストラッキングコードや、GTMコンテナスニペットを利用することができません。

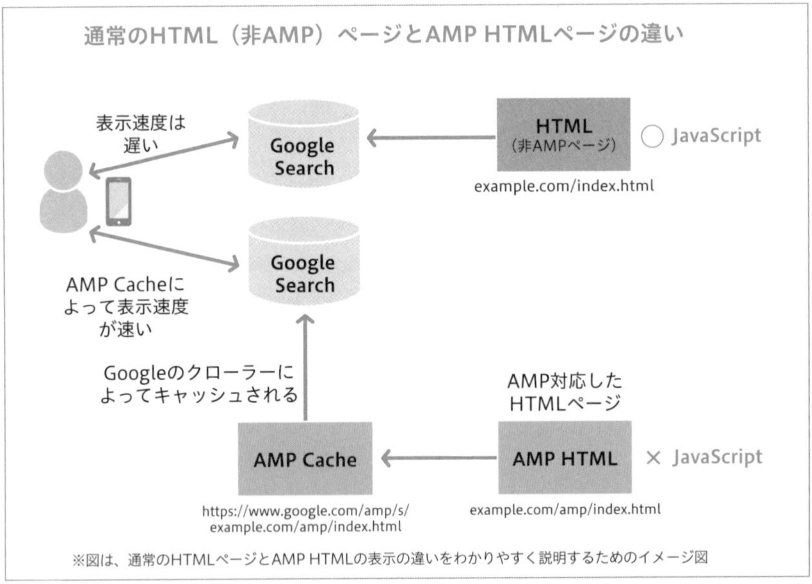

そのため、AMP対応したページ（AMP HTML）を計測するには、AMP計測専用のタグの実装をする必要があります。
※本書ではGTMを使った計測を推奨しているので、GTMを利用したAMPページへのGoogleアナリティクスの導入方法を解説していきます。

Google検索からのページ遷移とドメインについて

Google検索の検索結果画面には、AMP化したページ（AMPページ）がGoogleのクローラーによってキャッシュされた「AMP Cache」ページへのリンクが表示されます。検索結果のリストに⚡マークが表示されているのがAMP Cacheへのリンクです。そこをクリックした場合に表示されるのは、そのキャッシュされたAMP Cacheページになります。

● Google検索結果画面

これは、Googleドメイン内にキャッシュされたものなので、URLはGoogleドメインになります。そこからさらにコンテンツを読み進めた場合にリンクされるのが、AMP化前の元のページになり、URLはそのサイトのドメインになります。Googleアナリティクスはファーストパティ Cookieを利用しているため、ドメインが変わる遷移ではユーザーを識別するためのクライアントIDが変わるので、同一のセッションとしての計測はできません（クロスドメイン計測を設定すれば可能。「3-7　クロスドメイン計測を設定する」参照）。しかし、Googleアナリティクスの AMP計測においては、「AMPリンカー」という機能によって、AMP Cacheページから非AMPページへの遷移でもクライアントIDをつなぎ、同一のセッションとして計測することを可能にしています。

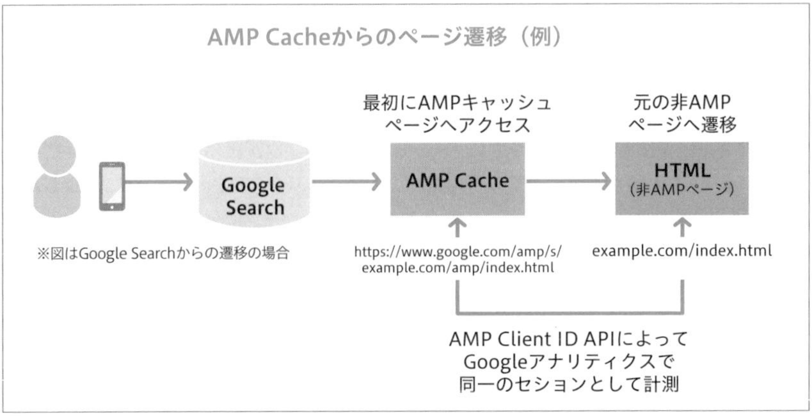

AMP Cacheからのページ遷移（例）

AMP計測設定の流れ

非AMPページのウェブサイトにはすでにGoogleアナリティクスが実装されており、追加でAMPページの計測をする場合を想定して、GTMによるAMP計測の基本的な流れを説明します。

計測設定においては、Googleアナリティクス側での設定は必要なく、GTMのみで行います。以下図のように「AMPページ側」と「非AMPページ側」両方での設定が必要になります。

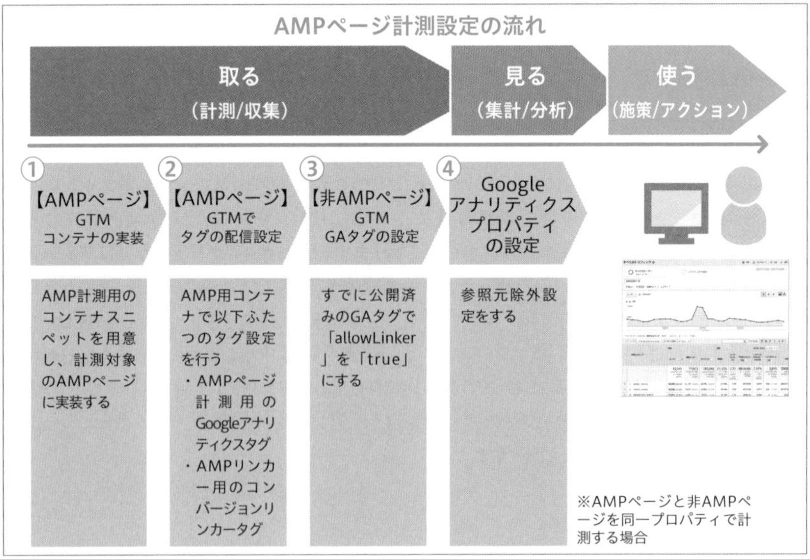

AMPページ計測設定の流れ

①AMPページ用GTMコンテナタグの実装

前述の通り、AMPページではJavaScriptが使用できないため、通常のコンテナタグではなくAMP用のコンテナを作成して専用のコンテナタグを実装します。

②AMPコンテナでのふたつのタグの設定

今回の計測シナリオ（AMPページ&非AMPページ間のセッション統合）では、以下ふたつのタグが必要になります。

・AMPページ用Googleアナリティクスタグの配信設定
・AMPリンカーのための「コンバージョンリンカー」タグの配信設定

③非AMPページタグの設定

非AMPページ側ですでに公開済みのGoogleアナリティクスタグで、「allowLinker」を「true」にします。

④Googleアナリティクスのプロパティ設定で、「参照元除外」設定を行います。

3-18 AMPページを計測する

前節①～③までの計測について具体的な設定の手順を説明します。

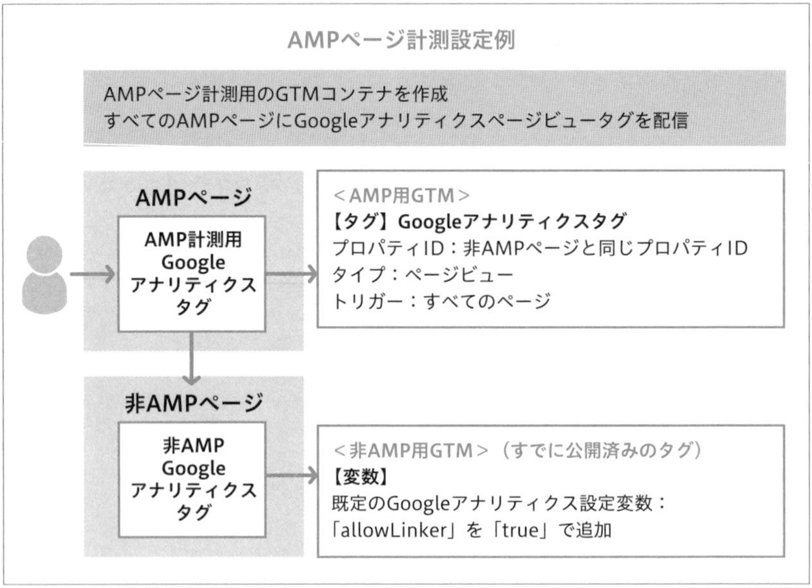

設定手順

1 GTMコンテナを作成する

まず、AMPページ計測用に新たにGTMコンテナを作成します。

任意のコンテナ名を入力し、コンテナの使用場所は「AMP」を選択し「作成」します。

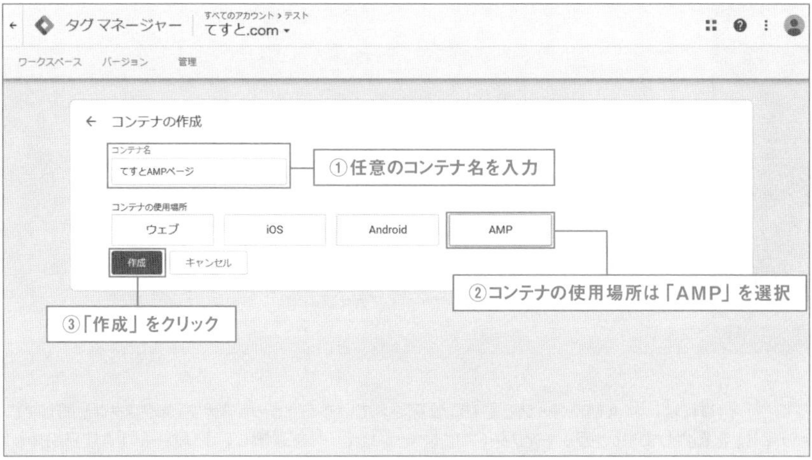
タグ マネージャー
すべてのアカウント > テスト
てすと.com
ワークスペース
バージョン
管理
コンテナの作成
コンテナ名
てすとAMPページ
①任意のコンテナ名を入力
コンテナの使用場所
ウェブ
iOS
Android
AMP
作成
キャンセル
②コンテナの使用場所は「AMP」を選択
③「作成」をクリック

画面に表示されたコンテナタグ(スニペット)を指示に従って、計測するすべてのAMPページに実装します。

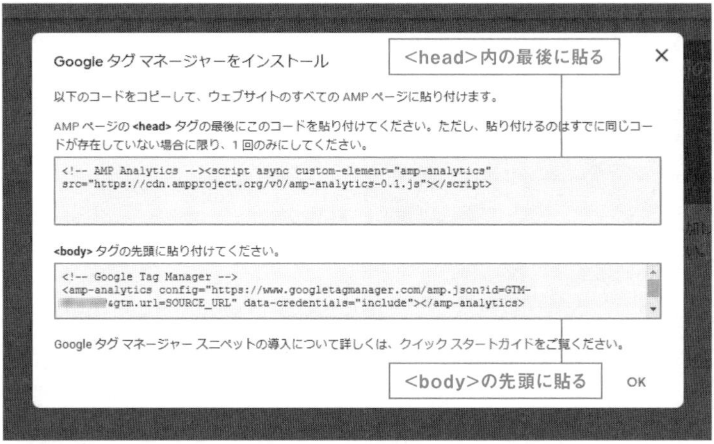
Google タグ マネージャーをインストール
<head>内の最後に貼る
以下のコードをコピーして、ウェブサイトのすべての AMP ページに貼り付けます。
AMP ページの <head> タグの最後にこのコードを貼り付けてください。ただし、貼り付けるのはすでに同じコードが存在していない場合に限り、1 回のみにしてください。
<!-- AMP Analytics --><script async custom-element="amp-analytics" src="https://cdn.ampproject.org/v0/amp-analytics-0.1.js"></script>
<body> タグの先頭に貼り付けてください。
<!-- Google Tag Manager -->
<amp-analytics config="https://www.googletagmanager.com/amp.json?id=GTM-
&gtm.url=SOURCE_URL" data-credentials="include"></amp-analytics>
Google タグ マネージャー スニペットの導入について詳しくは、クイック スタートガイドをご覧ください。
<body>の先頭に貼る
OK

これで、新しいAMPページ用GTMコンテナの実装は完了です。

2 Googleアナリティクスタグを設定する

AMPページ用コンテナで、新しくGoogleアナリティクスタグの配信設定を行います。
「新しいタグを追加」から、従来の手順と同様の要領で「Googleアナリティクス」タグを選択します。

プロパティIDには、非AMPページですでに公開されているGoogleアナリティクスタグと同じプロパティIDを入力します。トラッキングタイプは「ページビュー」を選択し、トリガーは「All Pages」を選択して「保存」で完了です。

3 コンバージョンリンカータグを設定する

「コンバージョンリンカー」タグの配信設定をします。
同じく「新しいタグを追加」から、従来の手順と同様の要領で「コンバージョンリンカー」タグを選択します。

「タグの設定」を開き、

- 「ドメイン間でのリンクの有効化」にチェック
- 「AMP」「非AMP」ページのドメインをカンマ区切りで入力
- 「GoogleアナリティクスのクライアントIDへのリンクの有効化」にチェック

を設定します。

下部の「トリガー」は「All Pages」にします。

設定を確認して「保存」で完了です。

※プレビューと公開の手順は割愛します。

4 非AMPページ側でAMPリンカーを設定する

次は、非AMPページ側のGTMコンテナに移り、すでに非AMPページに公開済みのGoogleアナリティクスタグ側で、「AMPリンカー」を受け入れる設定を行います。

非AMPページ用のコンテナで「変数」をクリックして、非AMPページに配信しているGoogleアナリティクスタグで使用している「Googleアナリティクス設定」変数を選択します。

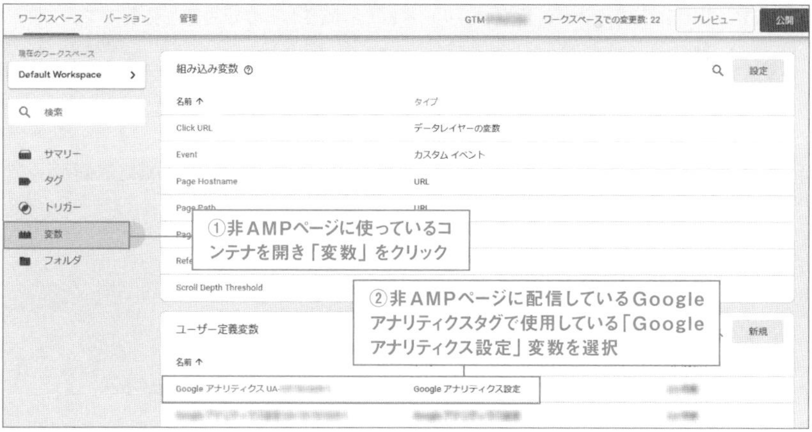

「詳細設定」を開き、「設定するフィールド」に「+」から新しいフィールドを追加します。

フィールド名に「allowLinker」と入力し、値に「true」を入力したら「保存」で完了です。

5 参照元除外リストを追加する

最後に、「Googleアナリティクス＞プロパティ設定列＞トラッキング情報＞参照元除外リスト」で、除外リストに「cdn.ampproject.org」を追加しておくことを忘れないようにしてください。

※「参照元除外リスト」の設定については「3-7　クロスドメイン計測を設定する」を参照ください。

AMPページ計測の際の注意事項

本節で紹介した「AMPリンカー」は、AMPページと非AMPページの遷移を同一セッションにつなぐことができますが、すでに非AMPページに訪問したことのあるユーザー（すでに、クライアントIDを発行されているユーザー）の場合は、AMPページを閲覧することで新しいクライアントIDに上書きされ、新規ユーザーとして計測されるので注意が必要です。

参考　アナリティクスヘルプ＞Accelerated Mobile Pages(AMP)
https://support.google.com/analytics/topic/7378717

参考　アナリティクスヘルプ＞AMP用にGoogleアナリティクスセッション統合の初期設定を行う
https://support.google.com/analytics/answer/7486764

参考　タグマネージャヘルプ＞AMPとタグマネージャーの設定ガイド
https://support.google.com/tagmanager/answer/9205783

参考　デベロッパーサイト＞Googleアナリティクス測定AMPページ
https://developers.google.com/analytics/devguides/collection/amp-analytics/

参考　デベロッパーサイト＞Google検索でのAMPについて
https://developers.google.com/amp/

4章

アプリとウェブサイトの統合的なデータ計測

4-1 「アプリ+ウェブ プロパティ」を理解する

「アプリ+ウェブ プロパティ」のしくみ

「アプリ＋ウェブ プロパティ」は執筆時点(2020年2月)でまだベータ版ですが、従来のGoogleアナリティクスとはまったく異なるしくみで計測と集計がされる、新しいしくみのプロパティです。
従来のGoogleアナリティクスでもウェブはもちろんのこと、モバイルアプリ計測においても「Googleアナリティクス for Firebase」が提供されており、ウェブとアプリの計測を行うことは可能でした。しかし、例えばモバイルアプリからウェブへ遷移し、コンバージョンするようなユーザー閲覧行動を計測したい場合などは、その遷移はもちろんのこと、同じユーザーであるということも集計することが難しい環境にありました。

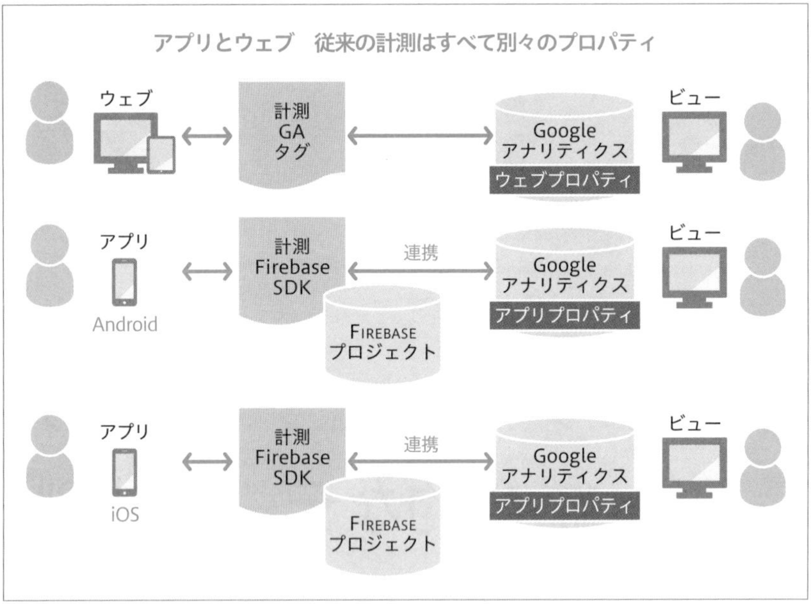

2019年にベータ版として発表され、今後ますますアップデートされる予定の「アプリ＋ウェブ プロパティ」では、従来別々のプロパティで計測・集計をしていたアプリとウェブの計測データを、ひとつのプロパティにまとめて集計することを実現しています。さらに、「ユーザー

ID」をキーにしたアプリ&ウェブのユーザ軸での統合集計も実装され、アプリとウェブを横断した「クロスプラットフォーム」集計基盤としても、今後の期待が高いしくみとなっています。「ユーザーID」を提供できないプロパティの場合は、「Googleシグナル」による統合集計も提供される予定です。

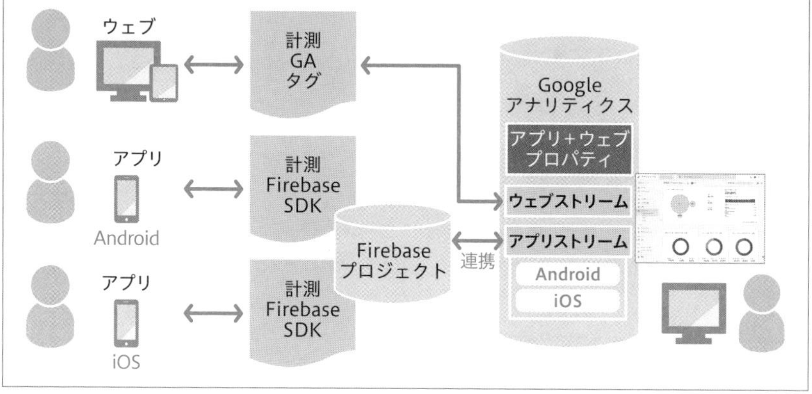

アプリ+ウェブ プロパティでは、ひとつのプロパティ&ひとつの画面で集計する

「アプリ+ウェブ プロパティ」理解のポイント

本節では、執筆時点での「アプリ＋ウェブ プロパティ」の理解のポイントを簡単に以下にまとめます。

①「イベント」を中心としたシンプルな計測方法

従来のanalytics.jsによるウェブの計測では、「ページビュー」「イベント」や「eコマーストランザクション」など、複数の「ヒットタイプ」によって計測データが識別され、集計レポートに反映されるしくみでした。「アプリ＋ウェブ プロパティ」では、「イベント」ヒットによるシンプルな計測方法に統一されます。これは、Firebase SDKによってアプリ計測で従来行われてきた方法に、ウェブ計測も統合していく流れになると考えられます。これにより、従来はデフォルトの集計仕様によって集計されてきた各ディメンションや指標は、今後は利用者側の設計によって意味付けがされていく方向になっていくと考えられます。

②「ユーザー」軸を中心とした集計の基盤へ

従来のウェブ計測では「セッション」が集計概念の中心でしたが、「アプリ＋ウェブ プロパティ」では「ユーザー」がその中心となる集計のしくみに移行されています。

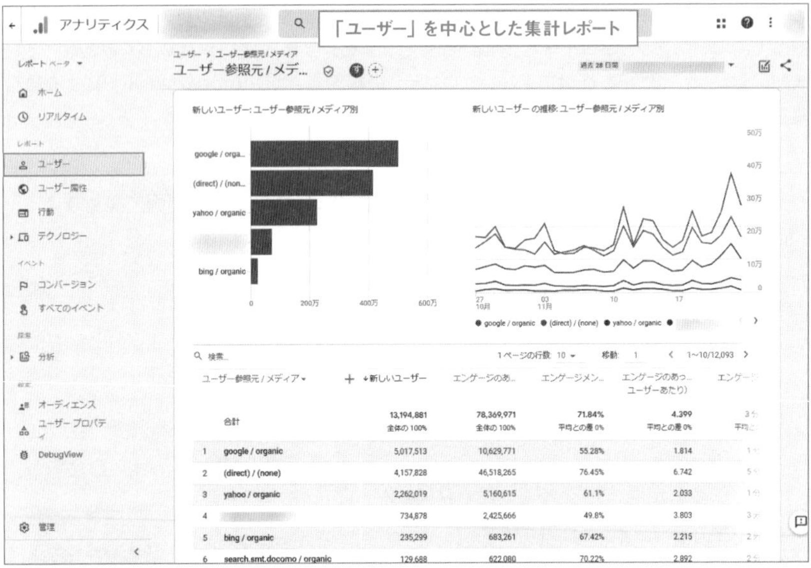

画面NAVI ■ アナリティクス ▶▶アプリ＋ウェブ プロパティ ▶▶ユーザー

③「データストリーム」という計測/集計の単位

従来のウェブプロパティでは、「ビュー」という集計の単位があり、集計レポート画面はこの「ビュー」の単位で見ていました。新しい「アプリ＋ウェブ プロパティ」では現状「ビュー」はなく、プロパティに対するレポート画面は1画面のみが提供されています。「アプリ＋ウェブ プロパティ」では、「ウェブ」「Android」「iOS」の各プラットフォームを「データストリーム」という単位で表現しています。この各「データストリーム」は、ひとつのレポート画面の中で集計表示されています。

これにより、従来の「アカウント＞プロパティ＞ビュー」というアカウント構造は、「アカウント＞プロパティ」というシンプルな構造に移行し、プラットフォームごとには「データストリーム」という単位で集計し、見ていくということになります。

※集計レポートの単位については、今後アップデートされていくと予測しています。

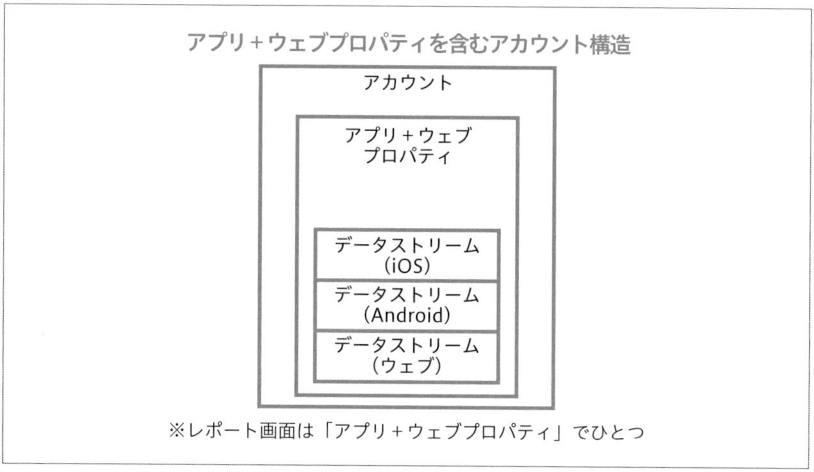

④「クロスプラットフォーム」集計の実現

「アプリ＋ウェブ プロパティ」のレポート画面では、ウェブやアプリ個別の「データストリーム」ごとの集計を見ることもできますが、本来の意味としてはユーザー軸での統合集計である「クロスプラットフォーム」集計にあると考えられます。「ユーザーID」、もしくは「Googleシグナル」による、プラットフォームを横断したユーザー集計がここでは実現されています。

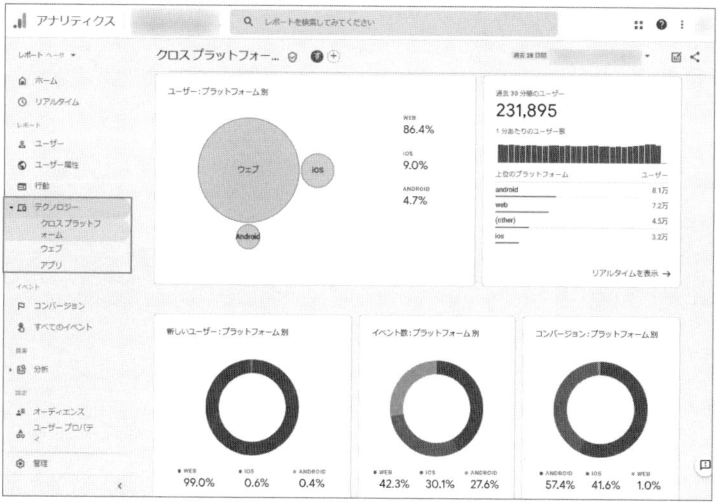

画面NAVI ■ アナリティクス ▶▶ アプリ＋ウェブ プロパティ ▶▶ テクノロジー

1章 2章 3章 4章 5章 6章 7章 8章 9章 10章 11章 12章 13章 14章 付録

⑤「分析」機能の拡張

従来のGoogleアナリティクス（ウェブプロパティ）では150ものレポートビュー（集計レポート）があり、初心者でもわかりやすく多様な切り口での1次集計レポートを見ることができました。しかし、集計後の分析プロセスについては、画面上の自由な操作によってデータを深掘りできるような「アドホック分析」に対応できる機能は、あまり充実していませんでした。この「アプリ＋ウェブ プロパティ」ではレポート画面に「分析」画面が追加され、「ディメンション」「指標」の自由な選択と、ドラッグ&ドロップ操作による柔軟なアドホック分析作業環境が提供されています。「分析」は従来のGoogleアナリティクスでも360版では提供されていましたが、「アプリ＋ウェブ プロパティ」にも同様の機能が提供されるようになっています。

「分析」では現状

・データ探索
・セグメントの重複
・目標到達プロセスの分析
・経路分析
・ユーザーエクスプローラ

が、提供されています。

画面NAVI ■ アナリティクス ▶▶ アプリ＋ウェブ プロパティ ▶▶ 分析 ▶▶ データ探索

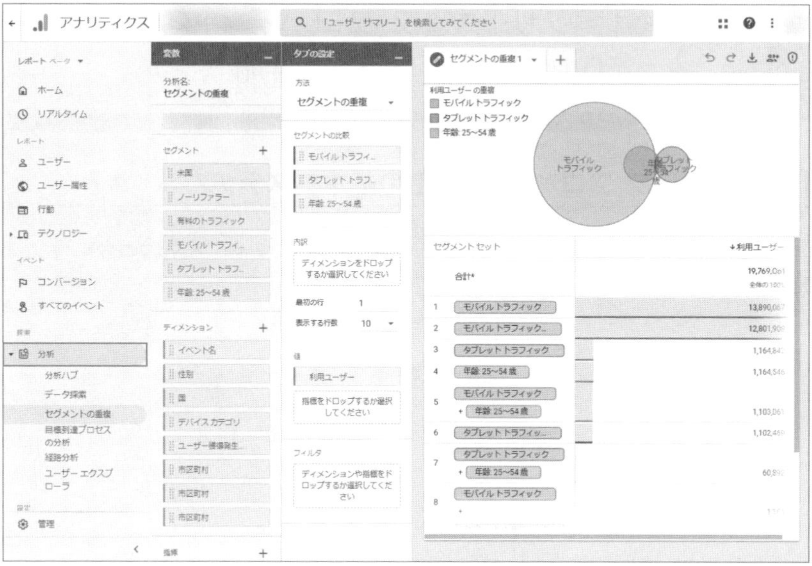

画面NAVI ■ アナリティクス ≫ アプリ＋ウェブ プロパティ ≫ 分析 ≫ セグメントの重複

⑥「アプリ＋ウェブ プロパティ」の導入

「アプリ＋ウェブ プロパティ」を導入するには、アプリ側の計測状況によっていくつかの方法がありますが、いずれにしても計測対象のアプリには「Googleアナリティクス for Firebase」のFirebase SDKが実装されている必要があり、ウェブ側には「アプリ＋ウェブ プロパティ」用の計測タグを実装する必要があります。

「アプリ＋ウェブ プロパティ」の設定手順については、次節で解説します。

現在ベータ版である「アプリ＋ウェブ プロパティ」ですが、今後さらなる拡張が予定されています。シンプルな計測基盤によって、より自由で柔軟な集計と分析環境が提供されることが見込まれており、今後に期待したいと思います。

参考 アナリティクスヘルプ＞アプリ＋ウェブ プロパティの使用を開始する
https://support.google.com/analytics/topic/9328240

4-2 「アプリ＋ウェブ プロパティ」を導入する ①アプリストリームの追加

「アプリ＋ウェブ プロパティ」設定の基本的ステップ

「アプリ＋ウェブ プロパティ」は、これまでの「ウェブプロパティ」「アプリプロパティ」とは別に新たに

①「アプリ＋ウェブ プロパティ」

を作成し、その中に

②「アプリストリーム」
③「ウェブストリーム」

をそれぞれ追加していく、という流れになります。
「アプリ＋ウェブ プロパティ」は、両方の統合集計/分析基盤が一番のメリットですが「アプリのみ」「ウェブのみ」でも利用できるので、以下に解説するステップは、目的や状況に応じて使い分けるようにしてください。
※「アプリ＋ウェブ プロパティ」作成と設定にはFirebaseとGoogleアナリティクスプロパティレベル両方の「管理(編集)」権限が必要です。

まず、「アプリ＋ウェブ プロパティ＞アプリストリーム」を追加する方法から、先に解説します(「ウェブストリーム」を先に作成する場合もありますが、本節で「アプリストリーム」から作成する手順で解説します)。
方法は、対象のアプリに「Googleアナリティクス for Firebase(Firebase SDK)」が実装されているか否かによって、手順が大きく異なります。

⊙「Googleアナリティクス for Firebase」が実装されている場合

対象のアプリにすでに「Googleアナリティクス for Firebase」が実装されている場合は、Firebase側からの設定で「Firebaseプロジェクト」と「Googleアナリティクスアカウント」の連携設定を行うことで、Googleアナリティクス側に「アプリ＋ウェブ プロパティ」が生成され、その中に同時に「アプリストリーム」も生成されます。

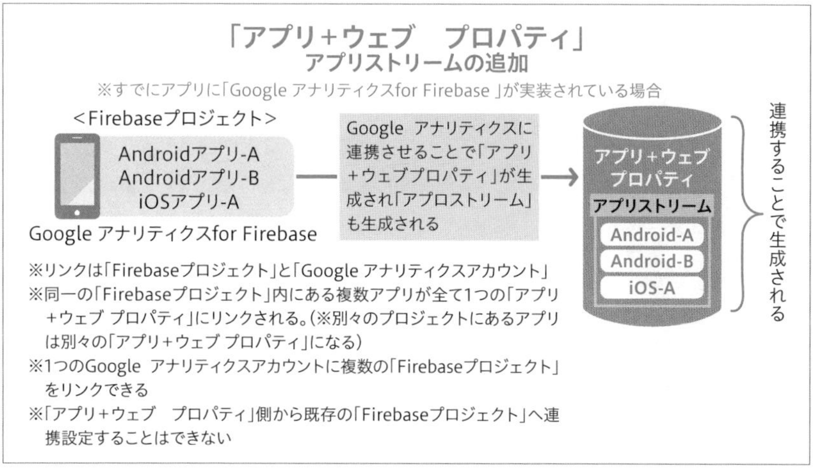
「アプリ＋ウェブ　プロパティ」
アプリストリームの追加
※すでにアプリに「Google アナリティクスfor Firebase 」が実装されている場合
<Firebaseプロジェクト>
Androidアプリ-A
Androidアプリ-B
iOSアプリ-A
Google アナリティクスfor Firebase
Google アナリティクスに連携させることで「アプリ＋ウェブプロパティ」が生成され「アプロストリーム」も生成される
アプリ＋ウェブプロパティ
アプリストリーム
Android-A
Android-B
iOS-A
連携することで生成される
※リンクは「Firebaseプロジェクト」と「Google アナリティクスアカウント」
※同一の「Firebaseプロジェクト」内にある複数アプリが全て1つの「アプリ＋ウェブ プロパティ」にリンクされる。(※別々のプロジェクトにあるアプリは別々の「アプリ＋ウェブ プロパティ」になる)
※1つのGoogle アナリティクスアカウントに複数の「Firebaseプロジェクト」をリンクできる
※「アプリ＋ウェブ　プロパティ」側から既存の「Firebaseプロジェクト」へ連携設定することはできない

ひとつのFirebaseプロジェクトに対し、ひとつの「アプリ＋ウェブ プロパティ」が生成されます。複数のアプリの「アプリストリーム」を計測したい場合は、ひとつのFirebaseプロジェクトの中で複数アプリ計測する必要があります。また、すでに「Googleアナリティクス for Firebase」が実装されているアプリのFirebaseプロジェクトに、Googleアナリティクス側から連携設定をすることはできません。
連携設定の手順は以下のようになります。

設定手順

Firebaseのトップページから、対象のプロジェクトを選択し開きます。

Firebase
ドキュメントに移動
①連携対象のプロジェクトを選択
最近のプロジェクト
プロジェクトを追加
デモプロジェクトを見る
MySlideshow
myslideshow-5eb69

画面NAVI ■ Firebase ➡ トップ画面

画面左上の「Project Overview」右のマークから、「プロジェクトの設定」を選択します。

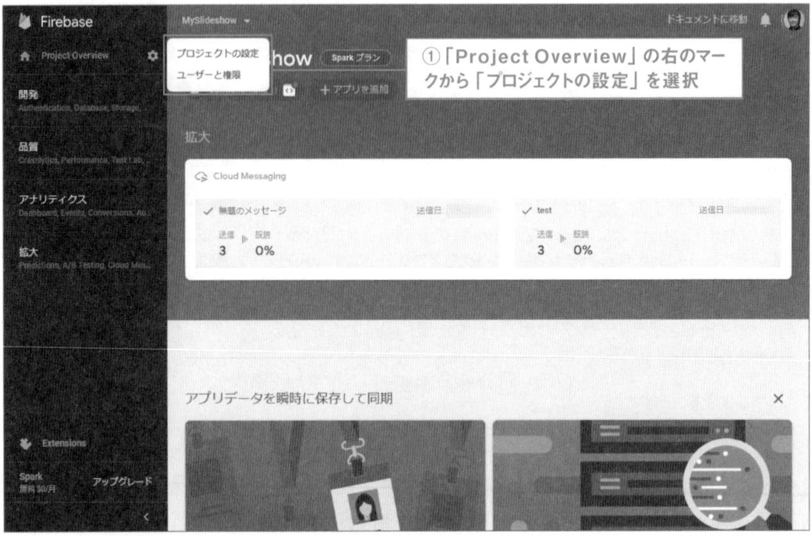

画面NAVI ■ Firebase ▶▶プロジェクト概要

「Settings」から「統合」を選択します。

画面NAVI ■ Firebase ▶▶プロジェクト設定

表示された中から「Google Analytics＞管理」を開きます。

画面NAVI ■ Firebase ▶▶プロジェクト設定 ▶▶統合

表示された表記から「アップグレードを開始」をクリックします。

画面NAVI ■ Firebase ▶▶プロジェクト設定 ▶▶統合 ▶▶Google Analytics

「Googleアナリティクスの特長」説明画面を読み、「続行」をクリックします。

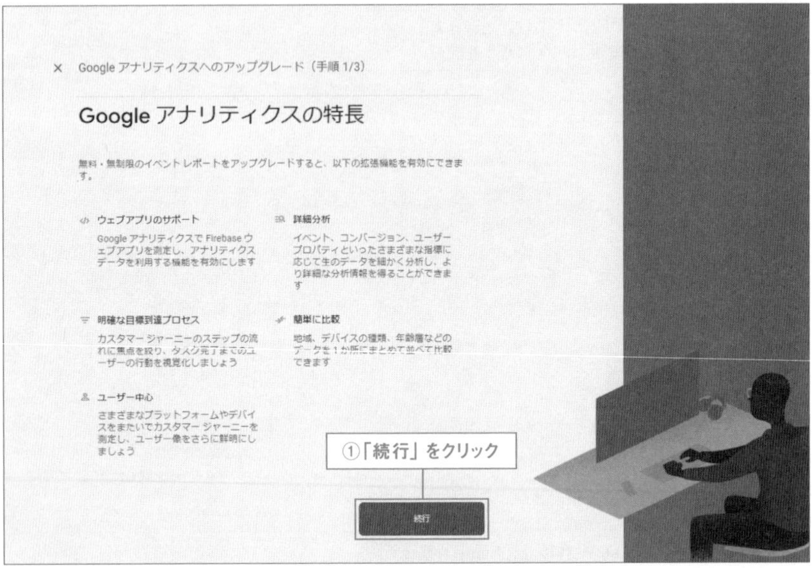
Google アナリティクスへのアップグレード（手順 1/3）
Google アナリティクスの特長
無料・無制限のイベント レポートをアップグレードすると、以下の拡張機能を有効にできます。
ウェブアプリのサポート
Google アナリティクスで Firebase ウェブアプリを測定し、アナリティクス データを利用する機能を有効にします
詳細分析
イベント、コンバージョン、ユーザー プロパティといったさまざまな指標に応じて生のデータを細かく分析し、より詳細な分析情報を得ることができます
明確な目標到達プロセス
カスタマー ジャーニーのステップの流れに焦点を絞り、タスク完了までのユーザーの行動を視覚化しましょう
簡単に比較
地域、デバイスの種類、年齢層などのデータを 1 か所にまとめて並べて比較できます
ユーザー中心
さまざまなプラットフォームやデバイスをまたいでカスタマー ジャーニーを測定し、ユーザー像をさらに鮮明にしましょう
①「続行」をクリック
続行

画面NAVI ■ Firebase ▶▶プロジェクト設定 ▶▶統合 ▶▶Google Analytics

プルダウンから連携先のGoogleアナリティクスアカウントを選択し、「続行」をクリックします。

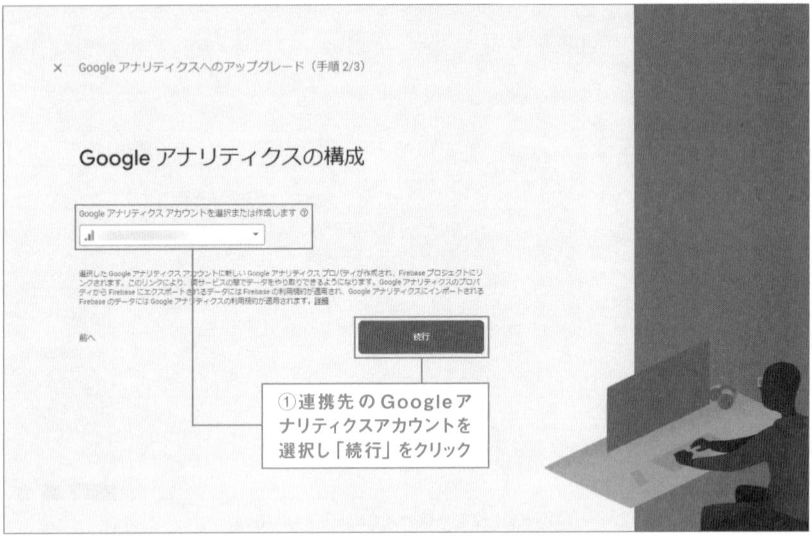
Google アナリティクスへのアップグレード（手順 2/3）
Google アナリティクスの構成
Google アナリティクス アカウントを選択または作成します
選択した Google アナリティクス アカウントに新しい Google アナリティクス プロパティが作成され、Firebase プロジェクトにリンクされます。このリンクにより、両サービス間でデータをやり取りできるようになります。Google アナリティクスのプロパティから Firebase にエクスポートされるデータには Firebase の利用規約が適用され、Google アナリティクスにインポートされる Firebase のデータには Google アナリティクスの利用規約が適用されます。詳細
前へ
続行
①連携先のGoogleアナリティクスアカウントを選択し「続行」をクリック

画面NAVI ■ Firebase ▶▶プロジェクト設定 ▶▶統合 ▶▶Google Analytics

表示された「移行についての確認事項」を読み、「同意して移行」をクリックし、連携を完了します。

× Google アナリティクスへのアップグレード（手順 3/3）
移行についての確認事項
このプロパティを Firebase 向け Google アナリティクスからリンクした Google アナリティクス アカウントに移行することで、以下について了承するものとします。
・このプロパティには、Google アナリティクスの使用を定義する規約が適用され、Google アナリティクス アカウントのユーザーがアクセスしたり管理したりする場合があります。
・リンク先の Google アナリティクス アカウントのアカウント設定（データ共有設定を含む）が、このプロパティに適用されます。
・すでに Firebase で Google シグナルを有効にしている場合、このプロパティでは Google アナリティクス アカウントの Google シグナルが引き続き有効となります。Google アナリティクス アカウントのデータ共有設定は、Google シグナルによって収集された認証済みのエンドユーザー データ（Google ユーザー アカウントと関連付けられているデータ）にも適用されます。データ共有を有効にしている場合、お客様は、こうしたデータを自社のプライバシー ポリシーで開示して Google と共有することも含めて、エンドユーザーから必要な権限を得ていることを確認するものとします。
・このプロパティのイベント単位分析データの Google アナリティクスにおける保持期間は、Firebase 向け Google アナリティクスの現在の設定に基づいて初期設定され、デフォルトでは 2 か月になります（こうしたデータの保持期間を 14 か月に設定している場合を除きます）。移行したプロパティに関するこうした設定やさらに細かい保持設定については、Google アナリティクス管理画面の [管理] セクションで管理できます
・このプロパティと、現在 Firebase 向け Google アナリティクスに関連付けられている Firebase プロジェクトの間に、サービス間のリンク設定が確立されます。デフォルトでは、Firebase ユーザーは移行後もこのプロパティの構成を編集できます。ただし、このプロパティの編集権限を持つ Google アナリティクスユーザーは、アナリティクス管理画面の [管理] 内の [サービス間のリンク設定] セクションで、こうした Firebase ユーザーの権限を管理できます。
・このプロパティのレポート ID は「ユーザー ID、デバイス別」に設定されます。これにより、Firebase コンソールと Google アナリティクス管理画面の両方で、ユニーク ユーザー数の算出方法と表示方法が変わります。ただし、ベースとなるデータへの影響はありません。この設定は、Google アナリティクス管理画面の [管理] セクションで管理できます。
前へ
詳細
同意して移行
①確認事項を読み「同意して移行」をクリック

画面NAVI ■ Firebase ▶▶プロジェクト設定 ▶▶統合 ▶▶Google Analytics

Firebase
Project Overview
開発
Authentication, Database, Storage, ...
品質
Crashlytics, Performance, Test Lab, ...
アナリティクス
Dashboard, Events, Conversions, Au...
拡大
Predictions, A/B Testing, Cloud Mes...
Extensions
Spark
無料 $0/月
アップグレード
MySlideshow
ドキュメントに移動
設定 › 統合
Google Analytics
Google アナリティクスのプロパティ
プロパティ
MySlideshow
プロパティ ID
リンクされた Google アナリティクス アカウント
Googleアナリティクスアカウントに連携されている
レポート
タイムゾーン
(GMT+09:00) GMT+09:00
通貨
(USD $) 米ドル
デフォルトのレポート ID
レポートのユーザーを識別する方法を選択してください。詳細
ユーザー ID、デバイス別
Google シグナルのデータ収集
広告向けの機能が拡張され、Google のログインデータを使って、デバイスをまたいだユーザー行動をより的確に把握できるよう

画面NAVI ■ Firebase ▶▶プロジェクト設定 ▶▶統合 ▶▶Google Analytics

Googleアナリティクスに「アプリ＋ウェブ プロパティ」が生成され、「プロパティ設定＞データストリーム」でアプリストリーム生成されていることが確認できます。

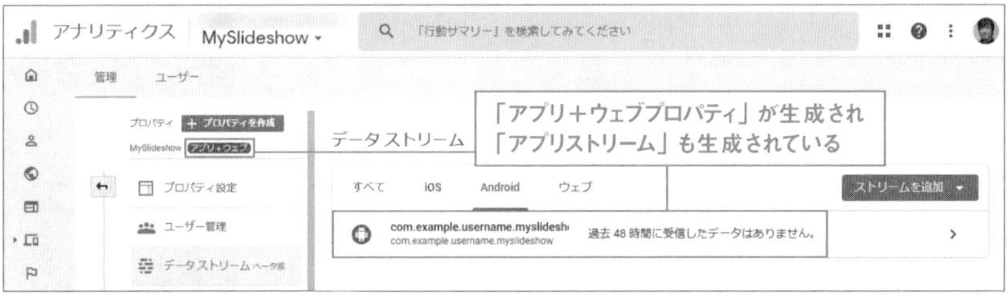

画面NAVI ■ Googleアナリティクス ▶▶管理 ▶▶プロパティ設定 ▶▶データストリーム

参考 Firebase＞Googleアナリティクスを使ってみる
https://firebase.google.com/docs/analytics/get-started?platform=iOS#before_you_begin

⊙「Googleアナリティクス for Firebase」が実装されていない場合

対象のアプリにまだ「Googleアナリティクス for Firebase」が実装されていない場合は、Googleアナリティクス側から以下ふたつのステップで行います。

①Googleアナリティクス＞管理から新しい「アプリ＋ウェブ プロパティ」を作成
②作成した「アプリ＋ウェブ プロパティ」に「アプリストリーム」を追加
※追加プロセスの中で計測対象アプリを登録する必要があります。

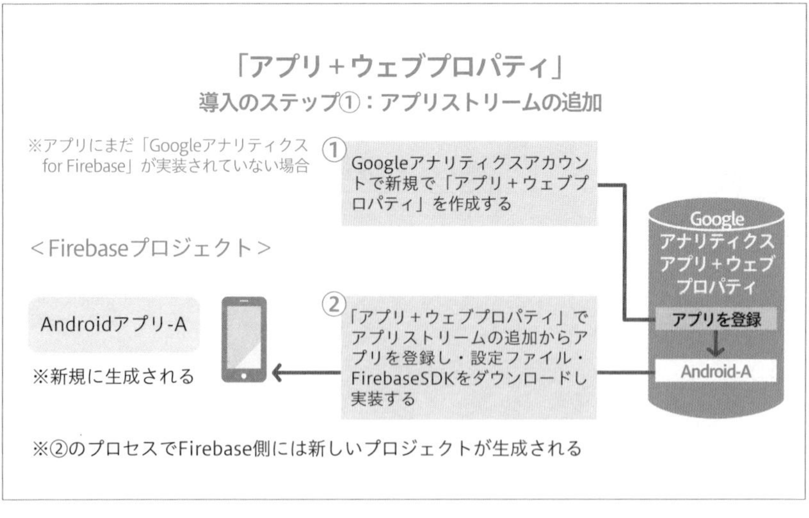

設定の手順は以下のようになります。
※本節ではAndroidアプリでの手順を解説します。

設定手順

1 新しい「アプリ＋ウェブ プロパティ」を作成する

「Googleアナリティクス＞管理」の「＋プロパティを作成」をクリックします。

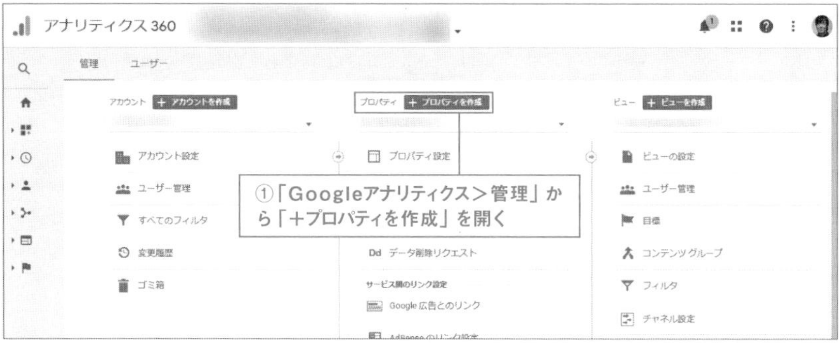

画面NAVI ■ Googleアナリティクス ▶▶ 管理

プロパティの作成画面で「アプリとウェブ」を選択して「続行」します。

画面NAVI ■ Googleアナリティクス ▶▶ 管理 ▶▶ プロパティの作成

「プロパティ名」など、必要な項目を設定し「作成」をクリックします。

画面NAVI ■ Googleアナリティクス ▶▶管理 ▶▶プロパティの作成

これで「アプリ+ウェブ プロパティ」は作成されました。そのままの流れで「アプリストリーム」を追加していきます。

2 「アプリ+ウェブ プロパティ」に「アプリストリーム」を追加する

表示された画面から「Androidアプリ」を選択します。

画面NAVI ■ Googleアナリティクス ▶▶管理 ▶▶データストリーム

ここで、計測対象アプリの「パッケージ名」「アプリ名」を入力し、「アプリの登録」をクリックします。

※「パッケージ名」「アプリ名」がわからない場合は、アプリ開発者に問い合わせして確認してください。

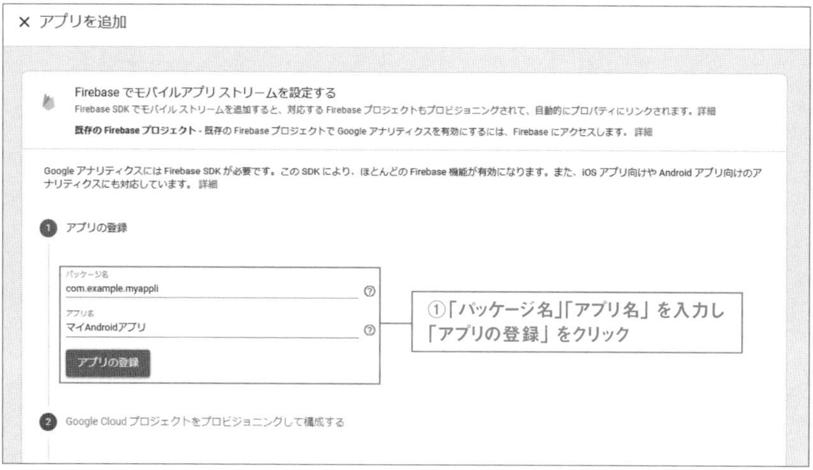
× アプリを追加
Firebase でモバイルアプリ ストリームを設定する
Firebase SDK でモバイル ストリームを追加すると、対応する Firebase プロジェクトもプロビジョニングされて、自動的にプロパティにリンクされます。詳細
既存の Firebase プロジェクト - 既存の Firebase プロジェクトで Google アナリティクスを有効にするには、Firebase にアクセスします。 詳細
Google アナリティクスには Firebase SDK が必要です。この SDK により、ほとんどの Firebase 機能が有効になります。また、iOS アプリ向けや Android アプリ向けのアナリティクスにも対応しています。 詳細
1 アプリの登録
パッケージ名
com.example.myappli
アプリ名
マイAndroidアプリ
アプリの登録
①「パッケージ名」「アプリ名」を入力し「アプリの登録」をクリック
2 Google Cloud プロジェクトをプロビジョニングして構成する

画面NAVI ■ Googleアナリティクス ▶▶管理 ▶▶データストリーム ▶▶アプリを追加

上記で「アプリを登録」がクリックされると、自動的にFirebase側で新しいプロジェクトが作成され、Googleアナリティクスアカウントとリンクされて「アプリストリーム」が作成されます。作成が終わったら「次へ」進みます。

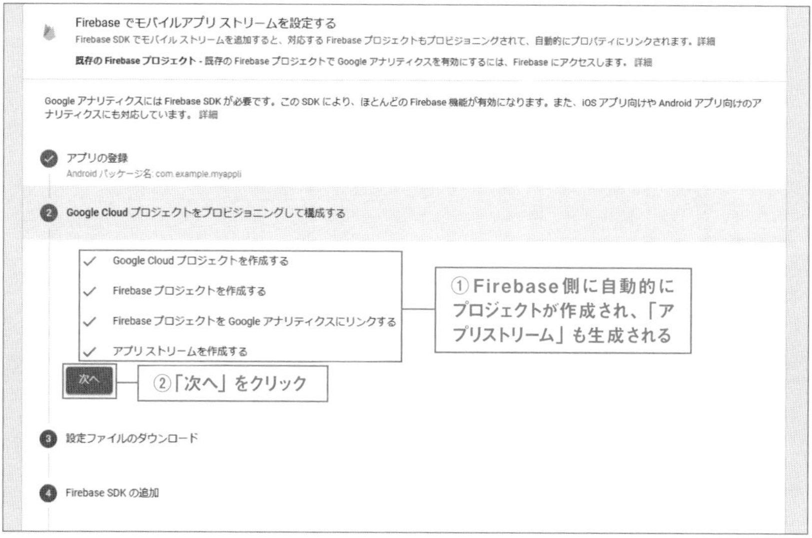
Firebase でモバイルアプリ ストリームを設定する
Firebase SDK でモバイル ストリームを追加すると、対応する Firebase プロジェクトもプロビジョニングされて、自動的にプロパティにリンクされます。詳細
既存の Firebase プロジェクト - 既存の Firebase プロジェクトで Google アナリティクスを有効にするには、Firebase にアクセスします。 詳細
Google アナリティクスには Firebase SDK が必要です。この SDK により、ほとんどの Firebase 機能が有効になります。また、iOS アプリ向けや Android アプリ向けのアナリティクスにも対応しています。 詳細
アプリの登録
Android パッケージ名: com.example.myappli
2 Google Cloud プロジェクトをプロビジョニングして構成する
Google Cloud プロジェクトを作成する
Firebase プロジェクトを作成する
Firebase プロジェクトを Google アナリティクスにリンクする
アプリ ストリームを作成する
①Firebase側に自動的にプロジェクトが作成され、「アプリストリーム」も生成される
次へ
②「次へ」をクリック
3 設定ファイルのダウンロード
4 Firebase SDK の追加

画面NAVI ■ Googleアナリティクス ▶▶管理 ▶▶データストリーム ▶▶アプリを追加

次に、アプリ側の実装に必要な「設定ファイル」をダウンロードし、「次へ」をクリックします。

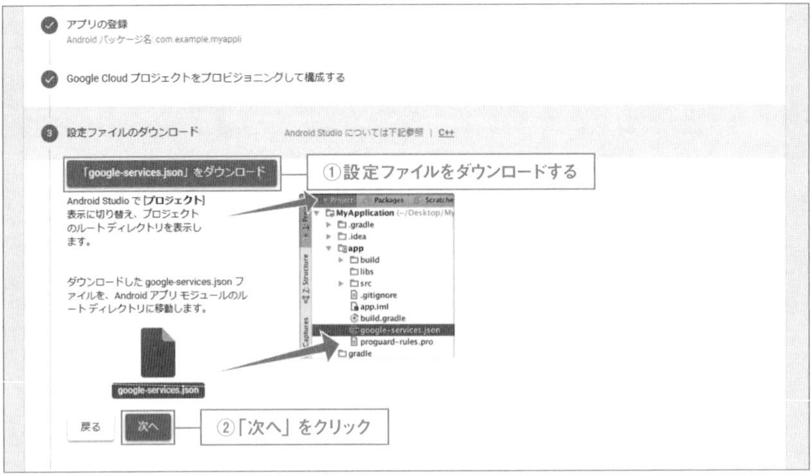

アプリの登録
Android パッケージ名: com.example.myappli
Google Cloud プロジェクトをプロビジョニングして構成する
設定ファイルのダウンロード
Android Studio については下記参照 | C++
「google-services.json」をダウンロード
①設定ファイルをダウンロードする
Android Studio で [プロジェクト] 表示に切り替え、プロジェクトのルートディレクトリを表示します。
ダウンロードした google-services.json ファイルを、Android アプリ モジュールのルートディレクトリに移動します。
google-services.json
Project
Packages
Scratche
MyApplication (~/Desktop/My
.gradle
.idea
app
build
libs
src
.gitignore
app.iml
build.gradle
google-services.json
proguard-rules.pro
gradle
戻る
次へ
②「次へ」をクリック

画面NAVI ■ Googleアナリティクス ▸▸ 管理 ▸▸ データストリーム ▸▸ アプリを追加

画面の説明に従ってFirebase SDKを実装します。

※実装はアプリ開発者へ依頼してください。

設定ファイルのダウンロード
Firebase SDK の追加
Gradle の手順 | C++
Gradle 用の Google サービス プラグインは、ダウンロードした google-services.json ファイルを読み込みます。このプラグインを使用するよう、build.gradle ファイルを修正します。
プロジェクト レベル build.gradle (<project>/build.gradle):
buildscript {
dependencies {
// Add this line
classpath 'com.google.gms:google-services:4.2.0'
}
}
①説明に従って「Firebase SDK」を実装する
アプリレベル build.gradle (<project>/<app-module>/build.gradle):
dependencies {
// Add this line
implementation 'com.google.firebase:firebase-core:17.0.0'
}
...
// Add to the bottom of the file
apply plugin: 'com.google.gms.google-services'
Includes Analytics by default
最後に、IDE に表示されるバーの [Sync now] をクリックします。
Gradle files have changed si
Sync now
戻る
次へ
②上記内容を確認して「次へ」をクリック

画面NAVI ■ Googleアナリティクス ▸▸ 管理 ▸▸ データストリーム ▸▸ アプリを追加

Firebase SDK実装後に、インストールの確認ステップが自動的に走りますが、実装がまだ済んでいない状態の場合は、画面右下の「このステップをスキップ」をクリックします。

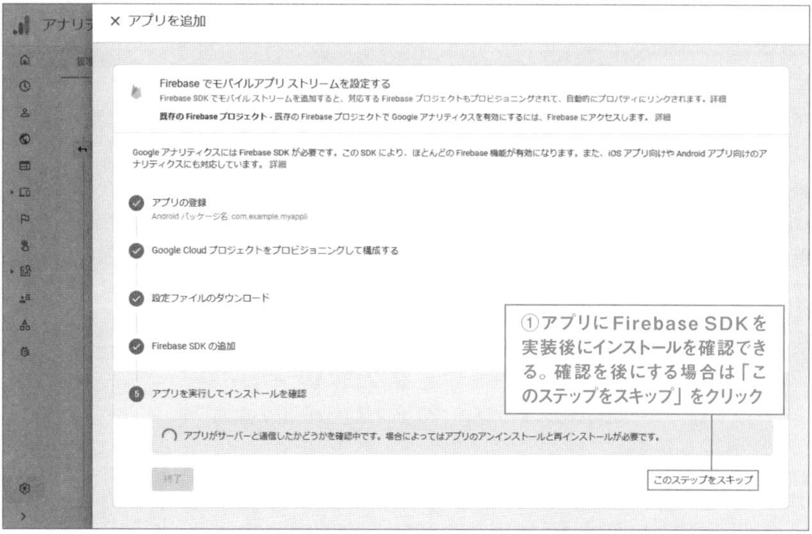

画面NAVI ■ Googleアナリティクス ≫管理 ≫データストリーム ≫アプリを追加

これで「アプリストリーム」が追加されました。

※Firebase SDKの実装後に、必ずデータ計測の確認を行うようにしてください。

画面NAVI ■ Googleアナリティクス ≫管理 ≫プロパティ列 ≫データストリーム

参考 アナリティクスヘルプ＞アカウント、プロパティ、データストリームを追加する
https://support.google.com/analytics/answer/9304153

4-3 「アプリ＋ウェブ プロパティ」を導入する ②ウェブストリームの追加

では次に、作成した「アプリ＋ウェブ プロパティ」に「ウェブストリーム」を追加する方法について解説していきます。

前述したように、「ウェブストリーム」を追加するには、まず対象のウェブサイトに通常のGoogleアナリティクス計測タグとは別に、「アプリ＋ウェブ プロパティ」用の計測タグを実装する必要があります（本節では、対象サイトにすでにGTMかgtagかで、通常のGoogleアナリティクス計測タグが実装されていることを前提に解説します）。

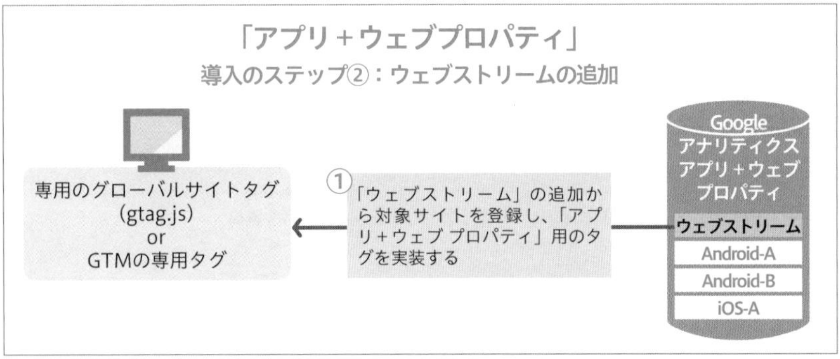

設定の手順を解説します。

設定手順

まず、前述で作成された「アプリ＋ウェブ プロパティ＞データストリーム」を開き、画面の「ストリームを追加」から「ウェブ」を選択します。

画面NAVI ■ Googleアナリティクス ⏩プロパティ ⏩データストリーム

「データストリームの設定」で「測定機能の強化」のマークをクリックすると、測定項目の確認が行えます。

× データストリームの設定
ウェブストリームの設定
ウェブサイトの URL
https://
example.com
ストリーム名
ウェブストリームテスト
測定機能の強化
ページビューの標準測定に加え、サイトのコンテンツとのインタラクションを自動的に測定します。
リンクや埋め込み動画などのページ上の要素のデータは、関連するイベントとともに収集される場合があります。個人を特定できる情報が
Google に送信されないように注意する必要があります。詳細
測定中:
ページビュー数
スクロール数
離脱クリック
他 3 個
ストリームを作成
①「測定機能の強化」のマークをクリックすると計測項目を確認できる
※このプロセスはスキップできる

画面NAVI Googleアナリティクス ⏩プロパティ ⏩データストリームの設定

「アプリ＋ウェブ プロパティ」の「ウェブストリーム」では、デフォルトでページビュー数を含む以下の6項目のデータを計測するようになっています。

- ページビュー数
- スクロール数
- 離脱クリック
- サイト内検索
- 動画エンゲージメント
- ファイルのダウンロード

「アプリ＋ウェブ プロパティ」の計測はすべて「イベント」タイプのヒットで計測されており、上記の6項目は、デフォルトで各ヒットに意味付けがされている状態と理解できます。
この画面では、右側のスイッチによって計測するか否かを設定することができます。
通常はデフォルトの状態で問題ありませんので、このプロセスはスキップしても大丈夫です。

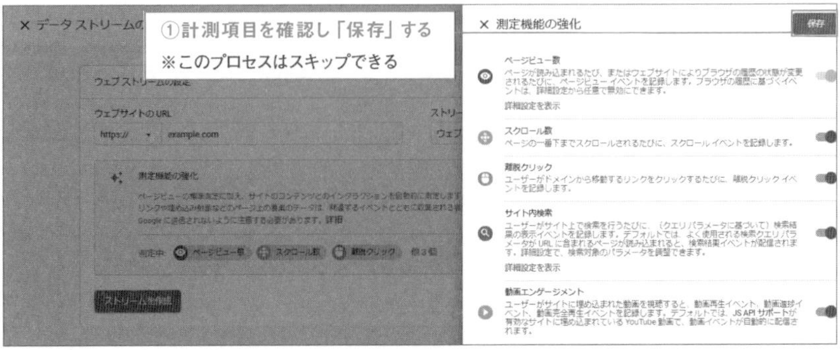

画面NAVI ■ Googleアナリティクス ▶▶プロパティ ▶▶データストリームの設定

「測定機能の強化」の確認をしたら「ストリームを作成」をクリックします。

画面NAVI ■ Googleアナリティクス ▶▶プロパティ ▶▶データストリームの設定

画面に「ウェブストリーム」が作成されましたが、続いて右のマークから詳細設定の画面に入ります。

画面NAVI ■ Googleアナリティクス ▶▶プロパティ ▶▶データストリーム

「ウェブストリームの詳細」を開いたら「タグ設定手順」の「既存のページ上のタグを使用する」を表示させます。

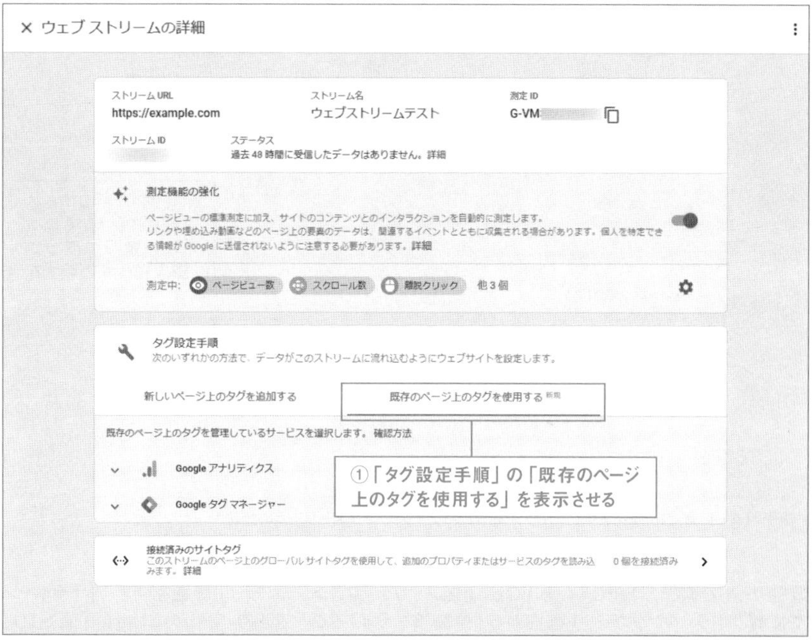
× ウェブ ストリームの詳細
ストリーム URL
https://example.com
ストリーム名
ウェブストリームテスト
測定 ID
G-VM
ストリーム ID
ステータス
過去 48 時間に受信したデータはありません。詳細
測定機能の強化
ページビューの標準測定に加え、サイトのコンテンツとのインタラクションを自動的に測定します。
リンクや埋め込み動画などのページ上の要素のデータは、関連するイベントとともに収集される場合があります。個人を特定できる情報が Google に送信されないように注意する必要があります。詳細
測定中:
ページビュー数
スクロール数
離脱クリック
他 3 個
タグ設定手順
次のいずれかの方法で、データがこのストリームに流れ込むようにウェブサイトを設定します。
新しいページ上のタグを追加する
既存のページ上のタグを使用する 新規
既存のページ上のタグを管理しているサービスを選択します。確認方法
Google アナリティクス
Google タグ マネージャー
①「タグ設定手順」の「既存のページ上のタグを使用する」を表示させる
接続済みのサイトタグ
このストリームのページ上のグローバル サイトタグを使用して、追加のプロパティまたはサービスのタグを読み込みます。詳細
0 個を接続済み

画面NAVI ■ Googleアナリティクス ▶▶ プロパティ ▶▶ ウェブストリームの詳細

「アプリ＋ウェブ プロパティ」用のタグ設定には、gtagを利用する方法とGTMから配信する方法のふたつがあります。それぞれ、対象サイトにどの方法で実装しているかによって方法を選択してください。
その際に必要になるのが、この画面の右上に表示されている「測定ID」になります。「アプリ＋ウェブ プロパティ」では、従来の「プロパティID」に代わるものとして、「測定ID」が用いられています。以下、gtagとGTMいずれの方法でもこの「測定ID」が必要になります。

⊙ gtagでGoogleアナリティクスが実装されている場合

まずは、既存サイトにgtagでGoogleアナリティクスが実装されている場合の方法を説明します。

設定手順

画面の「Googleアナリティクス」を開くと、既存のgtagに「測定ID」を接続する方法が書かれているので、この説明に従って「測定ID」を接続します。

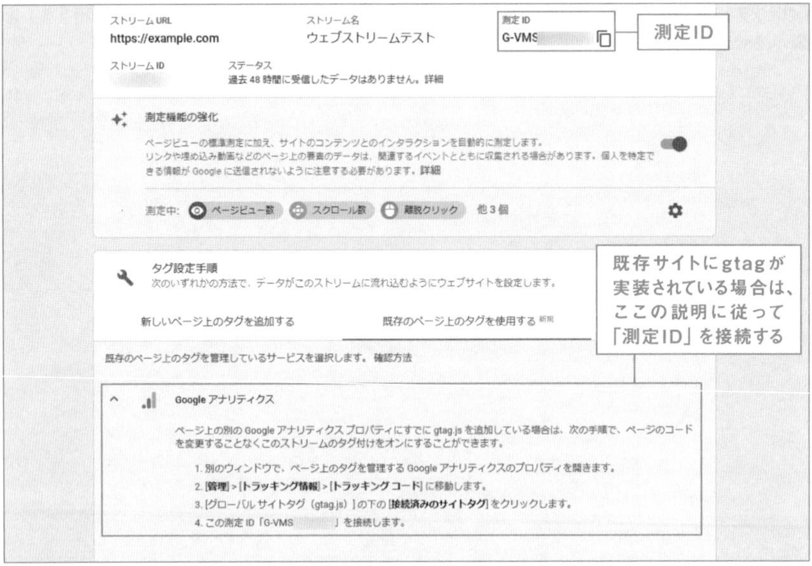
ストリーム URL
https://example.com
ストリーム名
ウェブストリームテスト
測定 ID
G-VMS
測定ID
ストリーム ID
ステータス
過去 48 時間に受信したデータはありません。詳細
測定機能の強化
ページビューの標準測定に加え、サイトのコンテンツとのインタラクションを自動的に測定します。
リンクや埋め込み動画などのページ上の要素のデータは、関連するイベントとともに収集される場合があります。個人を特定できる情報が Google に送信されないように注意する必要があります。詳細
測定中: ページビュー数 スクロール数 離脱クリック 他 3 個
タグ設定手順
次のいずれかの方法で、データがこのストリームに流れ込むようにウェブサイトを設定します。
新しいページ上のタグを追加する
既存のページ上のタグを使用する 新規
既存サイトにgtagが実装されている場合は、ここの説明に従って「測定ID」を接続する
既存のページ上のタグを管理しているサービスを選択します。確認方法
Google アナリティクス
ページ上の別の Google アナリティクス プロパティにすでに gtag.js を追加している場合は、次の手順で、ページのコードを変更することなくこのストリームのタグ付けをオンにすることができます。
1. 別のウィンドウで、ページ上のタグを管理する Google アナリティクスのプロパティを開きます。
2. [管理] > [トラッキング情報] > [トラッキング コード] に移動します。
3. [グローバル サイトタグ（gtag.js）] の下の [接続済みのサイトタグ] をクリックします。
4. この測定 ID「G-VMS」を接続します。

画面NAVI ■ Googleアナリティクス ▶プロパティ ▶ウェブストリームの詳細

既存サイトですでに計測している「Googleアナリティクス＞プロパティ」画面を開き、「トラッキング情報＞トラッキングコード」画面から「接続済のサイトタグ」で既存ページのgtagに「測定ID」を接続する画面を開きます。

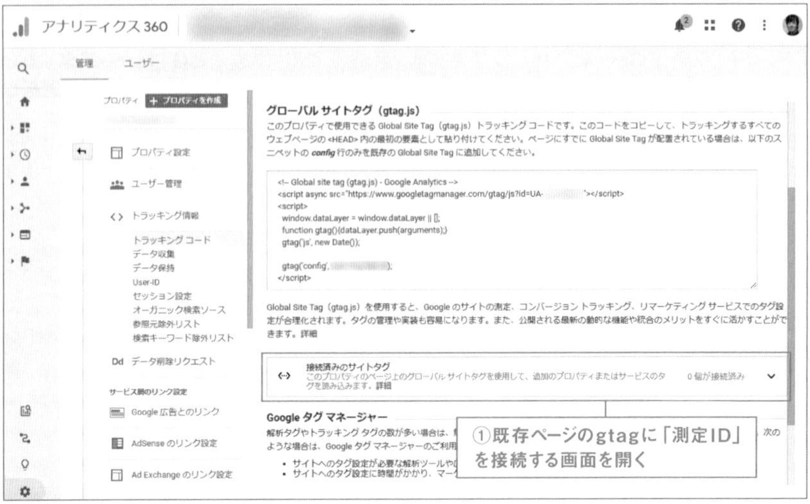
アナリティクス 360
管理 ユーザー
プロパティ ＋プロパティを作成
プロパティ設定
ユーザー管理
トラッキング情報
トラッキング コード
データ収集
データ保持
User-ID
セッション設定
オーガニック検索ソース
参照元除外リスト
検索キーワード除外リスト
データ削除リクエスト
サービス間のリンク設定
Google 広告とのリンク
AdSense のリンク設定
Ad Exchange のリンク設定
グローバル サイトタグ（gtag.js）
このプロパティで使用できる Global Site Tag（gtag.js）トラッキング コードです。このコードをコピーして、トラッキングするすべてのウェブページの <HEAD> 内の最初の要素として貼り付けてください。ページにすでに Global Site Tag が配置されている場合は、以下のスニペットの config 行のみを既存の Global Site Tag に追加してください。
<!-- Global site tag (gtag.js) - Google Analytics -->
<script async src="https://www.googletagmanager.com/gtag/js?id=UA-"></script>
<script>
window.dataLayer = window.dataLayer || [];
function gtag(){dataLayer.push(arguments);}
gtag('js', new Date());
gtag('config',);
</script>
Global Site Tag（gtag.js）を使用すると、Google のサイトの測定、コンバージョン トラッキング、リマーケティング サービスでのタグ設定が合理化されます。タグの管理や実装も容易になります。また、公開される最新の動的な機能や統合のメリットをすぐに活かすことができます。詳細
接続済みのサイトタグ
このプロパティのページ上のグローバル サイトタグを使用して、追加のプロパティまたはサービスのタグを読み込みます。詳細
0 個が接続済み
Google タグ マネージャー
①既存ページのgtagに「測定ID」を接続する画面を開く

画面NAVI ■ Googleアナリティクス ▶プロパティ ▶トラッキング情報 ▶トラッキングコード

画面上の「測定ID」を入力し、任意の「ニックネーム」を入力して「接続」をクリックします。

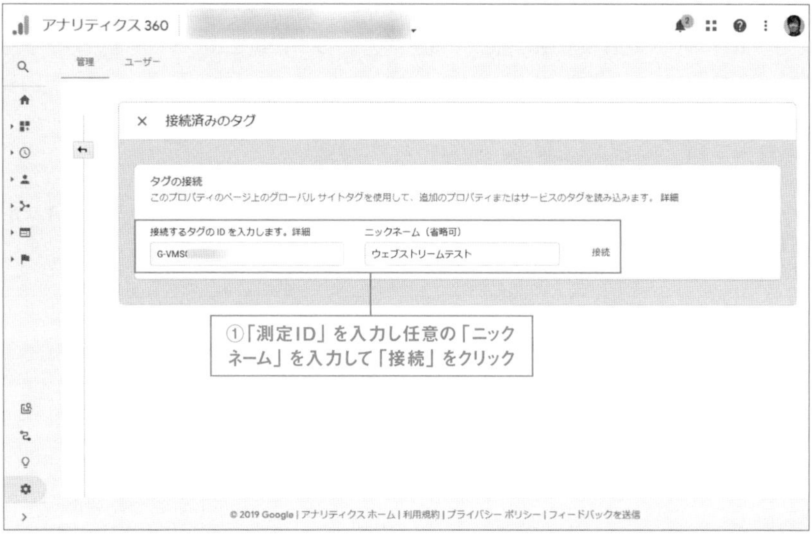

画面NAVI ■ Googleアナリティクス ▸▸ プロパティ ▸▸ トラッキング情報 ▸▸ トラッキングコード

これで、既存サイトのgtagに「アプリ＋ウェブ プロパティ」の「測定ID」が接続され「ウェブストリーム」追加の設定は完了です。

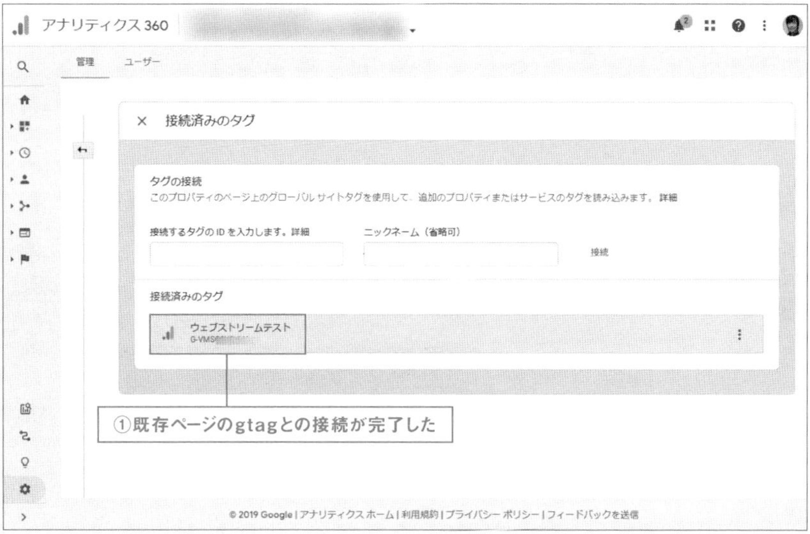

画面NAVI ■ Googleアナリティクス ▸▸ プロパティ ▸▸ トラッキング情報 ▸▸ トラッキングコード

⊙ GTMでGoogleアナリティクスタグが配信されている場合

次に、既存サイトにGTMでGoogleアナリティクスタグが配信されている場合の方法を説明します。

設定手順

「ウェブストリームの詳細」画面で「Googleタグマネージャー」を開くと、既存サイトにGTMが実装されている場合の手順が書いてあるので、この説明に従って「アプリ＋ウェブ プロパティ」用タグの配信設定をしていきます。

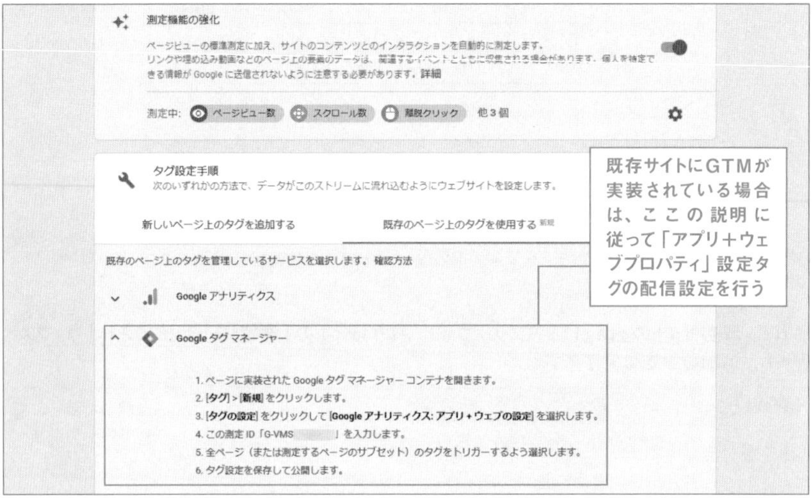
測定機能の強化
ページビューの標準測定に加え、サイトのコンテンツとのインタラクションを自動的に測定します。
測定中: ページビュー数 スクロール数 離脱クリック 他3個
タグ設定手順
次のいずれかの方法で、データがこのストリームに流れ込むようにウェブサイトを設定します。
新しいページ上のタグを追加する
既存のページ上のタグを使用する
既存のページ上のタグを管理しているサービスを選択します。確認方法
Google アナリティクス
Google タグ マネージャー
1. ページに実装された Google タグ マネージャー コンテナを開きます。
2. [タグ] > [新規] をクリックします。
3. [タグの設定] をクリックして [Google アナリティクス: アプリ + ウェブの設定] を選択します。
4. この測定 ID「G-VMS 」を入力します。
5. 全ページ（または測定するページのサブセット）のタグをトリガーするよう選択します。
6. タグ設定を保存して公開します。
既存サイトにGTMが実装されている場合は、ここの説明に従って「アプリ＋ウェブプロパティ」設定タグの配信設定を行う

画面NAVI ■ Googleアナリティクス ▶▶ プロパティ ▶▶ ウェブストリームの詳細

まず、既存サイトの実装されているGTMコンテナを開き、「新しいタグ」から入ります。

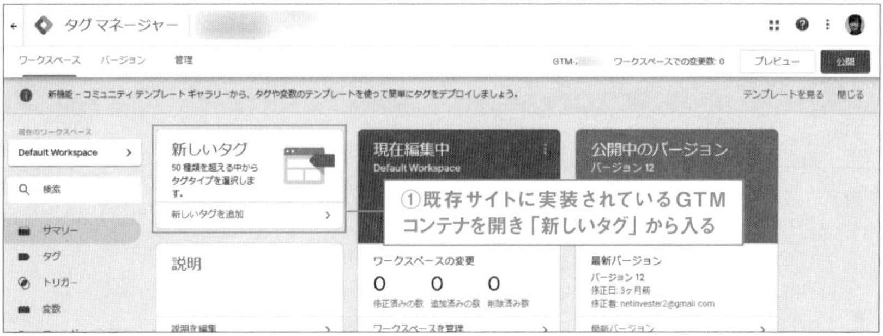
タグ マネージャー
ワークスペース バージョン 管理
ワークスペースでの変更数: 0
プレビュー
公開
新機能 - コミュニティ テンプレート ギャラリーから、タグや変数のテンプレートを使って簡単にタグをデプロイしましょう。
テンプレートを見る 閉じる
Default Workspace
検索
サマリー
タグ
トリガー
変数
新しいタグ
50 種類を超える中からタグタイプを選択します。
新しいタグを追加
現在編集中
Default Workspace
公開中のバージョン
バージョン 12
①既存サイトに実装されているGTMコンテナを開き「新しいタグ」から入る
説明
ワークスペースの変更
0 0 0
修正済みの数 追加済みの数 削除済み数
最新バージョン
バージョン 12
修正日: 3ヶ月前
修正者: netinvester2@gmail.com

画面NAVI ■ タグマネージャ ▶▶ サマリー

「タグの設定＞タグタイプを選択」から「Google Analytics: App+Web Configuration」タグを選択します。その下にある「Google Analytics: App+Web Event」タグは、追加でイベント計測をする場合に使うタグになりますので、この段階では使用しません。

画面NAVI ■ タグマネージャ ⏩ タグの設定

「タグの設定」では「測定ID」を入力しトリガーは「All pages」にします。任意の名前を入力し「保存」します。

画面NAVI ■ タグマネージャ ⏩ タグの設定

※プレビュー確認と公開のプロセスは割愛します。

これで、「アプリ＋ウェブ プロパティ」用タグの配信設定は完了です。

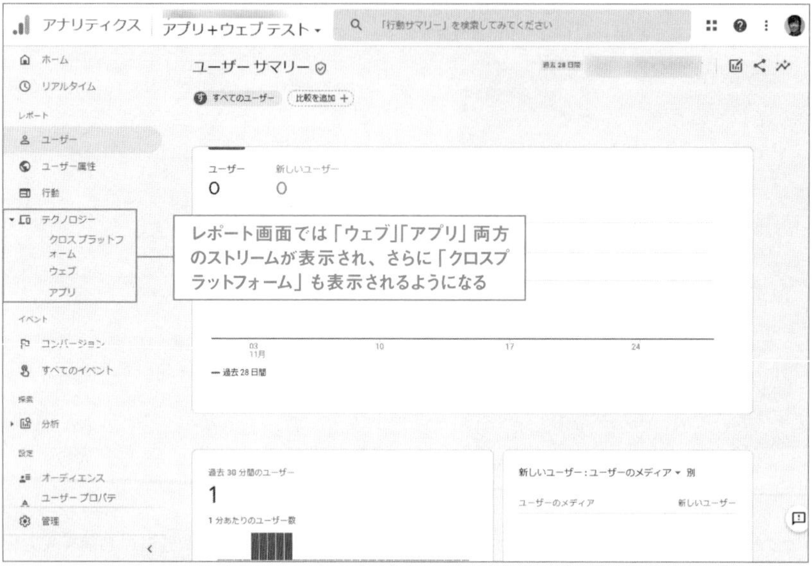

画面NAVI Googleアナリティクス ▶▶テクノロジー

以上で「アプリ＋ウェブ プロパティ」の基本的な設定の手順は終了です。
この「アプリ＋ウェブ プロパティ」はまだ開発中のベータ版で、今後機能拡張が急速に行われていく予定です。Googleのアップデート情報に注目していきましょう。

参考 アナリティクスヘルプ＞アナリティクスを設定
https://support.google.com/analytics/topic/9303319

5章

オフラインデータの計測と収集

5-1 Measurement Protocolの基本を理解する

Measurement Protocolとは

Googleアナリティクスは、JavaScriptで書かれたトラッキングコード（モバイルアプリの場合はSDK）によって、ウェブサイトを訪問したユーザーの行動をGoogleアナリティクスに自動的に送信しており、第3章ではその計測方法について解説してきました。しかし、ユーザーの行動はウェブサイト（や、モバイルアプリ）上だけではありません。ウェブサイト上で商品を確認し、実際の購入は実店舗で行う場合もあるでしょう。コールセンターへ問い合わせをするかもしれません。また、BtoBのようなビジネスでは、ウェブサイト上で登録したリード情報をもとに、リアルな営業アプローチで商談や見積もり、そして成約（受注）へつながっていくケースもあるでしょう。ウェブサイトやモバイルアプリだけでコンバージョンが完結しないビジネスやマーケティングにおいては、このようなウェブサイト以外の行動（＝オフライン行動）を、Googleアナリティクスのようなアクセス解析ツールで計測することはできませんでした。

Googleアナリティクスでは、通常ウェブサイトに実装するトラッキングコードが自動的に生成し、Googleアナリティクスへデータを送信するHTTPリクエストの仕様を公開しており、このしくみのことを「Measurement Protocol（メジャメントプロトコル）」と言います。

Measurement Protocolは、Googleアナリティクスサーバーのホストドメイン名と仕様に従って生成されたパラメータの文字列からなります。

・Measurement Protocol（ページビュー）の例
　ページURLが「example.com/home」で、ページタイトルが「homepage」のページビューを計測しているMeasurement Protocol

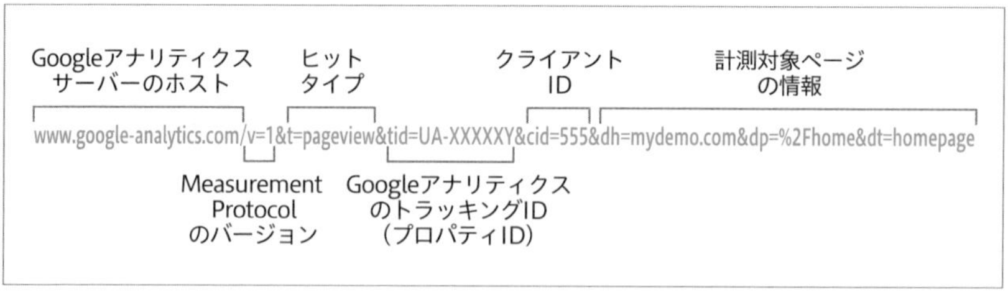

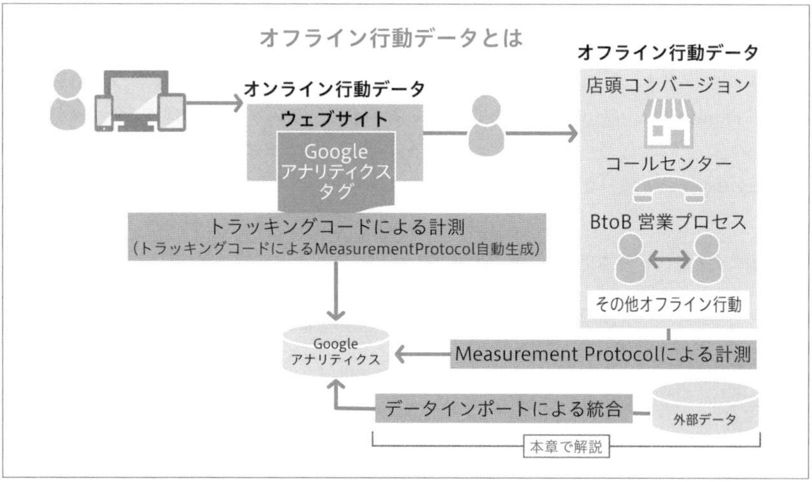

Measurement Protocolで送信できるデータの種類

前述の通り、Measurement Protocolは通常トラッキングコードで自動的に生成され、送信されるHTTPリクエストの仕様のことです。そのため、「ページビュー」や「イベントトラッキング」「eコマース計測」も同様に、このMeasurement ProtocolでGoogleアナリティクスに送信されています。

Measurement Protocolで送信されるデータのことを「ヒット（Hit）」データと言い、範囲（スコープ）で説明した「ヒット」と同義になります（範囲（スコープ）については第3章のコラム「「範囲（スコープ）」の理解」を参照）。

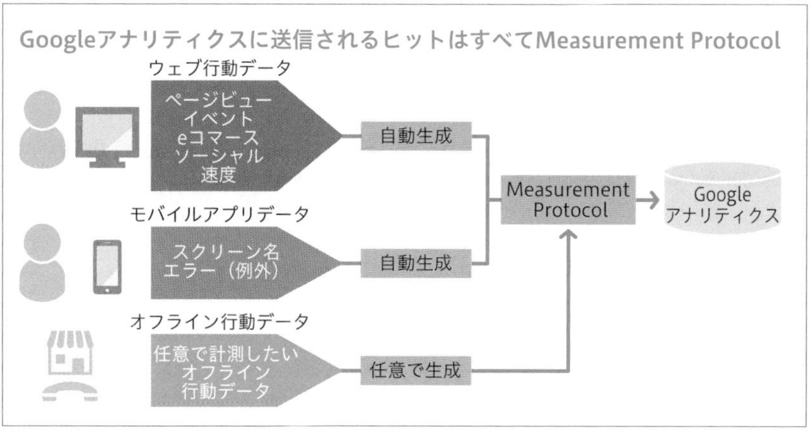

送信できるヒットの種類（ヒットタイプ）は、8種類あります。トラッキングコードやモバイルSDKによって自動生成させる場合は、この8種類から自動的に分類されてヒットタイプが定義されています。しかし、本節で解説するように、オフライン行動データから任意でMeasurement Protocolを生成して送信する場合は、データ内容や用途（分析や活用の目的）によってヒットタイプを定義する必要があります。多くは、目的によって「pageview」「event」「transaction」の3タイプのどれかを利用します。

ヒットタイプ名	主な用途	計測内容	説明
pageview	ウェブ	ページビュー	ウェブサイトのページ閲覧（表示）は「pageview」ヒットによって計測される
event	ウェブ	イベント	クリック計測などのイベントトラッキングは「event」ヒットによって計測される
transaction	ウェブ	トランザクション	eコマース計測での購入（注文）完了時のデータは「transaction」によって計測される
item	ウェブ	商品	eコマース計測での、購入商品については「item」ヒットによって計測される
social	ウェブ	プラグイン（ソーシャルインタラクション）	ソーシャルプラグイン（Facebookのいいねボタンなど）計測は「social」ヒットによって計測される
timing	ウェブ	カスタム速度	カスタム速度計測（特定の画像や動画の表示時間など）は「timing」ヒットによって計測される
screenview	モバイルアプリ	スクリーンビュー	モバイルアプリのスクリーン名計測は「screenview」ヒットによって計測する
exception	モバイルアプリ	例外	アプリで発生する技術的なエラー（例外）の計測は「exception」ヒットによって計測する

※「transaction」「item」は標準のeコマースのみで使用できる。拡張eコマースの場合は「pageview」か「event」を使ってデータを送信する

参考 アナリティクスヘルプ＞Measurement Protocol
https://support.google.com/analytics/answer/6086079

参考 デベロッパーサイト＞Googleアナリティクス＞測定＞Measurement Protocolの概要
https://developers.google.com/analytics/devguides/collection/protocol/v1/

5-2 Measurement Protocolの仕様を理解する

Measurement ProtocolはHTTPリクエストの書式

前節でも説明した通り、Measurement Protocolは、Googleアナリティクスサーバーに計測データを送信するURLの文字列です。決められた仕様(書式)で記述して送信することにより、任意のタイミングで任意のデータを、計測値としてGoogleアナリティクスに送信することができます。
Measurement Protocolには4つの必須パラメータがあり、これを記述しなければ、Googleアナリティクスはデータを受け取ることはできません。

必須パラメータ	内容	説明
v	Measurement Protocolのバージョン番号	バージョンを表す整数。最新バージョンの値は「1」
t	ヒットタイプ	ヒットタイプを定義
tid	GoogleアナリティクスのトラッキングID(プロパティID)	データ送信先のプロパティID
cid	クライアントID	ファーストパーティCookieに保存される"CookieID"に相当するもの

特に重要なのは「cid」クライアントIDです。これはCookie IDに相当する値になるので、任意に生成するMeasurement Protocolにおいては、もしすでにサイトに訪問したことのあるユーザーがオフラインで行った行動をMeasurement Protocolで送信したい場合、そのユーザーにすでに付与されているクライアントIDの値を使わなければなりません。でないと、同一のユーザーの行動とは認識されない、ということが起きます。ただ、Measurement Protocolの仕様としては、クライアントIDは任意の整数で定義ができるので、既存ユーザーのクライアントIDとは関係ない値で送信することも可能です。その場合は、新規の訪問ユーザーとして計測されます。
このあたりの具体的な利用目的に応じた考え方や設計については、第14章にて詳しく解説していきます。
また、ヒットタイプごとに、セットしなければならない必須のパラメータがあります。
上記の4つの必須パラメータは、これらが欠けると、Googleアナリティクスではデータを受け取りません(データ自体が計測されない)。一方、次の各ヒットタイプに対応した必須パラメータは、この値がなくとも(ページビューやイベントなど)計測自体がされないわけではありませんが、レポート画面での集計値が反映されないため、正しい集計のために必要なパラメータになります。

ヒットタイプ名	必須パラメータ	計測内容	説明
pageview	dl or dh&dpのどちらか	<dl> ページの完全なURL	例)https://example.com/home
		<dh&dp> URLのホスト名とパス+クエリ	例)example.com/home
event	ec	イベントのカテゴリ	任意のカテゴリ名
	ea	イベントのアクション	任意のアクション名
transaction	ti	eコマース計測のトランザクションID	トランザクションID
item	ti	eコマース計測のトランザクションID	トランザクションID
	in	商品名	任意
social	sn	ソーシャルネットワーク名	「Facebook」「twitter」など
	sa	ソーシャルインタラクションのアクション	「like」など
	st	ソーシャルインタラクションのアクションが発生したページURL	例)https://example.com
timing	utc	カスタム速度のカテゴリ名	任意
	utv	カスタム速度の変数名	任意
	utt	カスタム速度の値	単位:ミリ秒
screenview	cd	スクリーン名	任意のスクリーン名
exception	なし	―	―

基本的に、この4つの必須パラメータとヒットタイプに応じたパラメータを組み合わせることによって、任意のMeasurement Protocolを生成し、データを計測することができます。

Measurement Protocol送信の際の注意事項

Measurement Protocolの生成や送信については、以下のような制限事項があるので注意が必要です。

- 1回のヒットで送信できるペイロード(Measurement Protocolのパラメータ文字列の部分)は、8Kバイト以下にする必要があります。

- 1回の送信で複数のヒットを送ることもできますが（最大で20ヒットまで）、その場合のペイロードは16Kバイト以下にする必要があります。
- 1セッション内で送信できるヒットは500回までです。

参考 デベロッパーサイト＞Googleアナリティクス＞測定＞Measurement Protocolの操作
https://developers.google.com/analytics/devguides/collection/protocol/v1/devguide

参考 デベロッパーサイト＞Googleアナリティクス＞測定＞Measurement Protocolのパラメータリファレンス
https://developers.google.com/analytics/devguides/collection/protocol/v1/parameters

5-3 Measurement Protocolを作成する

では、実際にいくつかのケースでMeasurement Protocolを作成してみましょう。Measurement Protocolを作成するために便利なオンラインツールが、Googleから無料で提供されています。

・Hit Builder(Google Analytics Demo & Tools)
https://ga-dev-tools.appspot.com/hit-builder/

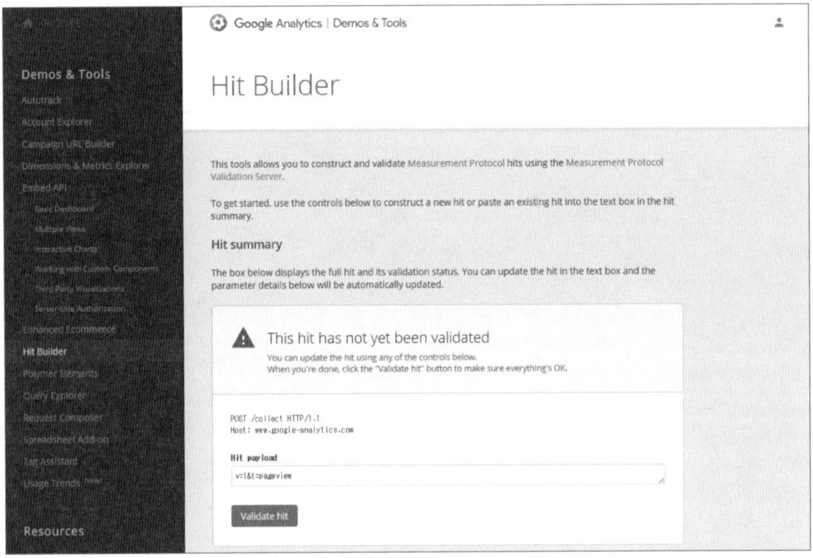

Hit Builderは、画面上の操作でパラメータと値を入力するだけで、Hit Payload(ペイロード=URLのパラメータ部分)が画面に生成され、かつ正しい表記かどうかの検証も行える便利なツールです。本節ではこのHit Builderを使って、「ページビュー」と「イベント」ヒットのMeasurement Protocolを作成する手順を紹介していきます。

参考 デベロッパーサイト>Googleアナリティクス>測定>Measurement Protocol>ペイロードデータ
https://developers.google.com/analytics/devguides/collection/protocol/v1/reference?hl=ja#payload

Hit Builderの概要

Hit Builder画面には、デフォルトの状態で必須の4つのパラメータ（前節を参照）の枠が表示されています。それぞれの必須パラメータに必要な値を入力すると、画面上部にある「Hit Payload」の枠に自動的にパラメータ文字列が生成されていきます。

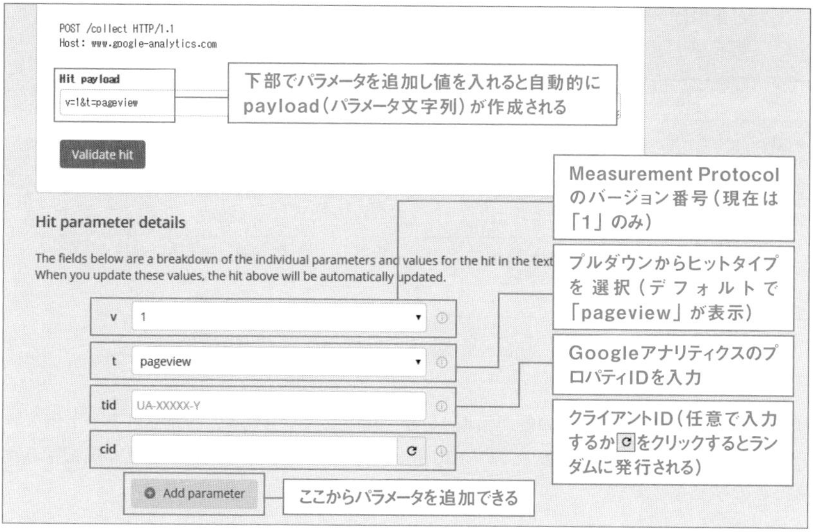

各必須パラメータの設定は以下の通りです。

「v」……Measurement Protocolのバージョン番号ですが現在は「1」しかありませんので「1」のままです。

「t」……ヒットタイプはプルダウンから選択します。

「tid」…GoogleアナリティクスのプロパティIDですが、Googleアカウントにログイン状態である場合は、そのGoogleアカウントで利用できるプロパティIDが自動的に表示されるので、そこから選択できます。

「cid」‥クライアントIDを既訪問ユーザーから取得できている場合は、それを利用すると、既訪問ユーザーのヒットデータとして処理されますが、そうでない場合はをクリックすることでランダムに表示されますので、それを利用することもできます。また、クライアントIDの値は任意の整数でも処理されますので、テスト的に送信するのであれば「111」や「222」でも問題ありません。

必須パラメータの後に付加する送信データについては、「＋Add parameter」からパラメータ入力枠を追加していくことができます。

⊙「ページビュー」ヒットの作成例

次の内容のページ閲覧行動を、Measurement Protocolにして送信してみます。

■ ウェブサイトのページ「example.com/home」(ページタイトル：homepage)を閲覧したときのヒット

パラメータ		値
v	Measurement Protocolのバージョン番号	1
t	ヒットタイプ	pageview
tid	GoogleアナリティクスのプロパティID	UA-XXXXXX=Y
cid	クライアントID	12345
dh	サイトのホスト名	example.com
dp	ページ	/home
dt	ページタイトル	homepage

上記の内容を、Hit Builderの各パラメータ枠に設定していきます。設定されると上部の枠にペイロードが表示されますので、「Validate hit」ボタンで設定内容が正しく機能するかどうかの検証をします。

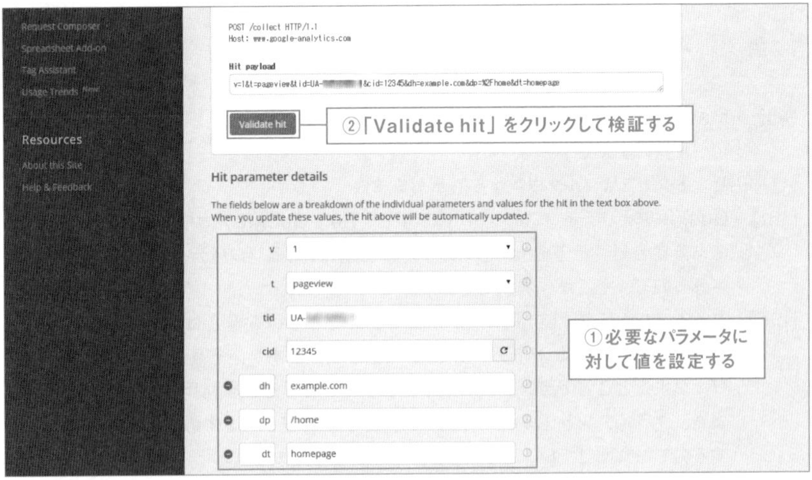

検証によってヒットが有効であることが確認できたら、「Send hit to Google Analytics」ボタンで、実際にヒットを1回送信することができます。

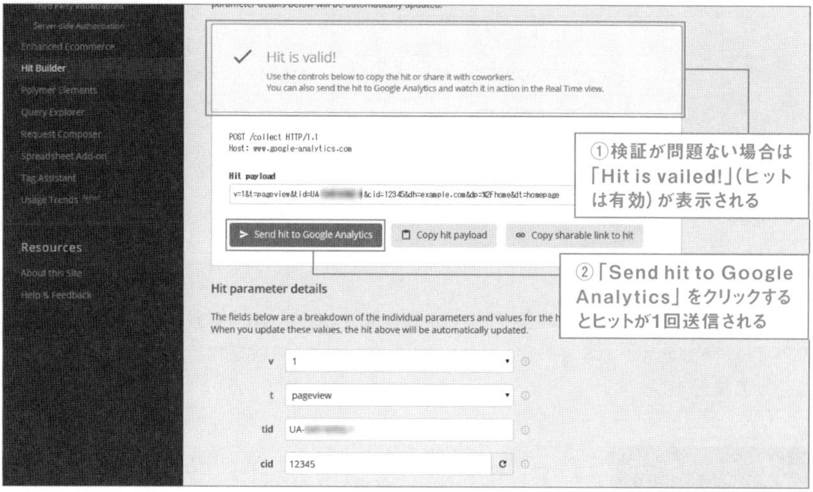

送信したヒットが計測処理されているかどうか？は、Googleアナリティクスの「リアルタイムレポート」画面によってすぐに確認することができます。

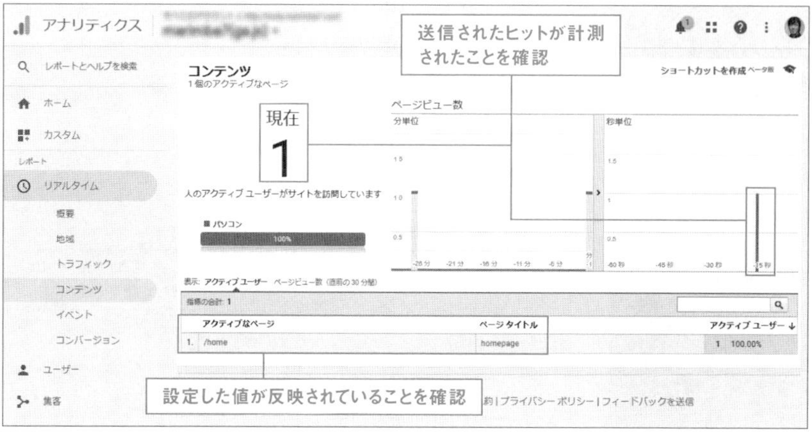

◎「イベント」ヒットの作成例

次の内容のページ閲覧行動をMeasurement Protocolにして送信してみます。

■ ウェブページ上の「submit」ボタンをクリックしたときのヒット

パラメータ		値
v	Measurement Protocolのバージョン番号	1
t	ヒットタイプ	event
tid	Googleアナリティクスのプロパティ ID	UA-XXXXXX=Y
cid	クライアントID	12345
ec	イベントカテゴリ	button
ea	イベントアクション	click
el	イベントラベル	submit

上記の内容を、Hit Builderの各パラメータ枠に設定していきます。設定されると上部の枠にペイロードが表示されますので、「Validate hit」ボタンで設定内容が正しく機能するかどうかの検証をします。

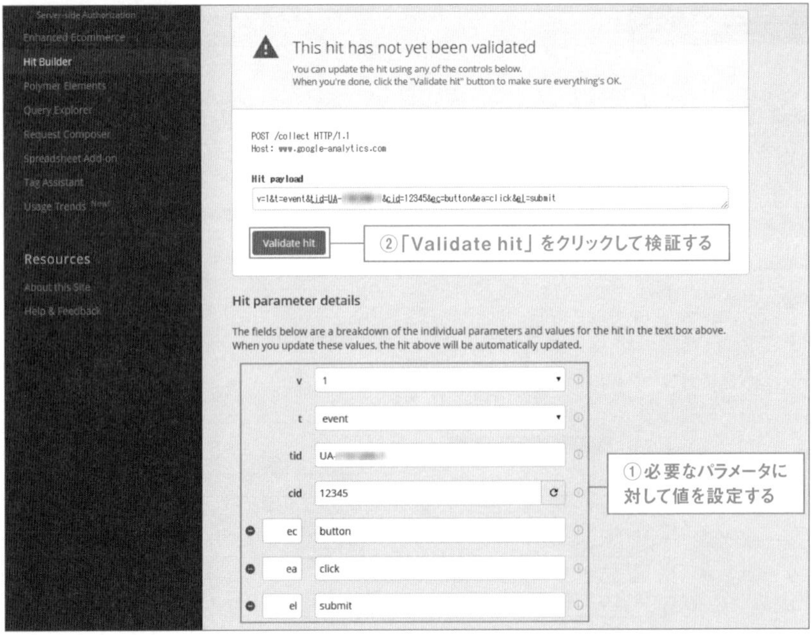

検証によってヒットが有効であることが確認できたら、「Send hit to Google Analytics」ボタンで実際にヒットを1回送信することができます。

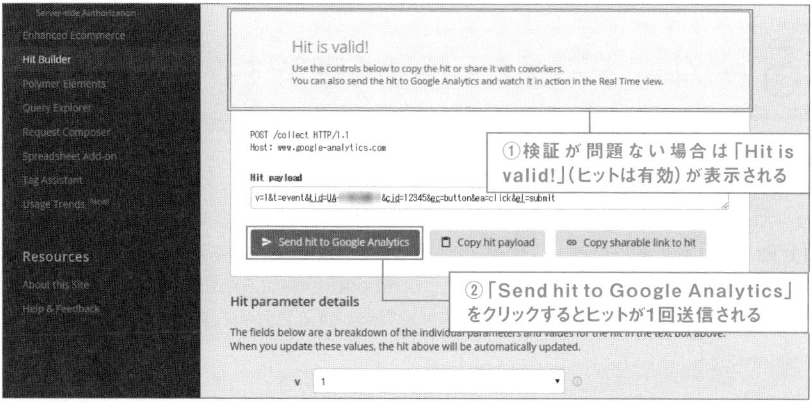

送信したヒットが計測処理されているかどうか？は、Googleアナリティクスの「リアルタイムレポート」画面によってすぐに確認することができます。

本節では、Measurement Protocolの基本的なしくみを理解する目的で、簡単なヒットの作成と実際の計測のイメージをご紹介しました。
実際にオフライン行動データ計測としてMeasurement Protocolを利用する場合には、大量のMeasurement Protocolを効率良く生成し、送信まで行うしくみづくり（例えば、自動化プログラムの開発など）が必要になるケースもあります。しくみや仕様を理解した上で、計測目的に従って、運用のしくみまでを綿密に設計・計画する必要があるでしょう。

参考　Google Analytics | Demo&Tools＞Hit Builder
https://ga-dev-tools.appspot.com/hit-builder/

5-4 データインポートを理解する

本章で解説した「Measurement Protocol」は、ウェブやモバイルアプリ上での「オンライン行動」や、それ以外の「オフライン行動」を計測するためのしくみで、いずれにしても「行動」を計測する（もしくは、行動データとして計測させる）ためのものでした。本節で解説する「データインポート」とは、このようなMeasurement Protocolで計測される行動データ」に対して、様々な外部のデータを付加（統合）することができる機能です。

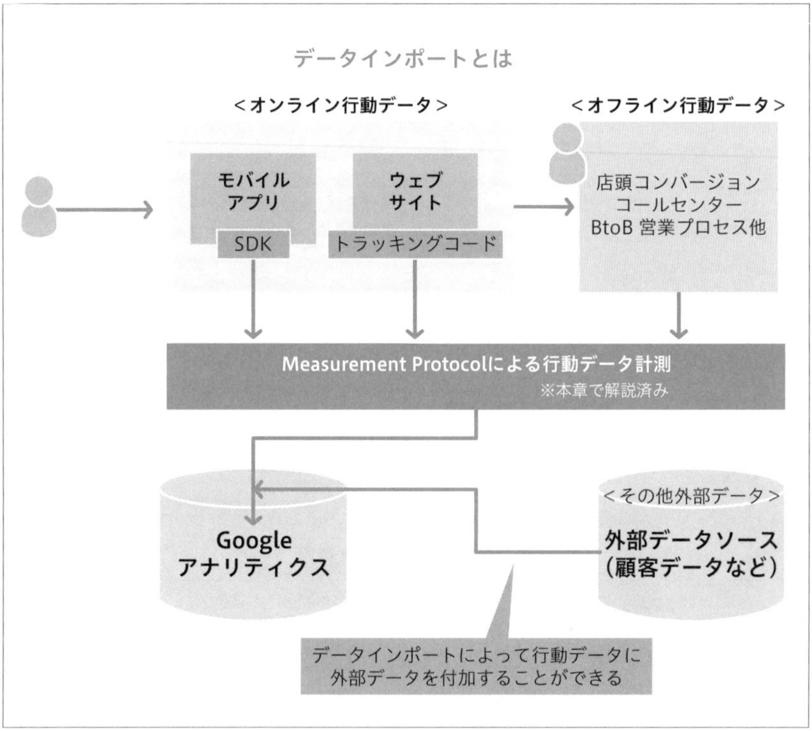

外部データソースとしてインポートできるデータの種類は、様々なものがありますが、あらかじめ特定の利用目的別にデータ項目を定義できる「データタイプ」が6種類（無料版のみ）用意されています。また、自由にカスタマイズしてインポートできるタイプもあります。

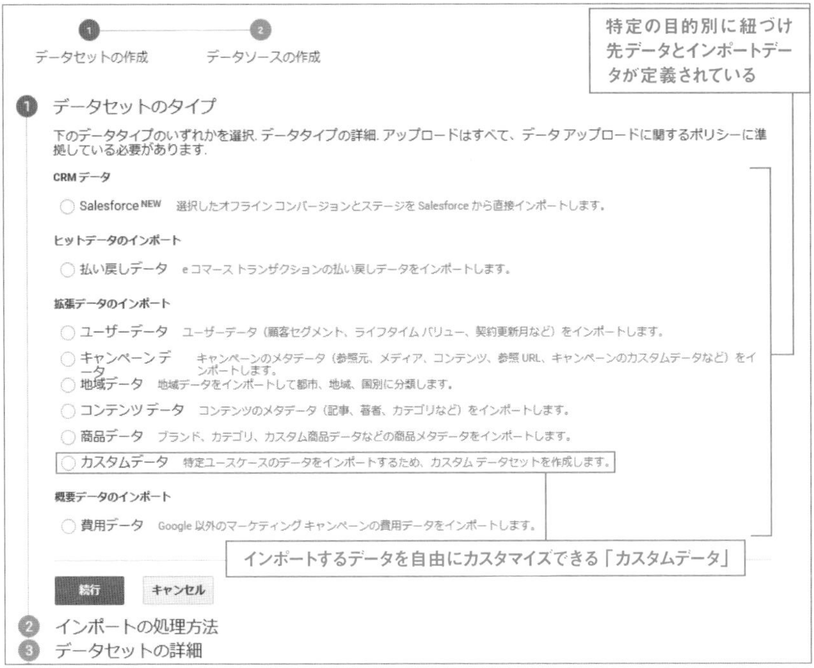

画面NAVI ■ アナリティクス ≫設定 ≫プロパティ列 ≫データインポート

※Googleアナリティクス360の画面を使用

一部の例外（Googleアナリティクス360の機能である「Salesforce」）を除き、インポートするデータには、付加する先となる「キー（ディメンション）」が必要になります。
その「キーディメンション」に対して外部データを紐づけて付加していくのが、データインポートのイメージになります。
現時点でインポートできるデータセットのタイプごとに、「キーディメンション」と「インポートできるデータ」をまとめると、次の表のようになります。

カテゴリ	データセットタイプ	計測内容		備考
CRMデータ	Salesforce連携データ(360版)	キーディメンション(紐づけ先)	インポートするデータ(付加するデータ)	※360版のみの機能
		Salesforceとのシステム連携によってデータの統合、分析、施策への活用が可能		
ヒットデータ	払い戻し	「トランザクションID」	「払い戻し」情報(商品名や金額など)	※拡張eコマースのみ
拡張データ	ユーザー	「ユーザーID」やカスタムディメンション	カスタムディメンション	※ユーザースコープ
	キャンペーン	「キャンペーンコード(ID)」	キャンペーン情報	※セッションスコープ
	地域	「国コード」や「地域ID」など	独自の地域属性など	※セションスコープ
	商品	「商品のSKU」	商品の属性データ(カテゴリや価格など)	※拡張eコマースのみ
	カスタム	上記以外のデータ種類や任意のカスタムディメンション	特定のディメンションや任意のカスタムディメンション	※同じスコープ同士でのみ可能
概要	費用	「日付」「メディア」「参照元」	キャンペーンの「表示回数」「クリック数」「費用」など	

このようにデータインポートを利用することで、トラッキングコードやMeasurement Protocolでは計測できない外部の様々なデータソースのデータを、行動データと統合してGoogleアナリティクスに蓄積し、集計レポートに表示したり分析に活用したりすることができます。さらに、統合したデータを利用したユーザーリストも作成でき、リマーケティング広告のセグメントデータとしても活用することができます。

「拡張データ」は過去データには付加されない(無料版)

データインポートの中で「拡張データ」機能を利用する上で、重要なポイントがあります。それは、「拡張データ」でインポートされるデータは過去データには付加されない、という点です。

「拡張データ」のデータインポートに多い誤解は、「すでに計測されたデータにインポートしたデータが紐づく」というものです。実際には、計測された行動データがGoogleアナリティクス側で受信されたタイミングで、インポートされたデータへの照会がなされ、該当するデータが付与(統合)されてからGoogleアナリティクスに記録(インデックス)される、という流れになります。

「拡張データ」インポートの処理

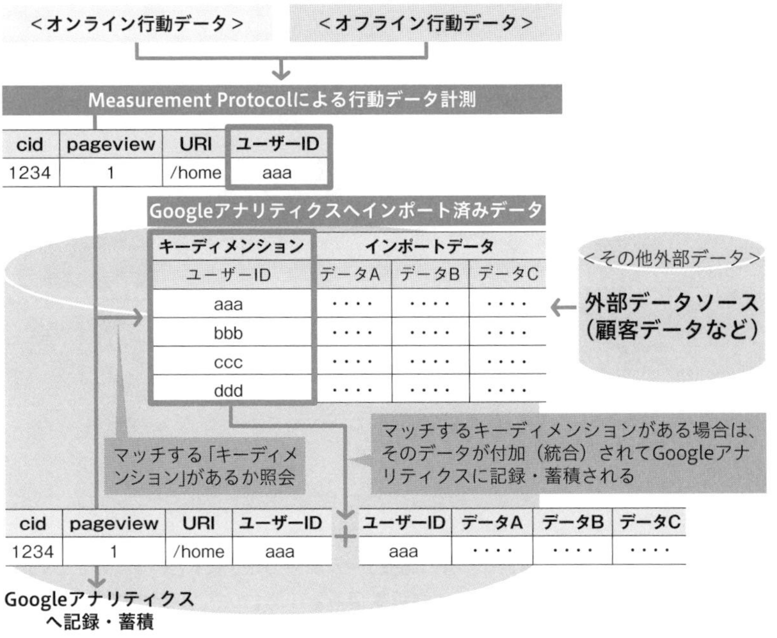

このように、基本的にインポートしたデータは、すでに計測された"過去データ"には付加されません。「拡張データ」のインポート後に計測されるデータが、紐づけ先の「キーディメンション」に一致したヒットデータに対して、インポートデータの付与が行われるという流れになります。

過去データとの紐づけ集計が可能な「クエリタイムインポート」(360版のみ)

有料版のGoogleアナリティクス360では、拡張データを過去データにも紐づけした集計レポートを利用できる、「クエリタイム」というインポート処理を選択することができます。一方、無料版で行われるインポート処理は「プロセスタイム」という名前で、どちらかを選択できるようになります。

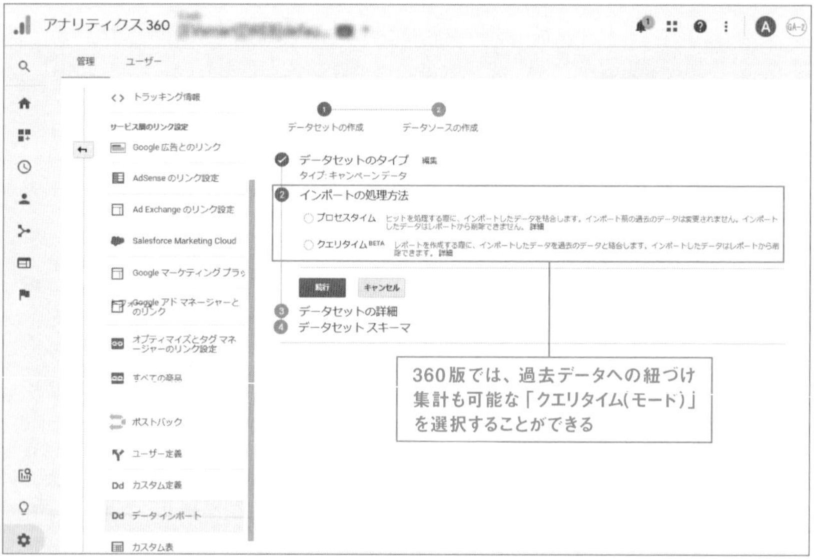

「クエリタイム」を利用する場合は、単に過去データに紐づけされるというだけでなく、「プロセスタイム」との細かな仕様の違いや制限事項もありますので、利用の際は必ず仕様詳細を確認するようにしてください。

参考 アナリティクスヘルプ＞クエリタイムインポート
https://support.google.com/analytics/answer/6071511

インポートファイルをアップロードする際の注意事項

インポートするデータファイルが、エラーなくアップロードされるために必要な注意事項や、ファイル作成における制限事項を確認しておく必要があります。
Googleアナリティクスの技術仕様は常に変更される可能性があるため、実施の際は、必ずヘルプサイトやデベロッパーサイトを確認する必要がありますが、主な注意事項や制限事項は以下のようになります。

● **拡張データのインポートファイル**

[アップロードファイル]
ファイル形式はCSV
エンコードはUTF-8
ファイルサイズは最大1GB

［アップロード］
・プロセスタイム
　プロパティあたり1TB
　データセット（タイプ）あたり20GB
・クエリタイム（360版のみ）
　プロパティあたり1GB
　データセット（タイプ）あたり1GB
［その他］
　プロパティあたり50データセット（タイプ）
　プロパティあたり1日50件までのアップロード操作

● **払い戻しデータのインポートファイル**

1日のファイルサイズは最大100MB
6か月より古いトランザクションは払い戻し不可
一部払い戻しと全額払い戻しを別々にアップロードする必要あり

● **費用データのインポートファイル**

データセット（タイプ）あたり1日90MB

参考 アナリティクスヘルプ＞データインポートについて
https://support.google.com/analytics/answer/3191589

参考 データインポートデベロッパーガイド
https://developers.google.com/analytics/devguides/config/mgmt/v3/data-import

5-5 ヒットデータをインポートする（払い戻しデータ）

ここでは、ヒットデータとしてインポートできる「払い戻しデータ」のインポートについて説明します。

「払い戻しデータ」は、拡張eコマース計測を行っているビューに対してのみ、有効なデータインポートになります。

※拡張eコマースについては、「3-11　拡張eコマース計測を設定する」を参照ください。

「払い戻しデータ」とは、文字通りいったん収益として売上げた後に、返品などで発生した払い戻しのデータのことです。ECサイトで購入した商品の返品の手続きが、たとえサイト上で行えたとしても、Googleアナリティクスのトラッキングコードを使った計測機能でこの払い戻しアクションを計測することはできませんし、返品手続きが電話やメール上で行うしくみの場合はなおさら計測することはできません。

「払い戻しデータ」をGoogleアナリティクスの集計データに反映させたい場合に、このデータインポートを利用することになります。

「払い戻し」データインポートの方法

「払い戻し」データセットの内容は、以下のようになります。

すでに計測されているトランザクションIDをキーディメンションに、そのIDの注文内容に対して「商品のSKU」「収益（そのトランザクション全体の売上金額）」「（払い戻し）商品の価格」「払い戻された商品数」をインポートして紐づけ、集計する流れになります。

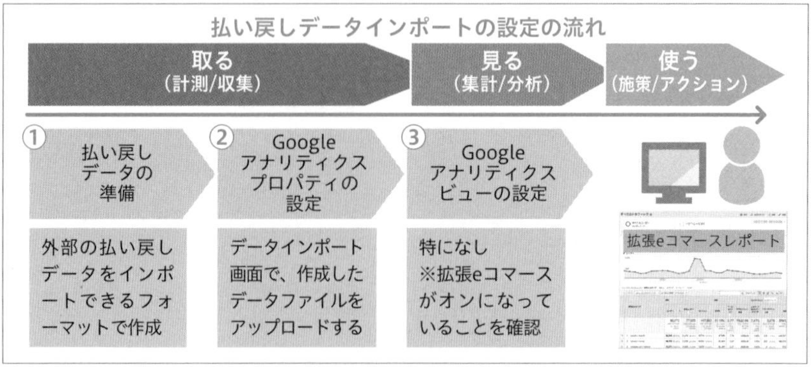

カテゴリ	データセットタイプ	キーディメンション	インポートデータ
ヒットデータ	払い戻し	トランザクションID	・商品のSKU ・収益（売上げ金額） ・商品の価格 ・払い戻された商品数

インポートの設定手順は以下のようになります。

設定手順

1 データインポートを作成する

アナリティクス＞設定＞プロパティ列＞データインポートの画面の「作成」から入ります。

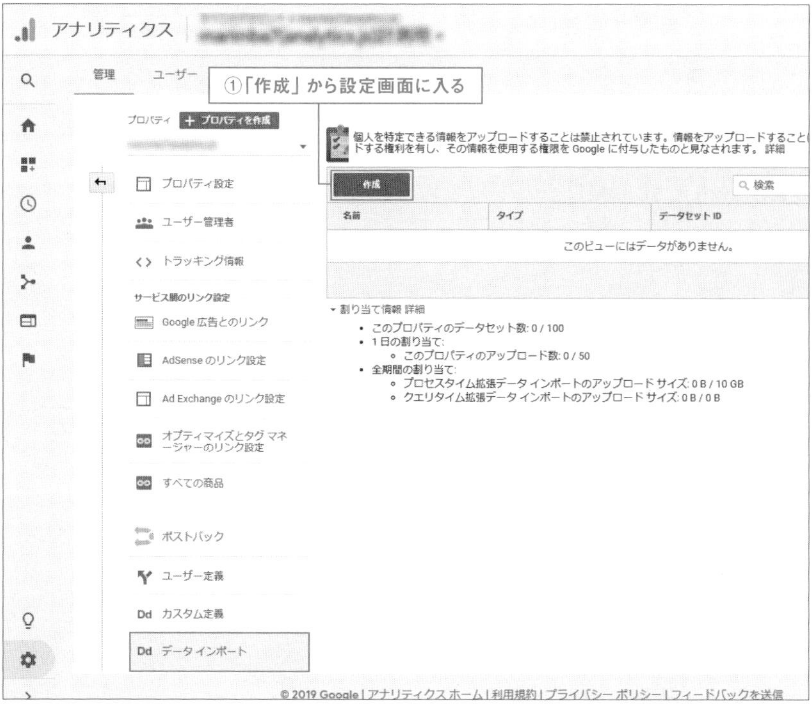

ヒットデータのインポートから「払い戻しデータ」を選択し、「続行」をクリックします。

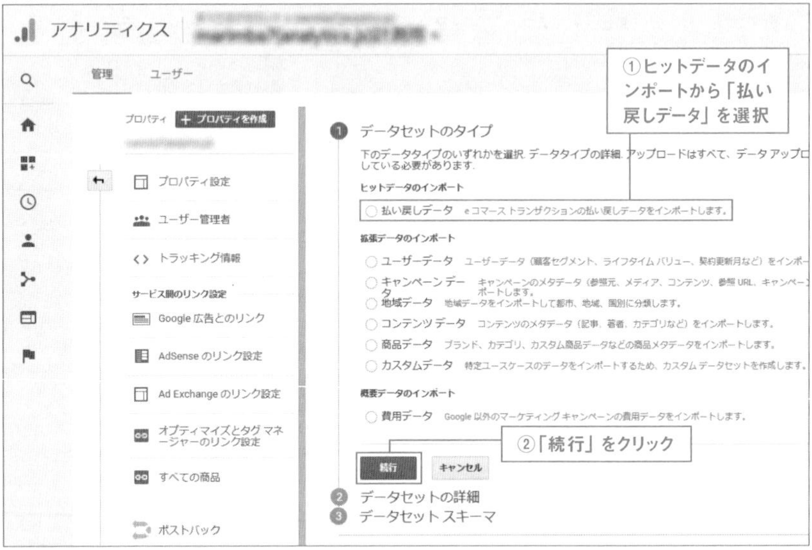

任意の名前を入力し「続行」をクリックします。

すでに計測されたトランザクション(注文)に対して払い戻しデータを紐づけるので、デフォルトで「トランザクションID」が表示された状態になっています。

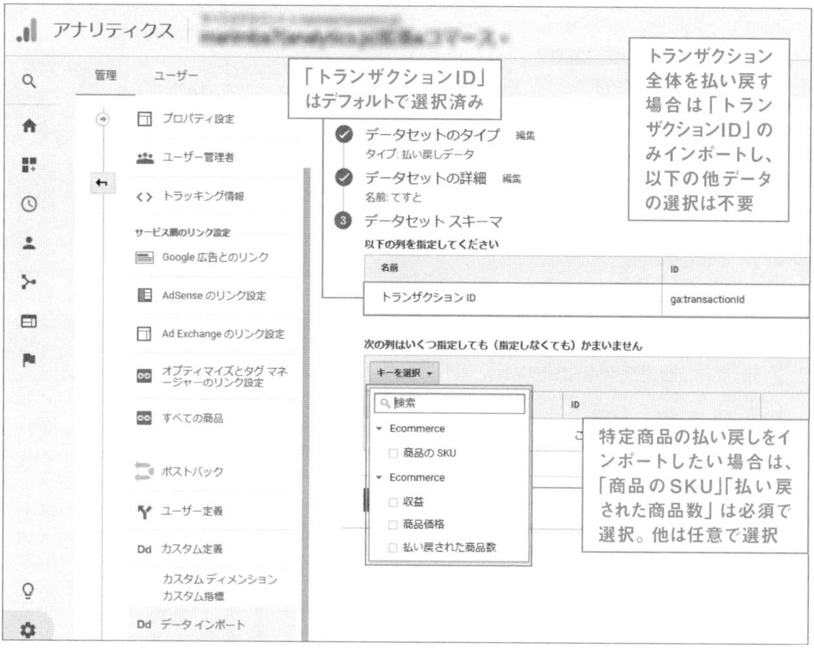

「払い戻し」は、トランザクション(注文)全体を払い戻す場合と、そのトランザクションに含まれる特定の商品について払い戻す場合の2通りあり、それぞれインポートデータ項目の選択のしかたが異なります。

● トランザクション全体を払い戻す場合

トランザクション(注文)全体を払い戻す場合は、「トランザクションID」以外の項目を選択する必要はありません。

● 特定の商品について払い戻す場合

特定の商品についての払い戻しデータをインポートする場合は、「トランザクションID」の他に少なくとも「商品のSKU」「払い戻された商品数」のふたつは選択する必要があります。
他のデータ項目は任意で設定します。

ここでは、「商品のSKU」「商品価格」「払い戻された商品数」を選択します。

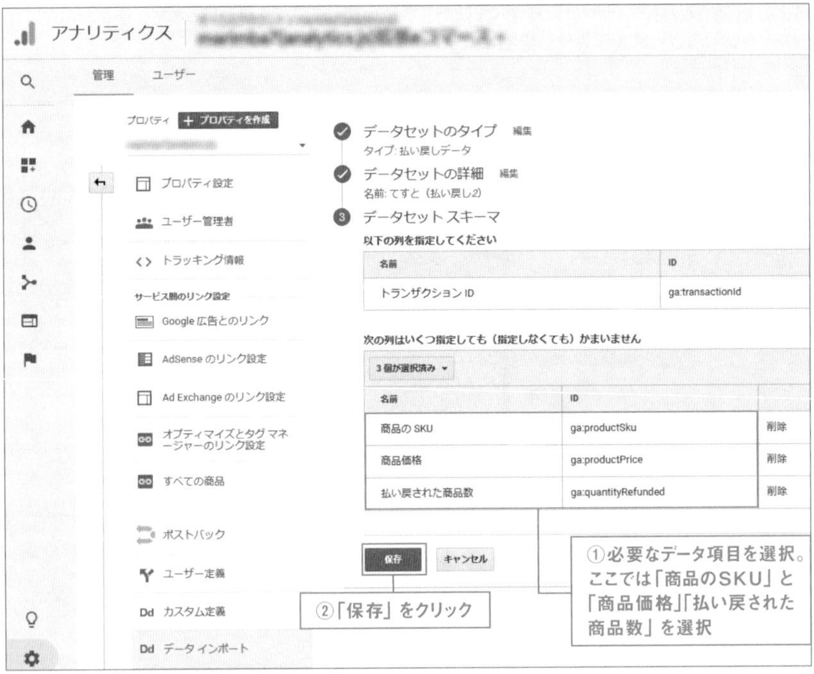

データスキーマ(項目)の設定ができたら「保存」をクリック、続いて「完了」をクリックします。

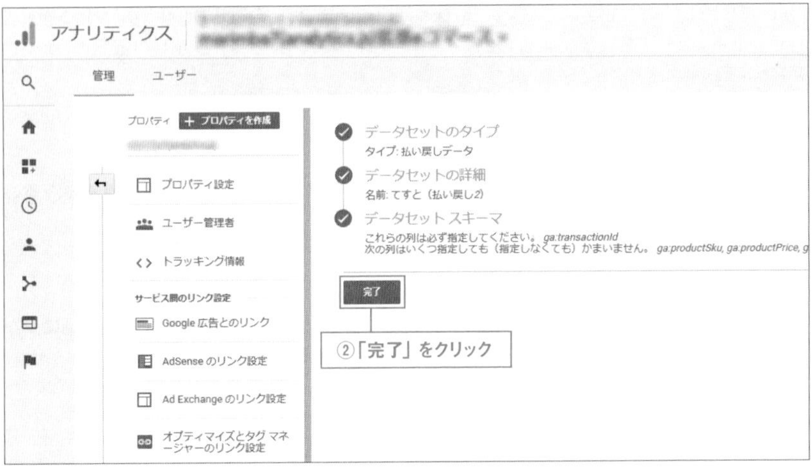

「データインポートに戻る」をクリックして最初の画面に戻ります。

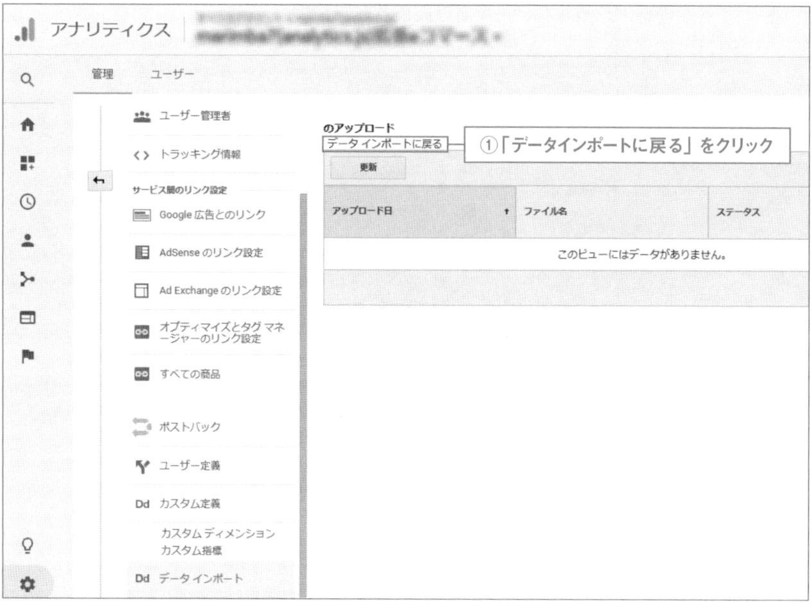

2 インポートするデータファイルを作成する

次に、インポートするデータファイルの作成に進みます。インポートするデータタイプの「アップロードを管理する」をクリックします。

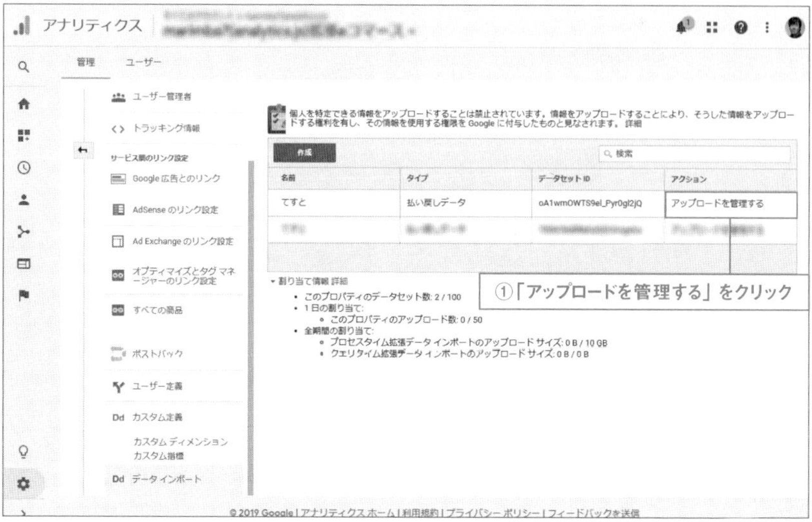

「スキーマ」を取得をクリックしてスキーマ取得画面を表示します。

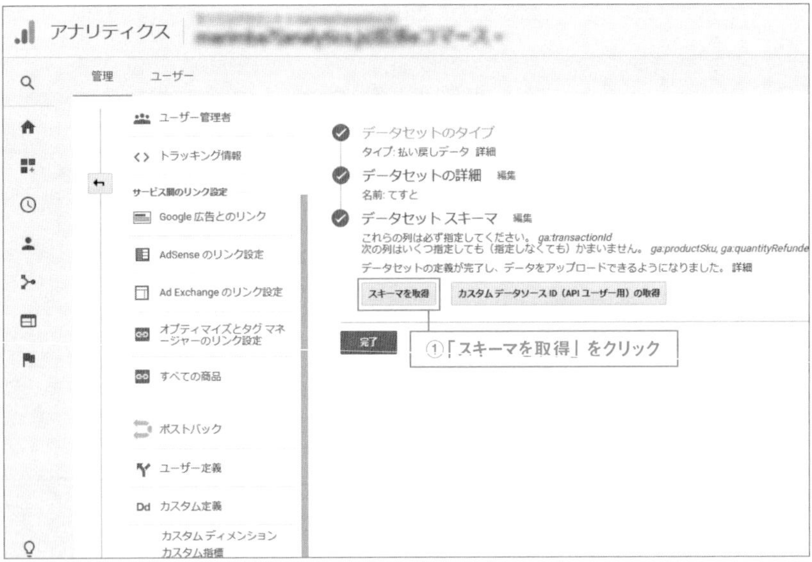

スキーマのテンプレートをダウンロードした方が手順としても確実ですので、「スキーマのテンプレートをダウンロードします」をクリックします。自動的にテンプレートファイルがダウンロードされます。

ダウンロードされたファイルは、先ほど選択したデータ項目がヘッダーに挿入された状態になっています。

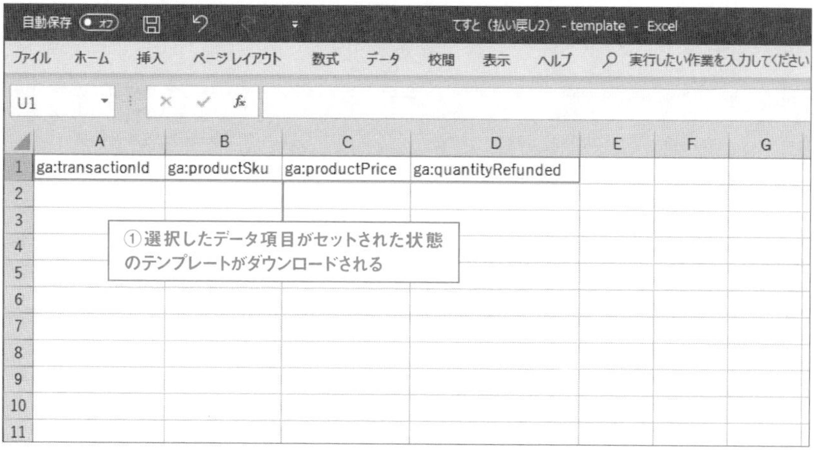

「完了」をクリックして次のステップに進みます。

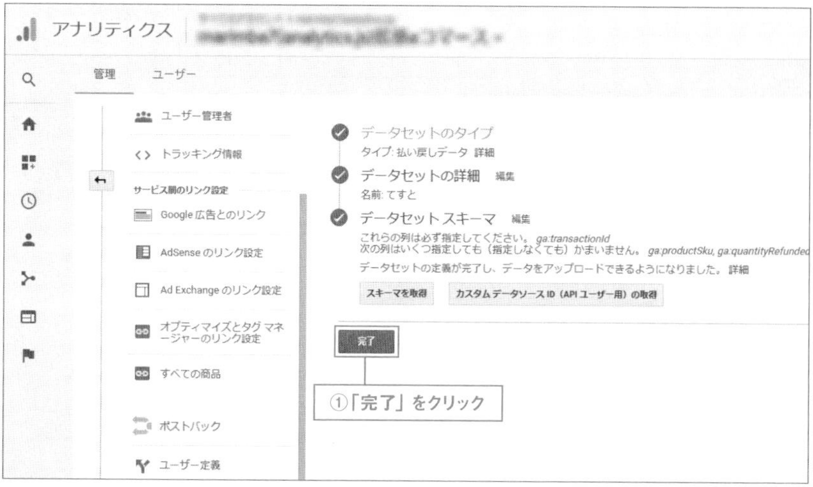

3 アップロードファイルを作成する

ダウンロードしたファイルに必要な値を入力して、アップロードファイルを作成します。今回は特定の商品についての払い戻しデータをインポートするので、払い戻しがあった「トランザクションID」に加え、「商品SKU」の値と「商品価格」「払い戻された商品数＝1」を入力します(必ず半角英数で入力すること)。

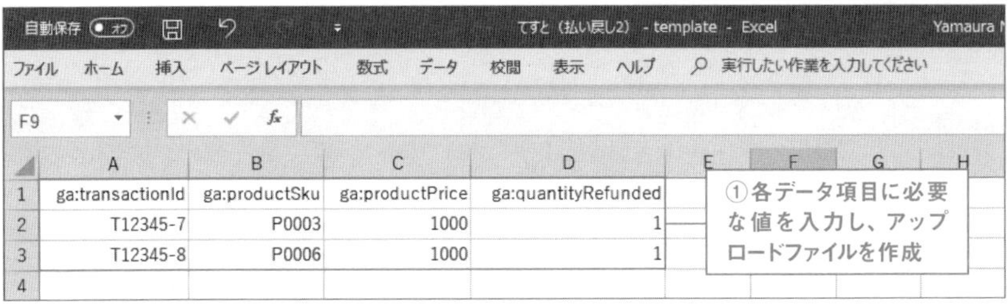

ファイルの作成が完了したらファイルをアップロードします。
画面の「ファイルをアップロード」をクリックします。

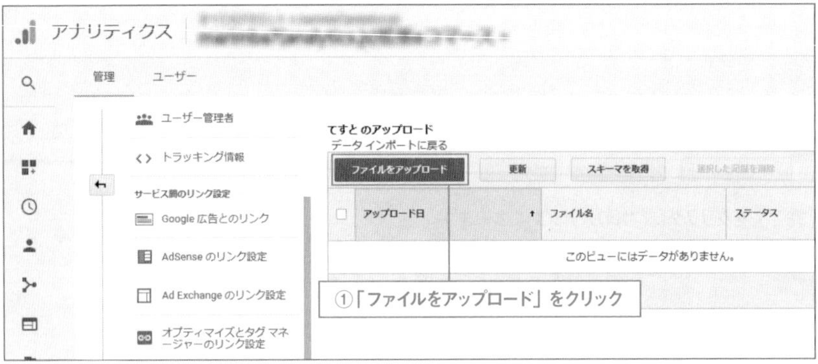

「ファイルを選択」から先ほど作成したファイルを選択し、「アップロード」ボタンをクリックすると、アップロードが開始されます。

画面に「完了」が表示され、インポートファイルのアップロードが完了します。

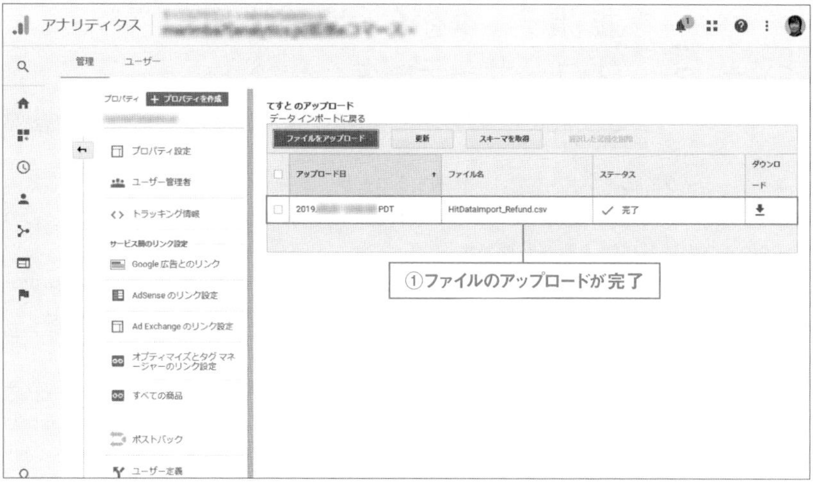

アップロードしたデータがレポート画面に反映されるまで、最大24時間程度かかる場合があります。

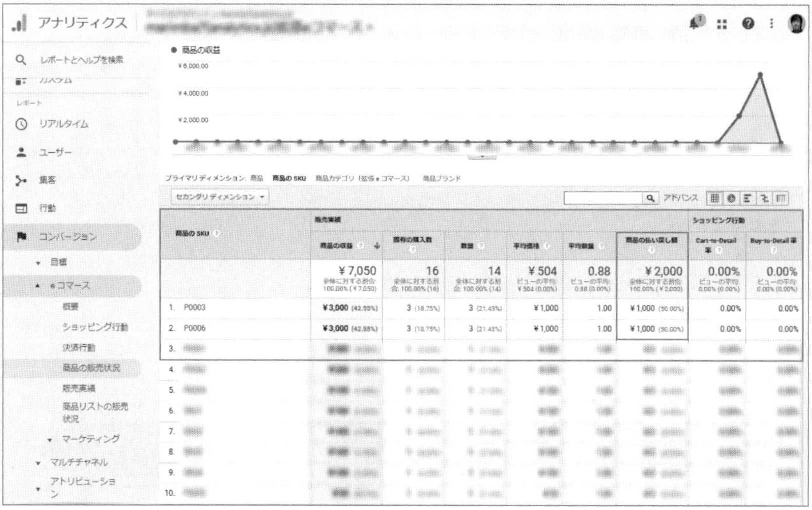

参考 アナリティクスヘルプ＞払い戻しデータについて
https://support.google.com/analytics/answer/6066862

参考 アナリティクスヘルプ＞払い戻しデータのインポート例
https://support.google.com/analytics/answer/6014861

5-6 拡張データをインポートする ①ユーザーデータ

「ユーザーデータ」のインポートでは、計測するユーザー単位（スコープ）のデータに対して、外部からユーザーに関する属性データなどを付加して記録させるためのものですが、このデータタイプの理解には注意が必要です。

まず、キーディメンションの選択肢に表示される「Users＞ユーザーID」は、Googleアナリティクスの「User ID機能」でのみ利用するディメンションという点です。そのため、ログイン状態にあるユーザーのヒットでしかユーザーIDの値を取得できないという仕様なので、利用目的が非常に限定されます。紐づけ先のディメンションである「ユーザーID」が、ユーザーのログイン状態のページ閲覧でしかデータを取得しないということは、インポートしたデータも同様にログイン状態のユーザーデータにしか紐づきません。

一方で、あらかじめ「カスタムディメンション（ユーザースコープ）」で取得した「ユーザーID」であれば、キーディメンションで選択可能であり、「User ID機能」のような仕様上の制約を受けないので問題なく利用できます（あらかじめユーザースコープのカスタムディメンションを設定済みの場合、キーディメンション選択のプルダウンメニューにカスタムディメンションが表示されます）。

NOTE

本書では、上記のように仕様・ポリシー上の制約によって利用ニーズがあまりないため、「User ID」機能については取り扱っていません。機能詳細については以下ヘルプサイトを参照ください。

アナリティクスヘルプ＞User IDとクロスデバイスレポート
https://support.google.com/analytics/topic/6009743

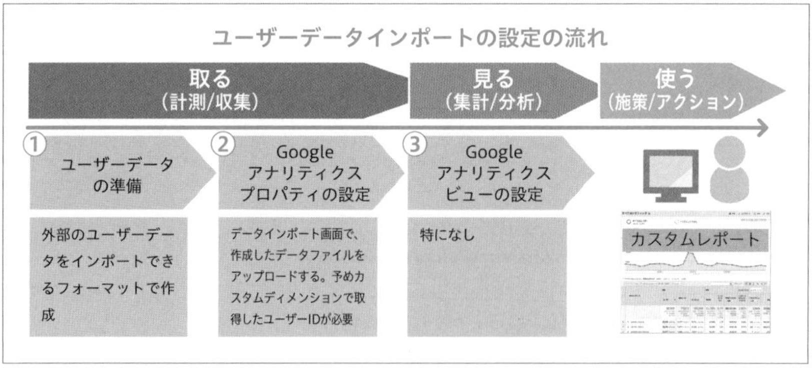

「ユーザーデータ」のインポートで利用できるデータ項目は、以下の通りです。いずれもユーザースコープのディメンションになります。

カテゴリ	データセットタイプ	キーディメンション	インポートデータ
拡張データ	ユーザーデータ	・ユーザーID（User ID機能） ・カスタムディメンション（ユーザースコープ）	カスタムディメンション（ユーザースコープ）

本節では、「ユーザーID」をキーディメンションに、会員のランクをカスタムディメンションでインポートして、レポートで表示するシナリオでの手順を説明します。

設定手順

1 データインポートを作成する

前節の「払い戻しデータ」と同様に、データインポートの作成画面の「作成」から入り、「ユーザーデータ」を選択し、「続行」をクリックします。

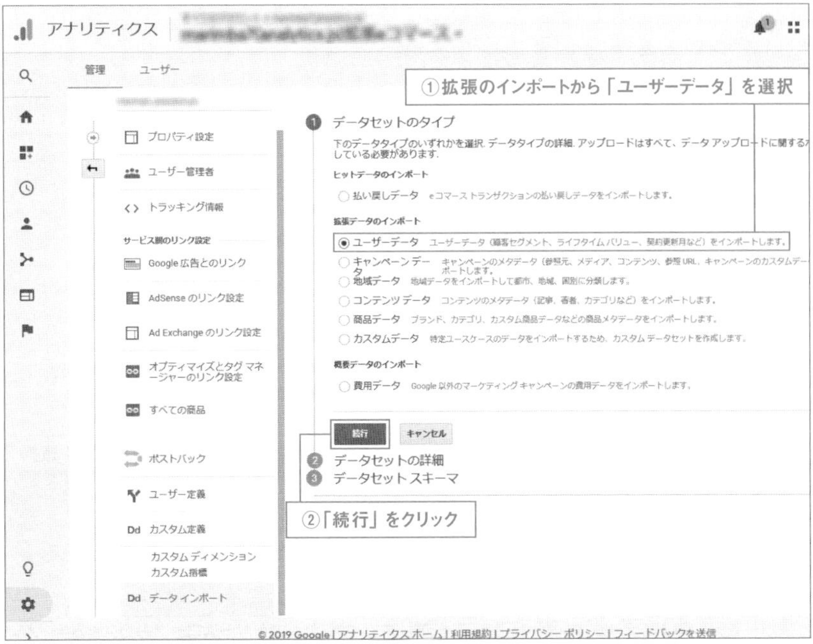

任意の名前を入力し、インポートしたデータを反映するビューを選択して、「続行」をクリックして次に進みます。

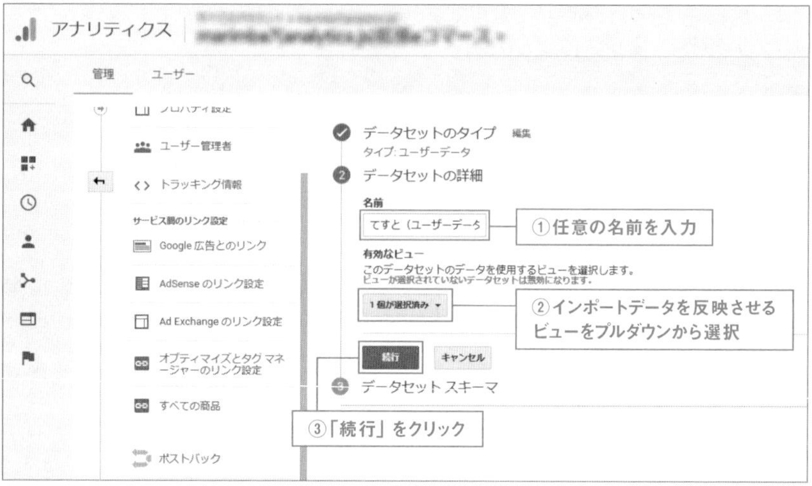

キーディメンションは、今回は「ユーザーID」を選択します。

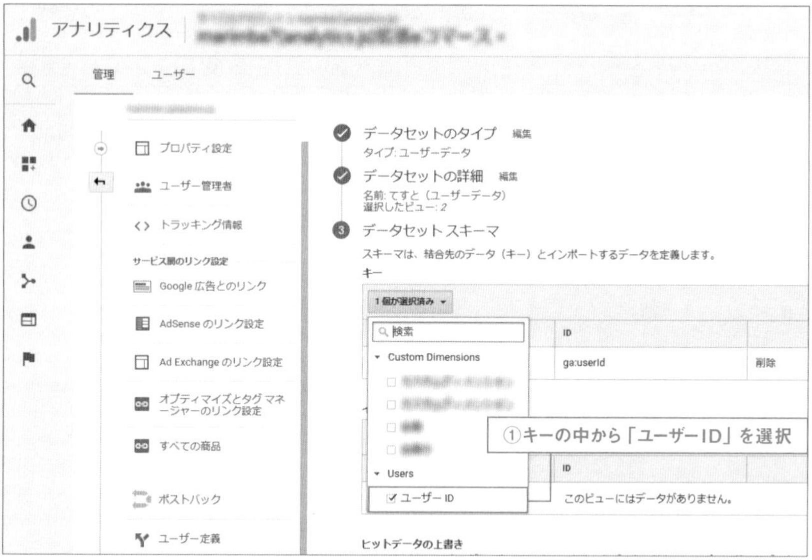

インポートデータは、データインポート用にあらかじめ作成した、ユーザースコープのカスタムディメンション「会員」を選択します。

※カスタムディメンションについては「3-16　カスタムディメンションを設定する」を参照ください。

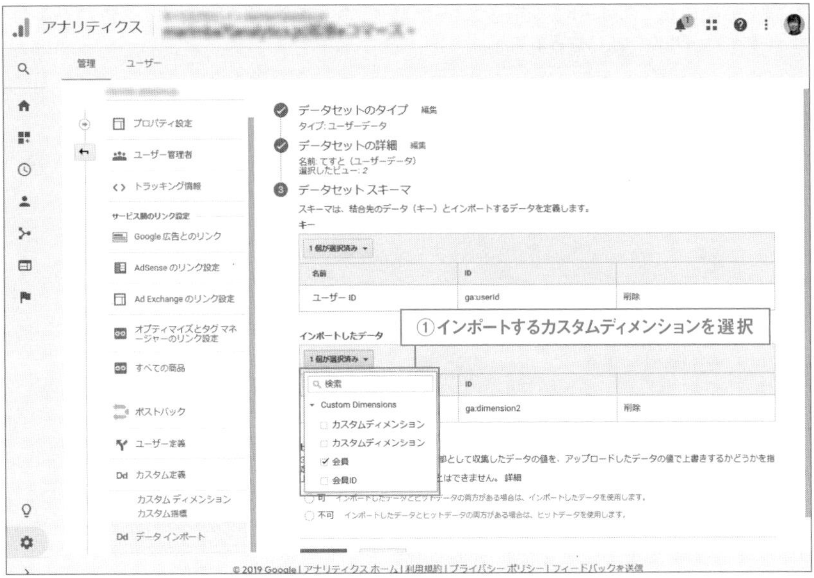

ヒットデータの上書きは「可」を選択して、「保存」をクリックします。

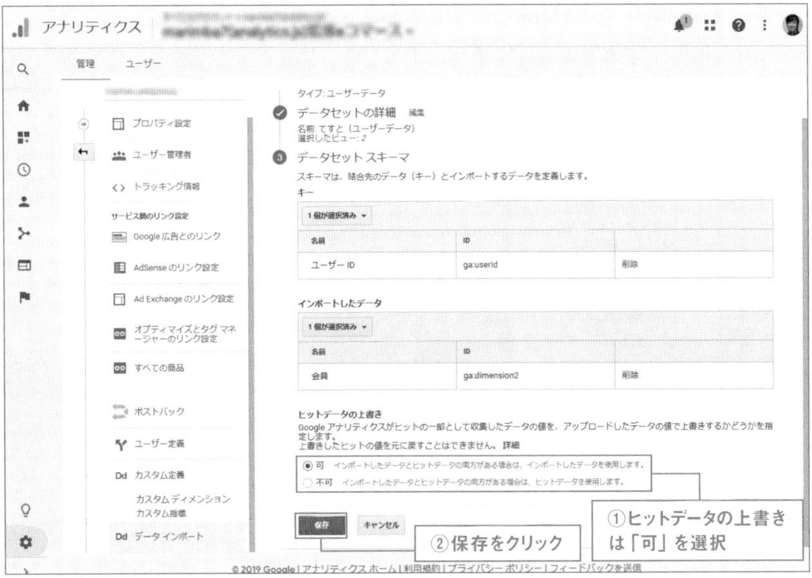

ここまでの設定で、インポートするデータスキーマ(構造)の定義ができました。次のステップからインポートするファイルの作成に進みます。

1 インポートするファイルを作成する

先ほど作成したユーザーデータの項目をクリックして開きます。

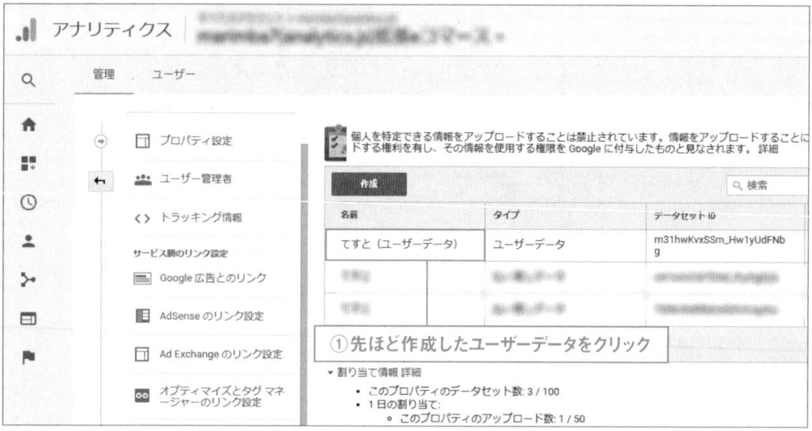

インポートする方法はいくつかありますが、ここではスキーマのテンプレートをダウンロードするために「スキーマの取得」から「スキーマのテンプレートをダウンロード」します。

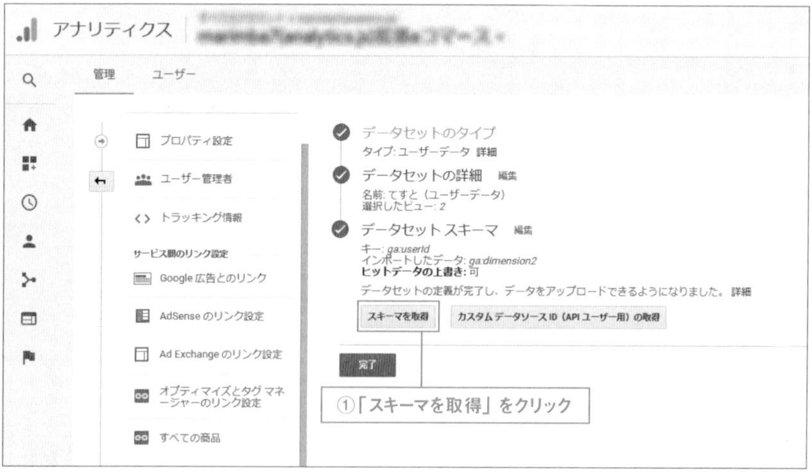

ダウンロードしたCSVファイルに、サンプルデータを入力してインポートファイルを作成したものが、次になります。

「ユーザーID＝a」に対して「カスタムディメンション2（会員）＝Member Rank 1」を紐づける形になります。

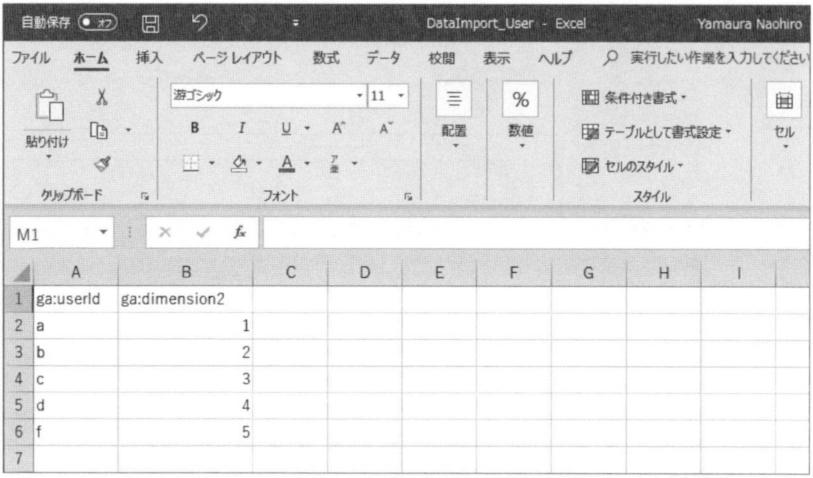

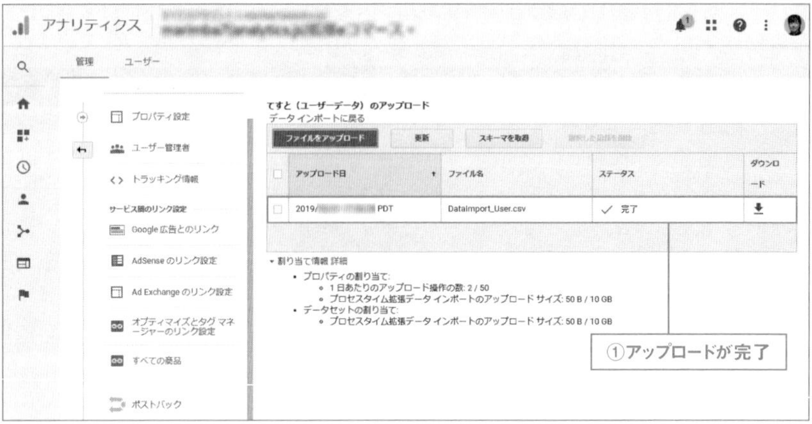

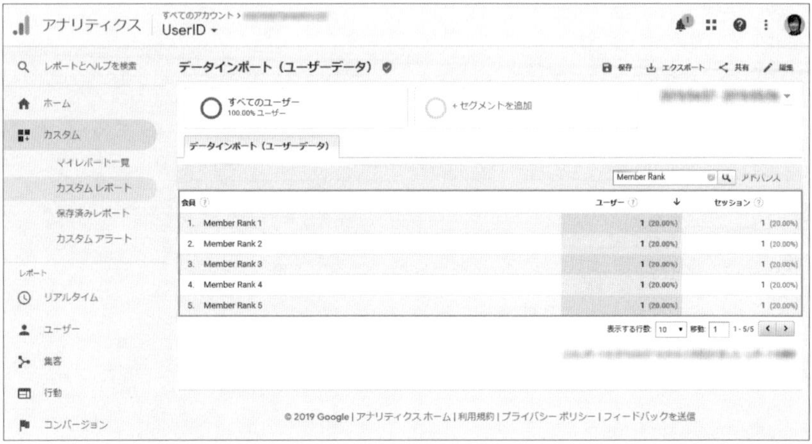

「User ID機能」のために使われるディメンション「ユーザーID」は、レポート画面には表示されません。上記は、カスタムレポートで作成したものです。インポートしたカスタムディメンション「会員」のデータのみのレポートですが、ここに表示されていることでキーディメンションの「ユーザーID」と紐づいている、ということが確認できます。

参考　アナリティクスヘルプ＞User-IDのリファレンス
https://support.google.com/analytics/answer/6205850
「userId フィールドをレポートのディメンションとして使うことや、アナリティクスからエクスポートすることはできません」
「管理画面でもAPIでも、レポートのディメンションとしてUser-IDの値を使うことはできません」

5-7 拡張データをインポートする ②キャンペーンデータ

「キャンペーンデータ」のインポートでは、キーディメンション「キャンペーンコード」に対して、キャンペーンや流入計測関連のデータ項目を付加して記録させることができます。「キャンペーンコード」というディメンションは、聞き慣れない方も多いと思いますが、キャンペーン計測パラメータとして利用するUTMパラメータのひとつ、「utm_id」で定義されます。

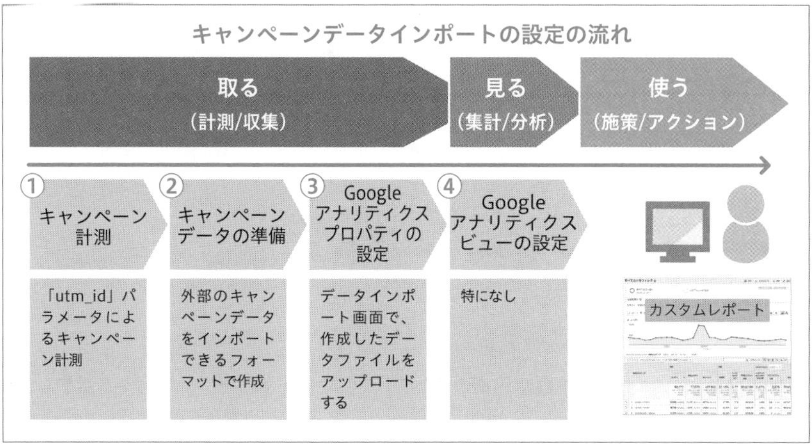

カテゴリ	データセットタイプ	キーディメンション	インポートデータ
拡張データ	キャンペーン	キャンペーンコード(utm_id)	【集客カテゴリ】 ・メディア　・参照URL　・参照元 【広告カテゴリ】 ・Google広告：広告グループ ・キャンペーン　・キーワード ・広告のコンテンツ 【カスタムディメンション】 ・任意のカスタムディメンション(セッションスコープ)

Google広告以外の広告流入や、メールマガジンからの流入計測の場合、流入計測パラメータであるUTMパラメータをリンク先URLに付加して計測する方法があります。しかしその場合、リンク先URLの表記が長くなり、特にEメールのテキストリンクからの流入計測をしたい場合には、見栄えも良くありません。この「キャンペーンコード(utm_id)」であればパラメータはひとつのみで良く、他の情報は先にインポートされたデータが付加されて記録さ

れるので、レポート画面上もパラメータ計測の場合と同じ集計結果になります。キャンペーンコードとインポートデータの対比表などの管理は必要ですが、インターネット広告の入稿作業などの簡易化も図れるメリットもあります。

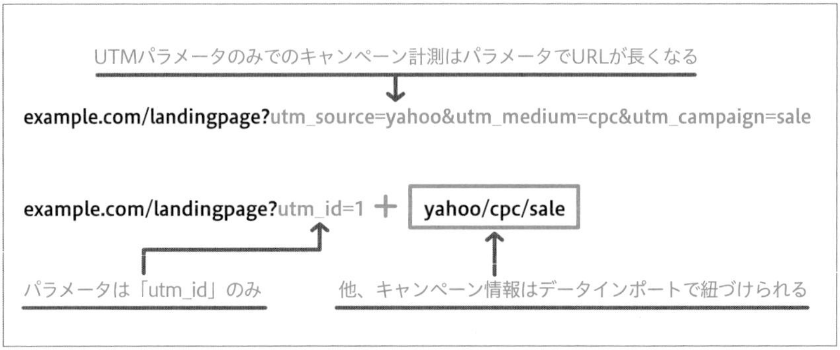

※UTMパラメータについては、第6章で詳しく解説します。

「キャンペーンデータ」インポートの手順については以下の通りです。
※前節の手順と重複する部分が多いので本節以降は簡潔に説明します。

設定手順

前節同様に、データインポート設定画面の「作成」から入り、「キャンペーンデータ」を選択し「続行」で進みます。

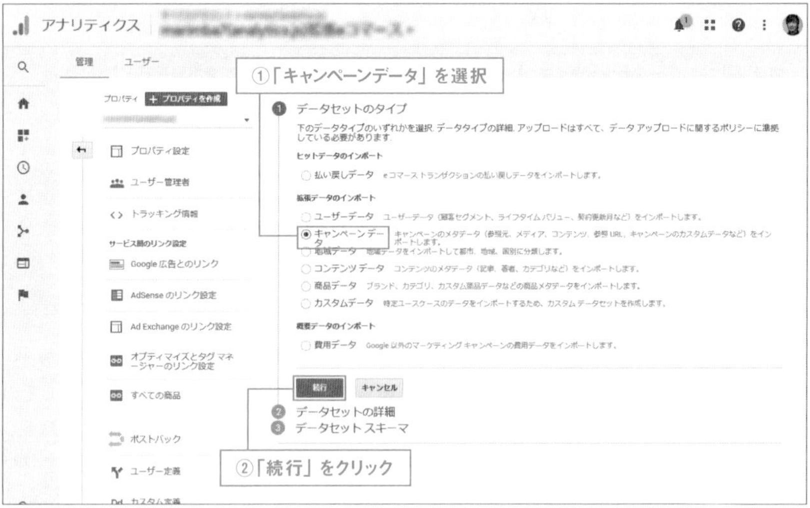

キーディメンションは「キャンペーンコード」、インポートデータは「参照元」「メディア」「キャンペーン」を選択し、「保存」で進みます。

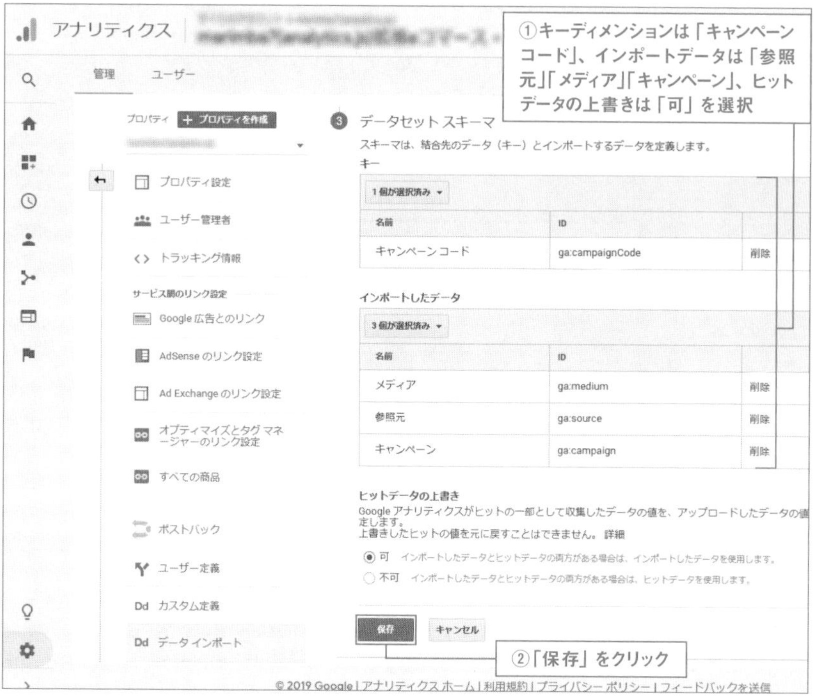

前節と同様の要領でスキーマのテンプレートをダウンロードしたら、必要な値を入力してアップロードファイルを作成します。
本節では、Yahoo広告とEメールからのキャンペーン流入を想定したサンプルデータを用意して、インポートします。

	A	B	C	D	E	F	G	H	I
1	ga:campaignCode	ga:medium	ga:source	ga:campaign					
2	1	cpc	yahoo	summer_sale1					
3	2	display	yahoo	summer_sale2					
4	3	email	sale_letter	summer_sale3					
5									

前節と同様の手順でインポートファイルをアップロードすれば、完了です。

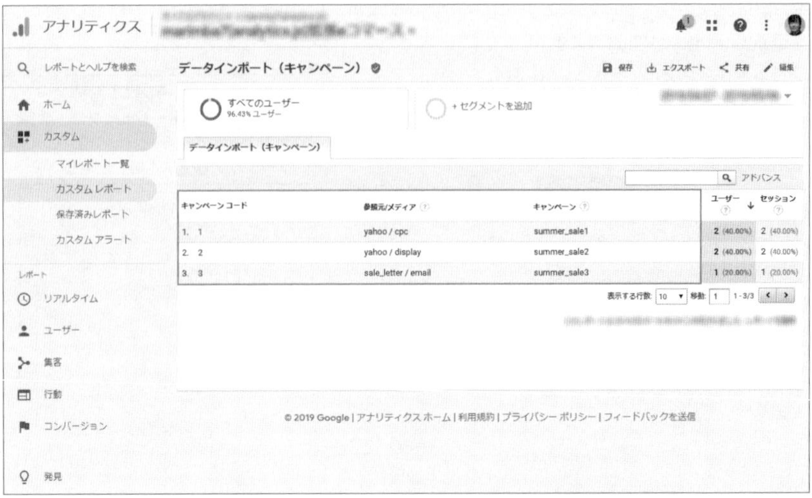

手順における注意点

前節で説明の通り、拡張データのインポートは、データをインポートした後の訪問データについて紐づけが行われます。よって、キャンペーンデータのインポートは、実際のキャンペーン開始前に作業を完了させておく必要があります。また、インポートされたデータがGoogleアナリティクス内に反映されるまで、最大で24時程度かかる場合がありますので、キャンペーン実施の2日前までにはインポートを完了させておくのが良いでしょう。

参考 アナリティクスヘルプ＞データインポート＞キャンペーンデータについて
https://support.google.com/analytics/answer/6066741

5-8 拡張データをインポートする ③地域データ

Googleアナリティクスの標準レポート「ユーザー＞地域＞地域」レポートでは、訪問者がどこからアクセスしているかをレポート画面で見ることができます。このデータは、ユーザーがアクセスしているプロバイダのIPアドレスから、自動的に抽出されるものを利用しています。集計の単位であるディメンションとしては、粒度の大きい順に「大陸」「亜大陸」「国」「地域」「市区町村」となっており、それぞれの区分ごとの集計値を見ることができます。
地域データのインポートの利用ケースとしては、様々考えられます。一例として、これらの区分では集計できない単位の区分で集計表示させたい場合などに、外部の区分データをインポートによって紐づけ、独自の区分で集計レポートを作成する、といったことがあります。
「地域データ」で利用できるキーディメンションは以下の通りで、インポートデータは、任意のセッションスコープのカスタムディメンションで用意をすることになります。

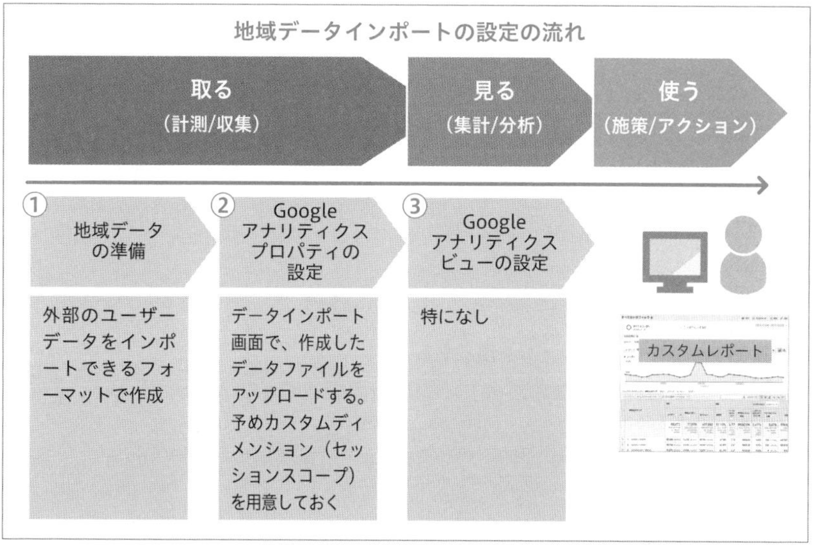

カテゴリ	データセットタイプ	キーディメンション	インポートデータ
拡張データ	地域データ	・ISO国コード ・亜大陸コード ・地域ID ・市区町村ID	・任意のカスタムディメンション （セッションスコープ）

本節では、日本国内で一般的に良く利用される「八地方区分」データをインポートして、「北海道」「東北」「関東」「中部」「近畿」「中国」「四国」「九州」の八地区をディメンションとするレポートを作成してみたいと思います。

NOTE

八地方区分については、以下のサイト情報を参考にさせていただきました。

日本の地域分類＞八地方区分
https://tools.m-bsys.com/data/area_classification.php

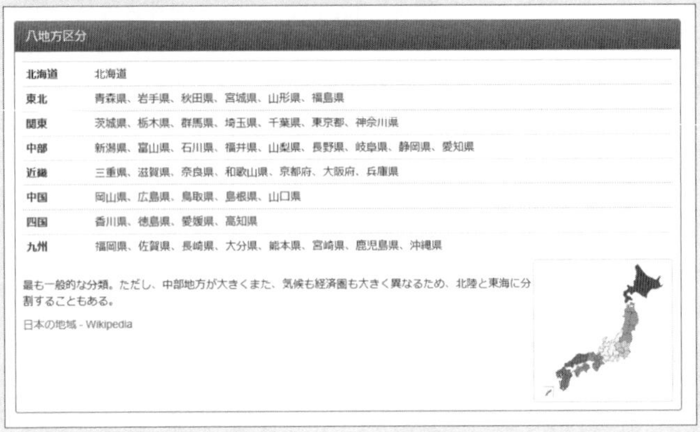

八地方区分

北海道	北海道
東北	青森県、岩手県、秋田県、宮城県、山形県、福島県
関東	茨城県、栃木県、群馬県、埼玉県、千葉県、東京都、神奈川県
中部	新潟県、富山県、石川県、福井県、山梨県、長野県、岐阜県、静岡県、愛知県
近畿	三重県、滋賀県、奈良県、和歌山県、京都府、大阪府、兵庫県
中国	岡山県、広島県、鳥取県、島根県、山口県
四国	香川県、徳島県、愛媛県、高知県
九州	福岡県、佐賀県、長崎県、大分県、熊本県、宮崎県、鹿児島県、沖縄県

最も一般的な分類。ただし、中部地方が大きくまた、気候も経済圏も大きく異なるため、北陸と東海に分割することもある。

日本の地域 - Wikipedia

以下に手順を説明します。

設定手順

1 カスタムディメンションを用意する

まずは、あらかじめ「八地方区分データ」をインポートするためのカスタムディメンションを、セッションスコープで用意しておきます。

※カスタムディメンションについては「3-16　カスタムディメンションを設定する」を参照ください。

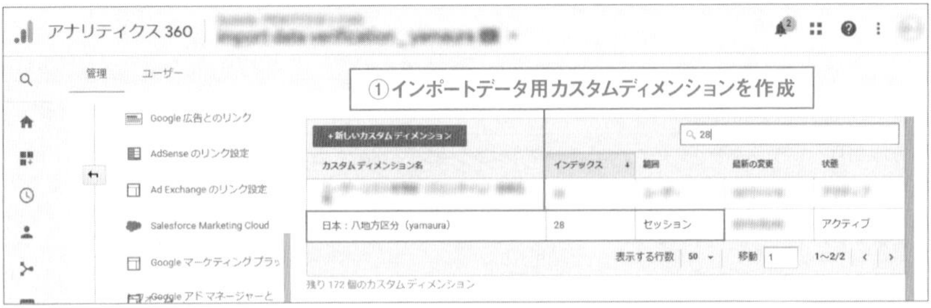

2 「地域ID」データをエクスポートする

今回は、「県」を「八地区」に紐づけて集計するレポートを作成するので、Googleアナリティクスの地域レポートから県別の「地域ID」を抽出し、キーディメンションの値にするためにエクスポートします。

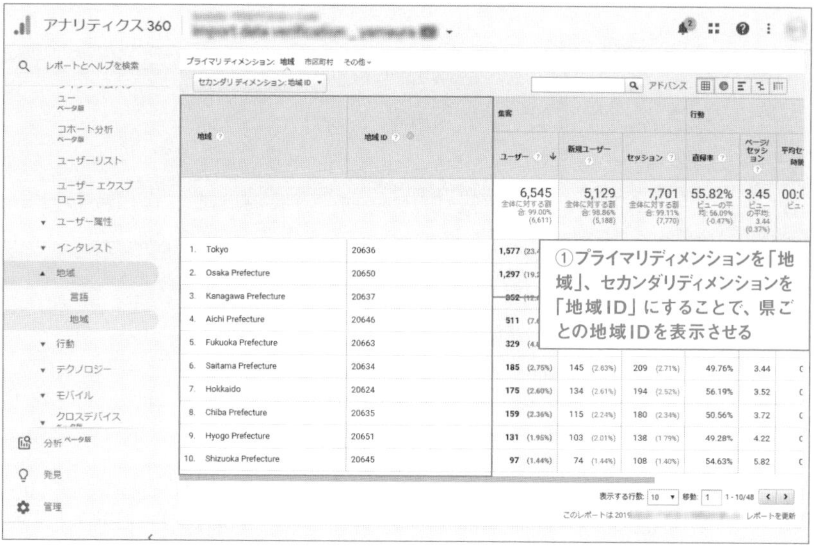
①プライマリディメンションを「地域」、セカンダリディメンションを「地域ID」にすることで、県ごとの地域IDを表示させる

①画面右上の「エクスポート」からエクセルをクリックしてエクスポートする

3 「地域データ」スキーマを作成する

設定画面＞データインポート＞作成から「地域データ」を選択し「続行」で進みます。

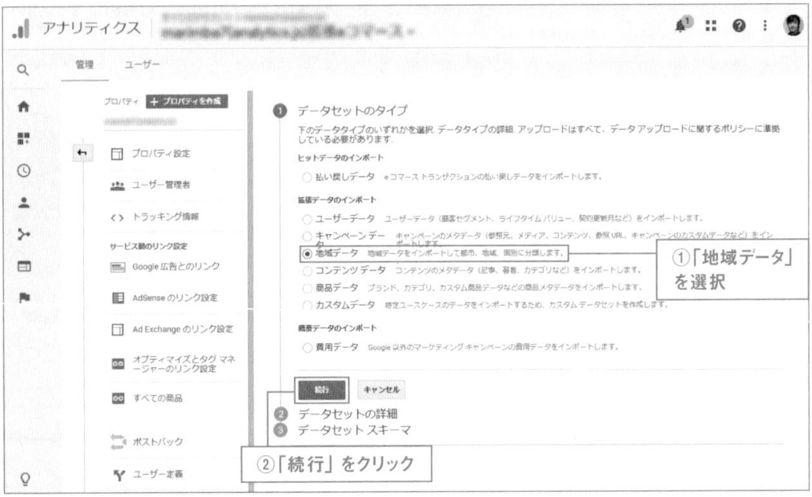

キーディメンションは「地域ID」、インポートデータはあらかじめ設定したカスタムディメンション（セッションスコープ）「日本：八地方区分」を選択します。ヒットデータの上書きは「可」にして「保存」でデータスキーマを設定し完了します。

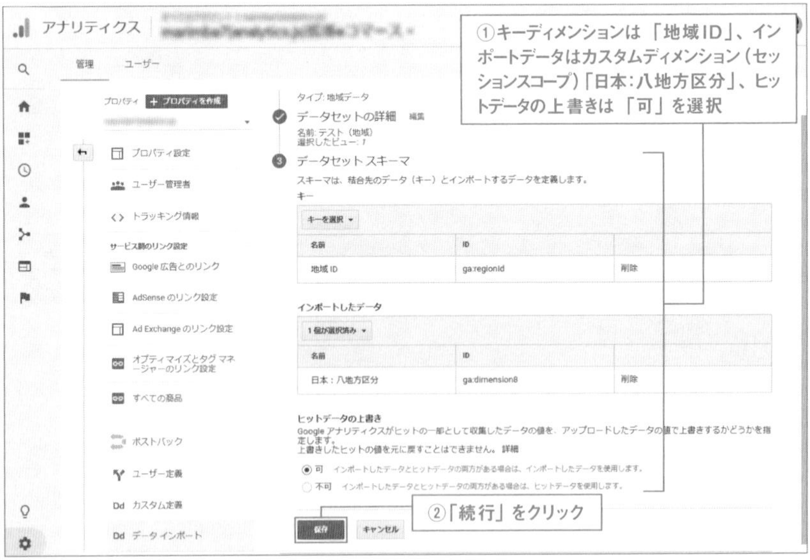

4 アップロードファイルを作成しアップロードする

ダウンロードしたスキーマのテンプレートをもとに、アップロード用ファイルを作成します。
先ほどレポート画面からエクスポートした「地域ID」のデータを、テンプレートファイルの「ga:regionId」に入れ、インポート項目の「ga:dimension8」(作成したカスタムディメンションのインデックス番号)には県別の地域IDに対応する地方区分を入力し、アップロードデータを完成します。

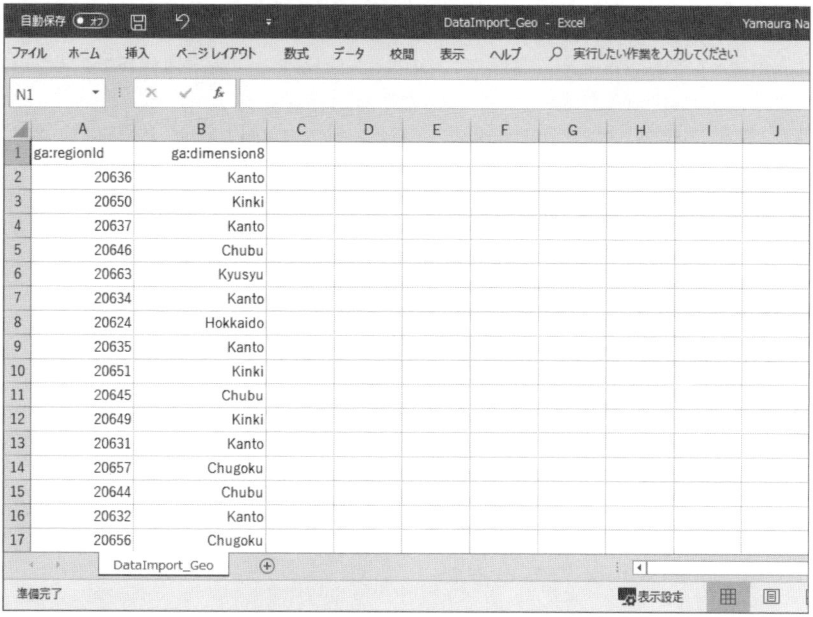

	A	B
1	ga:regionId	ga:dimension8
2	20636	Kanto
3	20650	Kinki
4	20637	Kanto
5	20646	Chubu
6	20663	Kyusyu
7	20634	Kanto
8	20624	Hokkaido
9	20635	Kanto
10	20651	Kinki
11	20645	Chubu
12	20649	Kinki
13	20631	Kanto
14	20657	Chugoku
15	20644	Chubu
16	20632	Kanto
17	20656	Chugoku

あとは、前節と同様の要領でアップロードすれば完了です。

日本：八地方区分（yamaura）	ユーザー	セッション
	4,293 全体に対する割合: 64.94% (6,611)	4,916 全体に対する割合: 63.27% (7,770)
1. Kanto	1,918 (43.93%)	2,193 (44.61%)
2. Kinki	1,073 (24.58%)	1,186 (24.13%)
3. Chubu	624 (14.29%)	707 (14.38%)
4. Kyusyu	340 (7.79%)	374 (7.61%)
5. Tohoku	145 (3.32%)	167 (3.40%)
6. Chugoku	114 (2.61%)	120 (2.44%)
7. Hokkaido	98 (2.24%)	108 (2.20%)
8. Shikoku	54 (1.24%)	61 (1.24%)

参考 アナリティクスヘルプ＞データインポート＞地理データについて
https://support.google.com/analytics/answer/6160484

5-9 拡張データをインポートする ④コンテンツデータ

「コンテンツデータ」のインポートでは、キーディメンションの「ページ」に対して、そのページに関連する情報をインポートデータで付加して記録させることができます。
主な用途としては、「ページ」に対して、そのページ（記事など）の執筆者情報をインポートして付加したレポートを作成したい場合などが考えられます。
また、機能としては、ヒットスコープのカスタムディメンション同士の紐づけや、同じくヒットスコープのカスタム指標のインポートにも利用することができます。

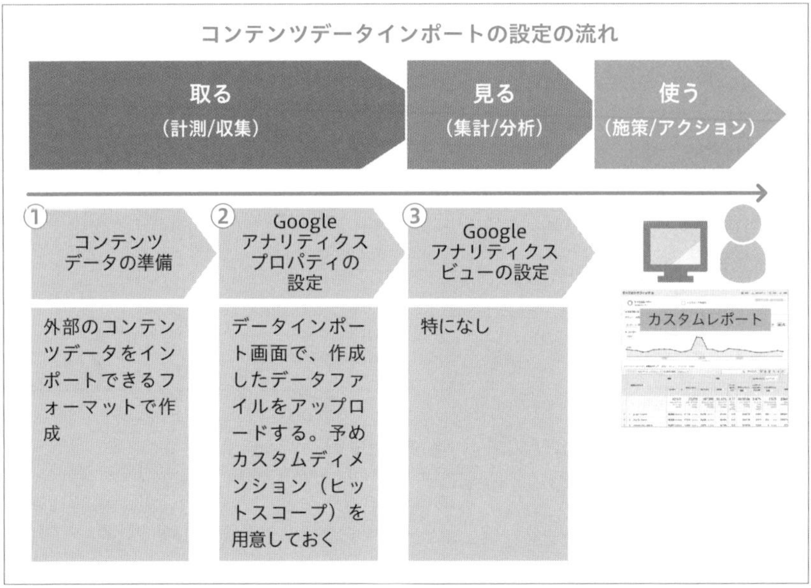

カテゴリ	データセットタイプ	キーディメンション	インポートデータ
拡張データ	コンテンツデータ	・ページ ・任意のカスタムディメンション（ヒットスコープ）	・ページ ・任意のカスタムディメンション（ヒットスコープ） ・任意のカスタム指標（ヒットスコープ）

本節では、ブログサイトのページごとに、そのページの執筆者情報をインポートする想定での手順を説明します。

設定手順

1 ヒットスコープのカスタムディメンションを用意する

執筆者情報をインポートするために、ヒットスコープのカスタムディメンションを作成します。

※カスタムディメンションについては「3-16　カスタムディメンションを設定する」を参照ください。

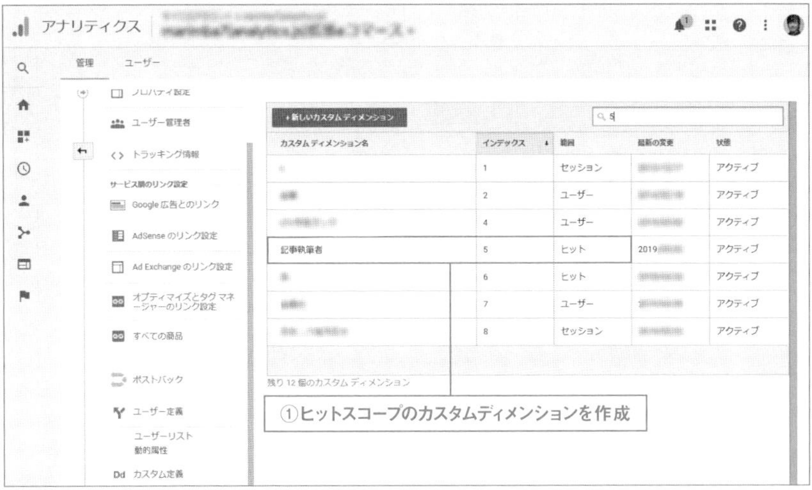

2 「コンテンツデータ」のスキーマを設定する

データインポート画面から「コンテンツデータ」を選択し「続行」で進みます。

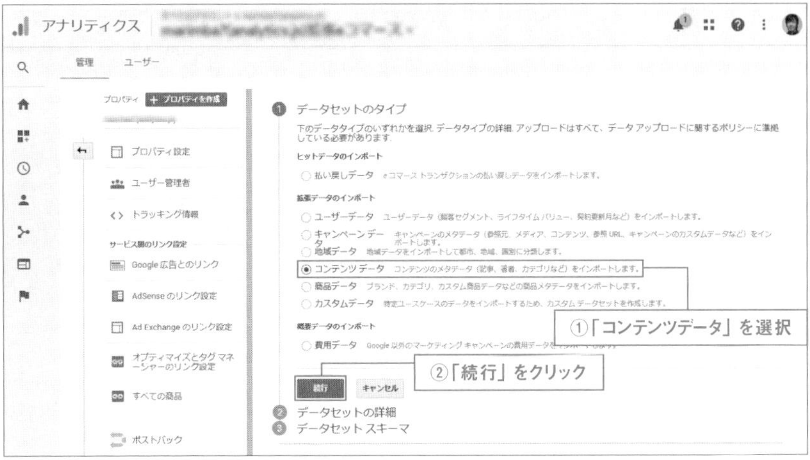

キーディメンションは「ページ」、インポートデータは、先ほど作成しておいたヒットスコープのカスタムディメンション「記事執筆者」を選択します。

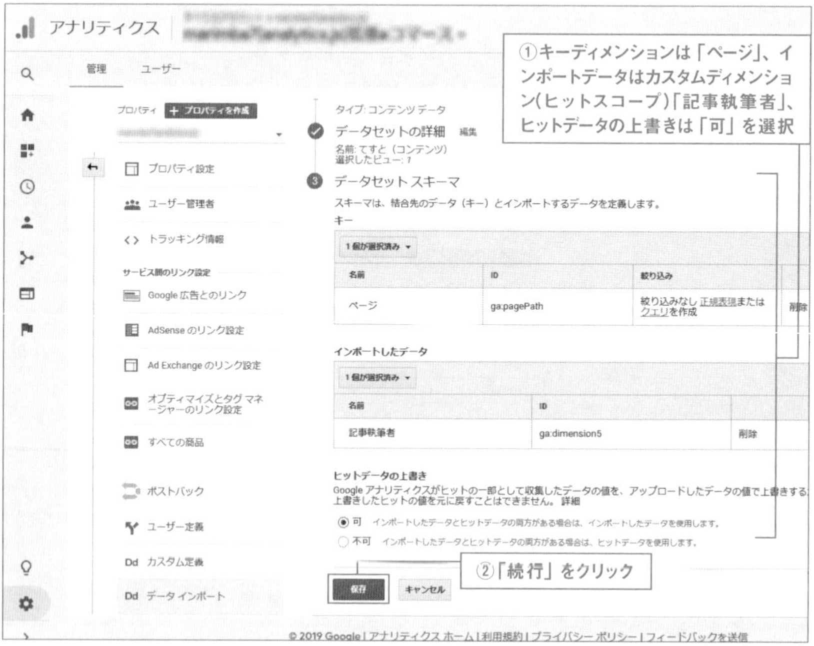

前節と同じ要領でスキーマのテンプレートをダウンロードしたら、ページごとに執筆者データを入力してアップロードファイルを作成します。

作成したファイルをアップロードできたら完了です。
インポートしたデータは、カスタムレポートで確認することができます。

参考 アナリティクスヘルプ＞データインポート＞コンテンツ データについて
https://support.google.com/analytics/answer/6066726?hl=ja&ref_topic=6231203

5-10 拡張データをインポートする ⑤商品データ

「商品データ」のインポートは、拡張eコマース計測をしているプロパティのみ利用できる機能です。キーディメンションの「商品SKU」に対して、購入商品に関連する情報をインポートしておき、付加して記録させることができます。
また、カスタムディメンションには、通常利用される「ヒットスコープ」「セッションスコープ」「ユーザースコープ」とは別に用意されている「商品スコープ」を、カスタム指標とともにここで利用することができます。拡張eコマースで計測可能な既定のディメンション以外のデータを利用したい場合に、利用することができます。

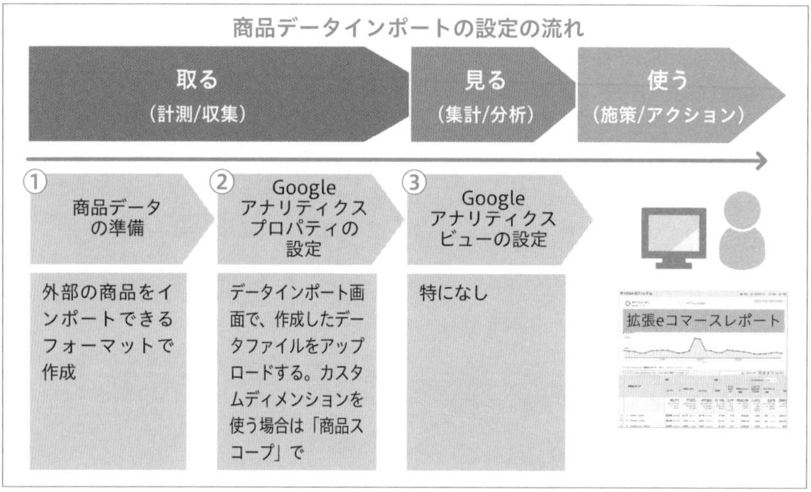

カテゴリ	データセットタイプ	キーディメンション	インポートデータ
拡張データ	商品データ	・商品のSKU	・商品 ・商品カテゴリ（拡張eコマース） ・商品バリエーション ・商品ブランド ・商品価格 ・カスタムディメンション（商品スコープ） ・カスタム指標（商品スコープ）

本節では、キーディメンションである「商品SKU」に対して、「商品カテゴリ」情報をインポートして、集計レポートを作成する想定での手順を説明します。

設定手順

1 「商品データ」のデータスキーマを設定します。

データインポート設定画面から「商品データ」を選択し「続行」で進みます。

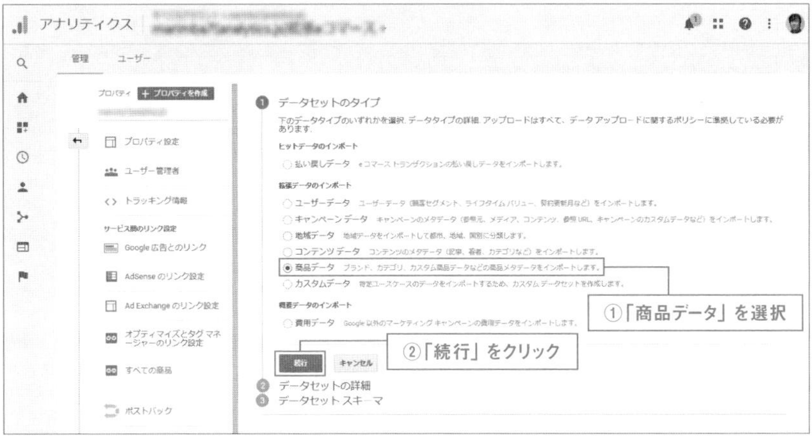

キーディメンションは「商品SKU」、インポートデータは「商品カテゴリ(拡張eコマース)」を選択し、ヒットデータ上書きは「可」で「続行」します。

前節と同様の要領でスキーマのテンプレートをダウンロードしたら、「商品SKU」「商品カテゴリ(拡張eコマース)」それぞれにデータを入力し、アップロードファイルを作成します。

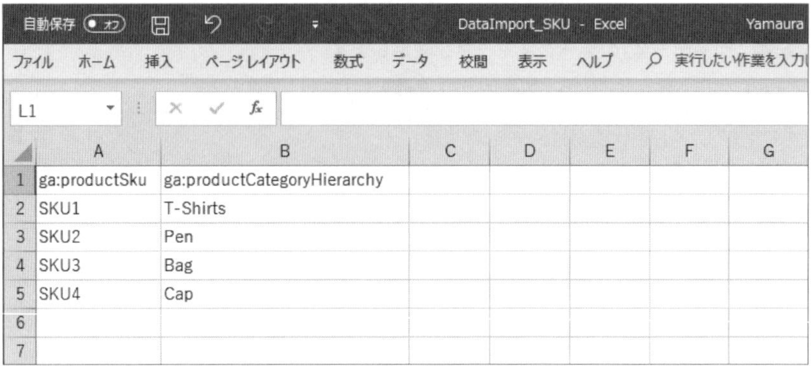

作成したファイルのアップロードができたら完了です。
データは「eコマース＞商品の販売状況」画面で、プライマリディメンションを「商品SKU」、セカンダリディメンションを「商品カテゴリ(拡張eコマース)」にすることで、以下のように確認することができます。

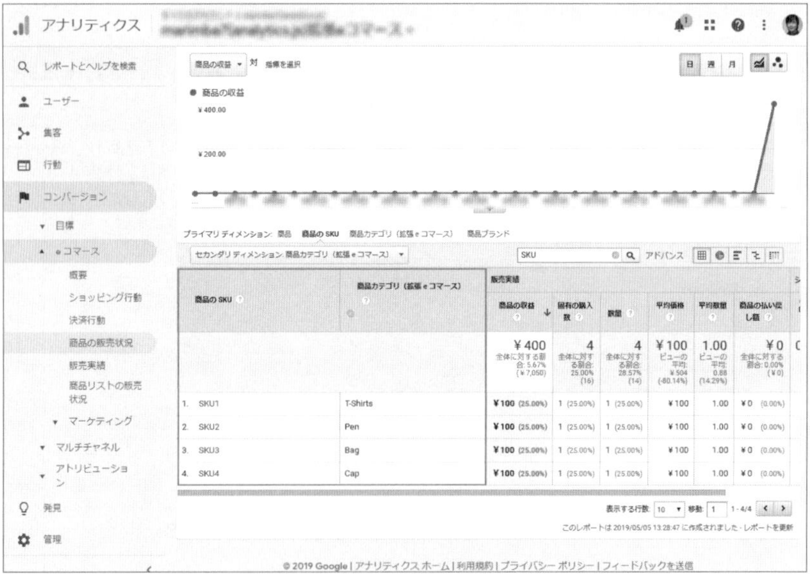

参考 アナリティクスヘルプ＞データインポート＞商品データについて
https://support.google.com/analytics/answer/6066852

5-11 拡張データをインポートする ⑥カスタムデータ

「カスタムデータ」では、「キーディメンション」「インポートデータ」ともに、より柔軟に選択、設定が行えます。これまで解説してきた各データセット（タイプ）は、特定のキーディメンションを想定したスキーマ設計になっており、紐づけるインポート側のデータもキーディメンションの「スコープ互換性」の支配を受ける形となっていました。「カスタムデータ」では「キーディメンション」の選択肢が格段に増え、すべてのスコープを対象にしたカスタムディメンションも利用できることから、自由にカスタマイズされたスキーマを設計することが可能になっています。

※もちろん、キーディメンションとインポートデータとの組み合わせは、「スコープ互換性」に基づいて設計する必要があります。

カスタムデータインポートの設定の流れ

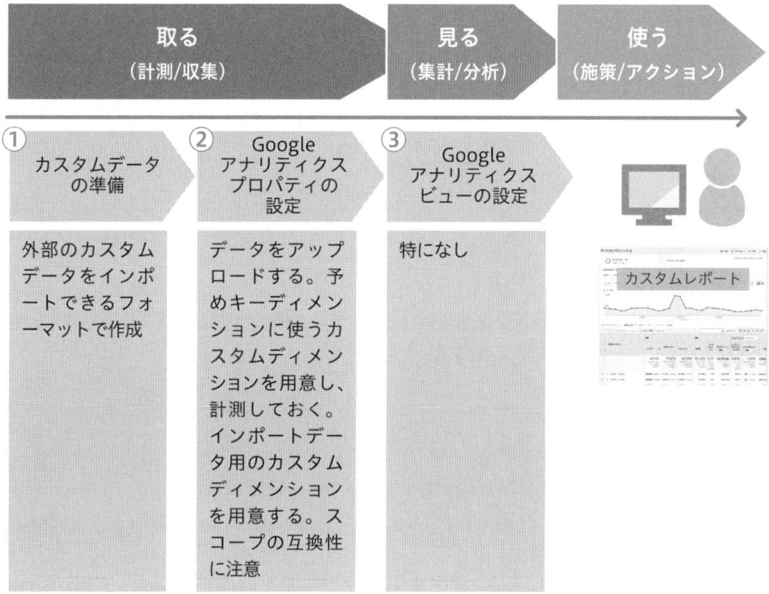
取る
（計測/収集）
見る
（集計/分析）
使う
（施策/アクション）
① カスタムデータの準備
② Google アナリティクス プロパティの設定
③ Google アナリティクス ビューの設定
外部のカスタムデータをインポートできるフォーマットで作成
データをアップロードする。予めキーディメンションに使うカスタムディメンションを用意し、計測しておく。インポートデータ用のカスタムディメンションを用意する。スコープの互換性に注意
特になし
カスタムレポート

カテゴリ	データセットタイプ	キーディメンション	インポートデータ
拡張データ	カスタムデータ	【行動カテゴリ】 ・アプリのバージョン ・アプリケーションID ・アプリケーションインストーラID ・アプリ名 ・ページ ・ページタイトル ・ホスト名 【カスタムディメンション】 ・任意のカスタムディメンション（すべてのスコープ） 【ユーザーカテゴリ】 ・Javaサポート ・OSのバージョン ・オペレーティングシステム ・サービスプロバイダ ・セッション数 ・タブレット ・ネットワークドメイン ・ブラウザ ・ブラウザのバージョン ・モバイル入力セレクタ ・モバイル端末のマーケティング名 ・モバイル端末ブランド ・モバイル端末モデル ・モバイル（タブレット含む） ・画面の色 ・画面の解像度 ・言語	【行動カテゴリ】 ・アプリのバージョン ・アプリ名 ・ページ ・ページタイトル ・ホスト名 【カスタムディメンション/指標】 ・任意のカスタムディメンション（すべてのスコープ） ・任意のカスタム指標（すべてのスコープ） 【ユーザーカテゴリ】 ・Javaサポート ・OSのバージョン ・オペレーティングシステム ・タブレット ・ブラウザ ・ブラウザのバージョン ・モバイル入力セレクタ ・モバイル端末のマーケティング名 ・モバイル端末ブランド ・モバイル端末モデル ・モバイル（タブレット含む） ・画面の色 ・画面の解像度 ・言語

本節では、カスタムディメンション（ユーザースコープ）として計測する「会員ID」に対して、外部で分析をした「LTV（ライフタイムバリュー）予測ランク」データをインポートし、付加して記録させることを想定した手順を説明します。

設定手順

1 カスタムディメンション（ユーザースコープ）を設定する

今回は、キーディメンションとインポートデータ両方でカスタムディメンションを使います。両方ともユーザースコープで設定をします。
キーディメンションの「会員ID」には、文字通りユーザーのIDが計測できるように実装します。

※カスタムディメンションについては、「3-16　カスタムディメンションを設定する」を参照ください。

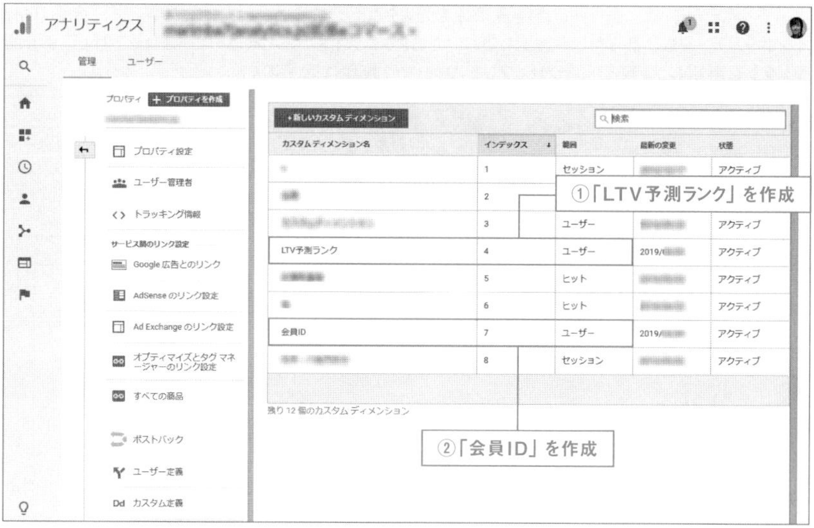

2 「カスタムデータ」のスキーマを設定する

データインポート画面から「カスタムデータ」を選択し「続行」で進みます。

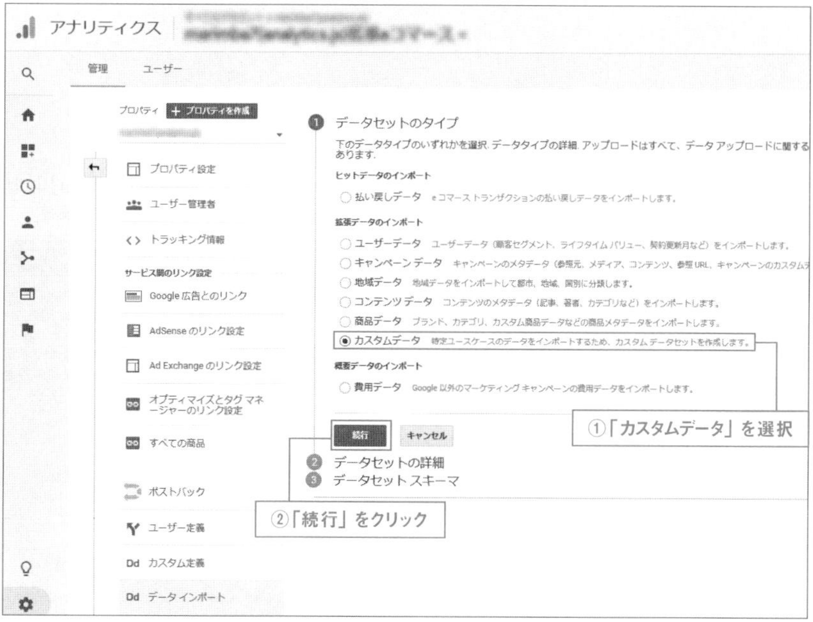

キーディメンションは、あらかじめ設定済みのカスタムディメンション(ユーザースコープ)「会員ID」、インポートデータも、あらかじめ設定しておいたカスタムディメンション(ユーザースコープ)「LTV予測ランク」を選択し、「続行」をクリックしてスキーマの設定は完了です。

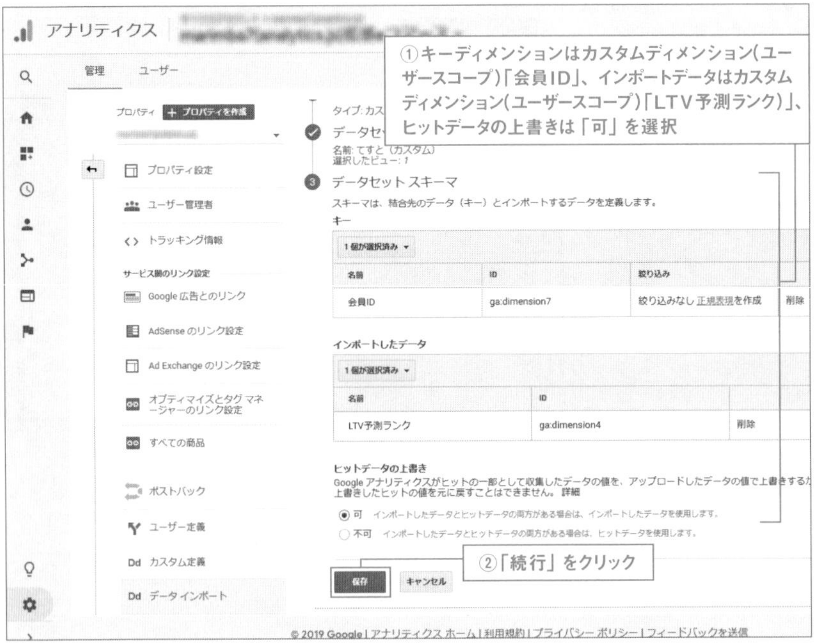

3 アップロードファイルを作成する

前節と同じ要領でスキーマのテンプレートをダウンロードしたら、キーディメンション「会員ID」に対応したインポートデータ「LTV予測ランク」データを入力し、アップロードファイルを作成します。

	A	B
1	ga:dimension7	ga:dimension4
2	a01	LTV1
3	a02	LTV2
4	a03	LTV3
5	a04	LTV4
6	a05	LTV5

作成したファイルのアップロードができたら完了です。
インポートしたデータの集計レポートはカスタムレポートによって確認することができます。

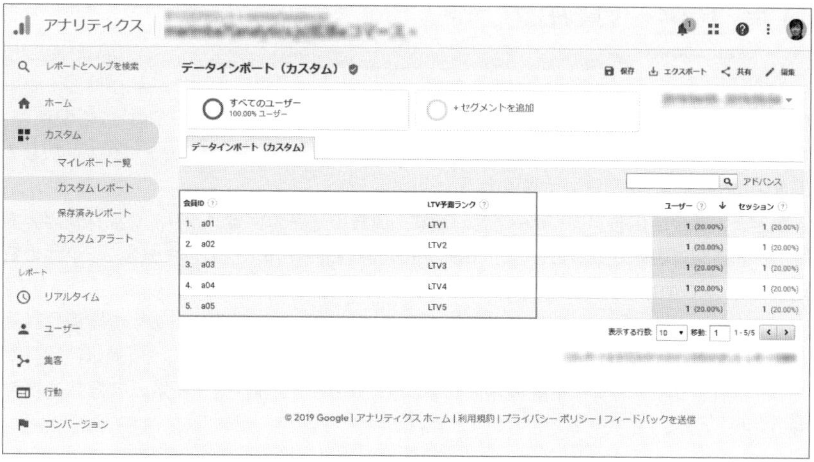

参考　アナリティクスヘルプ＞データインポート＞カスタムデータについて
https://support.google.com/analytics/answer/6066714

5-12 概要データをインポートする（費用データ）

概要データのインポート「費用データ」は、Google以外の広告キャンペーンの"広告配信側"のデータをGoogleアナリティクスにインポートし、キャンペーン計測したデータに付加してレポートに表示させることができます。

「集客＞Google広告」のレポートと同様に、広告の「表示回数」「クリック数」「費用」をレポート画面に表示させることで、（Google広告以外も含めた）広告キャペーン全体の費用対効果（ROAS）を見ることができるようになります。

キーディメンションとして「日付」「参照元」「メディア」があり、日別集計の中で実際に計測したキャンペーンの「参照元」「メディア」情報に紐づけられてインポートした「表示回数」「クリック数」「費用」データが集計表示されるようになります。加えて、任意の広告関連情報もインポートデータに入れることもできます。

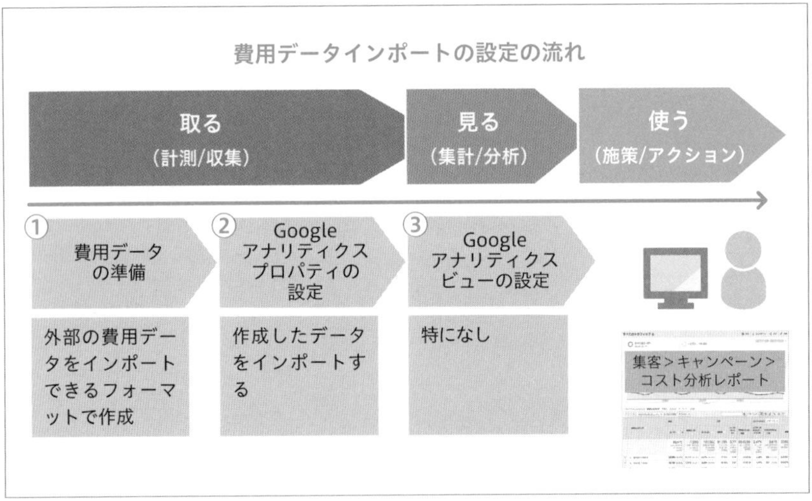

カテゴリ	データセットタイプ	キーディメンション	インポートデータ（ひとつは必須）	インポートデータ（任意で追加）
概要	費用データ	・日付 ・メディア ・参照元	・表示回数 ・クリック数 ・費用	【集客カテゴリ】 ・参照URL 【広告カテゴリ】 ・Google広告：広告グループ ・Google広告：広告スロット ・Google広告：広告スロット位置 ・Google広告の広告グループID ・Google広告の条件ID ・Google広告キャンペーンID ・キャンペーン ・キーワード ・リンク先URL ・広告のコンテンツ ・検索クエリ ・表示URL 【その他】 ・広告行2 ・広告行3 ・最終ページURL

本節では、「Yahooの検索広告」「Yahooのディスプレイ広告」の配信データ（表示回数、クリック数、費用）をインポートし、レポートを表示させる想定での手順を説明します。

設定手順

1 あらかじめYahooの広告側配信データを用意する

今回インポートするデータは本来Yahooの広告管理画面で見られるデータですので、Googleアナリティクスへのインポート用には、Yahoo広告管理画面からエクスポートしておく必要があります。その場合必ず「日別集計データ」である必要があります。

2 「費用データ」のスキーマを設定する

データインポート画面から「費用データ」を選択し「続行」で進みます。

選択するインポートデータは「クリック数」「表示回数」「費用」を選択し、インポートの処理方法は「合計する」を選択し「保存」でスキーマの設定を完了します。

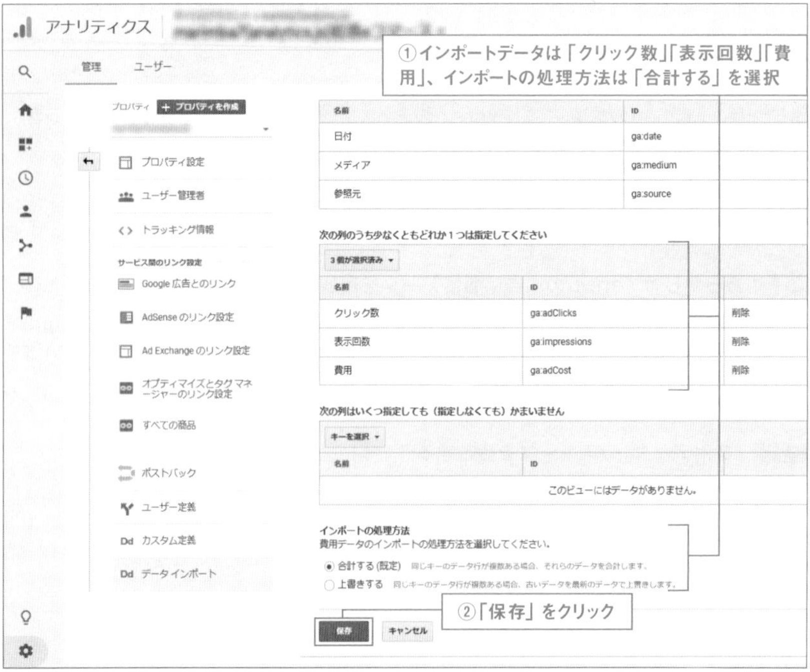

3 アップロードファイルを作成する

前節と同じ要領でスキーマのテンプレートをダウンロードしたら、Yahoo広告側からエクスポートしたデータを該当項目に入力して、アップロードファイルを作成します。

以下は、サンプルデータになります。

	A	B	C	D	E	F
1	ga:date	ga:medium	ga:source	ga:adClicks	ga:impressions	ga:adCost
2	20190503	cpc	yahoo	1	1	100
3	20190503	display	yahoo	1	1	120
4						
5						

作成したファイルのアップロードができたら完了です。
インポートしたデータは「集客＞キャンペーン＞コスト分析」で見ることができます。

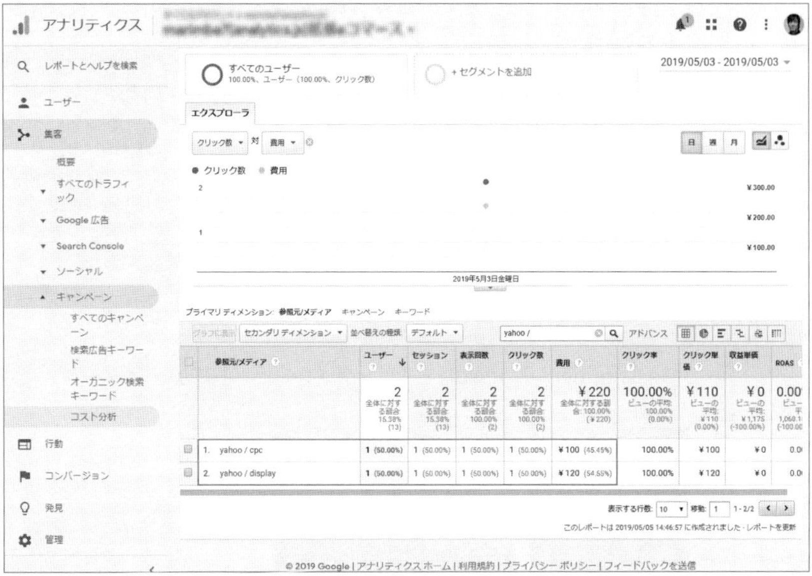

参考 アナリティクスヘルプ＞データインポート＞費用データについて
https://support.google.com/analytics/answer/6066858

COLUMN

Measurement Protocolとデータインポートの違い

本章では、オフラインデータの計測方法として、「Measurement Protocol」と「データインポート」について解説してきました。ふたつの手法は、オフラインデータをGoogleアナリティクスに統合する方法として非常に重要な手法なので、再度このコラムで違いを整理しておきます。

※本来、計測タグやモバイルアプリ計測からGoogleアナリティクスへ送信されるデータはすべて「Measurement Protocol」ヒット仕様ですが、ここではオフラインから任意に送信する手法としての「Measurement Protocol」を解説します。

データの計測方法の違い

「Measurement Protocol」と「データインポート」は、両方ともオフラインデータをGoogleアナリティクスに統合するときに利用できる手法ですが、データの計測方法には大きな違いがあります。

「Measurement Protocol」は、「ヒット」自体を外部から送信することで「サイトに訪問したと同じように計測する」方法ですが、「データインポート」はインポートしたデータとサイトに訪問したデータを(キーディメンションによって)紐づけるという手法になります。また、前節でも解説したように、「データインポート」については、インポート後に訪問したユーザーとのみ紐づく仕様になっているので、データをGoogleアナリティクスにインポートした段階では、計測されたヒットとは紐づけられていません(360版の「クエリタイム」インポート機能を利用すれば、あくまで集計上ですが過去のデータとの紐づけも可能になります)。

「Measurement Protocol」と「データインポート」の違い(イメージ)

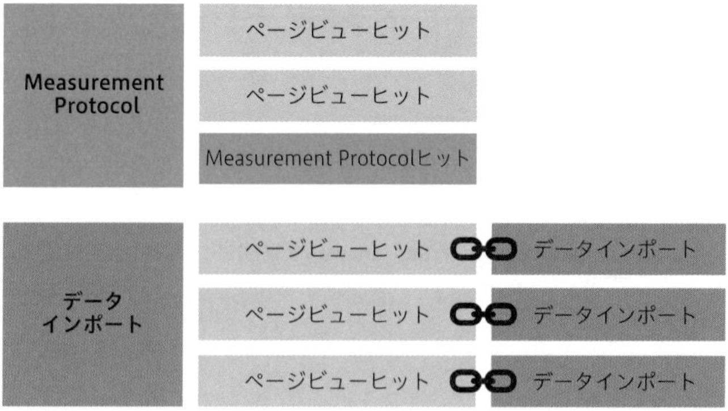

このように、「Measurement Protocol」は「計測」そのものなので、外部からの任意の送信は「ユーザー数」「セッション数」「ヒット（PVやイベント）数」として計測/集計対象になります。「データインポート」はリアルな訪問ヒットに紐づけられるため、インポートしたユーザーのデータが「ユーザー」「セッション」「ヒット」に加算されることはありません。
また、「Measurement Protocol」は「eコマーストランザクションヒット」など、CVデータとして送信することができるので、オフラインコンバージョン計測用の手法として利用することができます。一方の「データインポート」は、外部コンバージョンデータの計測としては向いていません。

データの活用方法の違い

このように、データの計測や統合のされ方が異なりますが、データの活用面ではそれぞれどのような利用方法が向いているのでしょうか？
「Measurement Protocol」は、外部コンバージョン計測手法として用いることができるため、Google広告へのコンバージョンデータインポートに利用されることが多くあります。Google広告では、Googleアナリティクスのコンバージョンデータをもとに自動入札運用を行うことが可能なため、「Measurement Protocol」を使って送信したオフラインコンバージョンデータによる自動入札も可能になります。
しかし、外部からのMeasurementProtocolによるヒット送信とウェブからのリアルな訪問ヒットはGoogleアナリティクス側では区別されているので、外部からのMeasurementProtocolによる「疑似ヒット」データをリマーケティングリストに使用することはできません（例:「ユーザーリスト」には過去30日以内にサイト訪問したユーザーという制限があるが、それ以前の訪問ユーザーのcidを使ったMeasurementProtocolヒットで「ユーザーリスト」を作ることはできません）。「データインポート」は、Googleアナリティクスでは計測できないようなユーザー属性や会員ランクなどをインポートすることによって訪問ユーザーのデータに付加することができるため、そのデータを利用した「ユーザーリスト」によるリマーケティングキャンペーンに利用されることが多くあります。
このように、データの利用目的によって「Measurement Protocol」と「データインポート」を上手に使い分けることができます。
上記で紹介した「Measurement Protocol」を使ったGoogle広告自動入札、「データインポート」を使った「ユーザーリスト」リマーケティングキャンペーンについては、第14章のケーススタディにて紹介していますので参照ください。

6章

広告・検索・来店データの収集

6-1 Google広告アカウントと連携する

Google広告とGoogleアナリティクスを連携することによって、Googleアナリティクスの標準レポート「集客＞Google広告」を見ることができるようになります。Google広告のデータ（インプレッション、クリック、費用、など）がGoogleアナリティクスにインポートされ、広告表示からコンバージョンまでの統合された集計を見ることができるようになるなど、Google広告のキャンペーンに関する様々な集計レポートにデータが表示されるようになります。また、連携設定をすることによって、Google広告からの流入計測に「自動タグ」が設定されるようになり、広告のリンク先URLに計測用のパラメータを付与する必要がなくなり非常に便利です。

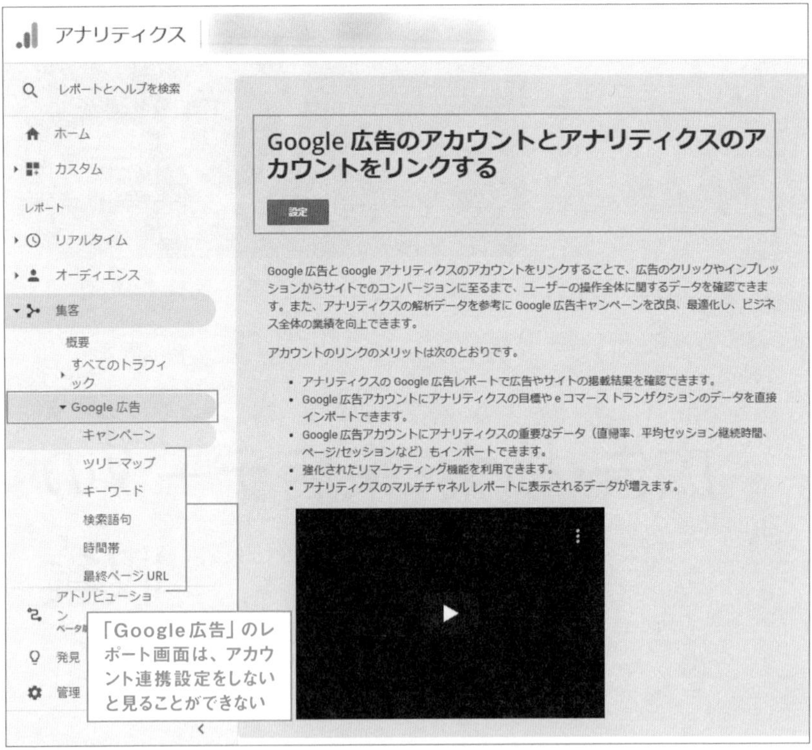
アナリティクス
レポートとヘルプを検索
ホーム
カスタム
レポート
リアルタイム
オーディエンス
集客
概要
すべてのトラフィック
Google 広告
キャンペーン
ツリーマップ
キーワード
検索語句
時間帯
最終ページ URL
アトリビューション
発見
管理
Google 広告のアカウントとアナリティクスのアカウントをリンクする
設定
Google 広告と Google アナリティクスのアカウントをリンクすることで、広告のクリックやインプレッションからサイトでのコンバージョンに至るまで、ユーザーの操作全体に関するデータを確認できます。また、アナリティクスの解析データを参考に Google 広告キャンペーンを改良、最適化し、ビジネス全体の業績を向上できます。
アカウントのリンクのメリットは次のとおりです。
アナリティクスの Google 広告レポートで広告やサイトの掲載結果を確認できます。
Google 広告アカウントにアナリティクスの目標や e コマース トランザクションのデータを直接インポートできます。
Google 広告アカウントにアナリティクスの重要なデータ（直帰率、平均セッション継続時間、ページ/セッションなど）もインポートできます。
強化されたリマーケティング機能を利用できます。
アナリティクスのマルチチャネル レポートに表示されるデータが増えます。
「Google広告」のレポート画面は、アカウント連携設定をしないと見ることができない

画面NAVI ■ Googleアナリティクス ▶▶集客 ▶▶Google広告（アカウント連携前の画面）

さらに、Googleアナリティクスのユーザーリストやコンバージョンデータを Google広告に提供することによって、Google広告のキャンペーンターゲティングや、自動入札の精度を高めて行くことも可能になります。

※Google広告とGoogleアナリティクス連携の基本理解については、「1-11　Google広告・Googleシグナルとの連携を理解する」を参照ください。

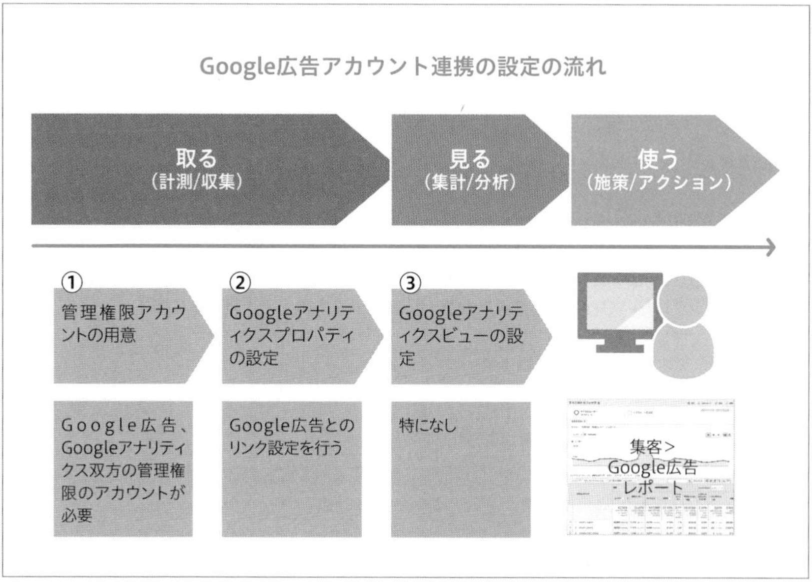

アカウント連携の設定は、「管理＞プロパティ設定の列＞Google広告とのリンク」で行うことができます。

設定手順

1　Google広告アカウントとのリンク設定を行う

まず、アカウント連携の設定を行うには、「Google広告」と「Googleアナリティクス」双方の"管理者権限"を持ったGoogleアカウントでログインをしている必要があります。

※Googleアナリティクスは、連携するプロパティの管理（編集）権限が必要。
また、この両方の管理権限を持つ状態は、この連携設定を行うときだけで良いので、連携設定後にどちらかの権限を外しても設定は維持されます。

「管理＞プロパティ設定列＞Google広告のリンク」から入ります。

ログインしたGoogleアカウントで運用している「Google広告アカウント」が自動的に表示されますので、リンクしたいGoogle広告アカウントにチェックを入れて「続行」します。

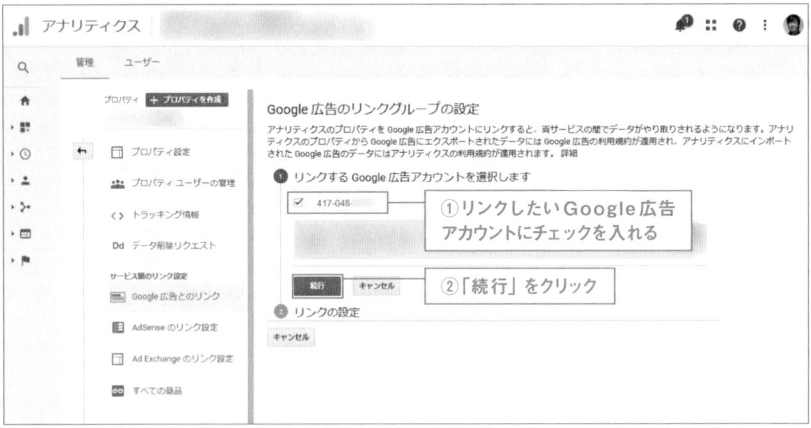

「リンクグループのタイトル」に任意のタイトルを入力し、データを反映させたいビューを選択し「オン」にします。
Google広告の計測を「自動タグ」で行う場合は、そのまま「アカウントをリンク」をクリックしますが、もし計測を「カスタムURL(手動タグ)」で行う場合は、「詳細設定」を開き、「自動タグ設定を変更しない」を選択します。
「自動タグ」設定は、Google広告側の設定画面からも設定可能ですが、Googleアナリティクスで上記の連携設定をすることによって、Google広告側も自動的に「自動タグ」が「オン」になりますので、Google広告側での設定作業は不要です。

※「自動タグ」については次々節「6-3　Google広告を計測する(自動タグの利用)」で、「カスタムURL(手動タグ)」については「6-4　Google広告以外のキャンペーンを計測する(カスタムURLの利用)」で解説します。

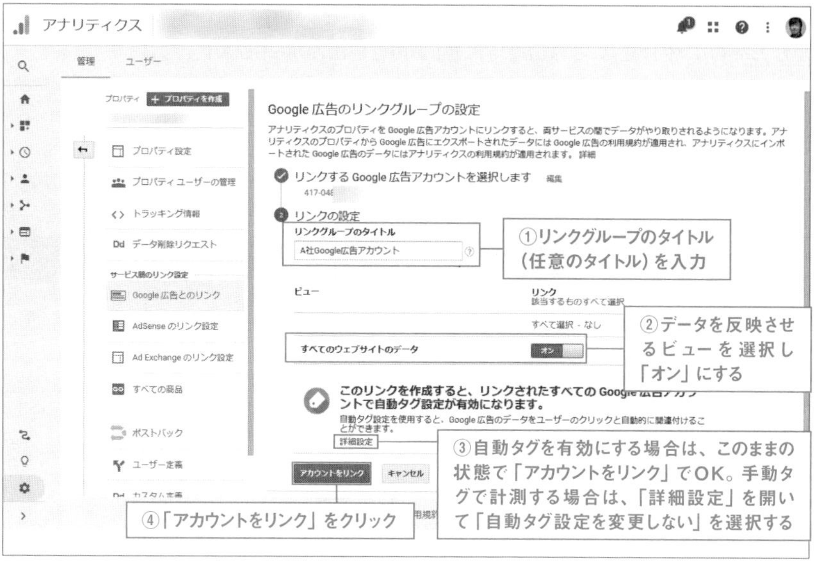
アナリティクス
管理
ユーザー
プロパティ
＋ プロパティを作成
プロパティ設定
プロパティ ユーザーの管理
トラッキング情報
データ削除リクエスト
サービス間のリンク設定
Google 広告とのリンク
AdSense のリンク設定
Ad Exchange のリンク設定
すべての商品
ポストバック
ユーザー定義
Google 広告のリンクグループの設定
アナリティクスのプロパティを Google 広告アカウントにリンクすると、両サービスの間でデータがやり取りされるようになります。アナリティクスのプロパティから Google 広告にエクスポートされたデータには Google 広告の利用規約が適用され、アナリティクスにインポートされた Google 広告のデータにはアナリティクスの利用規約が適用されます。詳細
リンクする Google 広告アカウントを選択します
編集
リンクの設定
リンクグループのタイトル
A社Google広告アカウント
①リンクグループのタイトル（任意のタイトル）を入力
ビュー
リンク
該当するものすべて選択
すべて選択 - なし
すべてのウェブサイトのデータ
オン
②データを反映させるビューを選択し「オン」にする
このリンクを作成すると、リンクされたすべての Google 広告アカウントで自動タグ設定が有効になります。
自動タグ設定を使用すると、Google 広告のデータをユーザーのクリックと自動的に関連付けることができます。
詳細設定
③自動タグを有効にする場合は、このままの状態で「アカウントをリンク」でOK。手動タグで計測する場合は、「詳細設定」を開いて「自動タグ設定を変更しない」を選択する
アカウントをリンク
キャンセル
④「アカウントをリンク」をクリック

最後に「完了」をクリックして、設定は終了です。データが反映されるまでに、最大で24時間かかる場合があります。
また、このページにはアカウント連携によって可能になる機能の解説と、ヘルプへのリンクがあるので参照すると良いでしょう。

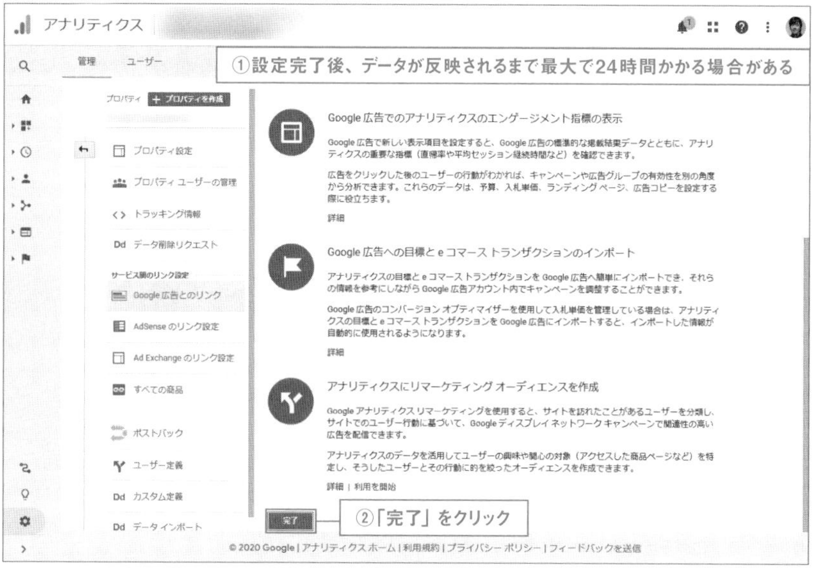
アナリティクス
管理
ユーザー
①設定完了後、データが反映されるまで最大で24時間かかる場合がある
プロパティ
＋ プロパティを作成
プロパティ設定
プロパティ ユーザーの管理
トラッキング情報
データ削除リクエスト
サービス間のリンク設定
Google 広告とのリンク
AdSense のリンク設定
Ad Exchange のリンク設定
すべての商品
ポストバック
ユーザー定義
カスタム定義
データインポート
Google 広告でのアナリティクスのエンゲージメント指標の表示
Google 広告で新しい表示項目を設定すると、Google 広告の標準的な掲載結果データとともに、アナリティクスの重要な指標（直帰率や平均セッション継続時間など）を確認できます。
広告をクリックした後のユーザーの行動がわかれば、キャンペーンや広告グループの有効性を別の角度から分析できます。これらのデータは、予算、入札単価、ランディング ページ、広告コピーを設定する際に役立ちます。
詳細
Google 広告への目標と e コマース トランザクションのインポート
アナリティクスの目標と e コマース トランザクションを Google 広告へ簡単にインポートでき、それらの情報を参考にしながら Google 広告アカウント内でキャンペーンを調整することができます。
Google 広告のコンバージョン オプティマイザーを使用して入札単価を管理している場合は、アナリティクスの目標と e コマース トランザクションを Google 広告にインポートすると、インポートした情報が自動的に使用されるようになります。
詳細
アナリティクスにリマーケティング オーディエンスを作成
Google アナリティクス リマーケティングを使用すると、サイトを訪れたことがあるユーザーを分類し、サイトでのユーザー行動に基づいて、Google ディスプレイ ネットワーク キャンペーンで関連性の高い広告を配信できます。
アナリティクスのデータを活用してユーザーの興味や関心の対象（アクセスした商品ページなど）を特定し、そうしたユーザーとその行動に的を絞ったオーディエンスを作成できます。
詳細 | 利用を開始
完了
②「完了」をクリック
© 2020 Google | アナリティクス ホーム | 利用規約 | プライバシー ポリシー | フィードバックを送信

2 Google広告側からのリンク設定を行う

アカウントのリンク設定は、「Google広告」側の管理画面からも簡単に行うことができます。

※この場合も、リンクする双方のアカウントの管理権限を持つGoogleアカウントでログインしている必要があります。

まず、Google広告管理画面の「ツールと設定」をクリックして開き、「リンクアカウントをクリック」して入ります。

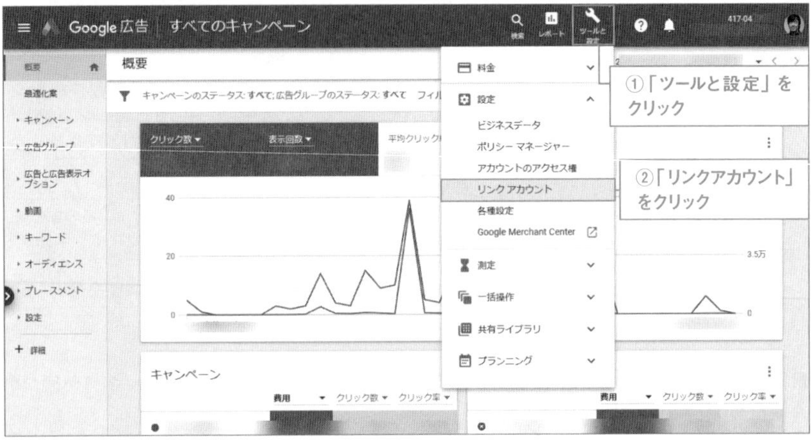

Google 広告 すべてのキャンペーン
検索
レポート
ツールと設定
概要
最適化案
キャンペーン
広告グループ
広告と広告表示オプション
動画
キーワード
オーディエンス
プレースメント
設定
詳細
料金
設定
ビジネスデータ
ポリシー マネージャー
アカウントのアクセス権
リンク アカウント
各種設定
Google Merchant Center
測定
一括操作
共有ライブラリ
プランニング
キャンペーン
費用
クリック数
クリック率
①「ツールと設定」をクリック
②「リンクアカウント」をクリック

Googleアナリティクスの「詳細」をクリックします。

Google 広告 リンク アカウント
Google アナリティクス
Google アナリティクスでは、お客様の広告をクリックまたは閲覧したユーザーがサイトで取った行動について理解を深められます。サイトのエンゲージメントに関する指標をインポートしたり、アナリティクスの目標やトランザクションをコンバージョンとして計測したり、アナリティクスで作成したオーディエンスをインポートしたりすることが可能になります。
詳細
Google Firebase
お客様の広告キャンペーンが Android アプリと iOS アプリのインストール数およびアプリ内ユーザー行動に及ぼしている効果を把握できるようになります。Firebase のオーディエンスを基にモバイルアプリのリマーケティング リストを作成したり、Google 広告の費用データを Firebase で確認したりもできるようになります。
①Googleアナリティクスの「詳細」をクリック
Google Play
現在のアプリユーザーでオーディエンスを作成し、アプリ内購入をコンバージョンとして計測することで、どの広告がユーザーのアクションにつながったかについて理解を深めることができます。
詳細
Salesforce®
Salesforce Sales Cloud アカウントから目標到達プロセスのデータをインポートすると、オフライン コンバージョンの促進にオンライン広告がどの程度貢献しているかを測定できます。
詳細
第三者のアプリ分析プロバイダ
第三者アプリ分析プロバイダやお客様独自のソフトウェア開発キット（SDK）を Google 広告アカウントにリンクすると、お客様の Android アプリと iOS アプリのユーザーリストとコンバージョンを確認できるようになります。
Google Hotel Center
Google 広告のオーディエンス リストを Hotel Center アカウントと共有しましょう。オーディエンス リストの入札単価調整は Hotel Center で指定できます。

リンクするプロパティの「リンク」をクリックします。

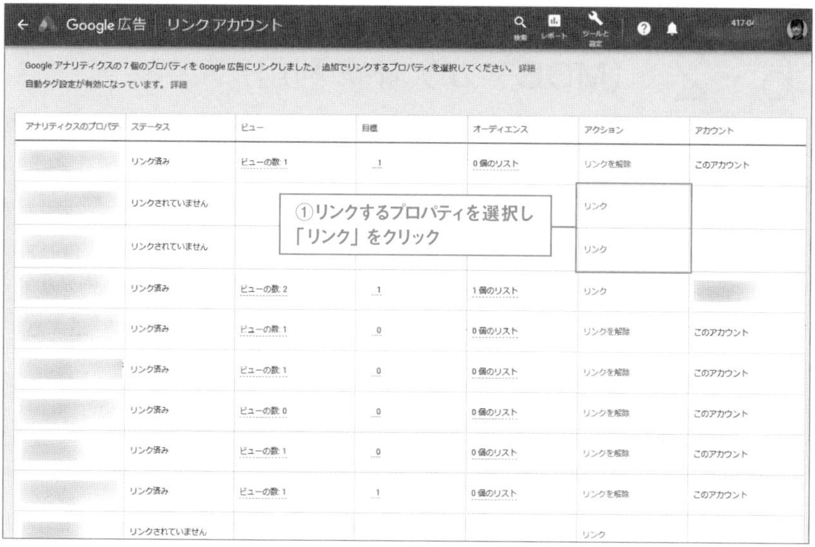

プロパティ内のビューを選択して「リンク」を「オン」にします。また、「サイトに関する指標をインポートする」を「オン」にすることで、Googleアナリティクス側の指標の内「直帰率」「平均セッション時間(秒)」「ページ/セッション」「新規セッション率」をGoogle広告側のレポートに表示させることができます。これにより、キャンペーン経由でのサイト訪問セッションのサイト内での行動を知ることに役立てることができるようになります。

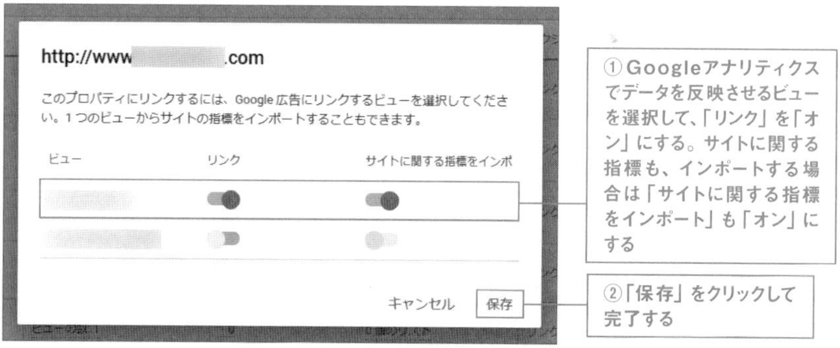

参考 Google広告ヘルプ＞Google広告レポートのGoogleアナリティクスデータについて
https://support.google.com/google-ads/answer/6332958

参考 Google広告ヘルプ＞GoogleアナリティクスデータをGoogle広告レポートに追加する
https://support.google.com/google-ads/answer/2617364

6-2 Google広告アカウントと連携する（MCCアカウントの利用）

MCCアカウントとは

クライアントセンター（MCC）アカウント（以下、MCCアカウント）は、Google広告のアカウントを管理するための"統合アカウント"のようなしくみで、複数のGoogle広告アカウントをまとめて管理するためのしくみです。MCCアカウントについての詳細は、以下を参照ください。

参考 Google広告ヘルプ＞クライアントセンター（MCC）アカウントを使用する
https://support.google.com/google-ads/topic/7554904

「Google広告」と「Googleアナリティクス」の関係で言えば、Googleアナリティクスは計測サイトに対して原則ひとつのプロパティ（複数プロパティを実装する場合もあります）ですが、そのサイトへ集客するGoogle広告アカウントは複数存在するケースがほとんどかと思います。様々な広告キャンペーンを「ひとつのGoogle広告アカウント」で管理できていれば問題ないですが、キャンペーンによって複数のGoogle広告アカウントに分かれてしまっているケースは多いのではないでしょうか。
ひとつのサイトに対する集客キャンペーンを、複数のGoogle広告アカウントのキャンペーンで行っているケースでは、その個々のGoogle広告アカウントと、個別にGoogleアナリティクスアカウント連携をする必要があります。

「Google広告アカウント」と「Googleアナリティクス」プロパティの連携

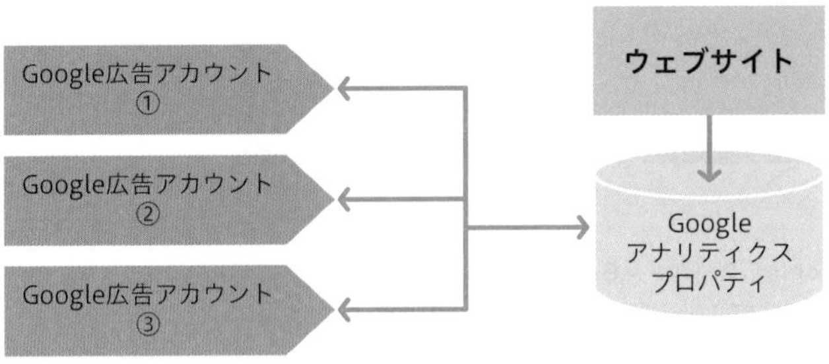

※個々にリンク設定を行う必要がある

しかし、MCCアカウントで複数のGoogle広告アカウントを管理している場合は、MCCアカウントとGoogleアナリティクスのプロパティを連絡することで、MCCアカウント内のGoogle広告アカウントは一括して連携されることになります（MCCアカウントのログインアカウントは、そこに含まれる各Google広告アカウントの管理権限も持つため、一括でGoogleアナリティクスとの連携が可能です）。

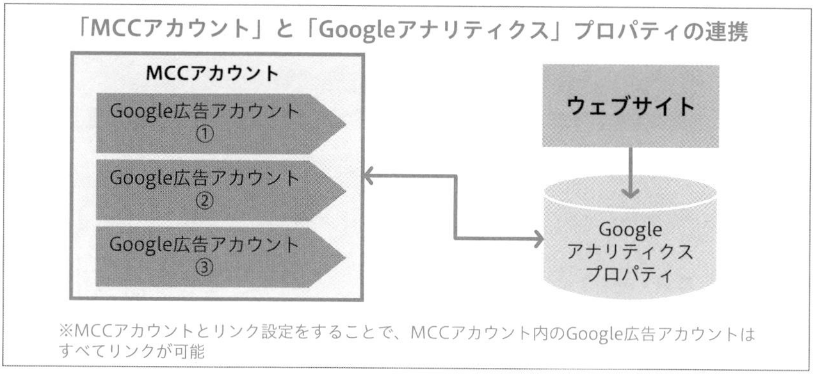

このように、Googleアナリティクスと連携するGoogle広告アカウントがMCCアカウントに属している場合は、MCCアカウントとの連携も検討してみてください。
MCCアカウントとの連携方法は以下の通りです。

設定手順

Googleアナリティクスの「管理＞プロパティ列＞Google広告とのリンク」を開き、表示されるMCCアカウントを選択し「続行」をクリックします。

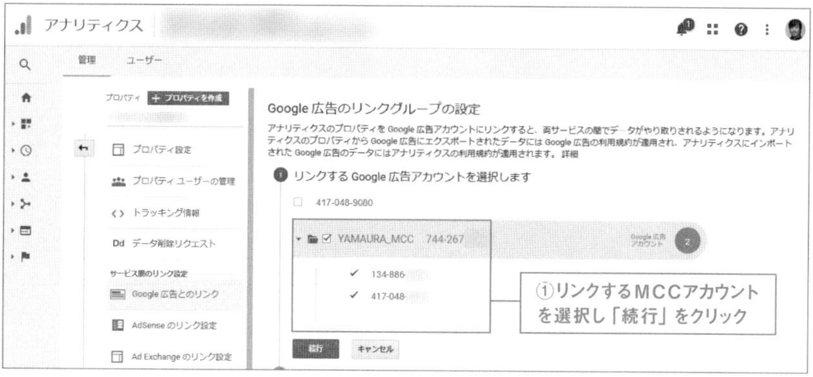

画面NAVI Googleアナリティクス ▸ 管理 ▸ プロパティ列 ▸ Google広告とのリンク

表示されたビューの中から、データを反映させるビューを選択し「オン」にして、「保存」をクリックします。
次の画面で「完了」をクリックして終了です。

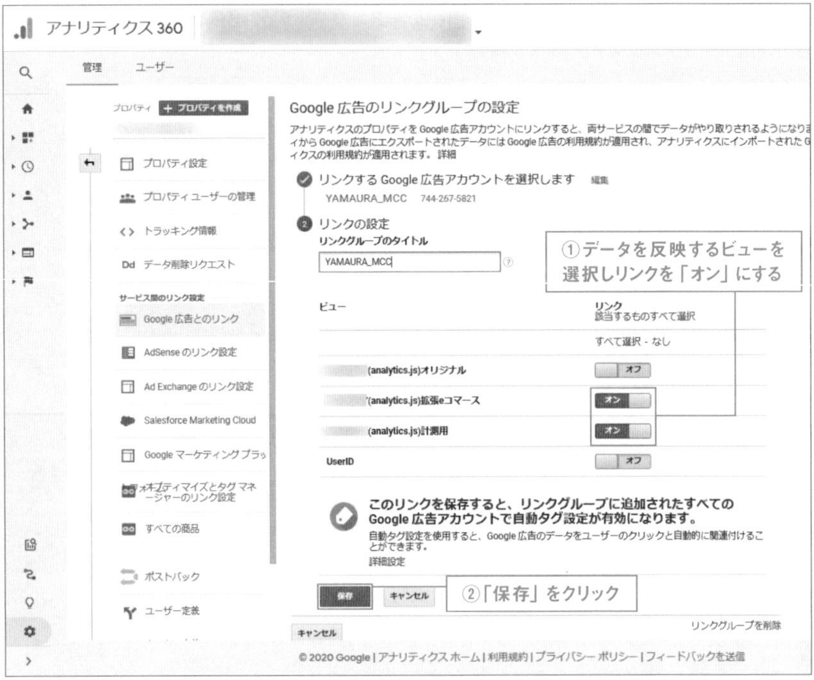

画面NAVI ■ Googleアナリティクス ▶▶管理 ▶▶プロパティ列 ▶▶Google広告とのリンク

6-3 Google広告を計測する(自動タグの利用)

前々節でも解説したように、GoogleアナリティクスとGoogle広告のアカウントリンク設定を行うことによって「自動タグ」設定が「オン」になります(Google広告のアカウントリンク設定については、前々節「6-1　Google広告アカウントと連携する」を参照ください)。
通常、外部からのキャペーン計測には、広告のリンク先URLに計測用のパラメータ(Googleアナリティクスでは「カスタムURL(手動タグ)」と言う)を付与する場合が多く、作業上の負荷がかかります。「自動タグ」は、この作業から解放され、作業ミスによる計測漏れの心配もないため非常に便利な機能です。
また、作業上のメリットだけではありません。Google広告アカウントとのリンクによってGoogleアナリティクス側にインポートされるデータの種類も、「カスタムURL(手動タグ)」が5つのディメンションしか計測できないのに対して、「自動タグ」によってGoogle広告からインポートされるディメンションは計12個となり、より多くの分析が行えるようになります。

■「手動タグ」と「自動タグ」の計測ディメンション比較

	カスタムURL(手動タグ)	自動タグ
1	Source(参照元)	Source(参照元)
2	Medium(メディア)	Medium(メディア)
3	Campaign(キャンペーン)	Campaign(キャンペーン)
4	Content(広告コンテンツ)	Content(広告コンテンツ)
5	Term(キーワード)	Term(キーワード)
6	-	クエリのマッチタイプ(キーワードと検索クエリのマッチ条件)
7	-	広告グループ(対象のキーワード、広告、クリックに関連する広告グループ)
8	-	最終ページURL(Google広告の最終ページURL)
9	-	広告フォーマット(テキスト、ディスプレイ、動画)
10	-	広告掲載ネットワーク(Google検索ネットワーク)
11	-	プレースメントのドメイン(広告が表示されたコンテンツネットワーク上のドメイン)
12	-	Google広告お客様ID(Google広告アカウントに設定されている固有の番号(3部構成))

※アナリティクスヘルプを参考に筆者が作成

［参考］アナリティクスヘルプ＞自動タグ設定のメリット
https://support.google.com/analytics/answer/1733663

自動タグ「GCLID」とは

自動タグとは、文字通りキャンペーン計測用のパラメータが、自動的にリンク先URLに付与されるしくみのことです。
自動的に付与されるパラメータは「GCLID」と呼ばれるもので、実際のURLには以下のように付与されます。

www.mysite.com/?gclid=123xyz

GCLIDは「Google Click ID」の略で、文字通りGoogle広告のクリックを計測するために付与されるIDになります。
自動タグ計測を利用すると、このIDが自動的に付与されることで、Google広告側が持つデータとGoogleアナリティクス側の計測データが、統合されるしくみになっています。

手動タグ設定（UTM値）による自動タグ設定（GCLID値）のオーバーライド

自動タグには、計測パラーメータ（GCLID）の自動付与以外にも、上記で解説したように"ディメンション"が多く利用できるなどのメリットがあります。また、ITP対応のように、通常のメリット以外の目的で自動タグが利用されるケースも増えています。
このような場合（自動タグメリットを生かしながらキャンペーン計測は「カスタムURL（手動タグ）」の値で行いたい、または、ITP対応で自動タグをオンにしているが計測は手動タグで行っている、など）に利用できるのが、「手動タグ設定（UTM値）による自動タグ設定（GCLID値）のオーバーライド」機能です。
※「カスタムURL（手動タグ）」については、次節「6-4　Google広告以外のキャンペーンを計測する（カスタムURLの利用）」で解説します。

この機能は、「自動タグ」をオンにしたままで、キャンペーン計測の値は手動タグの値を優先（オーバーライド）させることができます。
「手動タグ設定（UTM値）による自動タグ設定（GCLID値）のオーバーライド」を有効にするには、次の画面から行います。

画面NAVI ■ Googleアナリティクス ▶▶管理 ▶▶プロパティ設定 ▶▶詳細設定

「手動タグ設定（UTM値）による自動タグ設定（GCLID値）のオーバーライド」については、以下のアナリティクスヘルプに詳細な解説がありますので参照ください。

参考 アナリティクスヘルプ＞Google広告の最終ページURLにタグを設定する>アナリティクス以外で自動タグ設定を使用する場合
https://support.google.com/analytics/answer/1033981#override

6-4 Google広告以外のキャンペーンを計測する(カスタムURLの利用)

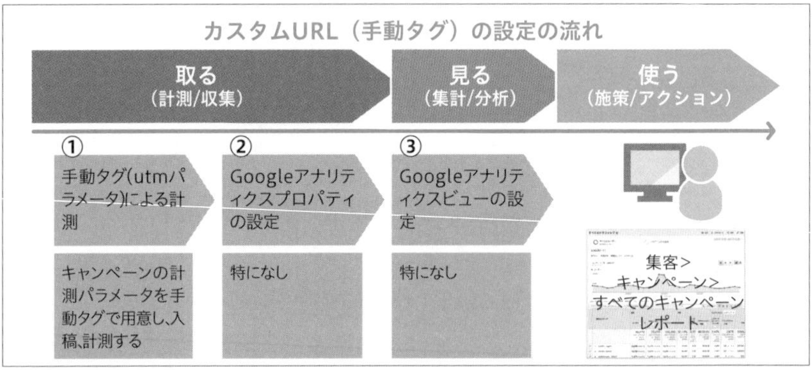

Google広告以外のキャンペーン計測では、「カスタムURL」(以下、手動タグ)と呼ばれる計測パラメータを広告の"リンク先URL"に付与して計測します。

	utm パラメータ名	ディメンション	内容
1	utm_sourse(必須)	参照元	サイト名、媒体名、などの種別
2	utm_medium(必須)	メディア	広告の種別(cpc,banner,mailなど)
3	utm_campaign(必須)	キャンペーン	キャンペーン名
4	utm_term(任意)	キーワード	有料検索広告のキーワード
5	utm_content(任意)	広告コンテンツ	広告コンテンツ

表のように、各パラメータに付与できる値にはルールがあります。パラメータは"ディメンション"なので、レポート画面に反映されたときに統一された集計になるように、すべてのキャンペーンにおいて各パラメータに入れる値のルール(パラメータルール)を決めておくことをお勧めします。

URL生成ツール

URL生成ツールは、画面上のフィールドに必要な値(広告のリンク先URLや各パラメータの値)を入力することで、入稿に必要なURLのセットを作成してくれる便利なツールです。

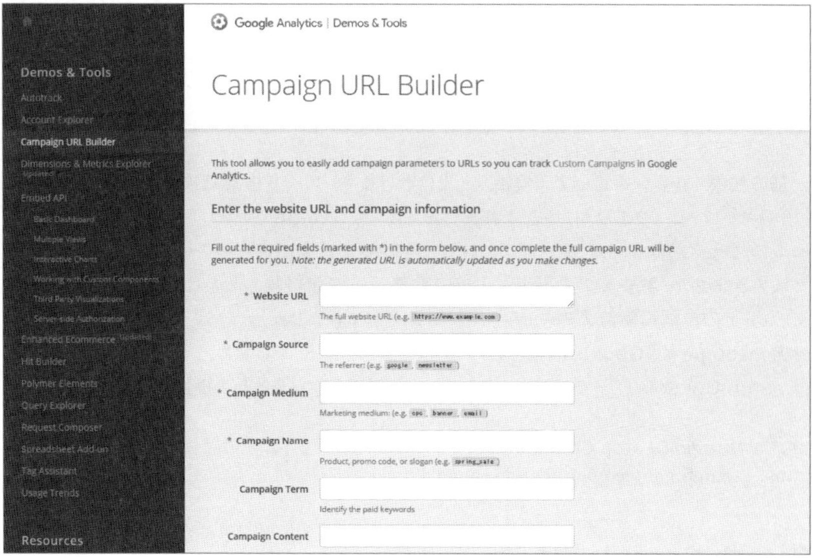

参考 URL生成ツール
https://ga-dev-tools.appspot.com/campaign-url-builder/

カスタムURLの例

最終的には、以下のようなURLになります。

utm_sourse	google
utm_medium	cpc
utm_campaign	Summer-sale

http://www.example.com/?utm_source=google&utm_medium=cpc&utm_campaign=summer-sale

手動タグ設定の詳細については、アナリティクスヘルプに詳細な解説がありますので参照ください。

参考 アナルティクスヘルプ＞カスタムURLでキャンペーンデータを収集する
https://support.google.com/analytics/answer/1033863

6-5 Search Consoleデータと連携する

一部の検索エンジンを除いて、検索サイトにおけるキーワード検索結果からのサイト流入に「検索キーワード（クエリ）」は含まれません。よって、Googleアナリティクスに限らずいわゆる"アクセス解析ツール"すべてにおいて、自然検索流入時のキーワードはほぼ計測することはできません（数多くの企業サイトでの実務で筆者が経験したところによると、確実に90％以上の自然検索流入のキーワードは計測されていません）。
一方、Googleは、Google検索における"検索キーワード"をはじめとする様々なデータを、「Search Console（サーチコンソール）」という無料のツールとして提供しています。

［参考］ Google Search Console
https://search.google.com/search-console

Search Consoleとは

Search Console自体は、Googleのクローラーが各サイトを巡回した際に取得できるデータから、サイトの構造やリンク状況、エラー、などのサイト運営に重要なデータをサイトごとに集計し、提供してくれるものです。それと同時に、Googleの検索エンジンへの登録や各種設定など検索とサイトの関係をより良好にするための機能も含まれています（Search Consoleに登録すれば、SEO効果がある、というものではありません）。
Search Consoleの詳細については以下のヘルプサイトを参照ください。

［参考］ Search Consoleヘルプ
https://support.google.com/webmasters

Search ConsoleデータとGoogleアナリティクスの連携

その中のデータのひとつとして、Google検索で実際に検索されたキーワードに関連するデータ（表示回数、クリック数、ランディングページなど）があります。Googleアナリティクスと Search Consoleの連携をすることによって、Googleアナリティクスのレポート画面で、自然検索キーワードに関連するデータを見ることができるようになります。

画面NAVI ■ Googleアナリティクス ▶▶ 集客 ▶▶ Search Console ▶▶ 検索クエリ

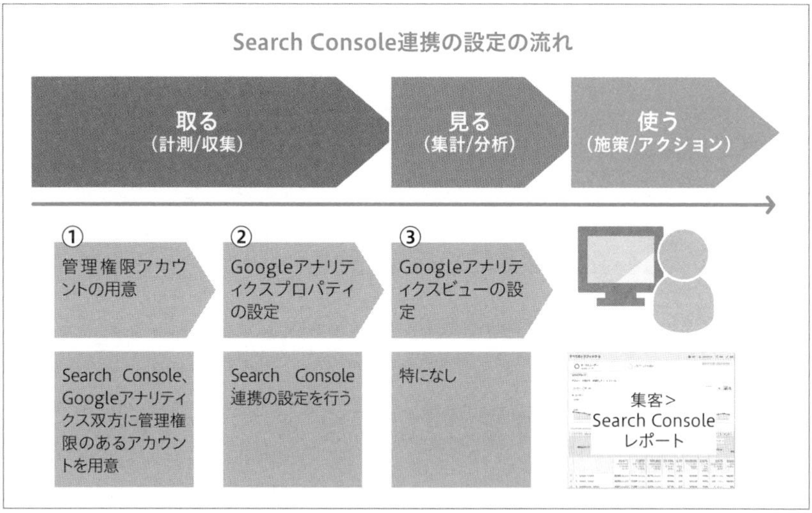

Search Consoleとの連携設定

連携を行うには、GoogleアナリティクスとSearch Consoleの両方に管理権限を持つ、ログインアカウントが必要になります。

設定手順

まず、Googleアナリティクスの「管理＞プロパティ列＞すべての商品」から「Search Console」を選択し設定画面に入ります。

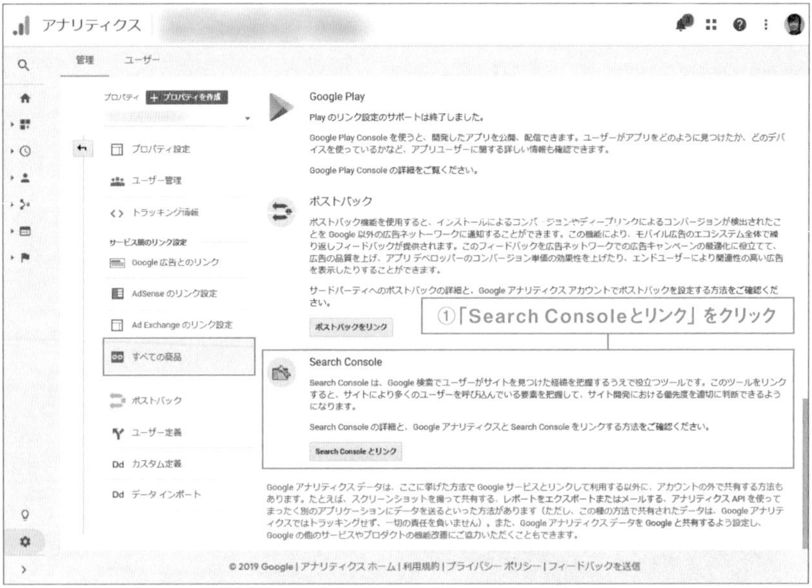

アナリティクス
管理
ユーザー
プロパティ
＋ プロパティを作成
プロパティ設定
ユーザー管理
トラッキング情報
サービス間のリンク設定
Google 広告とのリンク
AdSense のリンク設定
Ad Exchange のリンク設定
すべての商品
ポストバック
ユーザー定義
Dd カスタム定義
Dd データ インポート
Google Play
Play のリンク設定のサポートは終了しました。
Google Play Console を使うと、開発したアプリを公開、配信できます。ユーザーがアプリをどのように見つけたか、どのデバイスを使っているかなど、アプリユーザーに関する詳しい情報も確認できます。
Google Play Console の詳細をご覧ください。
ポストバック
ポストバック機能を使用すると、インストールによるコンバージョンやディープリンクによるコンバージョンが検出されたことを Google 以外の広告ネットーワークに通知することができます。この機能により、モバイル広告のエコシステム全体で繰り返しフィードバックが提供されます。このフィードバックを広告ネットワークでの広告キャンペーンの最適化に役立てて、広告の品質を上げ、アプリ デベロッパーのコンバージョン単価の効果性を上げたり、エンドユーザーにより関連性の高い広告を表示したりすることができます。
サードパーティへのポストバックの詳細と、Google アナリティクス アカウントでポストバックを設定する方法をご確認ください。
ポストバックをリンク
①「Search Consoleとリンク」をクリック
Search Console
Search Console は、Google 検索でユーザーがサイトを見つけた経緯を把握するうえで役立つツールです。このツールをリンクすると、サイトにより多くのユーザーを呼び込んでいる要素を把握して、サイト開発における優先度を適切に判断できるようになります。
Search Console の詳細と、Google アナリティクスと Search Console をリンクする方法をご確認ください。
Search Console とリンク
Google アナリティクス データは、ここに挙げた方法で Google サービスとリンクして利用する以外に、アカウントの外で共有する方法もあります。たとえば、スクリーンショットを撮って共有する、レポートをエクスポートまたはメールする、アナリティクス API を使ってまったく別のアプリケーションにデータを送るといった方法があります（ただし、この種の方法で共有されたデータは、Google アナリティクスではトラッキングせず、一切の責任を負いません）。また、Google アナリティクス データを Google と共有するよう設定し、Google の他のサービスやプロダクトの機能改善にご協力いただくこともできます。
© 2019 Google | アナリティクス ホーム | 利用規約 | プライバシー ポリシー | フィードバックを送信

画面NAVI ■ Googleアナリティクス ⏩ 管理 ⏩ プロパティ列 ⏩ すべての商品 ⏩ Search Console

「追加」をクリックしSearch Consoleの画面を開きます。

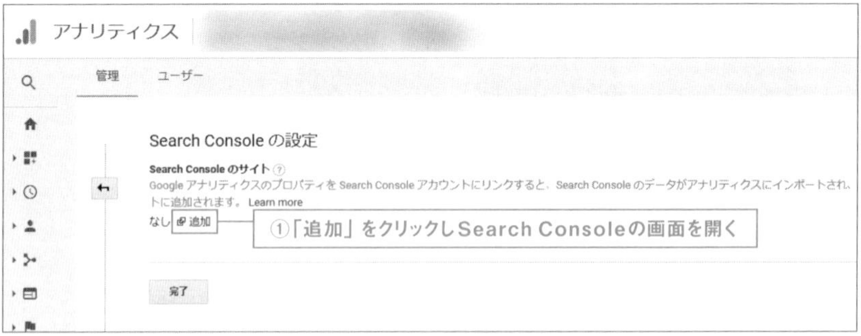

アナリティクス
管理
ユーザー
Search Console の設定
Search Console のサイト
Google アナリティクスのプロパティを Search Console アカウントにリンクすると、Search Console のデータがアナリティクスにインポートされ、
トに追加されます。 Learn more
なし 追加
①「追加」をクリックしSearch Consoleの画面を開く
完了

Search Consoleで表示された画面から連携対象のサイトを選択して「保存」をクリックします。その後、改めてGoogleアナリティクスの画面を確認しに行ってください。

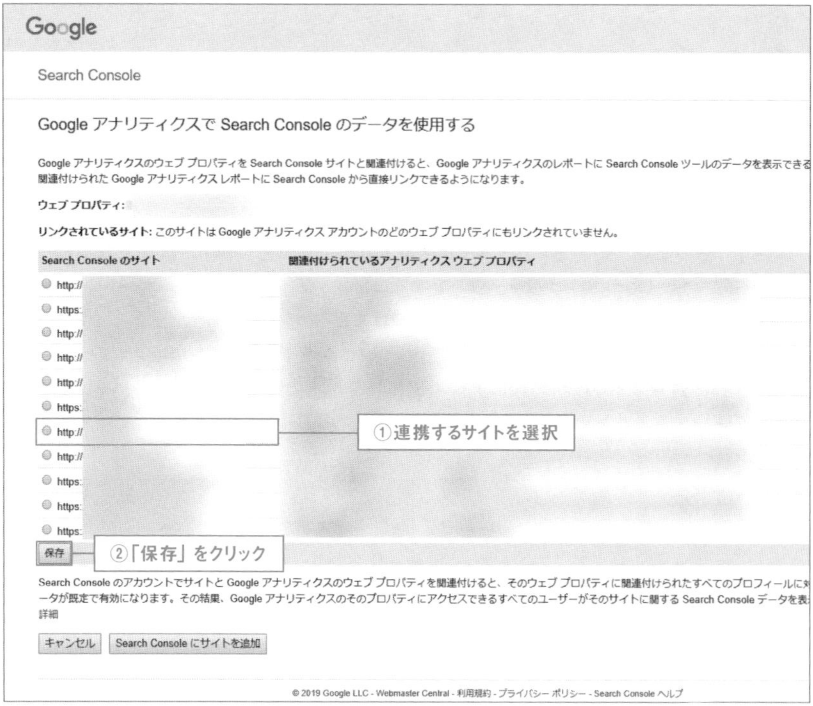
Google
Search Console
Google アナリティクスで Search Console のデータを使用する
Google アナリティクスのウェブ プロパティを Search Console サイトと関連付けると、Google アナリティクスのレポートに Search Console ツールのデータを表示できる
関連付けられた Google アナリティクス レポートに Search Console から直接リンクできるようになります。
ウェブ プロパティ:
リンクされているサイト: このサイトは Google アナリティクス アカウントのどのウェブ プロパティにもリンクされていません。
Search Console のサイト
関連付けられているアナリティクス ウェブ プロパティ
①連携するサイトを選択
保存
②「保存」をクリック
Search Console のアカウントでサイトと Google アナリティクスのウェブ プロパティを関連付けると、そのウェブ プロパティに関連付けられたすべてのプロフィールに対
ータが既定で有効になります。その結果、Google アナリティクスのそのプロパティにアクセスできるすべてのユーザーがそのサイトに関する Search Console データを表
詳細
キャンセル
Search Console にサイトを追加
© 2019 Google LLC - Webmaster Central - 利用規約 - プライバシー ポリシー - Search Console ヘルプ

画面NAVI ■ Search Console画面

Googleアナリティクスの画面の方では、上記で設定したサイトドメインが表示されますので、連携データを反映させるビューを選択して「保存」すれば完了になります。

アナリティクス
管理
ユーザー
Search Console の設定
Search Console のサイト
Google アナリティクスのプロパティを Search Console アカウントにリンクすると、Search Console のデータがアナリティクス
トに追加されます。 Learn more
削除
有効なビュー
2 個のビューが選択済み
①連携したサイトドメインが表示されるので、「有効なビュー」でデータを反映させるビューを選択
保存
キャンセル
②「保存」をクリック

6-6 来店データを計測する

「来店」データとは

「来店」データとは、文字通りユーザーが店舗を訪問したかどうか？が計測されたデータという意味になり、Googleアナリティクスでは「コンバージョン＞来店」レポートでも確認できるようになりました(執筆時点2020年2月ではまだベータ版)。
来店計測は、Google広告ではすでに実装されている機能ですが、Googleアナリティクスにおいては計測対象サイトに訪問後に実際に店舗に訪問したかどうか？をコンバージョンデータとして確認することができます。

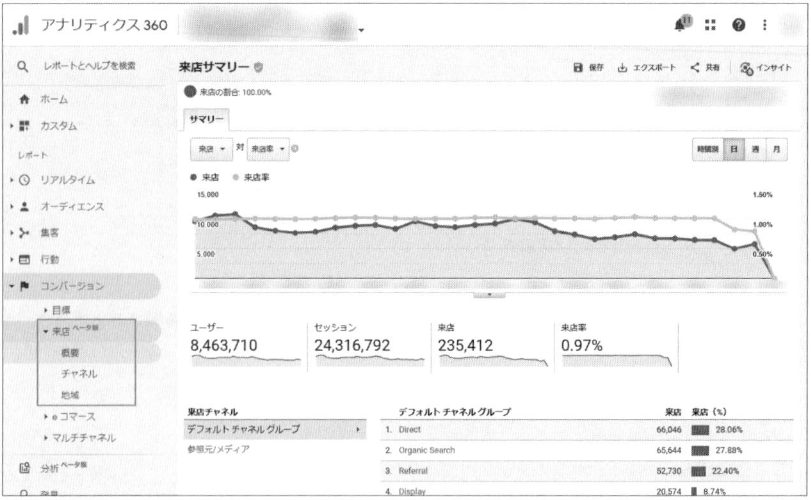

画面NAVI ■ コンバージョン ▶▶来店 ▶▶概要

来店データ計測のしくみ

来店データは、当然のことながらGoogleアナリティクスのトラッキングコードで計測できるデータではありません。Googleの様々なしくみを活用して計測されています。
来店データは、店舗にユーザーは訪問したか？というデータになるので、店舗の位置データとユーザーの位置データが必要になります。

- 店舗データ
  店舗データは「Googleマイビジネス」に登録された位置情報データが利用されています。
- ユーザーの位置データ
  ユーザーの位置データは、ユーザーの「Googleアカウント＞ロケーション履歴」がオンになっているユーザーのデータを利用しています（もちろん、スマートフォンの位置情報がオンになっている必要があります）。

来店計測にはこれらのデータが利用されていますが、特にユーザーの位置情報やロケーション履歴はすべてのユーザーがオンにしているわけではないので、ある一定のボリュームを前提とした推計値として算出しています。

「来店」レポート利用のための設定

前述のように、Googleの様々なしくみを利用して計測された来店データがGoogleアナリティクスにインポートされて、「コンバージョン＞来店」レポートに表示されているということになります。このレポートにデータを表示させるためには、Googleアナリティクスだけでなく、「Googleマイビジネス」「Google広告」のアカウントを持ち、以下のような各種設定がされていることが条件になります。

設定対象ツール	内容
Googleアナリティクス	・Googleシグナルがオンになっている ・Google広告とのアカウント連携されている ※セッション数の目安として10万セッション/月以上が必要
Googleマイビジネス	・複数の店舗登録がある ※目安として30店舗程度以上 ・Google広告へのリンク
Google広告	・住所表示オプションが有効になっている

※表中の目安は執筆時点のものであり、確定された閾値ではありません。ベータ版のため今後仕様が変更される可能性があります。

また、現時点ですべてのGoogleアナリティクスアカウント/プロパティに提供されているわけではなく、順次対象プロパティを広げていくと思われます。

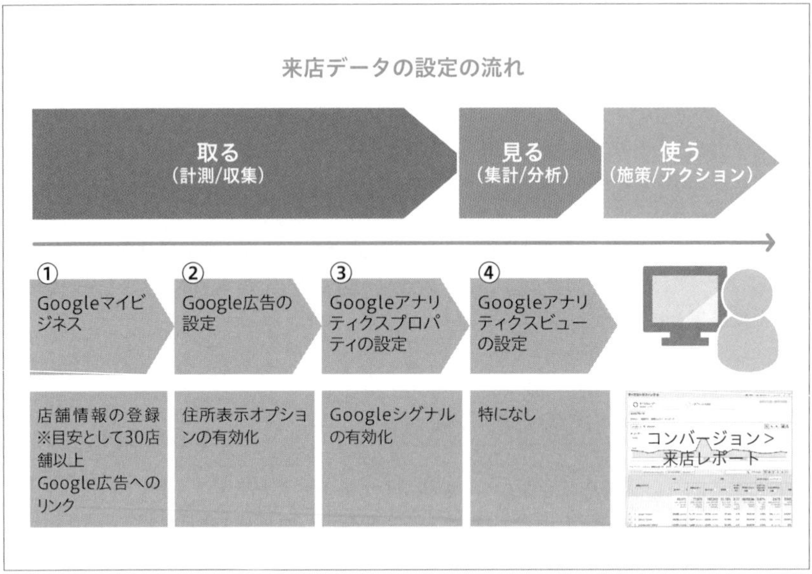

すべての設定が完了し、推定値を算出できるデータボリュームの蓄積と期間まで合わせると、データがレポート画面に表示されるまで3～4か月程度の時間がかかる場合があります。

※Googleシグナルを有効化後60日間が必要になります。

※サイトの規模や各ツールの設定状況によって異なります。

Googleシグナルの設定方法については、「3-2　トラッキング情報で計測データを定義する ①Googleシグナル」を参照ください。

※「Googleマイビジネス」並びに「Google広告」側での設定については、本書での解説は割愛させていただきます。各ツールのヘルプを参照ください。

参考　アナリティクスヘルプ＞Googleアナリティクスの来店レポート（ベータ版）の詳細
https://support.google.com/analytics/answer/7573498

7章

フィルタ・目標設定による
データ集計

7-1 ビュー設定の基本を理解する

ビュー（レポートビュー）は、計測しプロパティに蓄積されたデータの1次集計結果を表示するレポート全体を指します。皆さんがデータを見ているGoogleアナリティクスのレポートは、すべてこの「ビュー」ということになります。このように、「ビュー」は1次集計結果を表示するための設定とレポートのことですが、その集計にあたり、分析の目的やレポートの利用者ごとに、「集計の定義」を変える必要がでてきます。「ビューの設定」とは、計測・蓄積したデータを集計し、レポートに反映するにあたっての「集計の定義」を行う様々な設定のことです。

ビューレベルで定義できること

ビューの設定では、各ビューにおける集計についての様々な設定を行います。その設定内容に従って集計されたデータが、各レポート画面に反映されます。

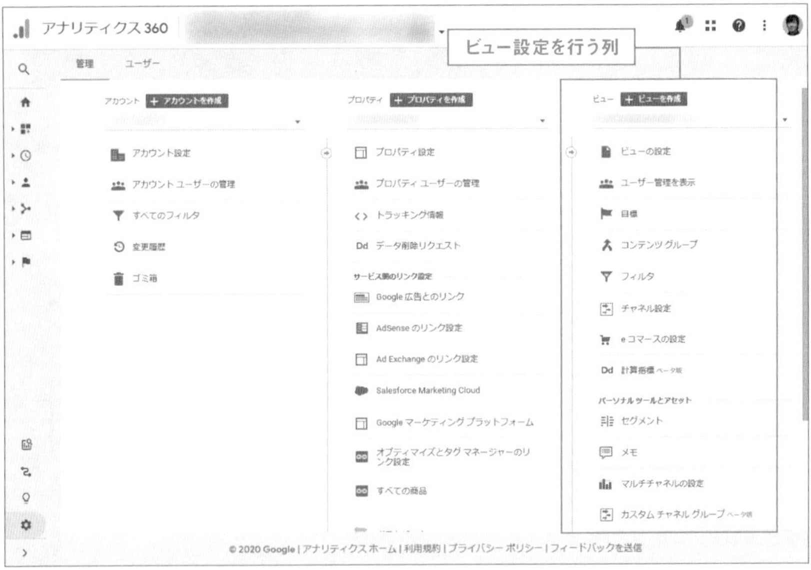

画面NAVI ■ 管理 ▶▶ビュー設定

ビュー設定でできる設定を、「取る」「見る」「使う」の活用ステップ（「2-1　データ活用のステップを理解する」参照）の中で説明すると、主に「見る（集計）」に関することを定義します。

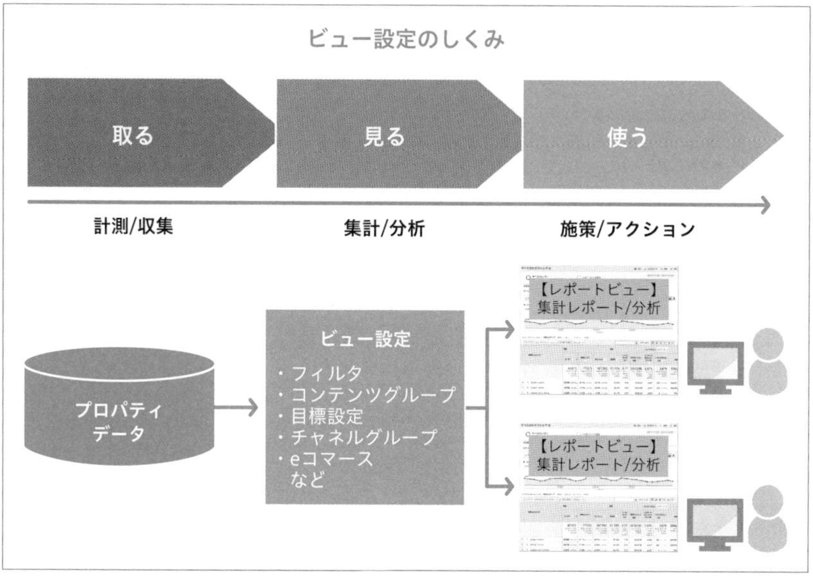

また、ビューの設定には、「ビュー全体に反映される設定」と「ログインユーザーのみに反映される設定」があります。「ビュー全体に反映される設定」はそのビューを閲覧可能なユーザー全員に影響しますが、「ログインユーザーのみに反映される設定」は個々のユーザーに紐づく設定なので、"自分だけ"のカスタマイズが可能な設定です。

■ ビュー全体に反映される設定

No.	項目	説明
1	目標設定	コンバージョン計測の集計定義をする
2	コンテンツグループ	ディレクトリ構造ではなく、集計や分析の目的によってコンテンツをグルーピングする
3	フィルタ（ビューフィルタ）	ビューの集計に不要なデータの除外などの設定をする
4	チャネル設定	「集客＞すべてのトラフィック＞チャネル」レポートのチャネルの詳細設定をする
5	eコマースの設定	eコマース計測を有効（オン）にする
6	計算指標	計算式によって指標をカスタマイズする

■ ログインユーザーのみに反映される設定

No.	項目	説明
1	セグメント	レポートデータを様々な切り口で"分けて比較"して見ることができる
2	メモ	レポート画面上の時系列グラフに"メモ"表記をする
3	マルチチャネルの設定	「マルチチャネル＞モデル比較ツール」レポートの各アトリビューションモデルの詳細設定をする
4	カスタムチャネルグループ	「集客＞すべてのトラフィック＞チャネル」レポートのチャネルをカスタマイズする
5	カスタムアラート	数値の"異常値"を検知し、メールでのアラートを設定する
6	メール配信スケジュール	レポートデータのエクスポートファイルを、メール添付で配信する設定をする
7	保存済みレポート	レポート画面上の各種設定を保存した「保存済みレポート」の管理をする
8	アセットの共有	上記の各設定を他のユーザーに共有をする

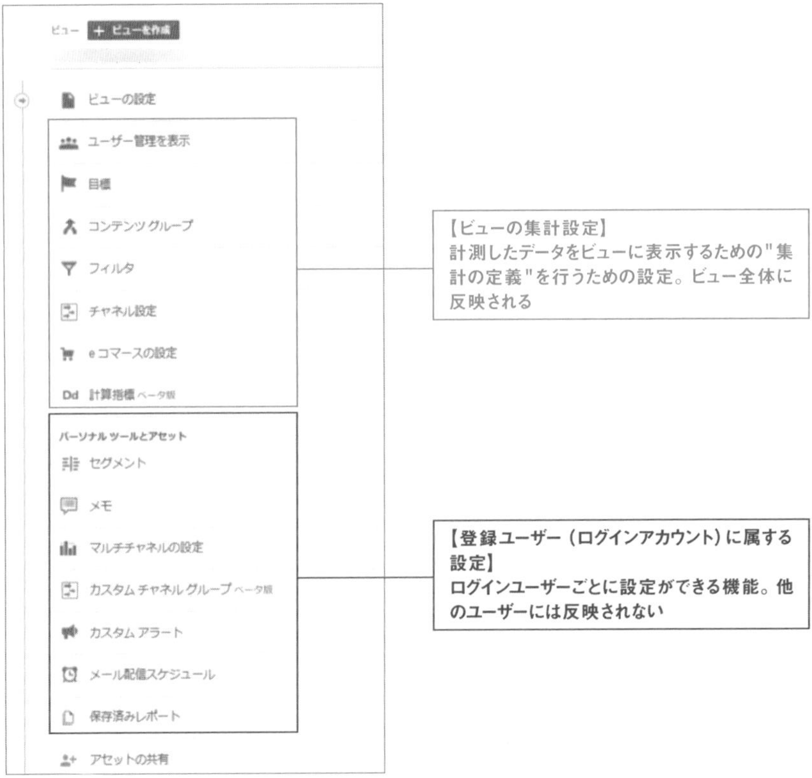

画面NAVI ■ 管理 ≫ビュー設定

「ビュー設定」はビューごとの"集計定義"を行う設定

このようにビューの設定は、そのサイト（やアプリ）から計測し、プロパティに蓄積されたデータを、ビューに集計するための設定を行える機能です。

※「プロパティ設定」については「3-1 プロパティ設定の基本を理解する」を参照ください。

参考 アナリティクスヘルプ＞ビューについて
https://support.google.com/analytics/answer/2649553

7-2 フィルタの基本を理解する

前節で解説したように、「ビューの設定」は計測したデータの集計定義を行いますが、その中でも一番重要で必要不可欠な設定が、「フィルタ」です（Googleアナリティクス内にある他の"フィルタ"という名称の機能と区別するために「ビューフィルタ」という場合もあります）。適切なビューを作成するためにフィルタ機能は必要不可欠ですので、しっかり理解しておくことが重要です。

「フィルタ」が行うふたつの仕事

フィルタには大きくふたつの機能があります。
ひとつは、集計の際に不要なデータを除外したり、特定の条件のデータのみを集計したりするなど、集計対象とするデータの条件を整える機能です。集計に不要なデータを「除外する」というのが、代表的な使い方になります。
ふたつ目に、集計の際の「URL表記」を整える、という機能があります。例えば、通常のレポート画面で計測したページURLが表示される場合は、「ホスト名（ドメイン名）」は表示されませんが、それをあえて表示させるようにしたりできます。また、URLの特定の文字を書き換え（置き換え）て、レポート上で読みやすくする、ということができます。

「フィルタ」設定の際の重要な前提知識

フィルタで設定された除外や文字列置換などの条件は、プロパティに蓄積されたデータが集計される段階で適用されます。ビューのレポート画面に表示されるデータは、「フィルタ」によって、除外や置き換え処理後のデータということになります。

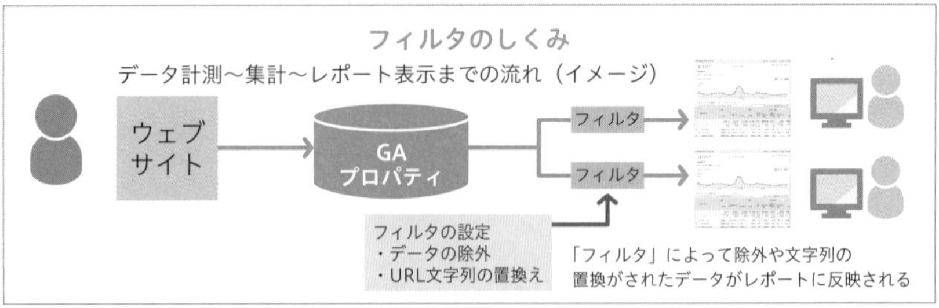

このため、フィルタを設定する際に知っておくべき重要なことがふたつあります。
ひとつは、一度フィルタによって除外や置き換え処理されたデータは元には戻らない、ということです。ふたつ目は、フィルタによる除外や置き換え処理は、過去データに反映されない、ということです。
このことによって、フィルタの設定は非常に慎重に進める必要があります。また、ビューを増やしていく場合には、バックアップデータとして、何もフィルタをかけていないビューをひとつ残しておくことを強くお勧めします。

複数のフィルタを設定していくときの注意点

ひとつのビューには、目的によって複数のフィルタを適用していく場合があります。その際に、フィルタは設定した順番に適用されていきます。ひとつ目のフィルタが処理された後のデータに、次のフィルタが適用される、といった具合です。そのため、フィルタの内容によっては、最終的な集計結果が想定されたものにならない場合もあるかもしれません。

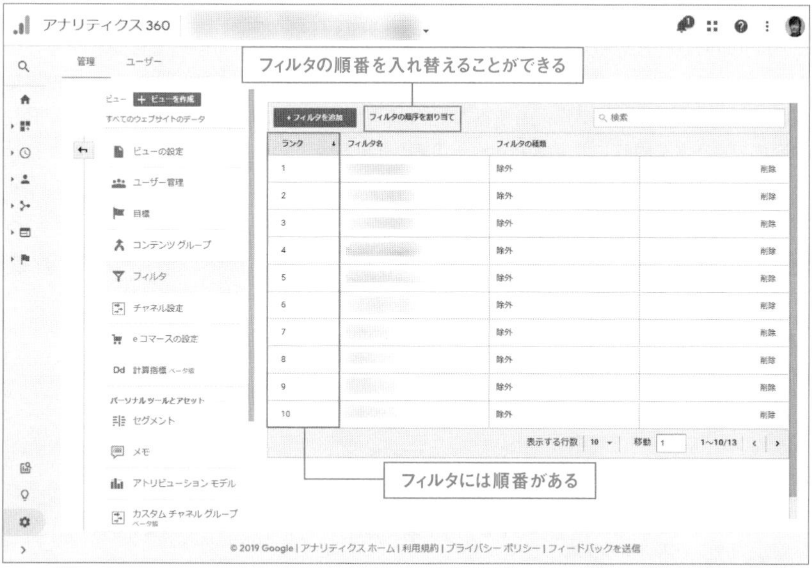

そのため、フィルタの設定画面では順番を入れ替えることができます。

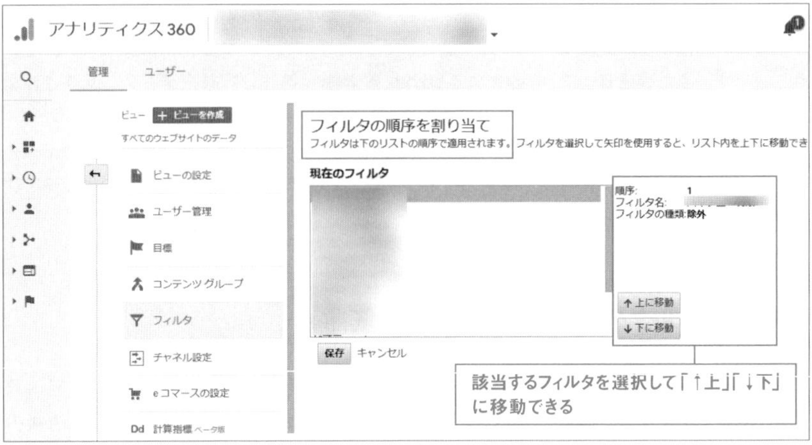

フィルタ設定の権限について

フィルタの新規作成と既存フィルタの編集には、「アカウントレベルの編集権限」が必要になります。フィルタは個別のビューごとに適用されるものですが、「アカウントレベルの編集権限」という高いレベルで管理をすることで、個別のビューに対する設定だけでなく、同じ内容のフィルタを同時に複数のビューへの追加/削除を行うなど、より効率的な管理を行うことができます。

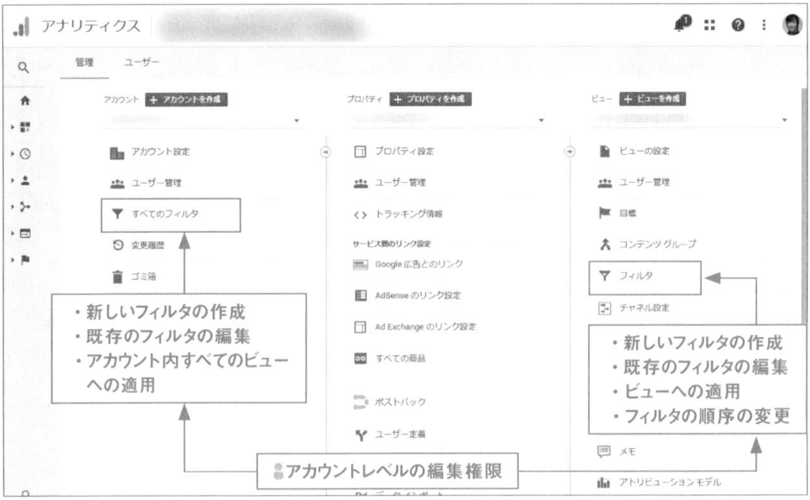

● アカウントレベルの編集権限のフィルタ設定画面（ビューの設定画面）

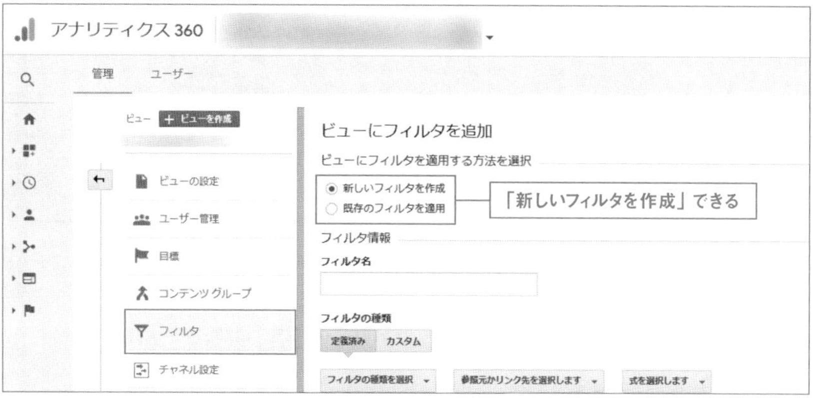

NOTE

既存フィルタの編集には要注意

注意事項としては、アカウントレベルの編集権限者がビューの設定で既存フィルタの編集を行ったときに、そのフィルタが他の複数のビューにも適用されている場合は、適用されているすべてのビューにフィルタの変更が反映されてしまうということがあります。既存フィルタの編集は、注意深く行う必要があります。

ビューレベルの編集権限でも、フィルタに関する設定は可能ですが、新規作成や編集ができないなど、その範囲は限定的です。

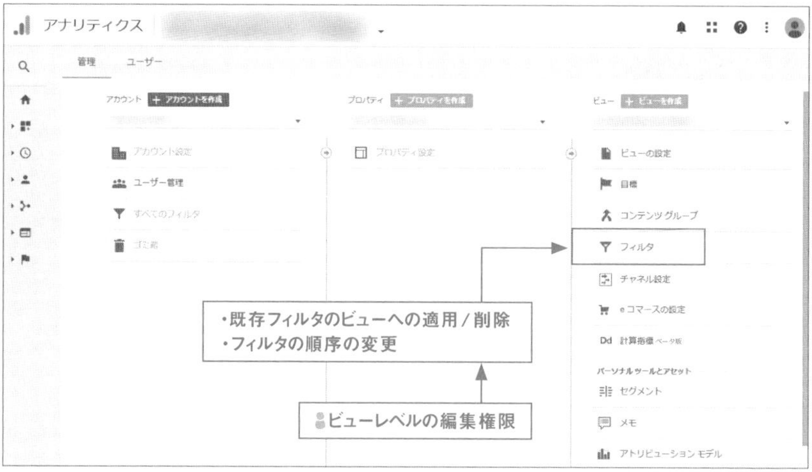

● ビューレベルの編集権限のフィルタ設定画面

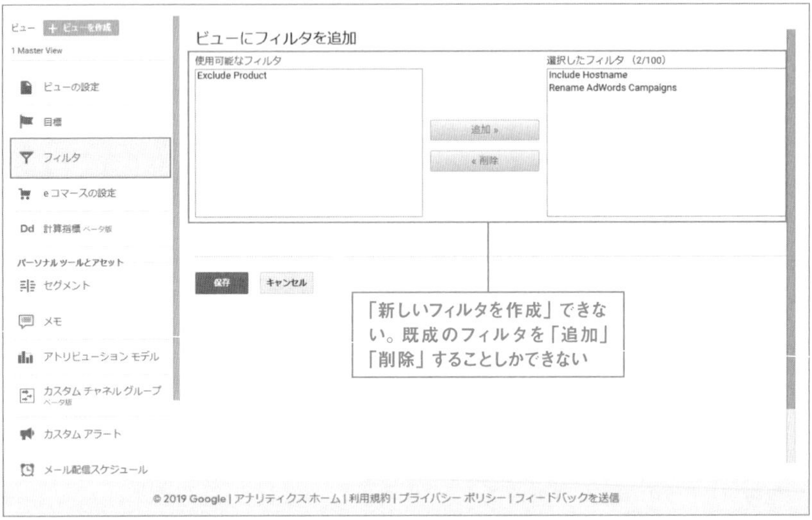

参考 アナリティクスヘルプ＞ビューフィルタについて
https://support.google.com/analytics/answer/1033162

7-3 フィルタの基本設定を行う（新規フィルタと既存フィルタ）

前節でも解説したように、フィルタの設定には「権限」と「適用範囲」を十分に理解しておく必要があります。設定の「権限」とフィルタが適用されるビューの「範囲」によって、設定画面の場所やステップが異なります。

フィルタの新規作成のステップ

新規のフィルタを作成できるのは、「アカウントレベルの編集権限」を持っているログインユーザーのみです。
「アカウントレベルの編集権限」があれば、「管理＞アカウント列＞すべてのフィルタ」と「管理＞ビュー列＞フィルタ」の両方から作成可能です。

⦿ アカウント設定列からの新規作成

設定手順

「管理＞アカウント設定列＞すべてのフィルタ」の「フィルタを追加」から入ります。

画面NAVI ■ 管理 ≫ アカウント設定列 ≫ すべてのフィルタ

新規作成は「ビューにフィルタを追加」から設定できます。
画面下部は、既存フィルタを任意のビューに適用／削除をする画面です。

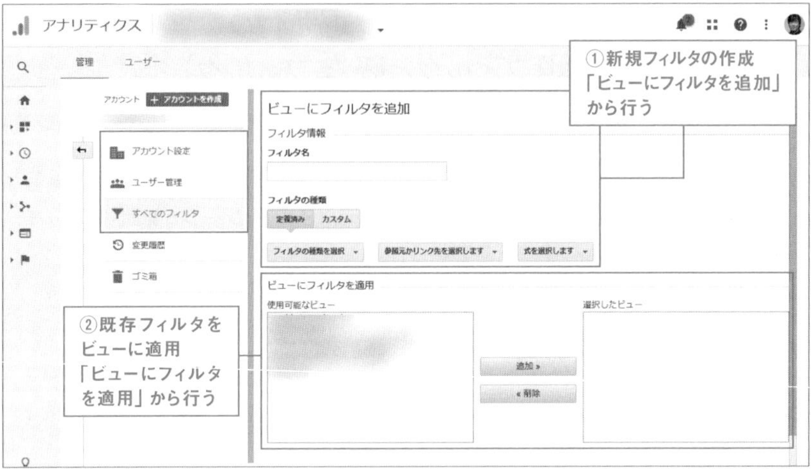

⊙ ビューの設定列からの新規作成

設定手順

「管理＞ビューの設定列＞フィルタ」の「フィルタを追加」から入ります。

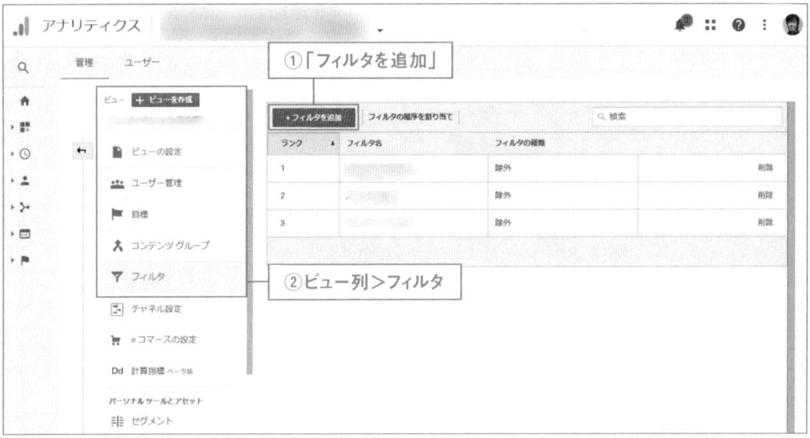

画面NAVI ■ 管理 ▶ビューの設定列 ▶フィルタ

ここでは、「新しいフィルタを作成」か「既存のフィルタを適用」を選択することで、それぞれの設定画面になります。

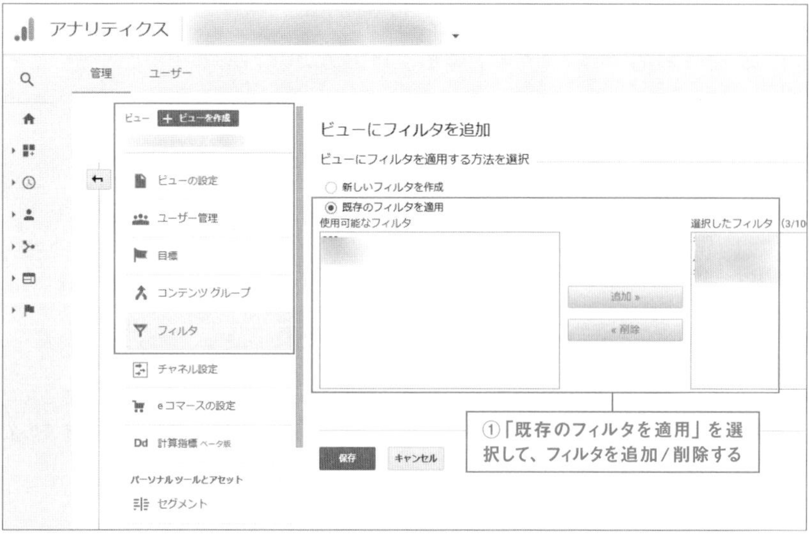

参考　アナリティクスヘルプ＞ビューフィルタの作成と管理
https://support.google.com/analytics/answer/1034823

7-4 フィルタを新規作成する（定義済みフィルタとカスタムフィルタ）

フィルタを新規作成する場合は、「定義済みフィルタ」と「カスタムフィルタ」の2種類があります。

「定義済みフィルタ」では、文字通りあらかじめ4つのフィールド（フィルタリングする対象項目）が定義されており、「除外/含む（一致）」について簡単に設定できるようになっています。

「カスタムフィルタ」では、より多くのフィールドを自由に設定可能で、フィルタリングも「除外/含む（一致）」だけでなく、URLの置き換え（検索と置換）など多彩なフィルタリングが可能になっています。

種類	フィールド：内容/用途		フィルタ動作
定義済みフィルタ	ISPドメインからのトラフィック	特定のISPドメインに対してフィルタリングする	除外 or 含む
定義済みフィルタ	IPアドレスからのトラフィック	特定のIPアドレスに対してフィルタリングする。自社員の社内IPからのアクセスを除外するなど	除外 or 含む
定義済みフィルタ	サブディレクトリへのトラフィック	計測サイトの特定のディレクトリに対してフィルタリングする	除外 or 含む
定義済みフィルタ	ホスト名へのトラフィック	特定のホスト名（ドメイン名）に対してフィルタリングする。ひとつのプロパティで複数ドメイン計測している場合に特定のホスト名のみのビューを作りたいときなど	除外 or 含む
カスタムフィルタ	60以上のフィールド（カスタムディメンションも可能）から自由に選択		除外 or 一致
カスタムフィルタ	60以上のフィールド（カスタムディメンションも可能）から自由に選択		大文字 or 小文字
カスタムフィルタ	60以上のフィールド（カスタムディメンションも可能）から自由に選択		検索と置換
カスタムフィルタ	60以上のフィールド（カスタムディメンションも可能）から自由に選択		詳細

カスタムフィルタでは、60以上のフィールドから自由にフィルタ対象項目を選択することができます。各フィールドの内容や意味については、以下のヘルプに詳細記載がありますので参照すると良いでしょう。

参考 アナリティクスヘルプ＞カスタムフィルタのフィールド
https://support.google.com/analytics/answer/1034380

カスタムフィルタのフィルタ機能

カスタムフィルタでは、「除外 or 一致」以外にも、「大文字 or 小文字」「検索と置換」「詳細」というフィルタが用意されています。

● 大文字 or 小文字

URLの表記を大文字か小文字かに統一します。「keyword」「KEYWORD」のように同じ意味の単語でも、大文字小文字が異なると"異なる単語"として集計されてしまいます。それを防ぐ場合に、「大文字 or 小文字」フィルタで統一することで、同じ単語として集計されるようになります。

● 検索と置換

特定の文字列を検索で抽出し、別の文字列に置き換えることができます。URLの文字を読みやすく書き換えたい場合などに使います。
「検索と置換」フィルタの設定例については以下のヘルプを参照ください。

参考 アナリティクスヘルプ＞検索と置換フィルタ
https://support.google.com/analytics/answer/1034834
・ページパスを簡略化する
・ドメインをまとめる
・数値を名称に置き換える

● 詳細

ふたつのフィールドを組み合わせて、ひとつの新しいフィールドを作ることができます。
例えば、「ホスト名」(例：example.com)と「リクエストURI」(例：/index.html)というふたつのフィールドをひとつにして、「ホスト名＋リクエストURI」(example.com/index.html)が表示されるフィールドを作成できます。
「詳細」を使った代表的な設定例として、「クロスドメイン計測時のフィルタ設定」があります。Googleアナリティクスのレポートでは、URLの表記はデフォルトで「ホスト(ドメイン)名」は表示されませんのでフィルタで追加する場合があります。それについては「3-7 クロスドメイン計測を設定する」の中で解説していますので参照してください。

必須のフィルタ：社内アクセスの除外(IPアドレスのフィルタリング)

ビューを作成する場合に最も多く利用される必須のフィルタは、自社内からのアクセスを除外するための、IPアドレスによるフィルタリングです。このフィルタを使うことで、集計に必要のない自社の社員のアクセスや、取引先や外注先からのアクセスを集計から除外することが可能になります。
このIPアドレスのフィルタリングには、多くのケース（ひとつのIPアドレスのみの場合や、複数IPアドレスの場合、など）があり、どんなケースにおいても正確な設定をする必要があります。
ヘルプサイトの中に、このIPアドレスによるフィルタリングの設定例の記載がありますので、参考にすると良いでしょう。

参考 アナリティクスヘルプ＞内部トラフィックの除外
https://support.google.com/analytics/answer/1034840
・特定のIPアドレスを除外する
・IPアドレスのサブネットを除外する
・IPv6アドレスを除外する
・正規表現を使用してより高度なフィルタを作成する

また、設定したIPアドレスのフィルタリングによって、きちんとデータが集計から除外されているかを確認する方法がありますので紹介します。
この方法は、Chromeブラウザの拡張機能である「Tag Assistant (by Google)」の機能を利用します。

NOTE

Tag Assistantについて

Tag AssistantのChromeへの追加設定方法や、Tag Assistant Recording自体の設定方法は、本節では割愛します。詳細はこちらを参照ください。

アナリティクスヘルプ＞Tag Assistant Recordingsについて
https://support.google.com/analytics/answer/6277302

Tag Assistant (by Google)
https://chrome.google.com/webstore/detail/tag-assistant-by-google/kejbdjndbnbjgmefkgdddjlbokphdefk

確認するステップは次のようになります。

設定手順

1 **Tag AssistantをChromeに追加する**

2 **Tag Assistantの機能「Tag Assistant Recording」によって、計測対象サイトを閲覧(表示)しアクセスデータを記録する**

3 **「Tag Assistant Recording」のレポート画面で、「Use a specific IP address(特定のIPアドレスを使う)」で除外したIPアドレスを設定する**

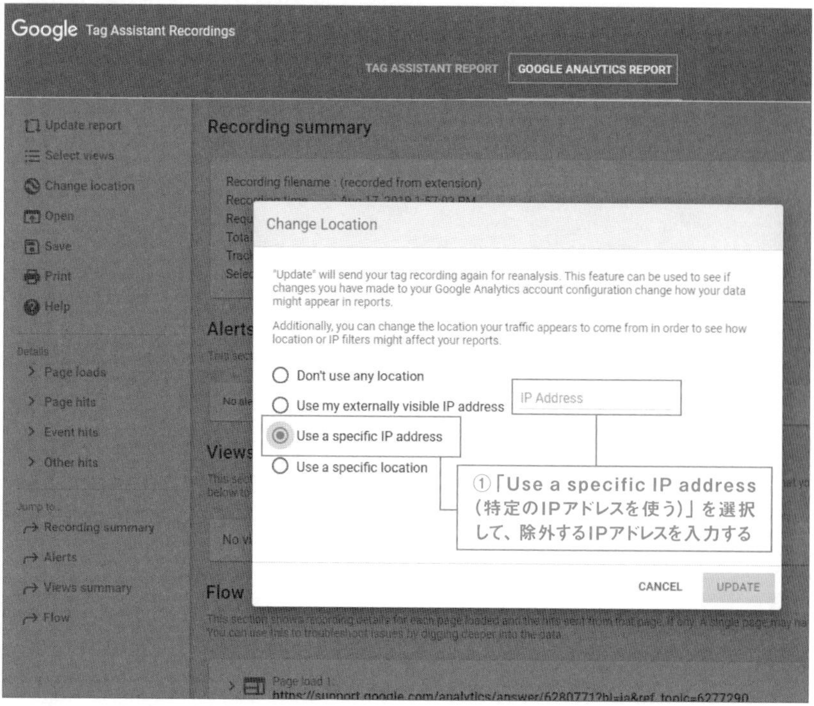

画面NAVI ■ Tag Assistant Recording ≫ Google Analytics Report ≫ Change locations

4 記録されたビューのデータを確認し、データ除外されていることを確認する

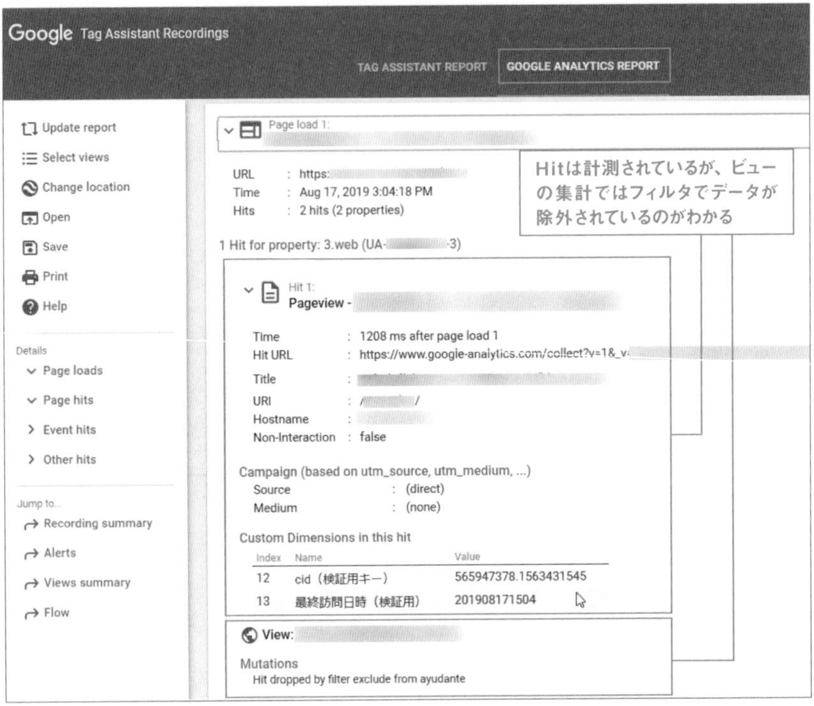

画面NAVI ■ Tag Assistant Recording ▶▶Google Analytics Report

「参考」 アナリティクスヘルプ＞ビューフィルタについて
https://support.google.com/analytics/answer/1033162

7-5 目標設定の基本を理解する

「目標設定」は、計測対象サイトのコンバージョン計測をするための機能です。Googleアナリティクスには、この「目標設定」と「eコマース計測」の2種類のコンバージョン計測機能があります。このふたつの機能の詳細な違いについては、本章のコラム「目標設定とeコマース計測の違い」で解説しますが、いちばん大きな違いは以下のようにまとめられます。

・eコマース計測……文字通り"計測"機能であり、eコマースのコンバージョン(トランザクション)をひとつひとつのヒットとして"計測"します。
・目標設定……計測/集計後のビューのデータに対して、コンバージョンとして設定した条件で"セッション単位で集計する"ものです。

つまり、"計測機能"か"集計機能"か、という大きな違いがあり、ヒット集計かセッション集計かという違いもあります。
目標設定を理解するには、この「ビューごとのセッション集計機能」であるということをまずは知っておく必要があります。

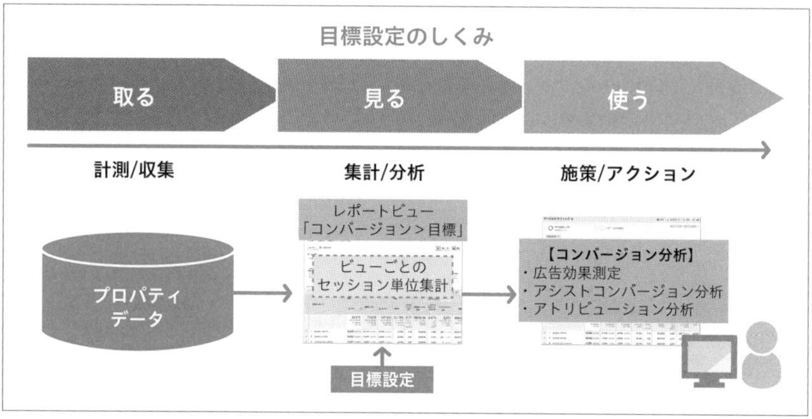

目標設定の目的

「目標設定」は、英語版では「Goal Conversion」と言い、文字通り"サイトのゴール"を達成したセッション数を集計するための機能です。そのためには、計測サイトにおける

"目標(Goal)"が何か？をあらかじめ定義しておく必要があります。
目標の定義はサイトの目的によって様々であり、また、ひとつのサイトでも目的によって複数定義することもあります。サイト自体の目的や(広告やSEO、ページ改修など)施策の目的によって、"目標(Goal)"の定義のしかたは様々です。
いずれにしても、設定する目標は、その数値(コンバージョン数やコンバージョン率)によって、サイト自体のパフォーマンスや様々な施策を"評価"するための重要な指標になる、ということが言えます。

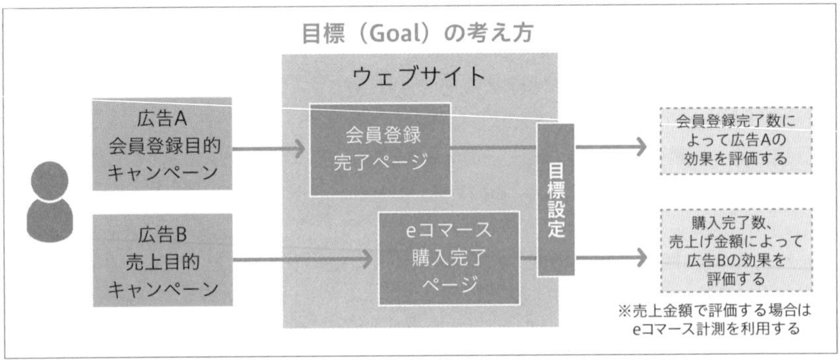

「目標設定」の設定

「目標設定」はGoogleアナリティクスの「管理＞ビュー設定列＞目標」から行います。
権限はビューレベルの編集権限以上の権限(プロパティレベル、アカウントレベルの編集権限)があれば、設定を行うことができます。

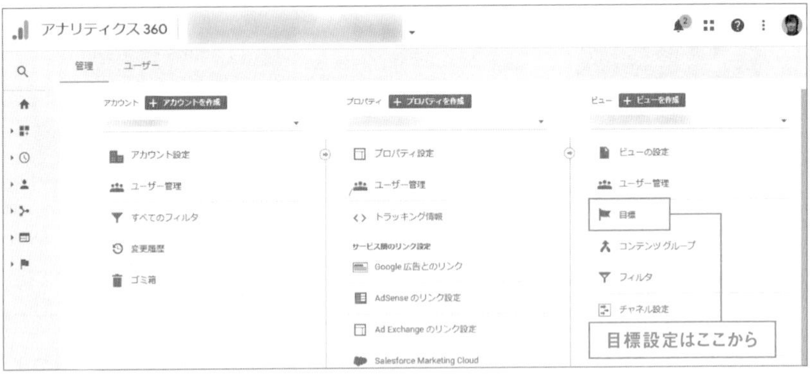

画面NAVI ■ 管理 ▶▶ビュー設定列▶▶目標

目標設定のステップ

新しい目標設定をする画面では、あらかじめ決められた目標を選択して作成できる「テンプレート」から選択するか、オリジナルで自由に設定できる「カスタム」から作成するかを選ぶことができます。テンプレートは、サイトの業種によって表示される内容が異なり、業種に合わせた代表的な目標が表示され、選択することができます（テンプレートは、プロパティ設定で業種を選択していない場合は表示されません）。

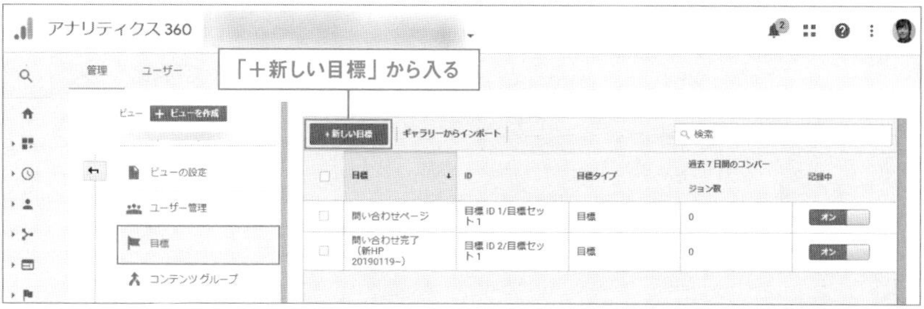

画面NAVI ■ 管理 ≫ ビュー設定列 ≫ 目標

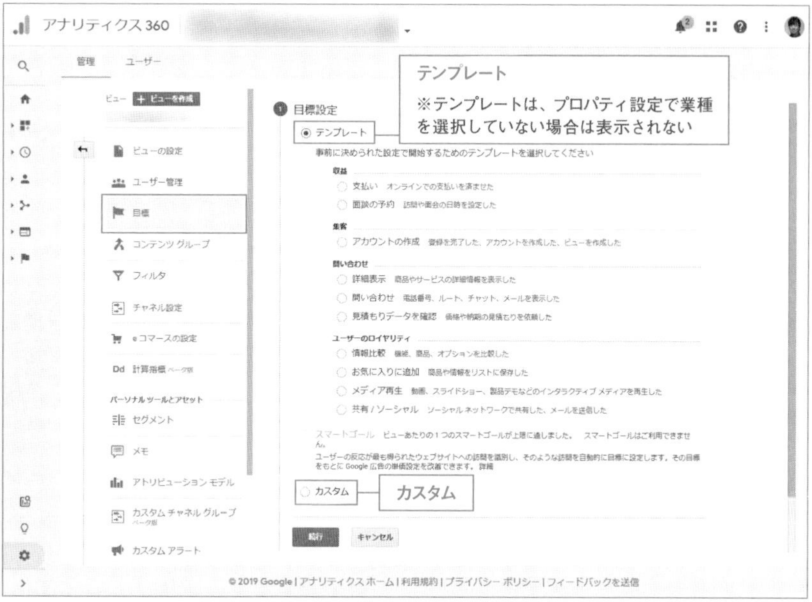

画面NAVI ■ 管理 ≫ ビュー設定列 ≫ 目標

テンプレートは、サイトの業種に合わせた代表的な目標(Goal)が表示されるので、サイトの目標を定義するにあたっての参考にすると良いでしょう。

画面NAVI ■ 管理 ▶▶ビュー設定列 ▶▶目標

テンプレートを選択すると、自動的に適合する目標タイプが選択されるようになっています。上図(自動車業界のテンプレート)では、ほとんどが「到達ページ」の目標タイプに進み、下のふたつは「イベント」タイプで目標を設定するように進んでいきます。
あらかじめ計測したいサイトの目標が決まっている場合は、「カスタム」を選択して目標タイプの選択画面に進んでいきます。
設定できる目標には、4つのタイプ(種類)があります。

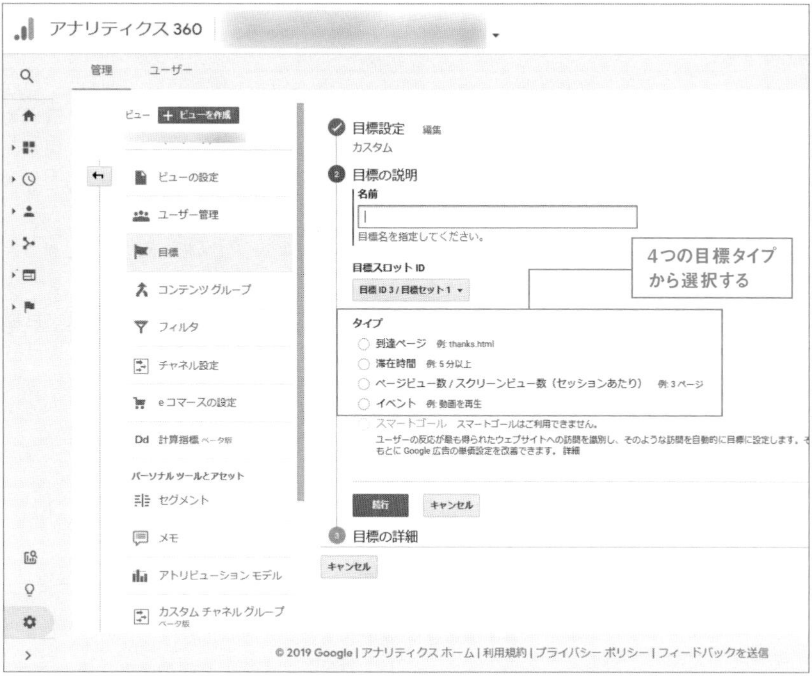

画面NAVI ■ 管理 ▸▸ ビュー設定列 ▸▸ 目標

最も利用されるケースが多いのが「到達ページ」であり、サイト内の特定のページをコンバージョンポイントとして集計するのに役立ちます。

目標タイプ	内容	用例
到達ページ	特定のページの表示をコンバージョンとして集計できる	メルマガ登録完了ページ 会員登録完了ページ キャンペーン申込完了ページ
滞在時間	一定のサイト滞在時間を超えるセッションをコンバージョンとして集計できる	サイト滞在時間が1分を超えるセッション数
イベント	特定のイベントをコンバージョンとして集計できる	動画コンテンツ再生回数 外部サイトリンクのクリック回数
セッションあたりのページビュー／スクリーンビュー	セッションあたりのページビュー数が一定値を超えるセッションをコンバージョンとして集計できる	セッションあたりのページビュー数が5ページビューを超えるセッション数

各目標ポイントの設定手順については次節以降で解説していきます。

目標値

目標設定で集計される値は、「件数」(集計の単位はセッション数)なので、具体的な数値を計測できるわけではありません。eコマース計測のコンバージョン(トランザクション)の場合は、売上金額も計測するので、コンバージョン件数だけでなく具体的な金額も集計することができます。

目標設定においても、金額などの"金銭価値"によってコンバージョンを評価することができるように、「目標値」という機能があります。

4つの目標タイプのすべての設定画面中に、下図のように具体的な金額を入力して、目標値を設定することができます。ただし、入力した目標値は固定値になるので、ひとつの目標に設定できる金額はひとつのみになります。

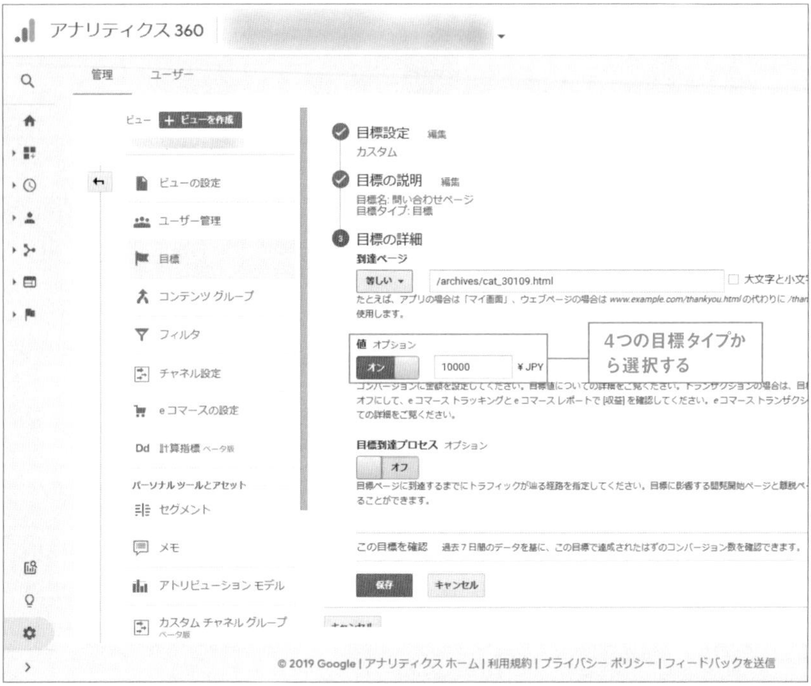

たとえば、メールマガジン登録のしくみがあるECサイトで、平均すると、メールマガジン登録10件に1件の割合で購入が発生し、その平均単価は1万円だったとします。

そうすると、メールマガジン登録1件あたりには1000円相当の価値がある、と言うことができるかもしれません。

この場合に、メールマガジン登録完了ページを目標設定とし、「目標値＝1000円」と設定すれば、メールマガジン登録というコンバージョンを単なる件数として集計するだけでなく、1000円×件数として金額でも評価することができるようになります。このようにして、コンバージョン1件を金銭価値によって重み付けをしていくことで、サイト内改善の優先度や各施策評価を、より精度高く行うことが可能になります。

その他、設定における注意事項

目標設定は、ビューごとに20個までしか設定することができません。よって、目標設定を考える場合は、20個以内に収まるようにする必要があります。ひとつのプロパティでも、ビューを変えればその限りではありませんが、同じレポートの中で集計できるのは20個と考えておく必要があります。

また、一度設定した目標は削除することはできません。その代わり、スイッチの「オン」「オフ」によって目標の集計を止めることはできます。不要になった目標は削除できませんが、新たな目標を上書きすることで、上限20個の目標を上手に使い回していくことが必要になります。

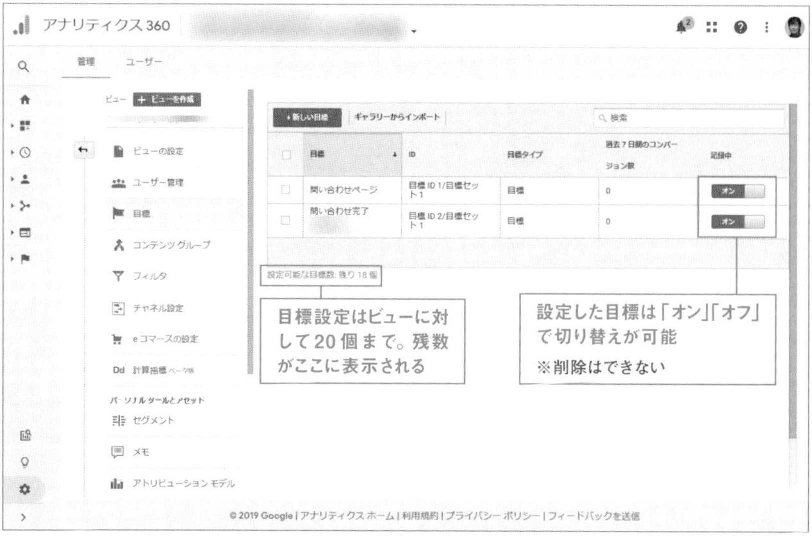

参考 アナリティクスヘルプ＞コンバージョン数＞目標を作成、管理する
https://support.google.com/analytics/topic/6150889

7-6 目標を設定する

前節で解説した4つの目標タイプの設定手順を解説していきます。

到達ページ

設定手順

「管理＞ビュー設定列＞目標」から入り、「カスタム」を選択したら、下図画面で目標タイプ「到達ページ」を選択して「続行」します。

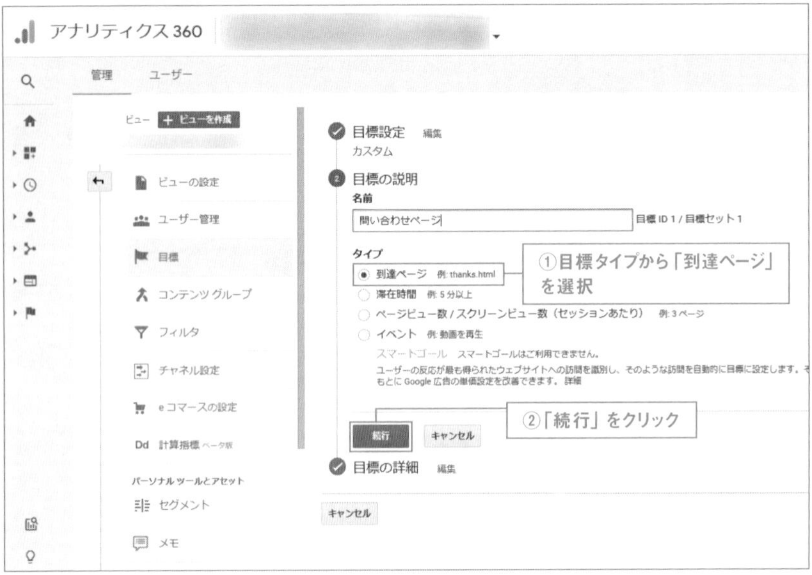

「到達ページ」のURLを入力し、一致条件(マッチタイプ)を選択します。
URLは、ドメイン部分は不要で「/」以下を入力します。
例えば、「https://www.example.com/thankyou.html」であれば「/thankyou.html」のみを入力します。

※「フィルタ」設定によって「ホスト(ドメイン)名」もURL表示している場合はホスト(ドメイン)名部分からの入力が必要です。

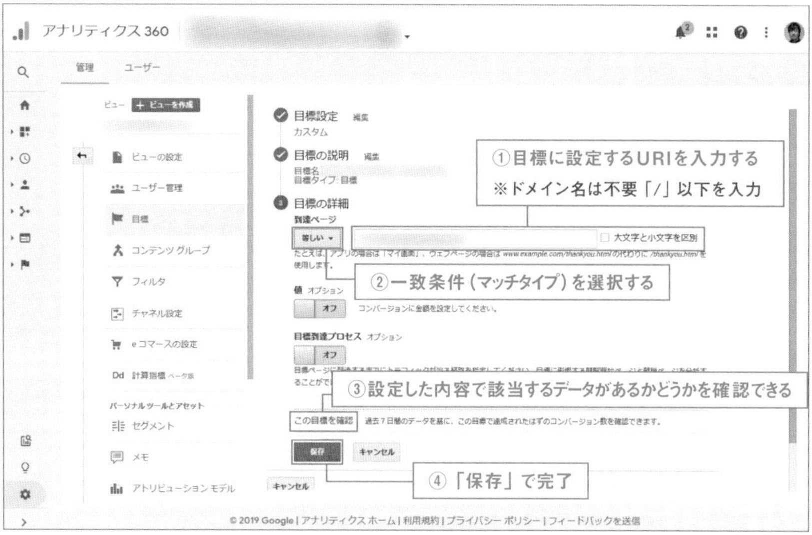

一致条件(マッチタイプ)は以下の3つから選択します。

一致条件(マッチタイプ)	内容	例
完全一致	文字列の最初から最後まですべての文字が指定された文字列と一致しているURLを識別する方法	ページのURLが変化しない場合に適している。セッションIDやクエリパラメータなどの動的な情報を含むURLはマッチしない
前方一致	URLの先頭の文字から特定の文字までが、目標として定義した文字列と一致しているURLを識別する方法	URLの末尾に追加されるパラメータなどを除外して、目標として定義できる。動的に生成されるコンテンツがあるページでも、この方法によって動的な情報部分を無視してページを識別できる
正規表現一致	目標として定義したい文字列が前方一致などでマッチしない場合に、正規表現を使って、URLの一部やパターンを特定して一致するURLを識別する方法	例えば、複数のサブディレクトリ内に置かれている同一コンテンツを指定した場合や、特定のパラメータを持ったURLを指定したい場合などに、正規表現によって特定したい文字列を定義する

「目標値」は任意で設定します。
「目標到達プロセス」については、次節「7-7　目標到達プロセスを設定する」で解説します。
設定した条件での過去7日間の集計値を、「この目標を確認」をクリックすることで確認できます。

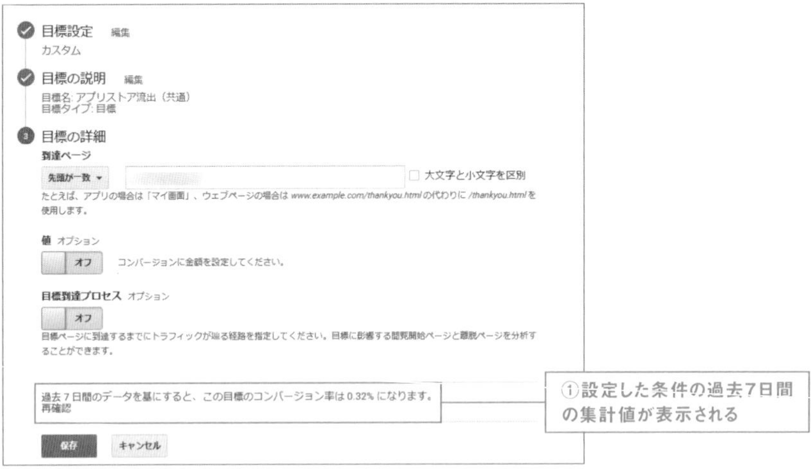

条件で定義したURLのページがまだ公開されていない場合や、実際に過去7日間にコンバージョンが発生していない場合は、集計値は「0%」と表示されます。
最後に「保存」をクリックして設定完了します。

滞在時間

設定手順

目標タイプから「滞在時間」を選択し、「続行」をクリックします。

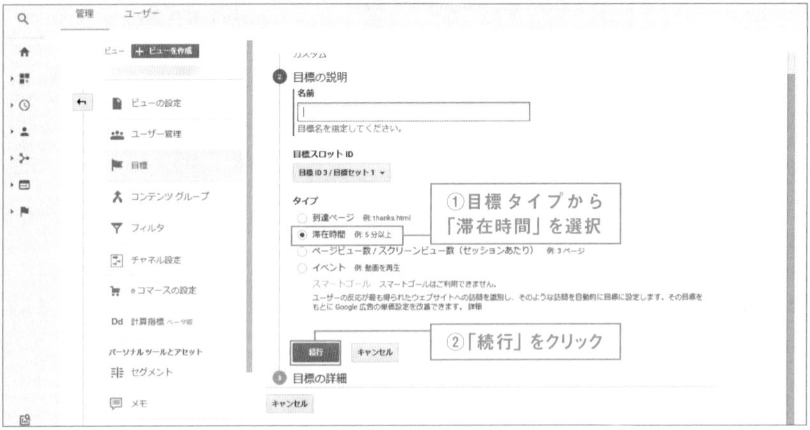

目標として定義したい滞在時間を入力します。一致条件は「超」のみになります。設定した滞在時間を「超えた」場合に、コンバージョンとして集計されます。

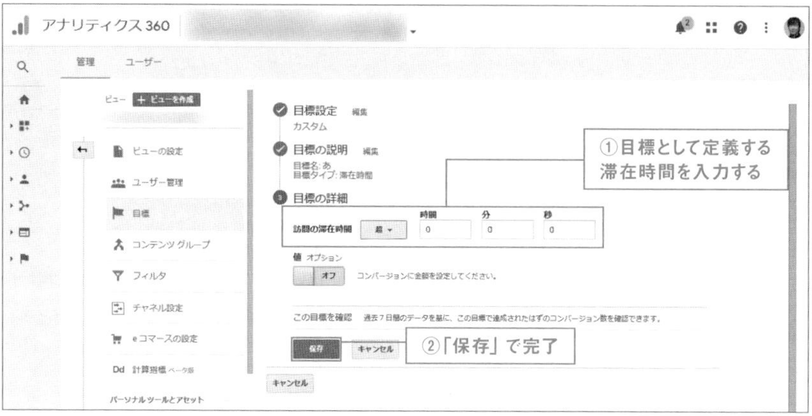

「目標値」の設定と「この目標を確認」を任意で行い、「保存」で完了します。

セッションあたりのページビュー

設定手順

目標タイプから「セッションあたりのページビュー」を選択し、「続行」をクリックします。

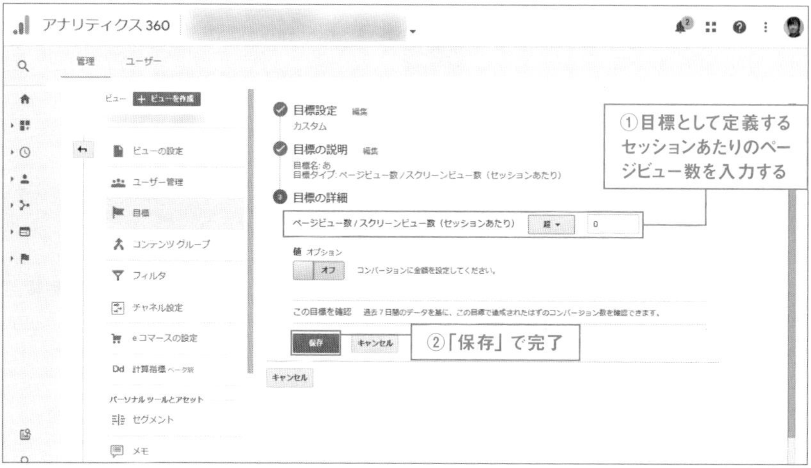

目標として定義したいページビュー数を入力します。一致条件は「超」のみになります。設定したページビュー数を「超えた」場合に、コンバージョンとして集計されます。
「目標値」の設定と「この目標を確認」を任意で行い、「保存」で完了します。

イベント

設定手順

目標タイプから「イベント」を選択し、「続行」をクリックします。
目標として定義したいイベントの設定内容を入力します。従って、イベントトラッキングを目標として集計したい場合は、先にイベントトラッキングの設定をしておく必要があります(イベントトラッキングについての詳細は「3-12　イベントトラッキングを理解する」を参照ください)。

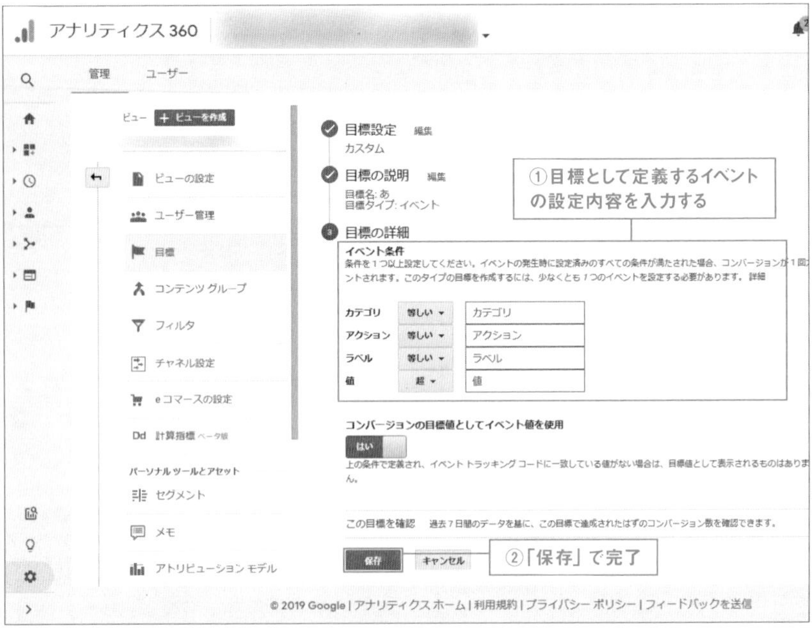

イベントの場合の目標値は、イベントトラッキングで取得する「値」が利用されますので、目標設定画面で「目標値」を定義することはできません。
「この目標を確認」を任意で行い「保存」で完了します。

参考 アナリティクスヘルプ＞コンバージョン数＞目標を作成、管理する
https://support.google.com/analytics/topic/6150889

7-7 目標到達プロセスを設定する

目標タイプ「到達ページ」で目標設定する場合には、「目標到達プロセス」を設定することができます。「目標到達プロセス」は、目標ページに到達するまでのステップになるページ（プロセスページ）を登録していくことで、ステップごとのセッション数の推移を集計し、レポート画面で確認することができます。

最も多く利用されるケースとしては、eコマースサイトの購入完了ページを目標ページとした場合に、ショッピングカートの入り口ページから購入完了ページにいたるまでの各ページでのセッション数の推移を見るというものです。これにより、どこのページでカート離脱が起きているのかがわかり、カート内ページの改善に役立てることができるようになります。

設定の手順は次の通りです。

設定手順

目標タイプ「到達ページ」の手順で到達ページの設定をしたら、その下部にある「目標到達プロセス」のスイッチを「オン」にし、各ステップページの任意の名前とURLを入力し、登録していきます。ステップページは「＋別のステップを追加」ボタンで自由に追加できます。

画面NAVI ■ 管理 ▶▶ ビュー設定列 ▶▶ 目標

この設定による集計は、実際のユーザーがステップの順番に沿ってページを閲覧したことを意味するものではありません。ステップページごとのセッション数を集計し、レポートに表示しています。よって、いきなりステップ2から入るユーザーもいれば、ステップ1と3を閲覧し、目標ページに到達するユーザーの行動も、集計対象となります。
ステップ1の右側にある「必須」ボタンを「はい」にすると、このステップ1ページを閲覧したセッション数に対するコンバージョン率が、表示されるようになります。

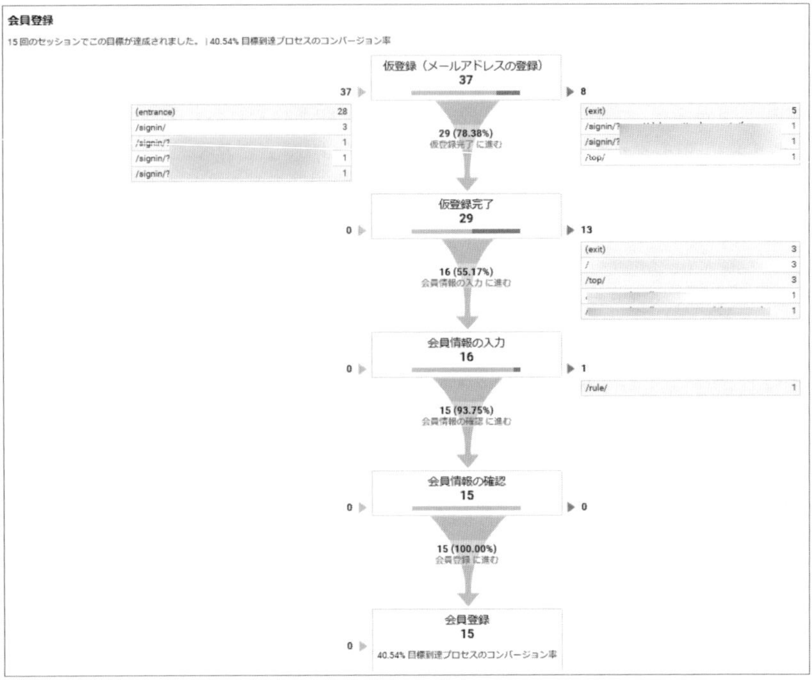

画面NAVI ■ コンバージョン ≫目標 ≫目標到達プロセス

目標到達ページの集計仕様については、ヘルプページに詳細の記載がありますので、参考にすると良いでしょう。

参考 アナリティクスヘルプ＞目標到達プロセスレポートとゴールフローレポートの比較
https://support.google.com/analytics/answer/2976313

参考 アナリティクスヘルプ＞レポートと設定＞目標到達プロセス
https://support.google.com/analytics/answer/6317523

7-8 スマートゴールを設定する

スマートゴールとは

前節までに解説してきた4つの目標タイプとは別に、「スマートゴール」という目標タイプがあります。「スマートゴール」は他の目標タイプとは用途が明確に異なりますので、注意が必要です。
「スマートゴール」は、

Google広告のコンバージョンタグでの計測や、Googleアナリティクスでコンバージョン設定（目標設定 or eコマース計測）をしていない、もしくは明確なコンバージョンポイントを持たない（定義しづらい）サイトで、Google広告の入札最適化を行いたいときに利用できる機能

ということになります。
Google広告では、入札の最適化を"コンバージョンデータ"を使って行いますので、Google広告タグでのコンバージョン計測が必要になります。また、Googleアナリティクスとのアカウント連携が完了していれば、Googleアナリティクスのコンバージョンデータ（目標設定 or eコマース計測）をGoogle広告にインポートして、入札最適化に利用することもできます。

NOTE

Google広告とのアカウント連携については、以下を参照ください。

1-11　Google広告・Googleシグナルとの連携を理解する
6-1　Google広告アカウントと連携する

しかし、これらのコンバージョン計測を様々な理由で行っていなかったり、もしくは"メディアサイト"のように特定のコンバージョンポイント（購入完了や登録完了など）がなく、コンバージョンデータ自体の定義が困難なケースもあります。
そのような場合でも、コンバージョンデータを使ったGoogle広告の入札最適化を行えるように、「機械学習によって、サイト訪問の中で最も価値が高いと判定された"セッション"」をコンバージョンとみなして集計する機能が「スマートゴール」です。
「スマートゴール」で判定されたコンバージョンは、Google広告にインポートされ、入札最適化に利用することができます。

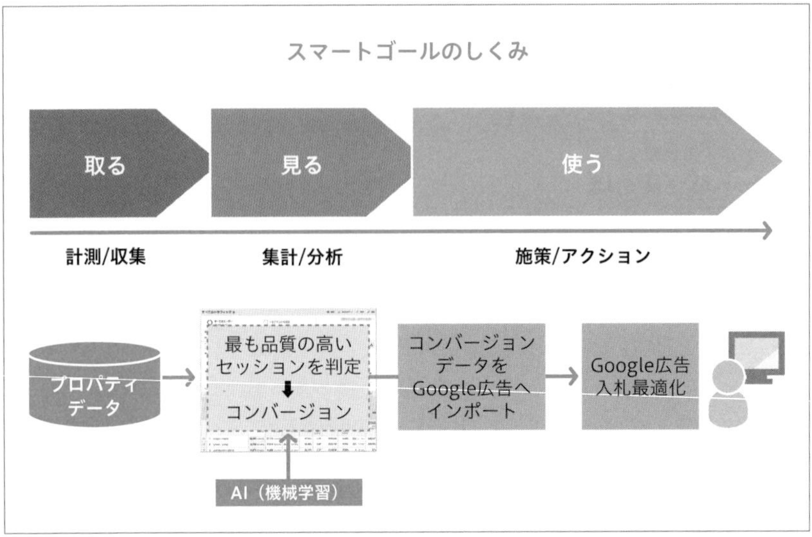

スマートゴールの設定

前述のように、「スマートゴール」はGoogle広告へのコンバージョンデータ提供を前提とした機能なので、その設定も他の目標タイプとは異なります。

「スマートゴール」は、以下の条件を満たした場合に利用可能になり、設定することができます。

①Google広告とアカウント連携している

・過去30日間に連携したGoogle広告のクリックからの流入が500回以上ある

・連携したレポートビューの30日間のセッション数が1000万件を超えない

②Googleアナリティクスのアカウント設定で「データ共有設定」を「オン」にしている

Googleアナリティクスの「管理＞アカウント設定＞データ共有設定」画面で「Googleのプロダクトやサービス」にチェックを入れます。

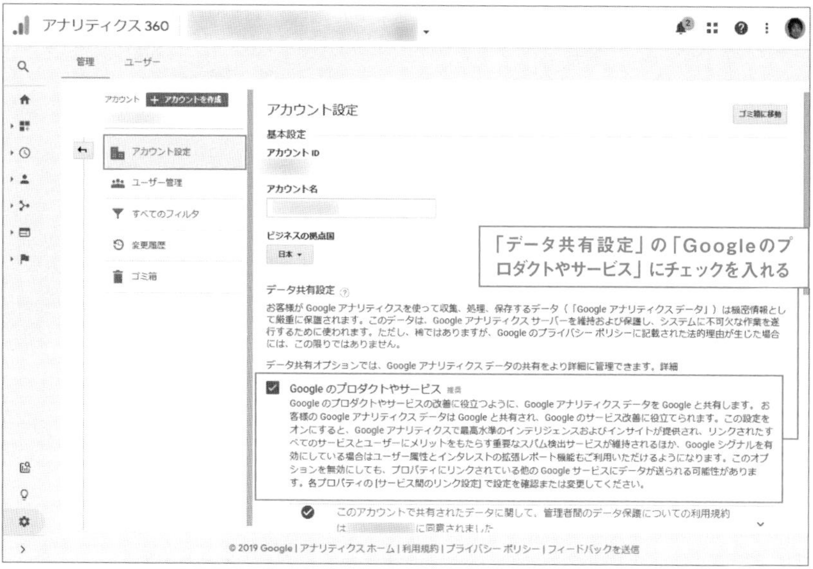
アナリティクス 360
管理
ユーザー
アカウント
＋ アカウントを作成
アカウント設定
ユーザー管理
すべてのフィルタ
変更履歴
ゴミ箱
アカウント設定
ゴミ箱に移動
基本設定
アカウント ID
アカウント名
ビジネスの拠点国
日本
「データ共有設定」の「Googleのプロダクトやサービス」にチェックを入れる
データ共有設定
お客様が Google アナリティクスを使って収集、処理、保存するデータ（「Google アナリティクス データ」）は機密情報として厳重に保護されます。このデータは、Google アナリティクス サーバーを維持および保護し、システムに不可欠な作業を遂行するために使われます。ただし、稀ではありますが、Google のプライバシー ポリシーに記載された法的理由が生じた場合には、この限りではありません。
データ共有オプションでは、Google アナリティクス データの共有をより詳細に管理できます。詳細
Google のプロダクトやサービス 推奨
Google のプロダクトやサービスの改善に役立つように、Google アナリティクス データを Google と共有します。お客様の Google アナリティクス データは Google と共有され、Google のサービス改善に役立てられます。この設定をオンにすると、Google アナリティクスで最高水準のインテリジェンスおよびインサイトが提供され、リンクされたすべてのサービスとユーザーにメリットをもたらす重要なスパム検出サービスが維持されるほか、Google シグナルを有効にしている場合はユーザー属性とインタレストの拡張レポート機能もご利用いただけるようになります。このオプションを無効にしても、プロパティにリンクされている他の Google サービスにデータが送られる可能性があります。各プロパティの [サービス間のリンク設定] で設定を確認または変更してください。
このアカウントで共有されたデータに関して、管理者間のデータ保護についての利用規約に同意されました
© 2019 Google | アナリティクス ホーム | 利用規約 | プライバシー ポリシー | フィードバックを送信

画面NAVI　管理 ▶▶ アカウント設定 ▶▶ データ共有設定

上記の要件を満たすと設定が可能になります。
以下の手順で設定を行います。

設定手順

目標設定画面で「スマートゴール」の選択肢が表示されるので選択し、「続行」します。

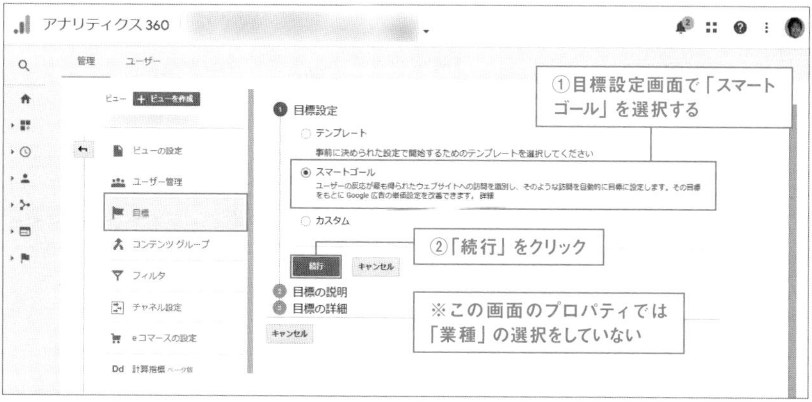
アナリティクス 360
管理
ユーザー
ビュー
＋ ビューを作成
ビューの設定
ユーザー管理
目標
コンテンツ グループ
フィルタ
チャネル設定
e コマースの設定
計算指標 ベータ版
①目標設定画面で「スマートゴール」を選択する
目標設定
テンプレート
事前に決められた設定で開始するためのテンプレートを選択してください
スマートゴール
ユーザーの反応が最も得られたウェブサイトへの訪問を識別し、そのような訪問を自動的に目標に設定します。その目標をもとに Google 広告の単価設定を改善できます。詳細
カスタム
②「続行」をクリック
続行
キャンセル
目標の説明
目標の詳細
キャンセル
※この画面のプロパティでは「業種」の選択をしていない

画面NAVI　管理 ▶▶ ビュー設定列 ▶▶ 目標

任意の名前を入力し、「目標スロットID」を選択します。目標スロットIDは、目標ひとつひとつに振られる番号ですが、特にこの番号で管理をしていないのであれば、何を選択しても構いません。

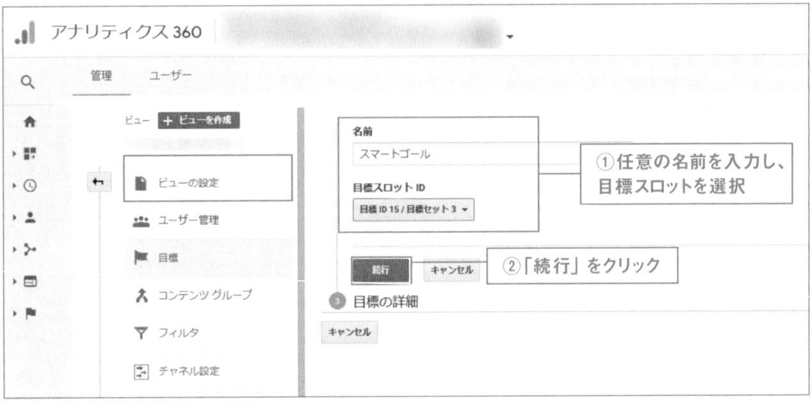

画面NAVI ■ 管理 ▶▶ビュー設定列 ▶▶目標

そのまま「保存」をクリックして設定を完了します。

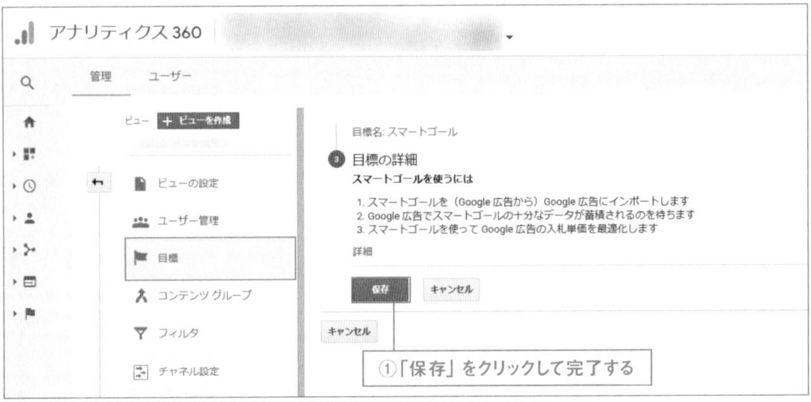

アナリティクスヘルプの解説によれば、「スマートゴール」の判定には「セッション継続時間、セッションあたりの閲覧ページ数、地域、端末、ブラウザ」などのデータが使われているということです。
実際のレポート画面を見ると、「Yes」(＝コンバージョンと判定されたセッション)の「直帰率」「ページ/セッション」「平均滞在時間」が、「No」と比べてかなり高いスコアになっています。このことから、セッションの品質の判定には、サイトとの関わりを意味するいわゆる"エンゲージメント指標"が、強く影響していることがわかります。

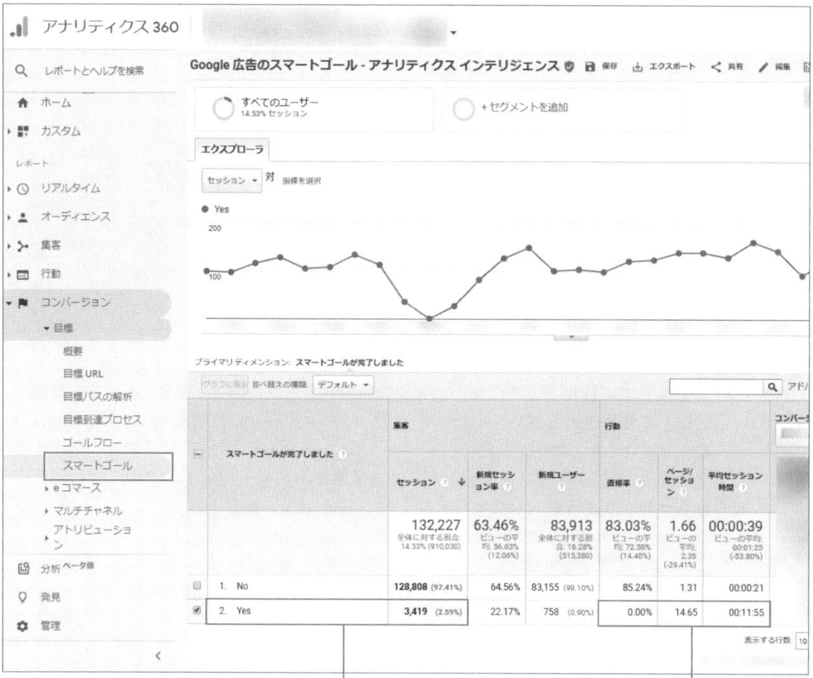

「Yes」はコンバージョンと判定されたセッション。「3,419」件ある

「Yes」(コンバージョン)と判定されたセッションでは、直帰率＝0.00%ページ/セッション＝14.65平均セッション時間＝11'55''と高いスコアになっている

「スマートゴール」のデータは、Google広告にインポートして入札の最適化に利用します。Google広告へのインポート方法については以下を参照ください。

参考 アナリティクスヘルプ＞アナリティクスの目標とトランザクションをGoogle広告のコンバージョントラッキングにインポートする
https://support.google.com/analytics/answer/1034306

参考 アナリティクスヘルプ＞スマートゴール
https://support.google.com/analytics/answer/6153083

COLUMN

目標設定とeコマース計測の違い

Googleアナリティクスには、「目標設定」と「eコマーストランザクション」というふたつのコンバージョン指標があります。一般的な計測ツールや効果測定の概念では、両方とも「コンバージョン」という言い方で間違いありませんが、Googleアナリティクスの場合はそれぞれの計測や集計仕様が異なるので、その違いを知っておく必要があります。

「目標設定」はセッション集計の指標

「目標設定」は、計測されたデータを「目標設定」の定義に従ってコンバージョンとして集計する指標で、その集計の単位は「セッション」になります。よって「目標設定」で集計されるコンバージョン数は「コンバージョンページを閲覧したセッション数」ということになります。
この場合、例えばコンバージョンページとして定義したページを、1訪問中に複数回表示させるような行動をしたとしても、コンバージョンで集計されるので「1コンバージョン」という値になります。

「eコマーストランザクション」はヒット単位での計測指標

一方で、「eコマーストランザクション」はヒットタイプとして定義されているので、eコマース計測で購入完了ページを閲覧したときに、売上データ等とともに「ヒット」として計測されます。この場合は、もし1訪問中に複数回購入アクションをしたら、その回数分トランザクションとして計測されます。

このように、「集計」で算出する目標のコンバージョンと、eコマーストランザクションヒットで「計測」しているコンバージョン、という大きな違いがあります。
Googleアナリティクスでは、この両者を「コンバージョン」と「トランザクション」という用語の上でも使い分けています。

8章

流入・コンバージョン・コンテンツごとのデータ集計

8-1 チャネルグループの基本を理解する

チャネルグループとは

「チャネル」は一般的に様々な意味で使われますが、ここでは「(サイトへの) 流入経路」という意味で理解しておくと良いでしょう。Googleアナリティクスでは、サイトへのすべての流入経路 (流入チャネル) をカテゴリ別に分類し集計する単位を、「チャネル」と呼んでいます。
レポート画面は標準レポート「集客＞すべてのトラフィック＞チャネル」で、あらかじめ用意されているチャネルグループ集計 (デフォルトチャネルグループ) によるデータを見ることができます。

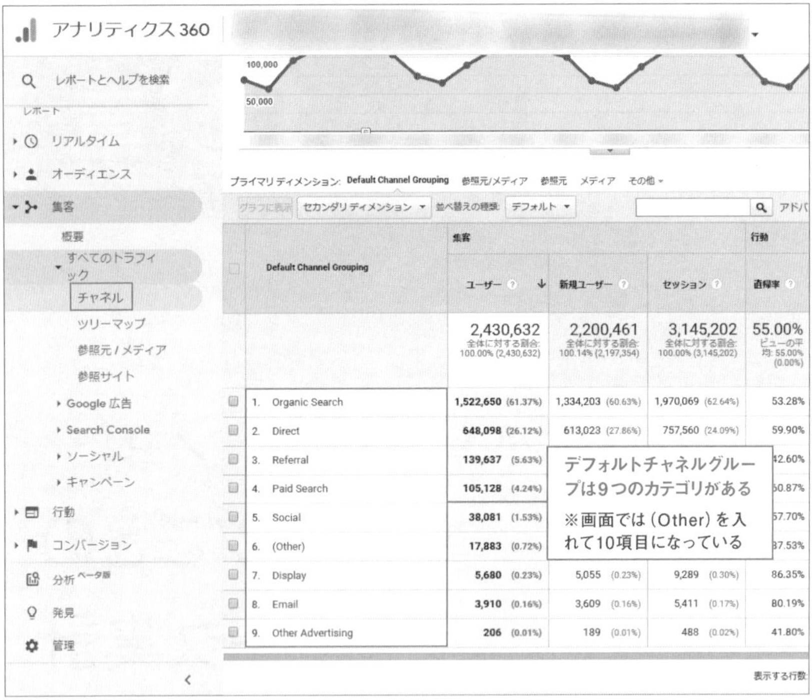

画面NAVI ■ 集客 ▸ すべてのトラフィック ▸ チャネル

流入元（経路）を分類するチャネルは、"集客施策ごとの分類"ということもできます。上図にあるように、あらかじめ定義されている9つのチャネル（デフォルトチャネルグループ）は、流入元がわかりやすく分類されているのがわかります。また、同時に

・Organic Search = SEO
・Paid Search = 有料検索広告
・Display = ディスプレイ広告
・Social = ソーシャルメディア施策

など、サイトへの集客施策の単位になっていることもわかります。
つまり、「チャネルグループ」を使って集計/分析する意味・目的は、"集客施策ごと"のサイト行動データ分析を可能にし、最適化することだと言えます。

「チャネルグループ」機能の種類

チャネルグループは、個々のサイトへの流入を、リファラー（流入元データ）をもとにしてチャネルごとに分類されるように仕分ルールを作成して、作られています。前述のように、あらかじめ設定されているルールで分類されているのが「デフォルトチャネルグループ」ですが、集客施策ごとの集計や分析の目的に応じて仕分ルールを変更したり、独自に作成できるようにいくつかのチャネルグループに関する機能があります。

・デフォルトチャネルグループ
　文字通り、最初からビューのレポートに定義されているチャネルグループです。
　個々のチャネルの仕分ルールを変更することや、新たなチャネルを追加することもできます。

・新しいチャネルグループ
　文字通り、新しいチャネルグループを一から作成することができます。

・カスタムチャネルグループ
　新しいチャネルグループ同様、新しいチャネルグループを一から作成することができます。

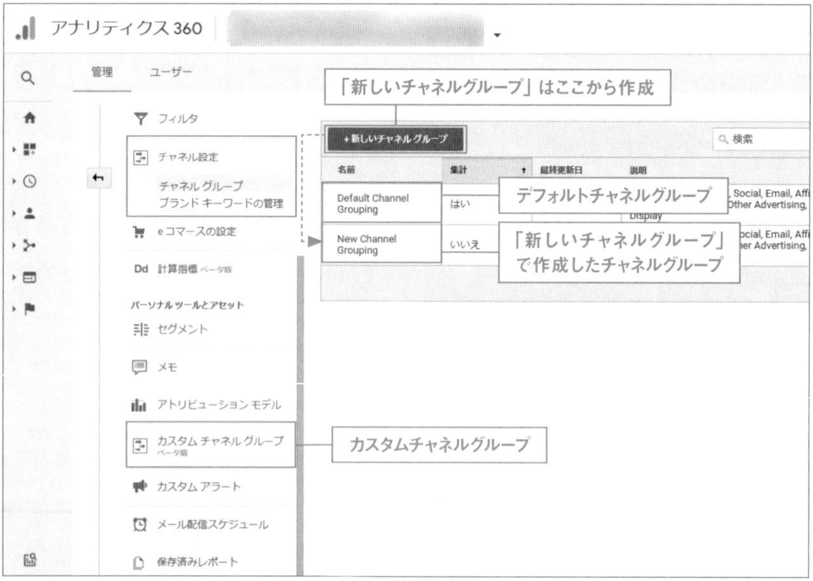

画面NAVI ■ 管理 ▸▸ビューの設定列 ▸▸チャネル設定

チャネル集計機能	適用範囲	説明	集計範囲
チャネルグループ(デフォルトチャネルグループ)	ビュー単位	あらかじめ定義されている9つの仕分ルールで集計されるチャネルグループ。仕分ルールの変更も可能	変更した場合は変更後のデータのみ
新しいチャネルグループ	ビュー単位	新しいチャネルグループが独自に作成できる	作成・変更後のデータのみ
カスタムチャネルグループ	ユーザー単位(ログインアカウント)	新しいチャネルグループが独自に作成できる。作成後にビュー単位に適用範囲を上げることもできる	ビューにある過去データまで集計される

上記はそれぞれビューの閲覧権限があれば誰もが作成・閲覧可能です。

また、「デフォルトチャネルグループ」はビューの集計時に適用される集計定義なので、「セグメント」や「カスタムレポート」など、ビューの集計後データに対するアドホックな集計機能にも利用できます。しかし、「新しいチャネルグループ」「カスタムチャネルグループ」は、そもそも集計後データに対するアドホック的な集計定義になるので、「セグメント」や「カスタムレポート」に利用することはできません。

参考 アナリティクスヘルプ＞チャネルグループについて
https://support.google.com/analytics/answer/6010097

8-2 チャネルグループを設定する

「デフォルトチャネルグループ」「新しいチャネルグループ」「カスタムチャネルグループ」ともに、設定/編集の要領は同じです。

「システム定義」=あらかじめ定義された9つの仕分ルール

「デフォルトチャネルグループ」の初期設定では、「システム定義」という名前であらかじめ定義されている、9つのチャネルの仕分ルールが適用されています。

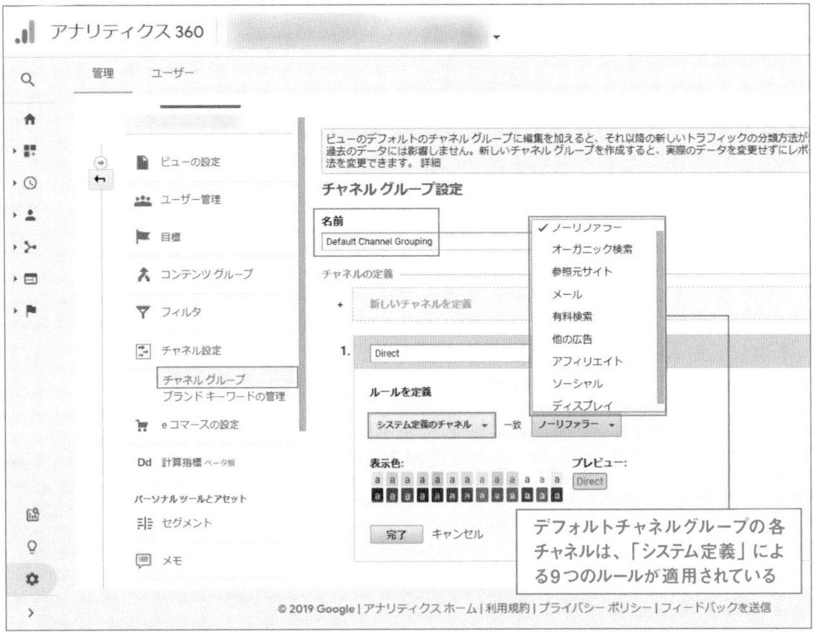

画面NAVI ■ 管理 ▶▶ビューの設定列 ▶▶チャネル設定 ▶▶チャネルグループ ▶▶デフォルトチャネルグループ

この9つのチャネルの仕分ルールは次の表の通りで、このルールの定義内容は変更することはできません。

チャネル名	仕分ルールの説明
ノーリファラー	参照元 - 完全一致 - direct AND メディア - 完全一致 - (not set) OR メディア - 完全一致 - (none)
オーガニック検索	メディア - 完全一致 - organic
ソーシャル	ソーシャルメディアからの参照 - 完全一致 - Yes OR メディア - 正規表現に一致 - ^(social|social-network|social-media|sm|social network|social media)$
メール	メディア - 完全一致 - email
アフィリエイト	メディア - 完全一致 - affiliate
参照元サイト	メディア - 完全一致 - referral
有料検索	メディア - 正規表現に一致 - ^(cpc|ppc|paidsearch)$ AND 広告掲載ネットワーク - 完全一致しない - Content
他の広告	メディア - 正規表現に一致 - ^(cpv|cpa|cpp|content-text)$
ディスプレイ	メディア - 正規表現に一致 - ^(display|cpm|banner)$ OR 広告掲載ネットワーク - 完全一致 - Content
(使用不可)または(その他)	どのチャネルの定義にも一致しないセッション

※「アナリティクスヘルプ＞デフォルトチャネルの定義」から引用

この9つの仕分ルールからなる「システム定義」は、あらかじめ用意されている「デフォルトチャネルグループ」内だけでなく「新しいチャネルグループ」や「カスタムチャネルグループ」でも選択し、利用することができます。汎用できる既定のルールのセット、と理解しておくと良いでしょう。

また、「デフォルトチャネルグループ」内でも、「システム定義」以外のルールを設定したり、上表の「システム定義」の各ルール内容を踏まえた上で、「OR」「AND」条件で新たな仕分ルールを追加していくことが可能です。

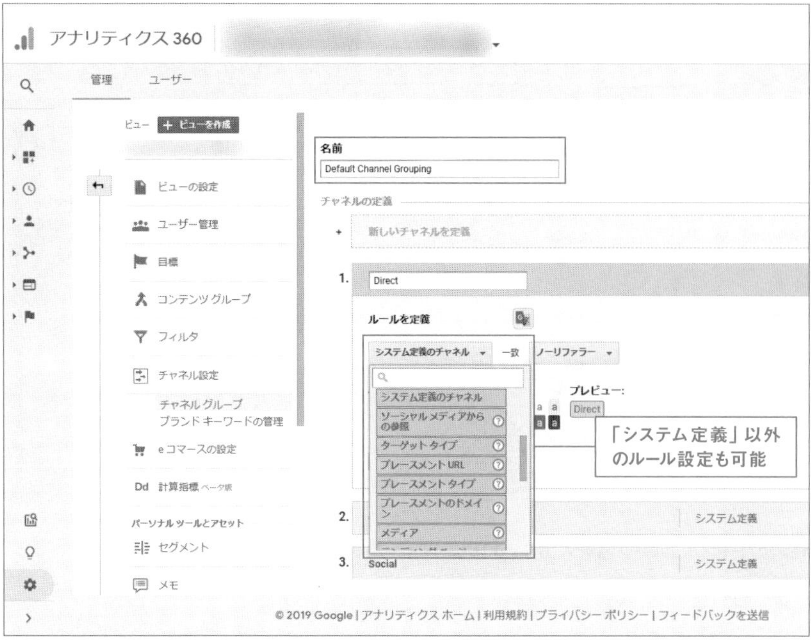

画面NAVI　管理 ▸ビューの設定列 ▸チャネル設定 ▸チャネルグループ ▸デフォルトチャネルグループ

チャネルの設定＝仕分ルールの作成方法

各チャネルの設定はチャネルごとにルールを定義することで可能で、その設定画面は「デフォルトチャネルグループ」「新しいチャネルグループ」「カスタムチャネルグループ」共通です。
基本的な手順については以下の通りです。
※チャネルグループ＞新しいチャネルグループの画面で解説します。

設定手順

設定画面の「＋新しいチャネルグループ」から入ります。

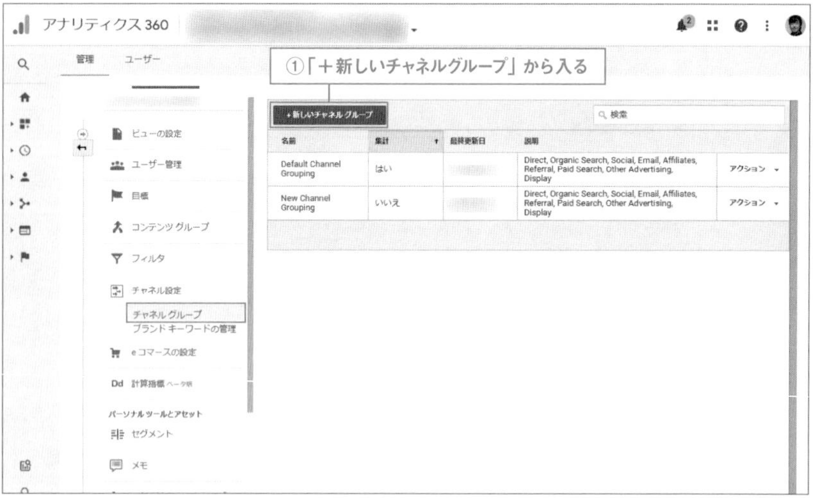

任意のチャネルグループ名を入力し、「新しいチャネル定義」を開きます。

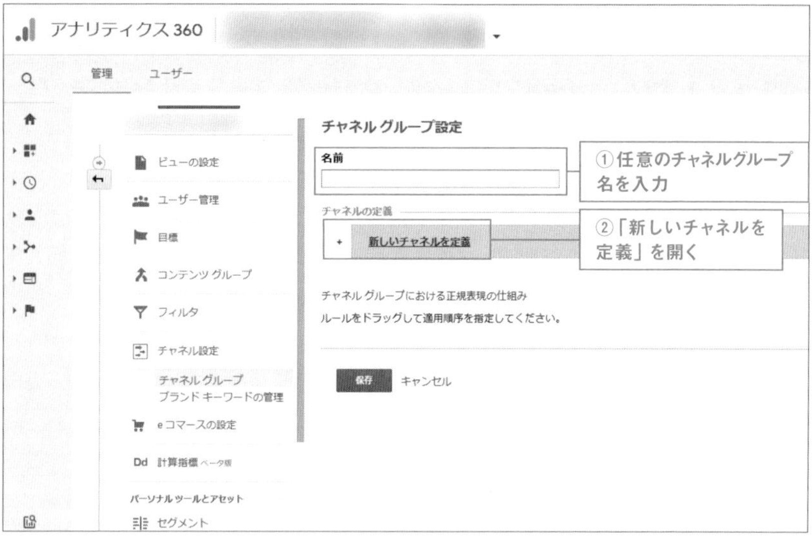

任意のチャネル名を入力して、ルールの定義を設定します。
まず、左のプルダウンからルールを定義するフィールドを選択します。次に、一致条件をプルダウンから選択し、最後に右側のボックスに条件を入力します。左側で選択したフィールドによって選択の候補が表示されるので、そこから選択するか、正規表現を使って任意に条件を設定します。

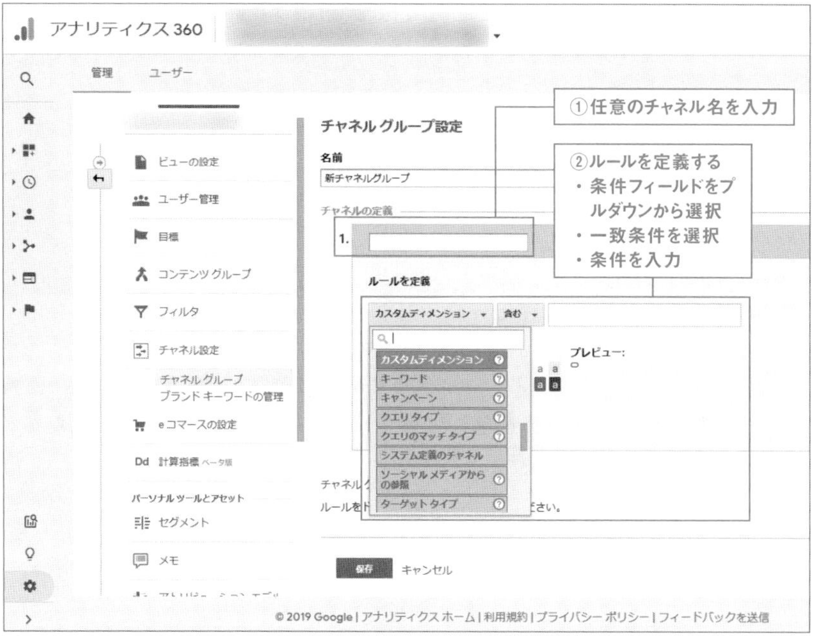

必要に応じて、「OR」「AND」条件でルールの定義を追加することができます。
レポートに表示されるときの色を選択したら、「完了」でチャネルの定義は完了です。

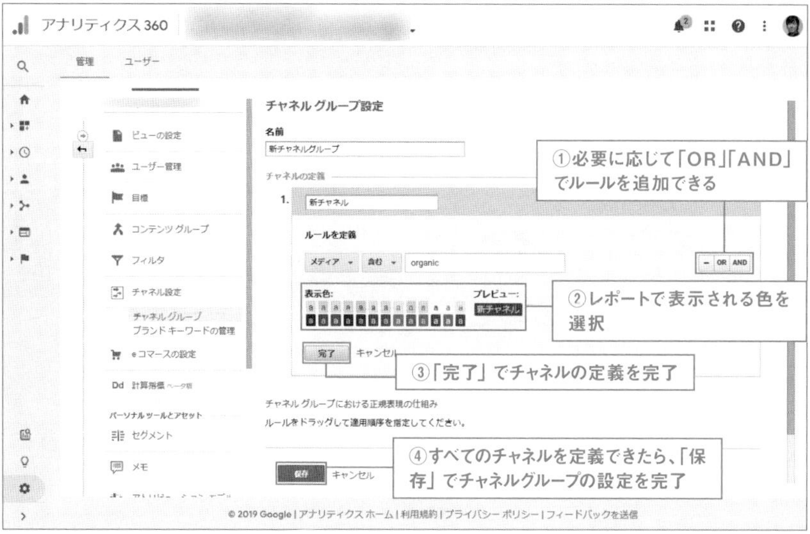

グループ内のすべてのチャネルの定義を完了したら、最後は「保存」で新しいチャネルグループの設定を完了します。

その他、注意事項

- 各チャネルグループは、「編集」「コピー」「削除」「共有」が可能です(デフォルトチャネルグループのみ「削除」できません)。
- 各チャネルグループは、「コンバージョン＞マルチチャネル」レポートでも利用できます。

※「マルチチャネル」については次節「8-4　マルチチャネル」で解説します。

- グループ内の各チャネルの仕分ルールは、設定画面表示の上から順番に(各チャネルの番号順に)適用されます。各仕分ルールに重複する条件が含まれる場合は、適用される順番を考慮した上で、チャネルの順番を決める必要があります。チャネルの順番は、画面上のドラッグ&ドロップで簡単に変更することができます。

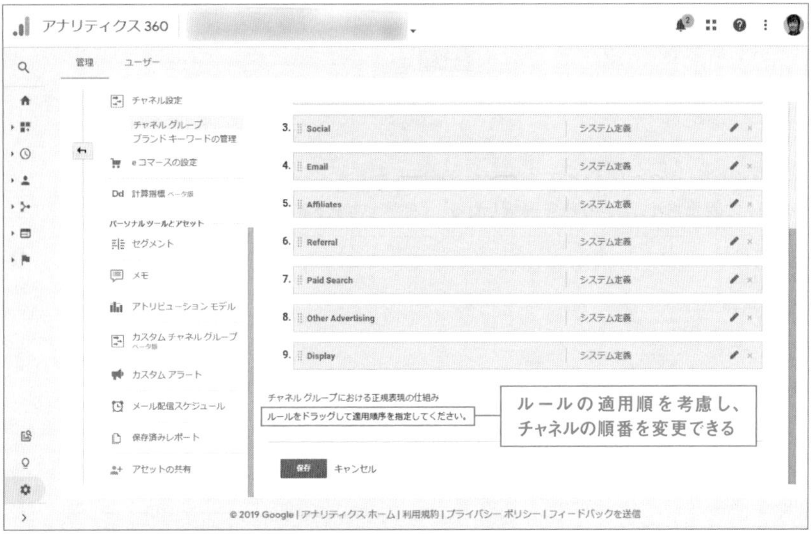

- その他、詳細は以下のヘルプサイトを参照ください。

参考　アナリティクスヘルプ＞チャネルグループについて
https://support.google.com/analytics/answer/6010097

8-3 マルチチャネルの基本を理解する

Googleアナリティクスには、「チャネル」についての集計レポートがふたつあります。ひとつが前節で解説した「集客＞チャネル」レポートであり、もうひとつが本節で解説する「コンバージョン＞マルチチャネル」レポートです。このふたつの違いについては、本章のコラム「「集客＞チャネル」と「コンバージョン＞マルチチャネル」の違い」で解説します。

マルチチャネルとは

「マルチチャネル」は、"コンバージョン（目標設定によるコンバージョンとeコマーストランザクションの両方を含む）"に貢献した"流入経路"をチャネル（経路）ごとに分類して集計するレポートです。"コンバージョン"は、1回の訪問で発生する場合と複数回の訪問で発生する場合があります。多くの集計レポートの場合、流入元とコンバージョンの紐づけ集計は、ひとつのセッション（コンバージョンが発生した訪問のみ）を対象としていますが、「マルチチャネル」レポートでは、実際に起こっている複数訪問によるコンバージョンの紐づけ集計を行っています（発生したコンバージョンから、それに紐づく同じユーザーの訪問を逆引き集計す

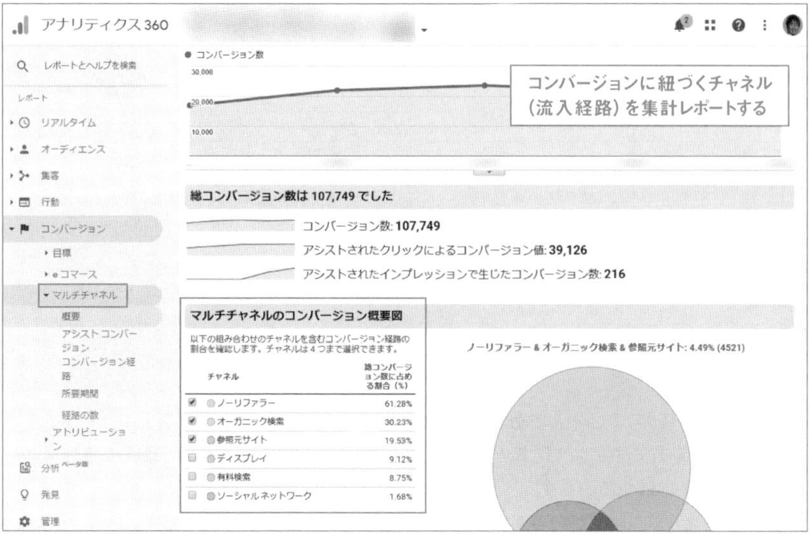

画面NAVI ■ コンバージョン ▸▸ マルチチャネル ▸▸ 概要

るようなイメージです)。つまり、ひとつの"コンバージョン"について複数の流入経路が集計されるので、「マルチチャネル」レポートとなっています。
コンバージョンに貢献した訪問として紐づけできるのは、Cookieを使っているので、同デバイス同ブラウザでの訪問が対象になります。

「MCFチャネルグループ」について

レポートの「コンバージョン＞マルチチャネル」では、デフォルトで「MCFチャネルグループ」というチャネルグループが表示されています。前節で解説した「集客＞すべてのトラフィック＞チャネル」では、「デフォルトチャネルグループ」という名前のチャネルグループでしたが、マルチチャネルでは異なるチャネルグループが使われています。
※MCF＝マルチチャネルファネルの略です。

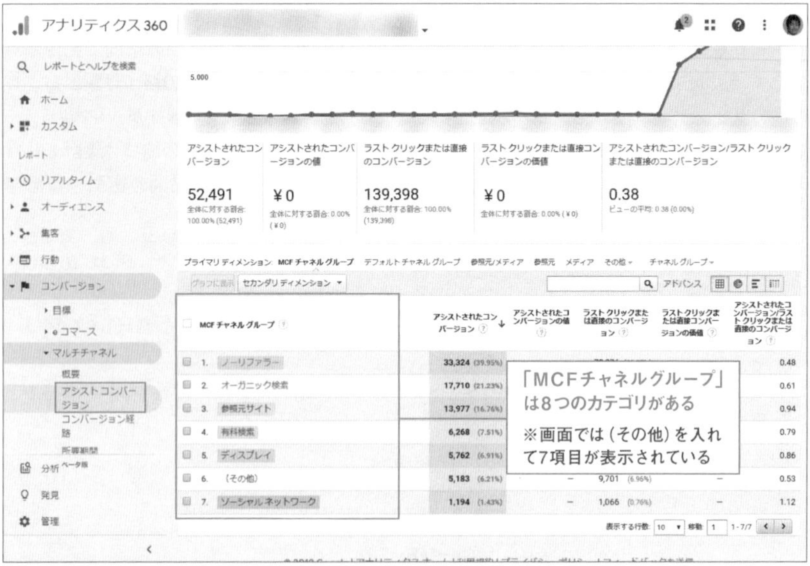

画面NAVI ■ コンバージョン ⏩マルチチャネル ⏩アシストコンバージョン

チャネル(流入経路)をルールで分類して集計するという意味では、「集客」レポートのチャネルと同じ考え方ですが、「MCFチャネルグループ」は「集客」レポートとは異なる仕分ルールでチャネルを定義しています。
「MCFチャネルグループ」の各チャネルの仕分ルールは、次の表の通りです。

チャネル名	仕分ルールの説明
Display	メディアが「display」または「cpm」の接点。広告配信ネットワークが「content」に設定されているGoogle広告の接点も含まれる
Paid Search	Google広告の検索ネットワークまたはその他の検索エンジン由来で、メディアが「cpc」または「ppc」のトラフィック
Other Advertising	「cpc」、「ppc」、「cpm」、「cpv」、「cpa」、「cpp」、「affiliate」のメディアのタグが設定されているセッション（有料検索は除外）
Organic Search	任意の検索エンジンによる無料検索からのトラフィック（メディアが「organic」の場合）
Social Network	約400のソーシャルネットワークからのトラフィック（広告としてタグが設定されていない場合）
Referral	ソーシャルネットワーク以外のウェブサイトからのトラフィック
Email	「email」メディアのタグが設定されているセッション
Direct	ウェブサイトのURLをブラウザに入力したか、ブックマークからサイトにアクセスしたユーザーによるセッション（参照元が「(direct)」、メディアが「(not set)」または「(none)」の場合）
（使用不可）または（その他）	どのチャネルの定義にも一致しないセッション

※「アナリティクスヘルプ＞MCFチャネル（MCFチャネルグループ）について」から引用

このように「コンバージョン＞マルチチャネル」では、「MCFチャネルグループ」がデフォルトですが、前節で解説した「集客」レポートの「デフォルトチャネルグループ」や新しく作成した「新しいチャネルグループ「カスタムチャネルグループ」を、この「コンバージョン＞マルチチャネル」レポートで利用することも可能です。

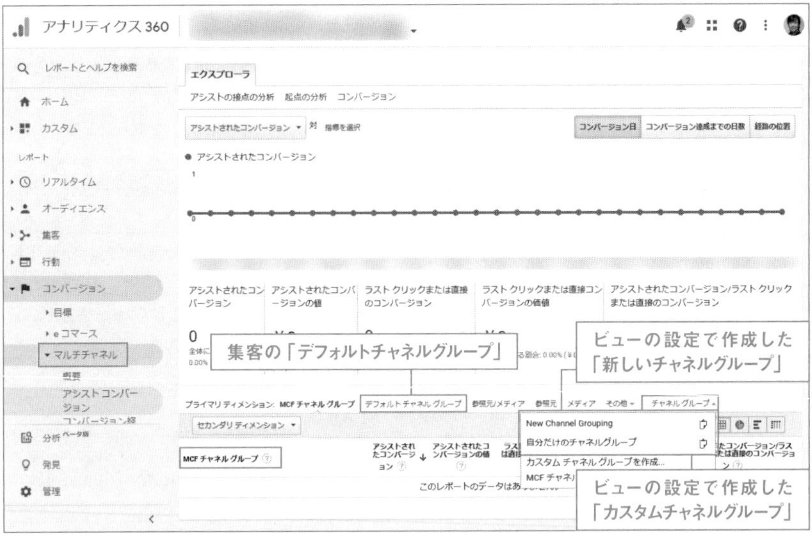

「集客」レポートの「デフォルトチャネルグループ」のチャネル定義と同様に、「MCFチャネルグループ」の仕分ルールを変更することはできませんが、この「MCFチャネルグループ」を元に(コピーして)、新しいカスタムチャネルグループを作成することは可能です。

このように、「マルチチャネル」では"チャネル"の定義が多数使えて混乱するかもしれませんが、最終的には"流入施策"(SEO、有料検索広告、ディスプレイ広告、SNS、アフィリエイト広告、など)と連動した仕分けで作成したチャネルによって、集計/分析をするのが良いでしょう。

参考 アナリティクスヘルプ＞マルチチャネルについて
https://support.google.com/analytics/answer/1191180

8-4 MCFチャネルをカスタマイズする

「MCFチャネル」は前節でも解説した通り、個々のチャネルの定義（仕分ルール）を変更することはできませんが、この仕分ルールを元に新たに「カスタムチャネルグループ」を作成することは可能です（前々節で解説した「カスタムチャネルグループ」になります）。

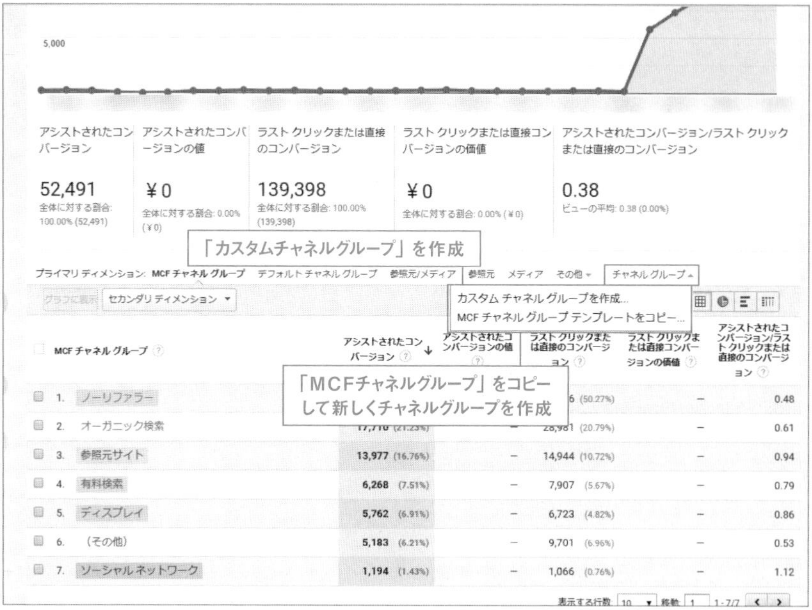

画面NAVI ■ コンバージョン ⏩ マルチチャネル ⏩ アシストコンバージョン

ここでのチャネル作成は、ビューの設定画面には行かずにこのレポート画面上で行います。例えば、上図の「MCFチャネルグループテンプレートをコピー」をクリックすると、そのまま画面上に設定画面が表示されます。

各チャネルの定義（仕分ルール）の設定方法は、前々節「8-2　チャネルグループを設定する」と同じになりますので参照してください。

参考 アナリティクスヘルプ＞MCFチャネルグループを作成、使用する
https://support.google.com/analytics/answer/1250116

COLUMN

「集客＞チャネル」と「コンバージョン＞マルチチャネル」の違い

Googleアナリティクスには、「集客＞すべてのトラフィック＞チャネル（デフォルトチャネルグループ）」と「コンバージョン＞マルチチャネル（MCFチャネルグループ）」という、ふたつの「チャネル」レポートがあります。似たような名前の上に、レポート画面を見ても、同じようなディメンションが並んでいます。一体、このふたつの「チャネル」レポートは何が違うのでしょうか？

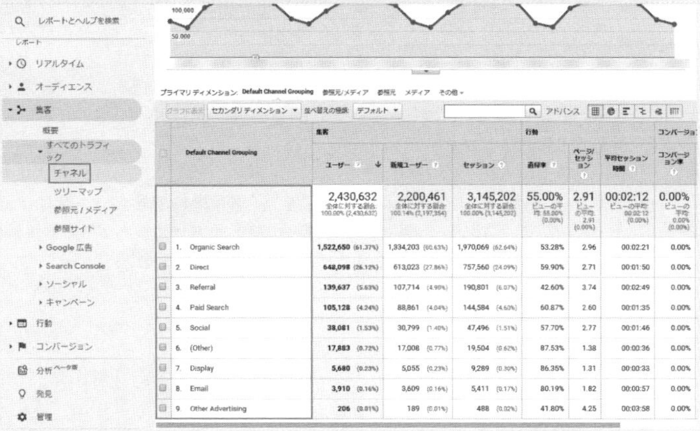

画面NAVI ■ Googleアナリティクス ▶▶ 集客 ▶▶ すべてのトラフィック ▶▶ チャネル

画面NAVI ■ コンバージョン ▶▶ マルチチャネル ▶▶ アシストコンバージョン

「デフォルトチャネル」と「マルチチャネル」の違い

この両者には、見た目上や集計定義にも若干の違いがあります。「デフォルトチャネル」ではレポート画面のディメンション表記が英語ですが、「マルチチャネル（MCFチャネル）」では日本語表記になっていますし、同じ意味のチャネル分類であっても、その仕分ルールの仕様は微妙に異なっているところがあります。表記にしろ仕分ルールにしろ、違いの理由は定かではありません。
本コラムでお伝えしたいのは、もう少し根本的な違いについてです。
以下のように、それぞれの目的と集計母数が異なります。

・デフォルトチャネル……流入元分析のために用いられ、（基本的には集計対象の）すべての訪問を母数として、各チャネルごとに分類/仕分けして集計されたものです。
・マルチチャネル……コンバージョン経路分析のために用いられ、（一定期間内における）コンバージョンにつながった全訪問を母数として、各チャネルごとに分類/仕分けして集計されたものです。

簡単に言えば、すべての流入元の内訳をチャネル単位で見たい場合は「デフォルトチャネル」で、コンバージョンにつながった流入元だけに絞ってチャネル単位で見たい場合は「マルチチャネル」で見る、ということになります。

「デフォルトチャネル」＝流入元分析
「マルチチャネル」＝コンバージョン経路分析

と、覚えておくと良いでしょう。

8-5 コンテンツグループの基本を理解する

「コンテンツグループ」とは

「コンテンツグループ」とは、計測サイトのコンテンツ（各ページ）を集計や分析の目的に従って"グルーピング（まとめる）"し、グループごとの集計を表示するための機能です。ウェブサイトのコンテンツ（各ページ）は、ディレクトリ構造によって分けられており、Googleアナリティクスのレポート画面（行動＞サイトコンテンツ＞ディレクトリ）でもそのディレクトリごとの集計レポートを見ることはできますが、必ずしもそのディレクトリ構造による集計が分析の目的にフィットしているとは限りません。分析の目的にフィットした形で各ページを"まとまり"として集計したい場合は、この「コンテンツグループ」を利用すると良いでしょう。「8-1　チャネルグループの基本を理解する」で解説した「チャネル」が、サイトに入ってくる流入経路を"仕分ける"機能だったのに対して、「コンテンツグループ」はサイト内のページを"まとめる"機能と理解することができます。

「コンテンツグループ」のしくみ

「コンテンツグループ」では、グルーピングする方法として3つの設定方法を提供しています。

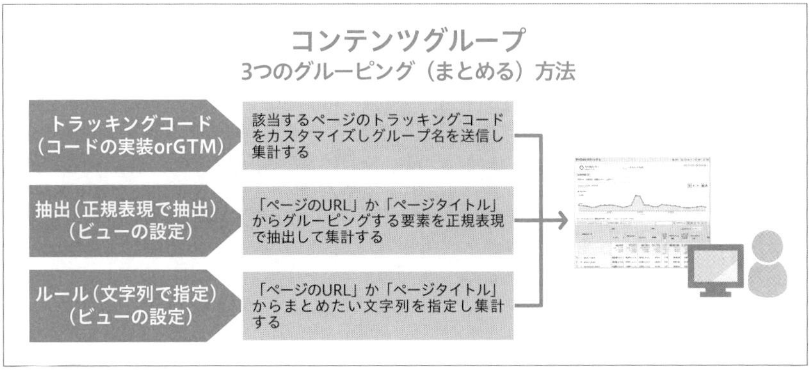
コンテンツグループ
3つのグルーピング（まとめる）方法
トラッキングコード（コードの実装orGTM）
該当するページのトラッキングコードをカスタマイズしグループ名を送信し集計する
抽出（正規表現で抽出）（ビューの設定）
「ページのURL」か「ページタイトル」からグルーピングする要素を正規表現で抽出して集計する
ルール（文字列で指定）（ビューの設定）
「ページのURL」か「ページタイトル」からまとめたい文字列を指定し集計する

・トラッキングコード
　対象のページのトラッキングコードをカスタマイズして、スロット番号とグループ名を送信することで、グループごとに集計できるようにします。

・抽出

「ページのURL」か「ページタイトル」から、グルーピングの要素（文字列など）を正規表現で定義して、対象ページを抽出し集計できるようにします。

・ルール

グループ名を決め、「ページのURL」か「ページタイトル」からグルーピングしたい文字列を指定して、集計ルールを定義します。

「コンテンツグループ」は5つまで

「コンテンツグループ」は、ビューごとに5つまで作成することができます。ひとつのグループの中に、グルーピングされた各グループが含まれます。

よって、大きな5つのグループの中に、グルーピングされた各コンテンツのグループ（ページのまとまり）が含まれるという"2階層構造"になっています。

ひとつのコンテンツグループの配下に含めるグループのグルーピング方法は、3つの方法のどれを使用しても構いません。

ひとつの方法（例えばトラッキングコードでのグルーピングだけ使用）でもOKですし、3つの方法すべてを使って（例えば、トラッキングコード、抽出、ルール、すべての方法を使う）グルーピングしてもOKです。

コンテンツグループのしくみ

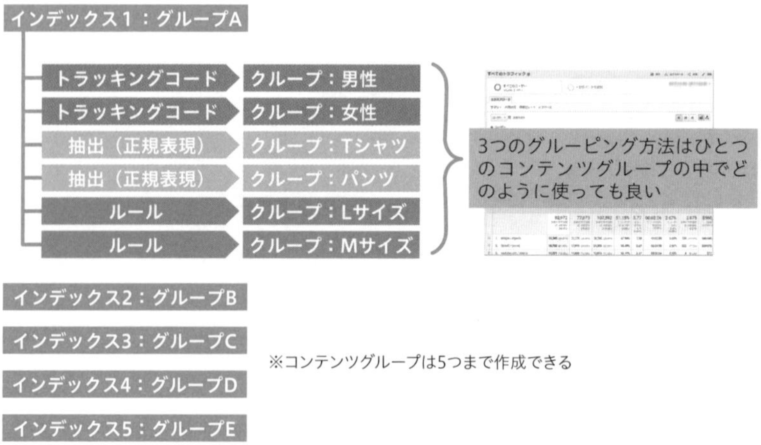

ひとつのコンテンツグループの中で、3つの方法は「トラッキングコード」「抽出（正規表現）」「ルール」の順番で、条件にマッチしたページがグルーピングされていきます。また、「抽出」と「ルール」で定義されたグループについては、作成された順にグルーピングされていきますが、画面上のドラッグ&ドロップで順番を入れ替えることも可能です。
レポート画面（行動＞サイトのコンテンツ＞すべてのページ）では、ひとつのコンテンツグループを選択した場合、その配下のすべての方法でグルーピングされたものが全部表示されます。

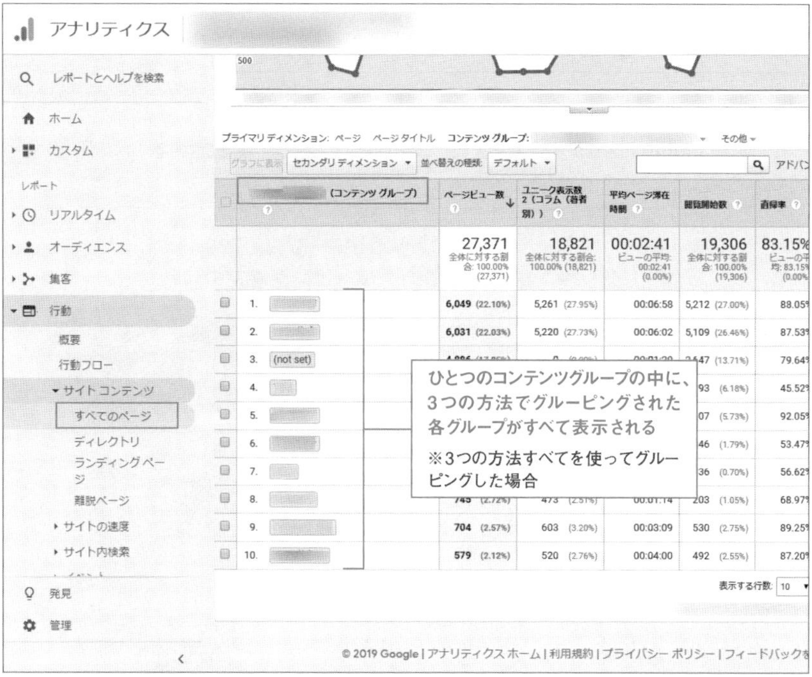

画面NAVI ■ 行動 ≫ サイトコンテンツ ≫ すべてのページ

参考 アナリティクスヘルプ＞コンテンツグループについて
https://support.google.com/analytics/answer/2853423

8-6 トラッキングコードでグルーピングを設定する

本節では、トラッキングコードによるグルーピングの設定方法を解説していきます。

※本書は、トラッキングコードの実装やカスタマイズはGTMの利用を推奨していますので、本節でもGTMを使った手順で解説します。

設定のステップは次のふたつになります。

①Googleアナリティクスで「トラッキングコードを有効化」する
②GTMのGoogleアナリティクスタグで「コンテンツグループ」を設定する

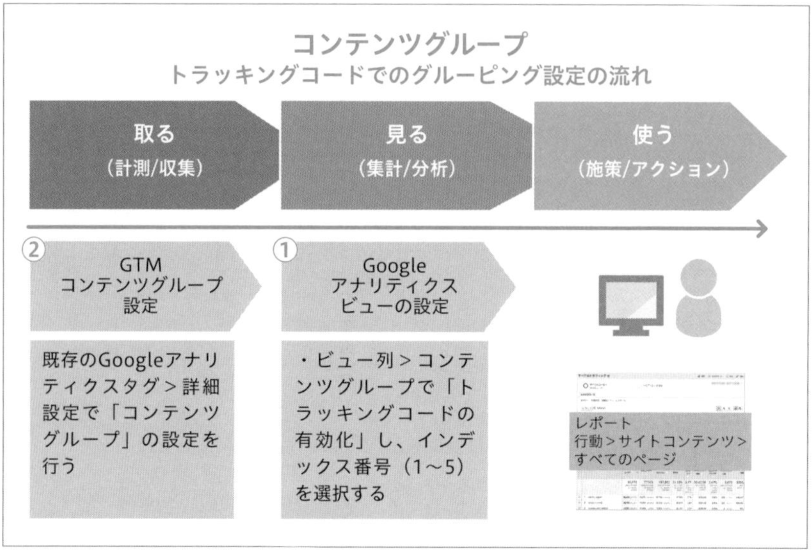

①トラッキングコードを有効化する

設定手順

まずは、Googleアナリティクスの「管理＞ビューの設定列＞コンテンツグループ」から「＋新しいコンテンツグループ」を開きます。

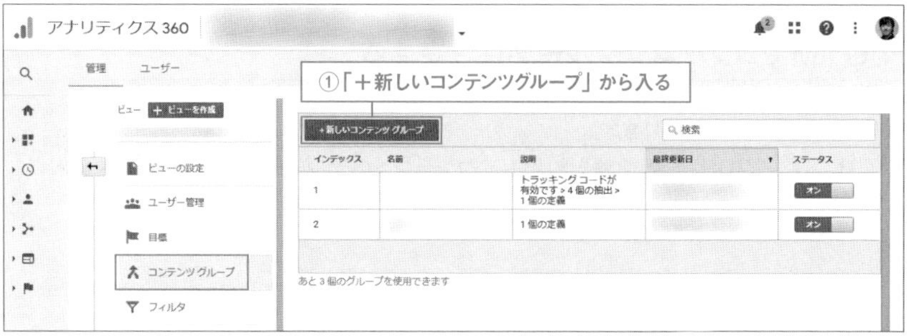

画面NAVI ■ 管理 ▶ビューの設定列 ▶コンテンツグループ

「トラッキングコードを有効化」の「オン」を確認し、インデックス番号を選択します。
「完了」をクリックし、ページ下部の「保存」でGoogleアナリティクス側の設定は終了です。

※インデックス番号の1～5は、プロパティ全体で共有されるので注意が必要です。

コンテンツグループの設定は、ビューレベルの設定で集計もビューごとですが、トラッキングコードはプロパティ全体に影響しますので、トラッキングコードによるグルーピング数は"プロパティ全体で5つまで"となります。

画面NAVI ■ 管理 ▶ビューの設定列 ▶コンテンツグループ

②GTMでコンテンツグループを設定する

次にGTM側の設定に移ります。
今回は、「ページURL」の情報を利用してコンテンツのグルーピングを行うケースを例に、GTMでの設定例を解説します。

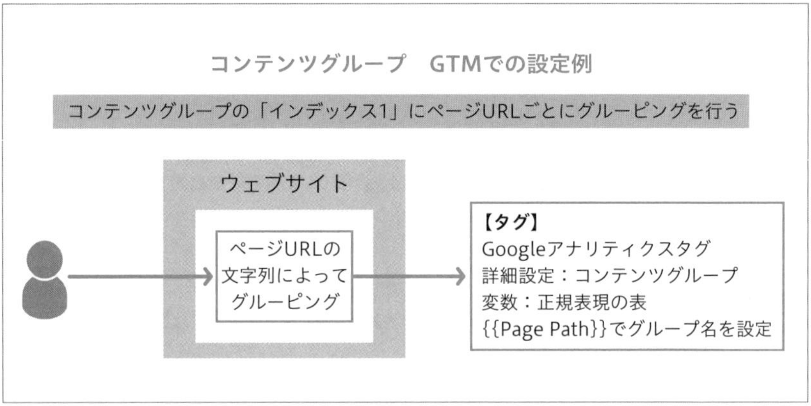

設定手順

1 コンテンツグループを開く

まずは、既存のGoogleアナリティクスタグ(すべてのページに配信されるページビュータグ）を開き、タグの設定画面「詳細設定」から「コンテンツグループ」を開きます。

画面NAVI ■ タグマネージャー ▶▶ タグの設定

「Googleアナリティクス設定」変数を使っている場合は、その「Googleアナリティクス設定」変数を開き、以下同様の手順で設定をすることも可能です。

※「Googleアナリティクス設定」変数については、「3-5　Googleアナリティクスタグの配信設定をする」を参照ください。

2 グルーピングに必要な条件の変数を設定する

「コンテンツグループ」の「インデックス」に「1」（前述のGoogleアナリティクス側の設定で選択した「インデックス番号」）を入力して、右側の「コンテンツグループ」では「＋」を開き、今回のグルーピングに必要な条件の変数を設定します。

「変数を選択」画面から「+」をクリックして「変数の設定」画面を開きます。

「変数タイプを選択」から「正規表現の表」を選択します。

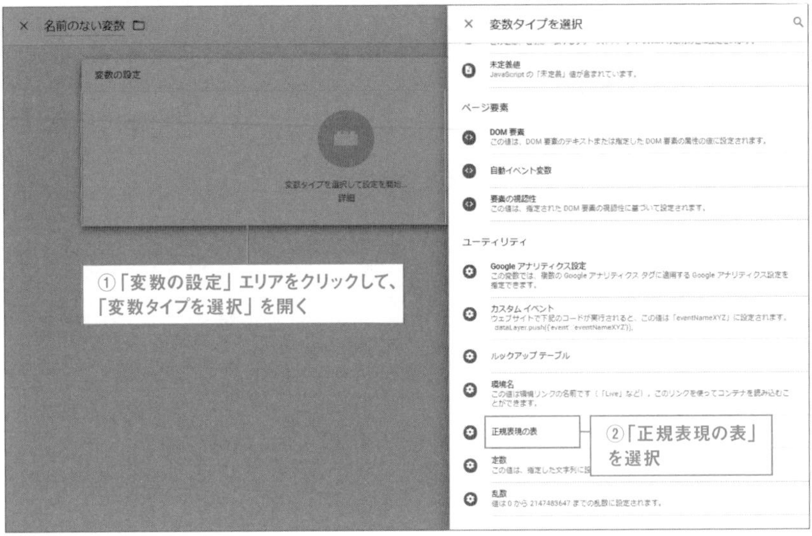

3 「正規表現の表」の条件を設定する

「正規表現の表」の条件を設定していきます。今回は、URLに含まれる文字列ごとに名前を付けて、グルーピングできるように下図のように「入力」と「出力」を設定していきます。

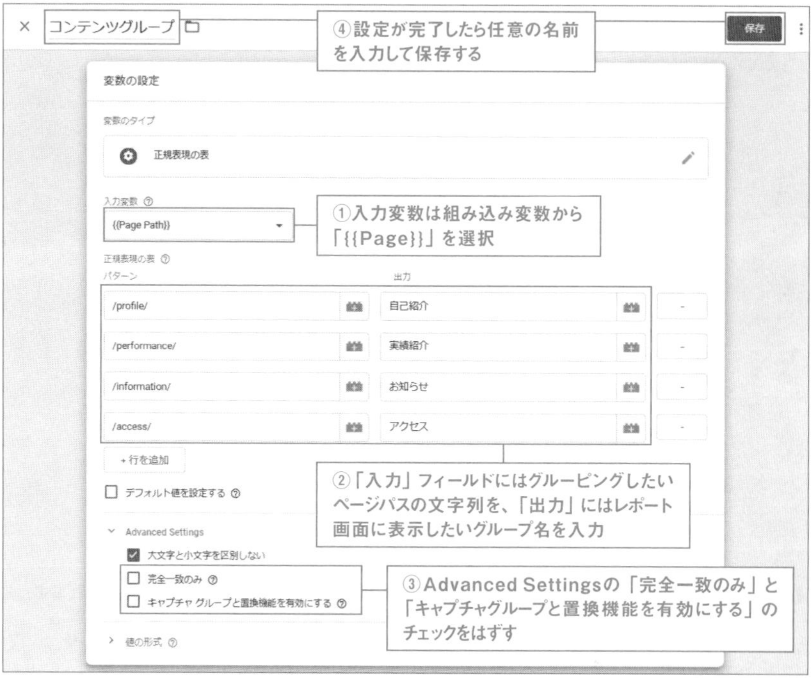

「ルックアップテーブル」変数の設定が終わったら、画面上で任意の名前を入力し、「保存」します。タグの編集画面に戻り、「コンテンツグループ」の設定が完了したので、右上の「保存」で設定は完了します。

あとは、通常のプロセスの通りプレビューで確認をして、「公開」をすれば計測が開始されます。

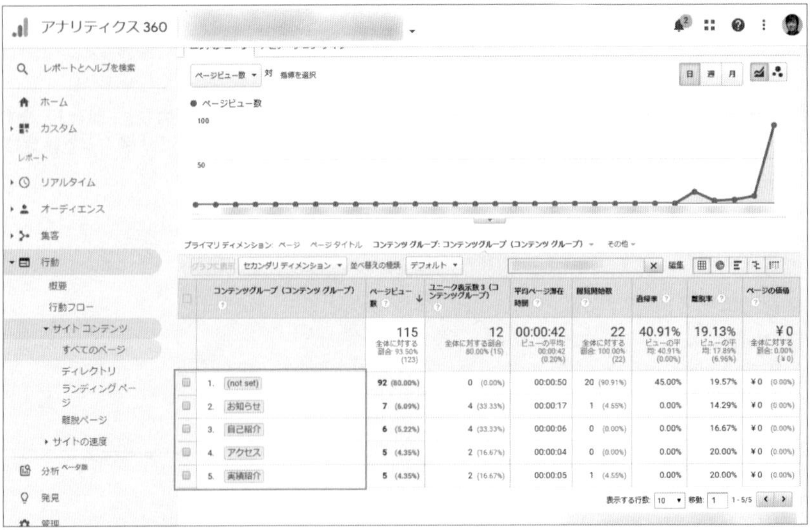

画面NAVI ■ 行動 ▶▶ サイトコンテンツ ▶▶ すべてのページ

取る 計測/収集 見る 集計/分析 使う 施策/アクション

レポート画面へのデータの反映は、公開後最大で24時間程度かかる場合があります。
ご紹介した設定は、ひとつの例に過ぎません。「コンテンツグループ」をトラッキングコードでグルーピングする場合はGTMを利用する方が、ページ内にある多様なソース(情報)を条件に、より多彩なグルーピング設定が行えるので便利です。

参考 アナリティクスヘルプ＞コンテンツグループを作成、編集する
https://support.google.com/analytics/answer/2853546

参考 タグマネージャヘルプ＞Googleアナリティクスのコンテンツグループ
https://support.google.com/tagmanager/answer/6107004

8-7 「抽出」「ルール」でグルーピングを設定する

「抽出」によるグルーピング

「抽出」は、「ページURL」か「ページタイトル」から正規表現で条件定義することで、グルーピングを行います。
本節では、「ページタイトル」から正規表現で抽出するケースを例として解説します。
設定手順は以下の通りです。

設定手順

まず、「管理＞ビューの設定列＞コンテンツグループ」の「＋新しいコンテンツグループ」をクリックし、設定画面に入ります。

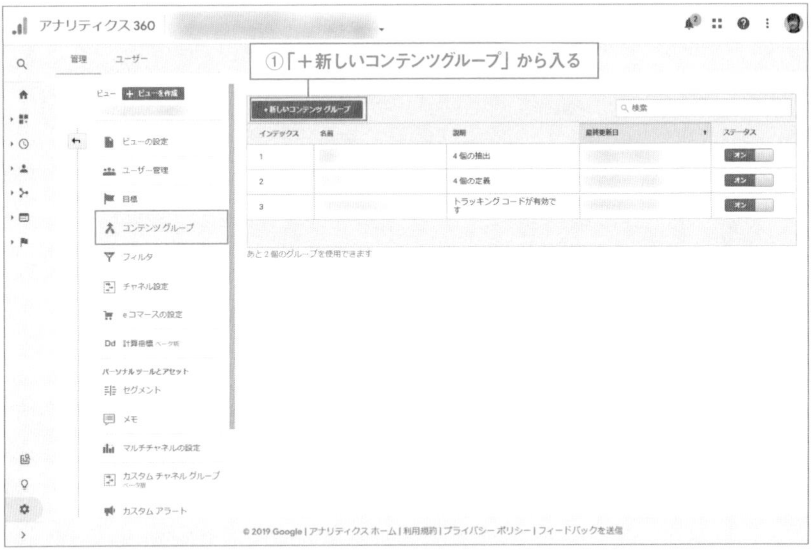

画面NAVI ■ 管理 ▶▶ビューの設定列 ▶▶コンテンツグループ

任意の名前を入力したら、「抽出」から「ページタイトル」を選択し、正規表現を使って抽出条件を入力します。ひとつ入力し終わったら「完了」をクリックし、同じ要領で「抽出」条件を追加していきます。

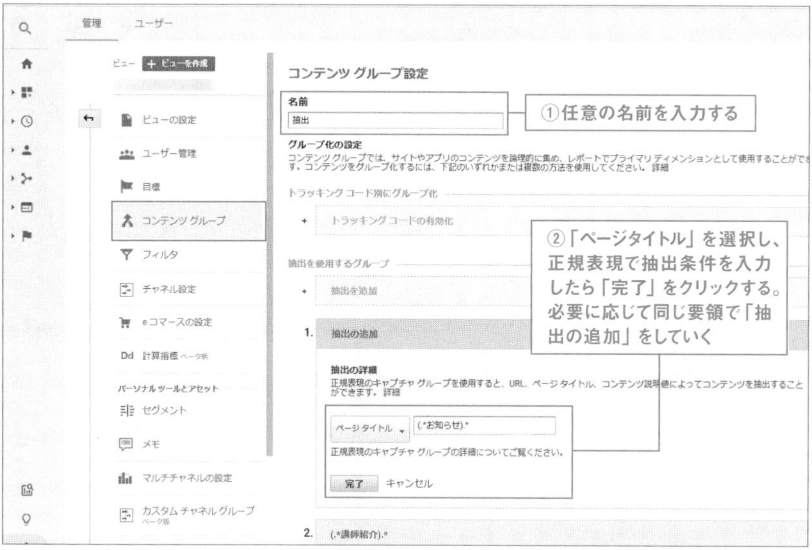

画面NAVI ■ 管理 ▶▶ビューの設定列 ▶▶コンテンツグループ

設定した「抽出」条件は、表示されている順番にマッチしたものからグルーピングされていきます。順番を入れ替えたい場合は、画面操作(ドラッグ&ドロップ)で簡単に入れ替えることができます。設定し終わったら「保存」で終了します。

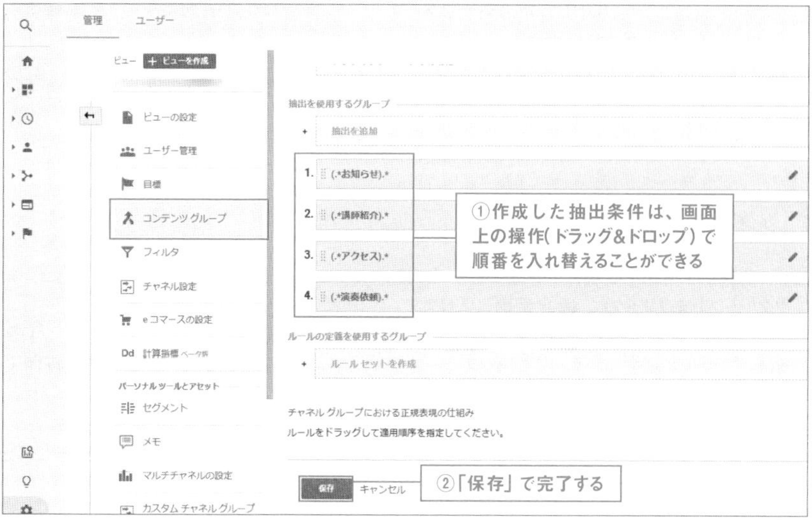

画面NAVI ■ 管理 ▶▶ビューの設定列 ▶▶コンテンツグループ

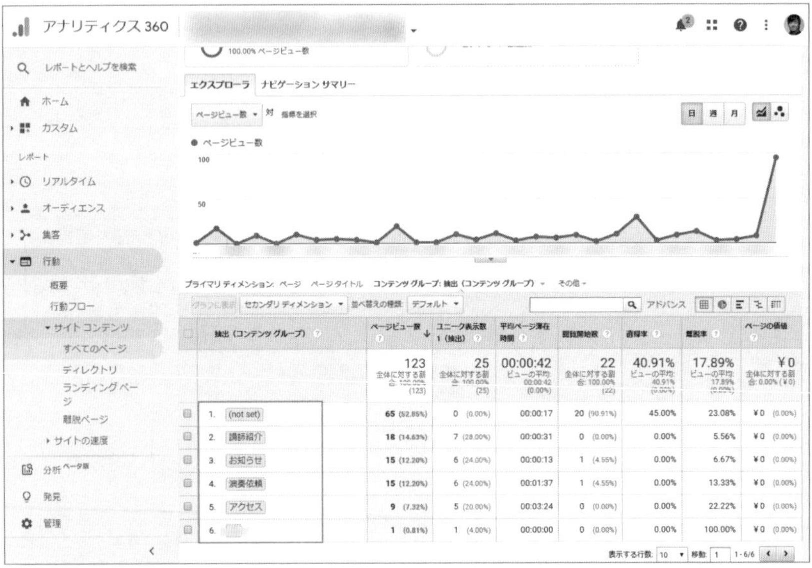

画面NAVI ■ 行動 ⏩サイトコンテンツ ⏩すべてのページ

「ルール」によるグルーピング

「ルール」は、「ページURL」か「ページタイトル」に含まれる文字列でルールを定義することで、グルーピングを行います。
本節では、「ページURL」に含まれる文字列からルールを定義するケースを例として、解説します。
設定手順は以下の通りです。

設定手順

まず、前述の「抽出」同様に「管理＞ビューの設定列＞コンテンツグループ」の「＋新しいコンテンツグループ」をクリックし、設定画面に入ります。
任意の名前を入力したら、「ルールセットを作成」から入り、任意の名前を入力し、「ページ」を選択してルールを定義します。ひとつのルールが作成できたら「完了」をクリックし、同じ要領で「ルール」を追加していきます。

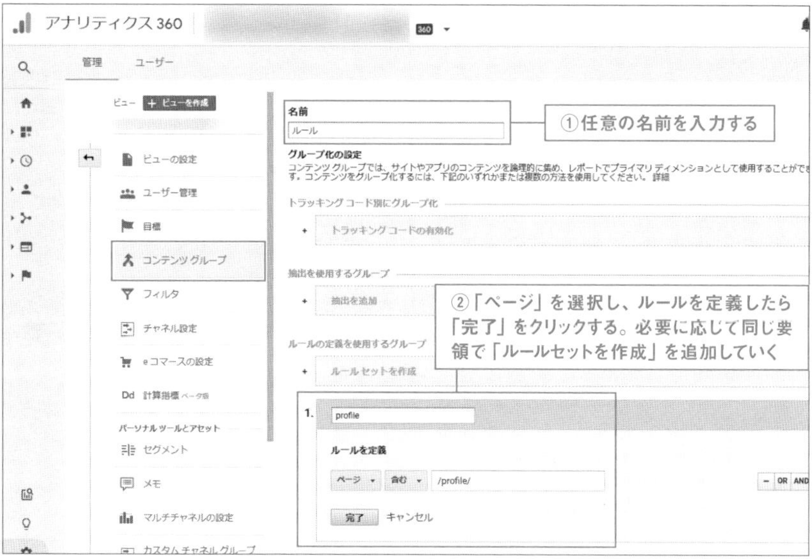

画面NAVI ■ 管理 ▶▶ビューの設定列 ▶▶コンテンツグループ

設定した「ルール」は、表示されている順番にマッチしたものからグルーピングされていきます。順番を入れ替えたい場合は、画面操作(ドラッグ&ドロップ)で簡単に入れ替えることができます。設定し終わったら「保存」で終了します。

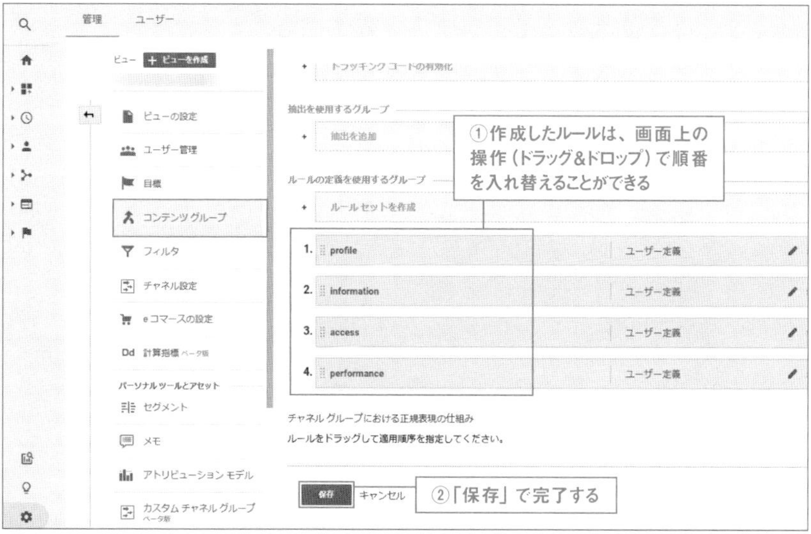

画面NAVI ■ 管理 ▶▶ビューの設定列 ▶▶コンテンツグループ

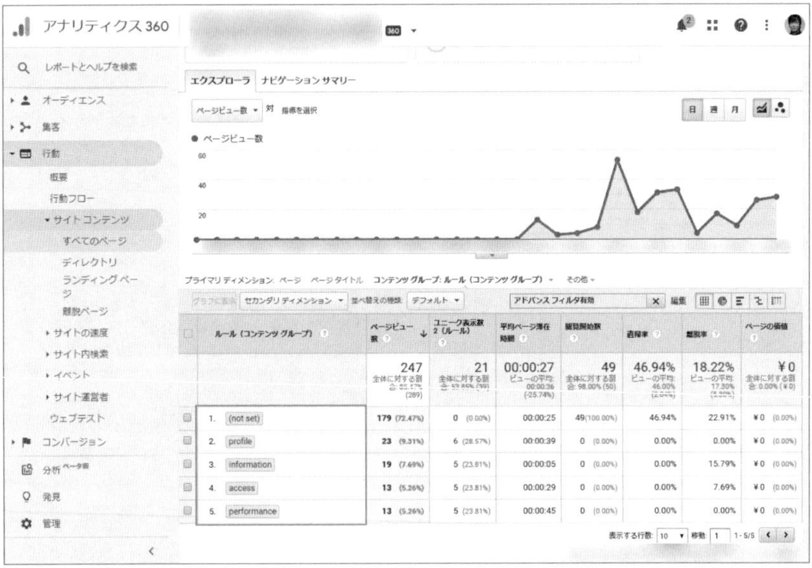

画面NAVI ■ 行動 ⏩ サイトコンテンツ ⏩ すべてのページ

参考 アナリティクスヘルプ＞コンテンツグループを作成、編集する
https://support.google.com/analytics/answer/2853546

9章

ユーザー・流入・
コンバージョン理解の
ための集計レポート

9-1 ユーザー理解のポイントをおさえる

Googleアナリティクスの集計レポート「オーディエンス」カテゴリでは、サイト訪問ユーザーに関する「属性」や「価値」を理解するための、様々なデータ集計がされています。本書では、すべてのレポート画面の解説はしませんが、昨今特に機能が拡張されメニューが増えている「オーディエンス」カテゴリの中でも、特に重要なレポートについて次節以降で解説していきます。

集計に用いられるもとのデータの理解

本書ではこれまでの章で、様々なデータ計測/収集に関する機能や設定を解説してきましたが、その結果として「オーディエンス」カテゴリではどのようなデータをもとにデータ集計されているのか？を理解しておく必要があります。

・「ユーザー」の基本単位は「ファーストパーティCookie」
すでに解説の通り、Googleアナリティクスではファーストパーティ Cookieを使って「ユーザー」の計測と集計を行っています。よって「ユーザー」は、同一デバイスのブラウザ単位の集計ということをしっかり理解しておく必要があります。

・「Googleシグナル」によるGoogle保有データとの連携によるデータの利用
Googleシグナル（「3-2　トラッキング情報で計測データ定義をする①Googleシグナル」）で解説の通り、Googleシグナルの利用によって、トラッキングコードでは計測できないユーザーの属性データを集計することができます。また、前述したCookieによる集計ではなく、「Googleアカウント」を軸としたクロスデバイス集計によるレポートも、可能になっています。

・「LTV」や「ML（機械学習）」による新しい評価指標の導入
ここ数年のレポート機能拡張によって、これまでの集計指標にはなかった新しい評価指標が導入されています。それは、単なる行動データの集計値としての指標ではなく、よりユーザーやセッションの「ビジネスに対する価値」を可視化するものであり、分析結果に対する投資アクションにより大きな影響を与えるデータとなっています。

Googleアナリティクスの「オーディエンス」レポートでは、上記をしっかり踏まえ、「Cookie」から「クロスデバイス」、そしてユーザーやセッションの価値の評価へ、という流れを意識して利用するのが良いでしょう。

［参考］ アナリティクスヘルプ＞ユーザーレポート
https://support.google.com/analytics/topic/6157800

9-2 ユーザー属性を理解する①デモグラフィック属性

サイトの訪問ユーザーデータは、主にトラッキングコードによってサイト内行動やCookieによる「新規・リピーター」の判定、またいわゆる「ユーザエージェント」やブラウザの言語設定など、ブラウザがウェブサーバーと通信を行う際に付随する様々なデータ等をもとに集計しています。これらのデータに加え、Googleアナリティクスでは実際にサイトに訪問したユーザーの「デモグラフィック（人口統計的）属性データ：性年齢データ」を集計したデータを見ることができます。

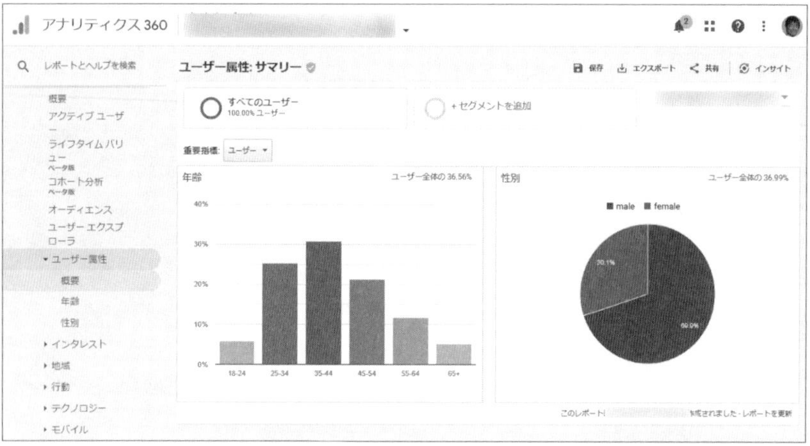

画面NAVI ■ オーディエンス ▶▶ユーザー属性 ▶▶概要

このデータは、Googleアナリティクスのトラッキングコードによって計測されたデータではないため、レポートに反映させるためには設定（Googleシグナルをオン）が必要です。
「Googleシグナル」と、設定方法については以下を参照ください。

NOTE

本書では、従来の「広告向け機能」から「Googleシグナル」へのアップグレードを推奨しているため、まだアップグレードされていない方は以下を参照ください。

・「1-11　Google広告・Googleシグナルとの連携を理解する」
・「3-2　トラッキング情報で計測データ定義をする①Googleシグナル」

「Googleシグナル」によってもたらされる属性データは、すべての訪問ユーザーについて収集できるわけではありません。これら連携によるデータは、「Googleアカウント」において「広告のカスタマイズをオン」にしているユーザーのデータになります。
レポート画面には、属性データの集計対象ユーザーが訪問ユーザー全体に占める割合(%)が表示されています。

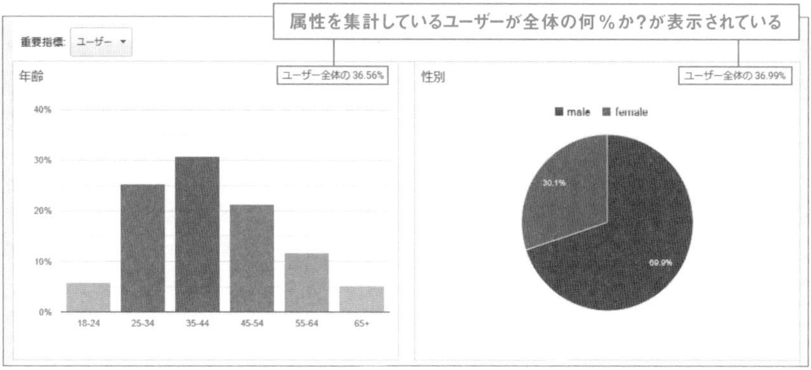

属性データの活用

これら、デモグラフィック属性(性別、年齢別)データは、「セグメント」や「カスタムレポート」にも利用することができます。また、これら属性データのセグメントを使ったユーザーリストも作成することができます。サイト訪問ユーザーのデモグラフィック属性を理解できるのは、Googleアナリティクスの特徴でもありますが、その結果から得られたセグメントをGoogle広告のターゲティングに活用することで、広告の精度を高めて行くことができます。

※「Googleシグナル」によって連携されるデータには、性年齢別属性データの他に、興味関心カテゴリ(インタレストカテゴリ)データもあります。

参考 アナリティクスヘルプ>ユーザー属性とインタレストカテゴリについて
https://support.google.com/analytics/answer/2799357

9-3 ユーザー属性を理解する ②デバイス属性とクロスデバイス

デバイス属性を見るには

訪問ユーザーの使用デバイスの情報は、非常に重要です。筆者の経験上でも、BtoCビジネスのサイトデータは、そのほとんどでモバイルからのアクセスが60%〜80%(もしくはそれ以上)を占めていました。まさに、モバイルファーストの時代と言えるデータです(BtoBビジネスでは、まだ総じてPCからのアクセスの割合の方が高い傾向にあります)。昨今では"クロスデバイス行動"として、モバイルで情報収集をして検討し、コンバージョンはPCで行うというユーザーの閲覧行動が多く見られます。ただし、業種や業態によって、また年齢層によっては、初回訪問からコンバージョンにいたるまでをモバイルのみで完結しているような場合もあります。

いずれにしても、訪問ユーザーの「デバイス属性」を常に確認して、集客やサイト改善施策への投資配分を最適化していくことが非常に重要になっています。

"サイト"と言うと、"PCのブラウザ"で閲覧する画面を前提に考えがちですが、多くの消費者のデバイスごとの閲覧行動をデータでしっかり確認する習慣をつけないと、投資配分の判断を誤ることになりかねません。

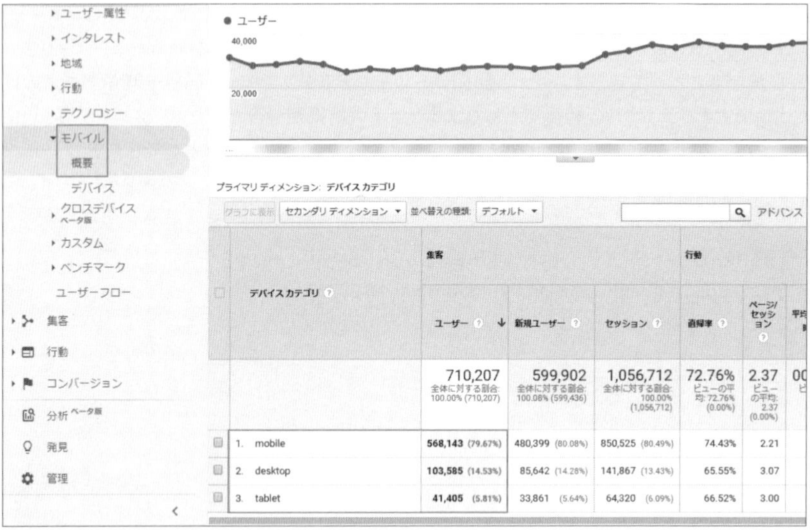

画面NAVI ■ オーディエンス ▶▶モバイル ▶▶概要

Googleアナリティクスでは、デバイス種別を「mobile」「desktop」「tablet」の3種類に識別して集計をしています。

前述のように、一般的にBtoCビジネスのサイトでは「mobile」ユーザー比率が最も高い傾向にある一方、コンバージョン率では「desktop」が最も高いという"ねじれ"現象が起きる傾向にあります。重要なのは、こういうデータからユーザーの"デバイスの使い分け"をより深く洞察して、デバイスごとの利用シーンを想定したUX(ユーザーエクスペリエンス)の改善を行っていく、という視点を持つことです。

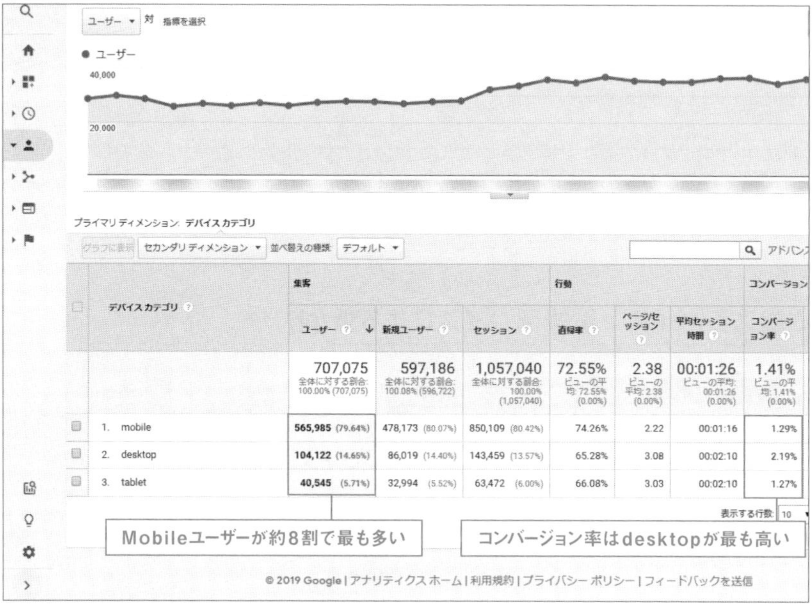

画面NAVI ■ オーディエンス ▶▶ モバイル ▶▶ 概要

デバイス属性データの活用

これら、デバイス属性データは、「セカンダリディメンション」や「セグメント」で利用することも有効な分析につながります。ユーザーの行動データは、"どのデバイス"によるものなのか？を常に意識してデータを見る習慣をつけることが、実際の行動を分析する際に欠かせない視点になっています。

参考 アナリティクスヘルプ＞ユーザー属性とインタレストカテゴリについて
https://support.google.com/analytics/answer/2799357

9-4 「クロスデバイス」レポートを利用する

「クロスデバイス」レポートを見るには

本書でアップグレードを推奨している「Googleシグナル」をオンにすると、レポート画面で「オーディエンス＞クロスデバイス」というレポートを見ることができるようになります。

※Googleシグナルについては以下を参照ください。

・「1-11　Google広告・Googleシグナルとの連携を理解する」
・「3-2　トラッキング情報で計測データ定義をする①Googleシグナル」

「Googleシグナル」をオンにすると、「Googleアカウント＞広告のカスタマイズ」がオンになっているユーザーのデータをもとに、デバイスをまたいだユーザーの行動を集計した「クロスデバイス」レポートを利用できます。

クロスデバイス＞重複デバイスによる重なり

このレポート画面の上部では、各デバイス別のユーザー数を横棒グラフで表示、またデバイスの重複を円の重なりで表示しています。どのデバイスが一番多く訪問に利用されているのか？と、デバイスの重複利用状況を一目でわかりやすく把握することができます。

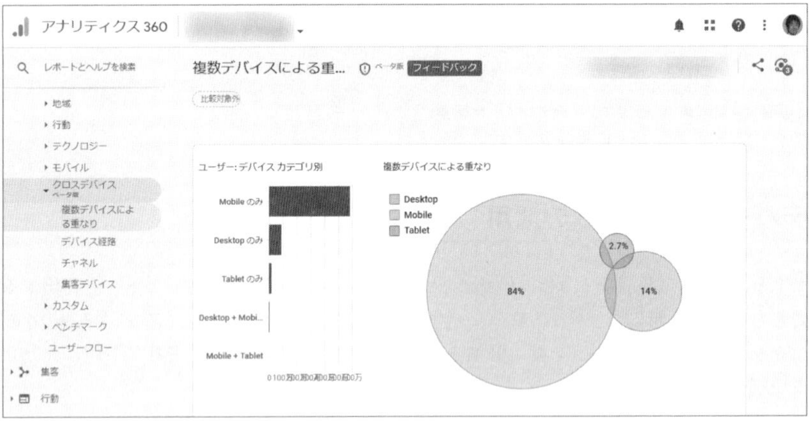

画面NAVI ■ オーディエンス ▶▶クロスデバイス ▶▶複数デバイスによる重なり（上部）

レポートの下部では、"デバイス利用の組み合わせ"ごとのユーザー数やセッション数、eコマースなどのコンバージョン集計を見ることができます。どういったデバイスの利用者、もしくは組み合わせ利用が多いのか？という、クロスデバイス集計ならではのディメンションによるデータを把握することができます。

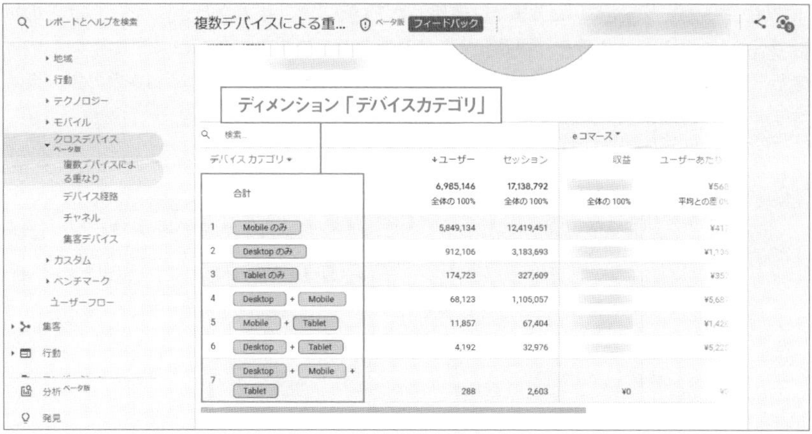

画面NAVI ■ オーディエンス ▶▶ クロスデバイス ▶▶ 複数デバイスによる重なり（下部）

ディメンションは「デバイスカテゴリとOS」に切り替えることが可能です。これによって、特にモバイルデバイスの「iOS」か「Android」かの区別が、よりわかりやすくなります。

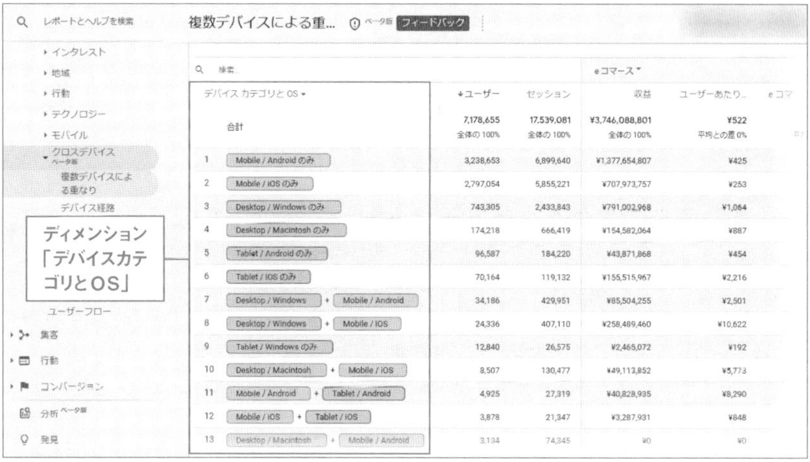

画面NAVI ■ オーディエンス ▶▶ クロスデバイス ▶▶ 複数デバイスによる重なり（下部）

クロスデバイス＞デバイス経路

「デバイス経路」では、コンバージョンにいたったユーザーが使用したデバイスと、順番のパターンごとの集計データを見ることができます。前述の「複数デバイスによる重なり」レポートでは、コンバージョンにいたるまでに使用したデバイスの「組み合わせ」パターンごとの集計でしたが、ここでは順番を「経路」として見ることができます。
また、ディメンションでは、キャンペーンやチャネルなど流入系ディメンションとの掛け合わせによる集計も選択することができます。

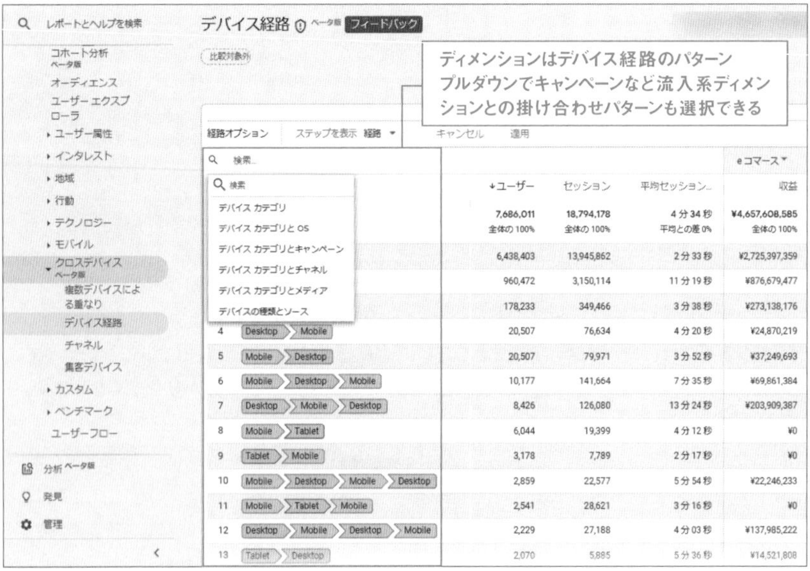

画面NAVI ■ オーディエンス ▶▶クロスデバイス ▶▶デバイス経路

また、このレポートでは「ステップを表示」から集計する対象の経路を、

- ・経路……コンバージョンするまでのデバイス経路　※デフォルト
- ・以前……コンバージョンするまで（以前）のデバイス経路
- ・以後……コンバージョンした後のデバイス経路

から選択することができます。

※執筆時点では、「以前」「以後」を選択後に改めてコンバージョン（eコマーストランザクションか、目標設定か）を選択する必要があるようです。

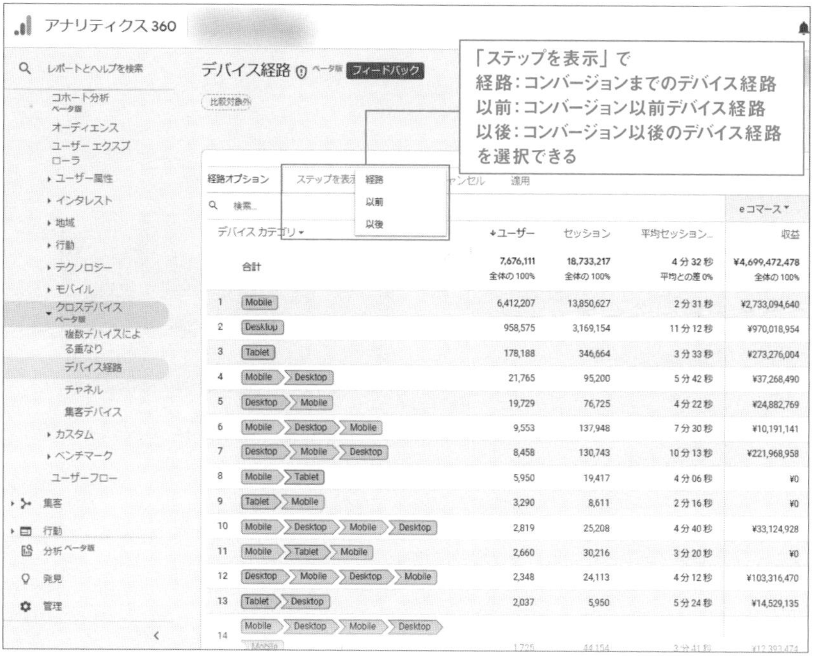

画面NAVI ■ オーディエンス ▶▶ クロスデバイス ▶▶ デバイス経路

クロスデバイス＞チャネル

「チャネル」では、主な流入元のディメンションごとに「ユーザー獲得（集客）、行動、コンバージョン」の各指標で、クロスデバイス集計のレポートを見ることができます。また、このレポートの集計モデルは「最後の間接クリックのアトリビューションモデル」が使われています（よって「direct」での流入については集計されていません）。

※アトリビューションモデルについては、第10章を参照ください。

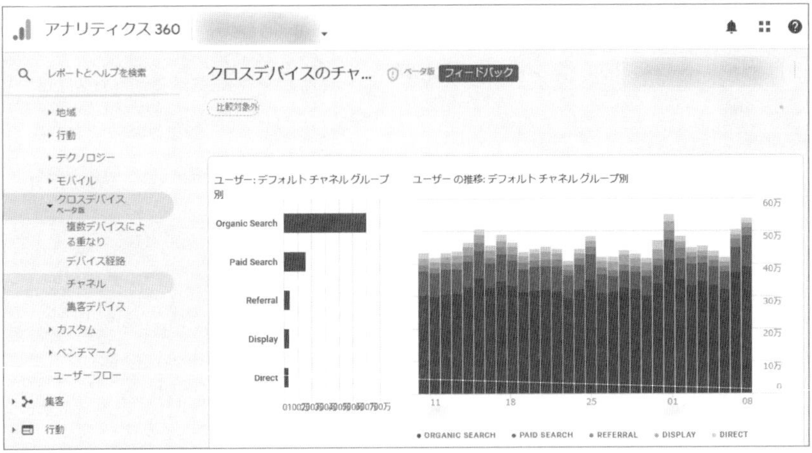

画面NAVI ■ オーディエンス ▶クロスデバイス ▶チャネル（上部）

ここで使えるディメンションは以下の通りです。

	ディメンション		ディメンション
1	キャンペーン	5	参照元
2	キーワード	6	参照元 / メディア
3	デフォルトチャネルグループ	7	広告のコンテンツ
4	メディア		

レポートの下部では、「デフォルトチャネルグループ」をディメンションにした各指標の集計値を確認することができます。ディメンションは上表のように切り替えることで、「集客」カテゴリのレポートと同じような要領で、クロスデバイス集計の値を確認することができます。

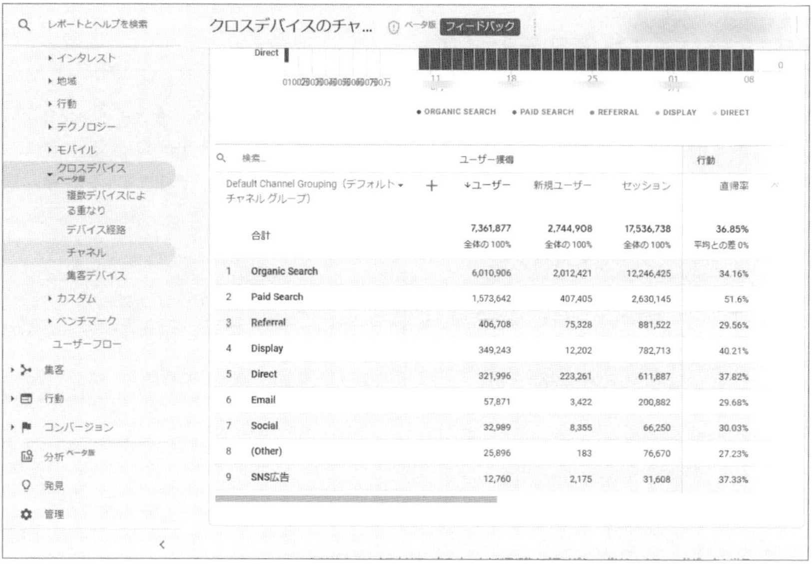

画面NAVI ■ オーディエンス ▶▶ クロスデバイス ▶▶ チャネル（下部）

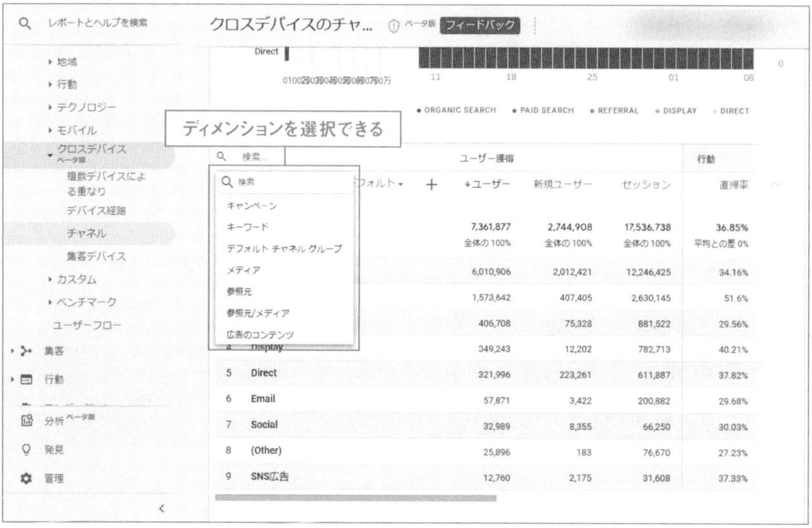

画面NAVI ■ オーディエンス ▶▶ クロスデバイス ▶▶ チャネル（下部）

クロスデバイス＞集客デバイス

ここでは、コンバージョンにいたった経路で、最初に使用されたデバイスをディメンションにした集計レポートを見ることができます。ディメンションは「デバイスカテゴリ」を中心に、OSや流入元のディメンションとの掛け合わせたものを選択することができます（下表参照）。

	ディメンション		ディメンション
1	デバイスカテゴリ	4	デバイスカテゴリとメディア
2	デバイスカテゴリとキャンペーン	5	デバイスカテゴリとOS
3	デバイスカテゴリとチャネル	6	デバイスの種類とソース

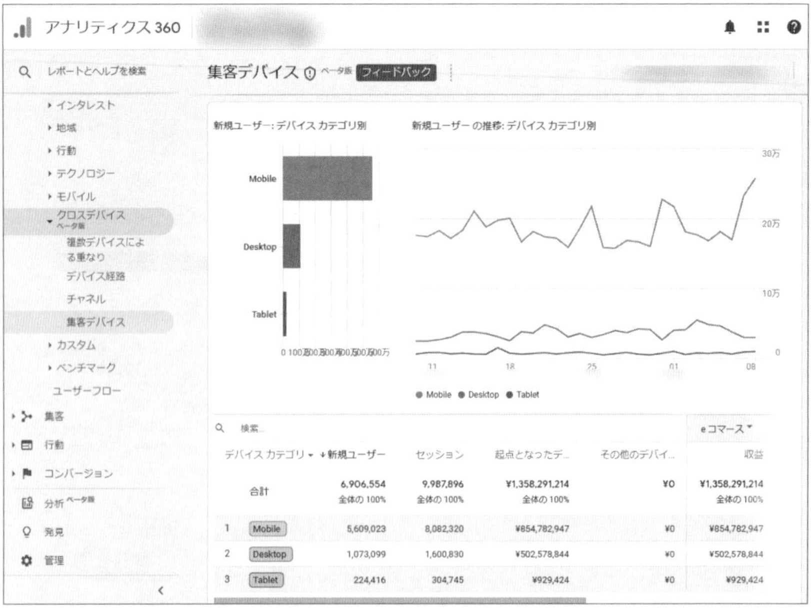

画面NAVI ■ オーディエンス ▶▶ クロスデバイス ▶▶ 集客デバイス

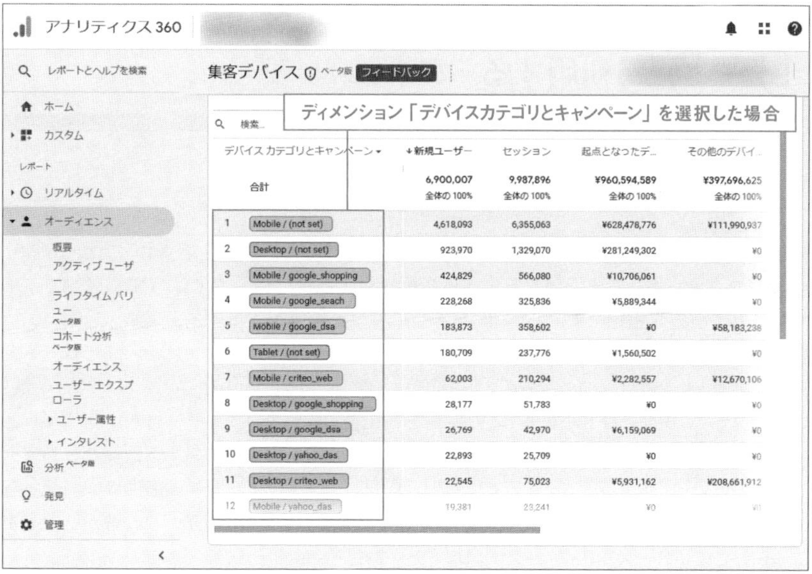

画面NAVI ■ オーディエンス ⏩ クロスデバイス ⏩ 集客デバイス

参考 アナリティクスヘルプ＞広告のカスタマイズをオンにしているユーザーのデータによるクロスデバイスレポート
https://support.google.com/analytics/answer/7668466

9-5 「ライフタイムバリュー」レポートを利用する

ライフライムバリュー(LTV)とは

一般的に、ライフタイムバリュー（以下、LTV）は「顧客生涯価値」とされ、ひとりひとりの顧客が企業にもたらす価値を算出する指標です。マーケティングでは、CRM領域でよく利用される重要な指標です。

Googleアナリティクスの「オーディエンス＞ライフタイムバリュー」のレポートでは、一定期間にサイトに訪問したユーザーの"ページビュー数"や"セッション数"、"コンバージョン数"の累計から"ユーザーひとり当たり"の平均を算出し、それを「ユーザー当たりのLTV」という指標で集計しています。一般的なLTV値は顧客ひとりひとりに対する指標として算出されるのに対し、Googleアナリティクスのレポートでは、前述のように期間中のユーザー当たりの平均値として算出しているところが大きく異なる点ですので、正しい理解が必要です。

さらに、このレポートのディメンションは、"チャネル"や"参照元"のような流入系のディメンションです。そのため、「ユーザー当たりの平均値（LTV）」は、"ユーザーの価値理解"というよりは、この指標による流入元評価のために使われているということころが、本レポートの理解のポイントになります。

「オーディエンス＞ライフタイムバリュー」レポートの理解

⊙ 集計対象期間（ユーザーの獲得期間）

まず、通常のレポート画面とは異なり、集計対象となるユーザーを獲得した期間を設定します。デフォルトでは、「2017年3月1日」から閲覧日の1か月前までの期間設定になっています。このレポートでは、ユーザーを獲得してからのページビュー数やセッション数の累計を集計するので、最短でも1か月の集計期間を設けているためと思われます。後の設定でこの期間は自由に変更が可能です。

⊙ ライフタイムバリューの指標

ライフタイムバリューの指標は6つあります（アプリを除く）。

集計期間中にサイトに訪れたユーザーの累計をもとに、"ユーザーあたり"の平均値を出しています。

	ライフタイムバリューの指標
1	ユーザーあたりの目標の完了数(LTV)
2	ユーザーあたりのページのビュー数(LTV)
3	ユーザーあたりの収益(LTV)
4	ユーザーあたりのセッション時間(LTV)
5	ユーザーあたりのセッション数(LTV)
6	ユーザーあたりのトランザクション数(LTV)

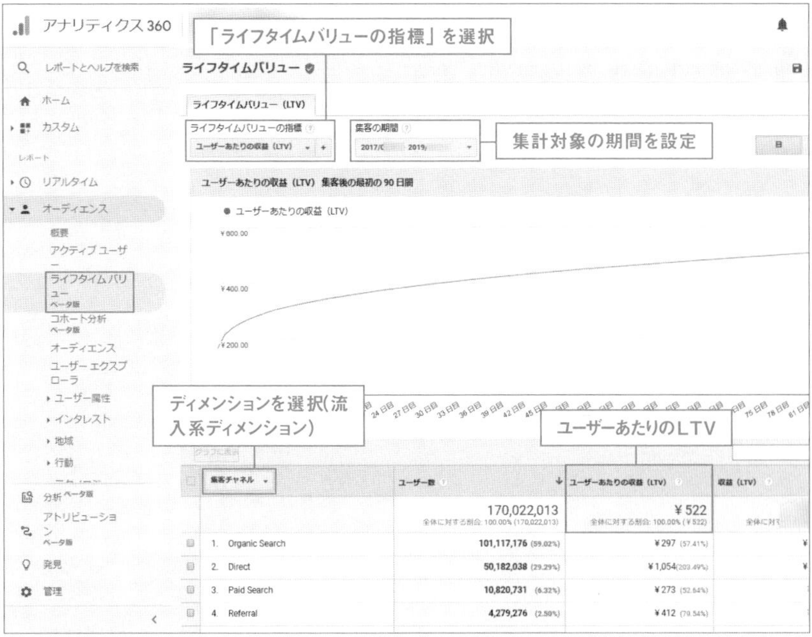

画面NAVI ■ オーディエンス ▶▶ ライフタイムバリュー

⊙ ディメンション

選択できるディメンションは以下の4つです。

「集客チャネル」は、「デフォルトチャネルグループ」を利用しています(デフォルトチャネルグループについては「8-1　チャネルグループの基本を理解する」を参照)。

いずれも流入系ディメンションであり、分析対象が流入チャネルであることがわかります。

	ディメンション
1	集客チャネル
2	集客の参照元
3	集客メディア
4	集客キャンペーン

以上のように、「ライフタイムバリューの指標」を使うことによって、（単なる獲得ユーザー数ではなく）どの流入元やチャネルが一番価値のあるユーザーを獲得できているのか？を分析することができます。

参考 アナリティクスヘルプ＞ライフタイムバリュー
https://support.google.com/analytics/answer/6182550

9-6 「セッションの品質」レポートを利用する

「セッションの品質」とは

「セッションの品質」は、Googleアナリティクスが計測した様々なデータをもとに、機械学習が各セッションに対して「コンバージョンとの距離（近さ）」という基準で、1～100までのスコアリングをしたものになります。スコアの意味は「100」が一番品質が高く（コンバージョンに近い）、逆に「1」が一番低い評価となります。

「セッションの品質」レポートでは、この1～100までのスコアごとのセッション数と、eコマーストランザクションが発生した、ならびに発生しなかったセッション数について見ることができます。また、デフォルトチャネルグループなどの集客系のディメンションごとに、「セッションの平均品質」という指標によって流入元の評価ができるレポートも提供していますので、前節で解説した「ライフタイムバリュー」と同様に、流入元評価に利用するひとつの指標として捉えることができます。

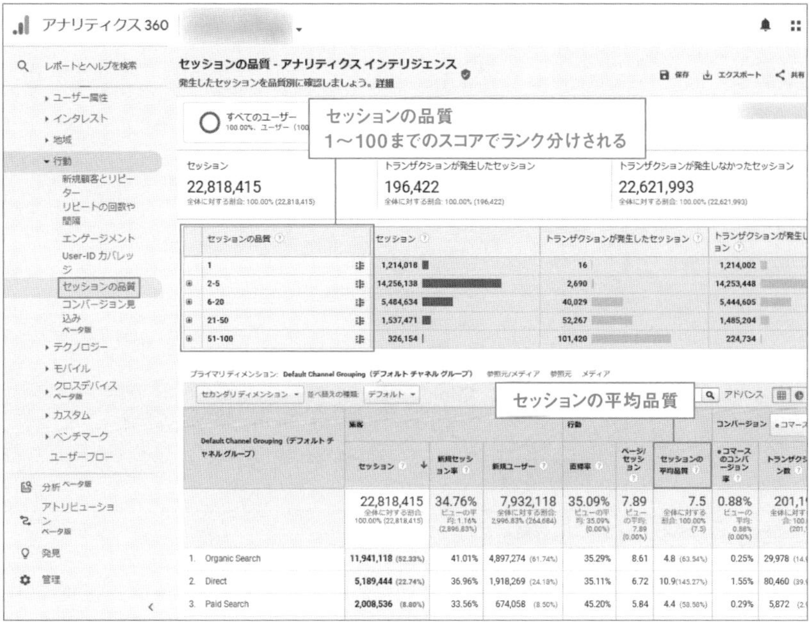

画面NAVI ■ オーディエンス ▶▶行動 ▶▶セッションの品質

「セッションの品質」スコアの右にあるマークをクリックすると、そのスコアごとのセグメントを作成できる画面が表示されます。スコアごとのセグメントを作成し、「高いスコア」と「低いスコア」での流入元の違いや、集客系や行動系の指標値を比較することで、コンバージョンへの近さを判定する要素を理解する助けになるでしょう。

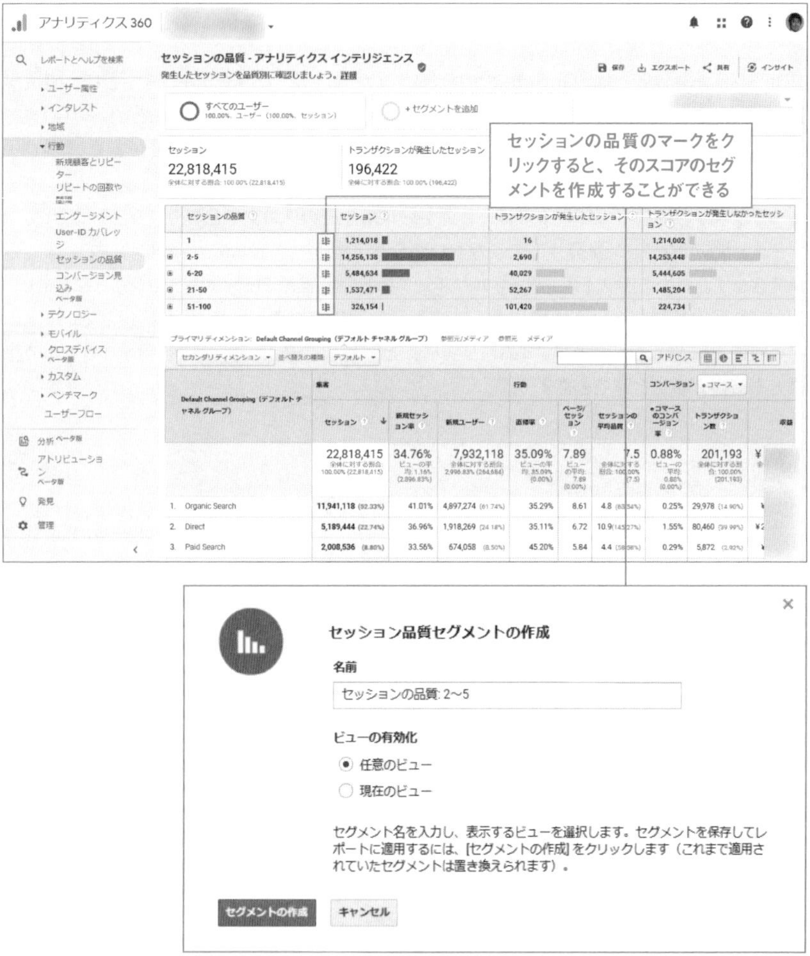

画面NAVI ■ オーディエンス ▶▶ 行動 ▶▶ セッションの品質

ここで提供されるスコアは、あくまで「セッション」が持つ位置情報/端末情報やサイト内行動データによって、コンバージョンとの近さを100段階に分けて判定したもので、「コンバージョンする確率」をスコアリングしたものではありません。レポート数値を見ればわかりますが、スコアが「1」(一番低い評価)であっても、トランザクションしたセッションは含まれていますし、スコアが高い「100」(一番高い評価)であってもトランザクションしていないセッションも含まれています。
また、スコアが高いセグメントをもとにユーザーリストを作成した場合は、すでにその中に多くのトランザクションを発生したユーザーが含まれますので、品質スコアセグメントによるリマーケティングキャンペーンをプランする場合は、注意が必要です。
この「セッションの品質」での集計レポートのディメンションが、チャネルなどの集客系ディメンションであることからもわかる通り、この指標は単に"コンバージョンの有無"という切り口ではなく、"品質"という"新しい流入元評価軸(指標)"として活用するのが適切かと考えられます。
新規コンバージョン獲得などを目的とする場合は、次節で解説する「コンバージョン見込み」レポートの指標によるセグメントを活用するのが有効と考えられます。

「セッションの品質」の要件

このレポートを見るには、以下のような条件を満たす必要があります。

- eコマーストランザクションデータが必要(Googleアナリティクスの機械学習は、ヒットデータをもとに機能)
- 1か月あたりのeコマーストランザクション数が1000以上が必要

また、プロパティに15個以上のビューがある場合は、デフォルトとして設定されたビューにのみ「セッションの品質」レポートが表示されます。
※Googleアナリティクス360ご利用の場合は、さらにBigQueryに連携したビューにも表示されます。

また、このレポートは通常のレポートが集計された後、さらに24時間の集計時間が必要になりますので、他のレポートよりも集計表示は遅くなります。

参考 アナリティクスヘルプ＞セッションの品質
https://support.google.com/analytics/answer/7303153

9-7 「コンバージョン見込み」レポートを利用する

「コンバージョン見込み」とは

「コンバージョン見込み」は、文字通りコンバージョンにいたる確率の高さを機械学習によってスコアリング（1～100、値の大きい方が確率が高いスコア）し、各セッションに割り当て集計したレポートです。
前節で解説した「セッションの品質」と似ていますが、「セションの品質」は「コンバージョンとの距離」という考え方によって、あくまでセッションを評価するための指標でした。こちらは、「コンバージョンにいたる確率」によるセッションのランキングなので、"予測分析"レポートであると言えます（確率の予測範囲は「今後30日間」になります）。
レポートの上段では、スコアごとのセッション数とトランザクションが発生した、しなかったセッション数が集計されています。スコアは、必ず100まで付与されているわけではなく、レポートによっては50までの場合や、20までのように少ない場合もあります。あくまで、分析対象のデータ内容によってスコアの幅が狭い場合もあると考えられます。

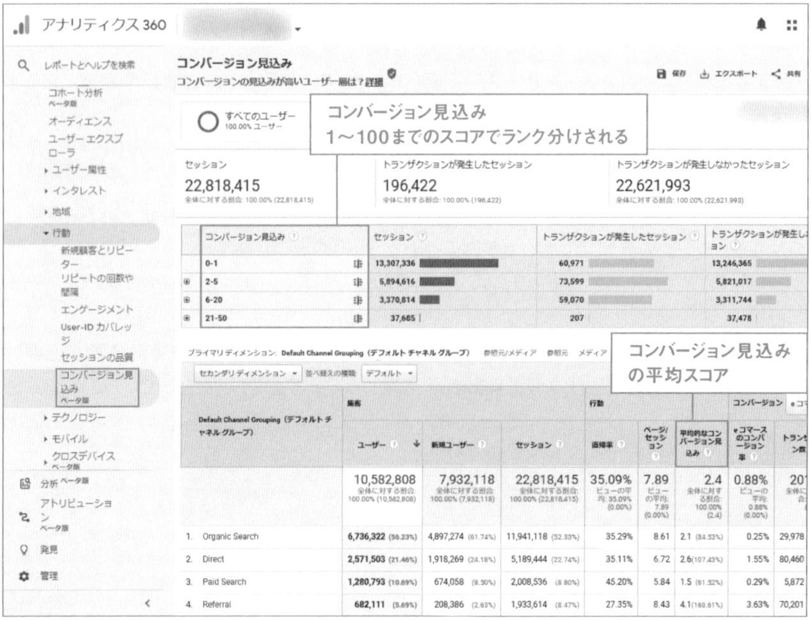

画面NAVI ■ オーディエンス ▶▶行動 ▶▶コンバージョン見込み

レポート画面下段では、デフォルトチャネルグループをディメンションとした集計レポートになっており、その中にある「平均的なコンバージョン見込み」スコアによって、流入チャネルを評価できるようになっています。
「コンバージョン見込み」スコアの右にあるマークをクリックすると、そのスコアごとのセグメントを作成できる画面が表示されます。スコアごとのセグメントを作成し、「高いスコア」と「低いスコア」での流入元の違いや、集客系や行動系の指標値を比較することができます。

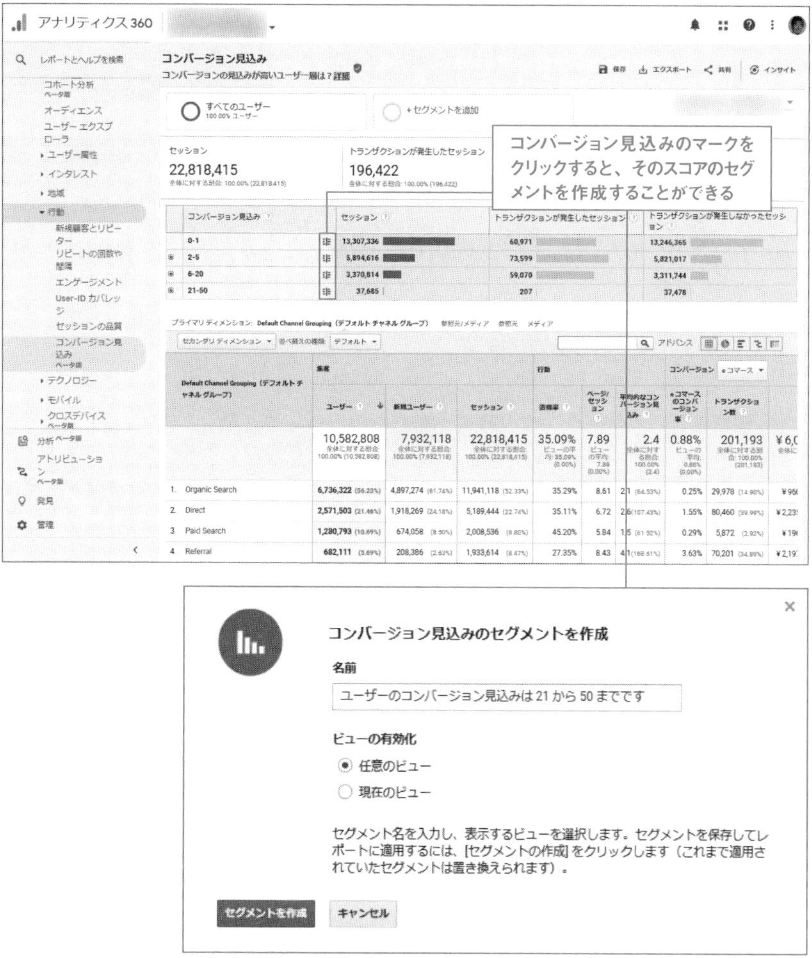

画面NAVI ■ オーディエンス ▶▶ 行動 ▶▶ コンバージョン見込み

「コンバージョン見込み」のスコアによるセグメントをそのままユーザーリストに利用することで、「コンバージョンの見込み」の高いユーザーへのリマーケティングキャンペーンに利用することもできます。
その場合に注意が必要なのは、レポートを見ればわかりますが、「コンバージョンの見込み」スコアが高いグループにも「トランザクションが発生したセッション」は含まれています。そのため、作成したユーザーリストから過去にトランザクションしたユーザーを完全に除外したいのであれば、除外リスト用のユーザーリスト（この場合は、トランザクションをしたユーザー）を作成し、除外用に利用するなどの工夫も必要になります。

「コンバージョンの見込み」の要件

このレポートを見るには、以下のような条件を満たす必要があります。

・eコマーストランザクションデータが必要（Googleアナリティクスの機械学習はヒットデータをもとに機能）
・1か月あたりのeコマーストランザクション数が1000以上必要。1000に達した場合でも、モデリングのために30日間が必要

なお、機械学習によるモデリングの結果、精度次第ではデータが表示されない場合があります。
また、このレポートは通常のレポートが集計された後、さらに24時間の集計時間が必要になりますので、他のレポートよりも集計表示は遅くなります。

参考 アナリティクスヘルプ＞コンバージョン見込み
https://support.google.com/analytics/answer/7551092

9-8 「オーディエンス(ユーザーリスト)」レポートを利用する

「オーディエンス」とは

Googleアナリティクスには「オーディエンス＞オーディエンス」(ちょっとわかりにくいですが)というレポートがあります。このレポートは、作成した「ユーザーリスト」がディメンションとなります。ユーザーリストに含まれるユーザーごとの集計レポートになります。「ユーザーリスト」は、Google広告のリマーケティングキャンペーンに利用されることが多いですが、リストの公開先を「Googleアナリティクス」にすることによってGoogleアナリティクスの「オーディエンス＞オーディエンス」レポートで利用することができます。
このレポートができる前は、ユーザーリスト自体の評価は、そのリストを利用したキャンペーンの結果によって評価されてきました。このレポートでは、実際にリストに含まれるユーザーがサイト上でどのような行動をしたのか？を直接確認することができるようになります。
※「ユーザーリスト」の作成方法等については第11章を参照ください。

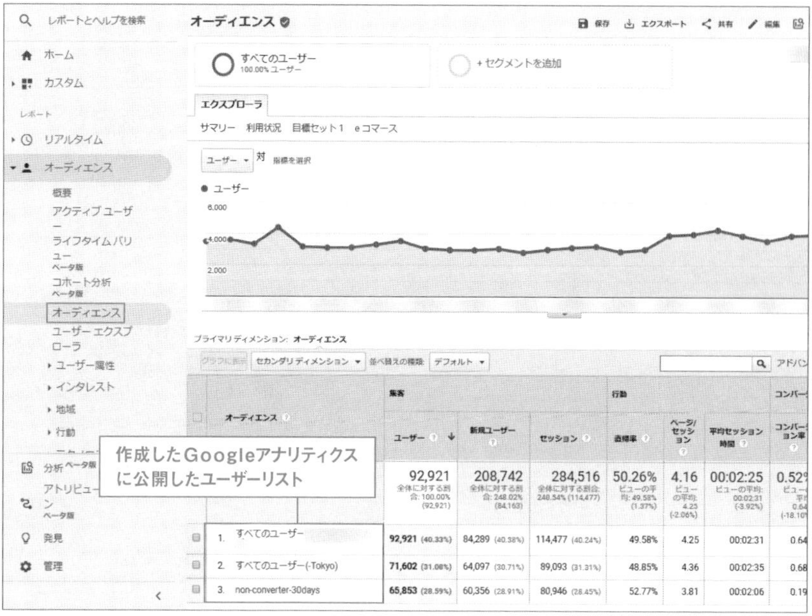

画面NAVI ■ オーディエンス ▶▶ オーディエンス

ディメンションであるユーザーリスト名をクリックして展開すると、そのリスト内ユーザーについて、「集客チャネル」や「性年齢別」などのユーザー属性系ディメンションで深堀りしていくことができるようになります。

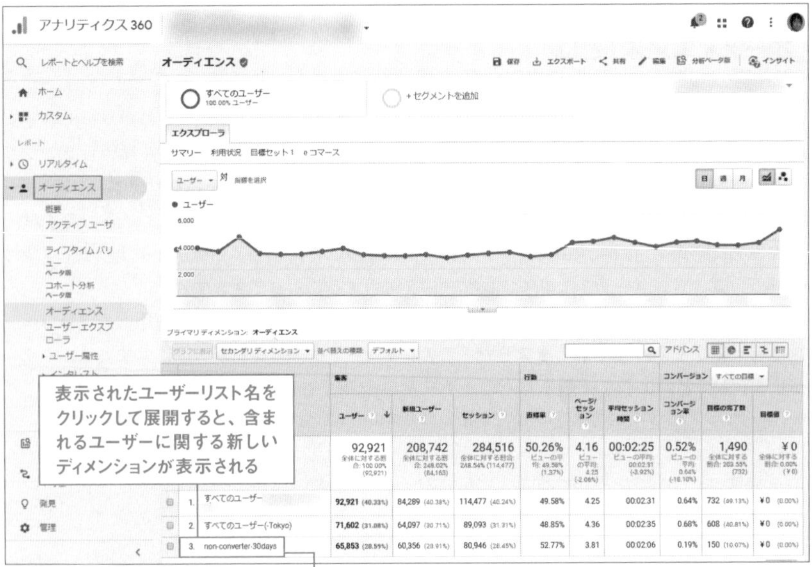
表示されたユーザーリスト名をクリックして展開すると、含まれるユーザーに関する新しいディメンションが表示される

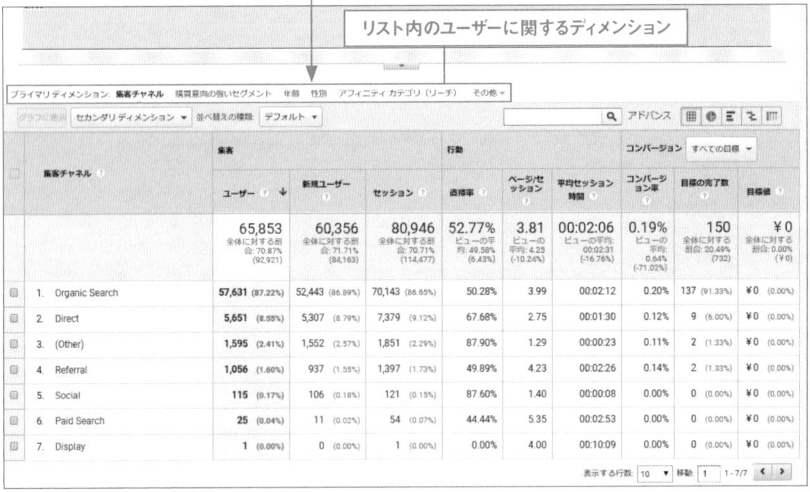
リスト内のユーザーに関するディメンション

画面NAVI ■ オーディエンス ▶▶ オーディエンス

また、「ユーザーリスト」はこのレポートだけでなく「セグメント」にも利用できるので、「ユーザーリスト」を適用したキャンペーンからの流入、というセグメントで主要なレポートを確認することもできます。

「オーディエンス」レポート表示の制限

作成したユーザーリストの「オーディエンス」レポートへの表示には、以下の制限があります。

- 「ユーザーリスト」を作成時に定義したソースのビューにしか、レポートは反映されません。
- 「クエリタイムインポート」によるカスタムディメンションを利用したユーザーリストは、この機能の対象外になります。

参考 アナリティクスヘルプ＞アナリティクスレポートでユーザーリストを使用する
https://support.google.com/analytics/answer/7280979

参考 アナリティクスヘルプ＞ユーザーレポート
https://support.google.com/analytics/answer/7162572

COLUMN

機械学習はヒットデータで学習する

Googleアナリティクスの機械学習機能

本書の各章でも解説の通り、すでにGoogleアナリティクスには、機械学習を使った機能がいくつか搭載されています。一般的に、機械学習の主な利用目的としては「識別」と「予測」が挙げられますが、Googleアナリティクスのようなビジネスやマーケティングの成果に結びつけることを求められる（KPIによってKGIを達成させる）領域では、特に「予測」分野においてのニーズが高いと考えられます。
わかりやすくECサイトを例にとれば、サイト上の売り上げ（KGI）を上げるためにどのようなデータによる指標（KPI）が最も重要なのか？を考えるということがあります。データ（サイト上の行動データ）からパターンを見つけて売上を予測できるようになれば、無駄な施策や効率の悪い施策を省き、精度の高いアクションにしていくことで、売上を上げる確率を高めることができるでしょう。この一連の流れを、これまでは人がデータを集計し分析、仮説を立てて施策を実行し、また計測し……という「PDCA」を回していました。それが「機械学習」に置き換えられていくということになります。
Googleアナリティクスの機械学習機能も、「予測」によってコンバージョン確率を向上させるための機能が用意されています。

①スマートリスト（「11-4　スマートリストを活用する」）
②セッション品質（「9-6 「セッションの品質」レポートを利用する」）
③コンバージョン見込み（「9-7 「コンバージョン見込み」レポートを利用する」）

コンバージョン確率を向上させるために必要なデータ

ウェブサイトの中のプロセスで、「予測によってコンバージョン確率を向上させる」ために必要なデータは

「行動データ」と「コンバージョンデータ」

になります。
これは、文脈によってそれぞれ「KPI」と「KGI」、また「説明変数」と「目的変数」とも置き換えることができます。
「行動データ」はページビューやイベントなどで計測され、「コンバージョンデータ」は「目標設定」や「eコマーストランザクション」によって、計測/集計されます。この中でも特に「コンバージョン」データは、施策の目的となるデータなので欠かすことができませんし、正確に計測されている必要があります。機械学習においても、結局この「コンバージョン」データによってモデルが最適化されていくことになるので、最も重要なデータになります。
Googleアナリティクスは、基本的にサイト内行動を計測し、コンバージョンの計測/集計機能もあるので、コンバージョン確率を高めるための機械学習機能を利用する

データはそろっているはずですが、ひとつだけ注意が必要です。
Googleアナリティクスには「目標設定」と「eコマーストランザクション」という2種類のコンバージョン指標がありますが、第7章のコラム「目標設定とeコマース計測の違い」でも解説したように、「目標設定」は計測後データの「集計」によって算出しているもので、「eコマーストランザクション」は実際に発生した行動をヒットとして「計測」しているという違いがあります。
Googleアナリティクスの機械学習系の3つの機能の仕様を見ればわかりますが、機械学習の上で最も重要なコンバージョンデータについては、「ヒット」データである「eコマーストランザクション」を必要としている点です。「目標設定」で「集計」されたコンバージョンデータは、Googleアナリティクスの機械学習には適用されません。

Googleアナリティクスの「eコマース計測」は、もちろんECサイトの売り上げ計測用の機能です。しかし、機械学習系機能の利用を視野に入れる場合は、eコマースでなくても「コンバージョン」データの計測を「eコマーストランザクション」で計測する、「応用」策を検討した方がいいかもしれません。

参考 アナリティクスヘルプ＞アナリティクスインテリジェンスについて
https://support.google.com/analytics/answer/7411707

参考 セッションの品質
https://support.google.com/analytics/answer/7303153

参考 コンバージョン見込み
https://support.google.com/analytics/answer/7551092

参考 スマートリスト
https://support.google.com/analytics/answer/4628577

9-9 流入とCV(集客カテゴリ)理解のポイントをおさえる

Googleアナリティクスの集計レポート「集客カテゴリ」では、サイトに訪問したセッションの流入元をディメンションにして、そのディメンションごとのコンバージョン(eコマーストランザクションと目標設定)との関係がわかるような集計レポートになっています。

集計カテゴリレポートのディメンション構成

集客カテゴリには多くの集計レポートがありますが、すべて「流入元」がディメンションになっています。計測サイトへの集客施策の効果を可視化し最適化する目的で、各施策に合った"粒度"で流入元を分類・集計したものが、各レポートになっています。
その施策に合わせた粒度での分類の考え方を理解することが、「集客カテゴリ」レポート理解につながります。
理解のためのポイントは以下のようになります。

● 一番大きな粒度での分類が「チャネルグループ」というディメンション

Googleアナリティクスで使われる「チャネルグループ」という言葉は、流入元を"自然検索"や"広告"など、比較的大きなくくりで分類したものを「流入チャネル」という意味で使っています。まず、流入セッション全体の構成を大きなくくりで把握したい場合は、この「チャネルグループ」から入るのが良いでしょう。
「チャネル」にはすべての流入元が含まれるので、その他のレポートのディメンションは、これをさらに細かい分類にしたものか、流入の中の一部の分類を抜き出したものになります。

● 集客カテゴリの最重要ディメンション「参照元」「メディア」

Googleアナリティクスの流入系ディメンションで最も重要なのが、「参照元(source)」「メディア(medium)」です。それぞれ、個々の具体的な流入元名やその種別を意味するもので、単に流入元の識別だけでなく、広告流入計測にも利用する重要なディメンションになります。このふたつのディメンションは、押さえておく必要があります。

● Googleアナリティクスならではの「Google広告」と「Search Console」

「集客カテゴリ」の中で特徴的なのは、同じGoogleのしくみ(サービス)と直接連携することで、データを取り込んでいるレポートがあるということです。
ひとつが「Google広告」レポートで、もうひとつが「Search Console」です。いずれも、Googleアナリティクスの計測タグでは計測できないデータを、連携設定によってインポートして、レポートに表示するしくみになっています。そして、「広告施策」「SEO施策」の効果や分析には必要な集計レポートになります。利用するには設定が必要になりますが、Googleアナリティクスならではのレポートなので、ぜひ活用すべきと思います。

Googleアナリティクスの「集客カテゴリ」レポートでは、上記をしっかり踏まえ「チャネルグループ」の粒度から「参照元」「メディア」、そして「Google広告」「Search Console」へ、という「粒度」と「集客施策との連動」を意識して利用するのが良いでしょう。

※「Search Console」との連携設定については、「6-5　Search Consoleデータと連携する」を参照ください。

参考　アナリティクスヘルプ＞集客レポート
https://support.google.com/analytics/topic/3125765

9-10 「チャネル」レポートを利用する

チャネルとは

Googleアナリティクスの「チャネル」が、流入元を分類する一番大きな粒度の単位であることは、前節でも解説した通りです。流入元を把握し、コンバージョンとの関係を紐づけて集計して見る、というプロセスの中で、まずは全体を把握するために粒度の大きな「チャネル」という単位から見ます。そのために非常に有効なレポートが、「チャネル」レポートになります。

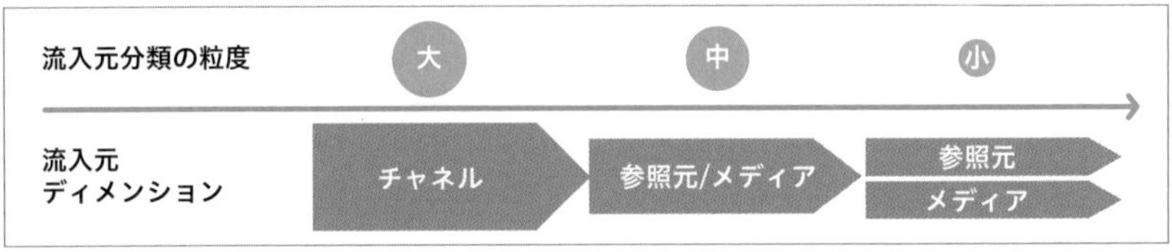

「チャネル」の最適な考え方

レポート画面では、あらかじめ定義されている分類ルールで集計されている「デフォルトチャネルグループ」が表示されています。まずは、このレポートで全体を把握するには十分かと思います。少し慣れてきたら、「カスタムチャネルグループ」を使って、独自の分類でチャネルを構成するのが良いでしょう。
カスタムでの分類ルールの考え方は任意ですが、いちばん最適な分類の考え方としては、

・集客施策の単位と連動させる

というものです。
皆さんは、サイトへの集客施策として、様々な広告やソーシャル施策、SEOを展開しているかと思います。理想としては、その施策ごとの"まとまり"と連携した分類ルールになっていると、集客施策全体としての効果が一目で見やすくなります。

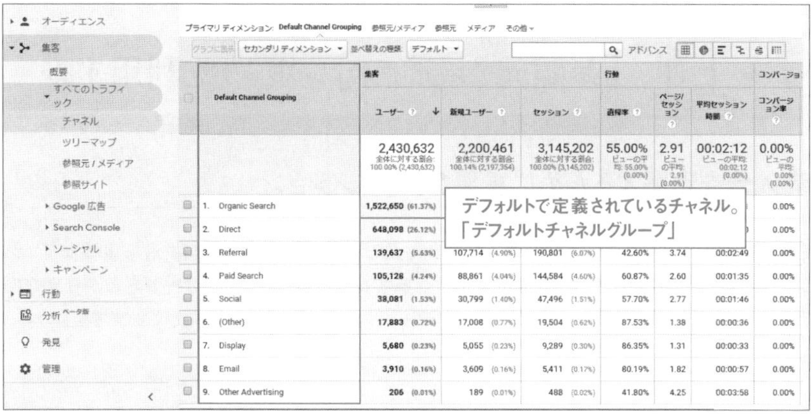

画面NAVI ■ 集客 ▶▶ すべてのトラフィック ▶▶ チャネル

例えば、広告施策の場合、目的によって

・YOUTUBE広告
・ディスプレイ広告
・リスティング広告
・ソーシャルメディア広告

などを展開しているなら、それぞれの広告種別と同じ分類(出稿先メディアなど)でチャネルを作っておきます。そうすれば、大きな粒度で広告施策全体としてどうなのか?を一目で確認できるレポートになります。
集客施策は、とかく施策や媒体ごとの効果レポートの確認だけになりがちですが、最終的に全体としてどうなっているのかを理解することが、ビジネス全体としては非常に重要になります。
このように、全体のチャネル構成を集客施策全体像と連動させるとことで、サイト全体の流入が、どの施策によってどのくらい集客できているのかの割合など、一目で確認することができるでしょう。
チャネルの設定については以下を参照ください。

「8-1　チャネルグループの基本を理解する」
「8-2　チャネルグループを設定する」

参考 アナリティクスヘルプ＞チャネルグループについて
https://support.google.com/analytics/answer/6010097

9-11 「参照元/メディア」レポートを利用する

流入元を理解するために重要なディメンション

Googleアナリティクスの集客レポートで流入元ごとの集計を見る際に、最も重要なディメンションが「参照元」と「メディア」です。集客レポートでは、ユーザーがどこから来たのかを「参照元」と「メディア」のふたつのディメンションで定義し集計しています。
それぞれの内容は、

・参照元……流入元の媒体名（yahooやgoogle）やドメイン名
・メディア……流入元の種別（cpc,organic,referralなど）

になります。このふたつのディメンションは、セットで見ると流入元の「ドメイン名/種別」情報が一度にわかるので、「参照元/メディア」とセットで用いられることが一般的です。

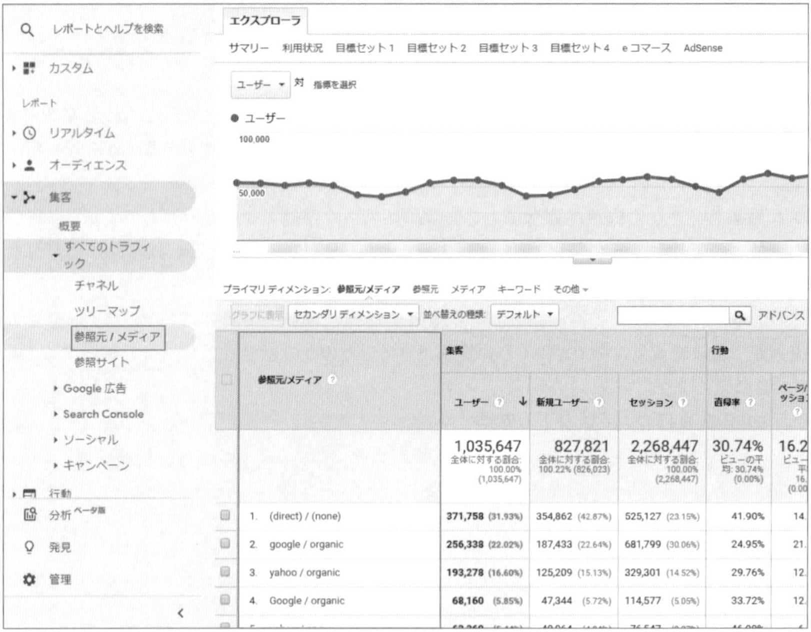

画面NAVI ■ 集客 ▸▸すべてのトラフィック ▸▸参照元/メディア

通常、このディメンションに入る値は、リファラー情報から自動的に取得されたものが入ります。しかし、キャンペーン計測の手動タグ（utmパラメータ）としても利用されるため、キャンペーンを手動タグで計測している場合のレポート画面では、この任意に付与された値も混在することになります。

ディメンション	リファラーから取得		キャンペーン計測で設定（手動タグ）	
参照元	内容	リファラー情報から取得される	内容	キャンペーン計測で任意に設定する媒体名など
	用例	google, yahoo, facebook, bing, (direct) など	用例	google,yahoo,emailなど
メディア	内容	リファラー情報から取得される	内容	キャンペーン計測で任意に設定する種別など
	用例	organic,referral,cpc,(none) など	用例	cpc,display,emailなど

様々なレポートでの流入元ディメンションとしての利用

「参照元/メディア」ディメンションは、集客レポートではもちろんのことですが、他のレポートカテゴリにおいても、流入元ディメンションとして多く利用されています。

・オーディエンス＞クロスデバイス
・コンバージョン＞マルチチャネル
　など

前節で解説した「チャネル」が大きい粒度での流入元理解に使われる一方、個別の流入元を確認できる「参照元/メディア」をあわせて理解しておくことが、流入元全体を理解するためには必要になります。

参考　アナリティクスヘルプ＞参照元/メディア
https://support.google.com/analytics/answer/6099206

9-12 「Google広告」レポートを利用する

Googleアナリティクスの「集客＞Google広告」は、その名の通り「Google広告」からの流入に特化したレポートカテゴリです。その中で、現在最大で12のレポート画面が用意されています。

「Google広告」レポートは、設定画面「管理＞プロパティ設定列＞Google広告とのリンク」の設定をすることで、見ることができるようになります。

Google広告との連携設定については、「6-1　Google広告アカウントと連携する」、「6-3 Google広告を計測する（自動タグの利用）」を参照ください。

Google広告側の配信データとGoogleアナリティクス計測データの統合

「Google広告」レポートは、単にGoogle広告からの流入に特化したレポートというだけではありません。Google広告側で計測された広告配信と計測のデータがGoogleアナリティクスにインポートされ、サイト内行動データを紐づけて集計されたレポートを見ることができる、という特徴があります。

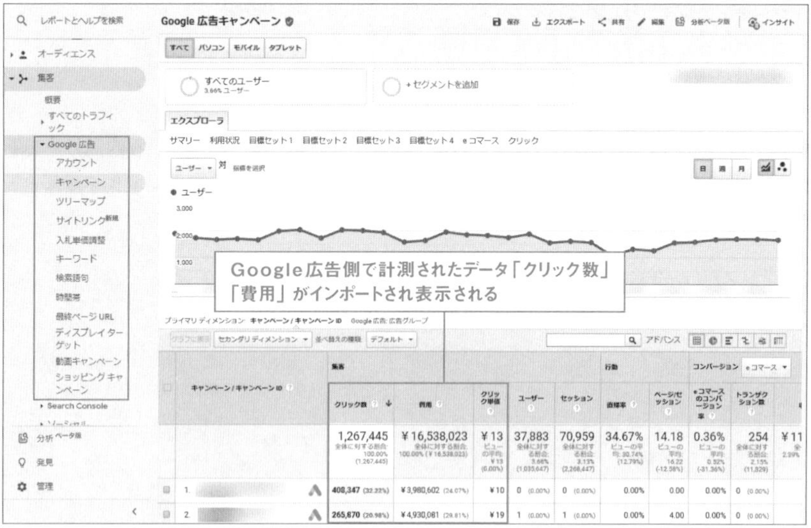
Google広告側で計測されたデータ「クリック数」
「費用」がインポートされ表示される

画面NAVI ■ 集客 ▶▶ Google広告 ▶▶ キャンペーン

費用対効果指標「ROAS」の確認

さらに、広告の費用（クリックコスト）データとeコマース計測の売り上げデータによって、費用対効果指標である「ROAS」も確認することができます（ROASは、投資した広告に対する売上の割合を見るための指標）。Googleアナリティクスの計測では、eコマース計測によって売上数値を取得することはできますが、広告のコストは取得することができません。Google広告との連携によって広告費データが取得できるのは、非常に大きなメリットです。広告の効果を見るときは、CVR（コンバージョン率）も重要ですが、ビジネスへの具体的な貢献を見るには、本来「ROAS」の方がより本質的な効果を知ることができる指標です。

「ROAS」を確認するには、指標グループを「クリック」に切り替えることで見ることができます。

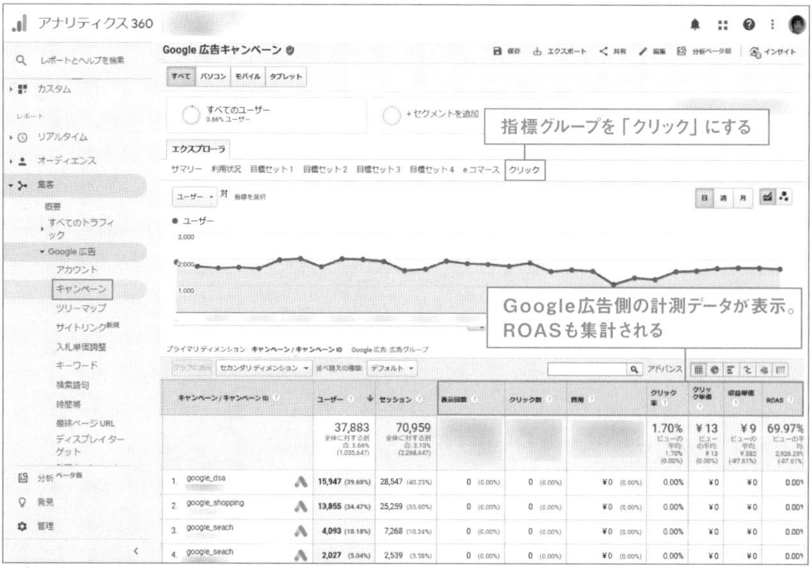

画面NAVI ■ 集客 ▶Google広告 ▶キャンペーン

「集客＞Google広告」カテゴリには、最大12個のレポートが含まれますが、Google広告とのアカウント連携によって見ることができるこのカテゴリの一番のメリットは、やはりGoogle広告側の指標データとの統合と、費用データ取得によるROAS指標にあると言えます。

「Google広告」以外での「ROAS」指標による確認

上記で「ROAS」指標は、広告のより本質的な費用対効果を見る上で重要な指標であることを述べましたが、Google広告以外のキャンペーンでは「ROAS」で確認することはできないのでしょうか。

「集客＞キャンペーン＞コスト分析」レポートでは、Google広告以外のキャンペーンの費用データをGoogleアナリティクスへインポートすることによって、Google広告アカウント連携によって見ることができる「ROAS」同様のレポートを見ることができるようになります。これには「費用データのインポート」を行う必要があり、少々手間はかかりますが、月に1回程度でも十分にレポートとして意味がありますので、「コスト分析」レポートの利用をお勧めします。

「費用データ」のインポートについては、「5-12　概要データをインポートする（費用データ）」で詳細を解説していますので参照ください。

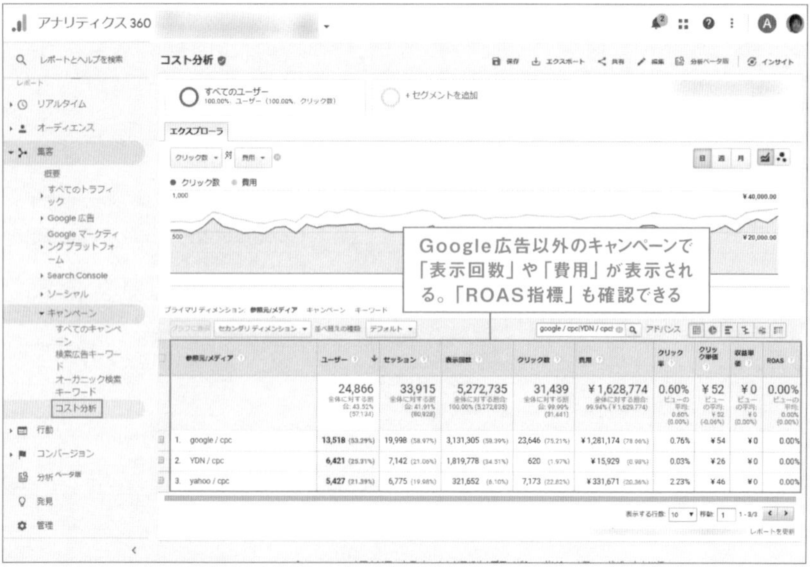
アナリティクス 360
コスト分析
エクスプローラ
Google広告以外のキャンペーンで「表示回数」や「費用」が表示される。「ROAS指標」も確認できる

※このレポートでは売上データがないため「ROASの値は表示されていない」

参考　アナリティクスヘルプ＞Google広告レポート
https://support.google.com/analytics/topic/1308583

COLUMN

なぜ？　Googleアナリティクスの「ノーリファラー」仕様の理由

「ノーリファラー」のわかりにくい仕様

　ウェブサイトへの流入を見る場合、一般的に「ノーリファラー」というディメンションがあります。これは文字通り「参照元情報を持たない訪問」という意味で、具体的には「お気に入り」「ブックマーク」「eメールテキストリンク」などからの訪問が該当します。これらは外部サイトのリンク経由の訪問ではないために「ノーリファラー」になります。
しかし、Googleアナリティクスのレポート画面のディメンションに「ノーリファラー」はありません。該当する近いものとして「(direct)」があります。
一般的な言葉上の理解からすれば、「ノーリファラー」の訪問は、Googleアナリティクスディメンション上では「(direct)」に該当するという理解が普通かと思われます。
しかし、実際の「(direct)」の仕様は、「ユーザーがブラウザに直接URLを入力した場合や、ブックマーク経由でサイトにアクセスした場合」であっても、同じユーザーのリファラーを持つ訪問が「ノーリファラー」訪問の前にあった場合、そのリファラー(参照元)情報に紐づけられ集計されるようになっています。
つまり、「(direct)」に含まれるのは、同じユーザーがこれより前にリファラーを持つ訪問履歴を持たない訪問であり、また「参照元やキャンペーン情報があるもの」でも、その後に「ノーリファラー」による訪問をしているかもしれない訪問も含まれる、ということになります。多くのGoogleアナリティクスユーザーの中では、「わかりにくい」「癖のある仕様」として有名なTipsとなっています。

「ノーリファラー」の集計仕様の考え方

では、なぜ？このような集計仕様になっているのでしょうか？　Googleは、この理由についての直接的な説明はしていませんが、様々な状況から見えてくる「考え方」がありますので筆者なりの理解として紹介します。
Googleアナリティクスにおける筆者なりの「ノーリファラー」集計仕様の「理由」「考え方」としては、

Googleアナリティクスは「ユーザーの獲得に貢献したチャネル(参照元やキャンペーン)」を評価するための集計仕様になっている」

というものです。
この考え方に基づけば(わかりやすいか否か、好きか嫌いか、は別として)、現状の「ノーリアファラー」集計の仕様にも一定の理解を得ることができます。
この考え方に基づくと、「ノーリファラー」による訪問は「すでに獲得されたユーザーである」という理解になり、「ユーザーの獲得に貢献したチャネル(参照元やキャンペーン)」を評価するため」という集計目的にはかないません(なので、リファラー情報を持つセッションにさかのぼって紐づけ集計をしていることになります)。
現在の、Googleアナリティクスのレポート画面を見ると、「集客」というカテゴリ名になっていますが、英語表記では「Acquisition（獲得）」となっています。お気に入りやブックマークから来るユーザーは「すでに獲得されたユーザー」という理解であれば、現在のノーリファラー集計仕様にも一定の理解ができます。

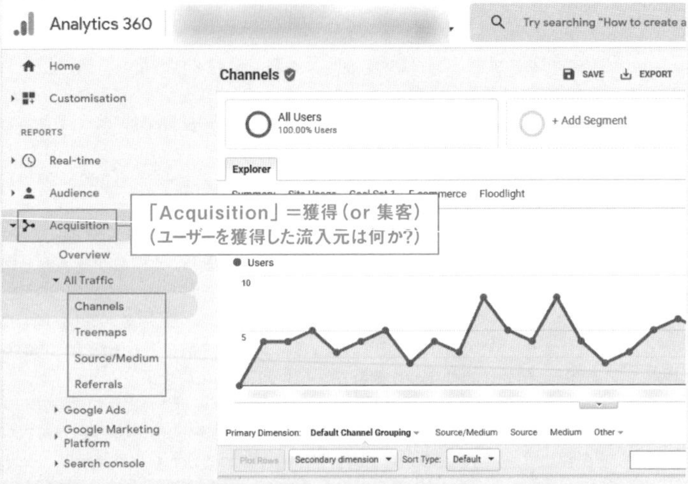

画面NAVI ■ Googleアナリティクス（英語版）»集客»すべてのトラフィック

実は、「コンバージョン＞マルチチャネル」のレポートでは、この「考え方」を裏付ける集計仕様になっているものがあります。

●「マルチチャネル」レポートでは「ノーリファラー」はすべて「(direct)」

前述のように、「集客」レポートにおいては「ユーザーを獲得したチャネルは何か？」を目的に集計していますが、「マルチチャネル」では「コンバージョンに貢献したチャネル（接点）は何か？」を目的に集計し、その結果に貢献度（ポイント）を配分する、という分析が行われます。そのため、リアルなすべての接点を明確に評価する必要がある、と考えられます。

●「ラストクリックまたは直接のコンバージョン」という指標

「マルチチャネル＞アシストコンバージョン」レポートでは、「ラストクリックまたは直接のコンバージョン」という少々わかりにくい指標があります。この指標は、「コンバージョンが発生した（最後の）訪問」という意味です。一般的には、それって「ラストクリック」で良くないか？と思いがちですが、よく考えれば確かに「お気に入り」からの訪問は外部クリック（参照元やキャンペーン）からの訪問ではないため、わざわざ区別して表現しているということになります。ここでも、リファラーのある訪問とノーリファラーの訪問は、同じ訪問でも意味に違いがある、という考え方が明確に表れていると読み解くことができます。

●「最後の間接クリックモデル」というアトリビューションモデル

「マルチチャネル＞モデル比較ツール」では、「アトリビューションモデル」を選択して分析を行いますが、そのモデルの中に「最後の間接クリックモデル」というものがあります。これは、少々日本語訳がわかりにくいので英語版を見ると、「The Last Non-Direct Click」とあるので、「最後のdirectではないクリック（からの訪問）」という意味になると思います。つまり「ノーリファラーを無視をした最後の参照元（からの訪問）」ということになるので、これは「集客」レポートでの集計仕様と同じ考え方のモデルになります。このモデルについては、ヘルプの中で「ノーリファラーを、別のチャネルを通じてすでに獲得している顧客からのアクセスと見なす場合は、ノーリファラーを除外して、コンバージョンに至る前の最後のマーケティング活動に重点を置くのが効果的です」という表記があるので、Googleアナリティクスの集計の考え方を明確に表現している、と言えるでしょう。

いかがでしたでしょうか？
Googleアナリティクスの「ノーリファラー」による訪問は「すでに獲得したユーザー」による訪問であり「ユーザーの獲得」を評価できる訪問方法ではない、という考え方に基づいている、ということができます。

参考 アナリティクスヘルプ＞アナリティクスでのウェブセッションの算出方法
https://support.google.com/analytics/answer/2731565

参考 アナリティクスヘルプ＞マルチチャネル データについて
https://support.google.com/analytics/answer/1319312

参考 アナリティクスヘルプ＞デフォルトのマルチチャネル（MCF）アトリビューションモデルについて
https://support.google.com/analytics/answer/1665189

参考 アナリティクスヘルプ＞トラフィックディメンション
https://support.google.com/analytics/answer/1033173

9-13 コンバージョン分析のポイントをおさえる

コンバージョン計測データの活用目的の整理

ウェブサイトには、ほとんどの場合、サイトの目的に従ったコンバージョンポイントがあります。eコマースサイトであれば購入完了であり、キャンペーンサイトであればキャンペーンの申し込み完了が、コンバージョンポイントになるでしょう。
Googleアナリティクスでは、サイト内行動でコンバージョンをしたユーザーの行動を計測する機能がふたつ用意されています。

①目標設定
②eコマース計測
※Googleアナリティクスでは、コンバージョンを「目標設定＝コンバージョン」「eコマース計測＝eコマーストランザクション」と、異なる言い方で使い分けています。

これらの機能で計測されたコンバージョンは、レポート画面「コンバージョン」カテゴリで確認することができますが、このコンバージョン計測は、目的によって他の多くの集計レポートでも利用されています。

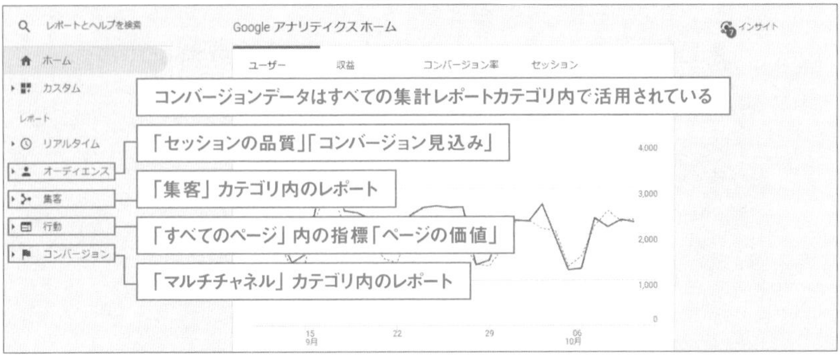

コンバージョン＝ウェブ上の成果でもあるため、この数値を上げるために行われる様々な施策の重要評価指標です。そのため、コンバージョンデータは「集客施策（SEOや広告）」「サイト内改善」「集客チャネル最適化（アトリビューション分析）」のための、各集計レポートで利用されています。
特に、Googleアナリティクスにおける「コンバージョンデータ」を使った分析のポイントは、次の表のように、ほとんどが「流入元」の評価や最適化にあります。

<table>
<tr><th>分類</th><th>コンバージョンデータの
利用目的</th><th>レポート画面</th><th>利用されるコン
バージョンデータ</th></tr>
<tr><td rowspan="6">流入元評価／
最適化</td><td>機械学習によるセッション品質の評価に基づく流入元評価</td><td>オーディエンス＞行動＞セッションの品質</td><td rowspan="3">eコマーストランザクション</td></tr>
<tr><td>機械学習によるコンバージョン予測値に基づく流入元評価</td><td>オーディエンス＞行動＞コンバージョン見込み</td></tr>
<tr><td>機械学習によるコンバージョン予測ユーザーリストによる広告ターゲティング</td><td>なし</td></tr>
<tr><td>コンバージョンデータによるデバイス経路評価</td><td>オーディエンス＞クロスデバイス</td><td rowspan="5">目標コンバージョン
eコマーストランザクション</td></tr>
<tr><td>コンバージョンデータによる流入元評価</td><td>「集客」カテゴリのレポート</td></tr>
<tr><td>コンバージョンデータによる流入元評価（マルチセッション）</td><td>コンバージョン＞マルチチャネル</td></tr>
<tr><td rowspan="2">サイト内評価</td><td>コンバージョンデータによるサイト内ページ価値の評価</td><td>行動＞すべてのページ＞ページの価値</td></tr>
<tr><td>コンバージョンデータによるサイト内プロモーションの評価</td><td>コンバージョン＞eコマース（拡張eコマース）＞サイト内プロモーション</td></tr>
</table>

コンバージョンデータ活用のポイント

このように、ウェブを中心としたウェブマーケティングの範囲においては、コンバージョンデータを使った

①流入元の評価と効果測定
②機械学習による変数（新しい指標と予測値）に基づく施策精度向上

のふたつが、Googleアナリティクスにおけるコンバージョン分析の目的と考えるのが良いでしょう。
そのためにも、まずは正しい考え方に基づいた正しいコンバージョン計測（目標設定、eコマース計測）を行うことが、第一歩になります。
※eコマース計測、目標設定についての詳細は以下を参照ください。

「3-8　eコマース計測を理解する」「3-9　標準のeコマース計測を設定する」「3-10　拡張eコマース計測を設定する」「7-5　目標設定の基本を理解する」「7-6　目標設を設定する」

参考　アナリティクスヘルプ＞コンバージョン数
https://support.google.com/analytics/topic/1631741

9-14 「目標」レポートを利用する

「目標」レポート理解のポイント

Googleアナリティクスの「コンバージョン＞目標」レポートでは、目標設定した各目標の集計数と、各目標にいたる"ステップ"や"パス"を見ることができます。
前節でも説明したように、コンバージョンデータの基本的な活用目的は、流入やサイト内施と紐づけて行う施策評価にあるので、「コンバージョン数」だけをレポート画面で眺めてもあまり意味はありません。
この「コンバージョン＞目標」レポートカテゴリでは、主に「ステップ」や「パス」を確認して、そのプロセスにボトルネックがないかどうか？を確認する目的で利用するのが良いでしょう。

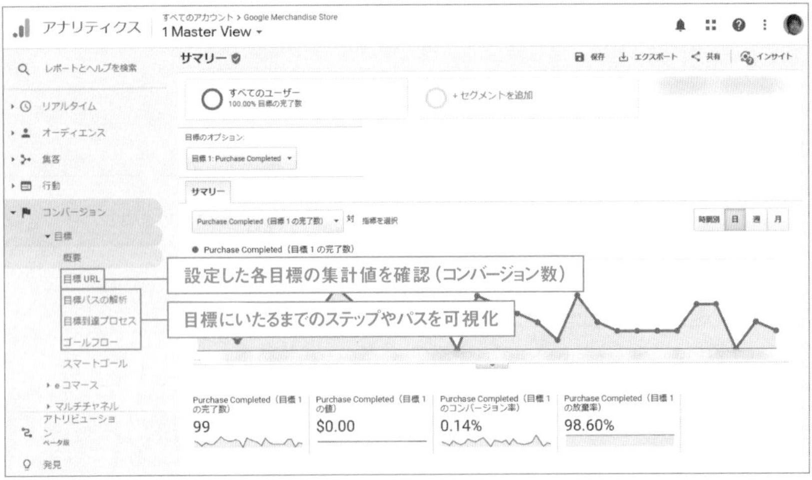

画面NAVI ■ コンバージョン ≫目標 ≫概要

「目標URL」レポート

このレポートでは、設定した各目標のコンバージョン数を、シンプルに確認できます。「目標のオプション」プルダウンから確認したい目標を選択することで、全部の目標コンバージョン数から個別の目標コンバージョン数まで、目的に応じて確認することができます。

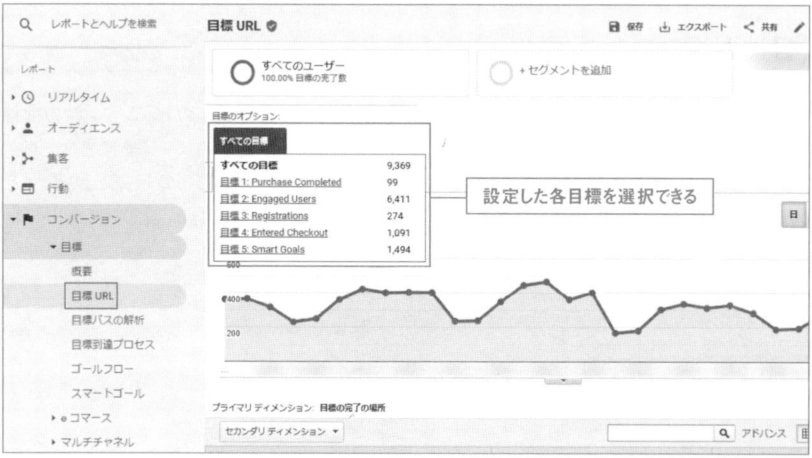

画面NAVI ■ コンバージョン ▶▶ 目標 ▶▶ 目標URL

「目標パスの解析」レポート

ここでは、目標にいたるまでのパス（＝ページ遷移）を確認することができます。例えば、ショッピングカートのように購入完了ページまでのページ遷移が固定されているような場合は、このレポートを見ても意味がありません。目標ページまでの遷移が固定されていないような場合（コンテンツ内特定ページの閲覧を目標設定したような場合）には、そのページにどのような遷移（パターン）で到達したのか？を確認することで、コンテンツの改善につなげていくことができるかもしれません。

「目標到達プロセス」レポート

このレポートでは、あらかじめ設定した目標までのステップページごとのセッション数の推移を、ファネル図形式で見ることができます。前述の「パス」は実際のページ遷移でしたが、ここでは実際の遷移を集計しているのではなく、各ステップページごとのセッション数がどのように推移しているのか？を見やすいファネル形式で可視化している、というレポートになります。

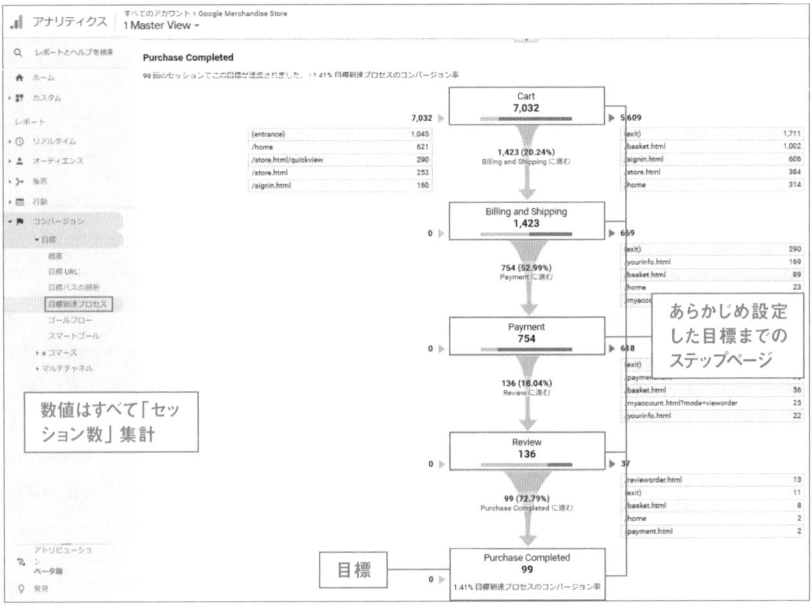

このレポートでは、個々のページ遷移ではなく、セッション数の推移を見ることによって、各ステップページ間の流れ（次に進んだのか？離脱したのか？）を把握でき、目標までのステップ改善に役立てることができます。

「目標到達プロセス」を見るには事前の設定が必要です。設定についての詳細は「7-7 目標到達プロセスを設定する」を参照ください。

参考 アナリティクスヘルプ＞目標を作成、管理する
https://support.google.com/analytics/topic/6150889

9-15 「eコマース」レポートを利用する

「eコマース」レポート理解のポイント

標準の「eコマース」レポートでは、購入完了ページに実装したeコマース計測タグで、計測されたデータを集計しています。前節の「目標」レポートでも説明したように、eコマース計測データだけを見ていても、あまり改善点を見出すことはできません。そもそも、eコマースシステム側のデータで、より詳細な売上分析は行われているはずです。eコマース計測で取得できるデータは、このレポート画面で見るよりも、各データをセグメントやカスタムディメンションに利用するなど、他のデータを絞り込んだり紐づけたりするための変数として利用するのが良いでしょう。

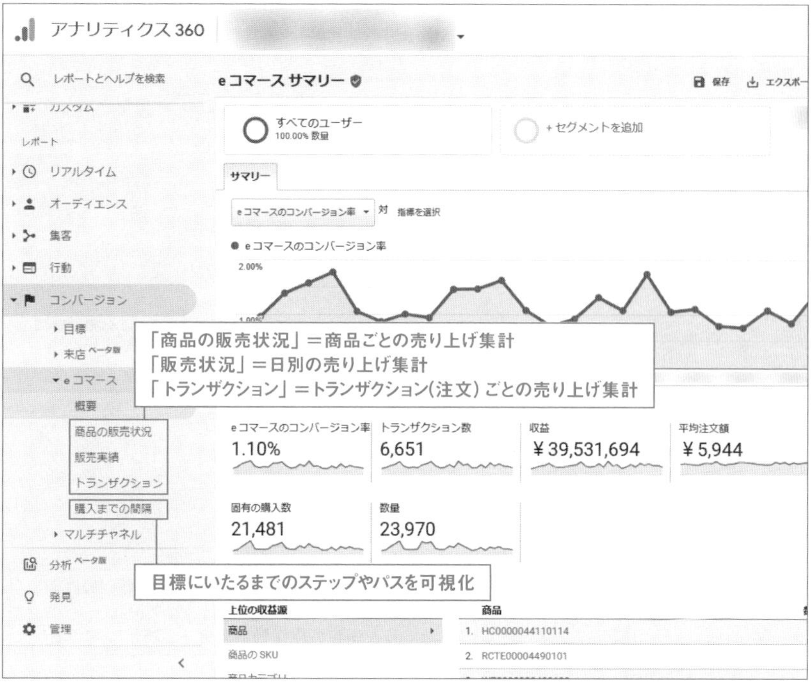

画面NAVI ■ コンバージョン ⏩ eコマース ⏩ 概要（標準のeコマースの画面）

「購入までの間隔」レポート

「購入までの間隔」では、「購入までの日数」と「トランザクションまでのセッション数」を見ることができます。
購入までの日数やセッションが複数回にまたがる場合、通常の計測では、ひとつのセッション内での流入やサイト内ページとの紐づけ集計は難しくなります。広告施策などの流入施策をコンバージョン数（率）で評価するのは、通常の計測だと"同一セッション内"に限られるからです。
このレポートで、購入までに1日以上かかる、もしくは2回以上のセッションで購入している割合が高い場合は、複数訪問によるコンバージョンを可視化できる「コンバージョン＞マルチチャネル」レポートにて、まずは「アシストコンバージョン数」で流入施策における間接効果を確認してみる必要があるかもしれません。

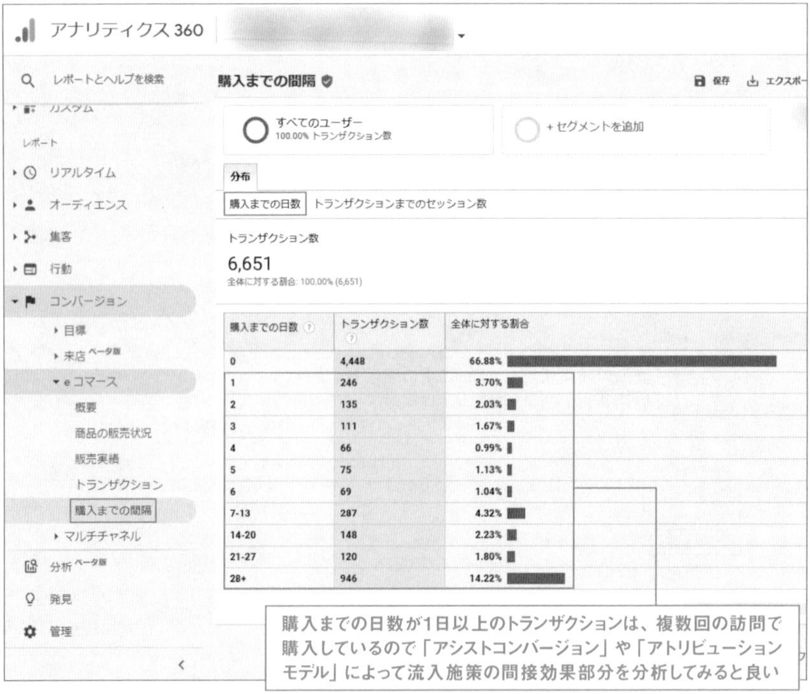

画面NAVI ■ コンバージョン ▶▶ eコマース ▶▶ 購入までの間隔（購入までの日数）

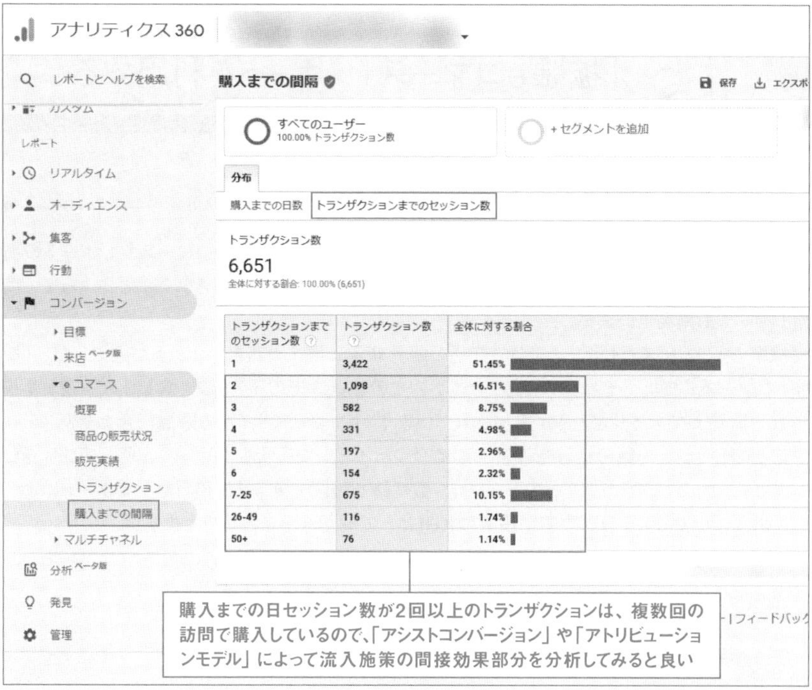

画面NAVI ■ コンバージョン ▶▶ eコマース ▶▶ 購入までの間隔（トランザクションまでのセッション数）

「eコマース」レポートを見るには事前の設定が必要です。設定についての詳細は「3-9 標準のeコマース計測を設定する」を参照ください。

参考 アナリティクスヘルプ＞eコマースについて
https://support.google.com/analytics/answer/1037249

9-16 「拡張eコマース」レポートを利用する

「拡張eコマース」レポート理解のポイント

「拡張eコマース」を実装することによって、「コンバージョン＞eコマース」レポートの構成が標準のeコマースに比べて大きく変わります。計測対象が拡張されることによって、集計レポートも増えています。

「標準のeコマース」レポートでは、商品の販売状況に関する集計レポートが主でした。「拡張eコマース」では、それらに加えてサイト内での購入までのステップを集計して、ファネル形式で確認ができるレポートが追加されています。eコマースサイトの階層に合わせたステップごとのセッション数の推移を確認できる「ショッピング行動」レポート、そしてショッピングカート内の各ステップごとのセッション数推移を確認できる「決済行動」レポートによって、購入にいたるステップ改善に役立つKPIとして利用することができます。

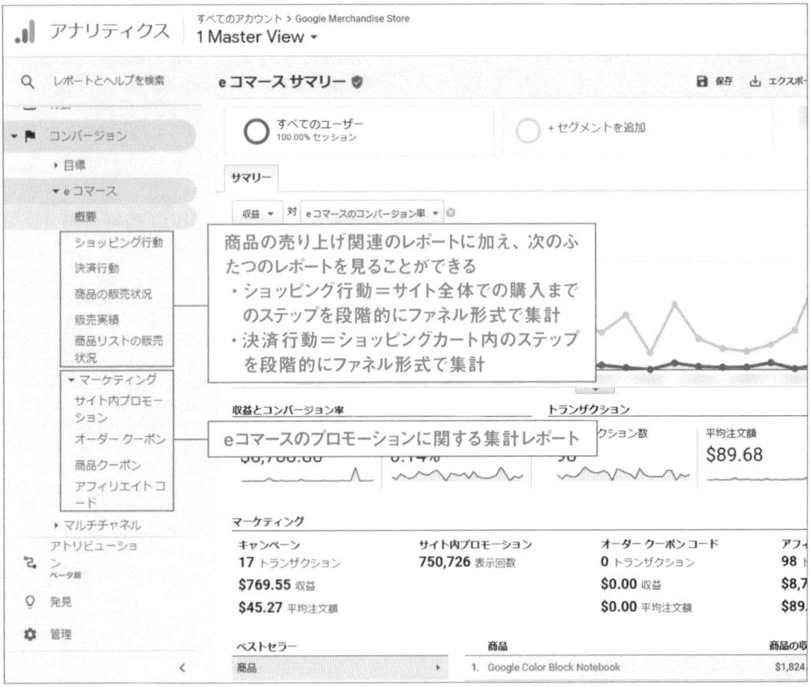

さらに、「拡張eコマース」のみで表示される「コンバージョン＞eコマース＞マーケティング」カテゴリでは、購入に向けたプロモーション施策に関する計測データを確認できる集計レポートがあります。

eコマースサイト内の改善に役立つ計測データの取得

「標準のeコマース」では、購入完了ページにeコマース計測タグを実装し、売り上げ関連データを取得していましたが、「拡張eコマース」では購入完了ページだけでなく、eコマースサイト内全体の行動や施策（サイト内バナーやクーポン利用状況など）を分析できるような多くのデータを利用しています。

そのため、「拡張eコマース」のすべてのレポートで集計データを確認するためには、多くの計測設定が必要になります。これは、"ひとつの実装/設定"で一度にすべてが見えるようになるものではありません。レポートごとに、必要なデータを個々に取得するための計測タグレベルでの実装/設定が必要になるので、そのための工数もかなり必要になります。

「拡張eコマース」用の各レポートを利用するための各種設定詳細については、「3-11　拡張eコマース計測を設定する」を参照ください。

参考　アナリティクスヘルプ＞拡張eコマースについて
https://support.google.com/analytics/answer/6014841

9-17 「ショッピング行動」「決済行動」レポートを利用する

「ショッピング行動」レポートの理解

「ショッピング行動」のレポート画面では、サイト内のショッピング行動を以下のような定義でステップとして集計し、ファネル形式で表示しています。

ステップ名	内容
すべてのセッション	集計期間内のすべてのセッション数
商品表示が発生したセッション	商品を表示したセッション数。商品表示を計測する実装が必要
カートへの追加が発生したセッション	商品をカートに追加したセッション数。商品のカート追加を計測する実装が必要
決済が発生したセッション	決済が発生したセッション数。決済ステップを計測する実装が必要
トランザクションが発生したセッション	購入(トランザクション)が発生したセッション数。購入を計測する実装が必要

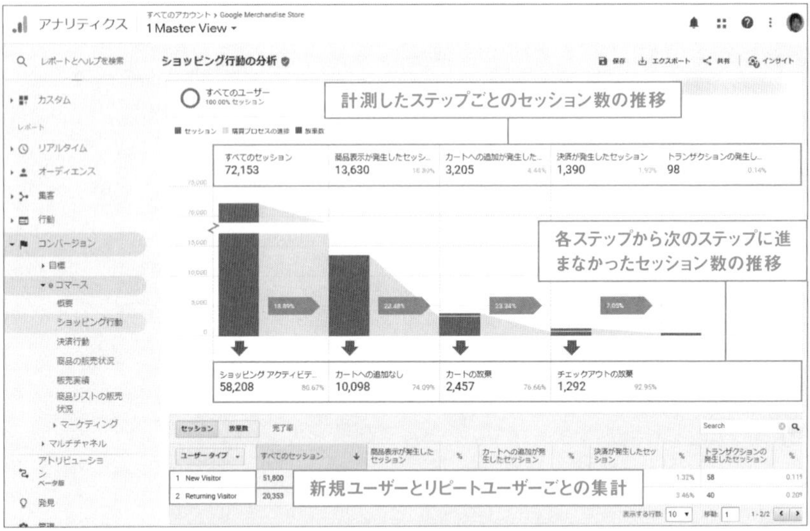

画面NAVI ■ コンバージョン ▶▶ eコマース ▶▶ ショッピング行動

画面上段では、各ステップごとのセッション数の推移が表示され、ファネル図の下段には、各ステップから次に進まなかった（放棄）セッション数が表示されています。

画面下部の表では、デフォルトで新規ユーザーとリピートユーザーごとの各ステップセッション数が表示されています。表のディメンションは、選択によって切り替えることが可能で、下図のように流入元ディメンション（参照元/メディア）にすれば、流入元によるショッピング行動の違いを確認することもできます。

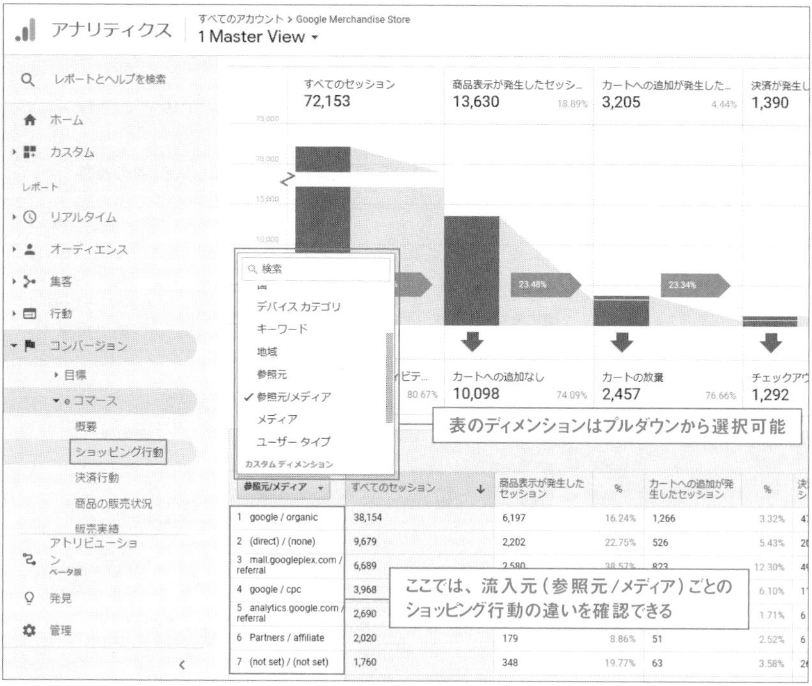

画面NAVI ■ コンバージョン ▶▶eコマース ▶▶ショッピング行動

「決済行動」レポートの理解

「決済行動」のレポート画面では、ショッピングカート内の各プロセスをステップとして計測し、ステップごとのセッション数の推移をファネル形式で表示しています。「ショッピング行動」レポートと同じような画面構成に見えますが、データ計測の要領は多少異なります。「決済行動」レポートでは、ショッピングカート内の各プロセスは、"STEP1"から順に任意のステップ数だけ計測することができます。また、Googleアナリティクスの設定画面で、各ステップにレポート画面に表示させるための「ステップ名」を設定する必等があります。

「ショッピング行動」レポートでの各ステップ名（商品表示が発生したセッション数、カート追加がセッション数、など）と、必要なデータの定義はあらかじめ決められていましたが、「決済行動」では、異なるショッピングカートの仕様に対応できるように、ステップの計測と表示名はすべて任意で設定できるようになっています。

レポート画面の構成は「ショッピング行動」レポートとほぼ同じで、ファネル図上段では任意に設定した決済プロセスごとのセッション数の推移が表示され、ファネル図下段では次の決済プロセスに進まなかった（放棄）セッション数の推移が表示されます。

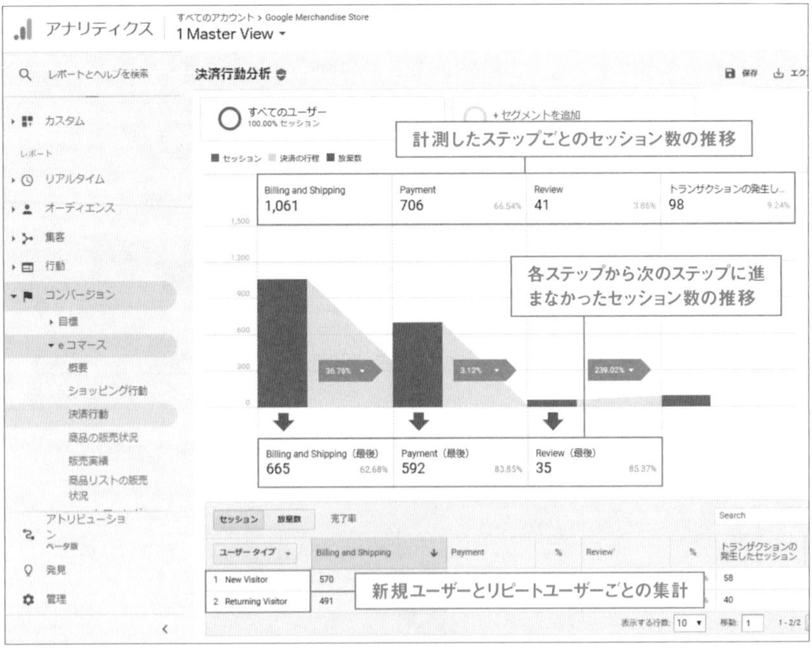

画面NAVI ■ コンバージョン ⏩ eコマース ⏩ 決済行動

画面下部の表では、デフォルトで新規ユーザーとリピートユーザーごとの各ステップセッション数が表示されています。表のディメンションは選択によって切り替えることが可能で、下図のように流入元ディメンション（キャンペーン）にすれば、流入元による決済行動の違いを確認することもできます。

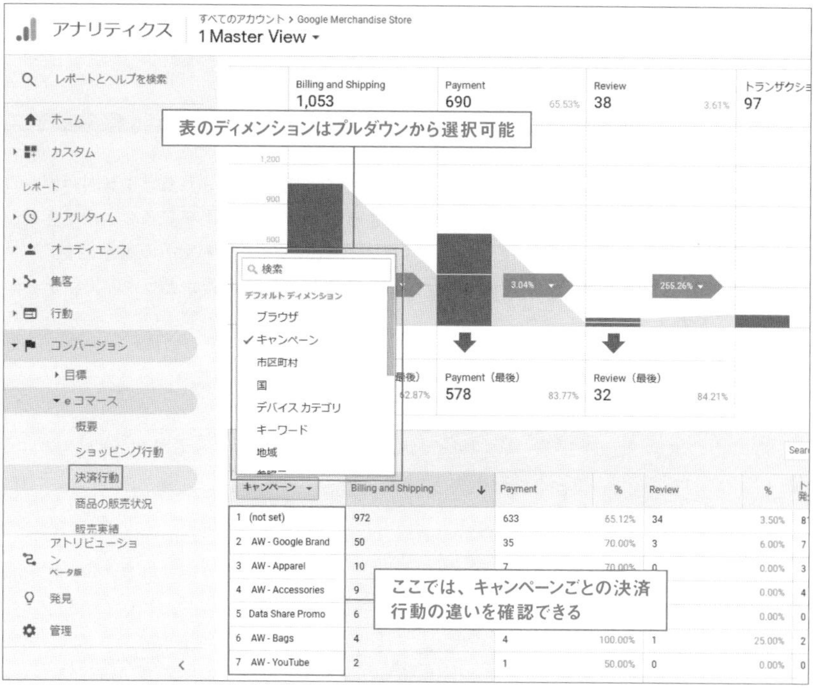

画面NAVI ■ コンバージョン ▶▶ eコマース ▶▶ 決済行動

「ショッピング行動」「決済行動」レポートを利用するための各種設定詳細については、「3-11　拡張eコマース計測を設定する」を参照ください。

参考　アナリティクスヘルプ＞拡張eコマースのレポート
https://support.google.com/analytics/answer/6014872

9-18 「サイト内プロモーション」レポートを利用する

「サイト内プロモーション」レポートは、eコマースサイト内に表示されるサイト内バナーの表示とクリックを計測することで、そのバナーによる売り上げの効果を見ることができるレポートになります。広告の効果レポートと同じ考え方で、"サイト内バナーの表示回数"やクリック数、クリック率を集計し、そのセッションでコンバージョンしたかどうかの集計データを表示してくれます。

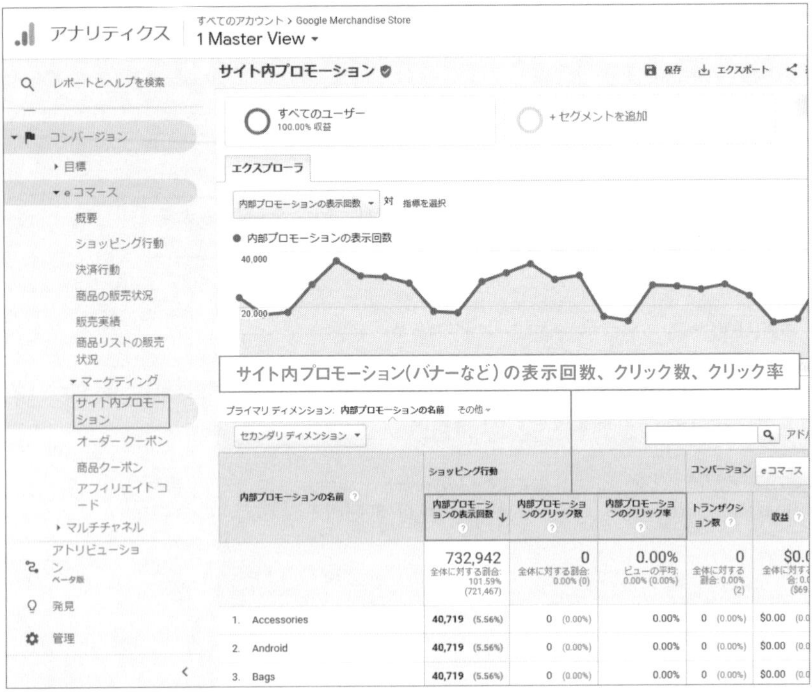

画面NAVI ■ コンバージョン ▶▶ eコマース ▶▶ マーケティング ▶▶ サイト内プロモーション

Googleアナリティクスの集計レポートは、全体として広告などの流入元を評価する集計レポートが多い中で、この「サイト内プロモーション」レポートは、サイト内表示とコンバージョンを紐づけて効果を可視化できる、数少ないレポートと言えます。

集計レポートの内容は非常にシンプルですが、他の拡張eコマースレポートと同様に、サイト内プロモーションバナーの表示回数やクリックを計測するための実装が必要になるので、かなりの工数が必要になります。実際の計測の際には、各バナーのIDや名前などの定義も必要になります。eコマースサイト内のプロモーションは、季節ごとのセールなど入れ替わりも早く、パーソナライズ配信やレコメンドエンジンなどの動的なしくみへの対応など、かなり綿密な計画と設計が必要になります。そのため、このレポートの採用についてはマーケティング担当者、サイト運営担当、システム担当などとの綿密な打ち合わせも必要になると考えられます。

「サイト内プロモーション」レポートを利用するための各種設定詳細については、「3-11 拡張eコマース計測を設定する」を参照ください。

参考 アナリティクスヘルプ＞拡張eコマースのレポート
https://support.google.com/analytics/answer/6014872

9-19 「来店」レポートを利用する

Googleアナリティクスの「コンバージョン＞来店」レポートは、ユーザーがサイト訪問後30日以内に店舗に訪問した数を集計したレポートです。

リアルの店舗を持つ広告主のマーケティングでは、ウェブサイト上のコンバージョンだけでなく、店舗への誘導数まで視野に入れたユーザー行動データも利用できると、より施策の対象範囲が広がり、最適化も可能になります。Googleアナリティクスでは、そのような目的のために「来店」レポートが用意されています。

このレポートは、「Googleマイビジネス」「Google広告」とのデータ連携によって実現しているレポートのため、各ツール内での設定と、ある一定条件以上のデータ量が必要になります。

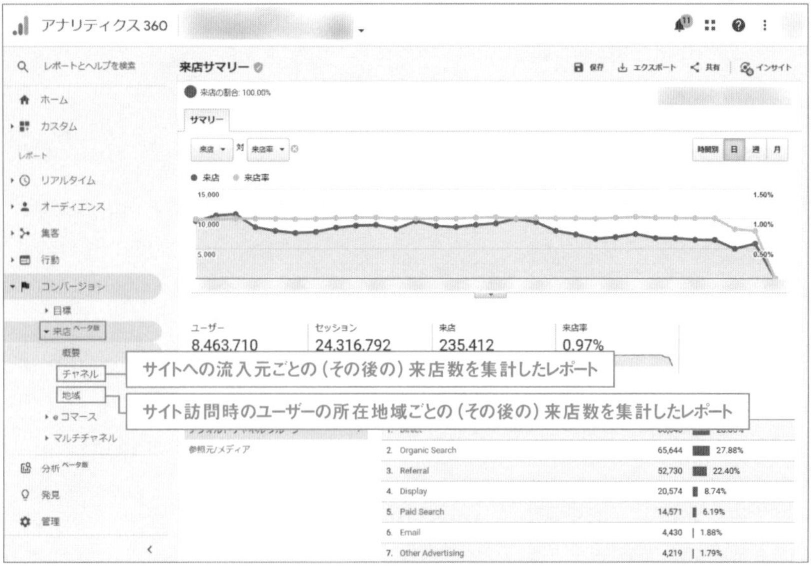

画面NAVI ■ コンバージョン ▶▶来店 ▶▶概要

来店＞チャネル

「来店＞チャネル」レポートでは、流入元ディメンションごとの来店数集計を確認することができます。サイト訪問後30日以内の店舗訪問データを集計していますが、複数サイト訪問がある場合は、店舗訪問に対して一番近いサイト訪問日が紐づけられます。また、サイト訪問後の30日以内であれば、すべての店舗訪問がカウントされます。
指標の意味は次の通りです。

・来店数……サイト訪問後30日以内に店舗を訪問したユーザーの店舗訪問数。来店数の日付は店舗訪問日ではなく、紐づけられるサイト訪問日になる
・店舗訪問率……来店数/セッション数

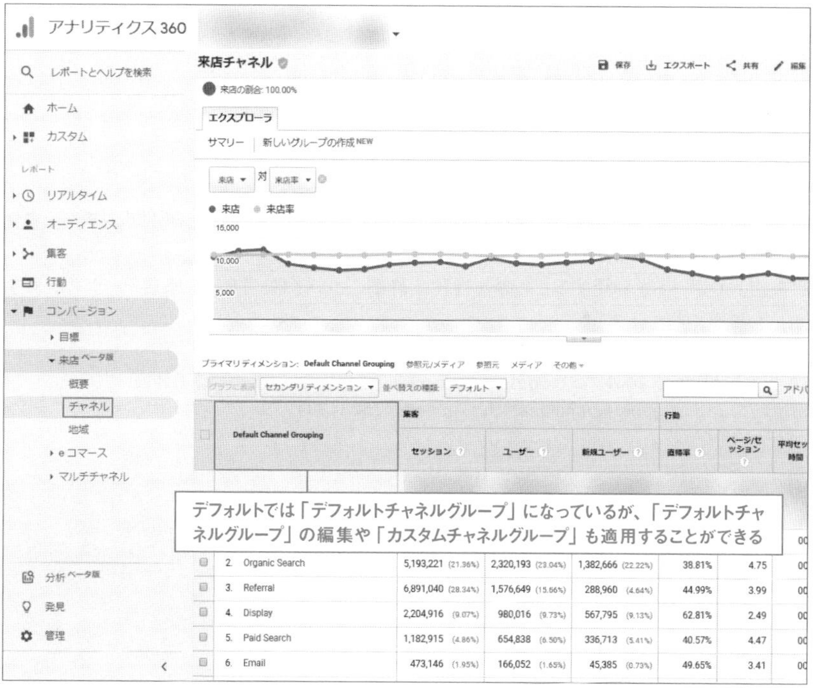

「来店＞チャネル」では、流入元がディメンションとなるので、来店訪問データに基づいた流入元評価のための集計データとなります。ディメンションは、粒度の大きい「チャネルグループ」から、粒度の小さい「参照元/メディア」や「キャンペーン」まで選択して分析することができます。

来店＞地域

ディメンションには、「オーディエンス＞地域」と同じ「地域データ」がディメンションとなり、ユーザーがサイトを訪問した地域のデータとなります。店舗が存在する地域ではありませんので注意してください。

「来店」レポートの制限事項

執筆段階（2020年2月）ではまだベータ版となります。
現時点では以下の機能には利用できません。

・セグメント
・ユーザーリスト
・BigQueryエクスポート（360版のみ）
・カスタムレポート
・「マルチチャネル」レポート

また、集計には通常のレポートよりも時間がかかるため、データの表示が他のレポートよりも遅れる場合があります。
「来店」レポートを利用するための各種設定詳細については、「6-6　来店データを計測する」を参照ください。

参考　アナリティクスヘルプ＞Googleアナリティクスの来店レポート（ベータ版）の詳細
https://support.google.com/analytics/answer/7573498

9-20 「マルチチャネル」レポートを利用する

「コンバージョン＞マルチチャネル」レポートは、コンバージョンにいたるまでの"流入元（チャネル）"の経路（どのような流入元からどのような順番でサイトを訪れたか？）を見ることができる集計レポートになります。「集客レポート」カテゴリでも流入元とコンバージョンを紐づけた集計を見ることができますが、同一セッション内における集計になっています（いわゆる、ラストクリックコンバージョン集計）。しかし、実際には複数セッションを経てコンバージョンにいたる場合も多く、このようなユーザーの動きはラストクリック集計では見ることができません。「マルチチャネル」レポートは、文字通り複数の流入チャネルをどのように経てコンバージョンにいたったのか？を集計し、流入元の本質的な評価に役立てることができるレポートです。

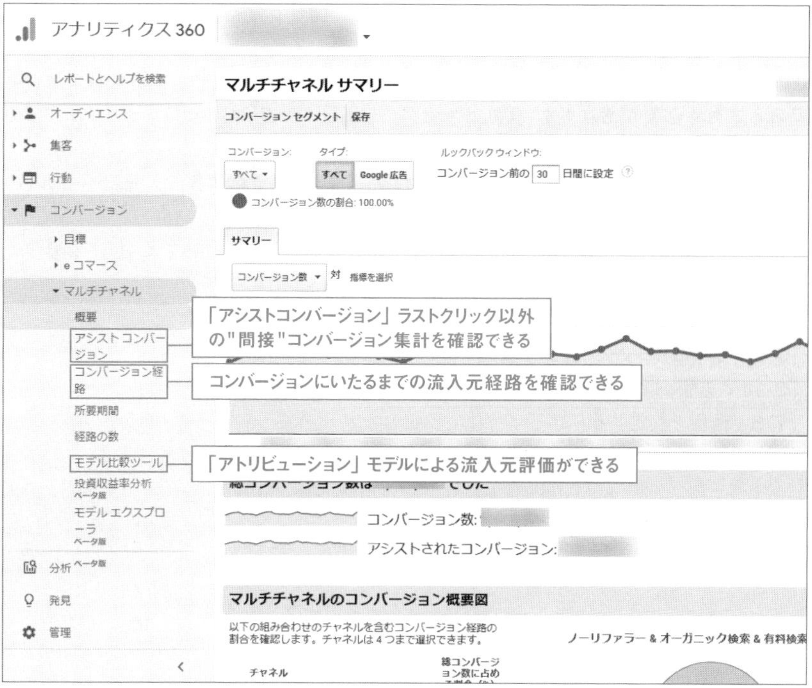

画面NAVI ■ コンバージョン ▶▶ マルチチャネル ▶▶ 概要

集計のイメージとしては、コンバージョンをしたセッションだけでなく、そこにつながる訪問を"逆引き集計"していくようなレポートになります。よって、この「マルチチャネル」レポートは、コンバージョン計測設定（目標設定かeコマース計測）をしていないビューではデータを見ることができません。

「マルチチャネル」レポートでの「ノーリファラー」の扱い

Googleアナリティクスの「集客」レポートでは、「ノーリファラー（ブックマーク、お気に入りからの訪問、ブラウザに直接URL入力からの訪問、など）」訪問の場合、その前に同じブラウザから何かしらの参照元（キャンペーンや他サイトリンクからの訪問）がある場合は、その参照元が流入元として集計されます。これは、"ユーザーを獲得した参照元（クリック）は何か？"を評価する視点においては「ブックマークからの訪問は参照元からのクリックによる訪問ではなく"すでに獲得されたユーザーの直接の訪問"である」というGoogleアナリティクスの考え方から来るものです。しかし、「マルチチャネル」レポートの集計においては、この「ノーリファラー」の訪問もすべてコンバージョンに関わる流入元経路として集計される仕様になっています。
このように、分析や評価の考え方の違いからくる「ノーリファラー」の集計仕様の違いを理解しておく必要があります（詳細は本章のコラム「なぜ？　Googleアナリティクスの「ノーリファラー」仕様の理由」を参照ください）。
このように「マルチチャネル」カテゴリは、コンバージョンに貢献する流入元（チャネル）の、より本質的な評価を行うことを目的としたレポートと言えます。
「マルチチャネル」の各種レポートを利用するための各設定詳細については、以下を参照ください。

「3-9　標準のeコマース計測を設定する」
「3-11　拡張eコマース計測を設定する」
「7-6　目標を設定する」
「8-3　マルチチャネルの基本を理解する」

参考　アナリティクスヘルプ＞マルチチャネル
https://support.google.com/analytics/topic/1191164

9-21 「アシストコンバージョン」レポートを利用する

「アシストコンバージョン」とは

「アシストコンバージョン」レポートの理解で、まず重要なことは「アシストコンバージョン」という指標を理解することです。「アシストコンバージョン」とは、流入元とコンバージョンとの関係において、流入元とコンバージョンが同一セッションでつながらないが、後のセッションで発生したコンバージョン数を意味します。
一方で、「ラストクリックまたは直接のコンバージョン」という指標は、流入元とコンバージョンが同一セッションの場合と、ノーリファラー訪問でのコンバージョンが含まれます。
前節でも説明しましたが、ノーリファラーは「外部参照元からのクリックによる訪問」とみなされていないので、「ラストクリック」とは明確に区別した「直接のコンバージョン」という表現になっています。

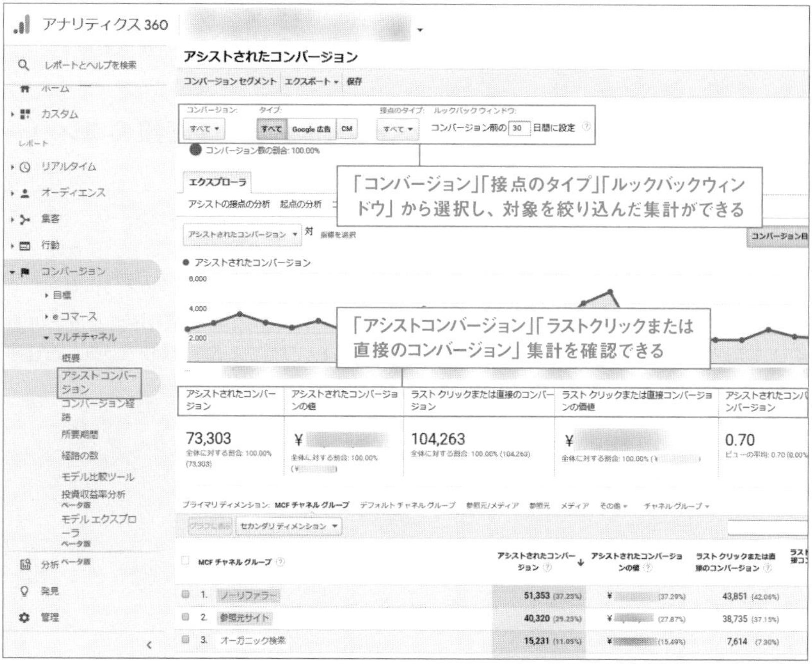

「アシストコンバージョン」レポート理解のポイント

「マルチチャネル」レポート全体に言えることですが、これらレポートを見るときには以下の4つのポイントがあります。

ポイント	内容
流入元のディメンションを選択	流入元ディメンションを粒度の大きい「チャネル」から粒度の小さい「参照元/メディア」や「キャンペーン」なども選択して評価する
接点（流入元）のタイプを選択	接点のタイプを「インプレッション」「クリック」「ノーリファラー」から選択しタイプ別の評価をする
コンバージョンを選択	設定した「目標設定」やeコマーストランザクションから評価をしたいコンバージョンを選択する。デフォルトではすべてのコンバージョンが含まれている
ルックバック期間を選択	コンバージョン日から何日前までの訪問を集計対象とするか（ルックバック期間）を選択する

デフォルトの状態では、ディメンションもコンバージョンも一番大きな粒度、広い設定になっています。より的確なレポート表示にするには、分析の目的に従って、評価したい流入元の粒度とコンバージョンポイントをきちんと絞り込んで、集計表示させることが重要です。

アシストされたコンバージョン/ラストクリックまたは直接のコンバージョン

「アシストされたコンバージョン/ラストクリックまたは直接のコンバージョン」は、「アシストされたコンバージョン」÷「ラストクリックまたは直接のコンバージョン」という意味で、もし数値が「1」であれば、その流入元は「アシスト」にも「ラストクリック」にも同じコンバージョン数に貢献しているという理解になります。「1」より大きければその流入元はより「アシスト」に、「1」より小さければより「ラストクリック」に貢献している、と理解することができます。

参考 アナリティクスヘルプ＞チャネルの貢献度を分析する
https://support.google.com/analytics/answer/1191204

10章

カスタムレポート・セグメント・アトリビューションによるデータ分析

10-1 カスタムレポートの基本を理解する

カスタムレポートとは

Googleアナリティクスには、110個以上のレポート画面が提供されています。提供されているレポートは、基本的にはディメンションと指標の枠組みがあらかじめ決まっているものになり、自由に組み替えることはできません（設定によってある程度の変更は可能です）。

「カスタムレポート」は、ディメンションと指標を自由に組み合わせたレポートを作成することができる、便利な機能です（ディメンションと指標の組み合わせには、スコープの互換性を考慮する必要があります）。

「カスタムレポート」によって作成できるレポートには、以下のような特徴があります。

・既存のディメンションや指標を自由に組み合わせたレポートが作成できる。
・通常のレポートでは使われないディメンションや指標を利用したレポートが作成できる。
・「カスタムディメンション」「カスタム指標」のように、任意に追加したディメンションや指標を使ったレポートを作成できる。

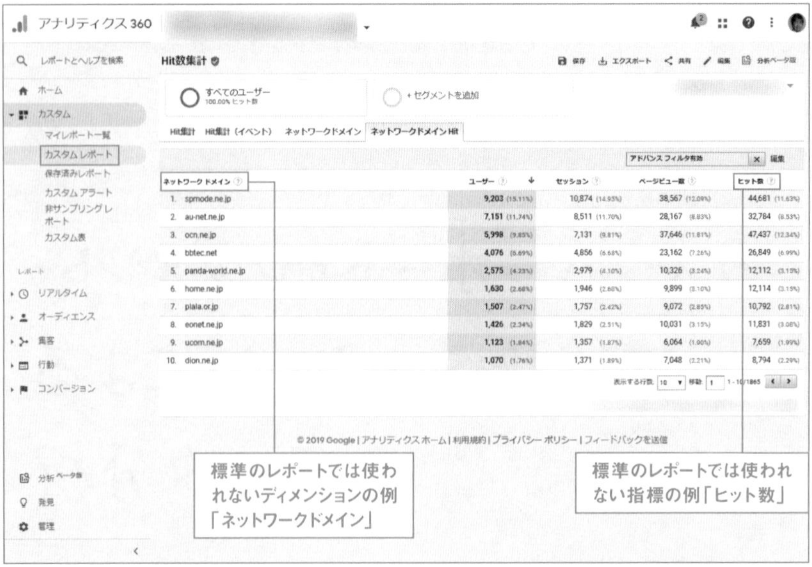

画面NAVI ■ カスタム ▶▶カスタムレポート

作成できるレポート種類

カスタムレポートでは、レポートの表示形式によって、4つの異なる種類を選択することができます。集計や分析の目的に応じて、使い分けることができます。

種類	内容
エクスプローラ	Googleアナリティクスの標準的なレポート表示形式。時系列折れ線グラフとテーブル（表）の組み合わせ
フラットテーブル	テーブル（表）のみの表示形式。ディメンションを5つまで並列で表示できる
地図表示	地図形式で表示される
カスタムファネル（360版）	ファネル図形式で任意のステップの推移が表示される

カスタムレポートの適用範囲と共有について

カスタムレポートは、Googleアナリティクスにログインしているアカウントに紐づきます。
従って、個人アカウントでログインしている場合は、その本人だけが利用できます。
自分専用のレポートを作成できるというメリットの半面、関係者に共有したい場合は「共有」をする必要があります。
カスタムレポートでは、一度作成したレポートの設定を「コピー」して、新しいカスタムレポート作成に利用したり、上記のように他のメンバーに「共有」したりすることができます。「コピー」や「共有」は、作成したカスタムレポートの設定内容を「コピー」「共有」する機能です。データの中身までは共有されないので、気を付けてください。

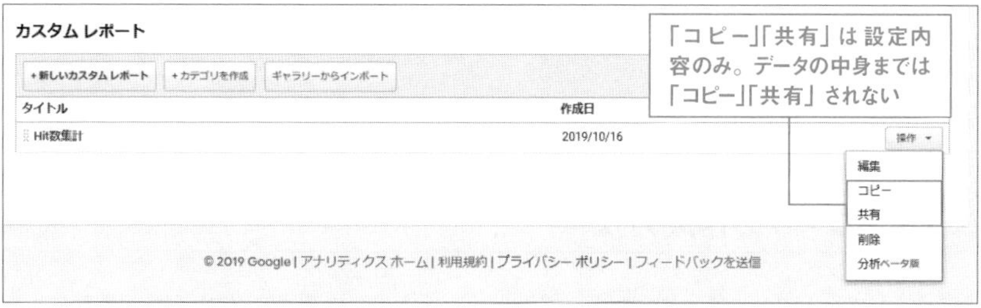

画面NAVI ■ カスタム ▶▶カスタムレポート

参考 アナリティクスヘルプ＞カスタムレポートについて
https://support.google.com/analytics/answer/1033013

10-2 エクスプローラを作成する

エクスプローラとは

前節で解説の通り、カスタムレポートでは、レポートの表示形式によって4つの種類から選択することができます。その中の「エクスプローラ」は、Googleアナリティクスの標準的レポート形式と言えるもので、画面上部が時系列折れ線グラフ、下部がテーブル（表）になっている表示形式のことです。

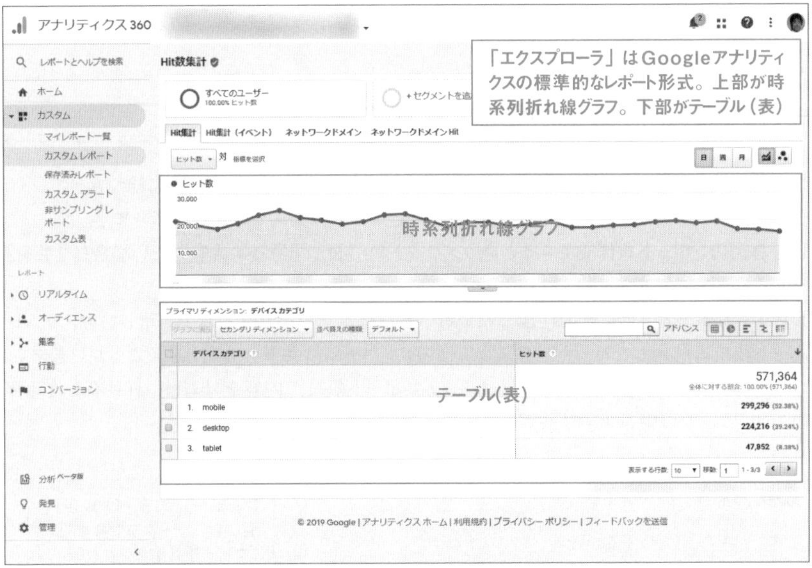
「エクスプローラ」はGoogleアナリティクスの標準的なレポート形式。上部が時系列折れ線グラフ。下部がテーブル（表）
時系列折れ線グラフ
テーブル(表)

エクスプローラの作成方法

カスタムレポートでは、基本的に「ディメンション」「指標」を目的に応じて選択することで、集計したいデータを定義していきます。
「エクスプローラ」で特徴的なのは、「ディメンション」表示形式です。標準のレポートと同様に、複数ディメンションを定義した場合は「ドリルダウン」型で表示されます。例えば、ディメンションを3つ選択した場合は、テーブルに3つのディメンションが並列に表示されるのではなく、クリックすることで階層を深掘りするようにディメンションが切り替わっていきます。

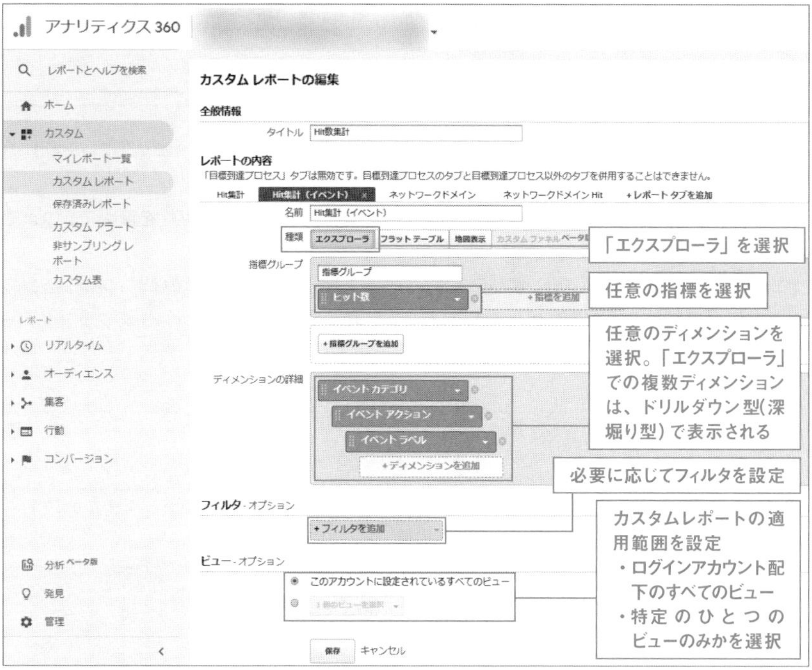

画面NAVI ■ カスタム ▶▶カスタムレポートの編集

もし、複数のディメンションをテーブル中に並列に表示し、集計したい場合は、次節で解説する「フラットテーブル」を選択するのが良いでしょう。

参考 アナリティクスヘルプ＞カスタムレポートを作成、管理する
https://support.google.com/analytics/answer/1151300

10-3 フラットテーブルを作成する

フラットテーブルとは

「フラットテーブル」は、文字通りテーブル形式のレポート画面です。「エクスプローラ」のように時系列折れ線グラフはありません。
「エクスプローラ」形式のレポートとの大きな違いは、「ディメンション」を最大で5つまで並列に表示し集計できることです。
「エクスプローラ」では、セカンダリディメンションを使うことで2列まではディメンションの並列表示が可能ですが、それ以上の集計をしたい場合は、カスタムレポートのフラットテーブルを使うのが便利です。

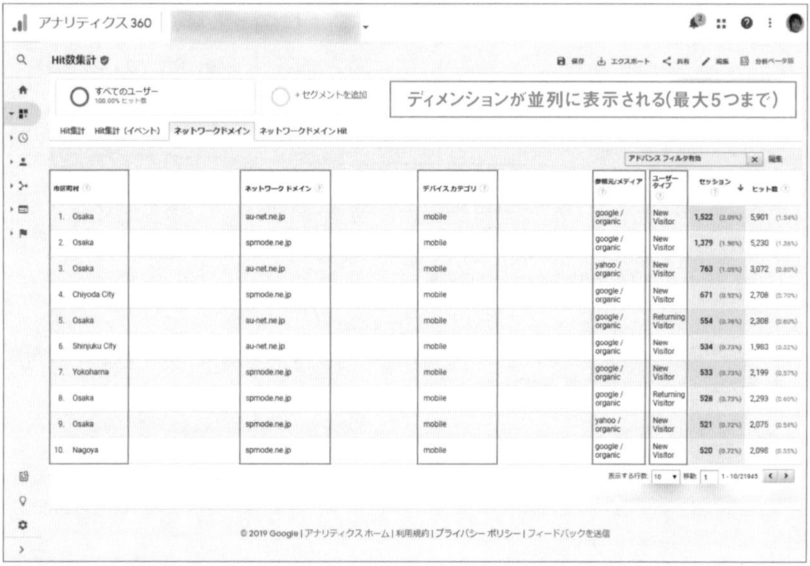

画面NAVI ■ カスタム ⏩カスタムレポート

フラットテーブルの作成方法

「フラットテーブル」の作成方法も、前節の「エクスプローラ」と同じ要領で作成可能です。「ディメンション」の選択は最大で5つまでになりますが、表示順は集計に関係しますので、目的に応じた集計になるように左から順に並べるようにしてください。

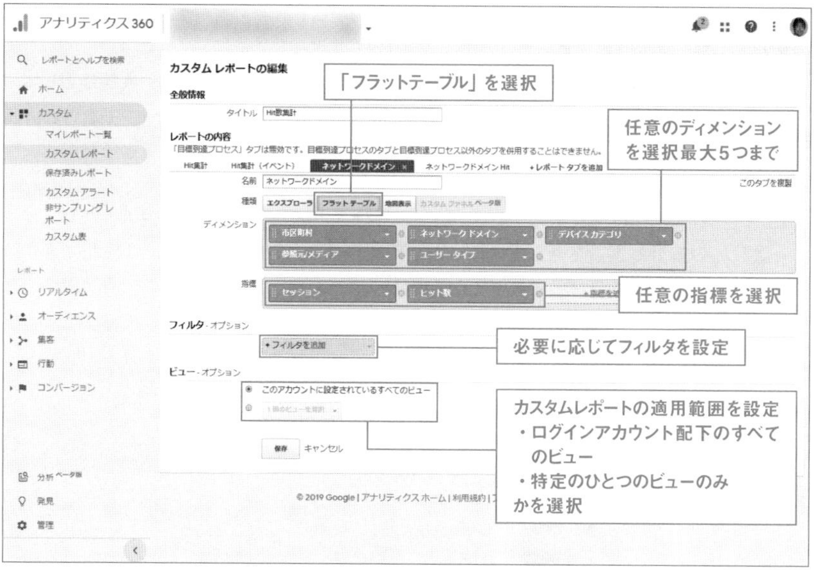

参考 アナリティクスヘルプ＞カスタムレポートを作成、管理する
https://support.google.com/analytics/answer/1151300

10-4 カスタムファネルを作成する

カスタムファネルとは

「カスタムレポート＞カスタムファネル」は、任意のプロセス間のユーザー数やセッション数の推移を、ファネル形式で見ることができるカスタムレポートです。

Googleアナリティクスには、「目標設定」機能に「目標到達プロセス」という機能とレポートがありますが、「目標到達プロセス」は必ず「目標設定」ありきのステップでなければ設定ができません。一方、「カスタムファネル」では、ファネルの最終ステップも任意のページや条件で設定することができ、自由度が高いレポートとなっています。

また、「目標到達プロセス」はセッション数での集計ですが、「カスタムファネル」では「ユーザー数」での集計も選択でき、その他にも「目標到達プロセス」の集計では設定できない細かな集計の定義を設定することができます。

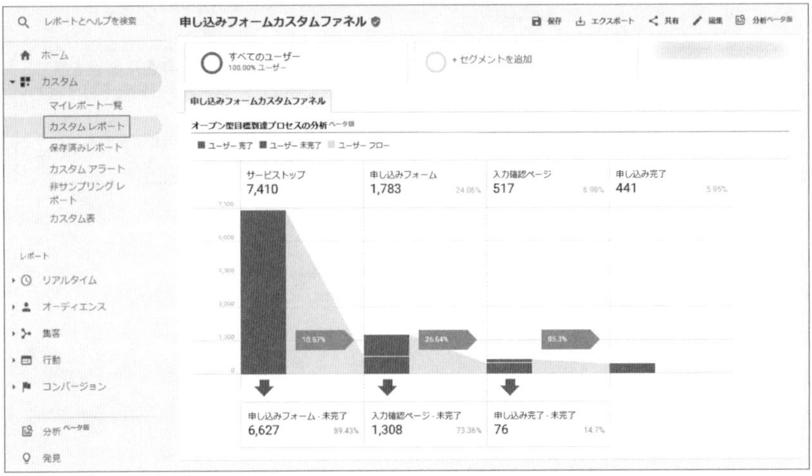

画面NAVI ■ カスタムレポート ▶▶カスタムファネル

カスタムファネルの作成方法

※本機能は、Googleアナリティクス360版のみの機能のため、設定画面の紹介に留め、手順等の詳細については割愛します。

設定手順

「カスタムファネル」は、「エクスプローラー」や「フラットテーブル」とタブで共存することはできないので、必ず「＋新しいカスタムレポート」から作成します。

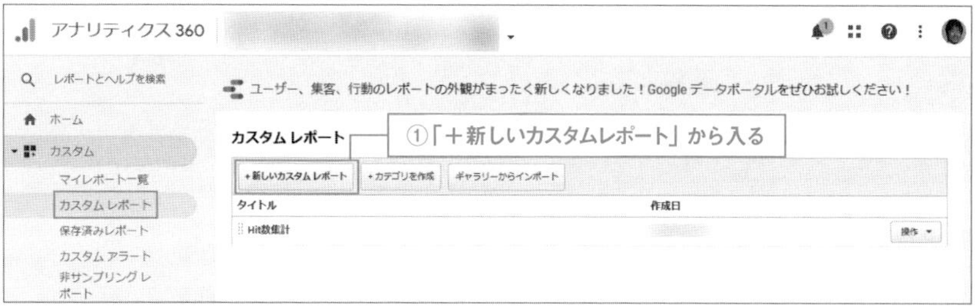

画面NAVI ■ カスタムレポート ▶▶新しいカスタムレポート

「ステージ」と呼ばれるステップを設定していきます。任意の名前と条件を設定し、必要に応じてステージを追加し(最大で5つまで)「保存」で完了します。

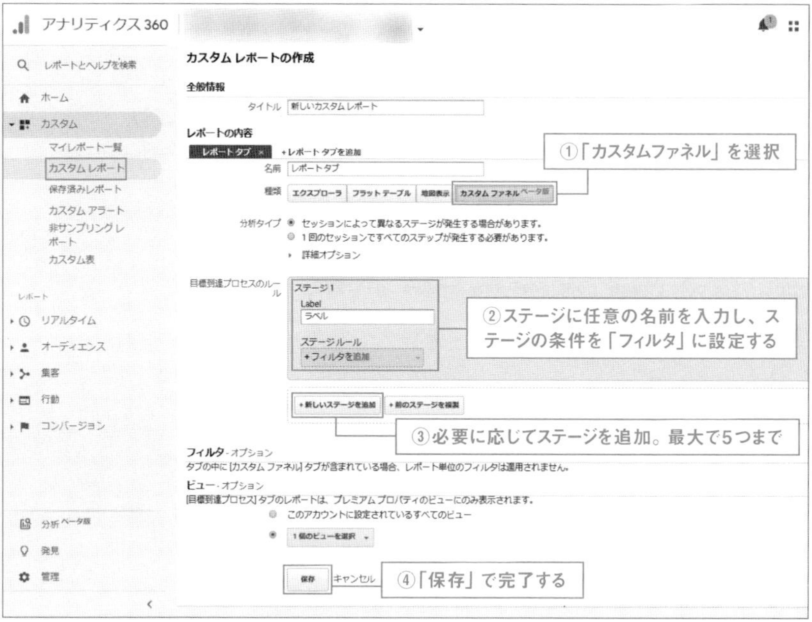

画面NAVI ■ カスタムレポート ▶▶カスタムファネル

「カスタムファネル」では、集計された"各ステージのユーザー"と"次のステージに進まなかったユーザー"を、「セグメント」として利用することが可能です。同時に「ユーザーリスト」としてリマーケティングキャンペーンに利用することも可能です。

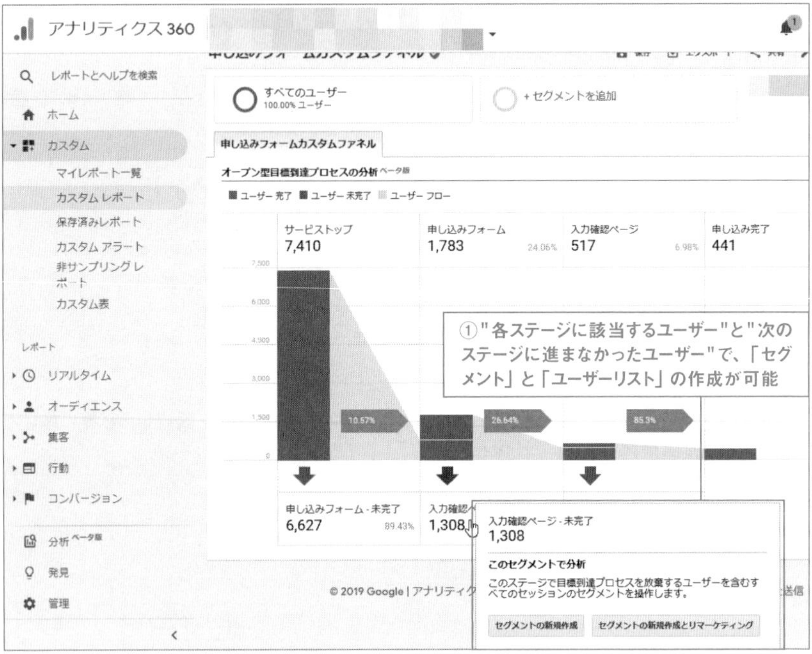

画面NAVI ■ カスタムレポート ▶▶カスタムファネル

参考 アナリティクスヘルプ＞カスタムレポートを作成、管理する
https://support.google.com/analytics/answer/1151300

取る 計測/収集 見る 集計/分析 使う 施策/アクション

10-5 セグメントの基本を理解する

「セグメント」は「分析」のための必須機能

単語としてのセグメント(Segment)には「分割する」「分ける」という意味がありますが、Googleアナリティクスの「セグメント」機能も、レポートビューに表示された1次集計データをより深掘りするために、文字通りデータを「分割して見る」「分けて見る」ことができる機能になります。
Googleアナリティクスをお使いの皆さんは「分析」という言葉をよく使うと思いますが、「分析」とは「分けて比較して見る」ことに他ならないので、データを「分ける」機能を使いこなせなければ「分析」はできません。
レポートビューに表示されたデータも、特定の「ディメンション」と「指標」が定義され「分割」されているので、ある程度セグメントされた集計データと言えます。しかし、「セグメント」機能では、さらに絞り込んでデータを分けて深掘りし、比較して分析したい場合に便利な機能になります。

・特定のページを見たユーザー数はどのくらいいるのか?
・スマートフォンからの訪問ユーザーは、どのチャネルからの来訪が多いのか?

など、通常のレポート画面を見て、"さらに知りたいユーザーの行動や数"を絞り込んで比較しながら、分析を進めて行くことができます。

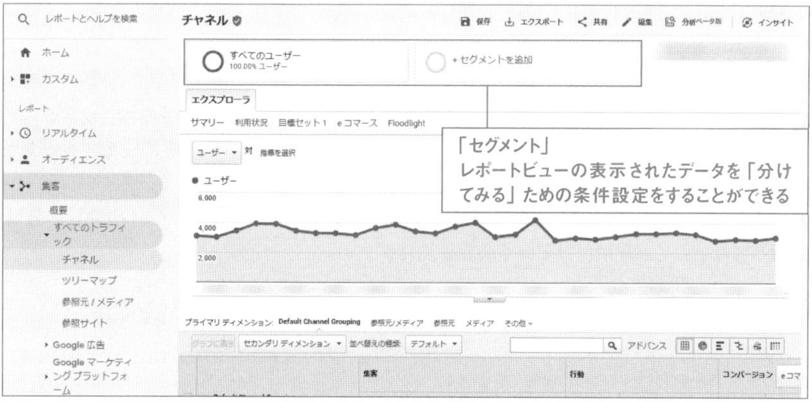
チャネル
すべてのユーザー
+セグメントを追加
「セグメント」
レポートビューの表示されたデータを「分けてみる」ための条件設定をすることができる

画面NAVI ■ 集客 ▶▶ すべてのページ ▶▶ チャネル

このように「セグメント」機能は、Googleアナリティクスの利用者がレポート画面のデータを見ながら実際に「分割し比較」しながら考え、分析を行うための必須の機能となります。

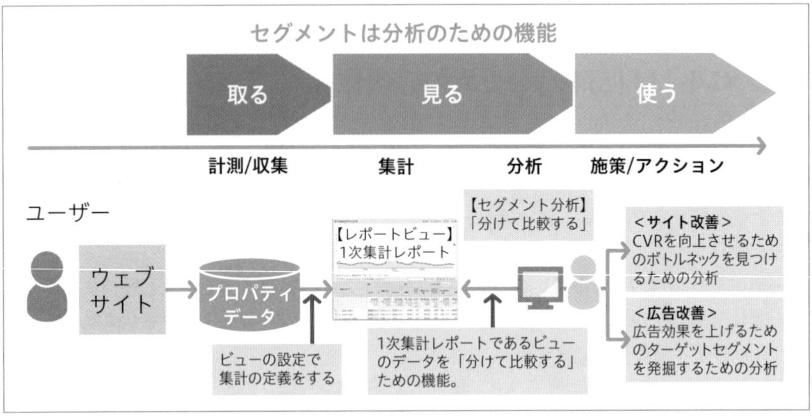

利用する前に理解しておきたい概念

「セグメント」を使って上手にデータを「分割」「分ける」ために、必ず知っておきたい基本的なデータについての概念があります。

①「セグメント」は「ディメンション」「指標」によって分割の条件を設定

例えば、

・ディメンションの条件：流入元が特定のキャンペーンの場合
・指標の条件：目標のコンバージョン率が5％以上の場合

などです。Googleアナリティクスでは、実に多くの「ディメンション」と「指標」があるので、「セグメント」を使いこなして自分が見たい絞り込みデータの条件を的確に設定できるようになるには、まず多くの「ディメンション」「指標」を知ることが重要です。多くのレポート画面を眺め、また「セグメント」設定画面に表示される「ディメンション」「指標」の意味を調べるなどして、身に付けていく必要があります。

②「セグメント」はデータ集計の範囲（スコープ）によって分割の条件を設定

※範囲（スコープ）とは、ユーザー、セッション、ヒット、からなるデータ集計の基本単位のことです。詳細は第2章のコラム「「範囲（スコープ）」の理解」を参照ください。

例えば、

取る 計測/収集 見る 集計/分析 使う 施策/アクション

・ディメンションの条件……流入元が特定のキャンペーンの「ユーザー」なのか「セッション」なのか？の設定
・指標の条件……目標のコンバージョン率が5％以上の「ユーザー」なのか「セッション」なのか？の設定

などのように、データを分割する際には"どの範囲（スコープ）で絞り込むのか？"を定義する必要があります。よって、この範囲（スコープ）の概念をしっかりと理解しておかなければ、正しい「セグメント」条件の設定はできません。
範囲（スコープ）には、基本的に粒度の大きい順に「ユーザー」「セッション」「ヒット」の3つの単位がありますが、「セグメント」においては一部の「指標」で「ヒット」スコープが使われる以外は、「ユーザー」か「セッション」かを選択することになります。
「セグメント」条件の考え方としては、「ディメンション」「指標」と「範囲（スコープ）」の3つの要素を、しっかり決めて考えることが重要です。

「セグメント」作成時の「ディメンション」「指標」と「範囲（スコープ）」の対応関係については、ヘルプサイトに一覧の情報が掲載されているので参考にしてみてください。

参考　アナリティクスヘルプ＞新しいセグメントを作成する＞フィルタのカテゴリ、ディメンション、指標に対応する範囲
https://support.google.com/analytics/answer/3124493

既定のセグメントとセグメントの新規作成

「セグメント」を利用する際には、

①既定のセグメントを利用する
②新しくセグメントを作成する

のふたつの方法があります。しかし、Googleアナリティクスの実際の設定画面のレイアウトは（現時点で）非常にわかりにくく、このふたつの方法の入口を一目で理解することは難しいと思いますので解説します。

●「システム」にある既定のセグメント

Googleアナリティクスの「セグメント」には、あらかじめ定義されている既定のセグメントが22個あります。基本的、かつニーズの高いセグメントだと理解するといいでしょう。
既定のセグメントは、設定画面の「システム」を開くと見ることができます。「セグメント」機能に慣れていない方は、まずこの「システム」のセグメント内にあるものを選択してみて、レポート画面でデータがどのように見えるのか？を色々試してみると良いでしょう。

● 「＋新しいセグメント」で新規に作成

一方、セグメント条件を自由に作成して、目的に合ったデータセグメントを見たい場合は、「＋新しいセグメント」から入り設定していく必要があります。

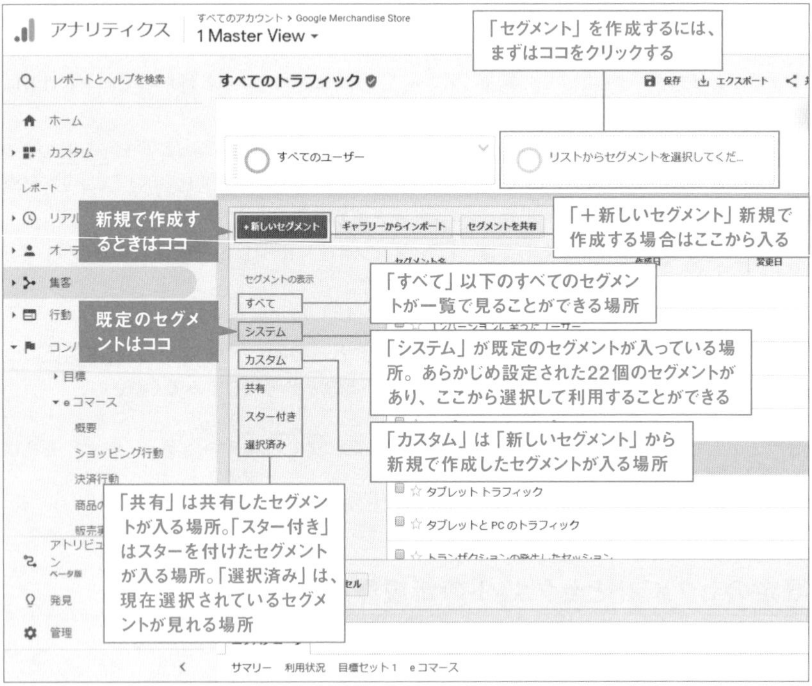
アナリティクス
すべてのアカウント > Google Merchandise Store
1 Master View
「セグメント」を作成するには、まずはココをクリックする
レポートとヘルプを検索
すべてのトラフィック
保存
エクスポート
ホーム
カスタム
レポート
集客
行動
目標
e コマース
概要
ショッピング行動
決済行動
発見
管理
すべてのユーザー
リストからセグメントを選択してくだ...
新規で作成するときはココ
+新しいセグメント
ギャラリーからインポート
セグメントを共有
「＋新しいセグメント」新規で作成する場合はここから入る
セグメントの表示
すべて
システム
カスタム
共有
スター付き
選択済み
変更日
「すべて」以下のすべてのセグメントが一覧で見ることができる場所
既定のセグメントはココ
「システム」が既定のセグメントが入っている場所。あらかじめ設定された22個のセグメントがあり、ここから選択して利用することができる
「カスタム」は「新しいセグメント」から新規で作成したセグメントが入る場所
タブレット トラフィック
タブレットと PC のトラフィック
「共有」は共有したセグメントが入る場所。「スター付き」はスターを付けたセグメントが入る場所。「選択済み」は、現在選択されているセグメントが見れる場所
サマリー 利用状況 目標セット1 e コマース

画面NAVI ■ セグメント設定画面

「システム」のセグメント「＋新しいセグメント」については、それぞれ次節以降で解説していきます。

「セグメント」の様々な活用

既定のセグメントと新しく作成したセグメントは、レポートビューに適用する以外にも様々な活用ができます。

・「コピー」……既定の、または新しく作成したセグメントをコピーして別の新しいセグメントを作成することができます。
・「共有」……「セグメント」はGoogleアナリティクスへのログインアカウントに紐づく機

能なので、作成したセグメントを他のユーザーへ共有したい場合は「共有」から行うことができます。

・「ユーザーリストの作成」……既定の、または新しく作成したセグメントは、その条件を「ユーザーリストの作成」にそのまま利用することができます。「ユーザーリスト」はGoogle広告のリマーケティングキャンペーンやGoogleオプティマイズ(360版)の「テスト」や「パーソナライズ」にも利用可能ですので、セグメント分析によって各施策に有効なセグメント条件を発掘できた場合は積極的に「ユーザーリスト」として活用することをお勧めします。ユーザーリスト化するには「オーディエンスを作成」から入ると作成可能です。

※「コピー」や「共有」はセグメントの"条件設定"内容がコピー、共有されます。データの中身まではコピー、共有されません。

※「共有」と「オーディエンスを作成」には編集権限が必要です。

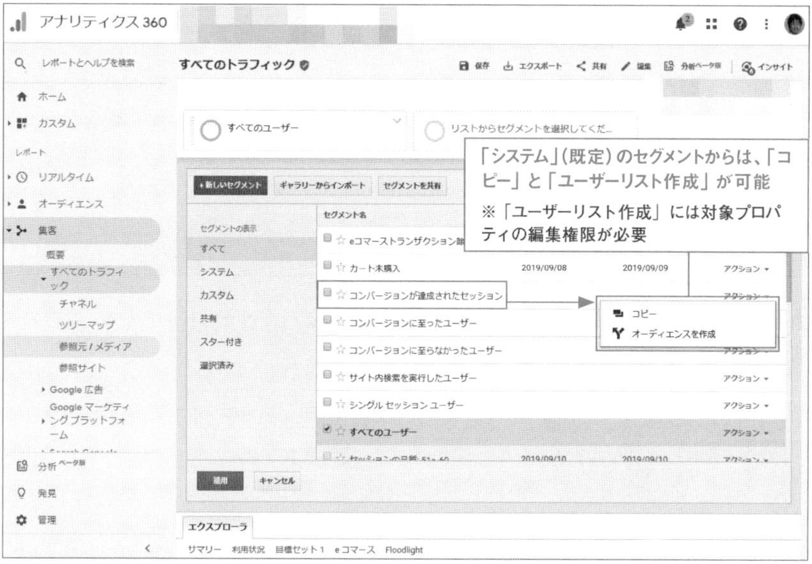

画面NAVI ■ セグメント設定画面

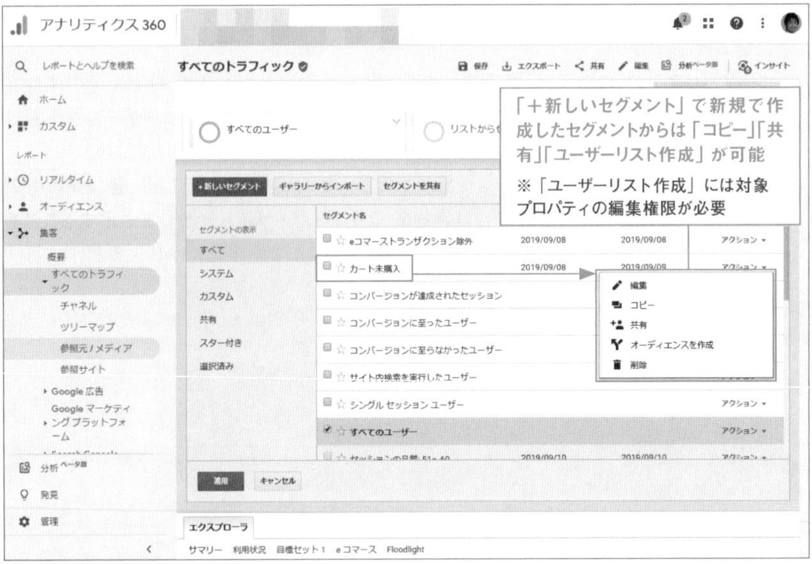

画面NAVI ■ セグメント設定画面

「セグメント」作成における制限事項

主な制限事項は以下の通りです。仕様は常に変更される可能性がありますので、最新の情報はヘルプサイトをご確認ください。

- ・ひとつのレポートビューの設定できるセグメント数は4つまでです。
- ・「セグメント」は「マルチチャネル」レポートには適用されません。

他、制限事項の詳細は以下を参照ください。

参考 アナリティクスヘルプ＞セグメントについて
https://support.google.com/analytics/answer/3123951

10-6 「システム」（既定）のセグメントを理解・活用する

「システム」（既定）のセグメントの理解

前節で解説したように、あらかじめセグメント条件が定義されている既定のセグメントが「システム」の中に22個あります。基本的なセグメントであり、かつ分析の第一歩としてのニーズが高いものが入っていると思います。

画面NAVI ■ セグメント設定画面

ここに入っている各セグメントは、そのままチェックを入れて「適用」ボタンをクリックすることで、レポート画面に反映されます。これら「システム」のセグメントでは「編集」機能が付いていないので、そのままでは既定の具体的な条件設定を見ることはできません。しかし、「コピー」をクリックすることで、新しいセグメントとしての設定画面に、既定の具体的な条件内容を確認することができます。

「セグメント」は、レポート画面のデータから分析に入るための非常に有効な機能ですが、Googleアナリティクスの初学者にとっては、とっつきにくい機能でもあります。
まずは、このように22個の既定のセグメントが、具体的にどのような条件設定で作成されているのか？を確認することで、セグメント設定の要領をつかむことにもなり、「セグメント」機能を使いこなすための参考になるでしょう。

ポイントは「すべてのユーザー」との比較

ひとつのレポートでセグメントは4つまで適用することができますが、まずお勧めなのは、「すべてのユーザー」と比較して見る、ということです。前節でも解説したように、「分析」とは「分けて比較する」ことなので、セグメント機能で抽出した部分的なデータだけを眺めていても、有効な気づきを得ることはできません。なので、「セグメント」で絞り込んだデータだけを眺めるだけでなく、"全体と比較してどうなのか？"という視点がまずは重要です。

分析の基本に立ち返り、「分けて比較して見る」ということを「セグメント」の際にも取り入れると良いでしょう。

そのための第一歩として、「すべてのユーザー」はそのまま残しておいて、追加したセグメントとの比較を見ていく習慣をつけると良いでしょう。

参考 アナリティクスヘルプ＞セグメントを適用、削除する
https://support.google.com/analytics/answer/3123906

10-7 カスタムセグメントを作成する ①新規作成

「カスタムセグメント」とは

新規で作成したセグメントを、「カスタムセグメント」と言います。セグメントを新規で作成する方法は、以下の5つがあります。

1.「＋新しいセグメント」ボタンから新規で作成する
2.「セッションの品質」「コンバージョン見込み」「カスタムレポート＞カスタムファネル（360版）」の集計結果から作成する
3.「システム（既定）」のセグメントのコピーを元に作成する
4. 他のログインユーザーから共有される
5.「ソリューションギャラリー」からインポートする

※「ソリューションギャラリー」についてはこちらを参照ください。

参考 アナリティクスヘルプ＞ソリューションギャラリー
https://support.google.com/analytics/answer/3314024

本節および次節で、上記の中の

1.「＋新しいセグメント」から新規で作成する場合のしくみの理解（本節）
2.「セッションの品質」「コンバージョン見込み」「カスタムレポート＞カスタムファネル（360版）」の集計結果から作成する場合の手順（次節）

を中心に解説していきます。

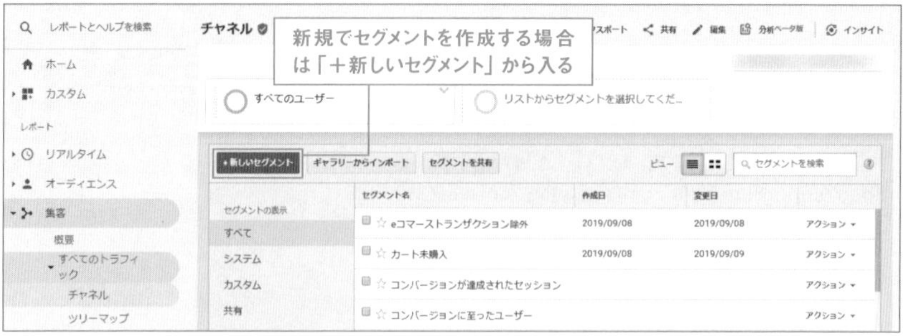

画面NAVI ■ セグメント設定画面

「カスタムセグメント」の理解

「＋新しいセグメント」から新規で作成する場合、下図の画面から以下の3つの方法があります。

①左のカテゴリメニューを選択し、そのカテゴリに関連する「ディメンション」や「指標」から作成する。カテゴリによってある程度選定されているので、「ディメンション」「指標」が選択しやすい。

②「条件」から選択可能な「ディメンション」「指標」を自由に選択することができる。自由度が高い反面、最低でも「260以上」ある「ディメンション」「指標」から選ぶことになるので難易度は高め。

③「シーケンス」では、単に複数フィルタを条件にするのではなく、各フィルタを連続したステップとして条件設定することができる。より高度な条件設定ができる。

画面NAVI ■ セグメント設定画面 ▶▶カスタムセグメントの作成

次の表に、各カテゴリに含まれる「ディメンション」「指標」を一覧にまとめましたので、設定の際の参考にしてください。

カテゴリ	項目	種別
ユーザー属性	年齢	ディメンション
	性別	ディメンション
	言語	ディメンション
	アフィニティカテゴリ(リーチ)	ディメンション
	購買意向の強いセグメント	ディメンション
	その他カテゴリ	ディメンション
テクノロジー	オペレーティングシステム	ディメンション
	OSのバージョン	ディメンション
	ブラウザ	ディメンション
	ブラウザのバージョン	ディメンション
	画面の解像度	ディメンション
	デバイスカテゴリ	ディメンション
	モバイル(タブレットを含む)	ディメンション
	モバイルデバイスブランド	ディメンション
	モバイルデバイスモデル	ディメンション
行動	セッション	指標
	セッションの間隔(日数)	指標
	トランザクション数	指標
	セッション時間	指標
最初のセッションの日付	最初のセッション	ディメンション
トラフィック	キャンペーン	ディメンション
	メディア	ディメンション
	参照元	ディメンション
	キーワード	ディメンション
拡張eコマース	収益	指標
	商品	ディメンション
	商品カテゴリ	ディメンション
	商品ブランド	ディメンション
	商品バリエーション	ディメンション
条件	すべてを自由に選択	ディメンション/指標
シーケンス	連続するステップを条件でセグメントを作成	ディメンション/指標

10-8 カスタムセグメントを作成する ②集計結果からの作成

本節では、

・「条件」のセグメントを「セッションの品質」「コンバージョン見込み」の集計結果から作成する方法
・「シーケンス」のセグメントを「カスタムレポート＞カスタムファネル（360版）」の集計結果から作成する方法

を解説します。あわせて、設定されたセグメント条件の内容も確認していきます。

「条件」のセグメント「セッションの品質」

「オーディエンス＞行動＞セッションの品質」の「セッションの品質」スコアから、直接「カスタムセグメント」を作成することができます。
作成の手順とあわせて、セグメントの条件設定を確認してみます。

設定手順

「セッションの品質」レポート画面の「セッションの品質」スコア値の右のマークをクリックします(下図では「21-50」をクリック)。

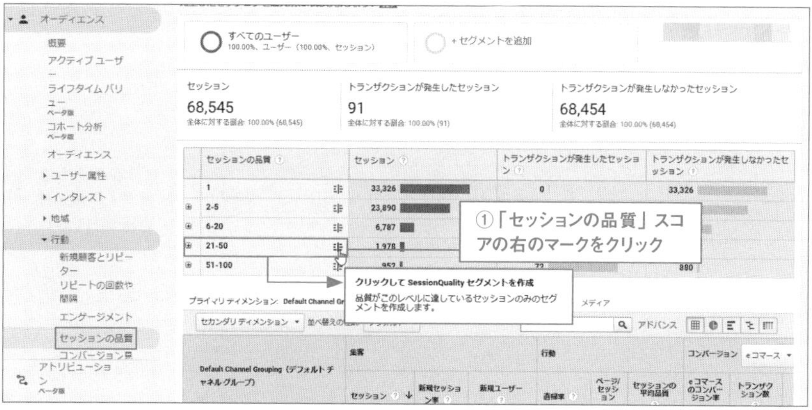

画面NAVI ■ オーディエンス ▶▶ 行動 ▶▶ セッションの品質

セグメント作成画面が表示されるので、

・セグメント名を確認
・セグメントの適用可能ビューを選択
・作成ボタンをクリック

で、簡単にセグメントが作成でき、そのままレポート画面に反映されます。

画面NAVI ■ オーディエンス ▶▶行動 ▶▶セッションの品質

ここでは、作成された「カスタムセグメント」の条件内容を確認してみましょう。

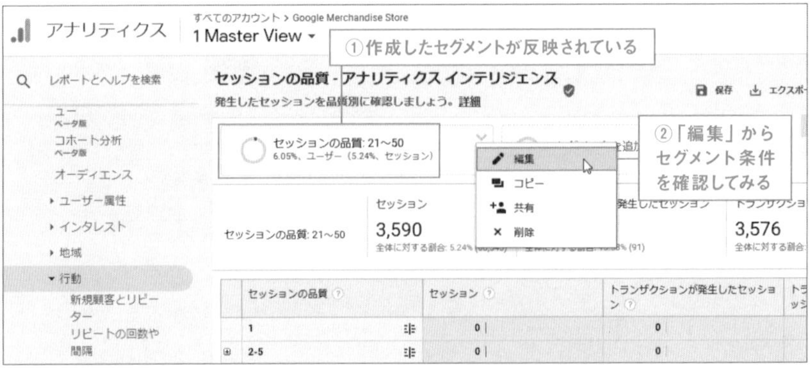

画面NAVI ■ オーディエンス ▶▶行動 ▶▶セッションの品質

「セッションの品質」をディメンションに値の設定が「21以上 AND 50以下」という設定になっているのが確認できます。
「AND」条件を使ったセグメント作成の参考になります。

画面NAVI ■ オーディエンス ▶▶行動 ▶▶セッションの品質 ▶▶セグメント設定画面

※「セッションの品質」の詳細については、「9-6 「セッションの品質」レポートを利用する」を参照ください。

「条件」のセグメント「コンバージョン見込み」

「オーディエンス>行動>コンバージョン見込み」の「コンバージョン見込み」スコアから直接「カスタムセグメント」を作成することができます。
作成の手順とあわせて、セグメントの条件設定を確認してみます。

設定手順

「コンバージョン見込み」レポート画面の「コンバージョン見込み」スコア値の右のマークをクリックします(下図では「6-20」をクリック)。

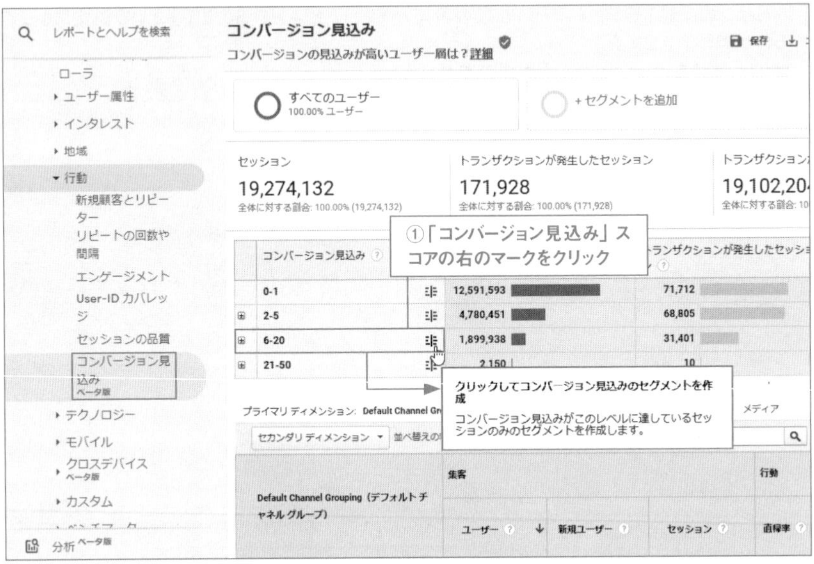

画面NAVI ■ オーディエンス ▶▶ 行動 ▶▶ コンバージョン見込み

セグメント作成画面が表示されるので、

- **セグメント名を確認**
- **セグメントの適用可能ビューを選択**
- **作成ボタンをクリック**

で、簡単にセグメントが作成でき、そのままレポート画面に反映されます。

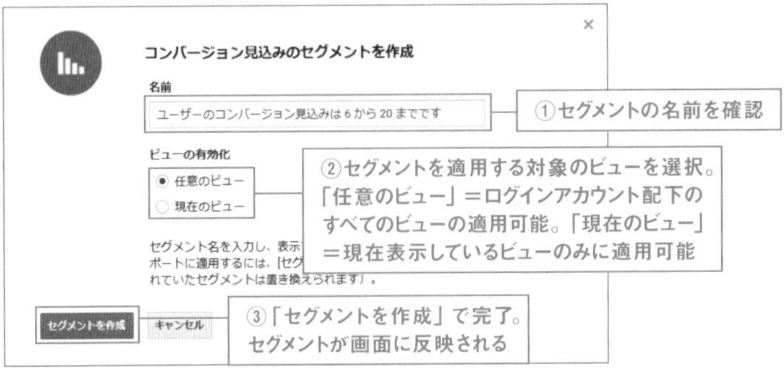

画面NAVI ■ オーディエンス＞行動＞コンバージョン見込み

ここでは、作成された「カスタムセグメント」の条件内容を確認してみましょう。

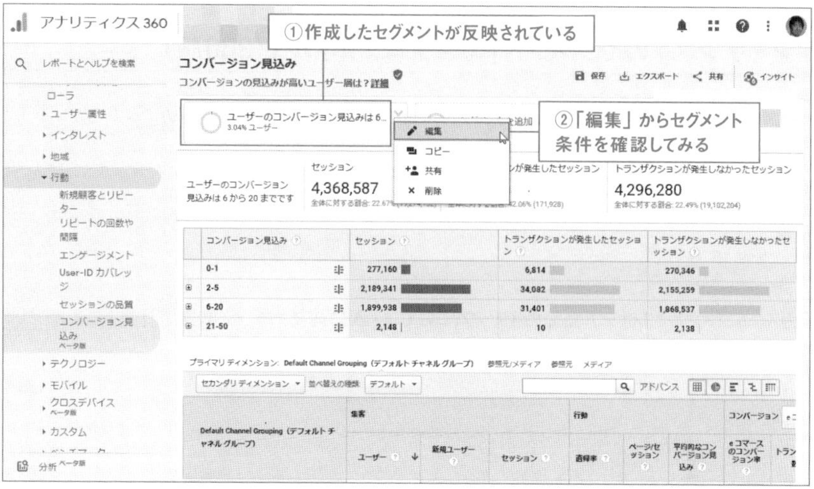

画面NAVI ■ オーディエンス ▶▶ 行動 ▶▶ コンバージョン見込み

「コンバージョン見込み」をディメンションに、値の設定が「6以上 AND 20以下」という設定になっているのが確認できます。
この画面で値を任意に変更することで、「コンバージョン見込み」スコアの範囲が異なるセグメントに変更することも可能です。

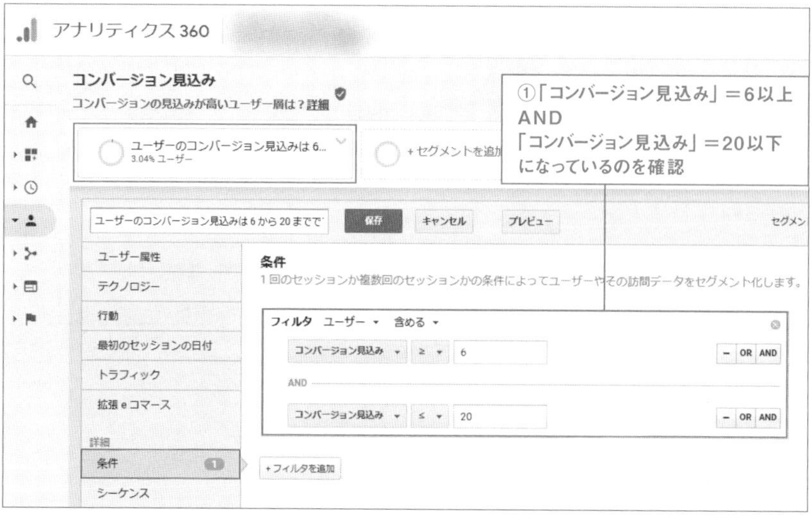

画面NAVI ■ オーディエンス ▶▶ 行動 ▶▶ コンバージョン見込み ▶▶ セグメント設定画面

※「コンバージョン見込み」の詳細については、「9-7 「コンバージョン見込み」レポートを利用する」を参照ください。

「シーケンス」のセグメント「カスタムファネル」(360版)

「カスタムレポート＞カスタムファネル」の特定のステップから、直接「カスタムセグメント」を作成することができます。
作成の手順とあわせて、セグメントの条件設定を確認してみます。

設定手順

「カスタムファネル」レポート画面のステップ(ここでは「入力確認ページー未完了」)をマウスオーバーし、「セグメントの新規作成」をクリックします。

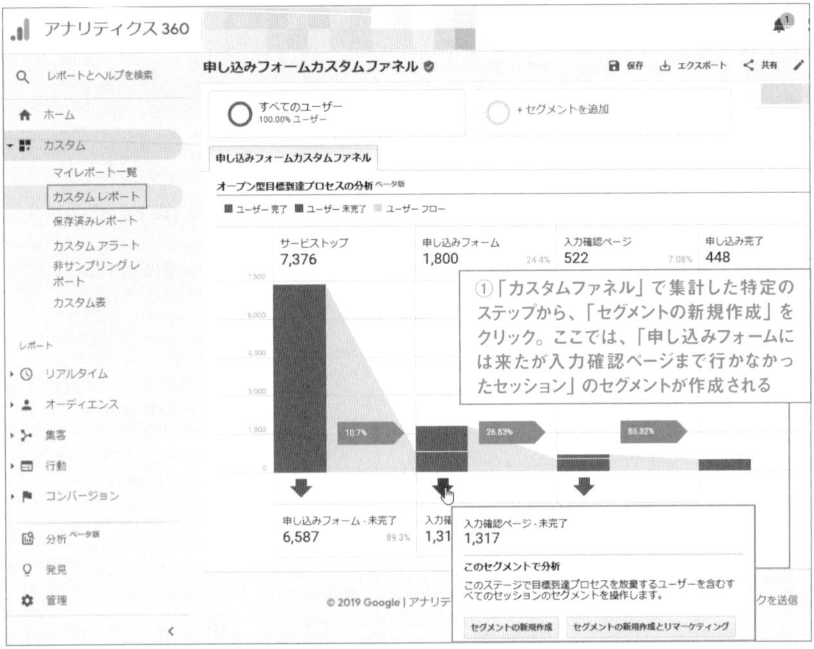

画面NAVI ■ カスタムレポート ▶▶カスタムファネル

セグメント作成画面が表示されるので、

- **任意のセグメント名を入力**
- **セグメントの適用可能ビューを選択**
- **作成ボタンをクリック**

します。

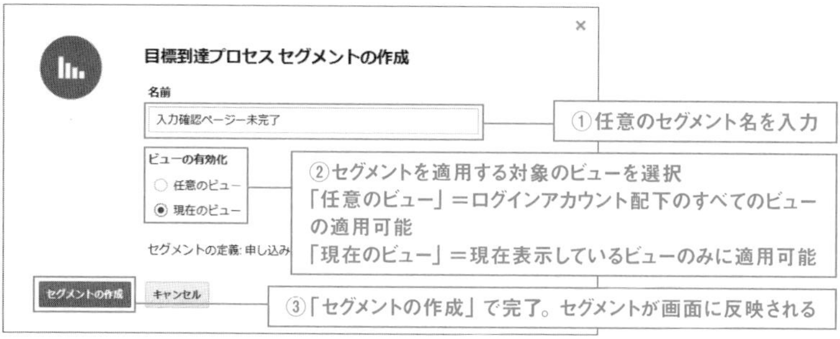

画面NAVI ■ カスタムレポート ▶▶ カスタムファネル

完了画面が表示されるので「OK」で完了します。

画面NAVI ■ カスタムレポート ▶▶ カスタムファネル

ここでは、作成された「カスタムセグメント」の条件内容を確認してみましょう。

画面NAVI ■ カスタムレポート ▶▶ カスタムファネル

「フィルタ」がふたつ作成され、「セッションを含む/除外」を組み合わせる形のシーケンスセグメントで、「申し込みフォーム」を閲覧したが「入力確認」ページに進まなかったセッションのセグメントが作成されているのが確認できます。

- ・「含む」と「除外」の組み合わせ
- ・ステップをふたつ組み合わせた「シーケンス」でのフィルタ条件

という高度なセグメント条件になっています。
「シーケンス」セグメントを作成する際の参考になります。

※「カスタムセグメント」は360版のみの機能ですが、本節での例を「シーケンス」セグメント作成の参考にしていただければと思います。

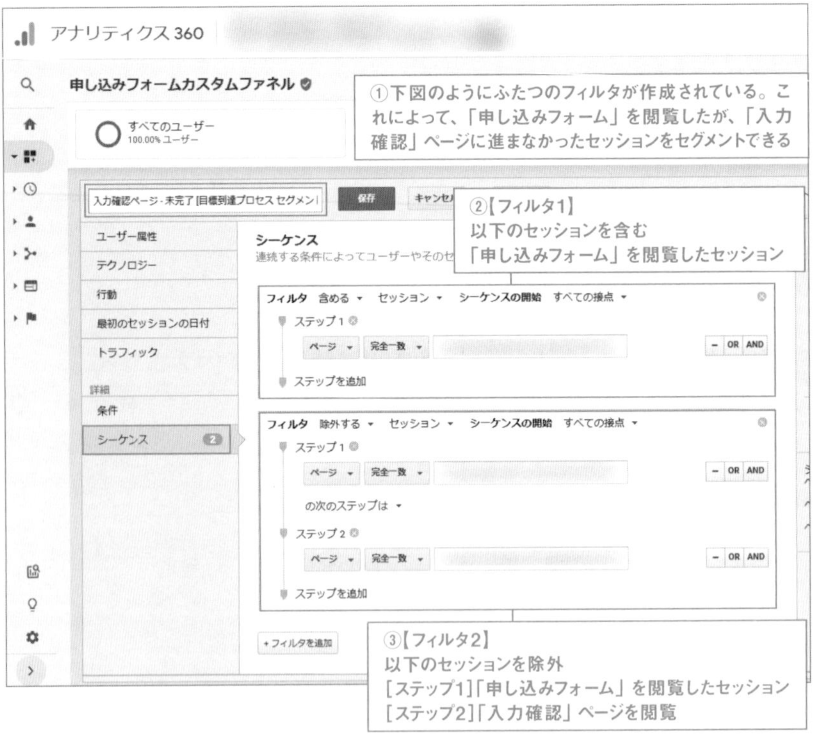

画面NAVI ■ カスタムレポート ▶▶カスタムファネル ▶▶セグメント作成画面

※「カスタムファネル」の詳細については、「10-4　カスタムファネルを作成する」を参照ください。

参考 アナリティクスヘルプ＞セグメントを使用した分析例
https://support.google.com/analytics/answer/3125360

COLUMN

「フィルタ」と「セグメント」の違い

本節では「セグメント」について解説しましたが、Googleアナリティクスには「(ビュー)フィルタ」(「7-2　フィルタの基本を理解する」)という機能があり、両方ともデータの「一致」や「除外」で絞り込んでデータを表示させる設定プロセスが似ているため、その違いについて正しく理解しておく必要があります。
このふたつの違いを簡単に言うと、

「フィルタ」は集計のための機能
「セグメント」は分析のための機能

ということができます。

「フィルタ」と「セグメント」の違い

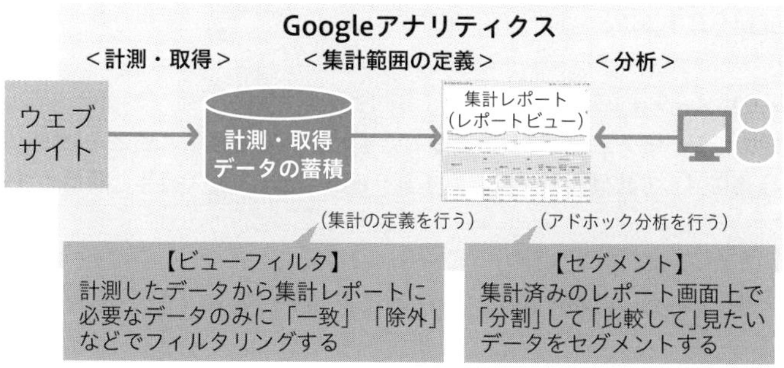

「ビューフィルタ」は、計測したデータをレポートに集計するために、不要なデータを削除したり表示させる文字列を整えたりして、「集計の定義」を設定します。皆さんがGoogleアナリティクスのレポート画面で見ているデータは、このような定義によって集計された後のデータです。一方で「セグメント」は、その集計後データであるレポート画面上で、さらにデータを深掘りしたり、「新規/リピーター」や「デバイス別」に比較したりしたらどんな違いがあるか？など、集計後の分析プロセスにおいて自由にデータを分割し、比較表示するための機能です。
このような違いから、「ビューフィルタ」は一度設定したら、それによって集計されたレポートデータを元には戻せませんが、「セグメント」ではレポート画面上で自由に分割したり元に戻したりしながら、分析を行うことができます。

本来は、分析目的のためにデータを絞り込んだりすることができれば良いものを、ビューフィルタで(元に戻せない機能で)絞り込んだりしてしまわないように、気を付けてください。

10-9 アトリビューション分析の基本を理解する

アトリビューション分析とは

アトリビューション分析については色々な解釈があるかと思いますが、筆者は、「流入チャネルのコンバージョンに対する間接効果を可視化することによって、流入施策全体に対する投資の最適化を行うための分析手法」だと考えています。
ここには分析の目的と手段を端的に表現していますが、もう少し具体的に説明すると以下のようになります。

・アトリビューション分析の目的
流入施策に対する投資を最適化すること(同じ予算で最大のコンバージョンを獲得できる投資配分にすること)。

・アトリビューション分析の手段
特定のコンバージョンに対して貢献したすべての流入経路と順番を計測/集計し、各流入経路に対して数値化した貢献度を割り振ることで、流入経路と順番の評価を行うこと。

アトリビューション分析にいたるまでの「課題」と「誤解」

Googleアナリティクスにアトリビューション分析レポートが登場(2014年)して5年以上が経過し、分析の考え方については広く認知されてきているという実感があります。しかし一方で、未だにこの分析を活用して有効な成果に結びつけているケースは少ない、と感じています。
そこには、アトリビューション分析にいたるまでの「課題」認識の不足と、分析への期待に対する「誤解」があると感じています。

⦿ アトリビューション分析が解決する「課題」とは

基本的に、アトリビューション分析の結果を使ってネット広告の運用(媒体やキャンペーンごとのCPA改善)はできません。個別媒体やキャンペーンごとのCPA改善を目的としていないからです。逆に、個別媒体やキャンペーンごとのCPA最適化は、「ラストクリックCPA指標」に基づいて従来通り行うのがベストだと筆者も考えています。

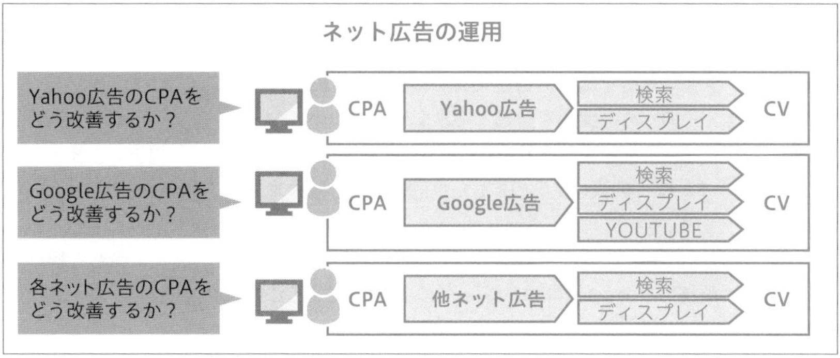

アトリビューション分析の目的は、あくまで「広告予算の全体最適」にあるという認識が非常に重要です。この正しい認識がないばかりに、広告運用担当者や運用委託先である広告代理店と"話が噛み合わない"というケースが多く見られます。この目的からもわかる通り、アトリビューション分析（や、そのレポートデータ）は、少なくとも現場の広告運用担当者が、個別媒体やキャンペーンごとの運用最適化のために使うものではありません。

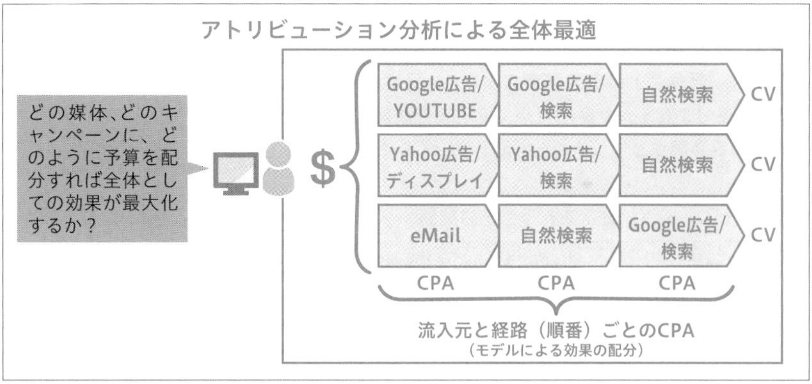

NOTE

本節では、アトリビューション分析を行うことを前提に解説していますが、すべての業種／業態、またキャンペーン目的にアトリビューション分析が必要とは限りません。アトリビューション分析を行う前に、「コンバージョン＞マルチチャネル＞アシストコンバージョン」レポートにおいて、現状のキャンペーンにおける「アシストコンバージョン」の割合を確認することをお勧めします。その上で、もし「アシストコンバージョン」の割合が高く、間接効果も含めた最適化の必要性がある場合は、ぜひアトリビューション分析を活用いただければと思います。

⊙ アトリビューション分析を行うための「課題の整理」

アトリビューション分析を本来の目的のためにきちんと機能させるには、いくつか必要なことがあります。そのための課題を整理してみましょう。
アトリビューション分析を機能させるためには、前述した「目的の整理」以外にも多くの課題が存在します。以下の表にまとめましたが、簡単に解説します。

・計測の課題……特にコンバージョン計測の環境は変える必要があります。異なる媒体をまたいで、重複のないシングルコンバージョン計測ができることが重要です。

・集計方法と指標……媒体ごとのクリック計測ではなく、サイトへのすべての流入計測を基本として経路(順番)ごとの集計ができることが必要です。さらに、経路(順番)ごとに効果を配分し集計するための「モデル(これをアトリビューションモデルと言う)」の採用が必要になります。

・人/組織……前述の通り、媒体ごとの現場運用担当者は、広告予算全体の配分を行うことはできません。アトリビューション分析担当者を置くか、予算管理と配分の権限を持つマネジメントが行うべきです。

・運用……媒体ごとの広告運用のように、日次の入札と同じ頻度でアクションが行えるものではありません。中長期視点で考え、分析結果による予算配分アクションのタイミングを考える必要があり、それを継続していくしくみづくりも必要になるでしょう。

■ アトリビューション分析を行うための課題

課題	従来の広告運用による最適化	アトリビューション分析による最適化
分析の目的(分析の対象)	媒体、キャンペーンごとのCPA効率の向上	すべての流入施策への投資配分の最適化
計測の課題	・広告クリック計測 ・媒体タグごとのコンバージョン計測(マルチコンバージョン計測)	・すべての流入計測(セッション) ・サイト側タグでのコンバージョンポイント計測(シングルコンバージョン計測)
集計方法/指標の課題	・媒体ごとのラストクリック計測による集計が中心(CV、CVR、CPA、ROAS)	・すべての流入元に対する各経路ごとへの配分集計(CV、CVR、CPA、ROAS) ・各径路への配分モデル比較による変化率
人/組織の課題	・ネット広告運用担当者 ・広告運用の組織	・広告予算全体の管理者 ・広告運用組織の管理者
運用の課題	・日次入札による運用	中長期的視点での全体予算配分による運用

Googleアナリティクスの「アトリビューション分析」で必要なこと

では、Googleアナリティクスで、実際に「アトリビューション分析」を行うために必要なことを解説します。本書全体で申し上げていることですが、Googleアナリティクスの基本機能は「計測」と「集計」にありますので、アトリビューション分析を行うにあたって必要な「計測」に関する準備と、「集計」に関する準備について解説します。

・流入について……アトリビューション分析は基本的に流入施策全体の最適化を目指すために行うので、流入全体を統一したルール（粒度や表記）で集計できるような、流入計測を行う必要があります。また、チャネルグループを利用する場合は、流入施策と連動したチャネルグルーピングができていると良いでしょう。

・コンバージョンについて……「マルチチャネル」レポート全体に言えることですが、アトリビューション分析も基本的には"コンバージョンからの逆引き集計"をベースにしているので、正しいコンバージョン計測をしておくことが必須条件になります。また、アトリビューション分析は、「ひとつのコンバージョンに対する評価」に基づくのがシンプルで理想的なので、複数の目標設定をしている場合、eコマース計測と目標設定を併用している場合などは、分析の段階で対象とするコンバージョンを明確に選択しておくことをお勧めします。

・モデルについて……計測と集計の環境が整った上で、最後は各経路に対してモデルに従っ

■ アトリビューション分析に必要な環境構築（計測や集計の設定）

項目	種別	アトリビューション分析に必要な環境構築（計測や集計の設定）
流入	計測	・Google広告連携設定を行う ・Google広告以外は手動タグ（UTMパラメータによる共通ルール）による計測を行う ・CPA評価を行いたい場合はコストインポートを行う
	集計	・MCFチャネルを最適化する（施策実行単位に合った振り分けルールになっているか？） ・デフォルトチャネル、カスタムチャネルを最適化し利用する（施策実行単位に合った振り分けルールになっているか？） ※ダイレクト流入（ノーリファラー）を経路に入れて評価したい場合はMCFチャネルがお勧め
コンバージョン	計測	・広告コンバージョンとしての目標設定を行う ・eコマースサイトの場合は、eコマース計測を導入する ・ROAS評価を行いたい場合は、eコマースの収益か目標値（固定値）が必要
	集計	・分析／評価対象とするコンバージョンポイントを選択する（デフォルトでは、すべての目標設定とeコマーストラザクションが対象になっている）
分析	モデル	・アトリビューションモデルの適用と比較 ・必要に応じて「カスタムモデル」の作成 ・DDA（データドリブンアトリビューションモデル）の採用（360版）

て効果の配分を行うことになります。既定のモデルに加え、オリジナルの配分モデルを作成することも可能です。

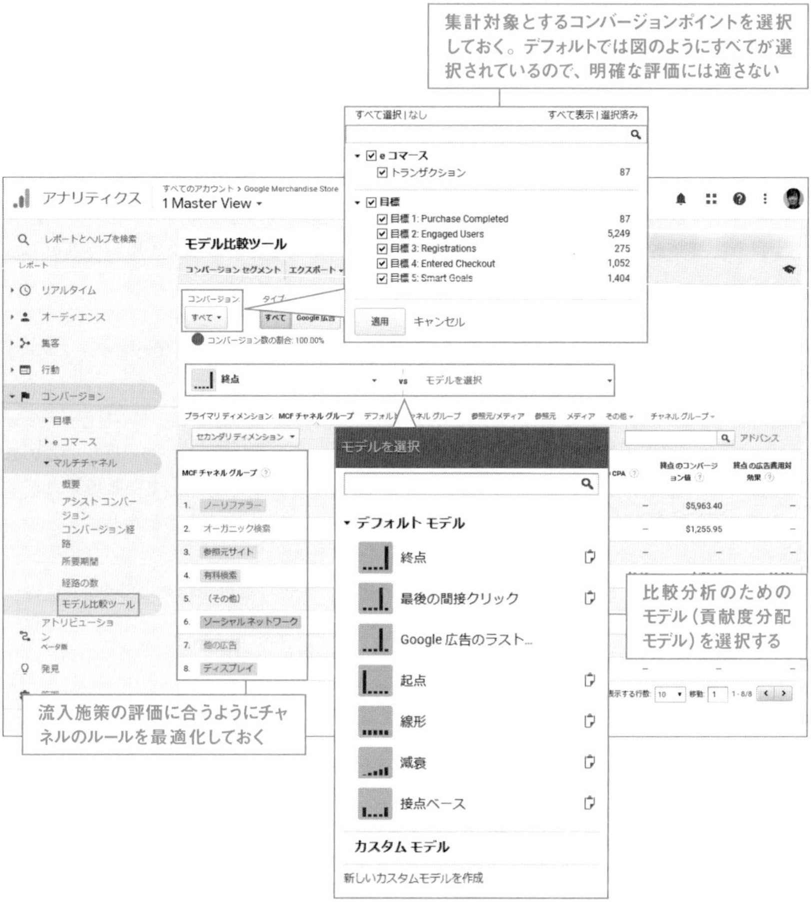

画面NAVI ■ コンバージョン ▸▸ マルチチャネル ▸▸ モデル比較ツール

Googleアナリティクスのアトリビューションモデルを使った分析については次節で解説していきます。

アナリティクスヘルプ＞アトリビューション分析
https://support.google.com/analytics/topic/3205717

10-10 モデル比較ツールを活用する

「アトリビューションモデル」とは

前節でも解説したように、アトリビューション分析で行うことは「特定のコンバージョンに貢献したすべて（複数）の流入元を経路（順番）に数値化した貢献度（効果）を割り振る」ことになるわけですが、ここで重要になるのは「複数の流入経路に対してどのように効果を割り振るのか」という考え方です。
さらに、アトリビューション分析の目的を達成させるためには、「どの流入元がどの順番で効果に一番貢献しているのか？」がわかる集計結果が必要になります。
そして、複数の流入元からの訪問によって、ひとつのコンバージョンが発生していることを前提に、その流入元に対する評価を訪問の順番ごとに行いたい場合には、「訪問の順番ごとに効果を割り振るためのルール（モデル）」が必要になります。これが、「アトリビューションモデル」の基本的な考え方です。
Googleアナリティクスには既定のアトリビューションモデルが7つありますが、それぞれの違いは「効果（貢献度）の分配をどの順番に重くするか？」の考え方の違いにあります。
代表的なふたつのモデルを例に説明すると、

・終点モデル……コンバージョンにつながる最後の訪問の流入元に効果（貢献度）を分配する、というモデル。このモデルの場合は、アシストコンバージョンに貢献した流入元は評価されません。

・起点モデル……複数訪問を前提とした場合、コンバージョンにつながる一連の訪問の一番最初の訪問の流入元に効果（貢献度）を分配する、というモデル。このモデルの場合、コンバージョンが発生した訪問の流入元は評価されません。

「アトリビューションモデル」の各モデルについては、ヘルプを参照ください。

参考 アナリティクスヘルプ＞アトリビューションモデルの概要
https://support.google.com/analytics/answer/1662518

アナリティクス ヘルプ
知りたい内容についてご記入ください
アトリビューション モデルの例
顧客が Google 広告をクリックしてサイトを見つけ、1 週間後にソーシャル ネットワークのリンクをクリックして再びアクセスします。同じ日、3 度目にメール キャンペーンのリンクをたどってアクセスし、その数時間後に今度は直接アクセスして商品の購入に至ったとします。
終点アトリビューション モデルでは、最後のタッチポイント（この例では直接的なチャネル）に販売に関する貢献度が 100% 割り振られます。
最後の間接クリック アトリビューション モデルでは、ノーリファラーは無視され、顧客がコンバージョンに至る前に最後に使った（クリックした）チャネル（この例ではメールチャネル）に販売に関する貢献度が 100% 割り振られます。
Google 広告のラストクリック アトリビューション モデルでは、Google 広告の最後のクリック（この例では有料検索チャネルの最初で最後のクリック）に販売に関する貢献度が 100% 割り振られます。
起点アトリビューション モデルでは、最初のタッチポイント（この例では有料検索チャネル）に販売に関する貢献度が 100% 割り振られます。
線形アトリビューション モデルでは、コンバージョン経路の各タッチポイント（この例では有料検索、ソーシャル ネットワーク、メール、直接的なチャネル）に販売に関する貢献度が均等に（25% ずつ）割り振られます。
減衰アトリビューション モデルでは、販売やコンバージョンに時間的に最も近いタッチポイントに最大の貢献度が割り振られます。この販売例では、顧客がコンバージョンに至る数時間以内に直接的なチャネルとメールチャネルを利用しているため、これら 2 つのチャネルに最大の貢献度が割り振られます。ソーシャル ネットワーク チャネルに割り振られる貢献度は、これらのチャネルよりも少なくなります。また、1 週間前にクリックした有料検索には、貢献度はほとんど割り振られません。
接点ベース モデルアイコン 接点ベース アトリビューション モデルでは、起点と終点それぞれに 40% の貢献度が割り振られ、残りの 20% は中間点に均等に割り振られます。この例では、有料検索と直接的なチャネルにそれぞれ 40% ずつ、ソーシャル ネットワークとメールチャネルにそれぞれ 10% ずつ貢献度が割り振られます。
ガイドを見る
Google アナリティクスを使って Google 広告の成果を改善する方法をご確認ください。
Linking analytics and ads
ガイドを見る

アトリビューション分析で本来知りたいことは、「どの流入元がどの順番で貢献しているのか？」ですが、モデルの考え方は、あらかじめ「終点」や「起点」のように順番を決めて効果（貢献度）を分配しています。そのため、モデルを当てはめた集計結果を眺めているだけでは、欲しい結果を見ることはできません。
では、どのように分析を進めていけば良いのか解説します。

モデル比較ツールを使ったアトリビューション分析の進め方

最終的に、どの流入元がどの順番でコンバージョンに貢献しているのか？を知るためには、異なる分配のモデルによる集計結果の違いを比較することで導き出していきます。そのために使うのが「コンバージョン＞マルチチャネル＞モデル比較ツール」です。
「モデル比較ツール」では、異なる貢献度分配モデルの適用によって集計された結果を比較することができます。比較する際の「指標」には、

- コンバージョン数
- コンバージョン値（eコマースの収益、目標値）
- CPA（コストデータがある場合）
- ROAS（コストデータとコンバージョン値がある場合）

が使われます。

モデルによって適用される分配ルールに基づいて、実際には上記のような具体的な指標による集計データが表示されます。

モデルごとに集計されるこれら指標データを比較することによって、以下のようなことがわかります。

・「終点」より「起点」で貢献している→アシストに強い流入元と言える
・「起点」より「終点」に貢献している→ラストクリックに強い流入元と言える
・「起点」と「終点」と同じくらい貢献している→ラスト、アシストともに貢献している流入元と言える

また、モデルごとの集計によって、どの程度コンバージョン数やCPAが変化しているのかを具体的な数値で出しているのが、「変化率」という指標になります。単に、「終点」より「起点」が多いということではなく、どのくらいの割合で違いがあるのか？を算出しています。この「変化率」がプラス(＋)に大きいほど、貢献度が上がる可能性を表しているとも言えます。

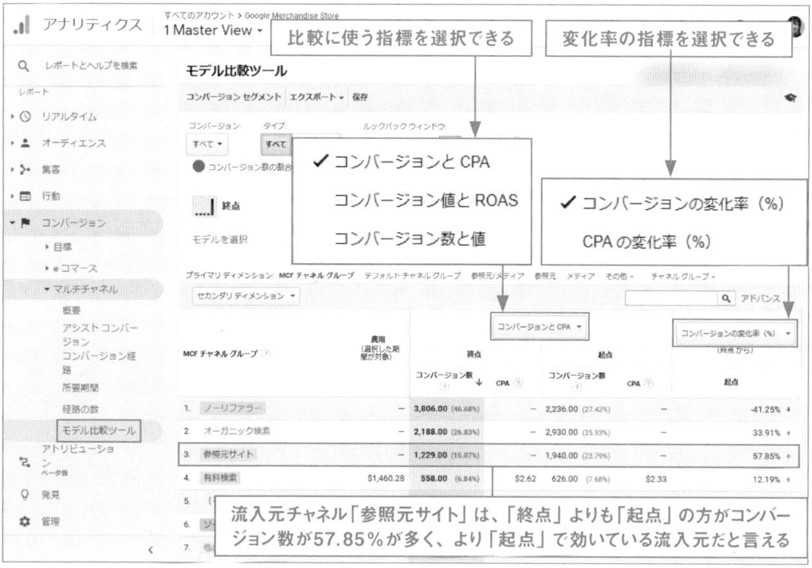

ラストクリックCPAでは見えない効果を積極的に見つけ出して評価

これまで述べてきたように、アトリビューション分析の目的は、流入施策投資の全体最適化にありますが、それは「ラストクリックCPA」では見えにくい効果を可視化していくことによって可能になります。
本節で述べた「モデル比較ツール」によるアトリビューション分析においても、どちらかと言えば「終点」よりも、より「起点」側に貢献している流入元を発掘する視点で見ていくと、最適な予算配分のヒントが見えてくるかもしれません。

アナリティクスヘルプ＞モデル比較ツール
https://support.google.com/analytics/answer/6148697

11章

ターゲティングのためのデータ活用

11-1 ユーザーリスト（オーディエンス）の基本を理解する

NOTE

「ユーザーリスト」の表記について

「ユーザーリスト」は、Googleアナリティクス画面上の表記が「オーディエンス」に変更されていますが、他レポート名等と混同されやすいので、本書では従来通り「ユーザーリスト」の表記とさせていただきます。

「ユーザーリスト」とは、Googleアナリティクスの計測/取得データを利用して作成する、"ターゲティングリスト"です。"ターゲティングリスト"である「ユーザーリスト」は、Google広告のリマーケティングキャンペーン用のリストとして、利用することができます。また、Googleアナリティクス自体のレポートでも、「ユーザーリスト」内のユーザーだけのデータを集計するレポートがあり、セグメントされたユーザーだけの集計レポートを見ることもできます。

Googleアナリティクス360をご利用の場合は、これに加えて「ディスプレイ&ビデオ360」でのリマーケティングキャンペーン、「オプティマイズ360」でのA/Bテストやコンテンツパーソナライズ、また「Salesforce Marketing Cloud」でのeメール施策などでも、ユーザーリストを利用することができます。

本書全体を通じて申し上げているように、Googleアナリティクスの基本機能はデータの「計測/取得」と「集計」にありますが、データの「活用」に直結する機能としてはこの「ユーザーリスト」があります。Googleアナリティクスで計測/取得したデータをもとに分析し、その結果として各マーケティング施策（広告、サイト改善、CRM）に確率の高いターゲティングリストを提供する、という流れは、Googleアナリティクスの最大のデータ活用目的である、とも言えるでしょう。

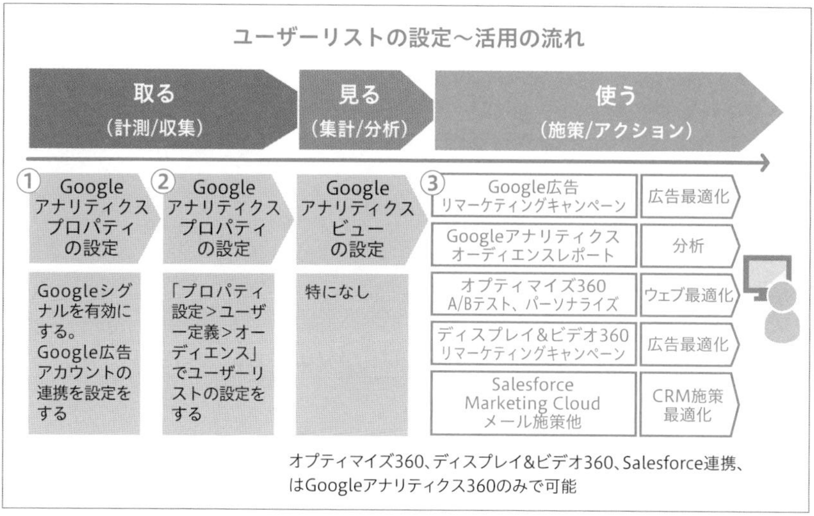

「ユーザーリスト」を作成するには

「ユーザーリスト」を作成するには、事前にいくつかの設定が必要になります。

①「管理＞プロパティ」での設定

・「Googleシグナル」を有効にする

「Googleシグナル」を有効にすることで、「ユーザーリスト」を作成することができるようになります。「Googleシグナル」については「3-2　トラッキング情報で計測データを定義する①Googleシグナル」を参照ください。

※本書では「Googleシグナル」へのアップグレードを推奨していますので、「Googleシグナル」の有効化を前提に解説していきます。

・「Google広告アカウント連携」

作成した「ユーザーリスト」を、Google広告のリマーケティングキャンペーンで利用するには、該当するGoogle広告アカウントとの連携設定をしておく必要があります。「Google広告アカウント連携」については「6-1　Google広告アカウントと連携する」を参照ください。

②「管理＞プロパティ設定列＞ユーザー定義＞オーディエンス」での設定

上記ふたつの設定が完了していると、「管理＞プロパティ設定列＞ユーザー定義＞オーディエンス」画面から「ユーザーリスト」を作成することができます。

「ユーザーリスト」の作成方法については次節で解説します。

画面NAVI ■ 管理 ▶▶プロパティ設定列 ▶▶ユーザー定義 ▶▶オーディエンス

● ③豊富な「ユーザーリスト」活用先

Googleアナリティクスのデータ分析による成果物とも言える「ユーザーリスト」は、多くのマーケティング施策チャネルでの活用が可能です。

リスト提供先	区分	用途	内容
Google広告	無料版	リマーケティングキャンペーン	ディスプレイネットワーク、検索広告向けリマーケティング
Googleアナリティクス	無料版	レポーティング、セグメント	「オーディエンス＞オーディエンス」レポートでの集計レポート また、「セグメント」にも利用可
オプティマイズ360	360版	A/Bテスト、パーソナライズ	リストに対するテストとコンテンツパーソナライズ
ディスプレイ＆ビデオ360	360版	リマーケティングキャンペーン	DSPからのリマーケティングキャンペーン
Salesforce Marketing Cloud	360版	メール施策他	リストに対するメール配信など

画面NAVI ■ 管理 ▶▶ プロパティ設定列 ▶▶ ユーザー定義 ▶▶ オーディエンス

リスト提供先としての「Googleアナリティクス」でできること

「ユーザーリスト」は、主にGoogle広告のリマーケティングキャンペーンで利用されますが、「Googleアナリティクス」にも提供（公開）することができます。「Googleアナリティクス」のデータで作成したリストを「Googleアナリティクス」に提供（公開）するという、ちょっとわかりにくい機能ですが、以下のふたつのことが可能になります。

● ①「ユーザーリスト」内のユーザーの訪問データの集計レポートを確認

これは、「オーディエンス＞オーディエンス」というレポートで、作成したリストをディメンションとしたレポートが見ることができます。「ユーザーリスト」自体は、過去データに基づいて分析をしてセグメントされたものですが、実際にリストに入ったユーザーの行動データがどうであるか？をこのレポートで見ることができます。

※「オーディエンス＞オーディエンス」については、「9-8　オーディエンス（ユーザーリスト）」レポートを利用する」でも解説しています。

● ②「セグメント」として利用

「ユーザーリスト」をGoogleアナリティクスに提供することで、「セグメント」のディメンションとしても利用することが可能になります。上記のレポートだけでなく、「セグメント」で利用することで、他の多くの集計レポートにおいても、実際にリストに入ったユーザーからの訪問について様々な集計データを確認することができるようになります。
例えば、特定の「ユーザーリスト」を使ったリマーケティングキャンペーンからの流入に絞った広告キーワード分析や、コンバージョン分析などが考えられます。

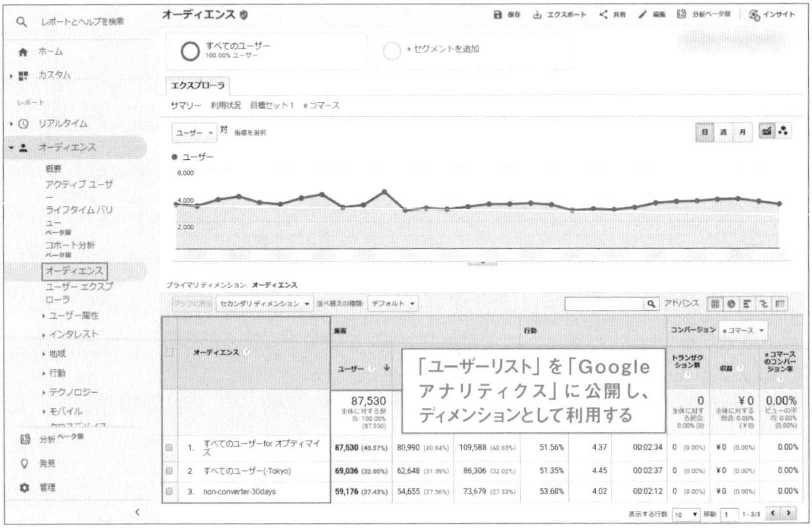

画面NAVI ■ オーディエンス ▶▶オーディエンス

画面NAVI ■ セグメント設定画面

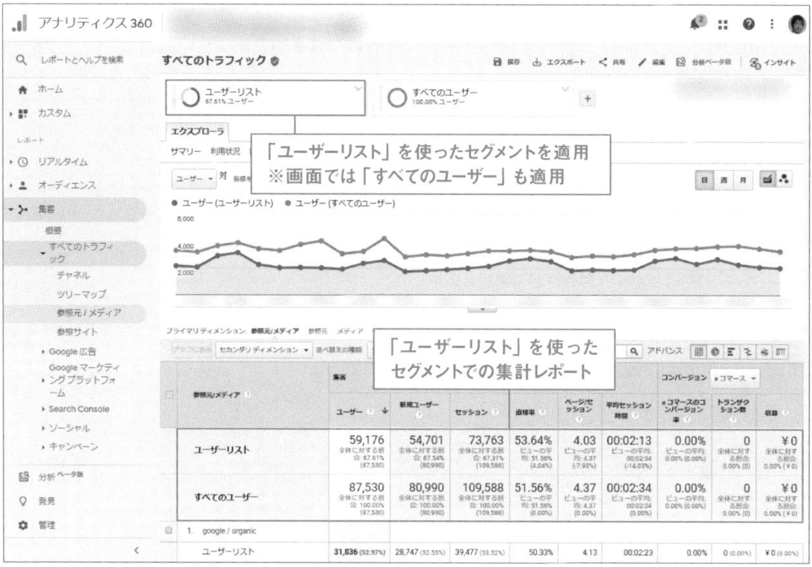

画面NAVI ■ 集客 ≫ すべてのトラフィック ≫ 参照元 / メディア

「ユーザーリスト」作成と利用のメリット

Googleアナリティクスのデータによる「ユーザーリスト」の作成と利用には、以下のようなメリットがあります。

・リマーケティング用のタグの実装が不要（Google広告）
Googleアナリティクスのデータをそのまま利用するので、Google広告のリマーケティングタグは不要です。

・より多くのターゲティングシナリオが作成可能
Googleアナリティクスの豊富なデータに基づく、多彩なターゲティングシナリオの作成が可能です。

・外部からのインポートデータによるリスト作成も可能
Googleアナリティクスでの計測データだけでなく、「データインポート」や「Measurement Protocol」によって取得した、外部データを利用したターゲティングセグメントの作成も可能です。

・「状態ベースのユーザーリスト」(動的ユーザーリスト)
リストのセグメント条件に合ったユーザーを、動的にリストへINまたはOUTするユーザーリストを作成することができます。
※「状態ベースのユーザーリスト」については次節で解説します。

・機械学習による「スマートリスト」
Googleアナリティクスに組み込まれている機械学習によって、"コンバージョンの確率が高いユーザー"のリストを自動で作成可能です。
※「スマートリスト」については次々節で解説します。

参考 アナリティクスヘルプ＞リマーケティングリスト
https://support.google.com/analytics/topic/2611283

11-2 ユーザーリストを作成する

「ユーザーリスト」の基本的な作成手順

「ユーザーリスト」を作成するには、「管理＞プロパティ設定列＞オーディエンス」の「＋新しいオーディエンス」から入ります。

画面NAVI ■ 管理 ▶▶ プロパティ設定列 ▶▶ オーディエンス

次にリストを作る際のソースになるビューを選択します。デフォルトでは現状のビューがそのまま適用されていますので、変更したい場合は「編集」から入り、対象のビューを選択することができます。

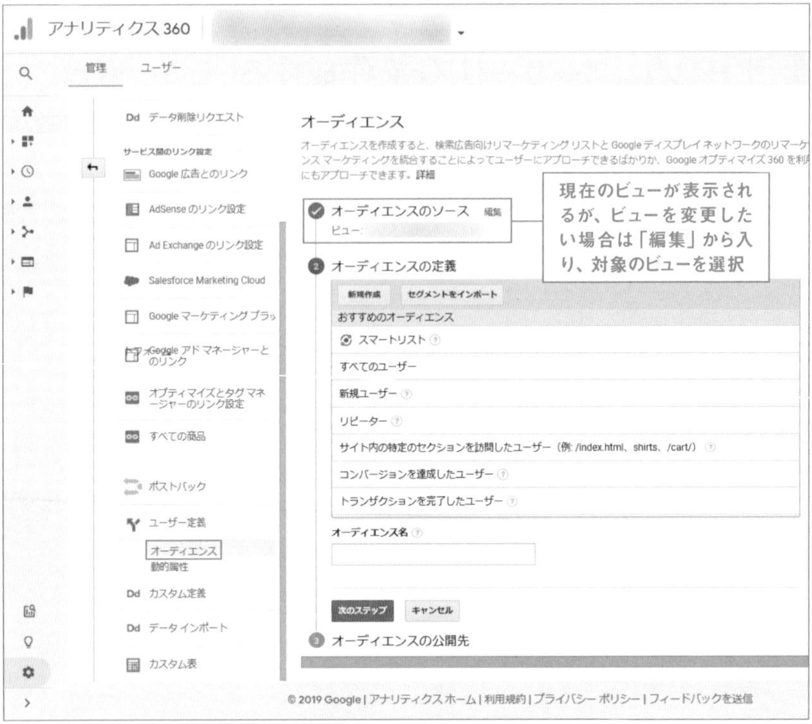

画面NAVI ■ 管理 ▶▶プロパティ設定列 ▶▶オーディエンス ▶▶ユーザーリスト作成画面

次に「オーディエンスの定義」で、リストのセグメント条件の設定を行います。
ここでは、新規にリストを作成する3つの方法があります。

①既定のテンプレートから選択する

あらかじめ「おすすめのオーディエンス」として作られているテンプレートから、選択して作成します。

②セグメントからインポートする

作成した「セグメント」からインポートして作成します。

③カスタムで一から作成する

一からセグメント条件を設定して作成します。

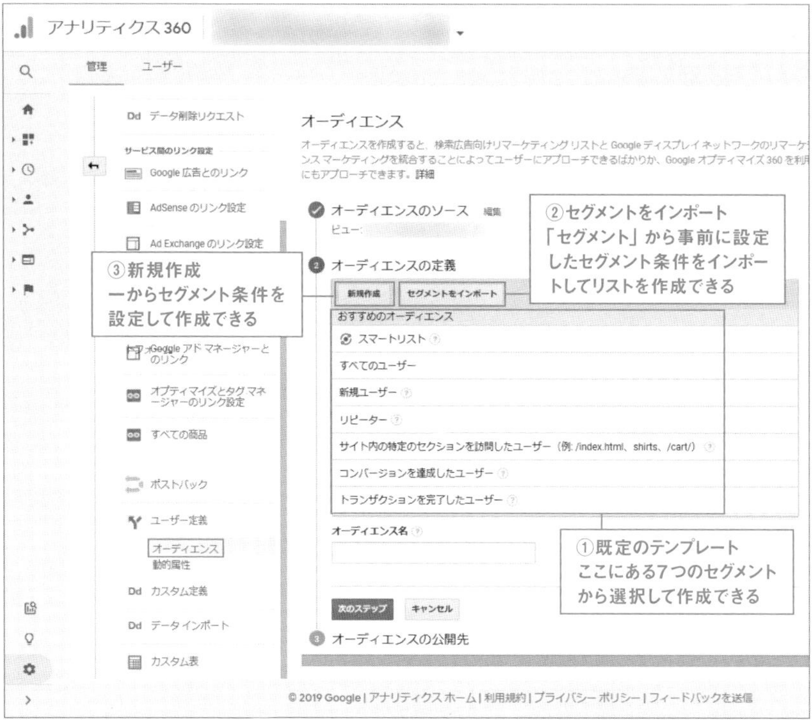

画面NAVI ■ 管理 ▶プロパティ設定列 ▶オーディエンス ▶ユーザーリスト作成画面

本節ではそれぞれの手順を解説します。

作成方法①既定のテンプレートからの作成

リスト設定画面の「オーディエンスの定義」には、既定のテンプレートとして「おすすめのオーディエンス」が7つ表示されています。その中から該当するものを選択します。

※「スマートリスト」については次々節で別途解説します。

ここでは、「サイト内の特定のセクションを訪問したユーザー」を例に手順を解説します。

設定手順

まず、表示されているテンプレート「おすすめのオーディエンス」から「サイト内の特定のセクションを訪問したユーザー」を選択します。

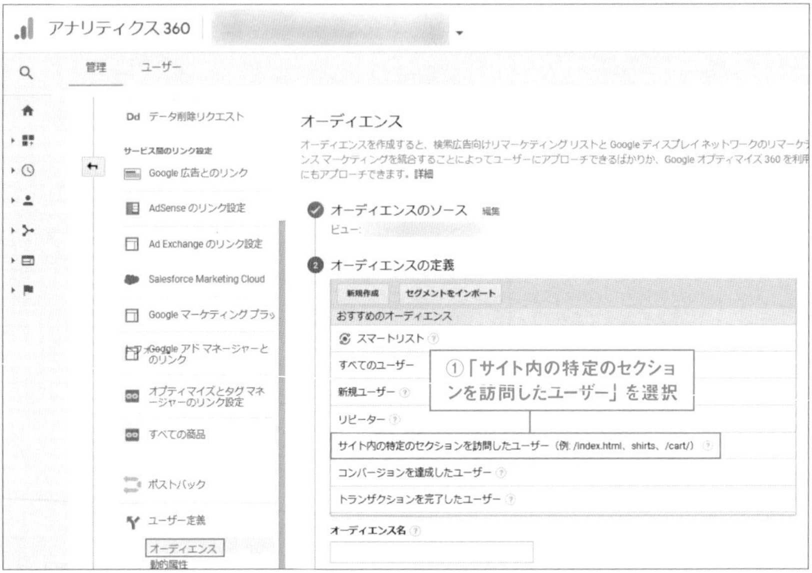

画面NAVI 管理 ▶▶ プロパティ設定列 ▶▶ オーディエンス ▶▶ ユーザーリスト作成画面

「オーディエンスの定義」から編集画面を開きます。

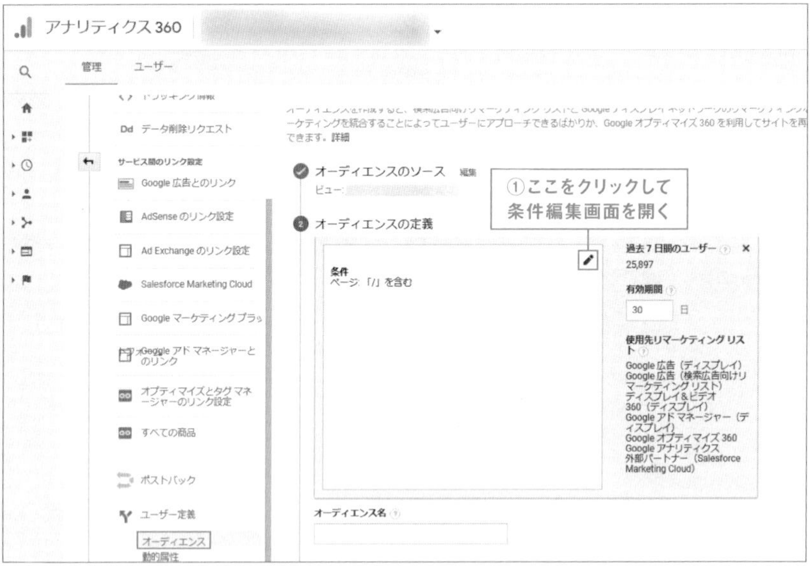

画面NAVI 管理 ▶▶ プロパティ設定列 ▶▶ オーディエンス ▶▶ ユーザーリスト作成画面

リスト条件定義の画面と要領は「セグメント」と同じです。
開かれた設定画面に、条件として定義したいページのURLを入力し、「適用」をクリックします。

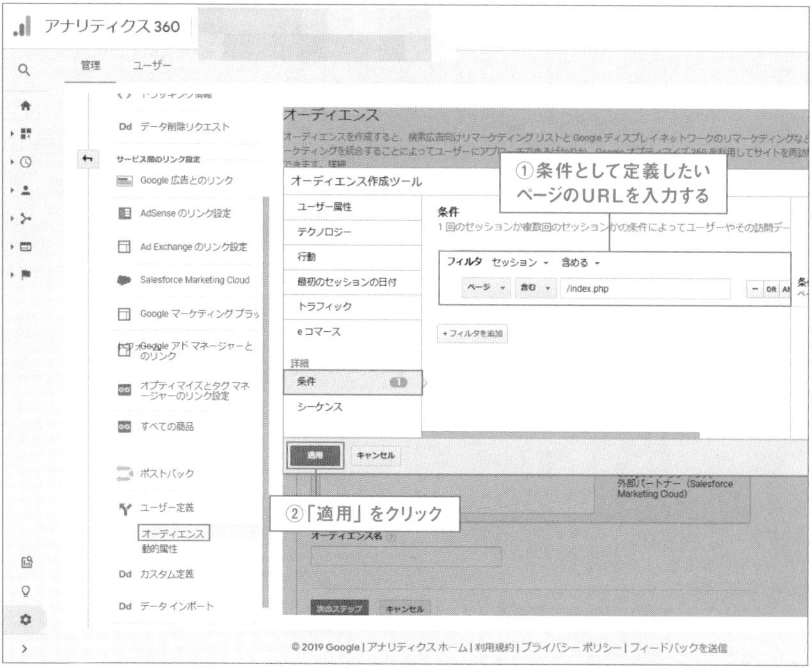

画面NAVI ■ 管理 ▶▶プロパティ設定列 ▶▶オーディエンス ▶▶ユーザーリスト作成画面

「過去7日間のユーザー」では、定義した条件に該当するユーザーが、過去7日間に何人いるか？が表示されます。ユーザーリストでは、設定完了後過去30日からこの条件に該当するユーザーがリストに入りますので、ここの人数はリストに入る人数ではありません。
「有効期限」は、いったんリストに入ったユーザーが存在し続ける期間を設定できます。期間は、1日〜最大540日まで設定が可能です。施策の目的に従って、適切な有効期限を設定してください。
任意のリスト名を入力したら「＋次のステップ」をクリックして進みます。

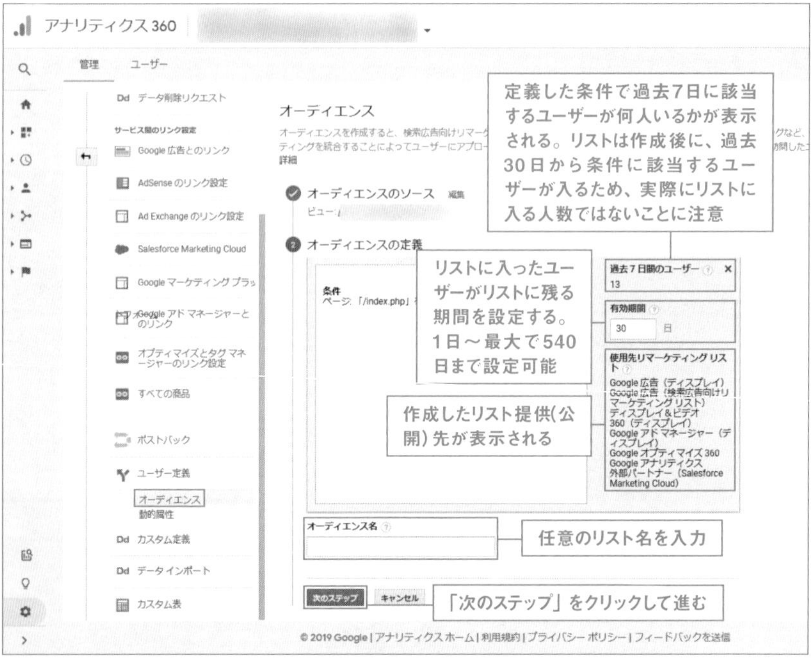

画面NAVI ■ 管理 ▶▶ プロパティ設定列 ▶▶ オーディエンス ▶▶ ユーザーリスト作成画面

NOTE

リスト条件の対象範囲を、「セッション」ではなく「ユーザー」で設定した場合は、「過去7日間ユーザー」「有効期限」に加えて「ルックバック日数」が表示され、定義する必要があります。「ルックバック日数」については、後述の「作成方法②「セグメント」のインポートからの作成」の中で解説します。

表示された中から提供(公開)先を選択し、「＋宛先を追加」をクリックします。ひとつのリストで複数選択も可能です。

取る 計測/収集 見る 集計/分析 使う 施策/アクション

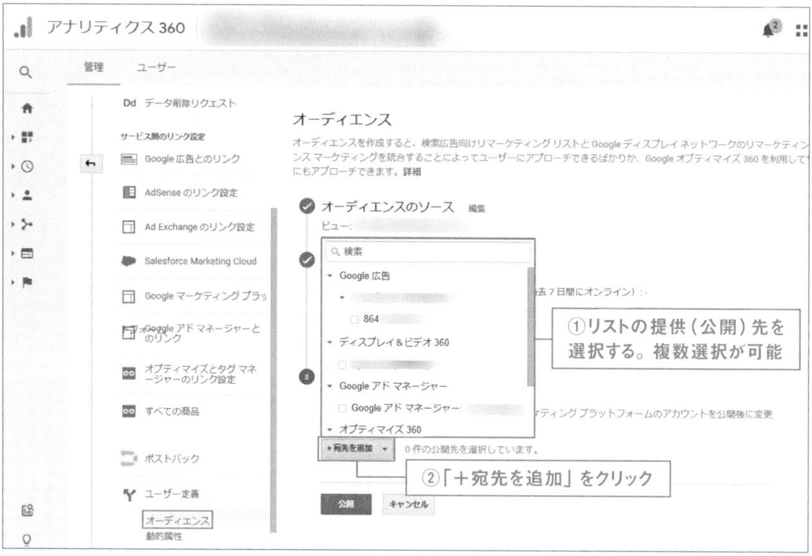

画面NAVI ■ 管理 ▶▶ プロパティ設定列 ▶▶ オーディエンス ▶▶ ユーザーリスト作成画面

設定内容を確認し、「公開」をクリックして完了です。

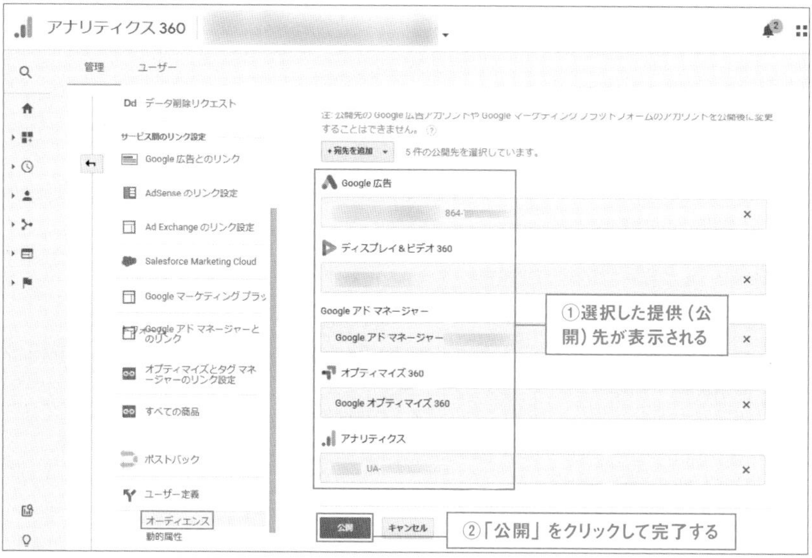

画面NAVI ■ 管理 ▶▶ プロパティ設定列 ▶▶ オーディエンス ▶▶ ユーザーリスト作成画面

作成方法②「セグメント」のインポートからの作成

設定手順

「セグメント」のインポートからリストを作成する場合は、「セグメントをインポート」をクリックします。

画面NAVI ■ 管理 ▶▶ プロパティ設定列 ▶▶ オーディエンス ▶▶ ユーザーリスト作成画面

すでに作成した「セグメント」から、任意のものを選択します（概要のビューに適用可能なセグメントのみ選択可能です）。

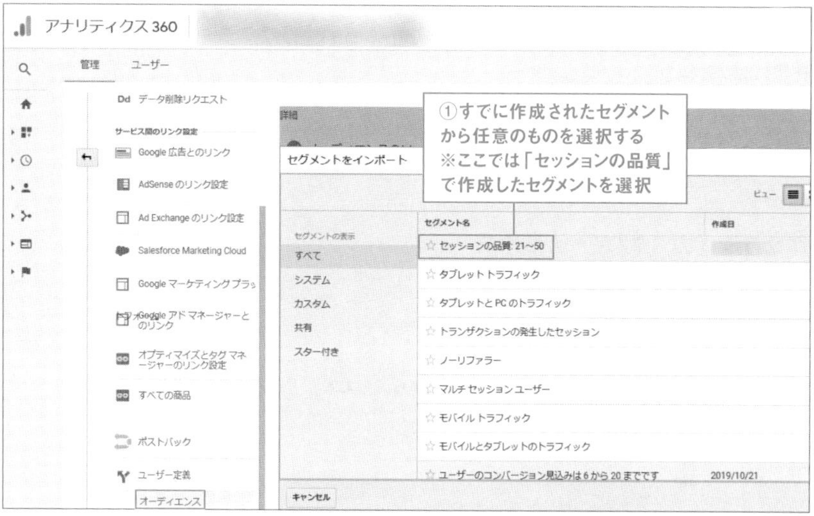

画面NAVI ■ 管理 ▶▶プロパティ設定列 ▶▶オーディエンス ▶▶ユーザーリスト作成画面

前述の「作成方法①既定のテンプレートからの作成」の解説と同様に、「過去7日間のユーザー」「有効期限」を設定します。
選択した「セグメント」の条件対象範囲が「ユーザー」の場合、上記に加えて「ルックバック日数」が表示されます。条件に該当するユーザーを過去何日までさかのぼって評価するか、を「7日」「14日」「30日」から選択します。

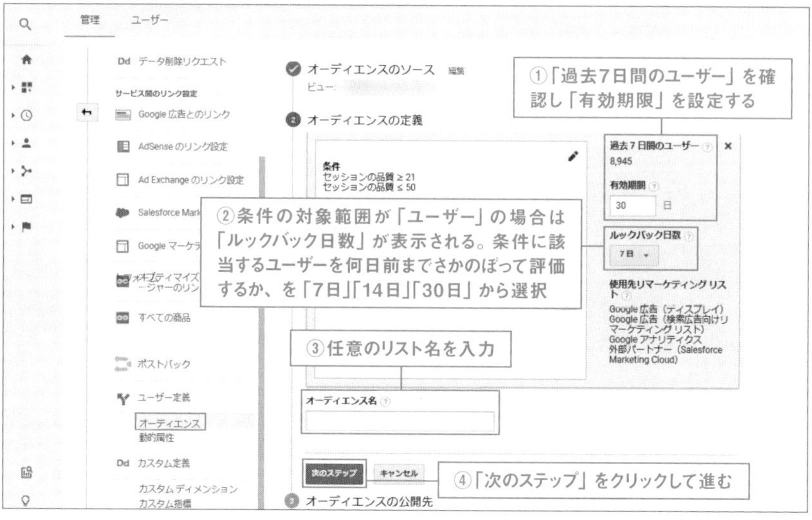

画面NAVI ■ 管理 ▶▶プロパティ設定列 ▶▶オーディエンス ▶▶ユーザーリスト作成画面

任意のリスト名を入力したら、「次のステップ」をクリックして進みます。あとは、前述「作成方法①既定のテンプレートからの作成」の解説と同様に、リストの提供(公開)先を選択し「完了」で終了になります。

参考 アナリティクスヘルプ＞セグメントからユーザーリストを作成する
https://support.google.com/analytics/answer/6015314

作成方法③カスタムで一から作成

設定手順

新規で一から作成する場合は、「親戚作成」から入ります。

画面NAVI 管理 ▶▶プロパティ設定列 ▶▶オーディエンス ▶▶ユーザーリスト作成画面

この画面は、「カスタムセグメント」を作成する画面と同じになります。セグメント作成と同じ要領でリスト条件を作成することができます。具体的な作成例や手順などは、「10-5　セグメントの基本を理解する」を参照ください。
以降の手順は、前述の方法と同じになりますので割愛します。

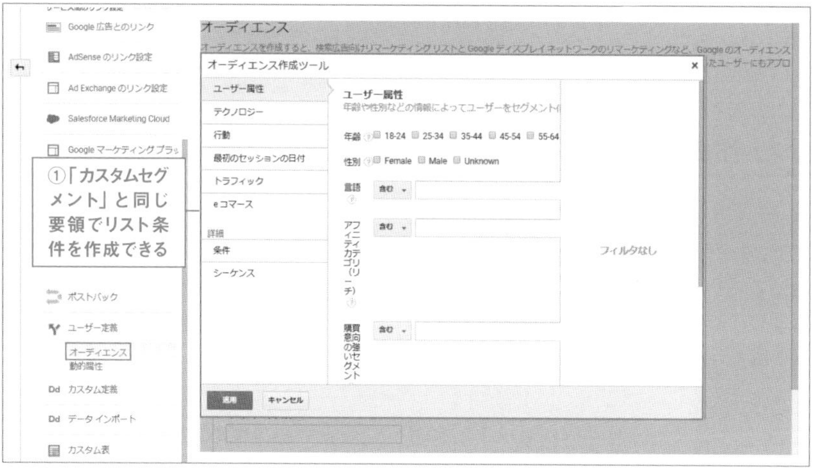

画面NAVI ■ 管理 ▶▶ プロパティ設定列 ▶▶ オーディエンス ▶▶ ユーザーリスト作成画面

「ユーザーリスト」その他の操作について

リスト作成後は、以下のような操作が可能です。

・作成したリスト条件を「編集」（変更）する
定義した条件を「編集」で変更することができます。編集後は、変更した条件によってユーザーがリストに入りますが、変更前の条件で入ったユーザーは、有効期限の間はリストに存在し続けます。

・作成したリストを「閉じる」
リストを閉じると新しくユーザーは追加されなくなりますが、すでに入っているユーザーはそのまま提供先で配信されます。

・閉じたリストを「再度開く」
閉じたリストは再度開くことができます。

・作成したリストを「削除する」
リストを削除したい場合は、提供（公開）先をすべて閉じてから削除することができます。

上記操作の詳細については、次ページのURLを参照ください。

[参考] アナリティクスヘルプ＞オーディエンスを作成、編集する
https://support.google.com/analytics/answer/2611404

リスト作成から配信までの流れと時間の目安

作成した「ユーザーリスト」が最終的に目的のキャンペーンで配信されるまでには、Googleアナリティクスのバックグランドで様々なプロセスが走っています。それぞれの処理や条件が整って、初めてキャンペーンで配信されるようになります。特にリスト作成から配信までの時間軸の流れについては良く理解した上で、キャンペーン開始日時に間に合うようにリストを作成するようにしてください。

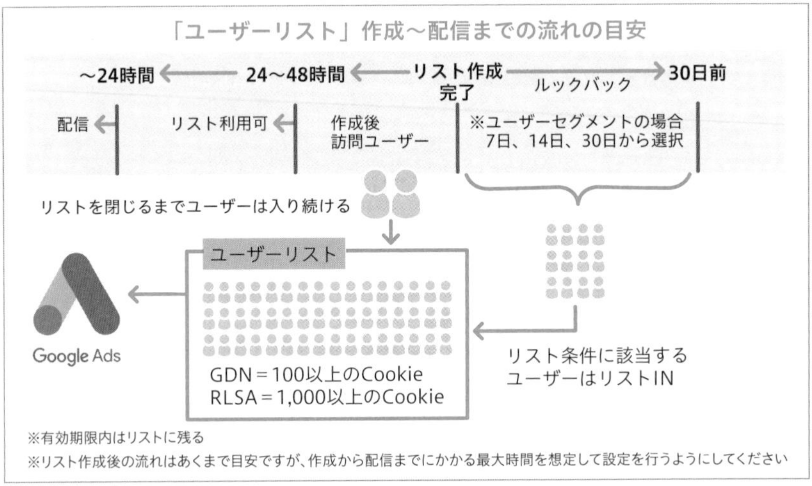

その他、注意事項

本節では、基本的な設定内容と手順について解説していますが、「ユーザーリスト」は条件によって（選択する範囲（セッションかユーザーか）やディメンションによって）は個別の制限がかかる場合がありますので、必ず公式ヘルプを参照の上で設定を行うようにしてください。

[参考] アナリティクスヘルプ＞リマーケティングリスト
https://support.google.com/analytics/topic/2611283

11-3 状態ベースのユーザーリストを作成する

「状態ベースのユーザーリスト」とは

「ユーザーリスト」では、一度リストに入ったユーザー（Cookie）は、有効期限を超えない限りリストに残り続けます。たとえば「未購入ユーザー」という条件のリストを作成した場合、その条件に合うユーザーはたとえ有効期限内に「購入ユーザー」になったとしても、期限を超えない限りリストに残り続けます。これだと、有効期限中に購入したユーザーに対しても、未購入者向けのキャンペーンが配信されてしまう可能性があります。「状態ベースのユーザーリスト」では、条件定義の際に「除外」フィルタを利用することで、条件に合わない状態に変化したユーザーを、有効期限内であっても除外することができるようになります。また、シナリオによっては、一度除外されたユーザーが再度条件に合う状態になったときに、リストに戻すことも可能です。
例えば、「カート投入ユーザー」を含む条件にし、「購入した」を除外条件にします。すると、カート投入してリストに入った後に購入によって除外されたユーザーが、再度カート投入をした場合には、リストに復帰するこができるようになります。
このように、「状態ベースのユーザーリスト」では、常に条件に合ったユーザーのみがリストに存在する状態を、動的に保つことが可能になります。

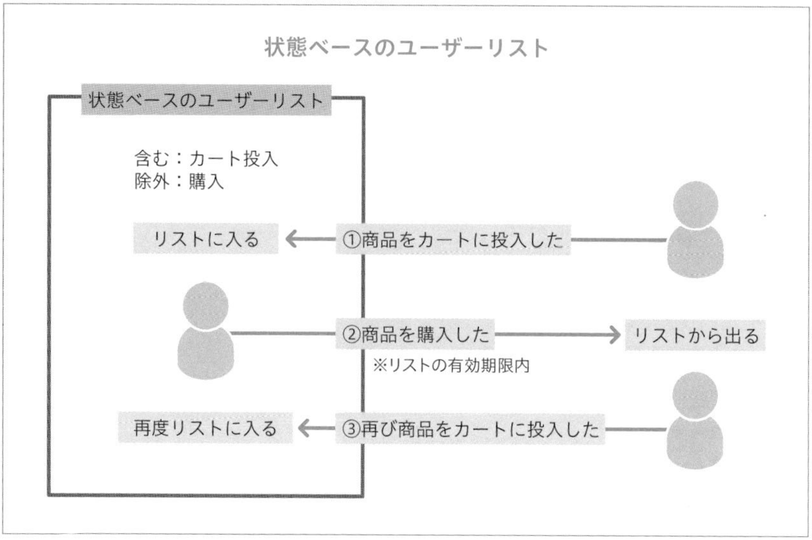

「状態ベースのユーザーリスト」の設定

「状態ベースのユーザーリスト」の設定は、前節で解説した通常の「ユーザーリスト」と同様の流れの中で、リストの条件定義の際に「含む」フィルタと「除外」フィルタを併用することで可能になります。
以下、「商品をカートに入れたが、まだ購入にいたっていないユーザー」という状態（条件）のユーザーリストを作成する例で、手順を解説します。

・「含む」……指標＞商品をカートに入れた個数
・「除外」……指標＞eコマーストランザクション数

※「状態ベースのユーザーリスト」は、すでに作成済みのリストの編集では作成できません。必ず新しいリストから作成を行って下さい。

設定手順

まずは、通常の「ユーザーリスト」同様に「新規作成」から入ります。

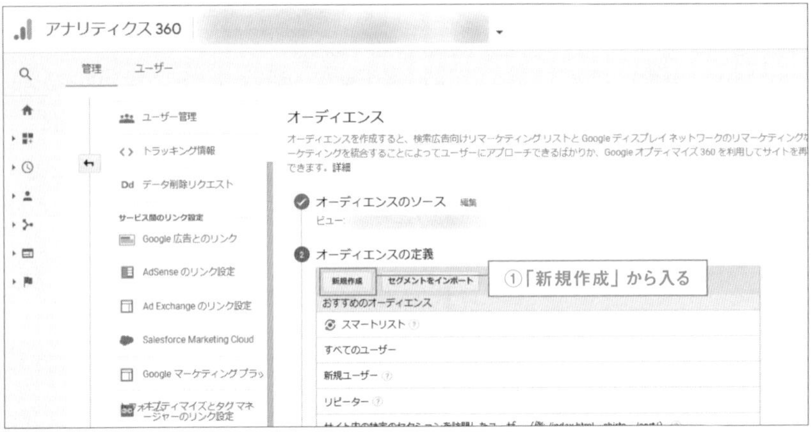

画面NAVI　管理 ▶▶プロパティ列 ▶▶オーディエンス ▶▶オーディエンス設定画面

「条件」から作成画面を開き、まず「含む」フィルタを作成します。

「設定項目」
範囲：ユーザー
条件：含む
指標：商品がカートに追加された個数＞0

次に「除外」フィルタを作成します。

設定項目

範囲：ユーザー
条件：除外
指標：トランザクション数＞0

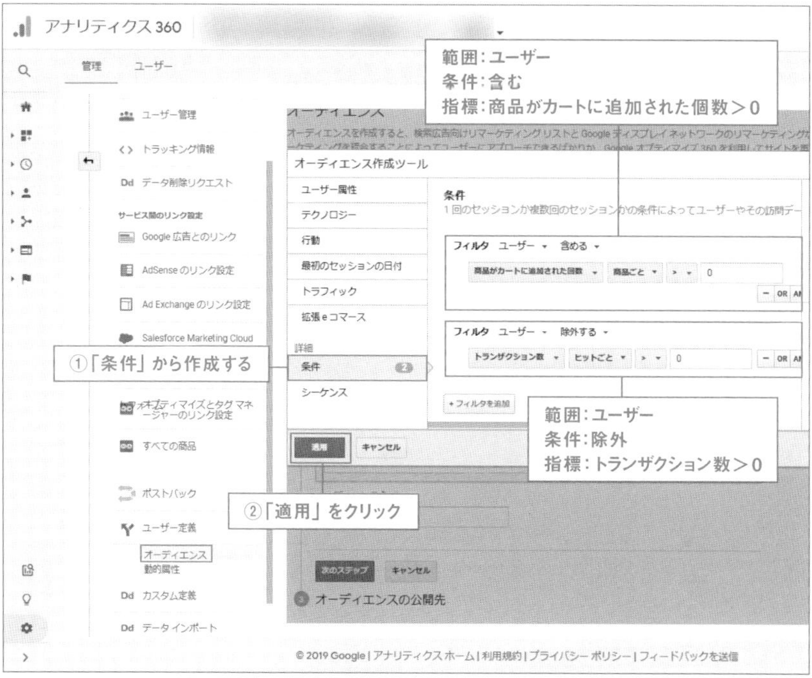

画面NAVI　管理 ▶▶ プロパティ列 ▶▶ オーディエンス ▶▶ オーディエンス設定画面

状態ベースにすると、「除外条件に一致するユーザーを完全に削除します。」というチェックボックスが表示されるようになります。今回のシナリオでは、商品を購入していったんリストから除外されたユーザーでも、再度商品をカートに入れた場合はリストに復帰できるようにしたいので、このチェックボックスにはチェックは入れません。もし、除外ユーザーが再度含む条件に合致したときでも、リストに復帰させないようにする場合は、「除外条件に一致するユーザーを完全に削除します。」にチェックを入れてください。
あとは、通常の「ユーザーリスト」同様に、「過去7日間のユーザー」「有効期限」「ルックバック日数」を設定し、任意のリスト名を入力したら「次のステップ」へ進みます。

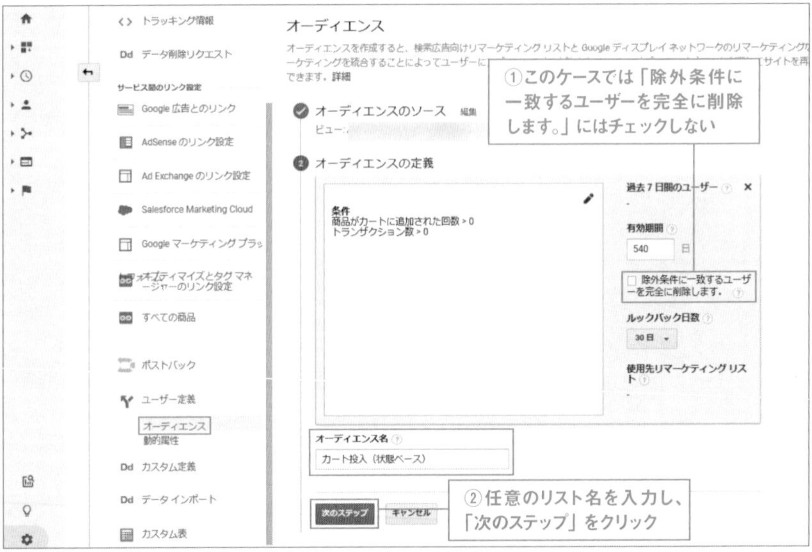

画面NAVI ■ 管理 ▶▶ プロパティ列 ▶▶ オーディエンス ▶▶ オーディエンス設定画面

リストの提供(公開)先を選択したら「公開」をクリックして完了します。

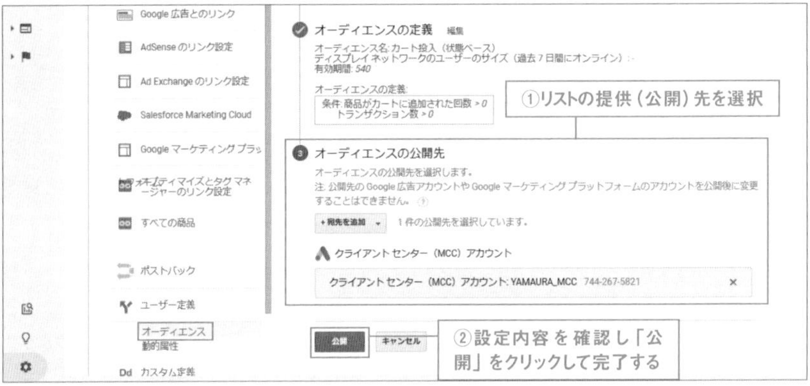

画面NAVI ■ 管理 ▶▶ プロパティ列 ▶▶ オーディエンス ▶▶ オーディエンス設定画面

本節で紹介したケースも含め、具体的なシナリオと設定例がヘルプにありますので、参考にしてみてください。

参考 アナリティクスヘルプ＞状態ベースのユーザーリスト
https://support.google.com/analytics/answer/6212382

11-4 スマートリストを活用する

「スマートリスト」とは

「スマートリスト」は、機械学習が計測したデータを予測分析し、コンバージョン確率の高いユーザーのみでリスト化したものです。簡単な設定をするだけで自動でリストが生成されるので、条件を考えたり、設定したりする必要はありません。同様の機械学習の予測分析値で作成されるレポートに、「オーディエンス＞行動＞コンバージョン見込み」というのがあります。この中のコンバージョン見込み確率の高いユーザーがリストに入る、というイメージです。

※上位の何％のユーザーがリストに入るか、などの詳細な仕様は公開されていません。

※「オーディエンス＞行動＞コンバージョン見込み」についての詳細は、「9-7 「コンバージョン見込み」レポートを利用する」を参照ください。

「スマートリスト」の設定

設定は非常にシンプルです。

設定手順

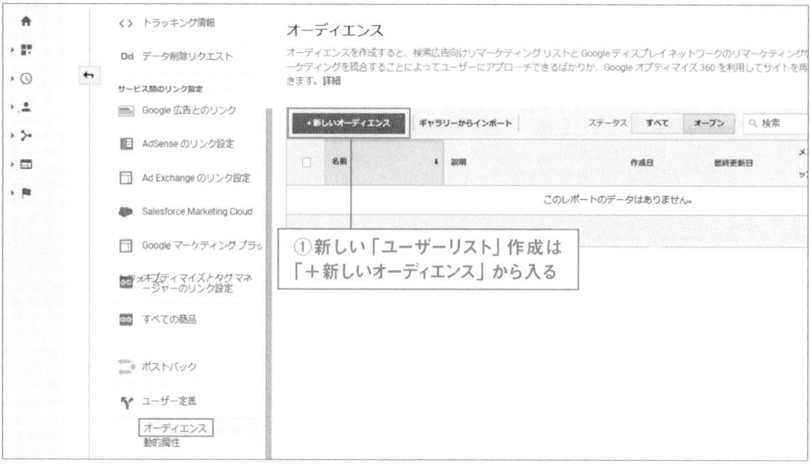

画面NAVI ■ 管理 ▶▶プロパティ列 ▶▶オーディエンス ▶▶オーディエンス設定画面

「オーディエンスの定義」で「スマートリスト」を選択します。

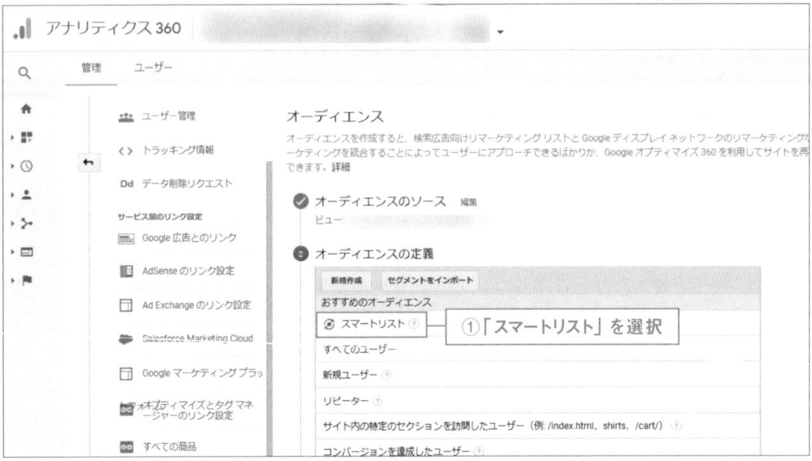

画面NAVI ■ 管理 ▶▶プロパティ列 ▶▶オーディエンス ▶▶オーディエンス設定画面

「スマートリスト」では、リスト条件を機械学習の予測分析値に基づいて行うので、設定する必要はありません。あとは、他のリスト作成と同様に「有効期限」を設定し、任意のリスト名を入力したら「次のステップ」で進みます。

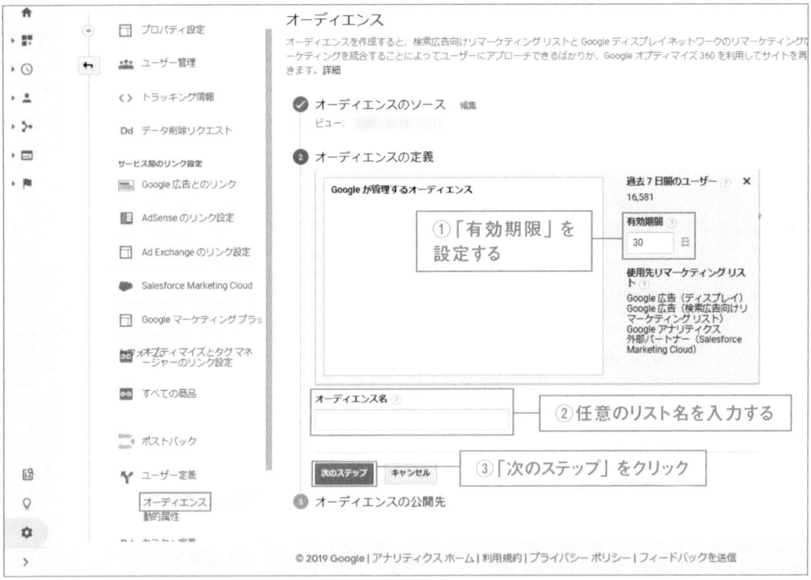

画面NAVI ■ 管理 ▶▶プロパティ列 ▶▶オーディエンス ▶▶オーディエンス設定画面

リストの提供(公開)先を選択し、設定内容を確認したら「公開」で完了します。

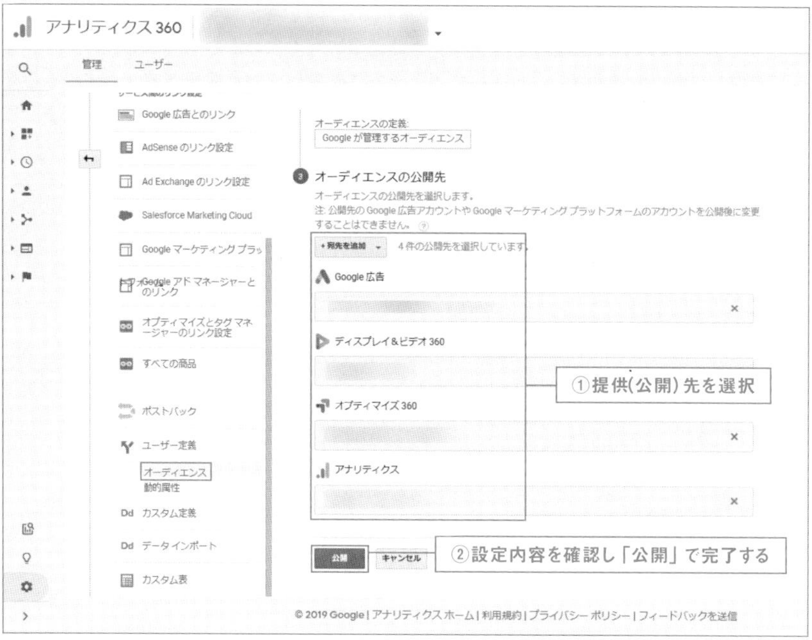

画面NAVI ■ 管理 ▶▶プロパティ列 ▶▶オーディエンス ▶▶オーディエンス設定画面

「スマートリスト」を利用するには

Googleアナリティクスの他の"機械学習"を使った機能と同様に、「スマートリスト」では「eコマース計測」のトランザクションデータをもとにコンバージョン予測分析を行っています（もちろん、他に様々なデータを利用していますが、コンバージョン値についてはeコマース計測がもとになっていると考えられます）。

よって、eコマース計測が実装されている必要があります。

さらに、

・eコマーストランザクションが500件/月以上

・ページビュー数が10,000件/日以上

のデータボリュームが必要になります。ボリュームがこの要件に満たない場合は、同業種の他社データのコンバージョンデータをもとに分析されたリストが、作成されるようになります（「管理＞アカウント設定列＞データ共有設定」を参照）。

機械学習による「スマートリスト」で実際にキャンペーンを行った場合、経験上、運用が安定するまでには一定の時間がかかるケースが多くあります。キャンペーン開始当初は学習期間と考えられます。最初はコンバージョン見込み確率の幅を広めにとり、多めのコンバージョン獲得をしていく中で学習し、時間の経過とともに確率が上がり成果が安定してくると考えられます。データによって学習をし、精度が自動で高まっていくのが機械学習なので、このような挙動を想定した上で利用するのが良いでしょう。

参考 アナリティクスヘルプ＞スマートリスト
https://support.google.com/analytics/answer/4628577

12章

ユーザーエクスペリエンス向上のためのデータ活用

12-1 オプティマイズのしくみを理解する

「オプティマイズ」のしくみ

「オプティマイズ」は、ウェブテストとコンテンツパーソナライズ配信によって、ウェブサイトのUX(ユーザーエクスペリエンス)を改善し、ビジネスKPIを向上させるためのツールです。「オプティマイズ」は単独のツールのように見えますが、実際にはGoogleアナリティクスとの連携によって機能するツールですので、そのしくみを理解することが実装と設定においては非常に重要になります。

「オプティマイズ」と「Googleアナリティクス」のしくみ

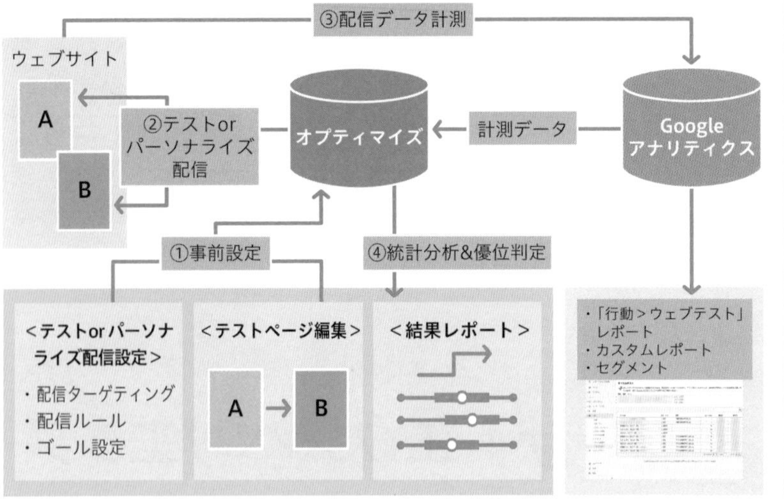

上図のように、「オプティマイズ」と「Googleアナリティクス」は連携して機能しています。テストやパーソナライズ配信の閲覧データは、Googleアナリティクスに送信されています。「オプティマイズ」は、そのデータをもとに統計分析を行い、テストの優位判定を行っています。

また、「オプティマイズ」は、GTMと同様の配信管理の基盤の上でテストページやパーソナライズページの編集機能がつき、ページの作成と配信を管理していると考えるとわかりやすいと思います。

よって、

・ページの作成と配信の管理、統計と判定は「オプティマイズ」
・データの計測は「Googleアナリティクス」

という役割で連立して動いています。
Googleアナリティクスのレポート「行動＞ウェブテスト」では、「オプティマイズ」のテスト配信データを見ることができます。ただしこれは、「オプティマイズ」からの連携でインポートされるというよりは、そもそもGoogleアナリティクス側で計測しているデータがレポートで見えている、というのが正しい理解となります。
ちなみに、「オプティマイズ」のレポート画面では、計測データをもとに統計的な処理をした数値が表示されていますが、Googleアナリティクスでは計測の実測値を集計して表示しているので、「オプティマイズ」との数値とは一致しない場合があります。

「オプティマイズ」利用に必要なこと

前述のように、「オプティマイズ」は単独では利用できないツールなので、利用を開始するにあたっては次のことが必要になります。

①ウェブサイトにGoogleアナリティクスが導入されていること（計測）
②「オプティマイズ」のコンテナタグを実装する（配信管理）
③Chrome拡張機能「Google Optimize」をChromeブラウザにインストールする（ページエディタ）

これらがそろうことで、

③ページをブラウザ上で編集し
②テストやパーソナライズの配信の管理をして
①データ計測し

最終的にはオプティマイズで統計判定が行われる、という流れになります。
実際の設定や手順については、次々節で解説します。

参考 オプティマイズヘルプ
https://support.google.com/optimize/topic/6197429

12-2 「3種類のテスト」と「パーソナライズ配信」を理解する

テストとパーソナライズ配信の違い

「オプティマイズ」では、テスト（3種類）によるページの最適化とパーソナライズ配信によるUX（ユーザーエクスペリエンス）の最適化を行うことができます。
両方とも"ページを出し分ける"という機能的な部分は同じように見えますが下図のように目的は大きく異なります。

ページの「テスト」と「パーソナライズ」の違い

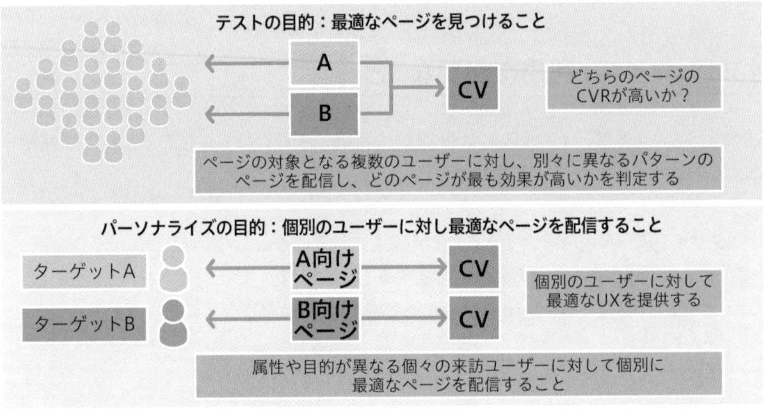
テストの目的：最適なページを見つけること
A
B
CV
どちらのページのCVRが高いか？
ページの対象となる複数のユーザーに対し、別々に異なるパターンのページを配信し、どのページが最も効果が高いかを判定する
パーソナライズの目的：個別のユーザーに対し最適なページを配信すること
ターゲットA
ターゲットB
A向けページ
B向けページ
CV
CV
個別のユーザーに対して最適なUXを提供する
属性や目的が異なる個々の来訪ユーザーに対して個別に最適なページを配信すること

テストは、効果の判定が出ると配信を終了しますが、パーソナライズは恒久的な配信を行う施策となります。

※現在、オプティマイズ無料版では
・同時テストが最大5つまで
・カスタマイズ（パーソナライズ）は最大10個まで
作成することができます。

◉ 3種類のテスト

ウェブページを最適化するには、多くのユーザーにデザインやパターンが異なるページを配信して、いちばん結果の良いページを選択していくというテストを行います。
テストは次の3種類を行うことができます。

テスト種類	内容	例
A/Bテスト 同じURLで配信	ページの一部分について、どのパターンが一番効果が良いかを判定する方法	・メインコピーの違い ・ボタンの色の違い
多変量テスト 同じURLで配信	ページの複数の要素についていくつかの組み合わせの内、どの組み合わせパターンが一番効果が良いかを判定する方法	・コピー、ボタン、写真の配置の組み合わせ比較、など
リダイレクトテスト 異なるURLで配信	異なる内容のページの内、どのページの効果が一番良いかを判定する方法	・商品特徴訴求ページと価格訴求ページの違い、など

各テストは目的に応じて使い分けられます。A/Bテストと多変量テストは、既存のオリジナルページに対して、比較をするパターンページを作成し、オリジナルページのURL上で異なるパターンを配信していきます。リダイレクトテストは、そもそも内容が異なる別々のURLのページを配信して、結果を比較していく方法になります。
テストの具体的な設定手順は次節で解説していきます。

参考 オプティマイズヘルプ＞テストのタイプ
https://support.google.com/optimize/answer/7012154

⊙ パーソナライズ配信（カスタマイズ）

「オプティマイズ」の中では、パーソナライズ配信機能を「カスタマイズ」と呼びます。この「カスタマイズ」は、配信するページをビジュアルエディタで作成し、配信するターゲット設定を行うことで可能になります。
「カスタマイズ」するページを作成するには、次の3つの方法があります。

①一からオリジナルで作成する
②テストのパターンで結果の良かったページを採用する
③テストのパターンで結果の良かったページを元にして作成する

パーソナライズ配信したページの計測レポートは、「オプティマイズ」とGoogleアナリティクスの両方で確認することができます。
パーソナライズ（カスタマイズ）の具体的設定手順は後節で解説していきます。

参考 オプティマイズヘルプ＞カスタマイズの概要
https://support.google.com/optimize/answer/9112930

12-3 オプティマイズの導入を準備する

「オプティマイズ」導入に必要な環境

前々節で解説した通り、「オプティマイズ」はGoogleアナリティクスと連携して利用するツールであり、ブラウザ上でテストページなどの編集も行うため、導入と利用には以下のような環境が必要になります。

「オプティマイズ」の導入に必要な環境

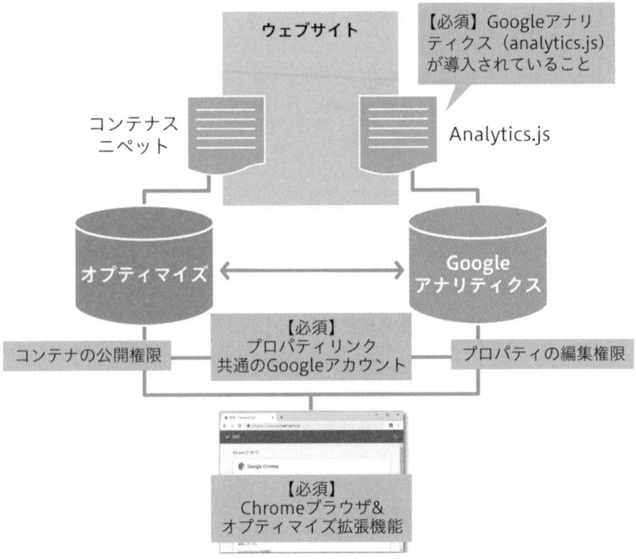

項目	オプティマイズ	アナリティクス
対象サイトの条件	―	analytics.jsが導入済み
プロパティリンクに必要な共通のユーザー権限	対象コンテナの公開権限	対象プロパティの編集権限以上
使用ブラウザ	Chromeブラウザ（必須）	Chromeブラウザ（推奨）
Chrome拡張機能	オプティマイズ拡張機能（必須）	―

「オプティマイズ」導入設定の手順

「オプティマイズ」導入のための手順は、以下のようになります。対象サイトにGoogleアナリティクス（analytics.js）が導入されていることを前提に、「オプティマイズ」側で必要な手順になります。

①「オプティマイズ」のアカウントを作成する
リンクするGoogleアナリティクスプロパティの編集権限以上を持つGoogleアカウントで、作成します。
②Googleアナリティクスプロパティへリンクする
テスト（エクスペリエンス）を先に作成することもできますが、プロパティリンクを先に設定することをお勧めします。
③「オプティマイズ」コンテナタグ（スニペット）を対象サイトへ実装する
④Chromeブラウザに、オプティマイズ拡張機能を追加する

12-4 オプティマイズを導入する

前節で整理したオプティマイズ導入設定の、各プロセスについて解説します。

①「オプティマイズ」のアカウントを作成

まず、対象サイトのGoogleアナリティクスのプロパティ権限のあるGoogleアカウントで、Googleアカウントにログインしている前提で以下のサイトにアクセスします。

https://optimize.google.com/

設定手順

画面の「利用を開始」から入ります。

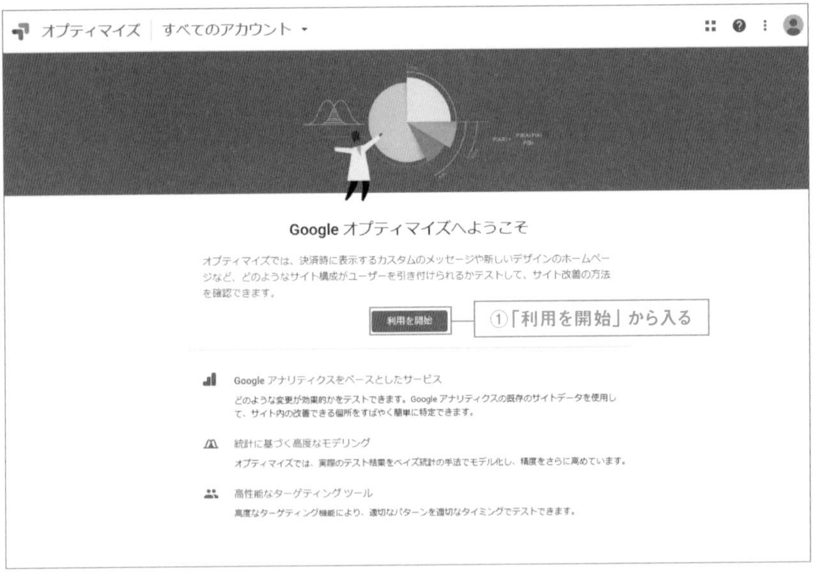
オプティマイズ
すべてのアカウント
Google オプティマイズへようこそ
オプティマイズでは、決済時に表示するカスタムのメッセージや新しいデザインのホームページなど、どのようなサイト構成がユーザーを引き付けられるかテストして、サイト改善の方法を確認できます。
利用を開始
①「利用を開始」から入る
Google アナリティクスをベースとしたサービス
どのような変更が効果的かをテストできます。Google アナリティクスの既存のサイトデータを使用して、サイト内の改善できる個所をすばやく簡単に特定できます。
統計に基づく高度なモデリング
オプティマイズでは、実際のテスト結果をベイズ統計の手法でモデル化し、精度をさらに高めています。
高性能なターゲティング ツール
高度なターゲティング機能により、適切なパターンを適切なタイミングでテストできます。

画面NAVI ■ Googleオプティマイズ ▶▶アカウント作成画面

表示された3つの確認事項を読み、「はい」か「いいえ」を選択し「次へ」で進みます。

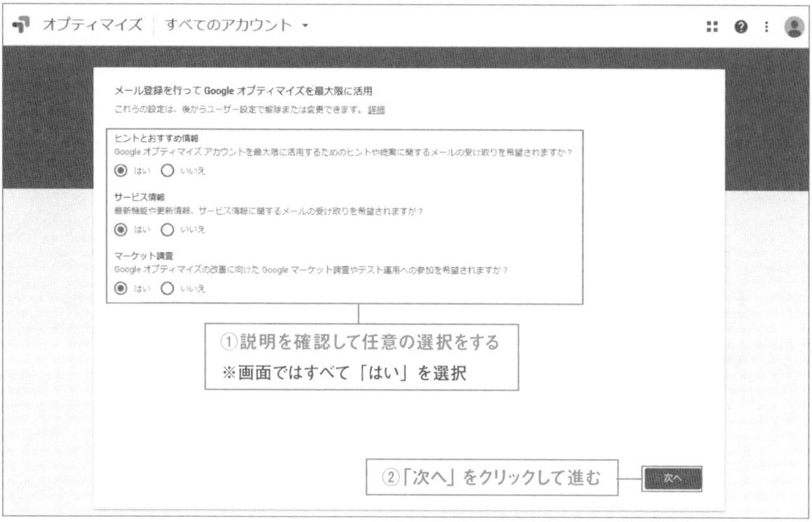
オプティマイズ
すべてのアカウント
メール登録を行って Google オプティマイズを最大限に活用
これらの設定は、後からユーザー設定で解除または変更できます。詳細
ヒントとおすすめ情報
Google オプティマイズ アカウントを最大限に活用するためのヒントや提案に関するメールの受け取りを希望されますか？
はい いいえ
サービス情報
最新機能や更新情報、サービス情報に関するメールの受け取りを希望されますか？
はい いいえ
マーケット調査
Google オプティマイズの改善に向けた Google マーケット調査やテスト運用への参加を希望されますか？
はい いいえ
①説明を確認して任意の選択をする
※画面ではすべて「はい」を選択
②「次へ」をクリックして進む
次へ

画面NAVI ■ Googleオプティマイズ ▶▶ アカウント作成画面

表示されている各説明事項を読み、チェックを確認してください。国は「日本」にするのが良いでしょう。また、GDPRのチェック項目については会社ごとの方針を確認するようにしてください。

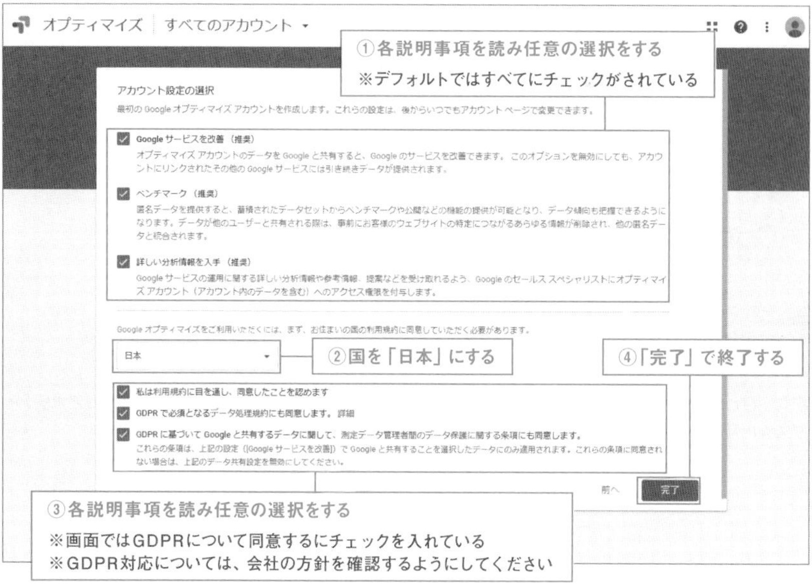
オプティマイズ
すべてのアカウント
①各説明事項を読み任意の選択をする
※デフォルトではすべてにチェックがされている
アカウント設定の選択
最初の Google オプティマイズ アカウントを作成します。これらの設定は、後からいつでもアカウント ページで変更できます。
Google サービスを改善（推奨）
オプティマイズ アカウントのデータを Google と共有すると、Google のサービスを改善できます。このオプションを無効にしても、アカウントにリンクされたその他の Google サービスには引き続きデータが提供されます。
ベンチマーク（推奨）
匿名データを提供すると、蓄積されたデータセットからベンチマークや公開などの機能の提供が可能となり、データ傾向も把握できるようになります。データが他のユーザーと共有される際は、事前にお客様のウェブサイトの特定につながるあらゆる情報が削除され、他の匿名データと統合されます。
詳しい分析情報を入手（推奨）
Google サービスの運用に関する詳しい分析情報や参考情報、提案などを受け取れるよう、Google のセールス スペシャリストにオプティマイズ アカウント（アカウント内のデータを含む）へのアクセス権限を付与します。
Google オプティマイズをご利用いただくには、まず、お住まいの国の利用規約に同意していただく必要があります。
日本
②国を「日本」にする
④「完了」で終了する
私は利用規約に目を通し、同意したことを認めます
GDPR で必須となるデータ処理規約にも同意します。詳細
GDPR に基づいて Google と共有するデータに関して、測定データ管理者間のデータ保護に関する条項にも同意します。
これらの条項は、上記の設定（[Google サービスを改善]）で Google と共有することを選択したデータにのみ適用されます。これらの条項に同意されない場合は、上記のデータ共有設定を無効にしてください。
前へ
完了
③各説明事項を読み任意の選択をする
※画面ではGDPRについて同意するにチェックを入れている
※GDPR対応については、会社の方針を確認するようにしてください

画面NAVI ■ Googleオプティマイズ ▶▶ アカウント作成画面

最後に「完了」をクリックすれば、オプティマイズのアカウント作成は終了です。次に表示される画面の右側「コンテナ情報」の右マークからは、コンテナに関する各種設定(コンテナ名、ユーザー登録、通知管理、アカウント管理)が行えます。コンテナ名は、早いタイミングで適切な名前にすることをお勧めします。

画面NAVI ■ Googleオプティマイズ ▶▶エクスペリエンス作成画面

参考 オプティマイズヘルプ＞アカウントとコンテナ
https://support.google.com/optimize/answer/6211938

②Googleアナリティクスプロパティへのリンクを設定

設定手順

次に、Googleアナリティクスプロパティへのリンクを設定します。画面右側の「Googleアナリティクスへのリンク」を開き、「プロパティにリンク」をクリックします。

画面NAVI ■ Googleオプティマイズ ▶▶ エクスペリエンス作成画面

「プロパティへのリンクの編集」が表示されるので、プルダウンからリンクするプロパティを選択し、さらに表示されたビューの中からリンクするビューをチェックします。複数のビューにリンクすることが可能ですが、実際のテスト（エクスペリエンス）の作成の際にひとつのビューを選択しリンクします。選択が済んだら、「保存」をクリックして進みます。

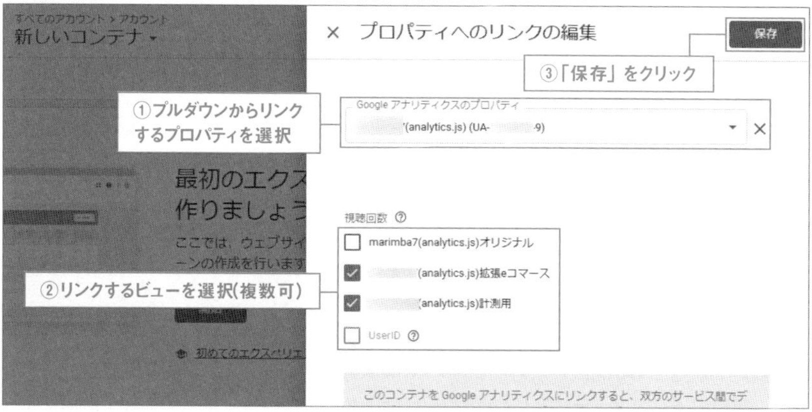

画面NAVI ■ Googleオプティマイズ ▶▶ エクスペリエンス作成画面

ここで「コンテナタグ」の取得画面が表示されます。ここで取得しても構いませんが、コンテナタグは後でも取得可能ですので、このタイミングでは「今回はスキップ」をクリックしてGoogleアナリティクスへのリンクを完了します。

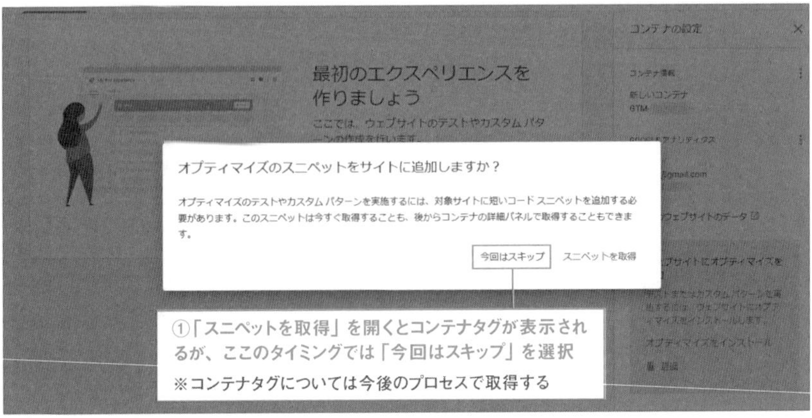
コンテナの設定
最初のエクスペリエンスを作りましょう
オプティマイズのスニペットをサイトに追加しますか？
オプティマイズのテストやカスタム パターンを実施するには、対象サイトに短いコード スニペットを追加する必要があります。このスニペットは今すぐ取得することも、後からコンテナの詳細パネルで取得することもできます。
今回はスキップ
スニペットを取得
①「スニペットを取得」を開くとコンテナタグが表示されるが、ここのタイミングでは「今回はスキップ」を選択
※コンテナタグについては今後のプロセスで取得する

画面NAVI ■ Googleオプティマイズ ▶▶ エクスペリエンス作成画面

以上で、Googleアナリティクスプロパティへのリンク設定は終了です。リンク先プロパティは後で変更することも可能です。詳細は、以下ヘルプを参照ください。

参考 オプティマイズヘルプ＞オプティマイズをアナリティクスにリンクする
https://support.google.com/optimize/answer/7008374

③「オプティマイズ」コンテナタグ(スニペット)を対象サイトへ実装

「オプティマイズ」を利用するには、専用の「コンテナタグ(スニペット)」を対象サイトに実装する必要があります。

※ヘルプサイト等では「スニペット」という表現が使われますが、使われる意味合いとして「タグ」と相違ないため、本書では「タグ」という表記に統一します。

⊙「コンテナタグ」実装における検討事項

サイトにコンテナタグを実装する場合には、以下の点について十分に検討をする必要があります。

● 検討ポイント① Googleアナリティクスタグの実装方法

すでに解説の通り、「オプティマイズ」の利用にはGoogleアナリティクスの導入が前提になっているため、対象サイトへのGoogleアナリティクスタグの実装方法によって、「オプティマイズ」の「コンテナタグ」の実装方法も異なります。

● 検討ポイント② チラつき対策(アンチフリッカータグ実装の有無)

「オプティマイズ」の導入後、サイトによっては、テストページが表示される前にオリジナル

ページが一瞬表示されてしまう現象（チラつき）が起きる場合があります。これは、オプティマイズタグが読み込まれて処理される間に起きる現象です。この現象が起こる場合の対策として、テストページが表示されるまでの間（ほんの数秒間）に、オリジナルページが見えないように画面を白く表示させる方法を取ります。これを「アンチフリッカー」と言い、これを作動させるためには「アンチフリッカータグ」を別途実装する必要があります。

下表に、対象サイトのGoogleアナリティクスタグ実装状況による、オプティマイズコンテナタグ実装の方法をまとめましたので、導入の際の参考にしてください。

Googleアナリティクス実装方法	オプティマイズコンテナタグ実装方法	アンチフリッカータグ実装方法 ※実装は任意
analytics.js直貼り →	analytics.js内に追記する	サイト直貼り
gtag.js直貼り →	gtag.js内に追記する	サイト直貼り
GTMからanalytics.jsを配信 →	サイト直貼り ※analytics.js内に追記型	サイト直貼り
→	GTMのオプティマイズタグを配信	サイト直貼り

また、各実装方法の詳細については以下ヘルプサイトを参照し、必ずウェブ技術者に相談の上、最適なパフォーマンスが出るよう実装をしてください。

・analytics.js直貼りの場合
オプティマイズヘルプ＞オプティマイズの導入（オプティマイズをウェブサイトに直接追加する方法）
https://support.google.com/optimize/answer/6262084

・gtag.js直貼りの場合
オプティマイズヘルプ＞オプティマイズをインストールする
https://support.google.com/optimize/answer/7513085

・GTMからGoogleアナリティクスタグを配信＋コンテナタグ直貼り
オプティマイズヘルプ＞オプティマイズとGoogleタグマネージャ
https://support.google.com/optimize/answer/7359264

・GTMからGoogleアナリティクスタグを配信＋GTMからコンテナタグを配信
オプティマイズヘルプ＞Googleタグマネージャを使ってオプティマイズタグを配信する
https://support.google.com/optimize/answer/6314801

本書では、Googleアナリティクスの実装については一貫してGTMでの導入を推奨しているため、「オプティマイズ」についても、GoogleアナリティクスタグをGTMで配信していることを前提に、以下2通りの実装方法についての比較をまとめました。

■ GTMからGoogleアナリティクスを実装している場合のコンテナタグ実装方法の比較

	GTMからコンテナタグを配信	コンテナタグを直貼り
動作効率	○	◎
運用管理	◎ ※特に大規模サイト。1サイト内で複数部署、複数コンテンツでの運用の場合	△

現在、GTMではオプティマイズタグが配信可能になっていますが、Googleの公式ヘルプでは、動作効率上の理由でコンテナタグの直貼りが推奨されています。しかし、私が所属するアユダンテ（株）における数多くのケースを見ると、特に大規模サイトでのオプティマイズ運用については、ひとつのサイトに複数のコンテナタグを実装し、異なる部署で各部署のコンテンツでテストを行いたいというニーズが少なくありません。このようなケースでのコンテナタグの直貼りの工数（時間＆費用）負荷は大きく、動作効率以上にビジネス機会の損失につながりかねないため、多くのケースでGTMからのコンテナタグ配信が選択されています。
よって、本書ではGTMからコンテナタグ配信をする実装方法について解説を進めて行きます。

⊙ GTMから「オプティマイズ」コンテナタグを配信する手順

「オプティマイズ」をリンクしているGoogleアナリティクスプロパティにタグを配信しているGTMコンテナから、「オプティマイズ」コンテナタグを配信します。

設定手順

まず、「新しいタグ」から入ります。

画面NAVI ■ タグマネージャー ▶▶タグ設定画面

「タグの設定」を開きます。

画面NAVI ■ タグマネージャー ▶▶タグ設定画面

表示された「タグタイプを選択」から「Google Optimize」タグを選択します。

画面NAVI ■ タグマネージャー ▶▶ タグ設定画面

「タグの設定」で「オプティマイズ」コンテナIDを入力し、リンク先のGoogleアナリティクスプロパティに配信しているGoogleアナリティクスタグと同じ「Googleアナリティクス設定」変数を選択します。
ここでは、「トリガー」を設定せずに、任意のタグ名を入力してそのままタグを保存します。

画面NAVI ■ タグマネージャー ▶▶ タグ設定画面

次に、リンク先Googleアナリティクスプロパティに配信している、「Googleアナリティクスページビュー」タグを開きます。

画面NAVI ■ タグマネージャー ⏩タグ設定画面

「タグの設定」を開きます。

画面NAVI ■ タグマネージャー ⏩タグ設定画面

「詳細設定」を開きます。

画面NAVI タグマネージャー ▶▶ タグ設定画面

「タグの順序付け」を開き「「Googleアナリティクス - ページビューが発効する前にタグを配信」をチェックし「タグを選択」をクリックします。

画面NAVI タグマネージャー ▶▶ タグ設定画面

表示されたタグから「Google Optimize」タグを選択します。

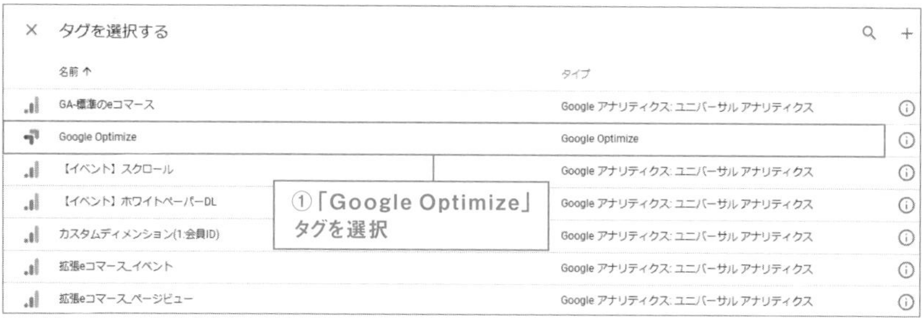

画面NAVI ■ タグマネージャー ▶▶ タグ設定画面

設定内容を確認し「保存」します。

画面NAVI ■ タグマネージャー ▶▶ タグ設定画面

これで、「オプティマイズ」タグの配信設定は完了です。あとはタグを公開して終了します。

参考 オプティマイズヘルプ＞Googleタグマネージャを使ってオプティマイズタグを配信する
https://support.google.com/optimize/answer/6314801

NOTE

アンチフリッカータグの実装

アンチフリッカータグを実装する場合は、以下ヘルプを参照の上実装してください。

オプティマイズヘルプ＞アンチフリッカースニペットを設置する
https://support.google.com/optimize/answer/7100284

④Chromeブラウザに、オプティマイズ拡張機能を追加

最後に、Chromeブラウザに、拡張機能「Google Optimize」を追加します。テストページやカスタマイズページをブラウザ上のビジュアルエディタで編集する際に、この拡張機能が必要です。

拡張機能「Google Optimize」は以下ページから、お使いのChromeブラウザに追加をしてください。

- **Google Optimaize(https://chrome.google.com/webstore/detail/google-optimize/bhdplaindhdkiflmbfbciehdccfhegci)**

参考 オプティマイズヘルプ＞オプティマイズを設定する
https://support.google.com/optimize/answer/6211921

12-5 エクスペリエンス（テスト）を理解する

「オプティマイズ」では、テストのことを「エクスペリエンス」と言います。この「エクスペリエンス」の作成方法について解説します。

「エクスペリエンス」設定の流れ

前述の通り、「エクスペリエンス」には3つのタイプがあり、パーソナライズ配信を行える「カスタマイズ」を入れると、4つの配信設定があります。

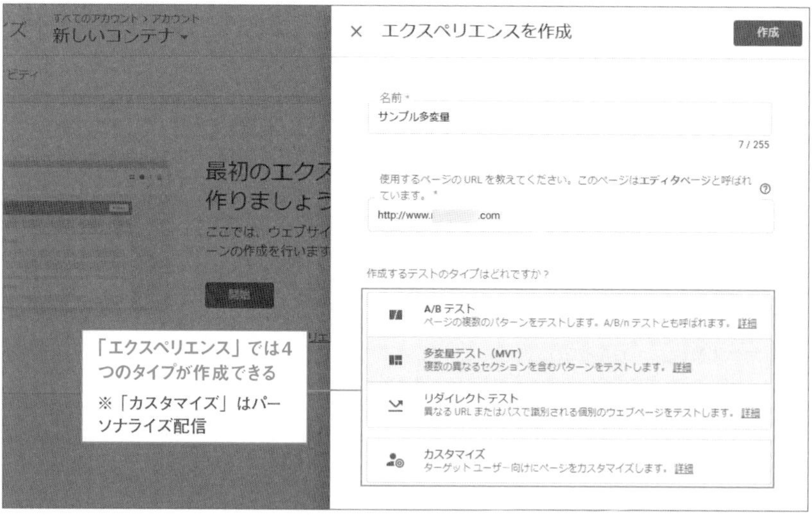
すべてのアカウント > アカウント
新しいコンテナ
エクスペリエンスを作成
作成
名前 *
サンプル多変量
7 / 255
使用するページの URL を教えてください。このページはエディタページと呼ばれています。 *
作成するテストのタイプはどれですか？
A/B テスト
ページの複数のパターンをテストします。A/B/n テストとも呼ばれます。 詳細
多変量テスト（MVT）
複数の異なるセクションを含むパターンをテストします。 詳細
リダイレクト テスト
異なる URL またはパスで識別される個別のウェブページをテストします。 詳細
カスタマイズ
ターゲット ユーザー向けにページをカスタマイズします。 詳細
「エクスペリエンス」では4つのタイプが作成できる
※「カスタマイズ」はパーソナライズ配信

画面NAVI ■ オプティマイズ ▶▶ エクスペリエンス作成画面

それぞれ多少の違いはありますが、設定に必要なステップと流れは概ね同じで、下図のようになります。各ステップの内容と流れを理解しておくと、スムースに設定が行えるようになるでしょう。

①と②は「誰に」「何を」配信するか？を定義するステップです。③は計測したプロパティで集計表示させるビューを選択します。④は「エクスペリエンス」を評価するコンバージョンポイントを目標設定で定義します。

「エクスペリエンス」設定～開始までの流れ

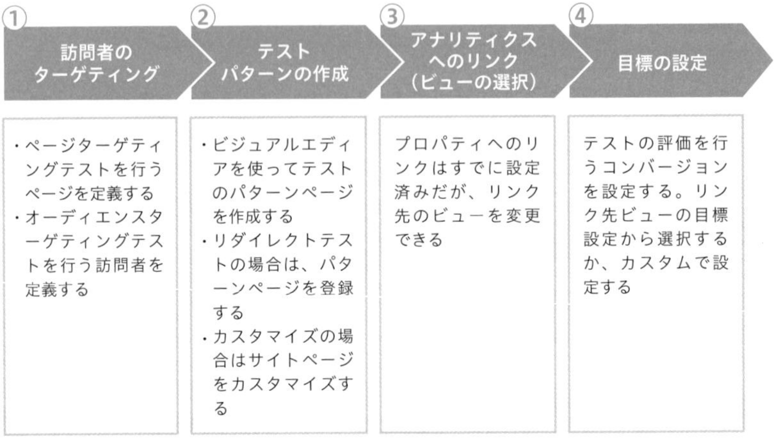
①
訪問者の
ターゲティング
②
テスト
パターンの作成
③
アナリティクス
へのリンク
(ビューの選択)
④
目標の設定
・ページターゲティングテストを行うページを定義する
・オーディエンスターゲティングテストを行う訪問者を定義する
・ビジュアルエディアを使ってテストのパターンページを作成する
・リダイレクトテストの場合は、パターンページを登録する
・カスタマイズの場合はサイトページをカスタマイズする
プロパティへのリンクはすでに設定済みだが、リンク先のビューを変更できる
テストの評価を行うコンバージョンを設定する。リンク先ビューの目標設定から選択するか、カスタムで設定する

※①、②の順番は逆でも問題ない

各エクスペリエンスに必要な設定ステップをまとめると、以下のようになります。「A/Bテスト」と「多変量テスト」は、まったく同じステップと内容になります。「リダイレクトテスト」は、異なるURLのパターンページを登録する必要があります。また、「カスタマイズ」はテストではありませんので、目標設定の必要はありません。

■ 各エクスペリエンスの設定項目

	ターゲット設定ルールの追加	パターンを作成	アナリティクスビューの選択	目標の設定
A/Bテスト	○	○	○	○
多変量テスト	○	○	○	○
リダイレクトテスト	○	パターンページを登録	○	○
カスタマイズ	○	サイトの内容をカスタマイズ	○	－

12-6 エクスペリエンス（テスト）を作成する

「エクスペリエンス（テスト）」作成の各ステップについて解説します。
最初に「エクスペリエンス」の設定画面に入ります。

設定手順

「開始」または「エクスペリエンスを作成」から入り、作成するタイプを選択します。

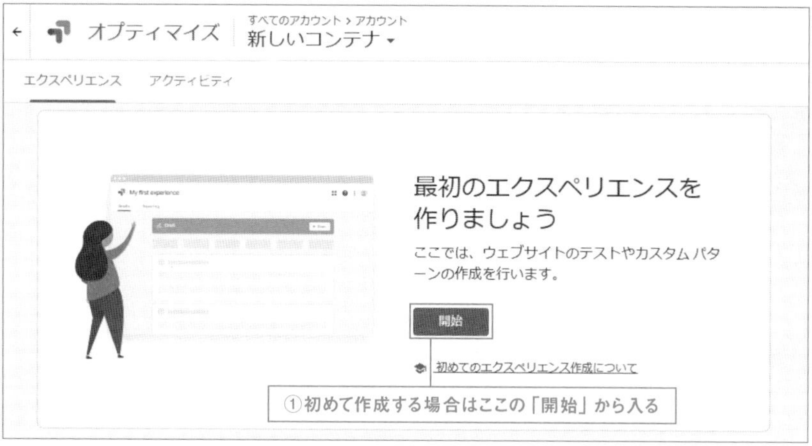

画面NAVI ■ オプティマイズ ▶▶ コンテナ設定画面

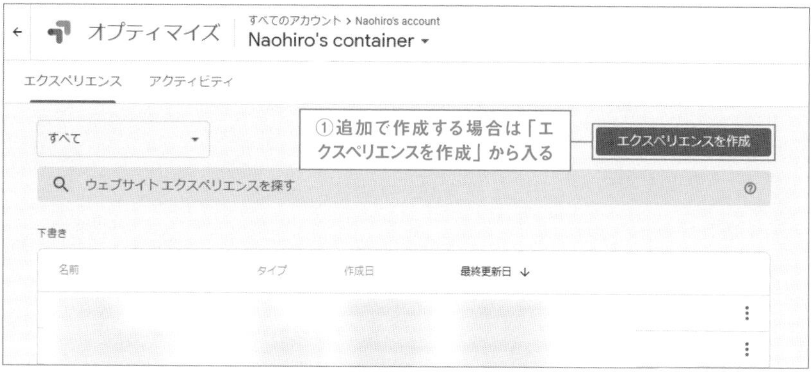

画面NAVI ■ オプティマイズ ▶▶ コンテナ設定画面

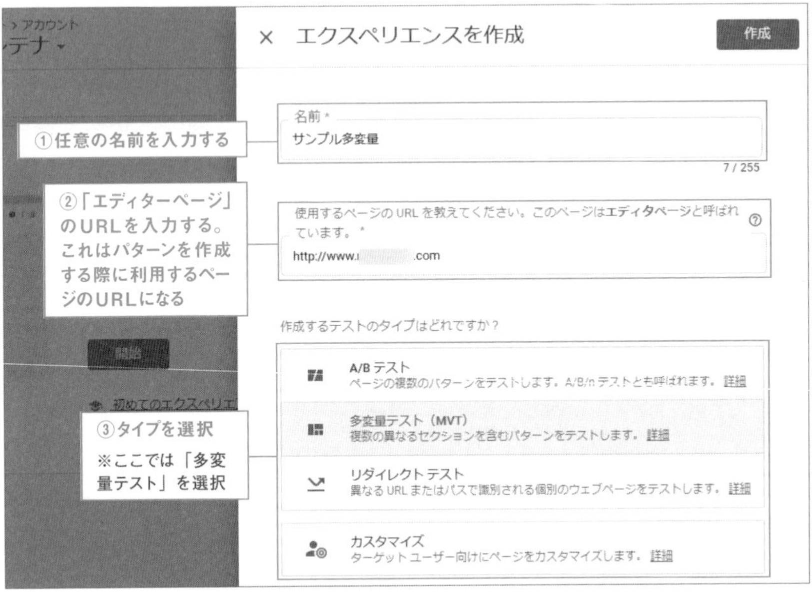
エクスペリエンスを作成
作成
名前 *
サンプル多変量
7 / 255
使用するページの URL を教えてください。このページはエディタページと呼ばれています。 *
作成するテストのタイプはどれですか？
A/B テスト
ページの複数のパターンをテストします。A/B/n テストとも呼ばれます。 詳細
多変量テスト（MVT）
複数の異なるセクションを含むパターンをテストします。 詳細
リダイレクト テスト
異なる URL またはパスで識別される個別のウェブページをテストします。 詳細
カスタマイズ
ターゲット ユーザー向けにページをカスタマイズします。 詳細
①任意の名前を入力する
②「エディターページ」のURLを入力する。これはパターンを作成する際に利用するページのURLになる
③タイプを選択
※ここでは「多変量テスト」を選択

画面NAVI ■ オプティマイズ ▶▶エクスペリエンス作成画面

①ターゲット設定ルールの追加

ターゲット設定では、

- ページターゲティング……サイト内でテストを実施するページや範囲を定義
- オーディエンスターゲティング……テストを配信する対象ユーザーの条件を定義

のふたつを設定します。

画面NAVI ■ オプティマイズ ▶▶ エクスペリエンス作成画面

「ページターゲティング」では、サイト内のどこのページでテストを行うのか？を定義します。条件項目としては「URL」だけでなく、「ホスト名」「パス」「URLフラグメント」などの要素による定義も行えますので、単一のページだけでなく、一定の要素条件を満たす"範囲"でテスト実施の場所を定義することも可能です。

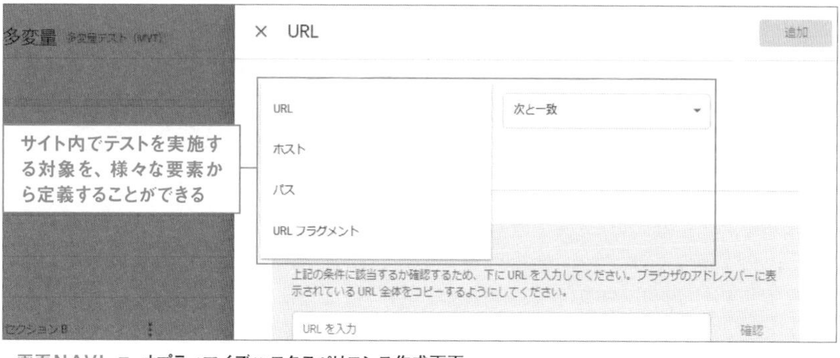

画面NAVI ■ オプティマイズ ▶▶ エクスペリエンス作成画面

「オーディエンスターゲティング」では、テストを配信する対象のユーザーを定義します。定義する条件項目としては、下図設定ページにあるように、Googleアナリティクスの「ディメンション」を使って比較的簡単にユーザー条件を定義できる項目と、より技術的な要素を使って高度な条件を定義できる項目があります。前者はマーケターが自ら設定しやすい条件項目ですが、後者を利用する場合は、ウェブ技術に詳しい技術者に相談しながら、間違えのないように条件定義を行うのが良いでしょう。

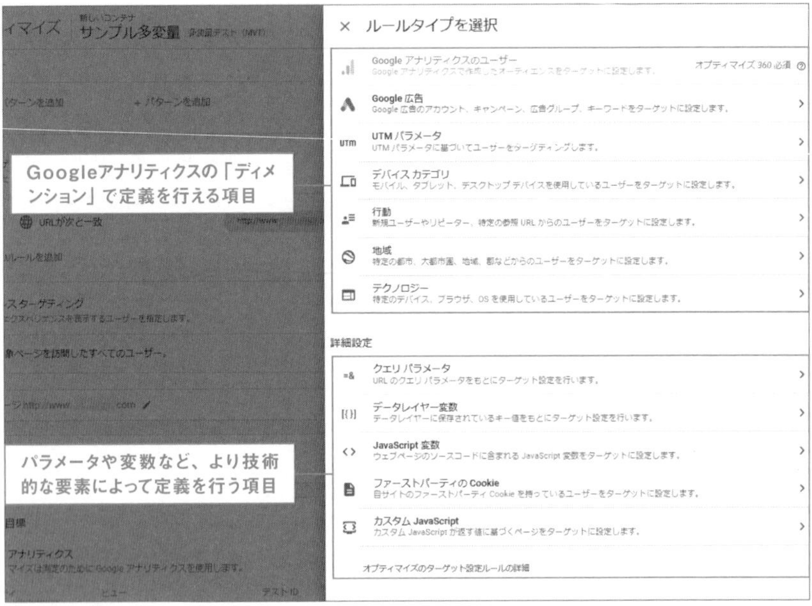
サンプル多変量
× ルールタイプを選択
Google アナリティクスのユーザー
Google アナリティクスで作成したオーディエンスをターゲットに設定します。
オプティマイズ 360 必須
Google 広告
Google 広告のアカウント、キャンペーン、広告グループ、キーワードをターゲットに設定します。
UTM パラメータ
UTM パラメータに基づいてユーザーをターゲティングします。
デバイス カテゴリ
モバイル、タブレット、デスクトップ デバイスを使用しているユーザーをターゲットに設定します。
行動
新規ユーザーやリピーター、特定の参照 URL からのユーザーをターゲットに設定します。
地域
特定の都市、大都市圏、地域、都などからのユーザーをターゲットに設定します。
テクノロジー
特定のデバイス、ブラウザ、OS を使用しているユーザーをターゲットに設定します。
詳細設定
クエリ パラメータ
URL のクエリ パラメータをもとにターゲット設定を行います。
データレイヤー変数
データレイヤーに保存されているキー値をもとにターゲット設定を行います。
JavaScript 変数
ウェブページのソースコードに含まれる JavaScript 変数をターゲットに設定します。
ファーストパーティの Cookie
自サイトのファーストパーティ Cookie を持っているユーザーをターゲットに設定します。
カスタム JavaScript
カスタム JavaScript が返す値に基づくページをターゲットに設定します。
オプティマイズのターゲット設定ルールの詳細
Googleアナリティクスの「ディメンション」で定義を行える項目
パラメータや変数など、より技術的な要素によって定義を行う項目

画面NAVI ■ オプティマイズ ▶▶ エクスペリエンス作成画面

NOTE

「Googleアナリティクスのユーザー」

「オーディエンスターゲティング」のルール追加には、「Googleアナリティクスのユーザー」という選択肢が見えますが、これはオプティマイズ360（有料版）のみが利用できる機能です。リンク先のGoogleアナリティクスプロパティで作成した、「ユーザーリスト（オーディエンス）」に含まれるユーザーに対してテストを配信できる、という機能になります。

参考 オプティマイズヘルプ＞ターゲット
https://support.google.com/optimize/topic/6283433

②テストパターンの作成

パターンの作成では、4つのタイプごとに細かな設定内容は異なりますが、いずれもテストページ（カスタマイズの場合はパーソナライズページ）を作成（または登録）するというステップになります。前述した「ターゲット設定」とあわせて、テストの根幹部分になりますので、作成や設定に入る前に十分な検討の上「テストの仮説（誰に対してどのようなテストを行い、何を改善するのか？）」を作っておくことが重要になります。

● A/Bテストのパターン作成画面

A/Bテストでは、パターンページの追加設定、各パターンページをどういった比率で配信するかを設定して、ビジュアルエディタでパターンページを編集します。

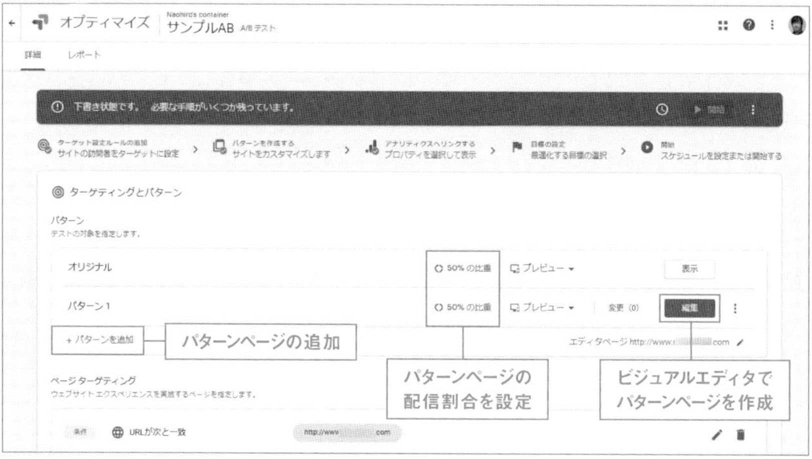

画面NAVI ■ オプティマイズ ▶▶ A/Bテストの設定画面

● 多変量テストのパターン作成画面

多変量テストでは、ひとつのページの中の複数部分を比較テストしますが、その部分を「セクション」と言います。この設定では「セクション」を追加して、各「セクション」のパターンを追加し、ビジュアルエディタで編集を行います。

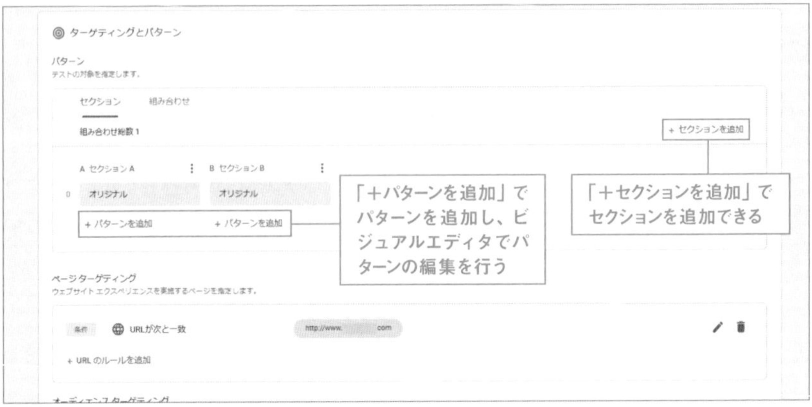

画面NAVI ■ オプティマイズ ▶▶ 多変量テストの設定画面

● **リダイレクトテストのパターン作成画面**

リダイレクトテストの設定では、比較するリダイレクトページを登録します。そもそも、異なる内容のページを比較するのでビジュアルエディタは使用しません。

画面NAVI ■ オプティマイズ ▶▶ リダイレクトテストの設定画面

「パターンを追加」をクリックして、リダイレクトページのURLを入力します。

画面NAVI ■ オプティマイズ ▶▶ リダイレクトテストの設定画面

● **カスタマイズのページ作成画面**

カスタマイズではパターンは必要ないので、パーソナライズ配信するページをビジュアルエディタで編集します。

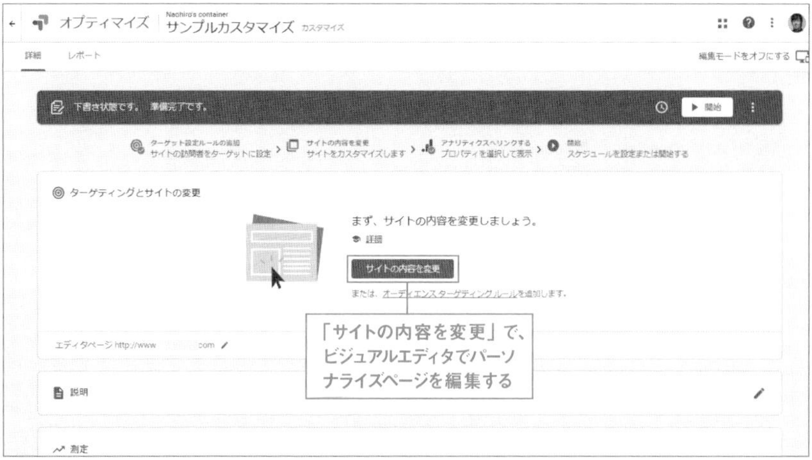

画面NAVI ■ オプティマイズ ▶▶ カスタマイズの設定画面

参考 オプティマイズヘルプ＞カスタマイズの概要
https://support.google.com/optimize/answer/9112930

参考 オプティマイズヘルプ＞ウェブテスト
https://support.google.com/optimize/topic/6197696

NOTE

ビジュアルエディタの理解

前述の通り、「A/Bテスト」「多変量テスト」「カスタマイズ」では、各パターンページやカスタマイズページは、「ビジュアルエディタ」を立ち上げることによってブラウザ上で編集することができます。

ビジュアルエディタでは、読み込んだオリジナルページを元にブラウザ画面上で編集したい要素を選択し、画面上で直接編集や移動をしたり、「エディタパレット」を使ってより詳細な編集を行うことが可能です。メインコピーの文字直しなど簡単な編集であれば、技術知識が高くないマーケターであっても、すぐに編集してテストを行うことも可能です。しかし、基本的にはウェブ技術の知識を持った、制作経験のある担当者が編集を行うのが望ましいでしょう。

画面NAVI ■ オプティマイズ ▶▶ビジュアルエディタ

「ビジュアルエディタ」で作成されたパターンページは、実際のページファイルとして存在しているわけでありません。あくまでオプティマイズの中に存在し、設定されたターゲット条件に従って配信される、"コンテンツ情報"と理解しておくのが良いでしょう。
本書では、主旨に基づき、オプティマイズによる具体的なテストやパターン作成の詳細手順については、割愛させていただきます。「ビジュアルエディタ」の詳細については、以下ヘルプサイトを参照ください。

オプティマイズヘルプ＞ビジュアルエディタ
https://support.google.com/optimize/topic/7037477

③Googleアナリティクスへのリンク（ビューの設定）

Googleアナリティクスへのリンク（ビューの設定）については、前々節を参照ください。

④目標の設定

エクスペリエンス作成の最後は「目標設定」です(「カスタマイズ」では目標設定は必要ありません)。
目標は、各テストを評価し、最終的な優位判定を行うための重要な指標になります。設定する方法は、リンク先Googleアナリティクスのビューの設定や、データから選択できる「リンクから選択」と、同様にリンク先Googleアナリティクスで計測されている「イベントトラッキング」と「ページビュー」から定義する方法があります。いずれも、リンク先Googleアナリティクスプロパティのデータを利用して、目標を定義することになります。

画面NAVI ■ オプティマイズ ▶ 目標設定画面

目標を設定する方法と内容をまとめると、次の表のようになります。
また、目標はひとつのテストで最大3つまで(オプティマイズ360版では最大10個まで)設定できますので、同時に複数の仮説に基づいた評価を行うことができます。

目標設定方法	項目	内容
リストから選択	Googleアナリティクスのビューの目標設定から選択	リンク先の目標設定から選択する
	システム・主要な5つの指標から選択	「セッション時間」「トランザクション数」「ページビュー数」「収益」「直帰数」から選択。各指標値によって判定される（AdSense連携している場合はAdSense連携も追加される）
カスタム目標を作成	Googleアナリティクスで計測しているイベントから選択	リンクされたプロパティで計測しているイベントトラッキングから選択する
	Googleアナリティクスで計測しているページから定義	リンク先のビュー内の特定のページを目標として設定できる

● 目標をリストから選択

「リストから選択」する場合は、表示されたビューの目標と5つの指標から選択します。

×　目標を選択してください
リンクしたビューの目標設定から選択
名前
種類 ↑
説明
問い合わせページ (目標 1 の完了数)
Google アナリティクスの目標
到達ページ
問い合わせ完了（新HP 20190119~）(目標 2 の完了数)
Google アナリティクスの目標
到達ページ
セッション時間
システム
セッションの長さ（秒数）。活動が行われている間はセッションが継続します。
トランザクション数
システム
サイトで行われた合計購入数です。
ページビュー数
システム
閲覧されたページの合計数です。同じページが繰り返し表示された場合も集計されます。
収益
システム
ウェブ e コマースまたはアプリ内トランザクションによる総収益です。設定によっては、税金と配送料も含まれます。
直帰数
システム
訪問ユーザーが 1 ページだけ閲覧して、すぐに離脱した回数です。
リンクしたビューの指標(5つ) から選択

画面NAVI ■ オプティマイズ ▶▶ 目標設定画面

● カスタム目標を作成

「カスタム目標」では、まず「イベント」か「ページビュー数」かを選択します。

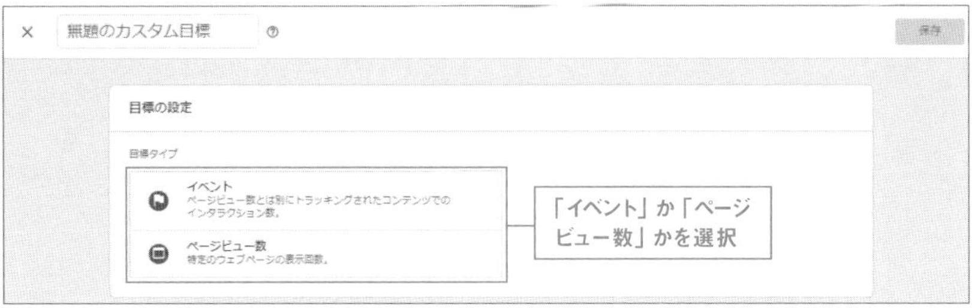
×　無題のカスタム目標
保存
目標の設定
目標タイプ
イベント
ページビュー数とは別にトラッキングされたコンテンツでのインタラクション数。
ページビュー数
特定のウェブページの表示回数。
「イベント」か「ページビュー数」かを選択

画面NAVI ■ オプティマイズ ▶▶ 目標設定画面

「イベント」では、リンク先プロパティで計測している「イベントトラッキング」の値が表示されますので、そこから選択し適切な一致条件を設定します。
「カウント方法」では、セッションごとの集計を意味する「セッションごとに1回」か、アクションの回数をユニークに集計すること意味する、「セッションごとに複数回」かを選択します。
Googleアナリティクスの「目標設定」はセッション集計であるため、アクション回数をユニークに集計した値でテストを評価する場合は、こちらの「カスタム目標を作成」を利用するのが良いでしょう。
設定した内容がきちんと機能しているかは、その下にある「ルールの検証」で過去7日間の実績値が表示されるので、そこで確認することができます。
オプティマイズの評価はベイズ統計を利用していますが、一定の計測ボリュームがないと統計的な優位判定に時間がかかり、最終的には判定が出ないケースもありますので、「ルールの検証」で、実際にどのくらいの目標データがあるのか？を確認してください。
※一定以上のボリュームがあってもテストパターンの比較結果に差がない場合などでも、優位判定が出ない場合があります。

最後に任意の名前を入力し、「保存」で終了します。

設定手順

無題のカスタム目標
④任意の名前を入力し、下記設定が終わったら「保存」する
保存
目標の設定
目標タイプ
イベント
ページビュー数とは別にトラッキングされたコンテンツでのインタラクション数。
ページビュー数
特定のウェブページの表示回数。
①リンク先Googleアナリティクスプロパティで、計測しているイベントトラッキングから選択をする
すべてのルールに一致（AND）：
イベント カテ…
次で始まる
click
説明（省略可）
カスタム目標の説明を入力
カウント方法
セッションごとに1回
②カウント方法を「セッションごとに1回」か「セッションごとに複数回」かを選択
ルールの検証
リンクされた Google アナリティクス ビューの過去 7 日間のデータに基づきます。
このルール一式は、1599 セッションで適用されました。
③上記の設定で、過去7日間にどれだけ該当する値があったかが検証される

画面NAVI ■ オプティマイズ ▶▶ 目標設定画面

「ページビュー数」から作成する場合は、リンク先ビューで集計しているページが選択肢に表示されるので、そこから特定のページを選択し適切な一致条件を設定します。あとは、上記同様に「カウント方法」を選択し、「ルールの検証」を確認したら、任意の名前を入力して「保存」します。

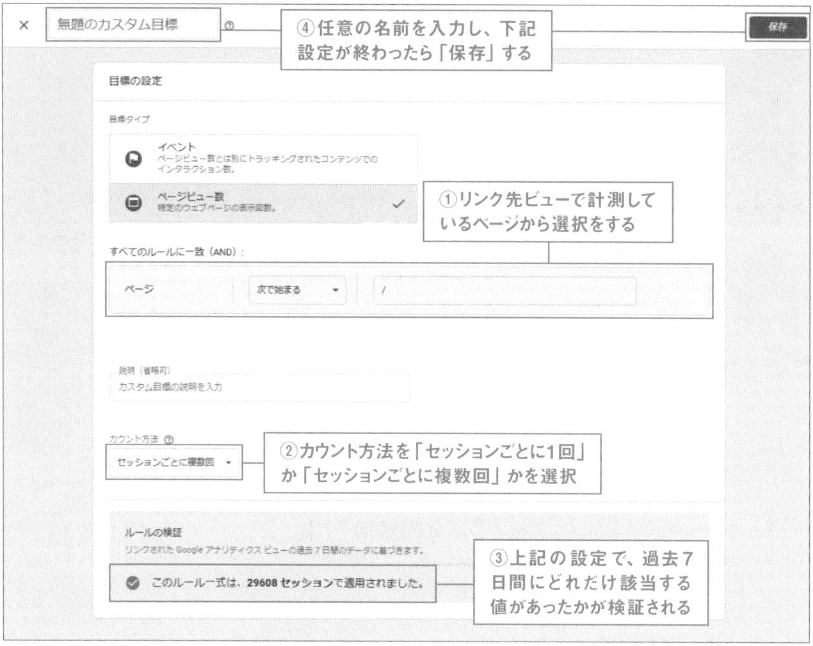
無題のカスタム目標
保存
④任意の名前を入力し、下記設定が終わったら「保存」する
目標の設定
目標タイプ
イベント
ページビュー数とは別にトラッキングされたコンテンツでのインタラクション数。
ページビュー数
特定のウェブページの表示回数。
①リンク先ビューで計測しているページから選択をする
すべてのルールに一致（AND）：
ページ
次で始まる
/
説明（省略可）
カスタム目標の説明を入力
カウント方法
セッションごとに複数回
②カウント方法を「セッションごとに1回」か「セッションごとに複数回」かを選択
ルールの検証
リンクされた Google アナリティクス ビューの過去 7 日間のデータに基づきます。
このルール一式は、29608 セッションで適用されました。
③上記の設定で、過去7日間にどれだけ該当する値があったかが検証される

画面NAVI ■ オプティマイズ ▶▶ 目標設定画面

「副目標」として最大3つまで目標を設定することができます。
有料版のオプティマイズ360では最大10個まで可能です。

画面NAVI ■ オプティマイズ ▶▶ 目標設定画面

参考 オプティマイズヘルプ＞オプティマイズの目標の紹介
https://support.google.com/optimize/answer/7018998

12-7 エクスペリエンス(テスト)を開始する

前節で「開始」までの①～④のステップが完了です。
「開始」にあたっては、以下の項目を確認してください。

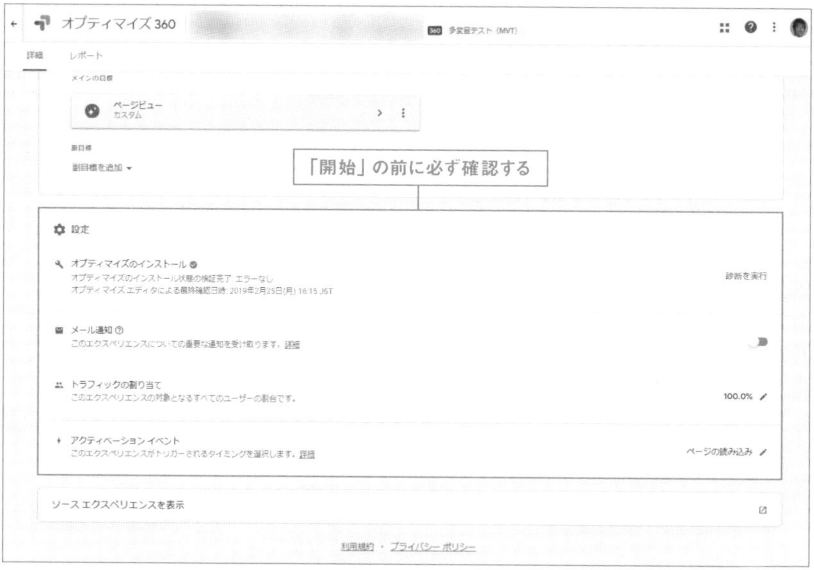

画面NAVI ■ オプティマイズ ▶▶ エクスペリエンス設定画面

上記の中でも必ず確認と設定をしていただきたいのは、「トラフィックの割り当て」です。これは、設定したテストを訪問ユーザーの何割に実施(配信)するのか？を任意の%で設定することができる機能です。全ユーザーに対して行うのか？それとも、テストなので一部分のユーザーでやるのか？を設定します。この%は、計測データボリュームにも影響しますので、テスト判定に必要なボリューム、または判定が出る期間にも影響する可能性があります。よく検討の上、設定をしてください。

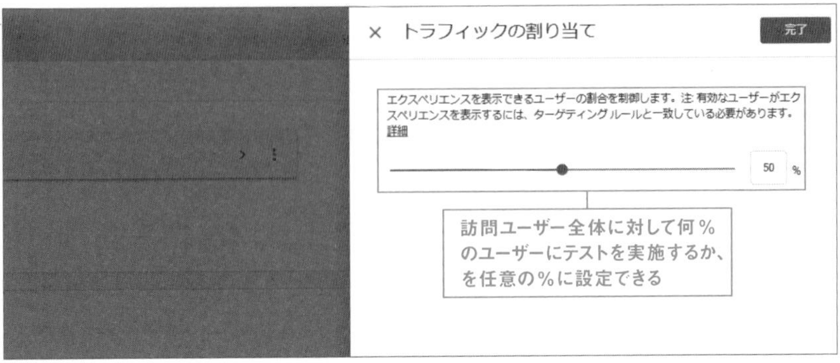

画面NAVI ■ オプティマイズ ▶▶トラフィックの割り当て設定画面

テストのスケジュール設定

テストの開始と終了の日時を設定することもできます。テスト開始タイミングを予約したい場合に便利です。テスト期間は、最長で90日間で設定可能です。実際には90日経過する前にテスト結果が出る場合もありますし、逆に判定が出なくても最長90日でテストは終了します。

画面NAVI ■ オプティマイズ ▶▶テストスケジュール設定画面

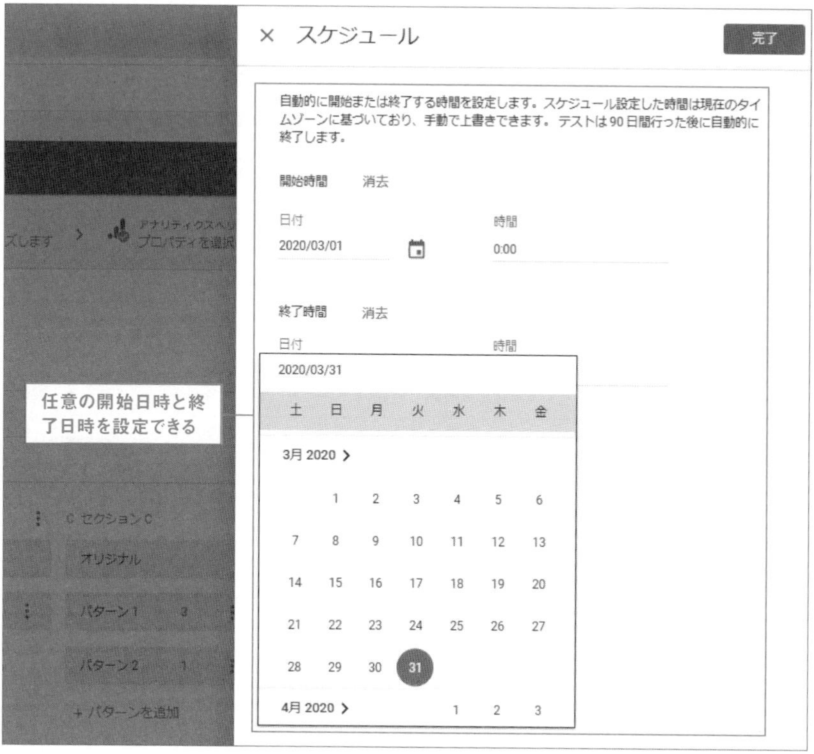
× スケジュール
完了
自動的に開始または終了する時間を設定します。スケジュール設定した時間は現在のタイムゾーンに基づいており、手動で上書きできます。テストは90日間行った後に自動的に終了します。
開始時間　消去
日付
2020/03/01
時間
0:00
終了時間　消去
日付
時間
2020/03/31
土 日 月 火 水 木 金
3月 2020
1 2 3 4 5 6
7 8 9 10 11 12 13
14 15 16 17 18 19 20
21 22 23 24 25 26 27
28 29 30 31
4月 2020
1 2 3
C セクションC
オリジナル
パターン1
パターン2
+ パターンを追加
任意の開始日時と終了日時を設定できる

すべての設定が完了したら「開始」します。

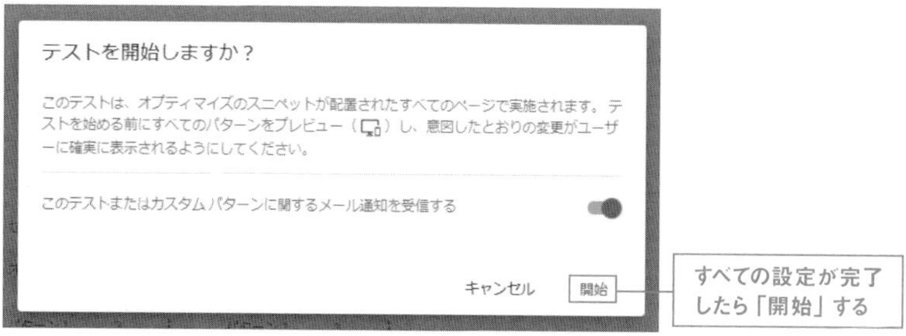
テストを開始しますか？
このテストは、オプティマイズのスニペットが配置されたすべてのページで実施されます。テストを始める前にすべてのパターンをプレビュー（ ）し、意図したとおりの変更がユーザーに確実に表示されるようにしてください。
このテストまたはカスタム パターンに関するメール通知を受信する
キャンセル
開始
すべての設定が完了したら「開始」する

参考　オプティマイズヘルプ＞ウェブテスト
https://support.google.com/optimize/topic/6197696

12-8 オプティマイズのレポートを理解する

テストの結果は、各「エクスペリエンス」設定画面の左上「レポート」から確認することができます。「レポート」では、テスト開始後であれば、テスト途中であっても経過を確認することができます。

「レポート」の内容は以下の図のようになっています。

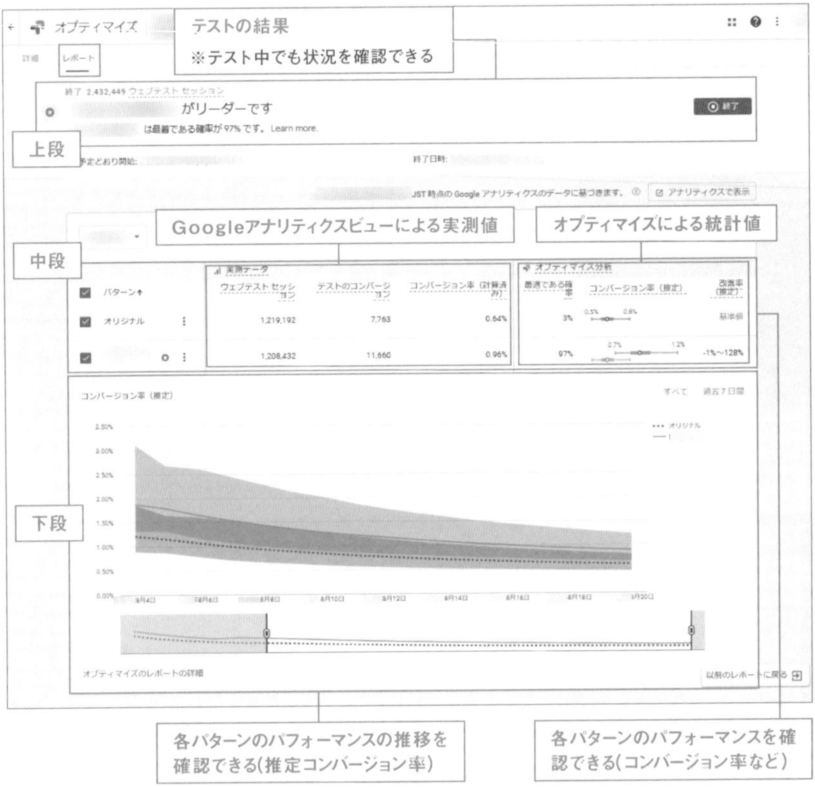

● **上段**

テストの結果や途中の状況が表示されます。

● **中段**

パターンごとのパフォーマンスを確認することができます。左側の列では、リンクしたGoogleアナリティクスビューでの実測値が表示され、右側の列ではオプティマイズで統計分析された値が表示されます。

※実測値と統計値（推定値）では値が一致しないことがあります。

参考　オプティマイズヘルプ＞オプティマイズレポートとアナリティクスレポートの違い
https://support.google.com/optimize/answer/6323229

● **下段**

パターンごとのパフォーマンスを、時系列の推移で見ることができます。この値は、オプティマイズで統計分析された推定値になります。

レポート結果の理解

オプティマイズのレポートでは、レポート画面の値を見て、どのパターンが一番良い結果かを確認することができますが、統計分析に基づき、パターンの中で一番パフォーマンスが良いと判定される「リーダー」が見つかるまで、テストは実施されます。
例えば、テスト期間を最長の90日で設定したとしても、途中で「リーダー」の判定が出ればその時点でテストは終了します。逆に90日間テストをしても、統計的に明確な「リーダー」が見つからなかった場合（例えば、各パターン間でパフォーマンスにあまり差がなかったような場合）は、そのままテストが終了されます。

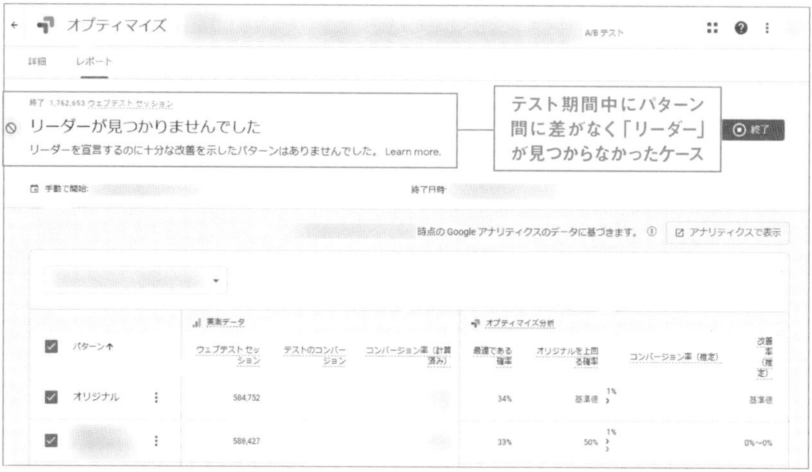

また、下図のようにテストを短期間で止めてしまった場合も、「リーダー」の判定は出ません。オプティマイズでは、統計分析上の理由から最低でも2週間のテスト期間を推奨しており、それ未満の期間の場合は判定が出ない場合があります。ユーザーのウェブサイト訪問には曜日による傾向があり、「1週間」がひとつのサイクルと考えられますので、最低でも"2サイクル"分のデータをもとにしないと統計的優位判定が難しい、という考え方によるものです。

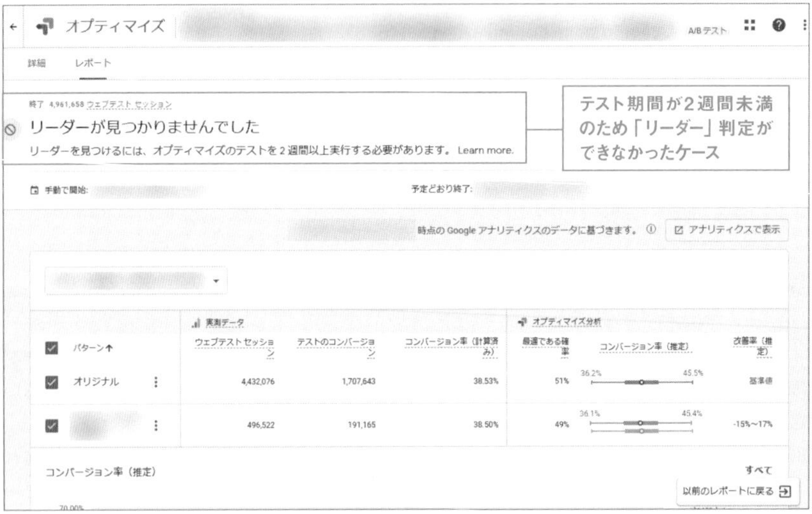

よって、「エクスペリエンス」を設計する段階では

・十分なデータ量があるターゲティング
・最低でも2週間のテスト期間

を考慮に入れて設定することをお勧めします。

参考 オプティマイズヘルプ＞レポートの概要
https://support.google.com/optimize/answer/6218117

13章

データビジュアライズのためのデータ活用

13-1 データポータルの全体像を理解する

「データポータル」とは、一言で言えば「ダッシュボード」ツールであり「BI(ビジネスインテリジェンス)」ツールであるとも言えます。本書の流れの中で位置づけるとすれば、データ活用の流れの「取る」「見る」「使う」の中の「見る(集計/分析)」に特化し、高機能に進化したレポートツールということができるでしょう。

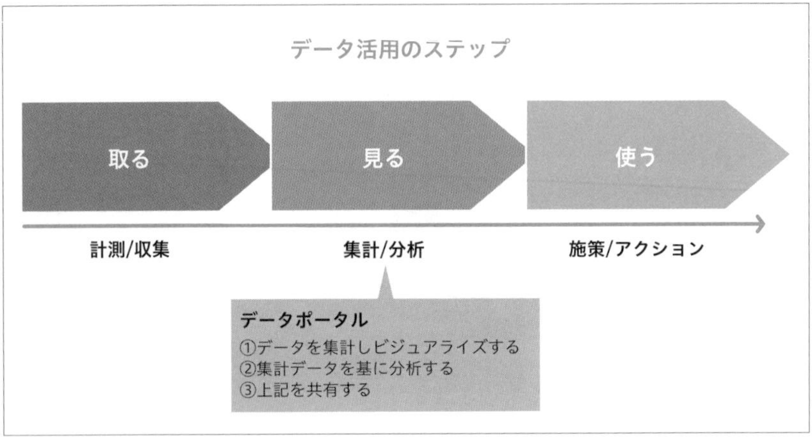

「データポータル」は無料版のツールとしてすでにかなり普及していますが、現在「Googleマーケティングプラットフォーム」のツール群の中でも、最も機能拡張が盛んに行われている"進化中"のツールになります。Googleアナリティクスとの連携も可能で、Googleアナリティクス内の「カスタムレポート」で行っていた集計レポート作成は、この「データポータル」に置き換わっている流れになっています。

「データポータル」の主な機能はデータのダッシュボード化になりますが、下図のように多様なデータソースの作成から集計レポート(ダッシュボード)作成、それだけでなく分析までをこなす、高機能な「BIツール」へと急ピッチに進化しているツールになります。

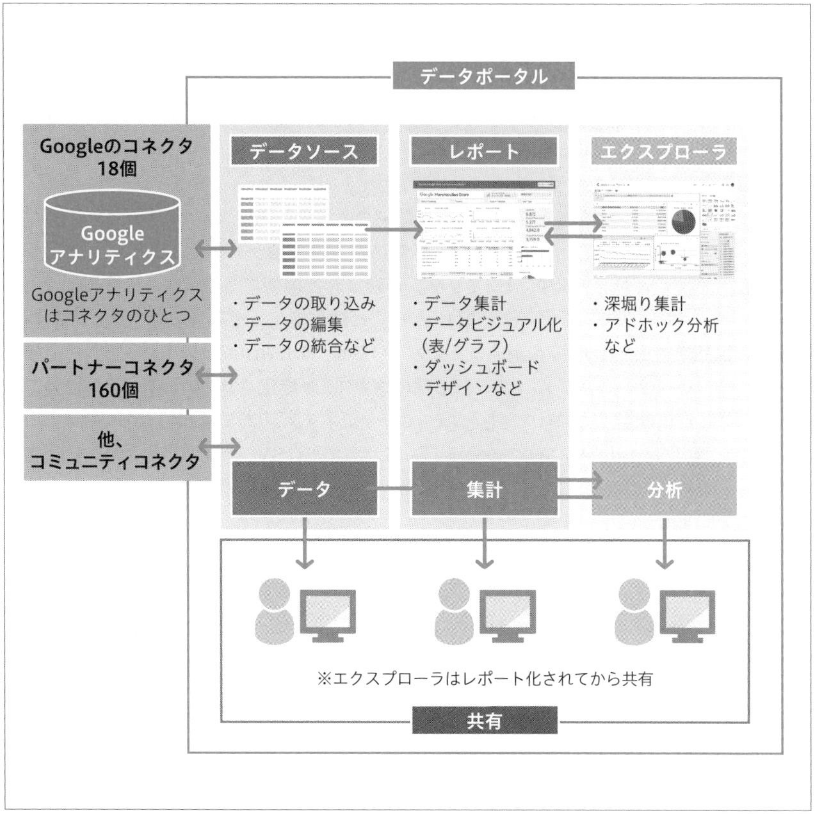
データポータル
Googleのコネクタ
18個
Google
アナリティクス
Googleアナリティクス
はコネクタのひとつ
パートナーコネクタ
160個
他、
コミュニティコネクタ
データソース
・データの取り込み
・データの編集
・データの統合など
レポート
・データ集計
・データビジュアル化
(表/グラフ)
・ダッシュボード
デザインなど
エクスプローラ
・深掘り集計
・アドホック分析
など
データ
集計
分析
※エクスプローラはレポート化されてから共有
共有

13-2 データポータルのデータソースを理解する

Googleアナリティクスをお使いの方で、ウェブサイトのレポーティングダッシュボードを、すでに「データポータル」で作成されている方は少なくないと思いますが、「データポータル」自体は、Googleアナリティクスのみならず非常に多くの外部データを取り込み、「ダッシュボード化」することができます。「コネクタ」と呼ばれる機能で外部ツールに直接アクセスして、「データポータル」にデータを取り込むことが可能で、その「コネクタ」の数は、Google製品を中心とした"Googleコネクタ"が18個、また3rd Partyのパートナー企業のツールへの"パートナーコネクタ"では、160個のコネクタが提供されています。それ以外でも、ユーザーが独自に開発したコネクタも"コミュニティコネクタ"として提供されています。コネクタの中には「Googleスプレッドシート」もあり、またCSVファイルアップロード機能もあるので、コネクタのない外部データツールであっても、問題なく「データポータル」に取り込むことが可能になっています。

「データソース」の作成については、「13-6　データソースを作成する」で解説します。

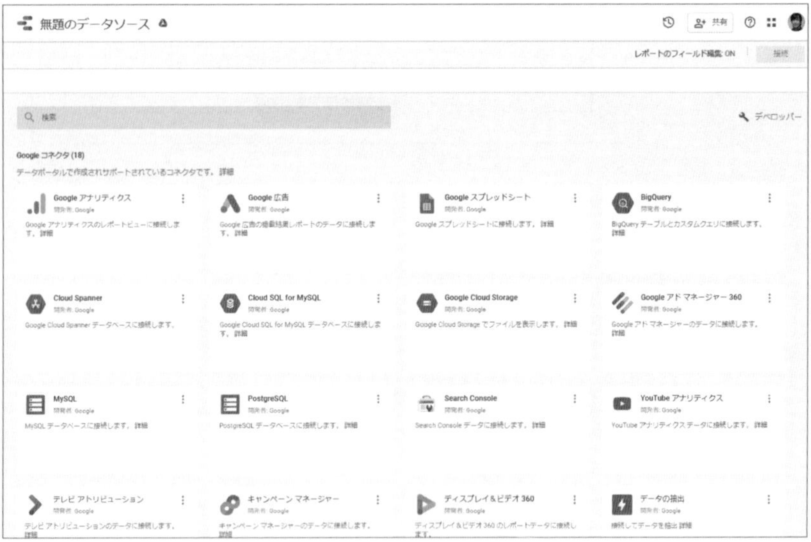

画面NAVI ■ データポータル ▶▶ データソース作成画面（コネクタ選択）

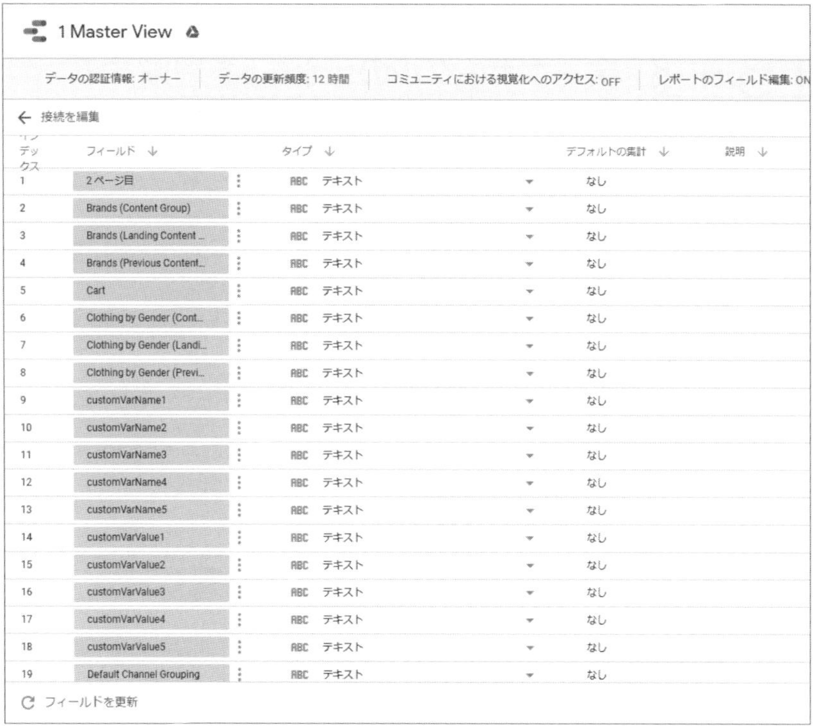

画面NAVI ■ データポータル ▸▸ データソース作成画面（取り込んだデータソース）

13-3 データポータルのレポートを理解する

データソースに取り込まれたデータは、「レポート」機能でビジュアライズされます。現在30種以上の多様な表やグラフが簡単に作成でき、またレポート画面の"デザインテンプレート"や色などの"テーマ"も豊富なので、オリジナルの「カッコイイ」ダッシュボードも、要領を覚えれば"パワーポイント感覚"でいとも簡単に作成することが可能です。
「レポート」の作成については、「13-7　データソースをもとにレポートを作成する」で解説します。

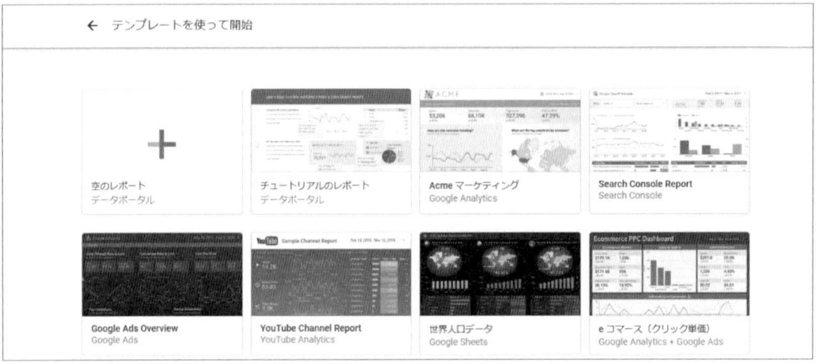

画面NAVI ■ データポータル ▸▸ レポート作成画面

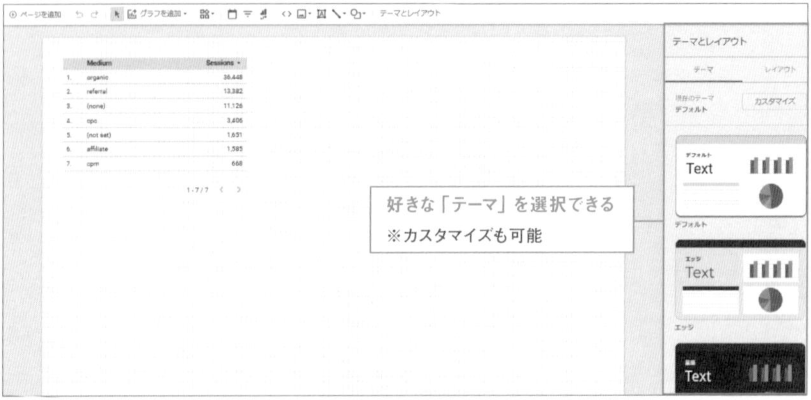

画面NAVI ■ データポータル ▸▸ レポート編集画面

13-4 データポータルのエクスプローラを理解する

「エクスプローラ」は、作成された「レポート」から得られた"気づき"や"変化"の要因を「より深く調べたい」、または「異なる視点(表やグラフ)で分析したい」というアドホックな分析ニーズを満たすのに、非常に有効な機能です。「レポート」で作成されるダッシュボードは、「編集モード」で作成したものを「ビュー」モードで関係者に共有することを前提としています。そのため、「ビュー」として共有されたダッシュボード画面で直接データを操作したり、深掘りしたりすることはできません(集計期間変更など多少の操作は可能)。「エクスプローラ」では、画面上で自由な操作により、分析者の分析ニーズに従ったアドホックなデータ分析が可能です。例えば、ひとつのデータソースに対して、複数の表やグラフを「ディメンション」「指標」のドラッグ&ドロップで簡単に作成でき、「ディメンション」ごとのフィルタ機能で、特定のディメンション値でのデータの変化などを、画面上のインタラクションで簡単に確認することができます。
このような、画面上の柔軟な操作による分析作業環境の提供を目的としていると考えられるため、「レポート」のように「編集」「ビュー」というモード切替は、基本的にはありません。「共有」機能もありますが、その場合はいったん「レポート」に変換された上で共有されるしくみになっています。
「エクスプローラ」については、後節で解説します。

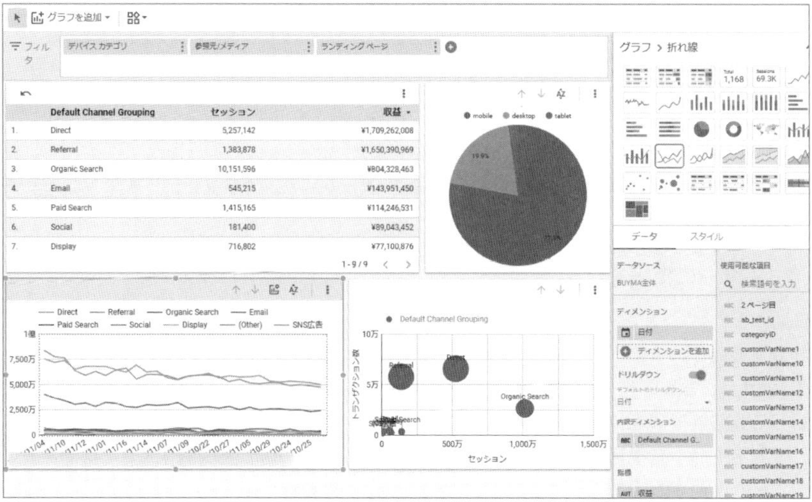

画面NAVI ■ データポータル ≫ エクスプローラ

13-5 「共有」と「データソースへの認証情報」を理解する

「データソース」「レポート」「エクスプローラ」のすべてが「共有」可能です。
「データポータル」では様々なデータを取り扱う関係上、「共有」を利用する場合はその権限構造について、また各データソースに対する「認証情報」との関係について、十分に理解しておく必要があります。

データポータルの共有方法

まず、共有には3つの方法があります。

①共有したいユーザーに権限を付与する方法（閲覧者か編集者）
②共有用リンクを使って共有する方法（閲覧か編集かを制限できる）
③インターネットに公開する方法（閲覧か編集かを制限できる）

共有方法	内容
ユーザーに権限を付与	Googleアカウントのメールアドレスを登録し「閲覧者」か「編集者」の権限を付与する
リンクで共有	共有用リンクを知っている人がアクセスできる。「閲覧」か「編集」かを制限できる
インターネット上に公開	インターネット上で検索できるように公開する。「閲覧」か「編集」かを制限できる

※上記すべて「レポート」「データソース」共通

「インターネット上に公開」を利用する場合は、データに対するポリシーを考慮した上で慎重に行ってください。

①ユーザーに権限を付与

Googleアカウントを持ったユーザーには、メールアドレスを登録することで2種類の権限で共有することができます。また、ひとつの権限は「レポート」「データソース」両方に有効です（例えば、あるレポートに対して編集権限を付与した場合、そのユーザーはデータソースに対しても編集権限を持ちます）。
「閲覧者」は、文字通り共有された「レポート」「データソース」を閲覧することはできますが、その設定や内容を編集することはできません。「編集者」は「レポート」「データソース」両方に対して、設定や内容を編集することができます。

権限＼対象	レポート	データソース
「閲覧者」権限	閲覧のみ	閲覧のみ
「編集者」権限	閲覧＋編集が可	閲覧＋編集が可

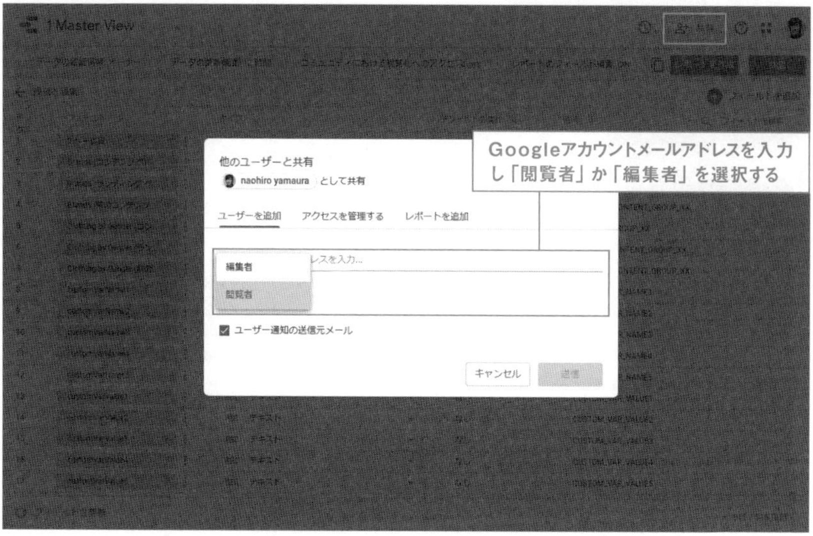

画面NAVI ■ データポータル ▸▸ 共有の設定

②リンクで共有

共有用のリンクを使って共有すれば、Googleアカウントにログインしていなくても「閲覧」か「編集」をすることができます。「閲覧」か「編集」かは、リンク発行の際に選択することができます。

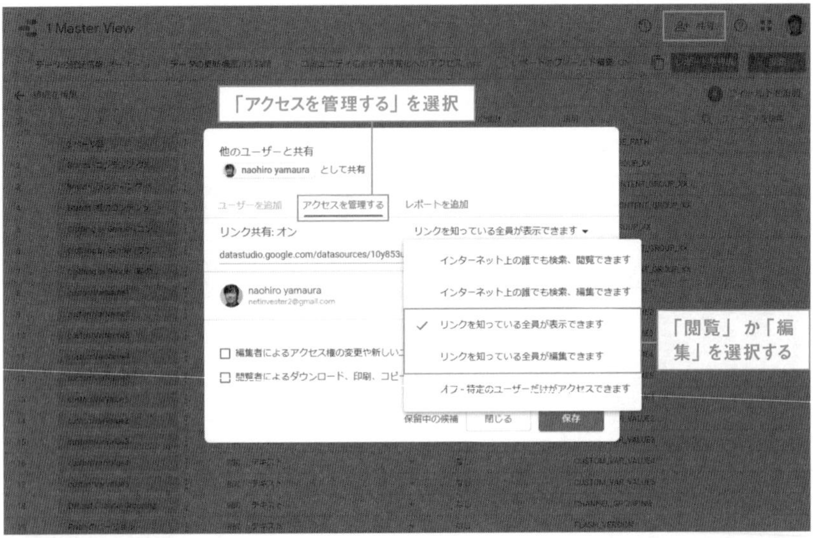

画面NAVI ■ データポータル ▶▶ 共有の設定

③インターネット上に公開

上記のリンクによる共有と同じ要領で、「インターネット上に公開」することもでき、こちらも「閲覧」か「編集」かを選択できます。

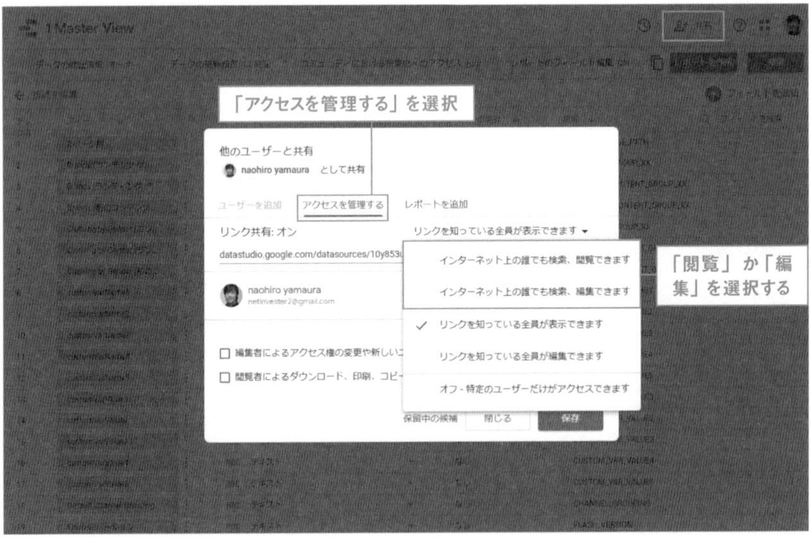

画面NAVI ■ データポータル ▶▶ 共有の設定

データソースへの認証情報

次に、「データソースへの認証情報」について解説します。「認証情報」とは共有されたデータ自体に対するアクセス権(ログイン権限)のことです。上記で説明した「権限(閲覧か編集)」は、作成した「レポート」や「データソース」に対しての権限を意味しますが、その中に含まれる「データ自体」に対するアクセス権限は含まれていません。「データ自体(データソース)」に対するアクセス権がないユーザーは、たとえ「閲覧」や「編集」権限を付与されても、本来そのデータを「閲覧」や「編集」することはできません。

例えば、あるGoogleアナリティクスビューのデータをデータポータルでダッシュボード化し、同僚に「閲覧」権限で共有したとします。しかし、その同僚が共有されたGoogleアナリティクスビューへのログイン権限を持っていなかった場合は、本来そのデータポータルでデータを見ることはできません。同様に、他の様々なデータソースに対してもデータに対する「認証情報」(=アクセス権限の有無)が必要になります。

データポータルでは、「データソース」や「レポート」の作成者(=オーナー)が他ユーザーに共有を行う場合に、この「認証情報」を「誰の認証情報を利用するか?」について、ふたつの選択肢が用意されています。ひとつが「オーナーの認証情報」で、もうひとつは「閲覧者の認証情報」です。

・「オーナーの認証情報」

「データソース」作成者(=デフォルトでオーナーになる)が、自分の「認証情報(=ログインアカウント)」によって共有ユーザーのデータへのアクセスを許可する、という考え方です。「データポータル」では、デフォルトで「オーナーの認証情報」が選択されています。

・「閲覧者の認証情報」

共有されたユーザー自身の、「認証情報」によってデータへアクセスする、というものです。この場合、上記説明のように、例えば「レポート」や「データソース」への「閲覧」や「編集」権限が付与されていても、そのユーザー自身がそのデータへの「認証情報(アクセス権)」を持っていなければ、「閲覧」「編集」することはできません。

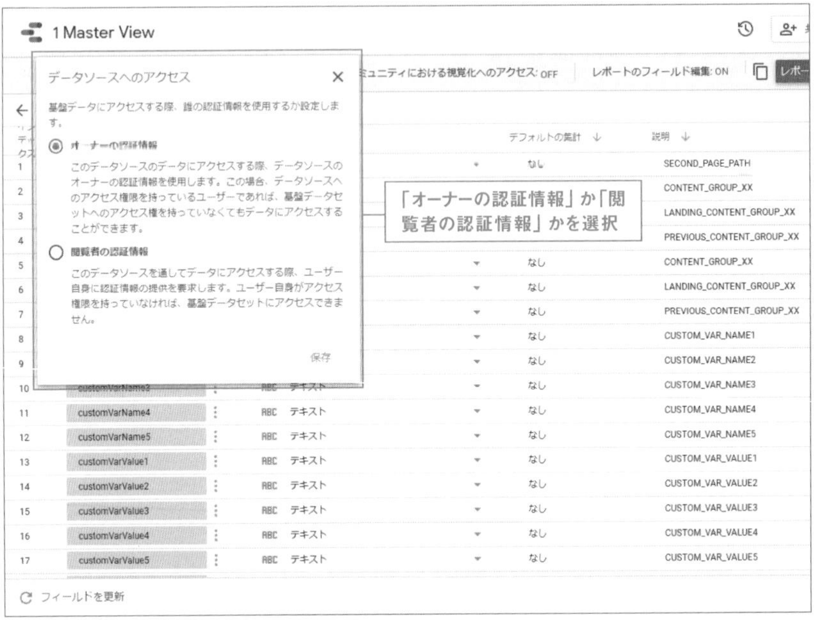

画面NAVI ■ データポータル ▶▶データソースへの認証情報の設定

「閲覧者の認証情報」を使う具体的なケースとして、例えばGoogleアナリティクスビューのデータをデータポータルでダッシュボード化し、関係者にリンクで「閲覧」権限で共有することがあります。そのビューへのログイン権限のないユーザーには閲覧させたくない場合などは、この方法が有効です。

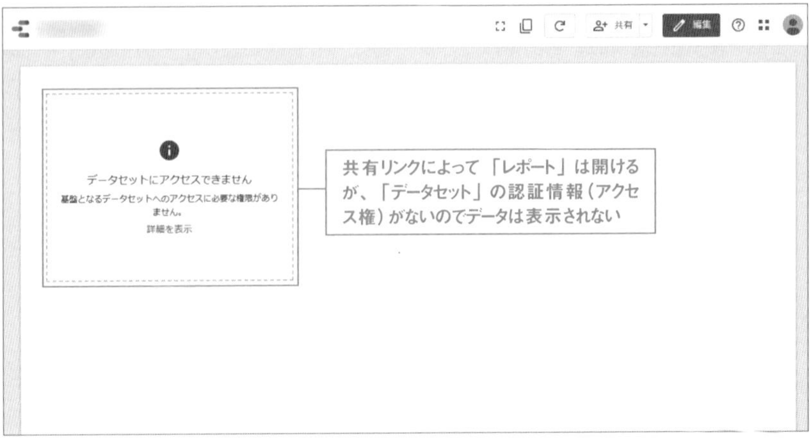

「認証情報」についてまとめると下図のようになります。

「データソース」作成時は、デフォルトで「オーナーの認証情報」が選択されているので、認証情報によってデータの閲覧や編集を制限したい場合は注意してください。

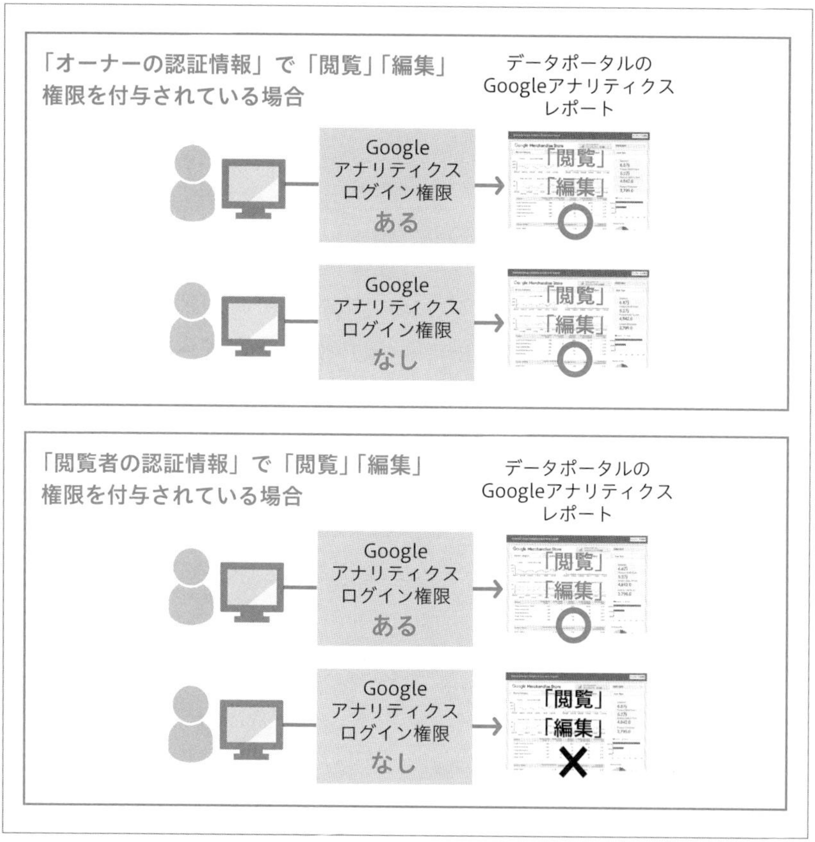

参考 データポータルヘルプ＞共有について

https://support.google.com/datastudio/answer/6287179

参考 データポータルヘルプ＞データポータルへようこそ

https://support.google.com/datastudio/answer/6283323

13-6 データソースを作成する

「データソース」の作成方法について解説します。
※本節では、Googleアナリティクスのデータを「レポート」化するために「データソース」を作成する流れを例に解説します。

「コネクタ」による接続

設定手順

まず、「データポータル」のTOP画面左上の「＋作成」を開き、「データソース」を選択します。

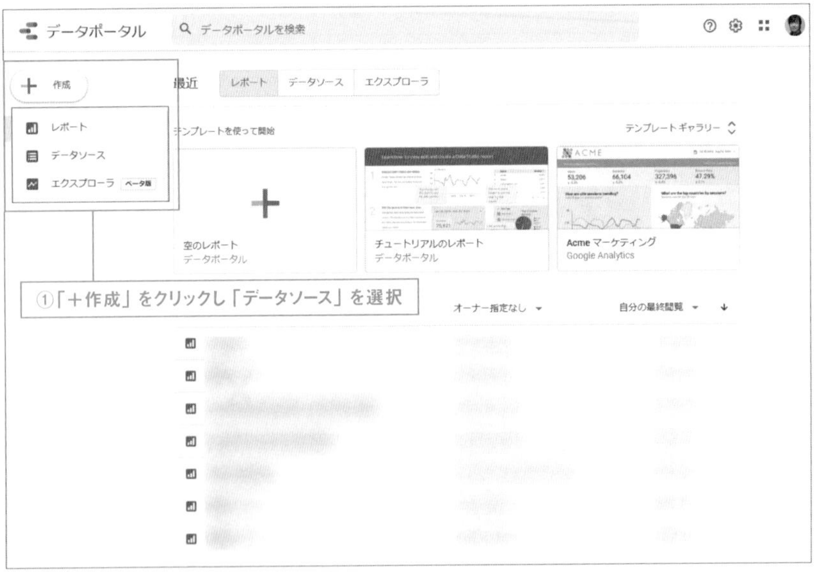

画面NAVI ■ データポータル ▶▶TOP画面

表示されたコネクタの中から、「Googleアナリティクス」を選択します。

画面NAVI ■ データポータル ▸▸ コネクタ選択画面

ログインしているアカウントに紐づくGoogleアナリティクスアカウントの一覧が表示されるので、対象の「アカウント>プロパティ>ビュー」を選択し、画面右上の「接続」をクリックします。

画面NAVI ■ データポータル ▸▸ データソース接続

これで、Googleアナリティクスのデータに接続が完了し、「データソース」が作成されました。画面には、接続したGoogleアナリティクスのビューのデータフィールドの一覧が表示されます。「ディメンション」と「指標」の一覧を確認することができます。

「データソース」の画面では、主に次のような作業を行うことができます。

- 「データの認証情報」の選択……デフォルトでは「オーナー」ですが、「閲覧者」の認証情報に切り替えることができます。
- 「フィールド」名の編集……一覧表示されたフィールド名を、画面上で直接編集することができます。
- 「フィールド」の追加……画面上で新しいフィールドを追加することができます。
- 「データの更新頻度」の変更……「データソース」のデータ更新タイミングを変更できます。デフォルトでは「12時間ごと」ですが、「1時間ごと」「4時間ごと」に変更できます。

上記以外にも多くの「データソース」の編集機能があり、「レポート」化する前のデータを整えることができます。

参考 データポータルヘルプ＞データソースを編集する
https://support.google.com/datastudio/answer/7178497

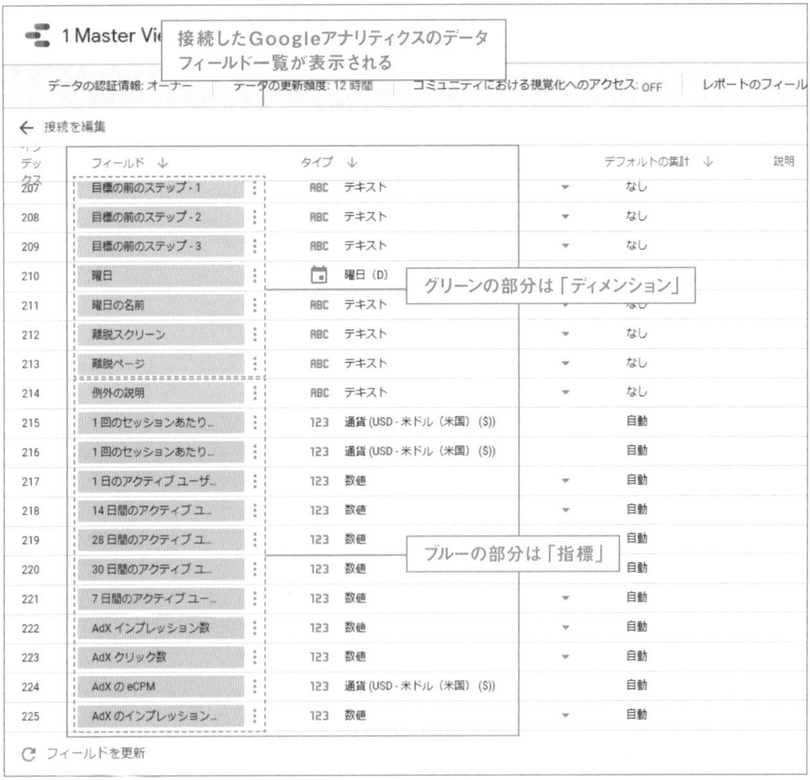

画面NAVI ■ データポータル ≫データソース

レポートの表示

設定手順

このまま「レポート」作成に進む場合は画面右上の「レポート作成」をクリックします。

画面NAVI ■ データポータル ▶▶ データソース

確認画面が表示されるので「レポートに追加」をクリックします。

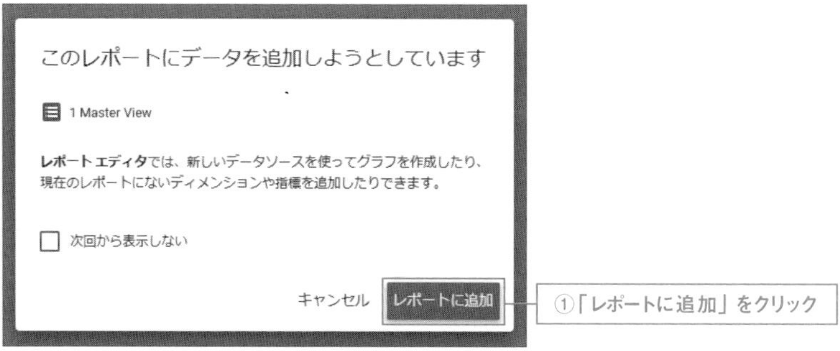

画面NAVI ■ データポータル ▶▶ データソース

Googleアナリティクスのデータによる「レポート」が表示されます。

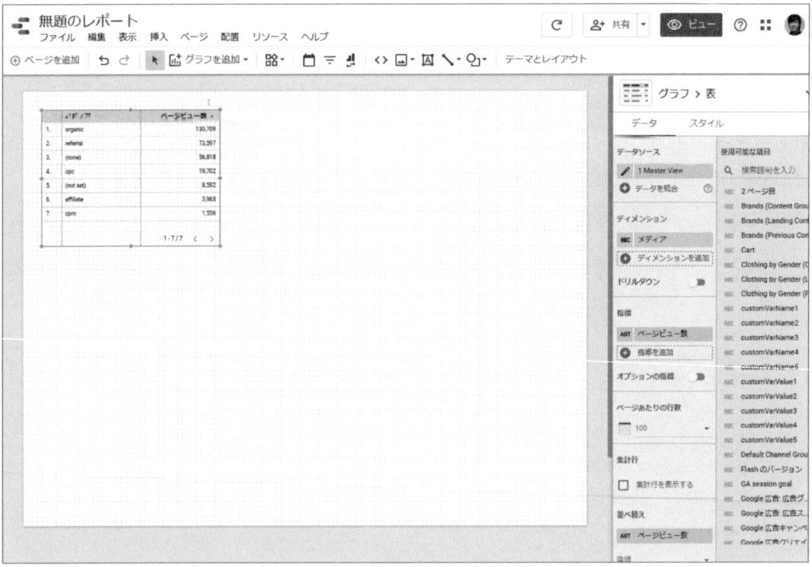

画面NAVI ■ データポータル ⏩ レポート

このように、「データソース」の作成から「レポート」の表示までは非常に簡単に行うことができます。

「レポート」の作成については次節で解説します。

参考 データポータルヘルプ＞データソースを作成、編集する
https://support.google.com/datastudio/topic/6370331

13-7 データソースをもとにレポートを作成する

では、前節で作成したGoogleアナリティクスの「データソース」をもとに、簡単な「レポート」を作成してみましょう。下図のように、簡単なものであれば10分以内で作成することも可能です。下図を例に手順を解説します。

※Googleアナリティクスのデータを「データポータル」に接続して、「データソース」を作成するまでのプロセスは前節を参照ください。

10分で作成！

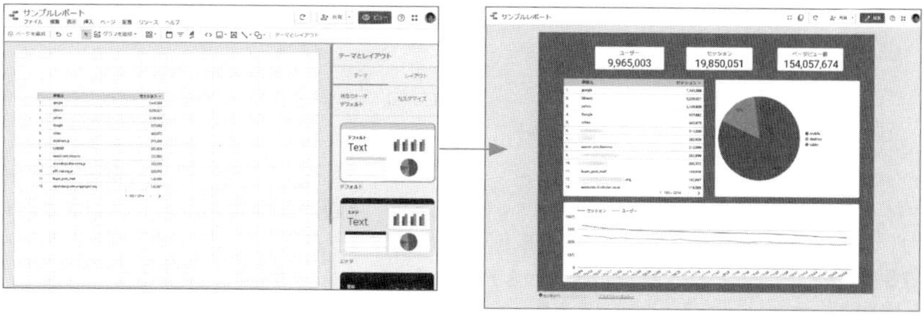

「設定項目」

- ・「デバイスカテゴリ」を円グラフで表示
- ・「スコアカード」で「ユーザー」「セッション」「ページビュー」の合計値を表示
- ・折れ線グラフで「ユーザー」「セッション」指標を表示
- ・レポートの「テーマ」カラーに「マテリアル」を選択

※前提として、Googleアナリティクスに接続して作成した「データソース」で「レポート」作成に進むと、デフォルトでひとつの表ができています（ディメンション＝参照元、指標＝セッション数）。本節では、この表はそのまま利用することにして進めていきます。

設定手順

1 「デバイスカテゴリ」を円グラフで表示する

最初に「デバイスカテゴリ」を円グラフで表示してみましょう。
画面上のメニューの「グラフを追加」を開き「円グラフ」を選択します。

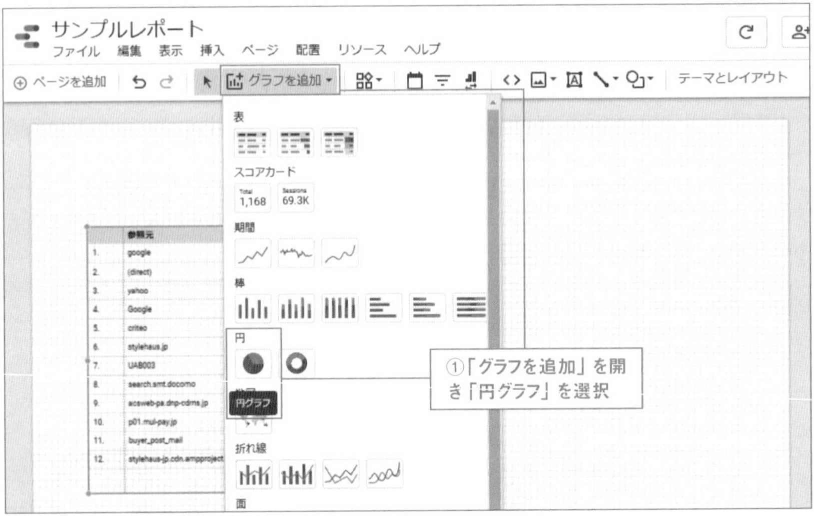

画面NAVI ■ データポータル ▶▶ レポート（編集モード）

円グラフを適当な位置にプロットし、大きさを調整します。今回はディメンションを「デバイスカテゴリ」にするので、画面右の「使用可能な項目」から検索で「デバイスカテゴリ」を選択し、ドラッグ&ドロップでディメンション項目にセットします(下図参照)。そうすることで、自動的に円グラフに「デバイスカテゴリ」データが反映されます。

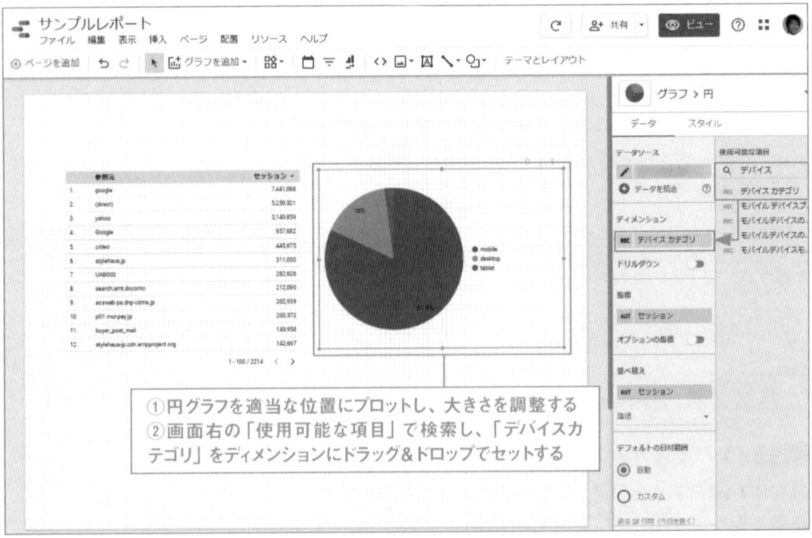

画面NAVI ■ データポータル ▶▶ レポート（編集モード）

2 「ユーザー」「セッション」「ページビュー」の合計値を表示する

次に、「スコアカード」で、「ユーザー」「セッション」「ページビュー」の合計値が表示できるようにしてみましょう。
先ほどと同様に、「グラフを追加」から「スコアカード」を選択します。

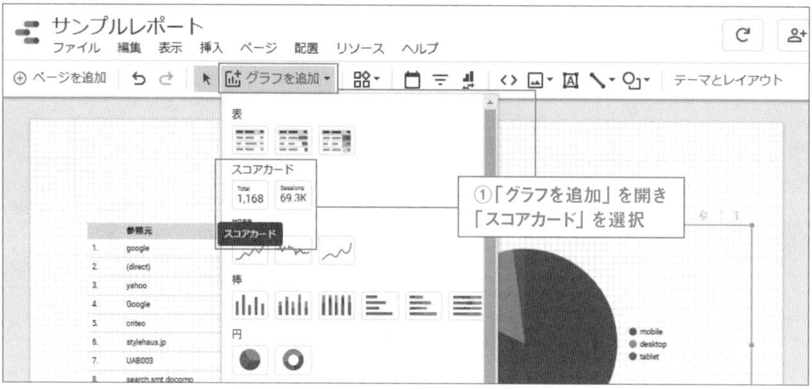

画面NAVI ■ データポータル ▸▸ レポート（編集モード）

「スコアカード」を適当な位置にプロットします。今回は「スコアカード」に「ユーザー」「セッション」「ページビュー数」を表示したいので、画面右の「使用可能な項目」から検索で「ユーザー」「ページビュー数」を選択し、ドラッグ&ドロップで指標項目にセットします(下図参照)。そうすることで、自動的に各「スコアカード」に「ページビュー数」「ユーザー」が反映されます。

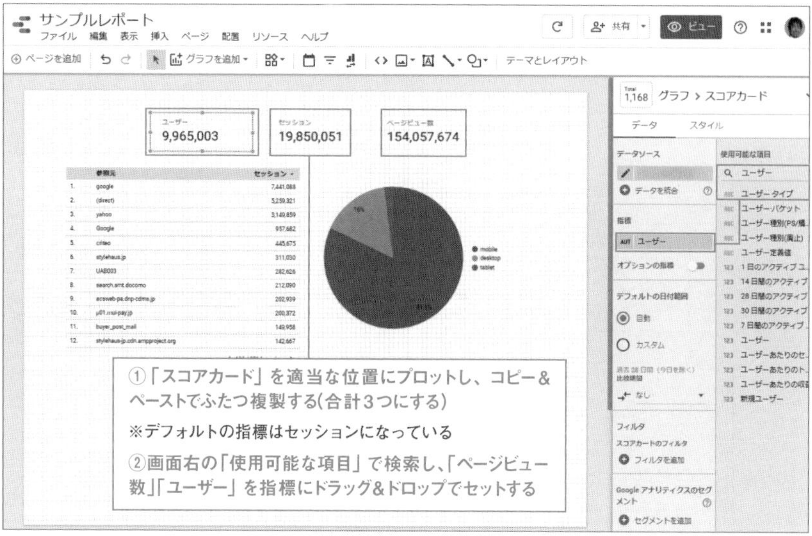

画面NAVI ■ データポータル ▸▸ レポート（編集モード）

3 折れ線グラフで「ユーザー」「セッション」指標を表示する

次に、折れ線グラフで「ユーザー」「セッション」指標を表示してみましょう。
先ほどと同様に「グラフを追加」から「折れ線グラフ」を選択します。

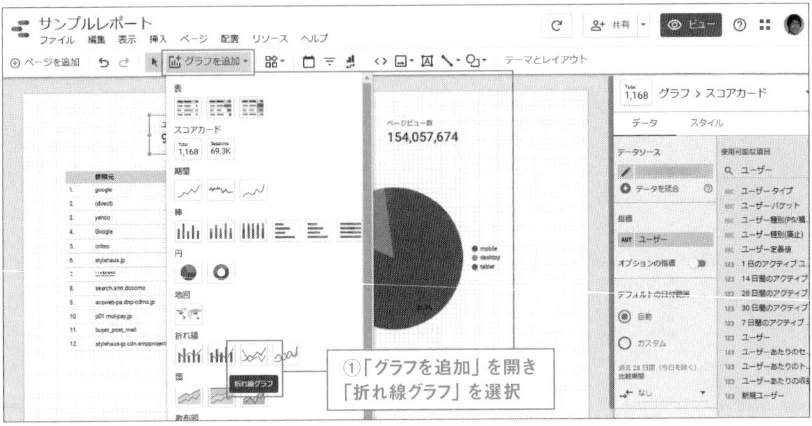

画面NAVI ■ データポータル ▶▶ レポート（編集モード）

「折れ線グラフ」を適当な位置にプロットします。今回は「折れ線グラフ」のディメンションに「日付」、指標に「ユーザー」「セッション」を表示したいので、画面右の「使用可能な項目」から検索で「日付」をディメンションに、「ユーザー」「セッション」をドラッグ&ドロップで指標項目にセットします(下図参照)。そうすることで、自動的に各「折れ線グラフ」に「日付」ごとの「ユーザー（数）」「セッション(数)」が反映されます。

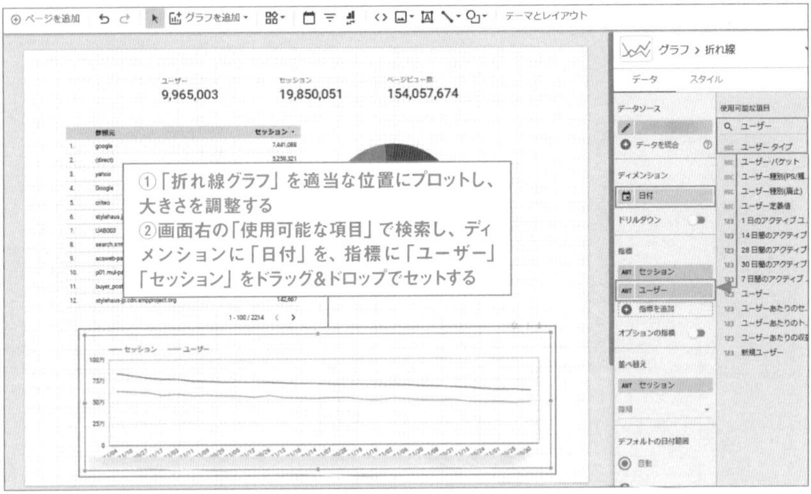

画面NAVI ■ データポータル ▶▶ レポート（編集モード）

4 レポートの「テーマ」カラーを選択する

最後に、レポートの「テーマ」カラーを選択します。今回は「マテリアル」を選択してみました。完成したら「ビュー」をクリックして、ビューモードにしてみましょう。

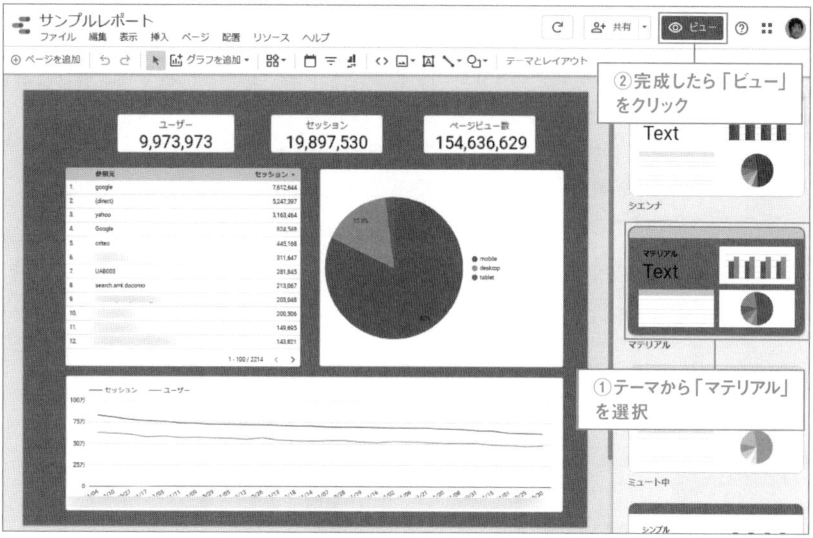

画面NAVI ■ データポータル ▶▶ レポート（編集モード）

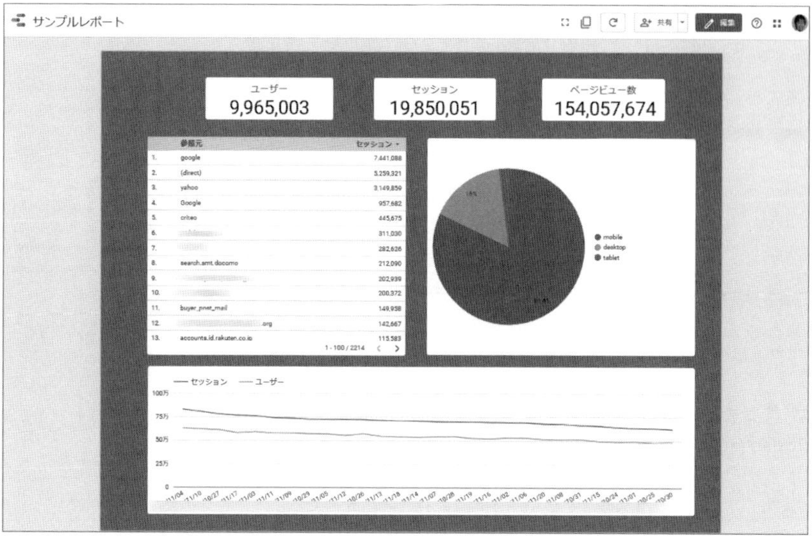

画面NAVI ■ データポータル ▶▶ レポート（ビューモード）

「フィルタ」と「セグメント」について

「レポート」では、Googleアナリティクスのビューと同様に、「フィルタ」と「セグメント」を利用できます。
「フィルタ」は、各表やグラフごとに、「ディメンション」や「指標」の値を「一致」「除外」条件によって、データのフィルタリングを行います。
「セグメント」は、「レポート」が接続しているGoogleアナリティクスビューと同じ「セグメント」を選択し、適用することができます。

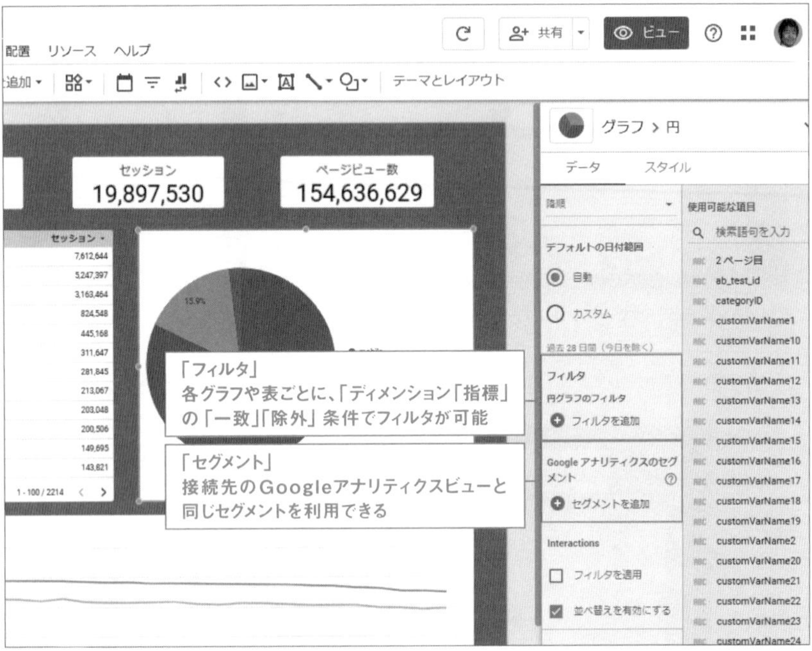

画面NAVI ■ データポータル ▶▶ レポート（編集モード）

「フィルタ」「セグメント」の詳細については以下を参照ください。

参考 データポータルヘルプ＞フィルタについて
https://support.google.com/datastudio/answer/6291066

参考 データポータル＞データポータルのセグメントについて
https://support.google.com/datastudio/answer/7287743

共有した「レポート」の利用状況をGoogleアナリティクスで計測

作成した「レポート」を関係者に共有した後、その「レポート」がどのように閲覧されているかの「利用状況」を、Googleアナリティクスで計測することができます。
計測するには、以下の手順で行います。

①Googleアナリティクスでレポート計測用の新規プロパティを用意し、「プロパティID」を取得します。
②データポータルのレポート編集画面のメニュー「ファイル」から、「レポート設定」を開きます。

設定手順

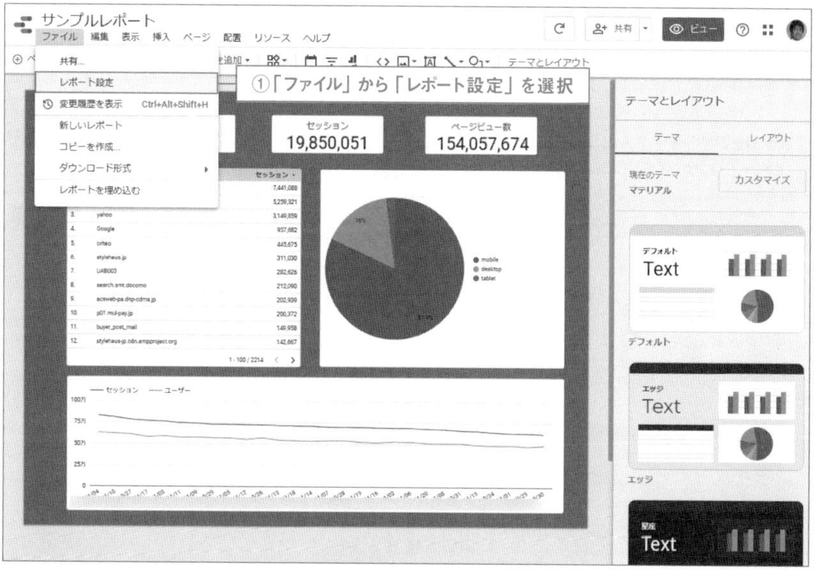

画面NAVI ■ データポータル ▸▸ レポート（編集モード）

画面右に表示された「Googleアナリティクストラッキング ID」に、「プロパティID」を入力します。

画面NAVI ■ データポータル ▶▶ レポート（編集モード）

Googleアナリティクスのレポート画面にデータが反映されるまで、24時間程度かかる場合がありますが、「リアルタイムレポート」では即座に計測を確認することができます(下図参照)。

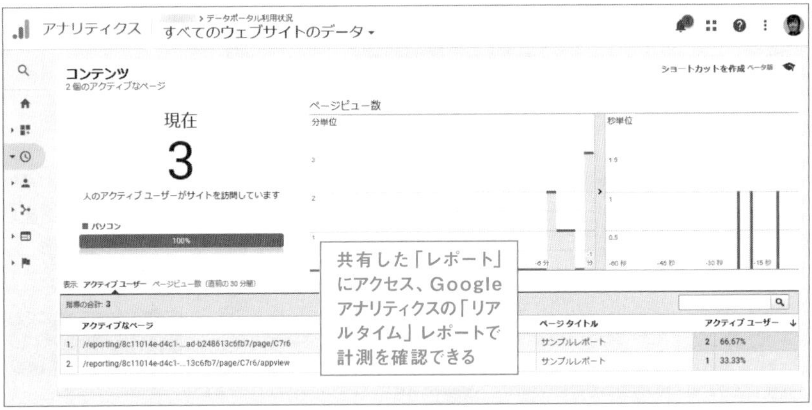

画面NAVI ■ Googleアナリティクス ▶▶ データポータル計測用ビュー（リアルタイム）

参考 データポータルヘルプ＞レポートを作成する
https://support.google.com/datastudio/topic/6369007

13-8 統合データレポートを作成する（Data Blending）

「データポータル」では、「ひとつの表やグラフにひとつのデータソース」というのが基本形ですが、「データを統合」機能を使うことによって、「ひとつの表やグラフに複数のデータソース（最大で5つまで）」からのデータを表示することができるようになります。データをひとつの表やグラフに統合するには、共通する少なくともひとつの「キーとなるディメンション」が必要になります。
本節では、データ統合によるレポート作成の手順を、簡単な以下の例を使って解説します。

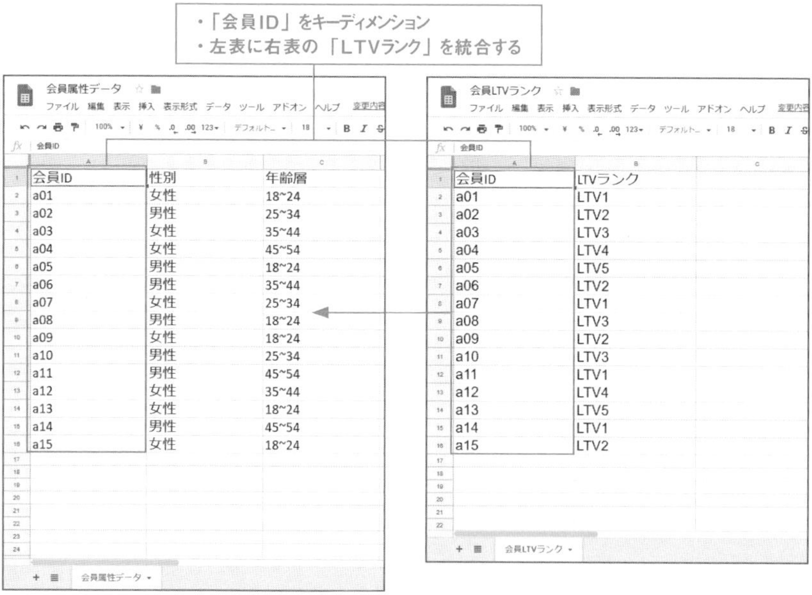

—「設定項目」—
・スプレッドシート上にあるふたつのデータ「会員属性データ」「会員LTVランク」をそれぞれ「データポータル」上で統合する
・「会員ID」をキーにする

設定手順

1 スプレッドシート上の各データを「データポータル」に取り込む

まず、スプレッドシート上にある各データを「データポータル」に取り込み、「データソース」にします(「データソース」化の手順については、「13-6　データソースを作成する」を参照ください)。

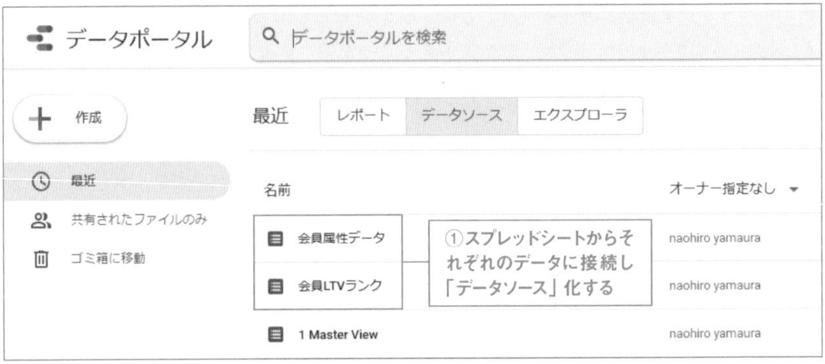

画面NAVI ■ データポータル ▶▶データソース

2 レポートを作成し、表を整える

先に、統合元となる「会員属性データ」の「レポートを作成」をクリックして「レポート」化します。

画面NAVI ■ データポータル ▶▶データソース

「レポート」に表示された表を整えておきます。デフォルトではディメンションがひとつしか表示されていないので、「性別」「年齢層」を画面右の操作(ドラッグ&ドロップ)でディメンションにセットしておきます。また、表を見やすいサイズに拡大し、表示される文字サイズも画面右の「スタイル」で拡大をしています。

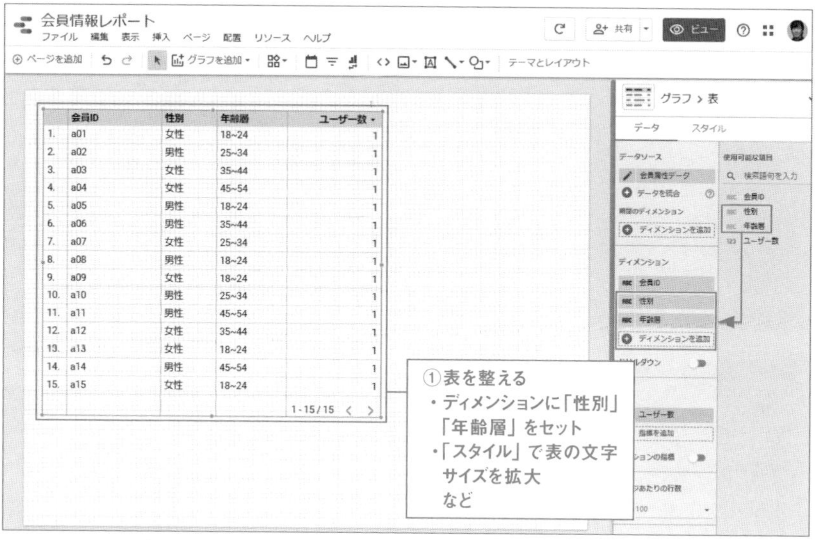
①表を整える
・ディメンションに「性別」「年齢層」をセット
・「スタイル」で表の文字サイズを拡大
など

画面NAVI ■ データポータル ▶▶ レポート（編集モード）

3 データを統合する

次に、画面右の「＋データ統合」からデータ統合画面を開きます。

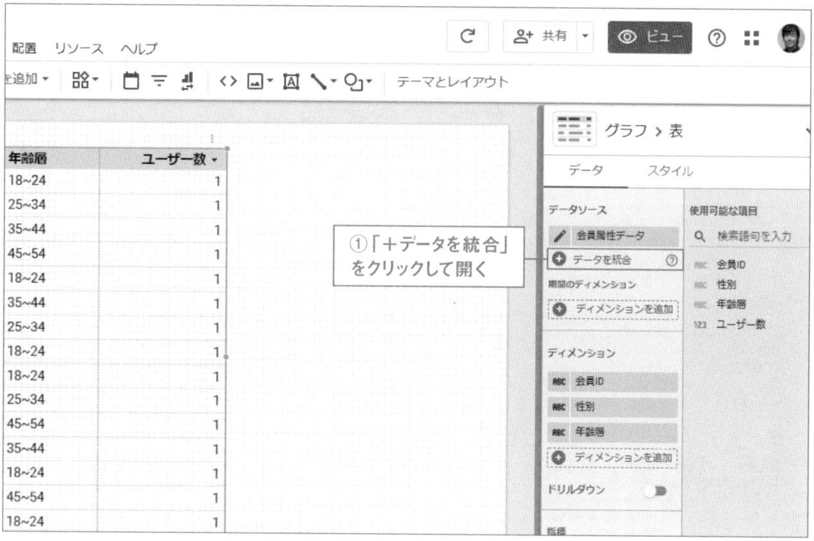
①「＋データを統合」をクリックして開く

表示された「データの統合」画面から、「別のデータソースを追加」をクリックします。

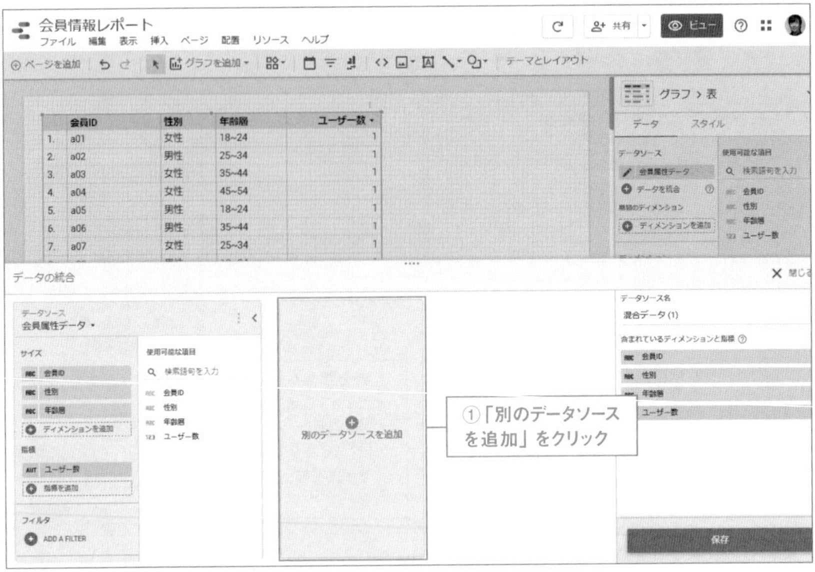

表示された「データソース」一覧から、統合する「会員LTVランク」を選択します。

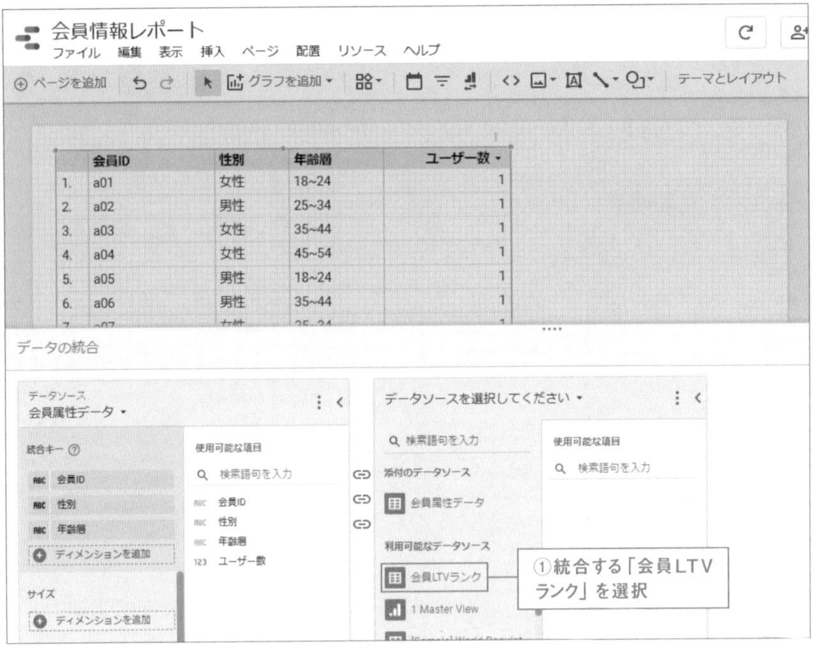

統合する双方のデータフィールドを整えます。
統合元の「会員属性データ」から、統合キーではないディメンション「性別」「年齢別」を下にある「サイズ」のディメンションに移動します。
続いて統合する側の「会員LTVランク」の「LTVランク」を、「サイズ」の下のディメンションに移動し、セットします。

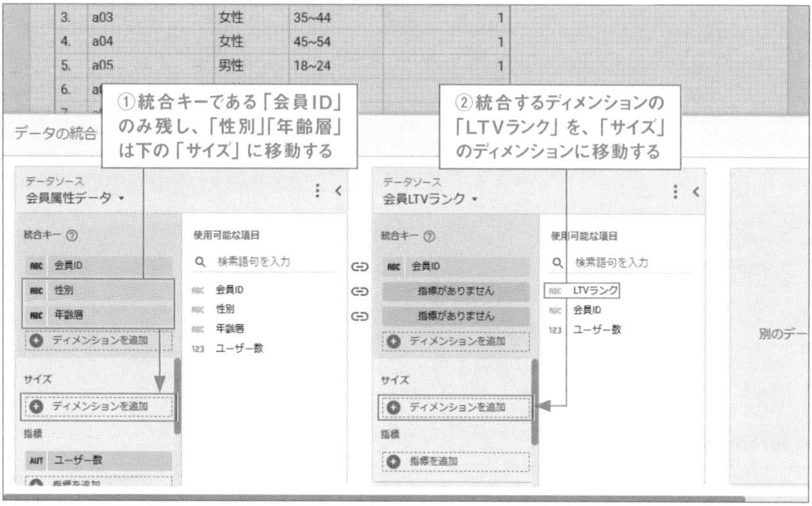

画面右の「混合データ」のデータフィールド(含まれるディメンションと指標)を確認し、「保存」をクリックします。

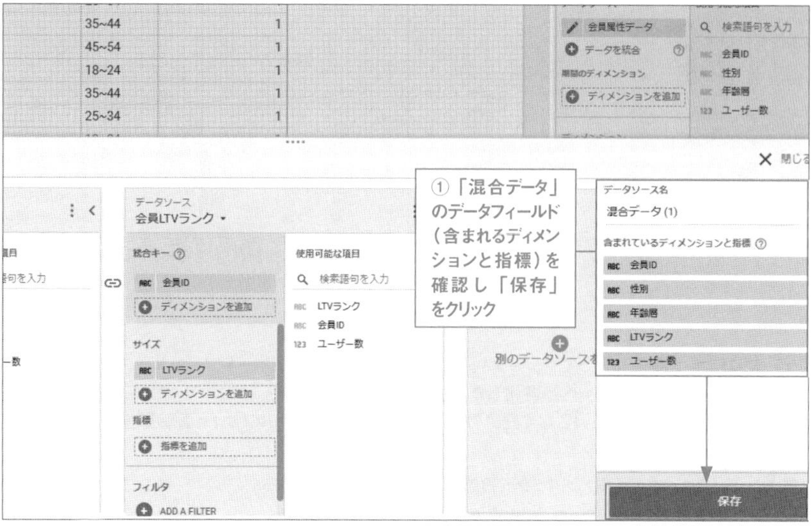

これで統合データレポートは完成です。

● **統合前レポート**

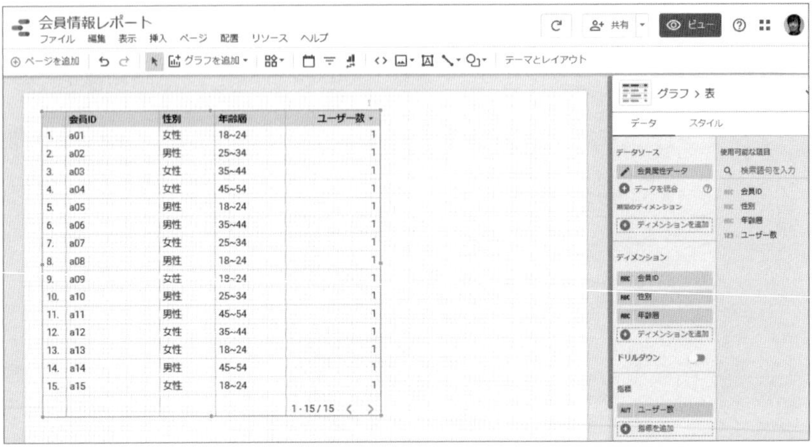

	会員ID	性別	年齢層	ユーザー数
1.	a01	女性	18~24	1
2.	a02	男性	25~34	1
3.	a03	女性	35~44	1
4.	a04	女性	45~54	1
5.	a05	男性	18~24	1
6.	a06	男性	35~44	1
7.	a07	女性	25~34	1
8.	a08	男性	18~24	1
9.	a09	女性	18~24	1
10.	a10	男性	25~34	1
11.	a11	男性	45~54	1
12.	a12	女性	35~44	1
13.	a13	女性	18~24	1
14.	a14	男性	45~54	1
15.	a15	女性	18~24	1

● **統合後レポート**

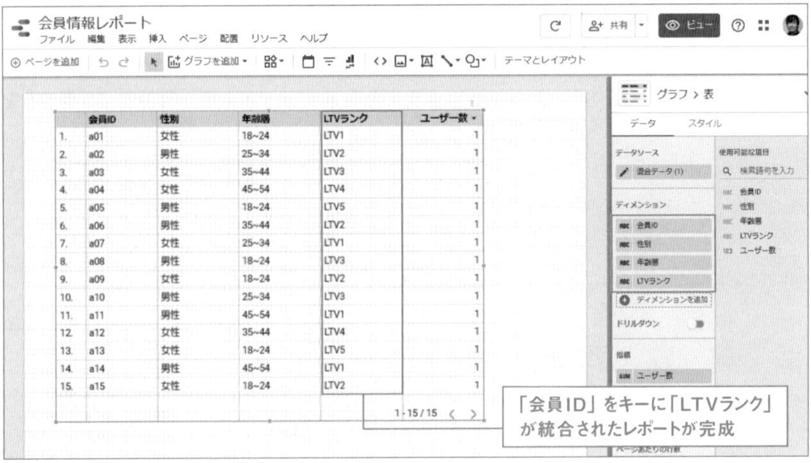

	会員ID	性別	年齢層	LTVランク	ユーザー数
1.	a01	女性	18~24	LTV1	1
2.	a02	男性	25~34	LTV2	1
3.	a03	女性	35~44	LTV3	1
4.	a04	女性	45~54	LTV4	1
5.	a05	男性	18~24	LTV5	1
6.	a06	男性	35~44	LTV2	1
7.	a07	女性	25~34	LTV1	1
8.	a08	男性	18~24	LTV3	1
9.	a09	女性	18~24	LTV2	1
10.	a10	男性	25~34	LTV3	1
11.	a11	男性	45~54	LTV1	1
12.	a12	女性	35~44	LTV4	1
13.	a13	女性	18~24	LTV5	1
14.	a14	男性	45~54	LTV1	1
15.	a15	女性	18~24	LTV2	1

「データの統合」機能によって「データポータル」が単なるダッシュボードツールから、より高度な集計や分析が行えるBIツールへと進化したとも言えます。
「データの統合」機能を使いこなすための詳細については以下ヘルプサイトを参照ください。

参考 データポータルヘルプ＞グラフで複数のデータソースを統合する
https://support.google.com/datastudio/topic/9061419

13-9 エクスプローラの活用例を理解する

「エクスプローラ」とは

「エクスプローラ」はデータを深掘りして「探索」する場、というような意味だと筆者は考えています。一見、「レポート」と大差ないように見えるかもしれませんが、目的と画面上の機能は大きく異なっています。
そもそも「レポート」は編集モードとビューモードがあり、最終的には作成したダッシュボードをビューにして、共有(配布)することを目的にしています。共有されたビューモードのダッシュボードは、多少のインタラクション(画面上の操作)はありますが、基本的にはデータを編集したり、そこから分析プロセスに入ることはできません。
一方で「エクスプローラ」は、1次集計された「レポート」のデータから得た"気づき"や"変化"に基づいて、さらにデータの中身を探索して"気づき"や"変化"の要因を探り当てるような、いわゆる「アドホック分析」的なプロセスを画面上で行うことができます。

「レポート」と「エクスプローラ」の違い

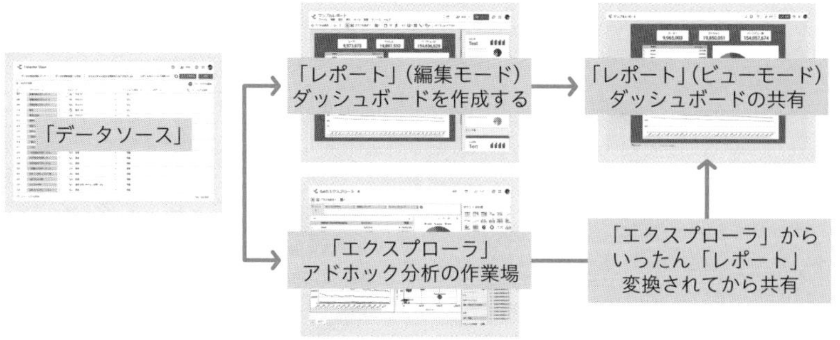

「エクスプローラ」でできることの理解

前述のように「アドホック分析作業の場」としての「エクスプローラ」ですが、「データソース」から「エクスプローラ」を作成する手順は、「レポート」と変わりはありません。また、「エクスプローラ」画面で表やグラフを作成する手順も同様に、「レポート」のそれと何ら変わりはありません。本節では、「エクスプローラ」で作成した表やグラフをもとに、どのようなことが可能か?を簡単な例で紹介します。

まずは、「データスース」から「探索」をクリックすることで、「エクスプローラ」を開くがことができます。

画面NAVI ■ データポータル ▶▶ データソース

画面では、ほぼ「レポート」と同じ要領で、表やグラフを作成することができます。よって、各表やグラフの作成手順は本節では割愛します。

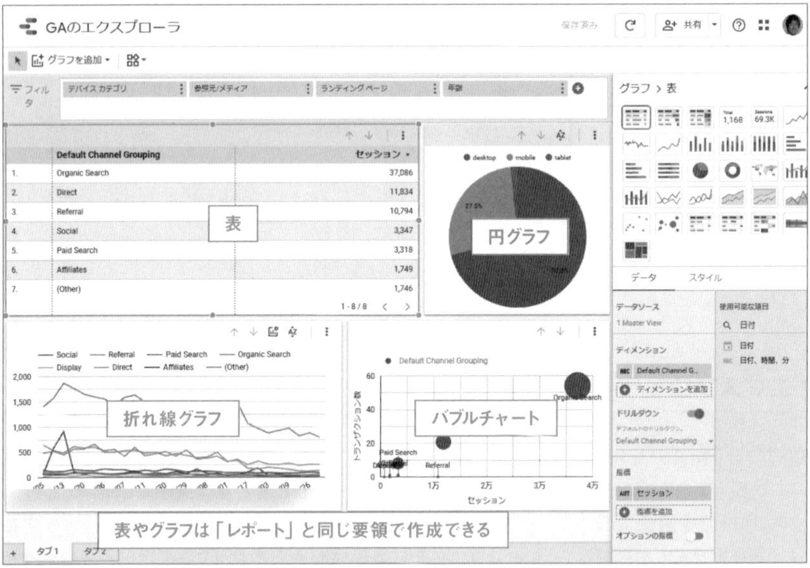

画面NAVI ■ データポータル ▶▶ エクスプローラ

「エクスプローラ」の特徴は、「フィルタ」機能の充実と言えます。「レポート」と違って、「フィルタ」機能が画面上部にあり、「フィールド」から複数の「ディメンション」「指標」をこの「フィルタ」エリアにセットすることができます。

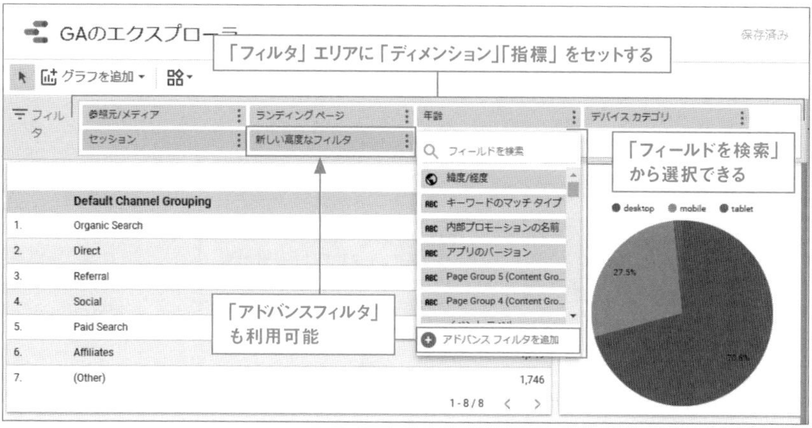

画面NAVI ■ データポータル ▸▸ エクスプローラ

「フィルタ」エリアの各フィールドをクリックして開き、フィルタリングする項目を選択できます。

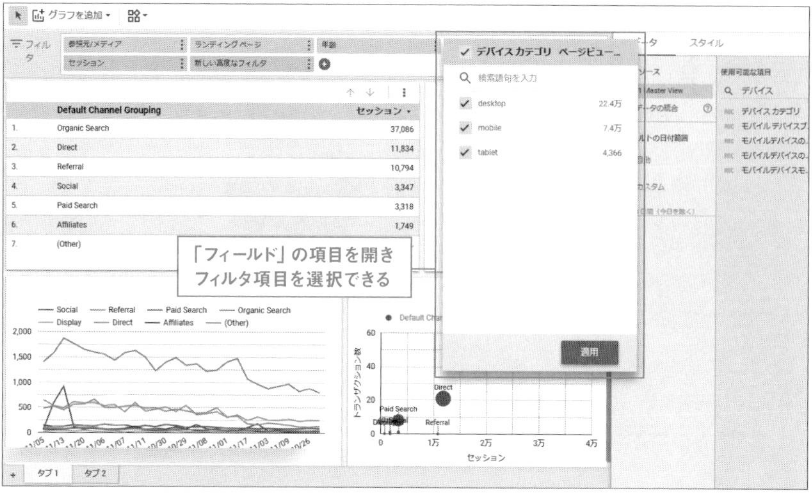

画面NAVI ■ データポータル ▸▸ エクスプローラ

「アドバンスフィルタ」では、選択したフィールドの値に対して「一致」「除外」条件で、フィルタをカスタムに設定することもできます。

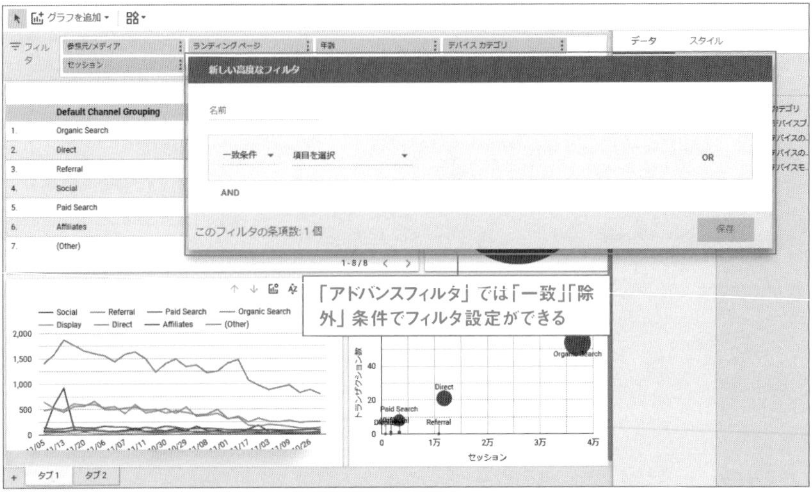

画面NAVI ■ データポータル ▶▶ エクスプローラ

「フィルタ」エリアで設定したフィルタリングは、画面中すべての表やグラフに適用されます。

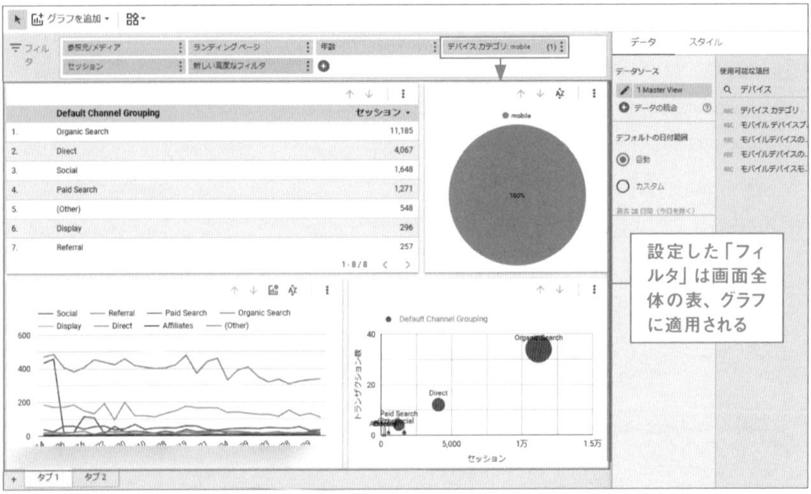

画面NAVI ■ データポータル ▶▶ エクスプローラ

また、表やグラフ中の項目と直接選択することで、画面全体をフィルタリングすることもできます。

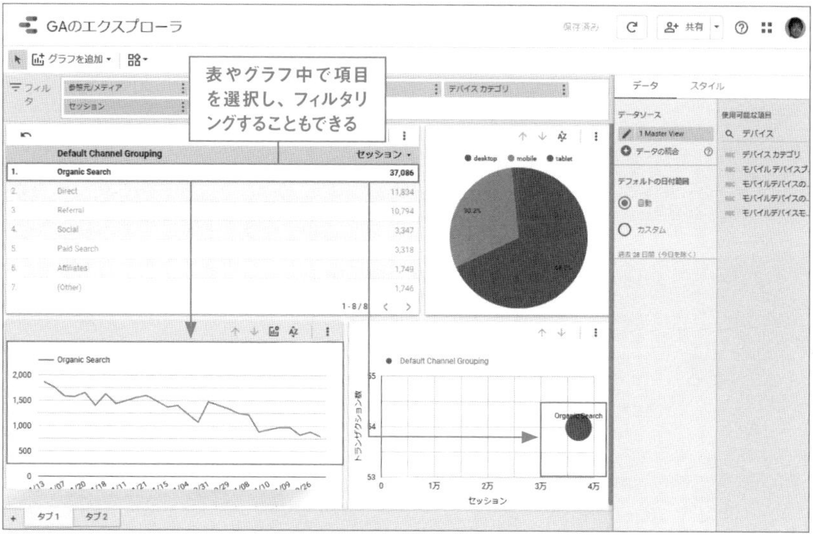

画面NAVI ■ データポータル ▶▶ エクスプローラ

上記以外にも、様々な分析のための機能やテクニックはありますが、主にこの「フィルタ」機能を使って、様々な表やグラフのデータをアドホックに深堀して行くことできる、というのが「エクスプローラ」の最大の特徴と言えるでしょう。

参考 データポータルヘルプ＞About the Data Studio Explorer (Labs)（英語ページのみ）
https://support.google.com/datastudio/answer/9005651

14章

データ活用のケーススタディ

（プラットフォーム活用）

14-1 プラットフォームとしての考え方を理解する

Googleアナリティクスは主にウェブサイトの行動データを計測しますが、本書で解説してきたように、様々なデータ収集機能によりウェブだけでなく多くの外部データ（広告、オフライン、CRMなど）や、eコマースの購買データ等を取り込むことができるツールです。
多くの消費者や生活者が様々なデジタルデバイスやメディアを利用し、インターネットとの「接点」が増えている中、Googleアナリティクスもその多くの「接点」からのデータを「計測/収集」し、マーケティングプロセス全体をデータによって改善/最適化できるように進化しています。
本章では、これら「計測/収集」したデータの具体的な活用について解説していきますが、その活用対象領域はもはやウェブサイトだけではありません。以前のようにウェブサイトを中心とした、いわゆる「ウェブマーケティング」がデジタル領域のマーケティングの中心であった時代は、もう終わっていると言ってもいいでしょう。

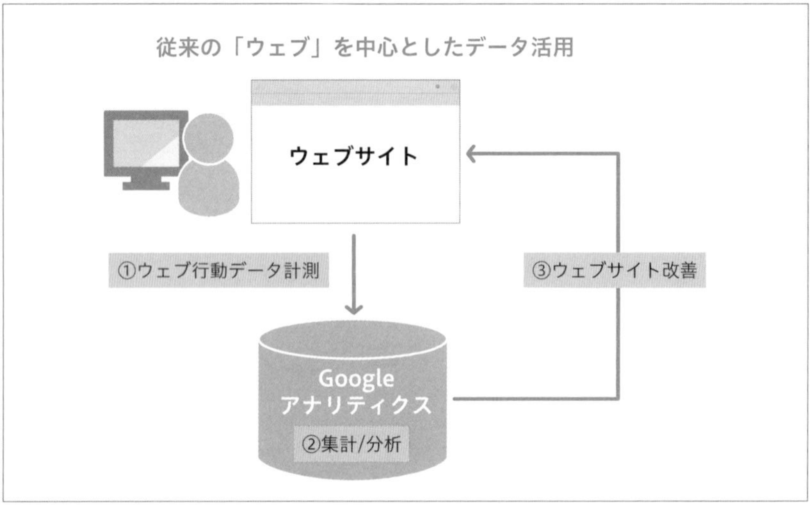

すでに多くの企業や中小事業者が、消費者のカスタマージャーニー全体を見据えたデータ活用に取り組んでいます。そういった中で、Googleアナリティクスで「計測/収集」したデータの活用領域を考えるときに重要な考え方が、「プラットフォーム」という考え方です。その意味では、Googleアナリティクスはすでに「アクセス解析」「ウェブ解析」ツールではなく、その活用目的や範囲も「ウェブサイト改善」だけには収まりません。

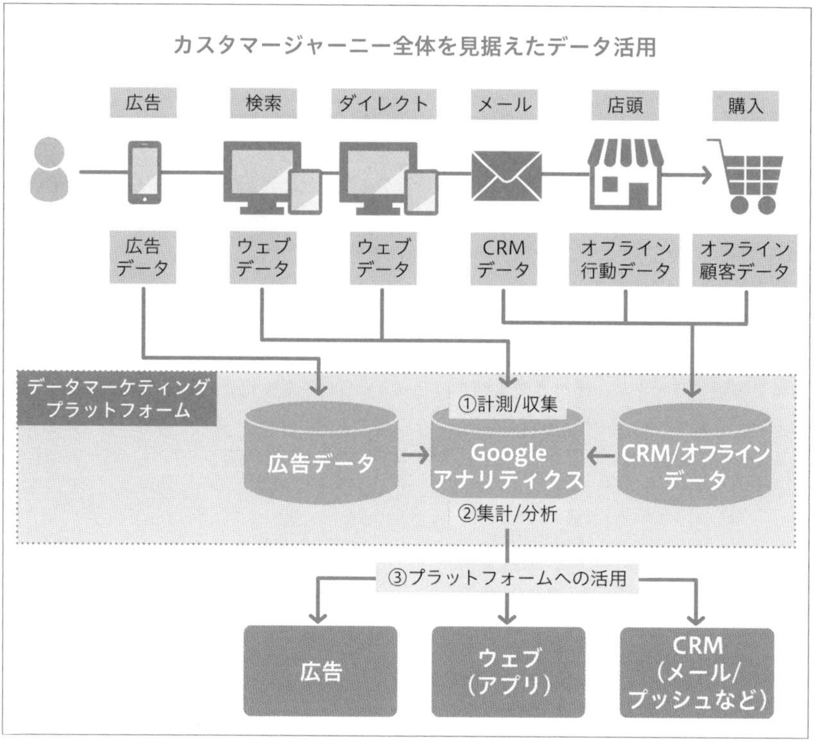

カスタマージャーニー上の様々な接点でのデータを、連携によって「計測/収集」できるようにすることを、筆者は「プラットフォーム化」と呼んでいます。そして、Googleアナリティクスで集約されたデータを、「広告」「ウェブ」や「CRM」領域に広く活用することを「プラットフォーム活用」と呼んでいます。

本書では、進化したGoogleアナリティクスのポテンシャルを最大限に発揮できる、「プラットフォーム」へのデータ活用について、具体的なケースをもとに紹介していきます。

14-2 データ活用の3つの領域(マーケティングファネル)を理解する

Googleアナリティクスを「データマーケティングプラットフォーム」として捉えた場合、そのデータ活用の領域には大きく3つの領域があります。「広告領域」「ウェブ領域」そして「CRM領域」です。

前節で解説した消費者のカスタマージャーニーの「行動/購買」データを「計測/収集」して、それらデータをマーケティングプロセス全体に活用する際の「購買行動」をベースとした考え方に、「マーケティングファネル(購買行動ファネル)」というものがあります。認知から購入までの獲得フェーズ、そして購入後のリピートからロイヤル化までの流れをモデル化した考え方で、マーケティング施策のプランニングに広く活用されています。この「マーケティングファネル」全体をカバーできるのが、上記の3つの領域になります。

マーケティングファネルをカバーするデータ活用領域

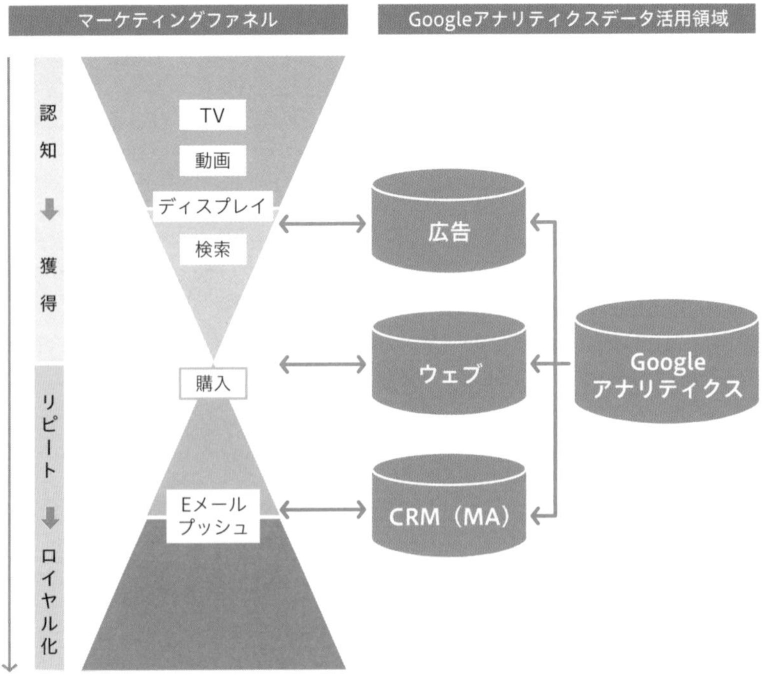

Googleアナリティクスには、すでにすべての「計測/収集」したデータを、この3つの領域への活用を可能にする機能が備わっています。
活用領域と主な関連機能は、以下のようになります。

①広告領域
・Google広告連携……「6-1　Google広告アカウントと連携する」
・ユーザーリスト（オーディエンス）……「第11章　ターゲティングのためのデータ活用」

②ウェブ領域
・オプティマイズ連携……「第12章　ユーザーエクスペリエンス向上のためのデータ活用」

③CRM領域
・Salesforse連携：360版のみの機能（本書では対象外）

これら、本書でも解説してきた様々なデータ計測や収集方法（第2章〜第6章）を駆使して、Googleアナリティクスに蓄積したデータを集計/分析するだけでなく、これら連携機能を利用することによって、データの活用領域をウェブだけでなくカスタマージャーニー全体を捉える領域に拡張することができます。

Googleアナリティクスデータのプラットフォーム活用

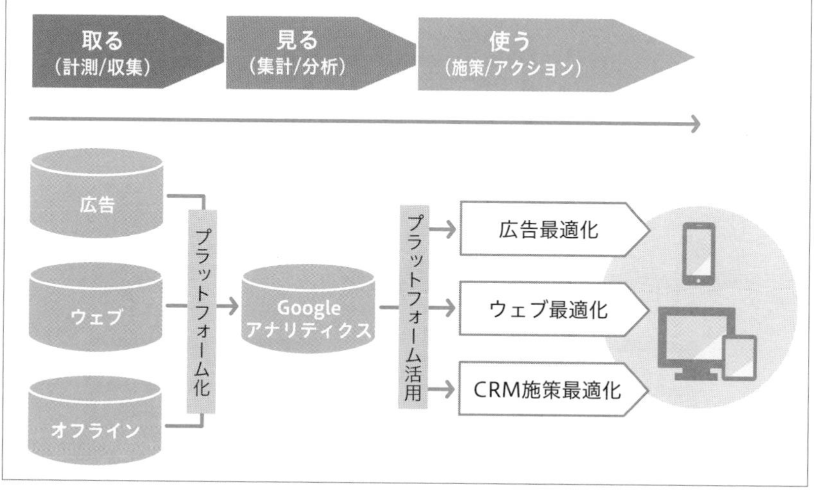

14-3 プラットフォーム化に必要な機能と設定を理解する

プラットフォーム化のポイント

プラットフォーム化の目的は、前節で解説した3つの領域に分かれている各データを連携活用することで、消費者の購買行動（カスタマージャーニー）データをひとりのユーザーのデータとして統合し、「集計/分析」できる基盤を作ることにあります。そのために必要な機能と設定について解説します。

「広告」「ウェブ」「CRM」の3つのデータ領域をプラットフォーム化するためには、以下の3つのポイントが必要になります。

①「広告」データと「ウェブ」データを統合させる連携設定
②「ウェブ」データをユーザー軸集計（クロスデバイス）するための「ID」を取得
　または、オフラインデータを「Measurement Protocol」によってGoogleアナリティクスに計測させる場合に必要な「クライアントID（cid）」を取得
③取得した「ID」をキーにCRMデータとの統合

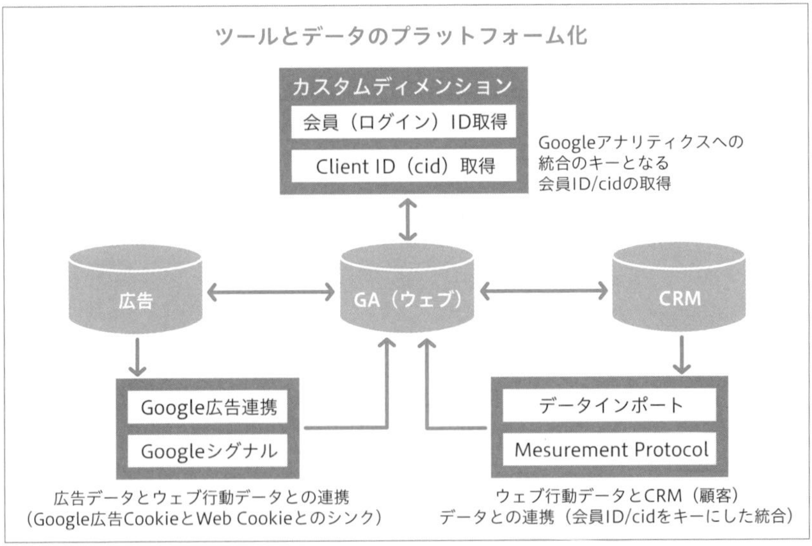

ツールとデータのプラットフォーム化

各ポイントを解説します。

①「広告」データと「ウェブ」データを統合させる連携設定

「広告」データと「ウェブ」データの連携は、Google広告とGoogleアナリティクスの連携設定で実現することができます。Googleが得意とする領域なので、機能として実装されており、連携設定も簡単です。Google広告の「表示回数」「クリック数」「費用」などがGoogleアナリティクスにインポートされ、集計表示できるようになります。この連携設定については、「6-1　Google広告アカウントと連携する」にて解説していますので、参照ください。

そして、Googleシグナルを有効にすることで、ユーザーの属性情報（性年齢データなど）がインポートされたり、ユーザーリスト（オーディエンス）が利用できたりします。この設定については「3-2　トラッキング情報で計測データを定義する①Googleシグナル」で解説しています。

プラットフォーム化におけるポイントは、Google広告側のCookieとGoogleアナリティクス（ウェブ側）のCookieがバックエンドでシンクされ統合される、という点になります。これによって、双方で計測されたユーザー行動をつなげることができ、さらにGoogleシグナルによってユーザー軸のクロスデバイス集計も実現しています。

②「ウェブ」データをユーザー軸集計（クロスデバイス）するための「ID」を取得

プラットフォーム化をするにあたっての一番重要なポイントは、Cookieに依存したデバイス軸の集計からユーザー軸集計へ移行することにあります。そのために必要なものが「ユーザーID」になります。ユーザーIDに相当するものに「会員（ログイン）ID」があります。これはすべてのウェブサイトに備わっているデータではありませんが、会員やログインのしくみのあるウェブサイトであれば、取得できるデータになります。この「会員（ログイン）ID」は、その企業が持つ顧客データのIDと一意のものであるため、CRMデータをデータインポートする際のキーディメンションとなる重要なデータになります。会員IDはカスタムディメンションで取得できますが、その方法については「3-16　カスタムディメンションを設定する」で解説しています。

もうひとつ重要なデータが、Googleアナリティクスが付与するCookieIDに相当するクライアントID（ClientID）です。このクライアントIDはクロスデバイス集計には利用できませんが、オフラインコンバージョンをGoogleアナリティクスで計測する際のMeasurement Protocol送信時に、なくてはならない重要なデータになります。このクライアントIDによって、オンライン行動とオフラインコンバージョンが同じユーザーのものだということを紐づけることができます。

◉ クライアントIDの取得方法

クライアントIDの取得方法について、簡単に解説します(本書ではGTMの利用を推奨しているのでGTMを利用した例を紹介します)。

設定手順

1 カスタムディメンションを作成する

「3-16 カスタムディメンションを設定する」を参考に、クライアントIDを格納するカスタムディメンションを作成します(ユーザースコープで)。

2 GTMのカスタムJavaScript変数を作成する

GTMの「変数>ユーザー定義変数>新規>変数の設定>変数タイプを選択」から「カスタムJavaScript」を選択します。

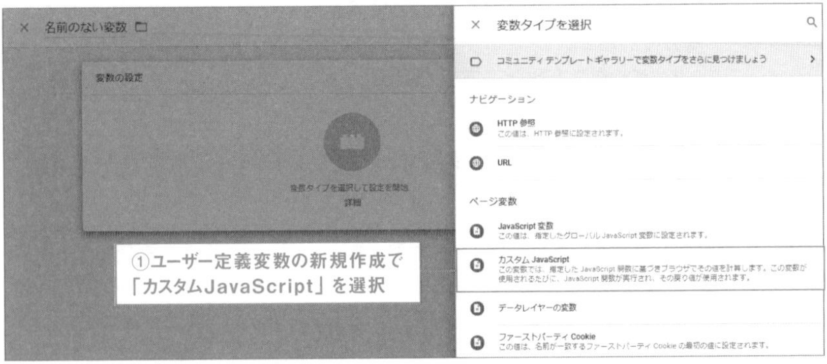
名前のない変数
変数の設定
変数タイプを選択して設定を開始
詳細
①ユーザー定義変数の新規作成で「カスタムJavaScript」を選択
変数タイプを選択
コミュニティ テンプレート ギャラリーで変数タイプをさらに見つけましょう
ナビゲーション
HTTP 参照
この値は、HTTP 参照に設定されます。
URL
ページ変数
JavaScript 変数
この値は、指定したグローバル JavaScript 変数に設定されます。
カスタム JavaScript
この変数では、指定した JavaScript 関数に基づきブラウザでその値を計算します。この変数が使用されるたびに、JavaScript 関数が実行され、その戻り値が使用されます。
データレイヤーの変数
ファーストパーティ Cookie
この値は、名前が一致するファーストパーティ Cookie の最初の値に設定されます。

画面NAVI ■ タグマネージャ ▶▶変数の設定 ▶▶変数タイプを選択

画面の欄にクライアントIDを取得するJavaScriptを入力し、任意に名前を付けて「保存」します。
画面では「dimension1」ですが、ここの末尾の数値部分には作成したカスタムディメンションのインデックス番号を入れてください。

```
function() {
  return function(model) {
    model.set('dimension1', model.get('clientId'));
  }
}
```

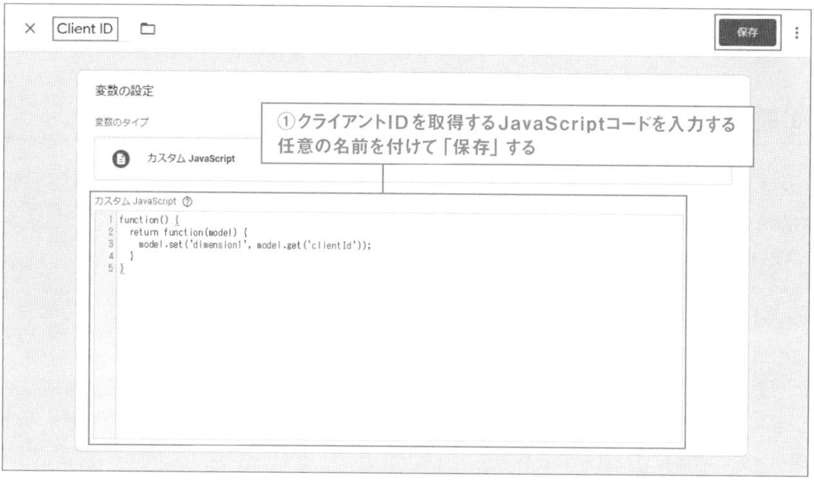
Client ID
保存
変数の設定
変数のタイプ
カスタム JavaScript
①クライアントIDを取得するJavaScriptコードを入力する
任意の名前を付けて「保存」する
カスタム JavaScript
function() {
return function(model) {
model.set('dimension1', model.get('clientId'));
}
}

画面NAVI タグマネージャ ▶▶ 変数の設定 ▶▶ 変数タイプを選択 ▶▶ カスタムJavaScript

3 「Googleアナリティクス設定」変数を設定する

次に、対象となるサイトに適用済みの「Googleアナリティクス設定」変数を開き、フィールドに「customTask」を入力し、値は作成済みのユーザー定義変数から選択します。
できたら「保存」します。

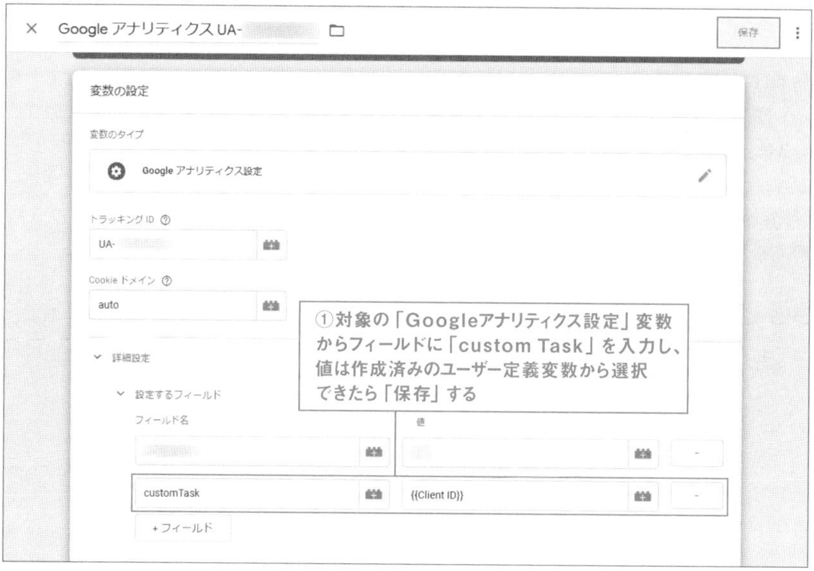
Google アナリティクス UA-
保存
変数の設定
変数のタイプ
Google アナリティクス設定
トラッキング ID
UA-
Cookie ドメイン
auto
詳細設定
設定するフィールド
フィールド名
値
customTask
{{Client ID}}
+ フィールド
①対象の「Googleアナリティクス設定」変数からフィールドに「custom Task」を入力し、値は作成済みのユーザー定義変数から選択
できたら「保存」する

画面NAVI タグマネージャ ▶▶ Googleアナリティクス設定変数

以上で、クライアントID取得は完了です。

③取得した「ID」をキーにCRMデータとの統合

CRMデータをGoogleアナリティクスで統合するには、「データインポート」と「Measurement Protocol」のふたつの方法があります。統合したいデータと目的によって使い分けます。

⊙ CRM（会員属性データ等）をGoogleアナリティクスのユーザーと統合する場合

この場合は、カスタムディメンションで取得した「会員（ログイン）ID」をキーディメンションにして、「データインポート」の「カスタムデータインポート」を使うのが適しています。インポートされた会員データは、同じキーディメンションの値（会員ID）を持ったユーザーの計測データと結び付けられ記録されます。
この「データインポート」方法については、「5-11　拡張データをインポートする⑥カスタムデータ」を参照ください。

⊙ オフラインコンバージョンをGoogleアナリティクスに計測させる場合

例えば、店頭コンバージョンやコールセンターでのコンバージョンをGoogleアナリティクスに計測したい場合は、「Measurement Protocol」を使って"コンバージョン（eコマーストランザクション）"として計測することができます。「Measurement Protocol」の送信には、必須パラメータとして「クライアントID」を付与する必要がありますが、この場合、サイト訪問ユーザーの「クライアントID」を「Measurement Protocol」に組み込むことで、サイト訪問ユーザーとオフラインコンバージョンユーザーを紐づけることができます。このプロセスは、すべてGoogleアナリティクスの外部で行われるため、綿密な設計と開発、オペレーションが必要になります。各関係部門とも連携しながら進めて行く必要があるでしょう。
「Measurement Protocol」については、「5-1　Measurement Protocolの基本を理解する」を参照ください。

次の表に、プラットフォーム化に必要な各機能/設定と、対応する本書の解説箇所をまとめておきますので参照ください。

プラットフォーム化のポイント	機能/設定	本書での解説
「広告」と「ウェブ」データの連携	Google広告とGoogleアナリティクスのアカウント連携	6-1　Google広告アカウントと連携する
	Googleシグナル	3-2　トラッキング情報で計測データを定義する①Googleシグナル
ユーザーのIDを取得	会員IDの取得:カスタムディメンション	3-16　カスタムディメンションを設定する
	クライアントIDの取得:GTMからの取得	本節で解説
「ウェブ」と「CRM」データの連携	データインポート	5-11　拡張データをインポートする⑥カスタムデータ
	Measurement Protocol	5-1　Measurement Protocolの基本を理解する

プラットフォーム化における重要な注意事項

・会員IDの取得には、各企業のプライバシーポリシーに準拠した範囲で行うようにしてください。Googleのプライバシーポリシーでは、「恒久的に個人を特定できる識別子」の計測や取得を禁止しており、会員IDは一般的にこれに該当しないという解釈です。しかし、場合によってはログインIDがメールアドレスのこともあり、そのようなときには暗号化やハッシュ化を行う必要があります。

・「データインポート」の際には、絶対に「個人情報」が含まれないようにする必要があります。Googleのプライバシーポリシーと、Googleアナリティクスの利用規約に準拠した運用を行うようにしてください。

・「Measurement Protocol」によってヒットを飛ばす場合は、既存のビューデータへの影響を考慮して行うようにしてください。例えば、オフラインコンバージョンを「eコマーストランザクション」ヒットで飛ばす場合、既存のビューでeコマース計測をしていれば、当然そこにオフラインコンバージョン値も加算されることになります。統合したデータの利用目的に従って、プロパティやビューの設計レベルから綿密に計画をしておくことをお勧めします。

14-4 オフラインデータをGoogle広告のリマーケティングに活用する

Googleアナリティクスでは、計測データを利用した「ユーザーリスト(オーディエンス)」によって、Google広告のリマーケティングキャンペーンを行うことができます。前節で解説したように「プラットフォーム活用」視点で考える場合、サイト上の行動データだけでなく、よりターゲティングセグメントに有効なユーザーの属性や変数を利用することで、リマーケティングキャンペーンの効果向上が期待できます。

Googleアナリティクスで計測できるデータは、基本的に「行動データ」と(eコマースの場合は)「購買データ」の2種類になります。しかし、オフラインにあるユーザーデータを「データインポート」機能で「行動データ」と統合できることを利用すれば、「行動」「購買」データ以外のユーザーに関するデータも、リマーケティングキャンペーンのセグメントに利用することが可能になります。

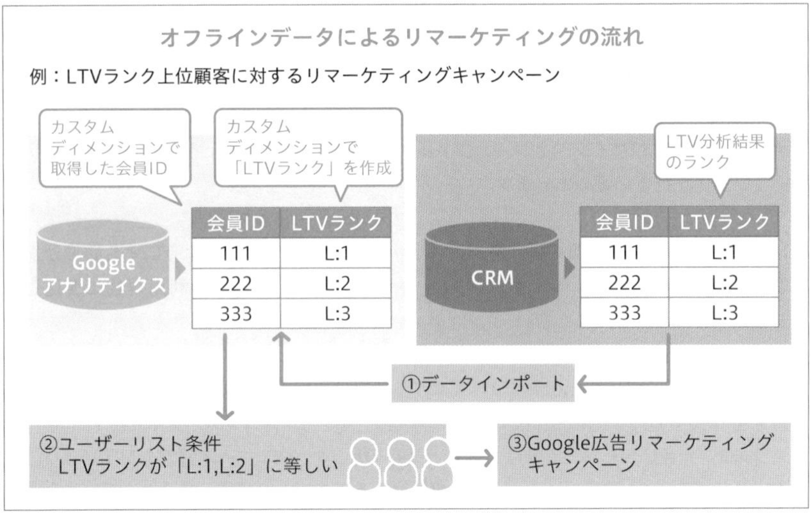

オフラインデータ活用の例

一言でオフラインデータと言っても、保有しているデータによって様々です。利用できるデータの内容によって、キャンペーンシナリオの設定も異なってきます。

一般的に次のようなデータが想定されます。

・LTVランク(過去データの分析)
・予測LTVランク(機械学習による予測値)
・会員ランク(ゴールド、シルバー、等)
・会員属性(性年齢、地域、等)
・オフラインの商談プロセス(来店、イベント来場、査定、試乗、等)
・BtoBの商談プロセス(見積もり提出、商談、成約、等)

このようなデータの多くはサイト上の行動ではないため、通常は計測することができませんが、「データインポート」機能(サイト行動データとの統合)を上手く利用することでユーザーリスト化し、キャンペーンセグメントとして利用できます。

「データインポート」&「ユーザーリスト」の要注意事項

「データインポート」したデータによる「ユーザーリスト」化については、各機能を組み合わせて使うために、それぞれの機能を良く理解した上で、双方の注意事項を加味して利用する必要があります。以下に、よくある誤解と注意事項をまとめました。

- **データインポート後に、該当する条件を持つユーザーが来訪した場合にデータが統合され、リストに入ることができる。つまり、データインポートしたユーザーすべてがユーザーリストに入るわけではない(ただし、リスト作成時から30日前まではルックバックされ、条件に合うユーザーはリスト化される)。**

- **インポートするデータの値が更新されるような場合(会員ランクやLTVランクが変動するような場合)は、「状態ベースのユーザーリスト」で作成するのが望ましい。**

- **Google広告のCookieを持たないユーザーは、リスト条件にマッチしてもリストに入ることはできない。**

- **データインポートからリマーケティングキャンペーン開始までには、各設定プロセスにおける以下のリードタイムを考慮して作業を行うのが望ましい。**

・データインポートされたデータが統合可能になるまでに、最大24時間かかる場合がある。
・ユーザーリスト作成後からリストが有効化するまで、24時間〜48時間かかる場合がある。
・リストが有効化しキャンペーン配信されるまでに、最大24時間かかる場合がある。

「クエリタイムインポート(360版のみ)」利用時の注意事項

「データインポート」機能は、本書内(「5-4　データインポートを理解する」)でも解説の通り、「拡張データのインポート」については、インポート後に訪問したユーザーのデータと統合することができる機能です(インポートするデータは多くの場合過去データですが、統合されるのはその後に訪問したユーザーのみです)。しかし、Googleアナリティクス360(有料版)では「クエリタイム」というデータインポート機能があり、過去訪問ユーザーのデータとインポートデータを統合することができるようになります。しかし、これはレポート画面上の集計において統合されるだけです。実際の記録(インデックス)レベルで統合されるわけではないので、ユーザーリストには反映することができません。

よくある誤解として、クエリタイムインポートだと、例えば過去1年分のユーザーデータをインポートしてリスト化し、過去1年間の未来訪ユーザーにリマーケティングできる、と考えがちですが、それはできません。たとえ「クエリタイム」でインポートを行った場合でも、ユーザーリスト化できる対象ユーザーは、「過去30日」以内にサイト訪問したユーザーに限られます。これはポリシーによる制限になっており、Google広告CookieとGoogleアナリティクスCookieとのマッチング期間が、「30日間」となっている仕様に由来する制限となっています。

オフラインデータによるリマーケティングキャンペーン設定の流れ

設定の流れは以下のようになります。

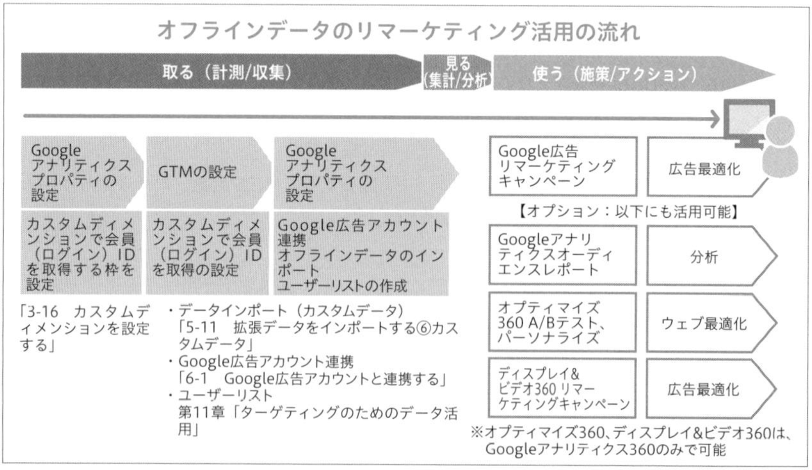

● **前提**

- 「会員（ログイン）ID」を、適切な形でカスタムディメンションで取得しておきます（そもそも、この値が取得できていなければ、データインポートによる統合をすることはできません）。
- インポートするデータを格納するカスタムディメンションを作成しておきます。
- カスタムディメンションについては、「3-16　カスタムディメンションを設定する」を参照ください。
- インポートするデータの準備をしておきます。

①「データインポート」

作成したデータを「データインポート」します。通常は「カスタムデータ」でのインポートで行います。具体的な方法については、「5-11　拡張データをインポートする⑥カスタムデータ」を参照ください。

②「ユーザーリスト」の作成

インポートしたデータ（カスタムディメンション）をリスト条件にした、「ユーザーリスト」を作成します。リストは、連携済みのGoogle広告アカウントに提供するように選択します。「ユーザーリスト」の設定については、第11章「ターゲティングのためのデータ活用」を参照ください。

③リマーケティングキャンペーンの配信

Google広告の管理画面のキャンペーン設定で、Googleアナリティクスから提供された上記のリストを選択してキャンペーンを実施します（Google広告側の設定については本書では割愛します）。

事例の紹介

本節で紹介した流れを筆者が実際に行った事例が、筆者の所属するアユダンテ（株）のホームページ上で公開されていますので、参考にしてください。LTVデータを利用したリマーケティングキャンペーンによって、通常のサイト行動データによるリマーケティングよりも、CVRが20倍以上という成果を出した成功事例になります。

「富士フイルム株式会社様事例
Googleアナリティクス360とBigQuery連携により分析環境を構築。CRMデータのLTV分析結果によるAdWords連携キャンペーンでCVR最大21.4倍を達成」
https://ayudante.jp/case/ga360suite/2018-06-18/14-30/

事例では、「Googleアナリティクス360」と「BigQuery」を利用していますが、本節で解説した流れは、Googleアナリティクス無料版の環境で実現することが可能です。本節で利用する機能に関する詳細は、本書の以下を参照ください。

・カスタムディメンション
「3-16　カスタムディメンションを設定する」
・データインポート（カスタムデータ）
「5-11　拡張データをインポートする⑥カスタムデータ」
・Google広告アカウント連携
「6-1　Google広告アカウントと連携する」
・ユーザーリスト
第11章「ターゲティングのためのデータ活用」

14-5 オフラインCVによるGoogle広告自動入札を実施する

Google広告では、コンバージョンデータに基づいた自動入札機能があり、広く普及しています。コンバージョンデータは、Google広告の計測タグによって計測したものを利用するのが一般的かと思いますが、Googleアナリティクスとのアカウント連携がされていると、Googleアナリティクスの「目標コンバージョン」と「eコマーストランザクション」データをインポートし、自動入札に利用することができるようになります。

Google広告、Googleアナリティクスとも、通常はサイト上のオンライコンバージョンを利用しているという点では、共通しています。しかし、そもそもオフライン上でコンバージョンが起こるビジネスの場合は、コンバージョンデータによる自動入札は機能しない、ということになってしまいます。

Googleアナリティクスでは、「Measurement Protocol」機能によって外部の行動をGoogleアナリティクスに送信し、計測することが可能ですが、この機能を利用してオフラインでコンバージョンが発生する場合であっても、Google広告の自動入札を機能させることができるようになります。この場合、「Measurement Protocol」を「eコマーストランザクション」ヒットとして送信し、Google広告がこの「eコマーストランザクション」をインポートする流れを作ることで実現できます。もし、オフラインでの売り上げデータを送信する場合は、ひとつひとつのコンバージョン（トランザクション）の"売り上げ金額"が自動入札の機械学習にも加味され、入札の重み付けにも利用されることになります。

「Measurement Protocol」自体は、本書（「5-1　Measurement Protocolの基本を理解する）でも解説の通り、しくみ自体はシンプルです。しかし、オフラインの行動を「Measurement Protocol」に盛り込み、適切なタイミングでGoogleアナリティクスへ送信するしくみを構築するには、多くの場合開発工数が必要になります。「Measurement Protocol」は手動による作成も可能ですので、大きな投資の前にまずは検証目的の小規模なキャンペーンによる実証実験を行い、成果のビジネスインパクトを確認してから、しくみを構築されることをお勧めいたします。

オフラインCVデータによるGoogle広告自動入札の流れ

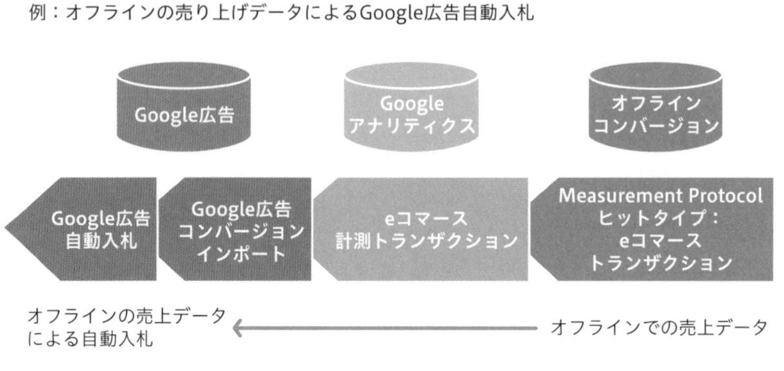

オフラインCVデータの活用例

「Measurement Protocol」を利用して、オフラインCVデータとしてGoogleアナリティクスに計測させ、Google広告の自動入札に利用する流れでは、上記のケースの他にも以下のような利用が考えられます。

・リアル店舗でのコンバージョン（来店/購入）
・コールセンターでのコンバージョン（問い合わせ/注文）
・オフラインの商談プロセス（イベント来場、査定、試乗、等）
・BtoBの商談プロセス（見積もり提出、商談、成約、等）

このように、オフラインでの行動プロセスの計測と活用に広く応用ができますが、前述のように、しくみ構築にかかるコストを念頭において取り組むようにしてください。また、前節で紹介したオフラインデータによるリマーケティング活用と、本節で紹介した自動入札活用は、キャンペーンの目的が異なりますので、まずはキャンペーンの目的をしっかり確認し、必要なコンバージョンデータと活用法を選択するようにしてください。

「Measurement Protocol」&「Google広告自動入札」の要注意事項

「Measurement Protocol」のeコマーストランザクションを、「Google広告自動入札」に利用する際の注意事項をまとめましたので、参考にしてください。

● 「Measurement Protocol」送信には「クライアントID（cid）」が必要

「Measurement Protocol」を送信するにはいくつかの必須パラメータがありますが、今回の利用において重要なのは、実際にサイトを訪問したユーザーの「cid」をオフライン行動を送信する「Measurement Protocol」に組み込む必要がある、ということです。これによって、「Google広告からの流入～サイト上の行動～オフライン行動」がCookieベースで統合され、広告の入札最適化に利用することができるようになります。「cid」の取得方法についてはいくつかの選択肢がありますが、カスタムディメンションに取得する方法を前々節（「14-3　プラットフォーム化に必要な機能と設定を理解する」）で紹介していますので、参考にしてください。

● 「アカウント」「プロパティ」「ビュー」におけるデータの流れを考慮

eコマース計測のデータは「ビュー」に反映されます。もし、対象のサイトがeコマースサイトですでにeコマース計測を実装している場合は、「Measurement Protocol」によるeコマーストランザクションの値は同じ「ビュー」の中で集計されます。もし、サイト上のeコマース計測データと、今回の「Measurement Protocol」によるeコマーストランザクションを分けて計測/集計したい場合は、「プロパティ」と「ビュー」の各レベルでのアカウント構造の再見直しが必要になることもあります。ここにはいくつかの方法や選択肢がありますが、外部の専門家などにも相談の上で、正しい計測と設定が行えるようにする必要があります。

● キャンペーン目的に合った「コンバージョンデータ」を選択

今回のケースでは「Measurement Protocol」と「Google広告自動入札」という機能の組み合わせを利用していますが、いちばん重要なことはキャンペーンの目的に必要なコンバージョンが何か？をしっかりと設計する必要がある、ということです。オンライン＋オフラインの行動プロセスがあるビジネス業態の場合は、最終コンバージョンに近いオフライン行動に基づいた入札を行う方が、入札の精度が高くなる可能性があります。かといって、全体プロセスの中間であるオンラインコンバージョンを利用することが、キャンペーンにとってまったく意味のないことか？と言えば、そうとも言い切れない場合もあります。常に「何のためのキャンペーン投資なのか？」を確認して、適切でかつビジネスインパクトが最も高いコンバージョン計測を行うことを心掛けてください。

● 事前の「実証実験」を行う

「Measurement Protocol」の利用は、データ計測の幅を広げることができる非常に有効な機能ですが、最終的な"運用"まで視野に入れると、しくみ構築に開発などの費用がかかる場合があります。「Measurement Protocol」は、小規模であれば手動でも利用できますので、事前の「実証実験」を行い、設定の手順だけでなくビジネスへの効果がどのくらい出るのか？を検証してから、運用のしくみに落とし込むようにしてください。

オフラインCVデータによるGoogle広告自動入札活用の設定の流れ

設定の流れは以下のようになります。

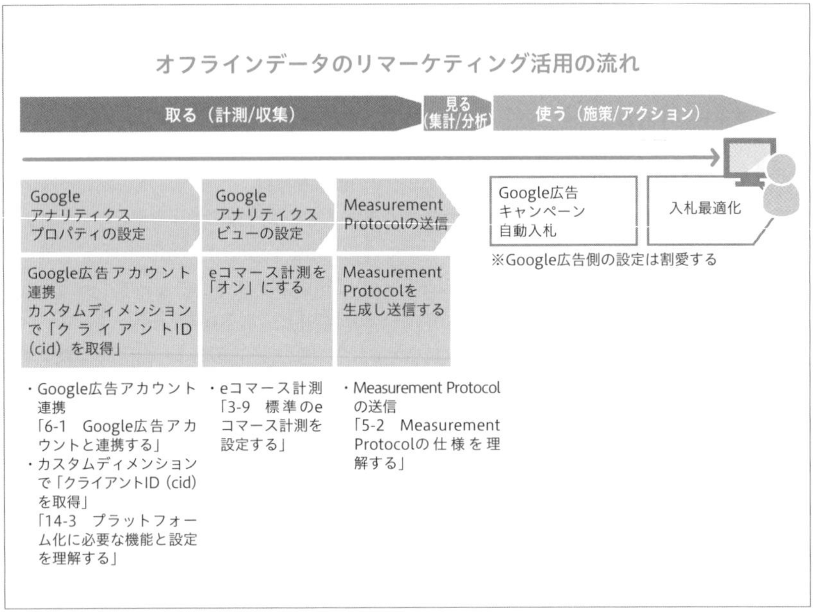

①「Google広告」とのアカウント連携

Googleアナリティクスからコンバージョンデータをインポートして利用するには、「Google広告」と「Googleアナリティクス」とのアカウント連携が必要です。連携の方法については、「6-1　Google広告アカウントと連携する」を参照ください。

②「クライアントID（cid）」を取得

「Measurement Protocol」を送信する際の必須パラメータのひとつですが、特に今回の流れでは、ユーザーのサイト行動とオフライン行動を紐づける必要があります。そのためには、実際にサイトを訪問したユーザーの「cid」を取得しておく必要があります。「cid」を取得して、「Measurement Protocol」に組み込むための技術的な方法論は、いくつかの選択肢があります。しかし、まずは事前の実証実験として手動で行うのであれば、カスタムディメンションで取得した「cid」を利用することで問題ないでしょう。カスタムディメンションで「cid」を取得する方法につては、「14-3　プラットフォーム化に必要な機能と設定を理解する」を参照ください。

③Googleアナリティクス「eコマース計測」を「オン」にする

「Measurement Protocol」は、eコマーストランザクションとして送信するので、データを受け取るGoogleアナリティクス側のeコマース計測を、有効にしておく必要があります。

※通常のeコマース計測であればeコマース計測タグの実装（もしくは、GTMによる計測設定）が必要ですが、今回の流れに限定すればeコマース計測データは「Measurement Protocol」で送信するので、eコマース計測タグの設定は必要ありません。

④「Measurement Protocol」を生成し送信する

「Measurement Protocol」は、Googleアナリティクスに計測データを送信するHTTPの書式で、URL＋パラメータで構成される非常にシンプルなものです。書式を理解すれば、高い技術的な知識がなくても誰でも送信することができます。書式の中にはいくつかの必須パラメータがあるので、漏れなく組み込む必要がありますが、前述のように実際のサイト訪問ユーザーから取得した「cid」を必ず入れるようにしてください。具体的な書式の作成方法は、「5-2　Measurement Protocolの仕様を理解する」を参照してください。

⑤Google広告でコンバージョンインポートし自動入札に利用する

①のGoogle広告アカウント連携ができていれば、Google広告側でGoogleアナリティクスからのコンバージョンインポートが可能になるので、必要な設定をしてキャンペーンの設定を行います（Google広告側の設定詳細については本書では割愛します）。

本節で利用する機能に関する詳細は、本書の以下を参照ください。

・Google広告アカウント連携
「6-1　Google広告アカウントと連携する」
・カスタムディメンション
「3-16　カスタムディメンションを設定する」
・クライアントID（cid）の取得
「14-3　プラットフォーム化に必要な機能と設定を理解する」
・eコマース計測
「3-9　標準のeコマース計測を設定する」
・Measurement Protocol
「5-2　Measurement Protocolの仕様を理解する」

14-6 アトリビューションレポートで終点貢献分析を行う

Googleアナリティクスの「コンバージョン＞マルチチャネル」レポートでは、いわゆる「ラストクリックコンバージョン」だけではない「コンバージョンにつながる複数セッションの流入元」を集計し、コンバージョンへの貢献を分析することができます。そのデータを使って、よく利用される分析手法がありますので、本節で紹介します。

終点貢献分析

「コンバージョン＞マルチチャネル＞アシストコンバージョン」レポートでは、各流入元ごとの「アシストコンバージョン数」を見ることができます。しかし、「アシスト」に貢献した各チャネルが、最終的にどのチャネルからのコンバージョンに貢献したのか？が気になるところです。

例えば、ディスプレイ広告や動画広告のビュースルーによる流入（広告を見たけれどクリックせず、その後別のセッションで訪問した場合）が、最終的にどのチャネルからコンバージョンにつながったのか？を知ることによって、「ディスプレイ広告や動画広告のインプレッションユーザーのどのような行動を促す効果があるのか？」がわかります。それにより、ディスプレイ広告や動画広告キャンペーンの効果や貢献を、より具体的に評価することができるようになります。特に「ビュースルー」からの訪問について利用するケースが多いですが、通常の「クリックスルー」による広告からの訪問についても、同様に利用できる分析です（例えば、ディスプレイ広告のクリックからの訪問がユーザーの検索行動にどのように貢献したか？など）。

ウェブサイトへの集客施策を「ファネル」視点で考えれば、より上位の「アッパーファネル」に向けた広告が、「ファネルのステップ」への行動を促す効果があることが理想的です。動画広告のインプレッションに接触したユーザーが、いきなりコンバージョンしてくれれば一番良い、と考えるかもしれません。しかし、「ファネル」の視点で考えれば、次に期待するアクションとしては、「指名検索（か、関連キーワードで）してサイト訪問してコンバージョンする」という流れが理想的でしょう。この終点貢献分析では、そのようなことを簡単に見ることができます。

終点貢献分析の方法

NOTE

本節では、分析結果のわかりやすさの視点から、「YOUTUBE動画広告キャンペーン」で「ビュースルー」のアシスト流入が、「終点」でどのチャネルからの訪問になったのか？を見る場合を例に解説します。動画広告のビュースルー計測は、Googleの広告管理ツールである「キャンペーンマネージャ」を利用し、Googleアナリティクス360（有料版）との連携によるレポート使用しています。しかし、通常のGoogle広告のディスプレイキャンペーン等の場合でも、集計の方法は応用できますので参考にしてください。

Googleキャンペーンマネージャヘルプ
https://support.google.com/dcm#topic=2758513

分析では、Googleアナリティクスの「コンバージョン＞マルチチャネル＞モデル比較ツール」レポートで、「コンバージョンセグメント」を利用します。

● **前提**

YOUTUBE広告キャンペーンは、「キャンペーンマネージャ」で配信管理を行います。また、Googleアナリティクス360との連携によって、Googleアナリティクス側の以下レポート画面で、ビュースルー計測データが見ることができる環境まで構築している、という前提で解説していきます。
無料版のGoogleアナリティクスであっても、考え方や設定方法は同じ要領で応用できますので参考にしてください。

設定手順

まず、Googleアナリティクスの「コンバージョン＞マルチチャネル＞モデル比較ツール」画面から「コンバージョンセグメント」を開き、画面右の「新しいコンバージョンセグメント」からコンバージョンセグメント作成画面を開きます。

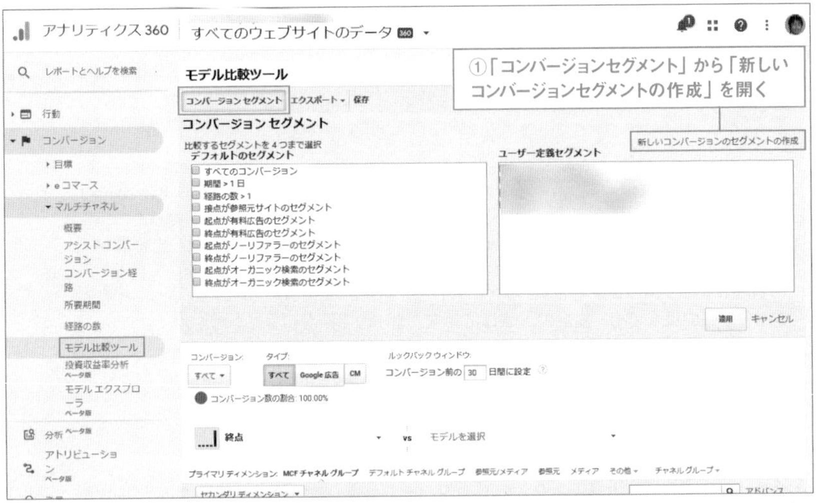

画面NAVI ■ Googleアナリティクス ▶▶コンバージョン ▶▶マルチチャネル ▶▶モデル比較ツール ▶▶コンバージョンセグメント

一致条件として「アシスト」「接点のタイプ」を選択し、値は「インプレッション」を選択します。再生回数は「0回」を「超える」のままでOKです。任意の名前を入力して「セグメントを保存」をクリックし、最後に「適用」ボタンをクリックして適用します。

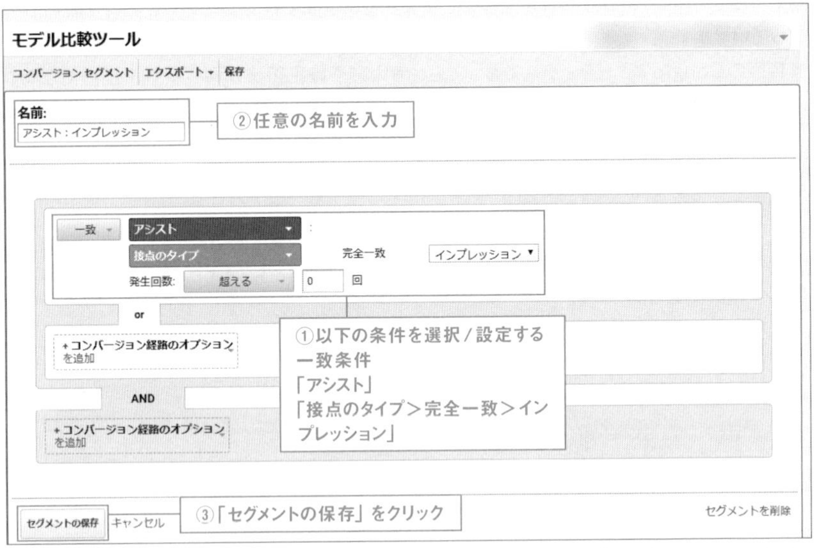

画面NAVI ■ Googleアナリティクス ▶▶コンバージョン ▶▶マルチチャネル ▶▶モデル比較ツール ▶▶コンバージョンセグメント

このケースは、接点が「インプレッション」で計測されているのは、YOUTUBE動画広告のみです。そのため、YOUTUBE動画広告のインプレッション流入がアシストしているときに、「終点」でどのチャネルから流入してコンバージョンにいたっているのか？が表示されます。
以下の画面の場合、多い順に「オーガニック検索」「有料検索」となっており、主にユーザーの検索行動をアシストしている、ということがわかります。

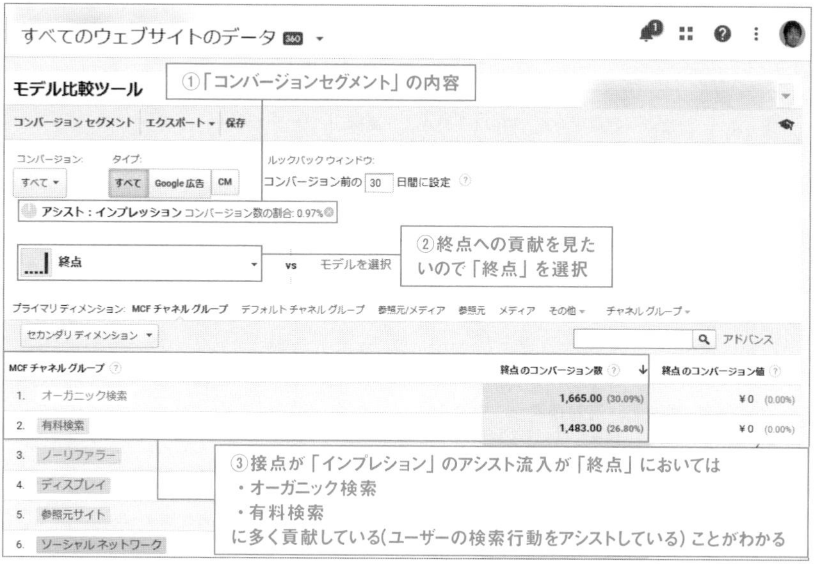

画面NAVI ■ Googleアナリティクス » コンバージョン » マルチチャネル » モデル比較ツール

同様の要領で、「インプレッション」が「起点」の場合も見てみましょう。設定の方法は同じ要領で可能です。一致条件で「起点」「接点のタイプ＞インプレッション」を設定します。

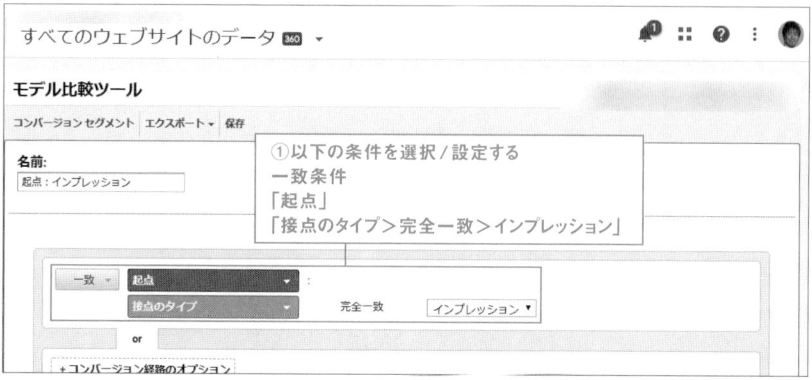

画面NAVI ■ Googleアナリティクス » コンバージョン » マルチチャネル » モデル比較ツール » コンバージョンセグメント

YOUTUBE動画広告のインプレッションを「起点」として流入したユーザーが、「終点」でどのチャネルからコンバージョンにいたったのか？を見ることができます。
このケースでは、前述のアシストと同様に、「オーガニック検索」と「有料検索」からのコンバージョンに貢献していることがわかります。

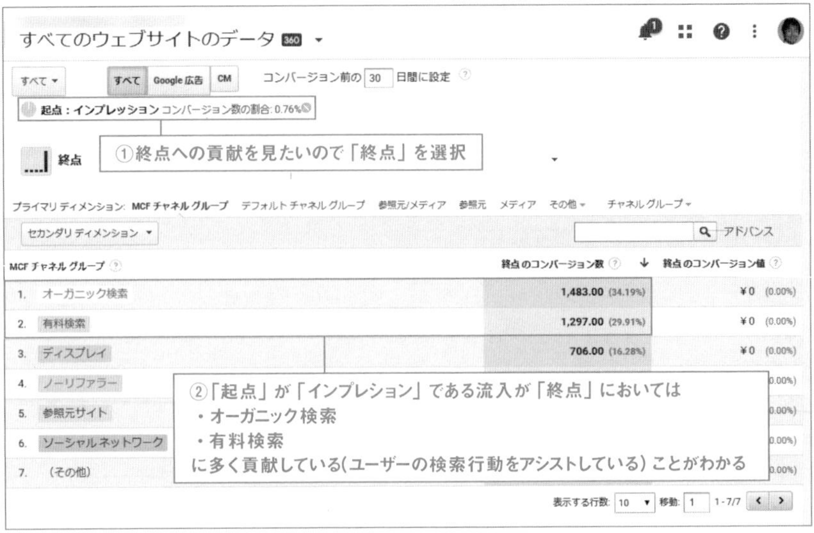

画面NAVI ■ Googleアナリティクス ▶▶コンバージョン ▶▶マルチチャネル ▶▶モデル比較ツール

このケースのように、特に動画広告やディスプレイ広告のインプレッションなど、通常のいわゆる「ラストクリック」評価では効果が見えにくい広告施策についても、このようにデータが可視化できることによってその影響や効果を示し、カスタマージャーニー視点での広告プランニングに役立てることができます。

14-7 アトリビューションレポートでコンバージョンリフト分析を行う

前節に続き、動画広告やディスプレイ広告がもたらす効果として、いわゆる「ラストクリックCPA」だけではなく「その広告への接触がコンバージョン率向上に貢献したか否か？」ということがわかる分析方法について解説します。

「コンバージョンリフト」分析

複数回の訪問によってコンバージョンが発生することを前提に考えた場合、特定の広告への接触有無によるユーザーのコンバージョン率の違いを見ることで、その広告がコンバージョン率を向上（リフト）させる効果があったかどうかを確認することができます。これは、特に動画広告やディスプレイ広告のビュースルー計測を行っている環境において、単に「ビュースルーコンバージョン数」を見るだけではなく、動画広告やディスプレイ広告に接触したユーザーが、接触しなかったユーザーに比べてコンバージョンを押し上げる（リフト）効果があったかどうか？を見るために、非常に有効な分析手法です。一般的に、動画広告やディスプレイ広告のインプレッション効果を測る指標は、「認知」系の調査指標（認知率やブランド想起率など）によって測られる場合が多いかと思います。しかし、この分析によって、動画広告のインプレッションがユーザーの「行動」に対して及ぼす効果を、可視化することが可能になります。

分析の方法

本節のケースでは、前節同様にYOUTUBE動画広告キャンペーンが、自然検索流入のコンバージョン率をリフトしたかどうか？について、「YOUTUBE接触あり」ユーザーと「YOUTUBE接触なし」ユーザーの自然検索流入からのコンバージョン率を比較することで、見てみたいと思います。

● 前提

本節でも前節同様に、YOUTUBE広告キャンペーンは「キャンペーンマネージャ」で配信管理を行います。また、Googleアナリティクス360との連携によってGoogleアナリティクス側の以下レポート画面で、ビュースルー計測データが見ることができる環境まで構築している、という前提で解説していきます。
無料版のGoogleアナリティクスであっても、考え方や設定方法は同じ要領で応用できますので参考にしてください。

設定手順

まず、レポート画面は「集客＞すべてのトラフィック＞チャネル」を開きます。この分析では、「YOUTUBE接触あり」と「YOUTUBE接触なし」というふたつカスタムセグメントを作成して比較します。
「YOUTUBE接触あり」では以下のように設定します。
カスタムセグメントの「条件」から、フィルタ条件として「ユーザー」を「含める」にし、今回は「CMアトリビューションモデル」で値を「View-through」、ORで同様に「Click-through」とします。これによって、YOUTUBE広告の「ビュースルー」「クリックスルー」両方のユーザーをセグメントします。

※セグメントの設定方法については「10-5　セグメントの基本を理解する」を参照ください。

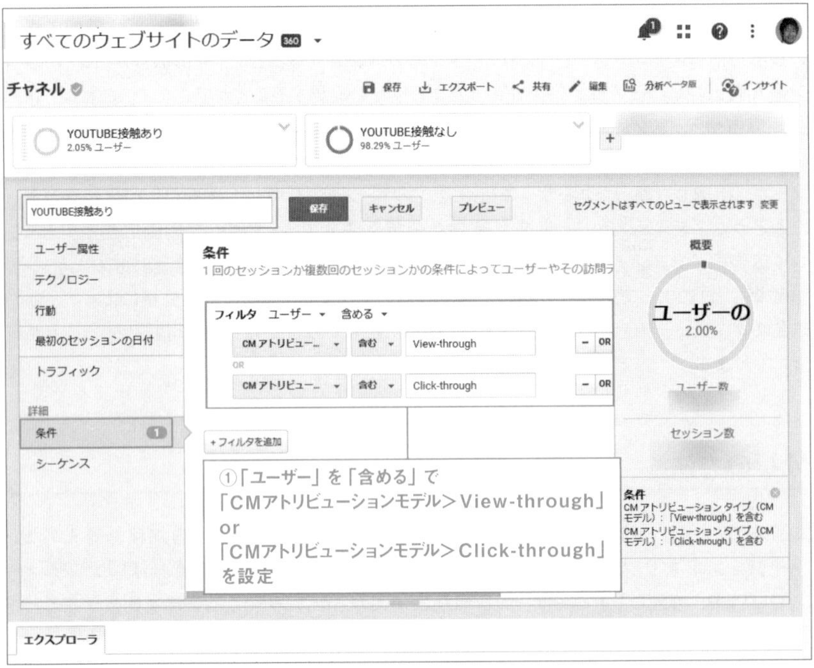

画面NAVI ■ Googleアナリティクス ≫集客 ≫すべてのトラフィック ≫チャネル

次に、同様の要領で「YOUTUBE接触なし」のセグメントを設定します。
カスタムセグメントの「条件」から、フィルタ条件として「ユーザー」を「除外する」にし、同様に「CMアトリビューションモデル」で値を「View-through」、ORで同様に「Click-through」とします。これによって、YOUTUBE広告の「ビュースルー」「クリックスルー」両方のユーザーをセグメントで除外します。

画面NAVI ■ Googleアナリティクス ▶▶集客 ▶▶すべてのトラフィック ▶▶チャネル

今回のケースでは、YOUTUBE広告の接触が自然検索流入のコンバージョン率の向上(リフト)に貢献したか?を見たいので、レポート画面上のアドバンスセグメントで「Organic Search」を入力して絞り込みます。絞り込まない場合は、他の流入によるコンバージョン率の比較も見ることができます。

画面NAVI ■ Googleアナリティクス ▶▶集客 ▶▶すべてのトラフィック ▶▶チャネル

以上の分析から、YOUTUBE広告の接触によって、自然検索流入からのコンバージョン率が「約1.22倍」リフトされている、ということがわかります。

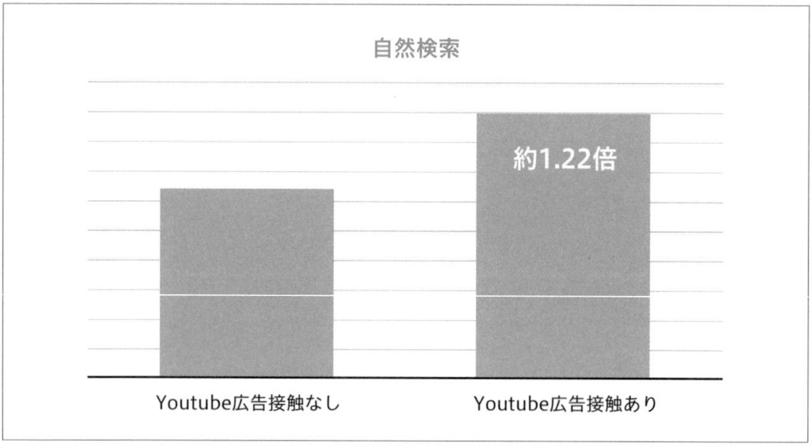

このように、特に動画広告やディスプレイ広告など、通常のいわゆる「ラストクリック」評価では効果が見えにくい広告施策についても、その影響や効果を示し、カスタマージャーニー視点での広告プランニングに役立てることができます。

14-8 キャンペーンランディングページを最適化する

集客施策、特に広告キャンペーンにおいてその効果指標として重要なものに、「直帰率」があります。広告メッセージを見てクリックし、来訪したユーザーが最初に見るページである「ランディングページ」は、その後のコンバージョンへつなげるための重要な役割を果たします。「直帰率」はランディングページの良し悪しを図る重要な指標で、広告担当者がGoogleアナリティクスの中で一番よく見る指標ではないでしょうか。
ランディングページの最適化においては、「テスト」を行うのが"定石"となっています。しかし、キャンペーンごとに設置されるランディングページを常に最適化する取り組みは、「テストページの作成〜配信設定〜計測と評価」において、かなり煩雑にならざるを得ません。
本節では、本書の第11章で解説した「オプティマイズ」の機能を使った、「Google広告のキャンペーンLP最適化」の方法を紹介します。ひとつひとつのキャンペーンに対応したLPテストの設定と運用を、「オプティマイズ」の機能によってシンプルに行うことが可能になります。

× ルールタイプを選択
Google アナリティクスのユーザー
Google アナリティクスで作成したオーディエンスをターゲットに設定します。
Google 広告
Google 広告のアカウント、キャンペーン、広告グループ、キーワードをターゲットに設定します。
UTM パラメータ
UTM パラメータに基づいてユーザーをターゲティングします。
デバイス カテゴリ
モバイル、タブレット、デスクトップ デバイスを使用しているユーザーをターゲットに設定します。
行動
新規ユーザーやリピーター、特定の参照 URL からのユーザーをターゲットに設定します。
地域
特定の都市、大都市圏、地域、郡などからのユーザーをターゲットに設定します。
テクノロジー
特定のデバイス、ブラウザ、OS を使用しているユーザーをターゲットに設定します。
詳細設定
クエリ パラメータ
URL のクエリ パラメータをもとにターゲット設定を行います。
データレイヤー変数
データレイヤーに保存されているキー値をもとにターゲット設定を行います。
JavaScript 変数
ウェブページのソースコードに含まれる JavaScript 変数をターゲットに設定します。
ファーストパーティの Cookie
自サイトのファーストパーティ Cookie を持っているユーザーをターゲットに設定します。
カスタム JavaScript
カスタム JavaScript が返す値に基づくページをターゲットに設定します。
オプティマイズのターゲット設定ルールの詳細
Google広告との連携によって、キャンペーンと連動したテストルールの作成が簡単に行える

画面NAVI ■ オプティマイズ ▶▶ルールタイプを選択

「Google広告キャンペーン連動LPテスト」設定の手順

Google広告のキャンペーンに連動したテストを行うには、以下の図にあるように、各ツールの連携設定をしておく必要があります。

①「オプティマイズ」と「Googleアナリティクス」のプロパティ連携

これは「オプティマイズ」をサイトに導入する際に連携済みになります。

「オプティマイズ」導入については、第11章「ターゲティングのためのデータ活用」を参照ください。

②「Googleアナリティクス」と「Google広告」のアカウント連携

もし、まだこの連携設定をしていない場合は、連携設定をします。Google広告アカウント連携については、「6-1　Google広告アカウントと連携する」を参照ください。

③「オプティマイズ」と「Google広告」のアカウント連携

本節で紹介する機能を利用するには、上記①、②に加えて「オプティマイズ」と「Google広告」のアカウント連携が必要になります。

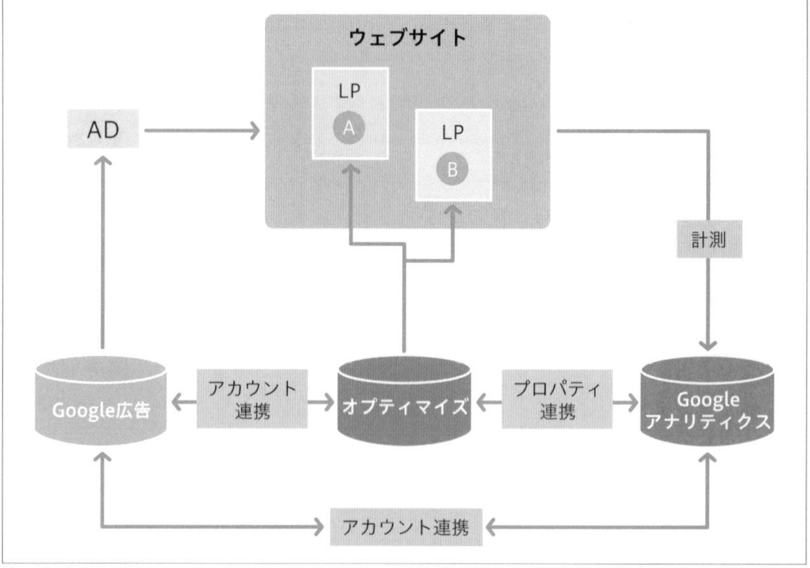

Google広告ランディングページテストの連携設定

設定手順

1 「オプティマイズ」と「Google広告」のアカウントを連携する

まず、Google広告にログインします（Googleアナリティクスとアカウント連携をしているGoogleアカウントである必要があります）。
キャンペーン画面右上の「ツールと設定」を開き、「設定＞リンクアカウント」をクリックします。

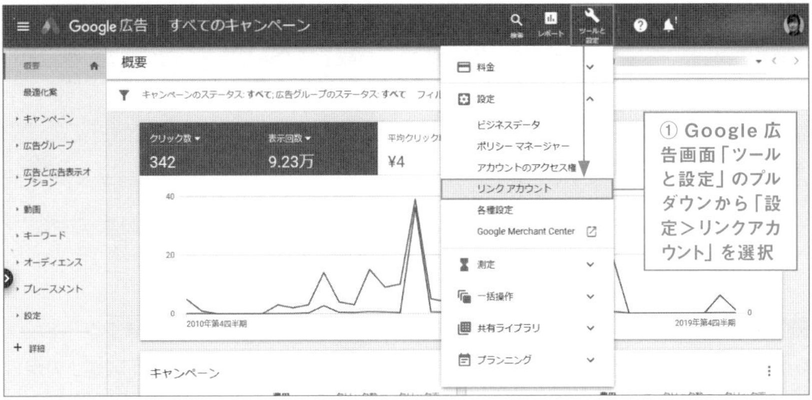

Google広告
すべてのキャンペーン
検索
レポート
ツールと設定
概要
最適化案
キャンペーン
広告グループ
広告と広告表示オプション
動画
キーワード
オーディエンス
プレースメント
設定
＋ 詳細
キャンペーンのステータス: すべて; 広告グループのステータス: すべて フィル
クリック数
342
表示回数
9.23万
平均クリック
¥4
40
20
0
2010年第4四半期
2019年第4四半期
キャンペーン
料金
設定
ビジネスデータ
ポリシー マネージャー
アカウントのアクセス権
リンク アカウント
各種設定
Google Merchant Center
測定
一括操作
共有ライブラリ
プランニング
①Google広告画面「ツールと設定」のプルダウンから「設定＞リンクアカウント」を選択

画面NAVI ■ Google広告 ▶▶キャンペーン

画面に表示された「Googleアナリティクス」の「詳細」をクリックします。

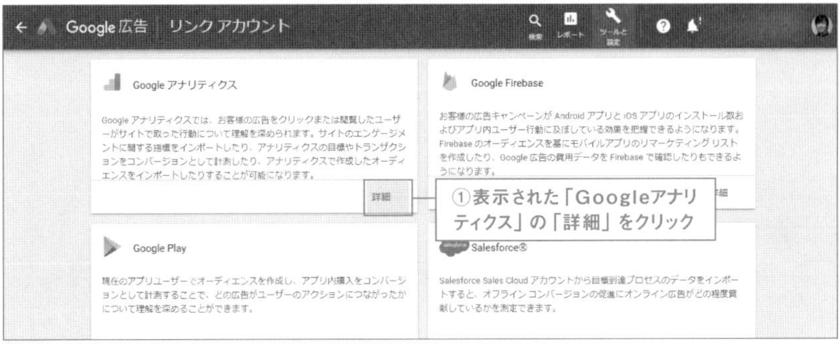

Google広告
リンク アカウント
検索
レポート
ツールと設定
Google アナリティクス
Google アナリティクスでは、お客様の広告をクリックまたは閲覧したユーザーがサイトで取った行動について理解を深められます。サイトのエンゲージメントに関する指標をインポートしたり、アナリティクスの目標やトランザクションをコンバージョンとして計測したり、アナリティクスで作成したオーディエンスをインポートしたりすることが可能になります。
詳細
Google Firebase
お客様の広告キャンペーンが Android アプリと iOS アプリのインストール数およびアプリ内ユーザー行動に及ぼしている効果を把握できるようになります。Firebase のオーディエンスを基にモバイルアプリのリマーケティング リストを作成したり、Google 広告の費用データを Firebase で確認したりもできるようになります。
Google Play
現在のアプリユーザーでオーディエンスを作成し、アプリ内購入をコンバージョンとして計測することで、どの広告がユーザーのアクションにつながったかについて理解を深めることができます。
Salesforce®
Salesforce Sales Cloud アカウントから目標到達プロセスのデータをインポートすると、オフライン コンバージョンの促進にオンライン広告がどの程度貢献しているかを測定できます。
①表示された「Googleアナリティクス」の「詳細」をクリック

画面NAVI ■ Google広告 ▶▶リンクアカウント

表示されたGoogleオプティマイズの共有を「オン」にして、オプティマイズとのアカウントリンクは完了です。

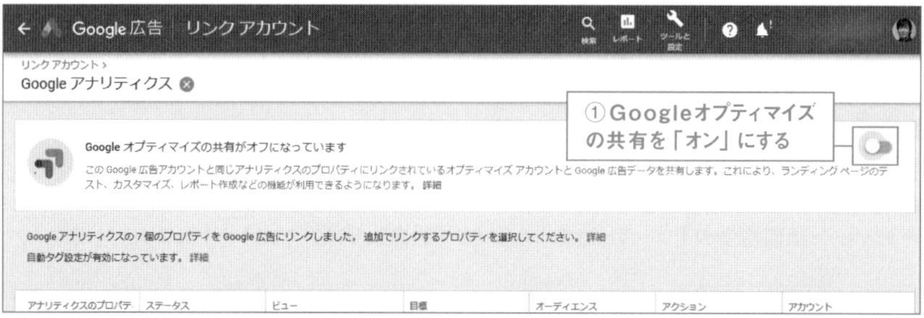
Google広告 リンクアカウント
リンクアカウント ›
Google アナリティクス
①Googleオプティマイズの共有を「オン」にする
Google オプティマイズの共有がオフになっています
この Google 広告アカウントと同じアナリティクスのプロパティにリンクされているオプティマイズ アカウントと Google 広告データを共有します。これにより、ランディング ページのテスト、カスタマイズ、レポート作成などの機能が利用できるようになります。詳細
Google アナリティクスの 7 個のプロパティを Google 広告にリンクしました。追加でリンクするプロパティを選択してください。詳細
自動タグ設定が有効になっています。詳細
アナリティクスのプロパティ
ステータス
ビュー
目標
オーディエンス
アクション
アカウント

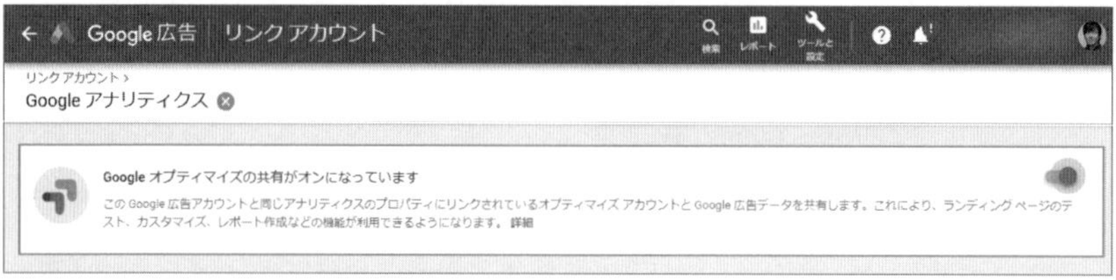
Google広告 リンクアカウント
リンクアカウント ›
Google アナリティクス
Google オプティマイズの共有がオンになっています
この Google 広告アカウントと同じアナリティクスのプロパティにリンクされているオプティマイズ アカウントと Google 広告データを共有します。これにより、ランディング ページのテスト、カスタマイズ、レポート作成などの機能が利用できるようになります。詳細

画面NAVI ■ Google広告 ▶▶リンクアカウント ▶▶Googleアナリティクス（詳細）

2 「オプティマイズ」でGoogle広告キャンペーン連動のルールを作成する

Google広告とのリンクが完了したら、「オプティマイズ」にログインし「エクスペリエンス」の作成画面に入ります。
画面中の「オーディエンスターゲティング」の「カスタマイズ」をクリックします。

オプティマイズ
サンプルAB A/B テスト
詳細
レポート
サイトの訪問者をターゲットに設定
サイトをカスタマイズします
プロパティを選択して表示
最適化する目標の選択
スケジュールを設定または開始する
ターゲティングとパターン
パターン
テストの対象を指定します。
オリジナル
50% の比重
プレビュー
表示
パターン 1
50% の比重
プレビュー
編集
+ パターンを追加
ページターゲティング
ウェブサイト エクスペリエンスを実施するページを指定します。
URL が次と一致
+ URL のルールを追加
オーディエンスターゲティング
ウェブサイト エクスペリエンスを表示するユーザーを指定します。
上記の対象ページを訪問したすべてのユーザー。
①「オーディエンスターゲティング」の「カスタマイズ」をクリック
カスタマイズ

画面NAVI ■ オプティマイズ ▶▶エクスペリエンス作成画面

「ルールタイプを選択」から「Google広告」を選択します。

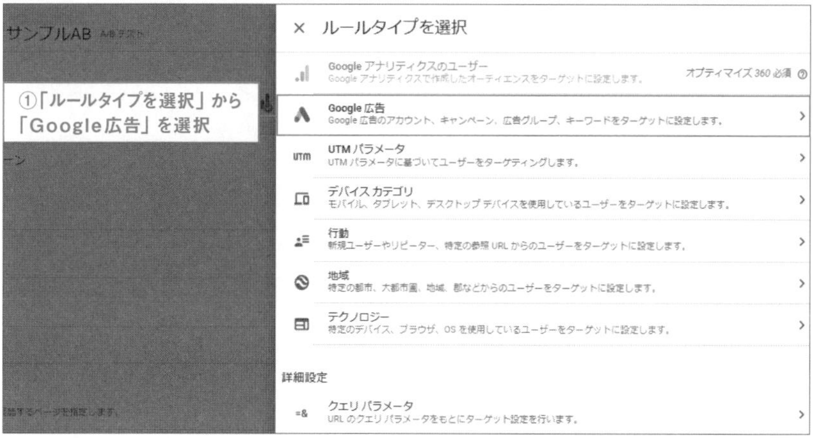
サンプルAB
①「ルールタイプを選択」から「Google広告」を選択
× ルールタイプを選択
Google アナリティクスのユーザー
Google アナリティクスで作成したオーディエンスをターゲットに設定します。
オプティマイズ 360 必須
Google 広告
Google 広告のアカウント、キャンペーン、広告グループ、キーワードをターゲットに設定します。
UTM パラメータ
UTM パラメータに基づいてユーザーをターゲティングします。
デバイス カテゴリ
モバイル、タブレット、デスクトップ デバイスを使用しているユーザーをターゲットに設定します。
行動
新規ユーザーやリピーター、特定の参照 URL からのユーザーをターゲットに設定します。
地域
特定の都市、大都市圏、地域、都などからのユーザーをターゲットに設定します。
テクノロジー
特定のデバイス、ブラウザ、OS を使用しているユーザーをターゲットに設定します。
詳細設定
クエリ パラメータ
URL のクエリ パラメータをもとにターゲット設定を行います。

画面NAVI ■ オプティマイズ ▶▶エクスペリエンス作成画面 ▶▶ルールタイプを選択

Google広告側で設定したキャンペーン設定項目から、どの項目でルールを設定するかを選択します。キャンペーン構造は4つの階層になっているので、対応するランディングページがどの階層に対応するのか?によって選択するのが望ましいでしょう。

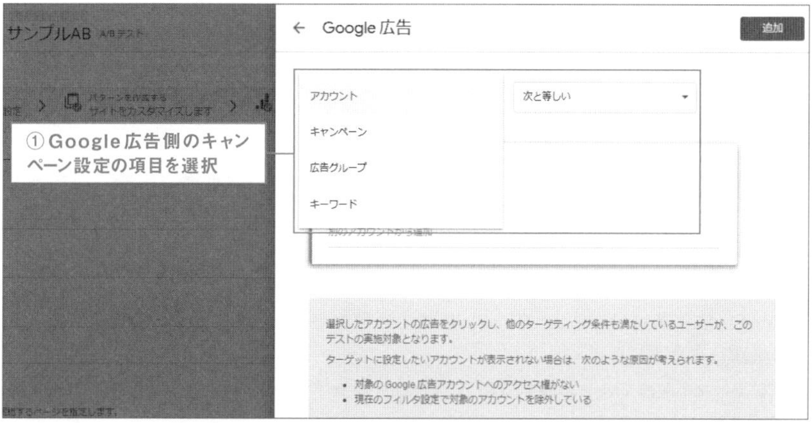
サンプルAB
①Google広告側のキャンペーン設定の項目を選択
← Google 広告
追加
アカウント
キャンペーン
広告グループ
キーワード
次と等しい
選択したアカウントの広告をクリックし、他のターゲティング条件も満たしているユーザーが、このテストの実施対象となります。
ターゲットに設定したいアカウントが表示されない場合は、次のような原因が考えられます。
対象の Google 広告アカウントへのアクセス権がない
現在のフィルタ設定で対象のアカウントを除外している

画面NAVI ■ オプティマイズ ▶▶エクスペリエンス作成画面 ▶▶ルールタイプを選択

ここでは「キーワード」を選択した場合を例に説明します。「キーワード」は4つの階層の最下層になるので、上から「アカウント」「キャンペーン」「広告グループ」「キーワード」と、順に選択していきます。「キーワード」は複数選択が可能です。また、この条件は「別の広告グループから選択」をクリックすることで、複数条件を設定することも可能です。
ルールの設定が完了したら「追加」をクリックして終了します。

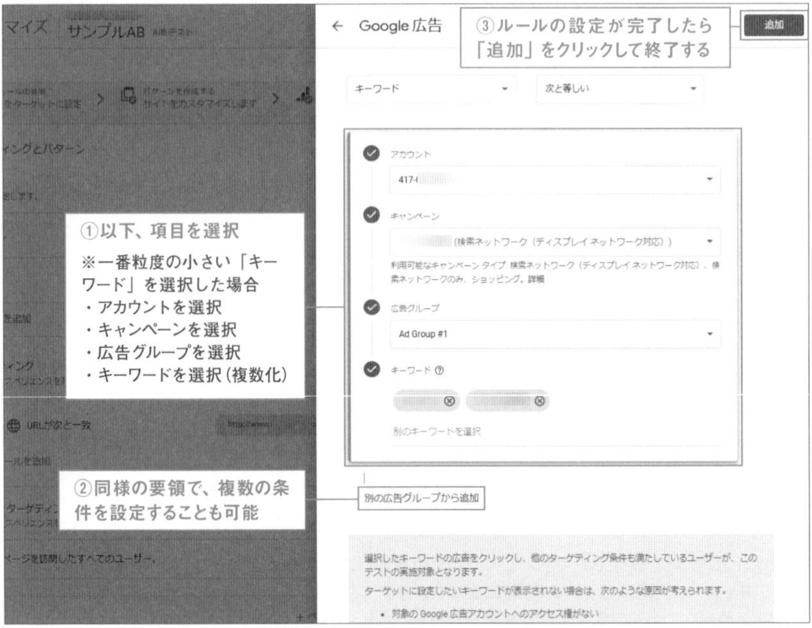
サンプルAB
← Google広告
③ルールの設定が完了したら「追加」をクリックして終了する
追加
キーワード
次と等しい
アカウント
キャンペーン
(検索ネットワーク（ディスプレイ ネットワーク対応）)
広告グループ
Ad Group #1
キーワード
別のキーワードを選択
①以下、項目を選択
※一番粒度の小さい「キーワード」を選択した場合
・アカウントを選択
・キャンペーンを選択
・広告グループを選択
・キーワードを選択（複数化）
URLが次と一致
②同様の要領で、複数の条件を設定することも可能
別の広告グループから追加
選択したキーワードの広告をクリックし、他のターゲティング条件も満たしているユーザーが、このテストの実施対象となります。
ターゲットに設定したいキーワードが表示されない場合は、次のような原因が考えられます。
・対象の Google 広告アカウントへのアクセス権がない

これによって、Google広告に連動した「エクスペリエンス」の設定と、テストの計測が簡単にできるようになります。

注意事項

・執筆時点では、本機能はGoogle広告の検索キャンペーンとショッピングキャンペーンに対応しています（今後追加される予定です）。
・Google広告連携設定には、Google広告の管理者権限が必要ですが、オプティマイズ側の権限は必要ありません。
・オプティマイズ側でルール設定を行う場合は、該当するオプティマイズコンテナの編集権限が必要です。

参考 オプティマイズヘルプ＞オプティマイズをGoogle広告にリンクする
https://support.google.com/optimize/answer/7441215

参考 オプティマイズヘルプ＞Google広告をターゲットに設定する
https://support.google.com/optimize/answer/7350320

付録

付録1　GAIQ取得のための学習ガイド

Googleアナリティクス個人認定資格（GAIQ）とは

「Googleアナリティクス個人認定資格（GAIQ）」は、Googleが実施しているGoogleアナリティクスのための個人認定資格です。Googleアナリティクスに関する基本的な理解を試すテストに合格することで、取得することができます。国内でも広く普及し、Googleアナリティクスの利用者にとって学習のためのツールとして利用されています。
Googleアナリティクスを社内で利用する業務担当者や、広告代理店/ウェブ制作会社など、顧客企業にサービスを提供する側の担当者などが多く取得しています。
GAIQはGoogleが認定している「Google公式資格」と言えますが、資格自体に特別な効力はないため、資格がなくともGoogleアナリティクスの仕事をすることはできます。が、「一定の理解の証明」や「学習の証し」として取得を目指すのも良いでしょう。

GAIQテストの概要

GAIQテストは、ウェブ上で受験することができるオンラインテスト方式です。

- 問題数：70問
- テスト時間：90分（連続実施時間）
- 回答後に次に進むことが可能、一度進むと戻ることはできません（ブラウザを閉じても時間は経過します）
- 言語：日本語
- 合否：テスト終了後に画面で合否が表示されます
- 合格基準：正解率80%以上
- 再受験：24時間後から再受験が可能です（同一アカウント内）
- 受験費用：無料
- 資格有効期限：12か月

Googleアカウントさえあれば、オンラインで無料で受験できるため気軽に挑戦できますが、90分で70問というボリューム感のあるテストなので、ある程度の準備をしておいた方が良いでしょう。

GAIQテスト受験の流れ

現在、GAIQテストはGoogleスキルショップというサイトから受験が可能です。
スキルショップは、GAIQの他、Googleが認定しているマーケティング系ツールの資格のテストや講座を扱っているサイトで、Googleアナリティクス以外にも、Google広告やGoogleマーケティングプラットフォームの各ツールに関する資格試験も行っています。
スキルショップ（日本語サイト）は以下になります。

https://skillshop.withgoogle.com/intl/ja_ALL/

Google
スキルショップ
詳細を見る
認定資格を取得する
Sign in
Google のビジネス ツールを マスターしよう
Google サービスのエキスパートが作成した e ラーニング コースで、すぐに使えるスキルが身につきます。自分のペースで学習を進めて、Google サービスの認定資格を取得しましょう。
はじめに

お手持ちのGoogleアカウント（できれば受験を行うアカウント）でログインし、画面左上の「一覧」マークを開くと各資格のカテゴリが表示されます。GAIQを受験するには、「アナリティクスアカデミー」から入ります。

一覧
トピック
すべてのトピック
アナリティクス アカデミー
スマートなデータ収集と解析でビジネスの発展をサポートする Google の測定ツールについて学べます。
Google 広告
Google 広告を使ったオンラインでのプロモーション スキルを高めて、Google 広告の認定資格を取得しましょう。
Google マーケティング プラットフォーム
マーケティング目標を達成する方法を学び、Google マーケティング プラットフォーム認定資格を取得しましょう。

表示された「Googleアナリティクス個人認定資格(GAIQ)」をクリックします。

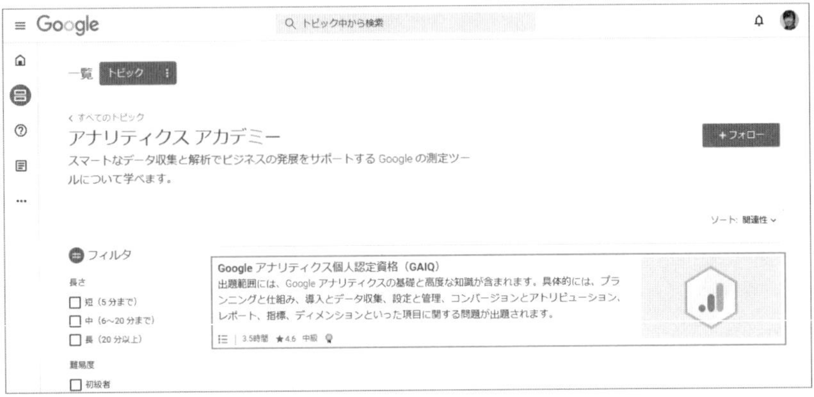
Google
トピック中から検索
一覧
トピック
すべてのトピック
アナリティクス アカデミー
スマートなデータ収集と解析でビジネスの発展をサポートする Google の測定ツールについて学べます。
+フォロー
ソート: 関連性
フィルタ
長さ
短（5 分まで）
中（6～20 分まで）
長（20 分以上）
難易度
初級者
Google アナリティクス個人認定資格（GAIQ）
出題範囲には、Google アナリティクスの基礎と高度な知識が含まれます。具体的には、プランニングと仕組み、導入とデータ収集、設定と管理、コンバージョンとアトリビューション、レポート、指標、ディメンションといった項目に関する問題が出題されます。
3.5時間 ★4.6 中級

GAIQのページが表示されますので、「開始」か「Googleアナリティクス個人認定資格(GAIQ)」のどちらでも構いませんので、クリックします。このページの「開始」では、テストはまだスタートしません。

Google アナリティクス個人認定資格（GAIQ）
開始
どちらかをクリックする
出題範囲には、Google アナリティクスの基礎と高度な知識が含まれます。具体的には、プランニングと仕組み、導入とデータ収集、設定と管理、コンバージョンとアトリビューション、レポート、指標、ディメンションといった項目に関する問題が出題されます。
認定資格の要件
デジタル アナリティクスのベストプラクティスと Google アナリティクス プラットフォームの知識をテストする準備はできましたか？クリックして開始しましょう。
Google アナリティクス個人認定資格（GAIQ）試験
Google アナリティクスについて学習
Google アナリティクス個人認定資格（GAIQ）の学習ガイド（初心者向けコース）
Google アナリティクス個人認定資格（GAIQ）の学習ガイド（上級者向けコース）

このページの「開始する」をクリックすると、いよいよテストがスタートします。
画面表示では試験時間が60分という表記もありますが、実際には90分ですので間違えないようにしてください。

Google アナリティクス個人認定資格（GAIQ） /
パスホーム
Google アナリティクス個人認定資格（GAIQ）
お気に入り
Google アナリティクス個人認定資格（GAIQ）試験
表示項目 Skillshop　2017年11月20日 に公開　1時間　中級　(8)　レポート
学力調査
完了のための要件・時間制限：90 分
このテストには制限時間を設けています。自動的に不合格にならないようにするには、制限時間内に回答を送信してください。
開始する
「開始する」で試験が開始される

テスト画面は以下のようになります。
画面右上には、問題番号と経過時間が表示されますので、90分で70問回答できるように確認しながら進めてください。
問題文はシンプルなテキスト文のみです。図表やグラフ等を使った問題は出題されません。
選択肢は、現在のところ4択か2択（正誤問題）のみです。選択したら「次へ」で進めて行きます。問題ページは後戻りできませんので、表示された問題を確実に回答して時間内に終わらせるようにしてください。

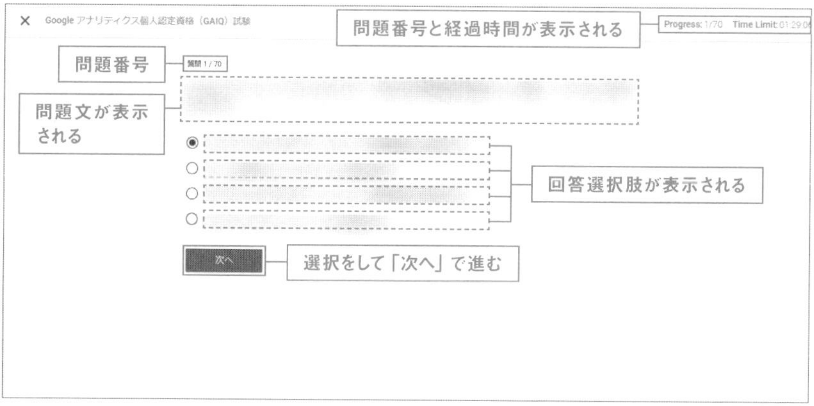

Google アナリティクス個人認定資格（GAIQ）試験
問題番号と経過時間が表示される
Progress: 1/70　Time Limit:
問題番号
1 / 70
問題文が表示される
回答選択肢が表示される
次へ
選択をして「次へ」で進む

途中でテストを中断すると自動的に不合格になりますので、テスト時間を十分確保した上で開始するようにしてください。

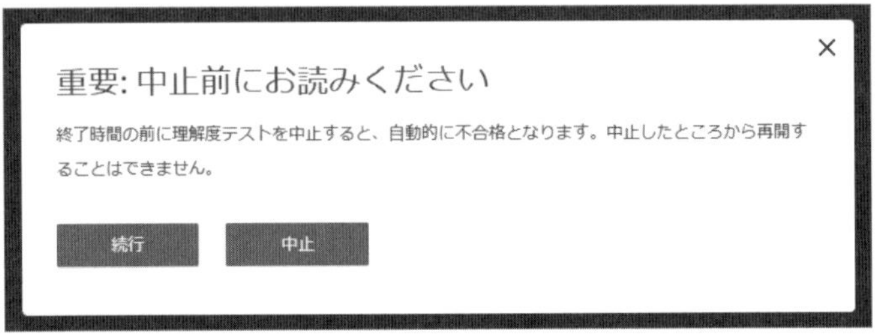
×
重要: 中止前にお読みください
終了時間の前に理解度テストを中止すると、自動的に不合格となります。中止したところから再開することはできません。
続行
中止

70問解き終わると即座に結果が表示されます。正答率が画面に表示され、80%以上の正答率で合格となります。
合格の場合は、以下のような登録証も表示され、プリントアウトすることもできます。

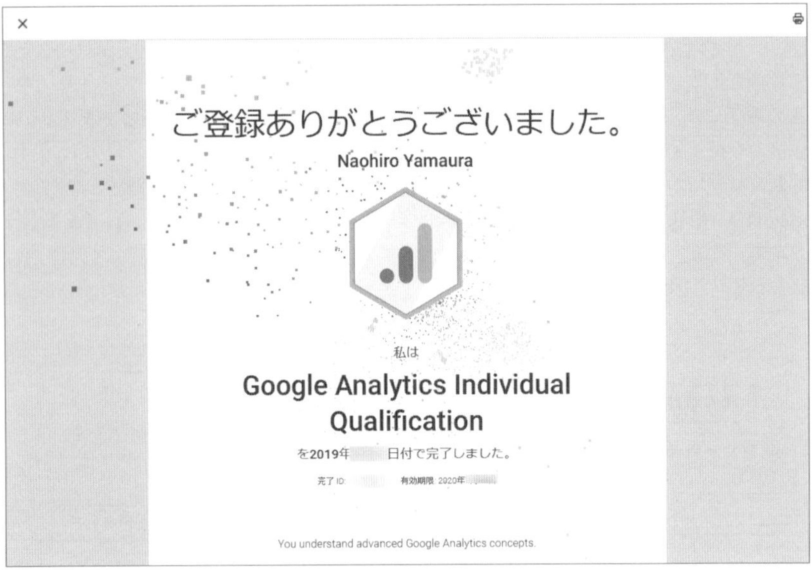
×
ご登録ありがとうございました。
Naohiro Yamaura
私は
Google Analytics Individual Qualification
を2019年 日付で完了しました。
完了 ID:
有効期限 2020年
You understand advanced Google Analytics concepts.

また、合格でも不合格でも、Googleアカウントのメールに結果案内が届きますので、確認するようにしてください。

GIAQテストの学習要領

テスト問題では、設定からレポートの理解まで、Googleアナリティクスの理解に関する問題がほぼ網羅的に出題されます。出題されるトピックと分類は以下のようになります（筆者調べ）。

Googleアナリティクスは「計測」と「集計」のツールなので、出題トピックもそのような傾向になっています。

GAIQテストの出題トピック

取る
計測設計/実装/設定

・Measurement Protocol
・Cookie
・クロスドメイン
・eコマース
・イベントトラッキング
・カスタムディメンション
・カスタム指標
・広告計測（自動タグ/手動タグ）
・データインポート
　他

見る
集計/分析

■集計設定
　・ビューフィルタ
　・目標設定
　・スマートゴール
　・User IDビュー
■集計レポート
　・ディメンションと指標
　・レポート画面各種
　・マルチチャネル
　・チャネルグループ
　・カスタムレポート
■分析
　・アトリビューション
　・セグメント
　・分析課題

使う
施策/アクション

・広告向け機能
・リマーケティング
・動的リマーケティング

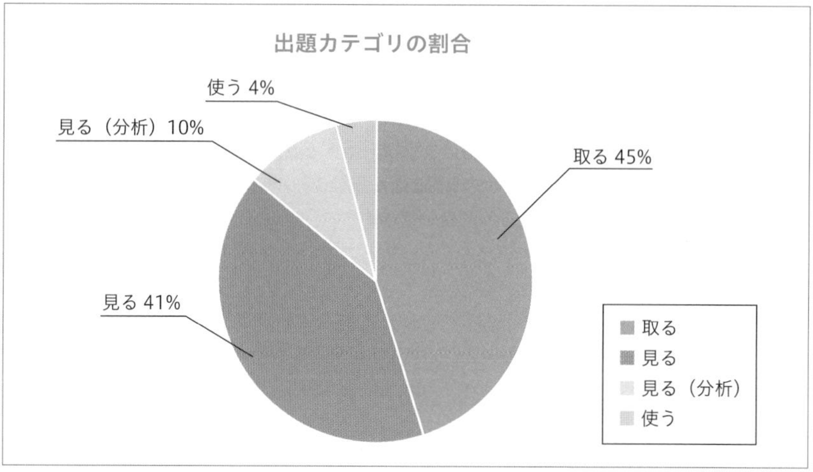

テスト前の学習としては、「Googleアナリティクス個人認定資格(GAIQ)」のページの下部に表示される学習ガイド(初心者向けコース)と、同じく(上級者向けコース)を使われることをお勧めします。出題トピックや問題形式も近いものがあるので、ここの内容を身に付けていれば合格の確率も高まるでしょう。

お気に入り
Google アナリティクス個人認定資格（GAIQ）
表示項目 Skillshop
に公開
3.5時間
中級
レポート
アナリティクス アカデミー
開始
出題範囲には、Google アナリティクスの基礎と高度な知識が含まれます。具体的には、プランニングと仕組み、導入とデータ収集、設定と管理、コンバージョンとアトリビューション、レポート、指標、ディメンションといった項目に関する問題が出題されます。
認定資格の要件
デジタル アナリティクスのベスト プラクティスと Google アナリティクス プラットフォームの知識をテストする準備はできましたか？クリックして開始しましょう。
Google アナリティクス個人認定資格（GAIQ）試験 1時間
Google アナリティクスについて学習
Google アナリティクス個人認定資格（GAIQ）の学習ガイド（初心者向けコース）
1時間
Google アナリティクス個人認定資格（GAIQ）の学習ガイド（上級者向けコース）
1時間
受験前の学習教材として
おすすめ

有効期限があるので注意

GAIQの有効期限は12か月です。資格はまずは合格することが重要ですが、保持し続けることも重要です。Googleアナリティクスは進化が早いツールです。1年に一度はGAIQを受けて、自身の知識のチェックをするのが良いでしょう。

付録2　パートナー会社の見つけ方

Google社は、Googleアナリティクスのユーザー企業をサポートするための「認定パートナー」制度を設けており、日本国内でも制作会社や広告代理店など、スキルと実績のある企業が認定を取得し、顧客企業へのGoogleアナリティクス関連サービスを提供しています。

Googleマーケティングプラットフォーム

Googleアナリティクスを含むマーケティング関連ツール全体は、「Googleマーケティングプラットフォーム」というブランドで提供されており、各製品については以下のサイトで案内がされています。

参考　Googleマーケティングプラットフォーム
https://marketingplatform.google.com/about/

Google マーケティング プラットフォーム
中小企業向け
大企業向け
ブログ
パートナー
サポート
スピーディーでスマートな
マーケティング
Google マーケティング プラットフォームをご紹介します。マーケティングをさらにスマートなものにして成果改善を後押しする、広告と分析の統合型プラットフォームです。
Google マーケティング プラットフォームにログインする

このサイトの右上「パートナー」をクリックすると、世界中の認定パートナー企業を検索できるページに行くことができます。国内の認定企業の連絡先も、ここで見ることができます。

認定パートナー企業とは

Googleアナリティクスは無料版が広く普及しており、スキルや知識を持った企業は多く存在するので、認定パートナー企業でなくても十分クオリティの高いサービス会社を見つけることは可能です。一方、認定パートナー企業はGoogleの審査を経て認定を取得しているので、一定レベルのスキルと実績があることがGoogleによって証明されていると言えるでしょう。また、GoogleアナリティクスにはGoogleアナリティクス360という有料版がありますが、この有料版を取り扱えるパートナーは、さらに上位の認定セールスパートナーのみとなります。

Googleアナリティクス360は、無料版に比べ、より多くの機能と大規模企業向けの機能を搭載しています。この360版の販売とサポートをするために、セールスパートナーは認定を取得した企業の中から、さらにGoogleが認めた企業がなることができる認定資格になっています。

360版は、SLA（Service Level Agreement、サービス品質保証）に基づいてサポートサービスを提供するので、認定セールスパートナーのみがGoogle社の技術サポートリソースに直接コンタクトすることができ、タイムリーで正確な製品/技術情報に基づいてサポートサービスを提供できるようになっています。

「Googleアナリティクス認定パートナー」企業のしくみ

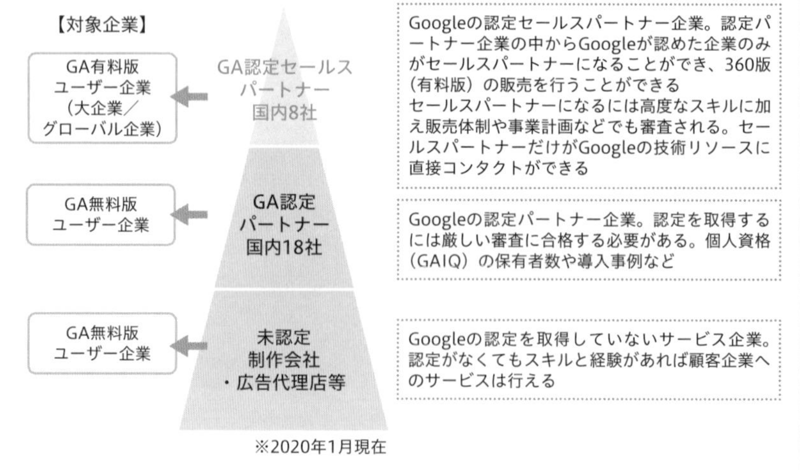
【対象企業】
GA有料版
ユーザー企業
（大企業／
グローバル企業）
GA認定セールス
パートナー
国内8社
Googleの認定セールスパートナー企業。認定パートナー企業の中からGoogleが認めた企業のみがセールスパートナーになることができ、360版（有料版）の販売を行うことができる
セールスパートナーになるには高度なスキルに加え販売体制や事業計画などでも審査される。セールスパートナーだけがGoogleの技術リソースに直接コンタクトができる
GA無料版
ユーザー企業
GA認定
パートナー
国内18社
Googleの認定パートナー企業。認定を取得するには厳しい審査に合格する必要がある。個人資格（GAIQ）の保有者数や導入事例など
GA無料版
ユーザー企業
未認定
制作会社
・広告代理店等
Googleの認定を取得していないサービス企業。認定がなくてもスキルと経験があれば顧客企業へのサービスは行える
※2020年1月現在

パートナー企業の見つけ方

もし、皆さんがGoogleアナリティクス無料版のユーザー企業であるならば、スキルと実績のあるサービス会社を幅広く探すことができるでしょう。
認定パートナーであれば、一定のスキルと実績がGoogleによって証明されているので安心ですが、そうでない企業がスキルがないということではないので、問い合わせをしてみると良いでしょう。認定セールスパートナー企業の中でも、無料版向けのサービスを行っている企業もあるので、問い合わせをしてみるといいかもしれません。ちなみに、認定パートナーであっても、サービスメニューや料金は各社個別のものになるので、見積もりを取って比較してみてください。
また、もしGoogleアナリティクス360(有料版)の利用を検討している場合は、認定セールスパートナーのみが360版の販売を行えるので、上記で紹介したサイトからセールスパートナーにコンタクトと取ることをお勧めします(現在、Googleアナリティクス360をGoogle社から直接購入することはできません)。

筆者が所属するアユダンテ(株)も、2009年に日本国内で最初のGoogleアナリティクス認定パートナーを取得し、また有料版の国内販売当初から、認定セールスパートナーとして国内外の大規模企業・グローバル企業を中心にサービスを展開しています。

参考 アユダンテ(株)
https://ayudante.jp/

索引

英字

あ

か

さ

た

な

は

ま

や

ら

デザイン／原真一朗
レイアウト／BUCH+
協力／アユダンテ株式会社
執筆協力／高田和資（アユダンテ株式会社）、畑岡大作（アユダンテ株式会社）

お問い合わせに関しまして

本書に関するご質問については、本書に記載されている内容に関するもののみとさせていただきます。本書の内容を超えるものや、本書の内容と関係のないご質問につきましては、一切お答えできませんので、あらかじめご了承ください。また、電話でのご質問は受け付けておりませんので、ウェブの質問フォームにてお送りください。FAXまたは書面でも受け付けております。
本書に掲載されている内容に関して、各種の変更などのカスタマイズは必ずご自身で行ってください。弊社および著者は、カスタマイズに関する作業は一切代行いたしません。

ご質問の際に記載いただいた個人情報は、質問の返答以外の目的には使用いたしません。また、質問の返答後は速やかに削除させていただきます。

質問フォームのURL
https://gihyo.jp/book/2020/978-4-297-11261-5
※本書内容の修正・訂正・補足についても
上記URLにて行います。

FAXまたは書面の宛先
〒162-0846　東京都新宿区市谷左内町21-13
株式会社技術評論社　書籍編集部
「Googleアナリティクス プロフェッショナル」係
FAX：03-3513-6183

Google《グーグル》アナリティクス プロフェッショナル
分析《ぶんせき》・施策《しさく》のアイデアを生《う》む最強《さいきょう》リファレンス

2020年4月30日　初版　第1刷発行

著　者　山浦《やまうら》　直宏《なおひろ》
発行者　片岡　巌
発行所　株式会社技術評論社
東京都新宿区市谷左内町21-13
電話　03-3513-6150　販売促進部
03-3513-6166　書籍編集部
印刷／製本　日経印刷株式会社

定価はカバーに表示してあります

造本には細心の注意を払っておりますが、万一、乱丁（ページの乱れ）や落丁（ページの抜け）がございましたら、小社販売促進部までお送りください。送料小社負担にてお取り替えいたします。

ISBN978-4-297-11261-5　C3055
Printed in Japan